Helena Curtis N. Sue Barnes
Adriana Schnek Alicia Massarini

Il nuovo Invito alla biologia.blu

Dagli organismi alle cellule

Seconda edizione di *Invito alla biologia.blu*

A cura di Laura Gandola,
Roberto Odone e Lorenzo Lancellotti

PER IL COMPUTER E PER IL TABLET

L'eBook multimediale

1 REGÌSTRATI A MYZANICHELLI

Vai su **my.zanichelli.it** e regìstrati come studente

2 SCARICA BOOKTAB

- Scarica **Booktab** e installalo
- Lancia l'applicazione e fai login

3 ATTIVA IL TUO LIBRO

- Clicca su **Attiva il tuo libro**
- Inserisci il **codice di attivazione** che trovi sul **bollino argentato adesivo** in questa pagina

4 CLICCA SULLA COPERTINA

Scarica il tuo libro per usarlo offline

PER LO SMARTPHONE

LOSAI? Ripassa con lo smartphone prima della verifica

1 SCARICA LA APP DA:

Scarica su App Store · Disponibile su Google Play

2 AGGIUNGI IL LIBRO

con le tue credenziali **myZanichelli** e con la **chiave di attivazione**

3 CLICCA SUL CAPITOLO

che vuoi ripassare

4 SCEGLI LA TEORIA O IL TEST

Trovi:
- **sintesi di capitolo** per rivedere la teoria
- **test** per metterti alla prova

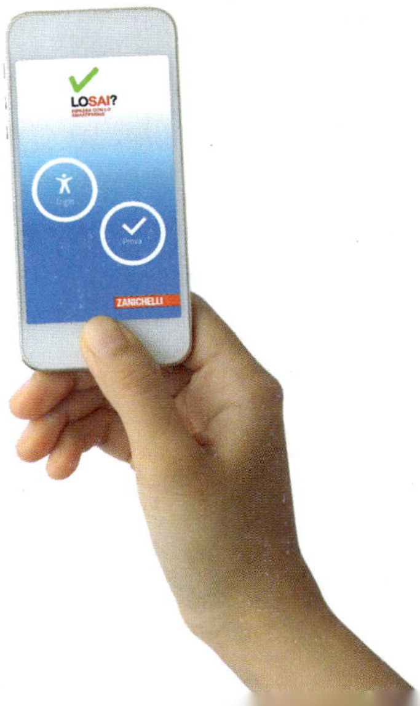

Copyright © 2017 Zanichelli editore S.p.A., Bologna [72097]
www.zanichelli.it

The original Spanish language title: *Invitación a la Biología*, 7a Edición de Helena Curtis, N. Sue Barnes, Adriana Schnek y Alicia Massarini
First published in Argentina by Editorial Médica Panamericana. © 2016 Editorial Médica Panamericana. All rights reserved
Titolo originale in inglese: *Invitation to Biology*, Fifth Edition © 1994, 1985, 1981, 1977, 1972 by Worth Publishers, Inc. – All rights reserved

Il progetto didattico e culturale dell'opera deriva da *Invito alla biologia*, sesta edizione italiana, a cura di Laura Gandola e Roberto Odone.

I diritti di elaborazione in qualsiasi forma o opera, di memorizzazione anche digitale su supporti di qualsiasi tipo (inclusi magnetici e ottici), di riproduzione e di adattamento totale o parziale con qualsiasi mezzo (compresi i microfilm e le copie fotostatiche), i diritti di noleggio, di prestito e di traduzione sono riservati per tutti i paesi. L'acquisto della presente copia dell'opera non implica il trasferimento dei suddetti diritti né li esaurisce.

Le fotocopie per uso personale (cioè privato e individuale, con esclusione quindi di strumenti di uso collettivo) possono essere effettuate, nei limiti del 15% di ciascun volume, dietro pagamento alla S.I.A.E. del compenso previsto dall'art. 68, commi 4 e 5, della legge 22 aprile 1941 n. 633. Tali fotocopie possono essere effettuate negli esercizi commerciali convenzionati S.I.A.E. o con altre modalità indicate da S.I.A.E.

Per le riproduzioni ad uso non personale (ad esempio: professionale, economico, commerciale, strumenti di studio collettivi, come dispense e simili) l'editore potrà concedere a pagamento l'autorizzazione a riprodurre un numero di pagine non superiore al 15% delle pagine del presente volume. Le richieste vanno inoltrate a

CLEARedi Centro Licenze e Autorizzazioni per le Riproduzioni Editoriali
Corso di Porta Romana, n. 108
20122 Milano
e-mail autorizzazioni@clearedi.org e sito web www.clearedi.org

L'editore, per quanto di propria spettanza, considera rare le opere fuori del proprio catalogo editoriale. La loro fotocopia per i soli esemplari esistenti nelle biblioteche è consentita, oltre il limite del 15%, non essendo concorrenziale all'opera. Non possono considerarsi rare le opere di cui esiste, nel catalogo dell'editore, una successiva edizione, né le opere presenti in cataloghi di altri editori o le opere antologiche. Nei contratti di cessione è esclusa, per biblioteche, istituti di istruzione, musei e archivi, la facoltà di cui all'art. 71 - ter legge diritto d'autore. Per permessi di riproduzione, anche digitali, diversi dalle fotocopie rivolgersi a ufficiocontratti@zanichelli.it

Realizzazione editoriale:
- Redazione: Elena Bacchilega, Sara Urbani, Claudio Dutto
- Segreteria di redazione: Deborah Lorenzini, Rossella Frezzato
- Revisione esecutiva: Rosa D'Imperio
- Progetto grafico e impaginazione: Chialab, Bologna
- Ricerca iconografica: Claudio Dutto, Rosa D'Imperio
- Collaborazione alla ricerca iconografica: Claudia Patella, Chiara Presepi
- Indice analitico: Tiziano Cornegliani

Le fonti iconografiche si trovano sul sito online.zanichelli.it/curtisnuovoinvitoblu

Contributi:
- Nuovi disegni: Thomas Trojer
- Rilettura critica: Luciano Cozzi, Marco Fiorani, Emma Sanzari
- Stesura degli esercizi *In 1 ora*: Chiara Velli
- Stesura delle sintesi di fine capitolo: Selvaggia Santin
- Stesura delle linee del tempo: Marco Boscolo
- Stesura dei moduli CLIL: Marco Arcioni
- Revisione dei moduli CLIL: Sara Chiappara, Jackie Leeder

Copertina:
- Progetto grafico: Miguel Sal & C., Bologna
- Ideazione: Studio 8vo, Bologna
- Realizzazione: Roberto Marchetti e Francesca Ponti
- Immagine di copertina: Photodigitaal.nl/Shutterstock

Prima edizione: 2012
Seconda edizione: gennaio 2017

Ristampa:

7 6 2021 2022

Zanichelli garantisce che le risorse digitali di questo volume sotto il suo controllo saranno accessibili, a partire dall'acquisto dell'esemplare nuovo, per tutta la durata della normale utilizzazione didattica dell'opera. Passato questo periodo, alcune o tutte le risorse potrebbero non essere più accessibili o disponibili: per maggiori informazioni, leggi my.zanichelli.it/fuoricatalogo

File per sintesi vocale
L'editore mette a disposizione degli studenti non vedenti, ipovedenti, disabili motori o con disturbi specifici di apprendimento i file pdf in cui sono memorizzate le pagine di questo libro. Il formato del file permette l'ingrandimento dei caratteri del testo e la lettura mediante software screen reader. Le informazioni su come ottenere i file sono sul sito http://www.zanichelli.it/scuola/bisogni-educativi-speciali

Grazie a chi ci segnala gli errori
Segnalate gli errori e le proposte di correzione su **www.zanichelli.it/correzioni**.
Controlleremo e inseriremo le eventuali correzioni nelle ristampe del libro.
Nello stesso sito troverete anche l'errata corrige, con l'elenco degli errori e delle correzioni.

Zanichelli editore S.p.A. opera con sistema qualità certificato CertiCarGraf n. 477 secondo la norma UNI EN ISO 9001:2015

Questo libro è stampato su carta che rispetta le foreste.
www.zanichelli.it/chi-siamo/sostenibilita

Stampa: L.E.G.O. S.p.A.
Via G. Galilei 11, 38015 Lavis, Trento (TN)
per conto di Zanichelli editore S.p.A.
Via Irnerio 34, 40126 Bologna

Helena Curtis N. Sue Barnes
Adriana Schnek Alicia Massarini

Il nuovo Invito alla biologia.blu

Dagli organismi alle cellule

Seconda edizione di *Invito alla biologia.blu*

A cura di Laura Gandola,
Roberto Odone e Lorenzo Lancellotti

SCIENZE ZANICHELLI

Sommario

Capitolo

A1

Origine ed evoluzione delle cellule

Nell'ebook

Approfondimento ***Per saperne di più***

- *Un'origine extraterrestre per la vita*

LO SAI? RIPASSA CON LO SMARTPHONE

ESERCIZI INTERATTIVI SU ZTE

Capitolo

A2

L'evoluzionismo e la biodiversità

Nell'ebook

Linea del tempo interattiva

Video ***Un minuto di biologia***

- *L'evoluzione di Biston betularia*

LO SAI? RIPASSA CON LO SMARTPHONE

ESERCIZI INTERATTIVI SU ZTE

Capitolo

A3 Il regno degli animali

Nell'ebook

Video ***Un minuto di biologia***
- *Il ciclo vitale degli cnidari*
- *Il ciclo vitale di un anfibio*

Approfondimento ***Per saperne di più***
- *L'evoluzione dei rettili e la comparsa del volo*

Approfondimento ***Educazione ambientale***
- *Il commercio illegale e lo sfruttamento degli animali*

LO SAI? RIPASSA CON LO SMARTPHONE

ESERCIZI INTERATTIVI SU ZTE

Capitolo

A4 Le piante e i funghi

Nell'ebook

Video ***Un minuto di biologia***
- *Il ciclo vitale dei funghi*
- *Il ciclo vitale dei muschi*
- *Il ciclo vitale delle felci*
- *Il ciclo vitale delle gimnosperme*
- *Il ciclo vitale delle angiosperme*

LO SAI? RIPASSA CON LO SMARTPHONE

ESERCIZI INTERATTIVI SU ZTE

Capitolo

A5 Il ruolo dei viventi negli ecosistemi

Nell'ebook

Approfondimento ***Educazione ambientale***
- *Gli hotspot della biodiversità*

LO SAI? RIPASSA CON LO SMARTPHONE

ESERCIZI INTERATTIVI SU ZTE

Capitolo

A6

L'acqua e la vita

Nell'ebook

Tavola periodica interattiva

Approfondimento ***Educazione ambientale***
- *Come evitare lo spreco d'acqua*

LO SAI? RIPASSA CON LO SMARTPHONE

ESERCIZI INTERATTIVI SU ZTE

Capitolo

A7

Le molecole della vita

Nell'ebook

Video ***Un minuto di biologia***
- *I carboidrati*
- *I lipidi*
- *Le proteine*
- *Gli acidi nucleici*

Approfondimento ***Educazione ambientale***
- *Gli idrocarburi e l'ambiente*

Approfondimento ***Per saperne di più***
- *La difficile digestione della cellulosa*

Approfondimento ***La nostra salute***
- *L'importanza della struttura primaria: l'anemia falciforme*

LO SAI? RIPASSA CON LO SMARTPHONE

ESERCIZI INTERATTIVI SU ZTE

Capitolo

A8

La cellula eucariotica

Nell'ebook

Video ***La biologia in 3D***
- *La cellula / The cell*

Approfondimento ***Per saperne di più***
- *Si può vivere senza mitocondri?*
- *Le malattie mitocondriali*

LO SAI? RIPASSA CON LO SMARTPHONE

ESERCIZI INTERATTIVI SU ZTE

Capitolo

A9

Il trasporto cellulare e il metabolismo energetico

Nell'ebook

Video ***Un minuto di biologia***
- *Il trasporto passivo*
- *L'osmosi*
- *Il trasporto attivo*
- *Endocitosi ed esocitosi*
- *La fotosintesi*
- *La glicolisi*
- *La respirazione cellulare*
- *La forza proton-motrice*
- *La fermentazione*

LO SAI? RIPASSA CON LO SMARTPHONE

ESERCIZI INTERATTIVI SU ZTE

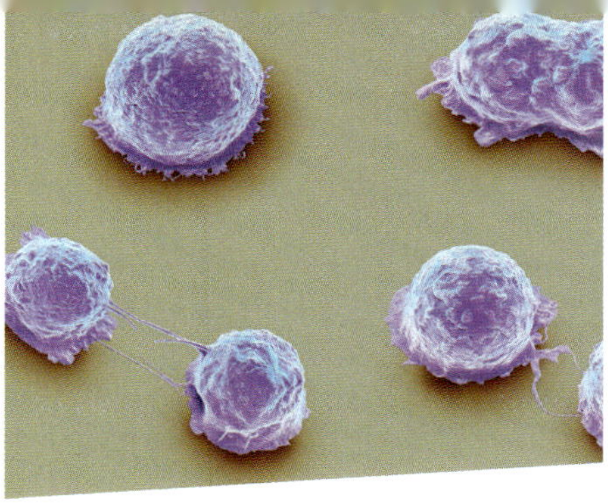

Capitolo

A10

La divisione e la riproduzione cellulare

Nell'ebook

Linea del tempo interattiva

Video ***La biologia in 3D***
- *La mitosi / Mitosis*
- *La meiosi / Meiosis*

Video ***Un minuto di biologia***
- *Il ciclo cellulare*
- *La mitosi*
- *La meiosi*
- *Il confronto tra mitosi e meiosi*

Approfondimento ***Storia della scienza***
- *Tijo, l'inventore del cariotipo*

LO SAI? RIPASSA CON LO SMARTPHONE

ESERCIZI INTERATTIVI SU ZTE

Capitolo

A11

Mendel e la genetica classica

Nell'ebook

Video ***Un minuto di biologia***
- *La prima legge di Mendel*
- *La seconda legge di Mendel*
- *La terza legge di Mendel*

Approfondimento ***Storia della scienza***
- *Ippocrate, Aristotele e la teoria della mescolanza*

Approfondimento ***Per saperne di più***
- *Come risolvere gli esercizi di genetica*

LO SAI? RIPASSA CON LO SMARTPHONE

ESERCIZI INTERATTIVI SU ZTE

Come orientarsi nel libro

Su carta

BOX

Ti ricordi?
Per richiamare alla memoria i concetti fondamentali della biologia.
Per esempio cap. A6, *pagg.* A138-A139

A colpo d'occhio
Mappe sintetiche per visualizzare i contenuti del testo.
Per esempio cap. A5, *pag.* A112

Le parole
Per riflettere sull'etimologia dei termini scientifici.
Per esempio cap. A3, *pag.* A59

Curiosità
Per esplorare aspetti originali a margine della materia.
Per esempio cap. A2, *pagg.* A38-A39

Facciamo il punto
Domande per fissare i passaggi più importanti del paragrafo.
Per esempio cap. A1, *pag.* A5

SCHEDE

Per saperne di più
Approfondimenti che stimolano ad andare oltre il testo.
Per esempio cap. A1, *pag.* A21

La nostra salute
Focus sull'educazione alla salute per fare scelte consapevoli.
Per esempio cap. A2, *pag.* A42

Educazione ambientale
Temi d'attualità nel rapporto fra uomo e ambiente.
Per esempio cap. A3, *pag.* A60

Storia della scienza
I personaggi e le vicende simbolo della ricerca scientifica.
Per esempio cap. A2, *pag.* A33

LA LINEA DEL TEMPO

Le grandi scoperte e gli scienziati più importanti nel loro contesto storico.
Per esempio pag. A48-A49

SINTESI DI FINE CAPITOLO

Per fare il punto sui concetti-chiave del capitolo.
Per esempio cap. A1, *pag.* A22

ESERCIZI DI FINE CAPITOLO

Per esempio cap. A4, *pagg.* A109-A111

- Verifica le tue conoscenze
- Verifica le tue abilità
- Verso l'università **UNITUTOR**
- Hands-on glossary
- Verso l'esame: le tue competenze

SEI PRONTO PER LA VERIFICA? IN 1 ORA

Allenati con una prova generale della verifica da svolgere in un'ora, con il punteggio per autovalutarti.
Per esempio pagg. A54-A55

BIOLOGY HIGHLIGHTS

Un modulo in inglese che tratta un argomento-chiave con il metodo CLIL.
Per esempio pagg. A281-A288

In digitale

PDF

Approfondimento
13 schede di approfondimento su argomenti di attualità, salute, storia, ambiente.
Per esempio: Si può vivere senza mitocondri?

VIDEO

La biologia in 3D
18 video in grafica tridimensionale per capire meglio, in italiano e in inglese (1 ora).
Per esempio: La cellula – The cell

1 minuto di biologia
28 video brevi per ripassare i concetti-chiave della materia (30 minuti).
Per esempio: Confronto tra mitosi e meiosi

LO SAI?

Ripassa con lo smartphone prima di una verifica con: sintesi di capitolo per rivedere la teoria e batterie di test per metterti alla prova.

ESERCIZI INTERATTIVI SU ZTE

TIMELINE

Le linee del tempo interattive.

TAVOLA PERIODICA INTERATTIVA

MP3

Audio in inglese del modulo finale Biology Highlights.

Sezione
A

Dagli organismi alle cellule

Capitolo

A1 Origine ed evoluzione delle cellule

1 La nascita dell'Universo e la storia della Terra

L'Universo si è originato circa 13 miliardi di anni fa

In una serata in cui il cielo è limpido, allontaniamoci dalle fonti luminose e alziamo gli occhi al cielo. Potremo vedere una striscia luminosa che attraversa la volta celeste da una parte all'altra: questo spettacolo incredibile è la Via Lattea, la galassia in cui si trova il nostro Sistema solare e nella quale sono presenti miliardi di stelle distribuite in uno spazio di circa 100 000 **anni luce** di diametro. I ritrovamenti di graffiti rupestri nelle grotte di Lascaux, in Francia, hanno dimostrato che già 15 000 anni fa l'uomo osservava il cielo e cercava di interpretarlo, ma è nei millenni successivi che questo studio è diventato sistematico.

> **Le parole**
> Un **anno luce** corrisponde allo spazio percorso dalla luce nel vuoto in un anno ed equivale a circa $9461 \cdot 10^9$ kilometri.

La scienza che studia le stelle, i pianeti e tutti i diversi fenomeni che avvengono nel cielo è l'**astronomia**, mentre la branca che si occupa dell'Universo nel suo insieme è la **cosmologia**. Le scoperte congiunte di queste due discipline hanno permesso di ricostruire l'origine e l'evoluzione dello spazio che circonda il nostro pianeta.

Tra il 1925 e il 1930 l'astronomo statunitense Edwin Hubble scoprì che le galassie si allontanavano le une dalle altre come se avessero avuto origine da un unico ammasso centrale. Partendo dalle osservazioni di Hubble, si capì che l'Universo ha avuto inizio da un evento catastrofico, un'enorme esplosione iniziale chiamata **Big Bang** che ha liberato tutta l'energia e tutta la materia che erano compresse all'interno di un punto infinitamente piccolo e denso. Secondo calcoli recenti, il *Big Bang* sarebbe avvenuto 13,8 miliardi di anni fa e avrebbe provocato un'espansione progressiva dell'Universo che ancora continua e che lo porterà a raggiungere dimensioni maggiori di quelle attuali.

Al momento dell'esplosione la temperatura era di circa 100 miliardi di gradi Celsius (10^{11} °C); a tale temperatura non poteva esistere la materia come la intendiamo oggi, ma essa si trovava sotto forma di minuscole particelle (i *protoni*, i *neutroni* e gli *elettroni*). Quando l'Universo raggiunse i 2500 °C queste particelle cominciarono ad aggregarsi e a formare gli *atomi* (*vedi* capitolo A6) ed è a partire da questi atomi che si sono originate prima le stelle e i pianeti e poi gli esseri viventi.

Il Sistema solare ha avuto origine da un ammasso di polvere e gas

Spesso si confonde il significato dei termini *Universo* e *Sistema solare*: il **Sistema solare** si è formato solo dopo che è nato e si è evoluto l'Universo e comprende una porzione di spazio molto piccola se paragonata alle dimensioni dell'Universo stesso.
La stella al centro del Sistema solare è il **Sole**, che si è formato 4,6 miliardi di anni

fa e, come le altre stelle, ha avuto origine da un ammasso di polveri cosmiche e di gas (idrogeno ed elio) che ruotavano nello spazio tra le stelle più vecchie. L'immensa nube che sarebbe diventata il Sole si condensò gradualmente, a mano a mano che gli atomi di idrogeno e di elio venivano attirati verso il suo centro dalla forza di gravità.

Più la nube diventava densa, più gli atomi al suo interno si muovevano rapidamente, entrando sempre più in collisione tra loro. I gas della nube diventarono più caldi e con l'aumento della temperatura le collisioni si fecero più violente, fino a che gli atomi di idrogeno cominciarono a scontrarsi con tale forza da fondere i loro nuclei, formando nuovi atomi di elio e liberando energia. Queste *reazioni di fusione termonucleari* permisero al Sole di «accendersi» e tuttora rappresentano la fonte di energia che si irradia dalla sua superficie.

Una volta formatosi il Sole, i gas e le polveri che gli ruotavano attorno si ammassarono dando origine ai pianeti. Nell'orbita più vicina al Sole si trova Mercurio, in quella successiva Venere, nella terza la Terra, quindi Marte, Giove, Saturno, Urano e Nettuno (**figura 1**).

◂ Figura 1
Sequenza dei pianeti del Sistema solare in una scala che ne rispetta le reali proporzioni.

Durante il periodo di formazione della Terra, l'energia liberata dai materiali radioattivi imprigionati al suo interno causò un consistente aumento della sua temperatura. Col passare del tempo, tuttavia, la superficie del nostro pianeta cominciò a raffreddarsi a causa della dispersione di calore, dando così luogo alla crosta esterna solida. Le rocce più antiche di questo strato hanno, infatti, un'età di circa 4,1 miliardi di anni.

È probabile che sulla Terra primitiva l'atmosfera fosse costituita da idrogeno ed elio, ma questi elementi si dispersero nello spazio perché sono due gas molto leggeri, in grado di sfuggire alla forza di gravità terrestre. Grazie alle emissioni dei vulcani, però, si formò un secondo tipo di atmosfera, differente sia dalla atmosfera primitiva sia da quella attuale. Non siamo certi della precisa composizione di questa atmosfera, ma di certo era priva di ossigeno. Tuttavia, essa conteneva il vapore acqueo emesso dai geyser, che formava nubi di vapore in quota e poi ricadeva a terra sottoforma di pioggia. Grazie al ripetersi di questo fenomeno, ebbero origine i primi oceani, caldi e poco profondi, ma ideali per la formazione della vita (**figura 2**).

◂ Figura 2
L'atmosfera primordiale della Terra era ricca di gas che provenivano dalle eruzioni vulcaniche e di vapore acqueo proveniente dai geyser, ma era molto sottile e non faceva da scudo contro il bombardamento di meteoriti proveniente dallo spazio.

La storia della Terra e la comparsa delle prime forme di vita

Nel primo miliardo di anni dalla sua formazione non abbiamo testimonianze della presenza di esseri viventi sulla superficie della Terra. Nella scala dei tempi geologici questo periodo di tempo è compreso nel **Precambriano**, un **eone** che va dalla formazione della Terra – circa 4,6 miliardi di anni fa, quando il pianeta era ancora formato da materiali incandescenti – fino a 541 milioni di anni fa (**figura 3**).

Intorno a 3,8 miliardi di anni fa comparvero nei bacini oceanici i primi organismi unicellulari e nel giro di un altro miliardo di anni gli organismi autotrofi iniziarono a liberare ossigeno nell'atmosfera. Le tracce **fossili** di questo periodo sono però molto scarse, per cui non è semplice ricostruire le varie fasi dell'evoluzione biologica più antica. Tale carenza risulta comprensibile se si pensa ai numerosi sconvolgimenti geologici, che nel corso del tempo hanno interessato la Terra, come la formazione delle catene montuose e di nuovi oceani.

Con il passaggio al periodo *Cambriano*, però, la storia del nostro pianeta si è fatta più chiara, grazie al ritrovamento di molti reperti fossili. Questo eone, detto **Fanerozoico**, è stato suddiviso in tre *ere geologiche*: Paleozoico, Mesozoico e Cenozoico. A questo periodo risale un evento fondamentale nella storia della vita sulla Terra, l'**esplosione cambriana**, avvenuta circa 530 milioni di anni fa, che testimonia la rapida comparsa di tutti quegli organismi che possiamo considerare i diretti antenati delle odierne forme di vita.

Negli ultimi 10 000 anni le conoscenze che abbiamo a disposizione sulla storia passata sono diventate sempre più numerose e precise, anche grazie alle nozioni geologiche e all'elevato numero di reperti **fossili** che ci sono pervenuti.

Le parole
La storia del nostro pianeta viene suddivisa in intervalli di tempo che hanno un nome diverso a seconda della durata: un **eone** comprende miliardi di anni, un'**era geologica** centinaia di milioni, un **periodo** decine di milioni, un'**epoca** milioni e col termine **età** si indicano migliaia di anni.

Le parole
Il termine **fossile** deriva dal participio passato del verbo latino *fodĕre*, che significa «scavare», in relazione al fatto che i fossili sono quasi sempre ritrovati negli strati rocciosi più profondi.

Nel Paleozoico è avvenuta l'estinzione di quasi tutti i viventi

Le più antiche testimonianze di vita animale oggi conosciute risalgono alla fine del Precambriano (650 milioni di anni fa) e provengono da reperti fossili trovati in abbondanza presso le *Ediacaran Hills* in Australia. Reperti più recenti, che

▼ **Figura 3**
Se rappresentiamo la storia della Terra come un calendario e un orologio, ogni giorno corrisponde a un intervallo di 150 milioni di anni.

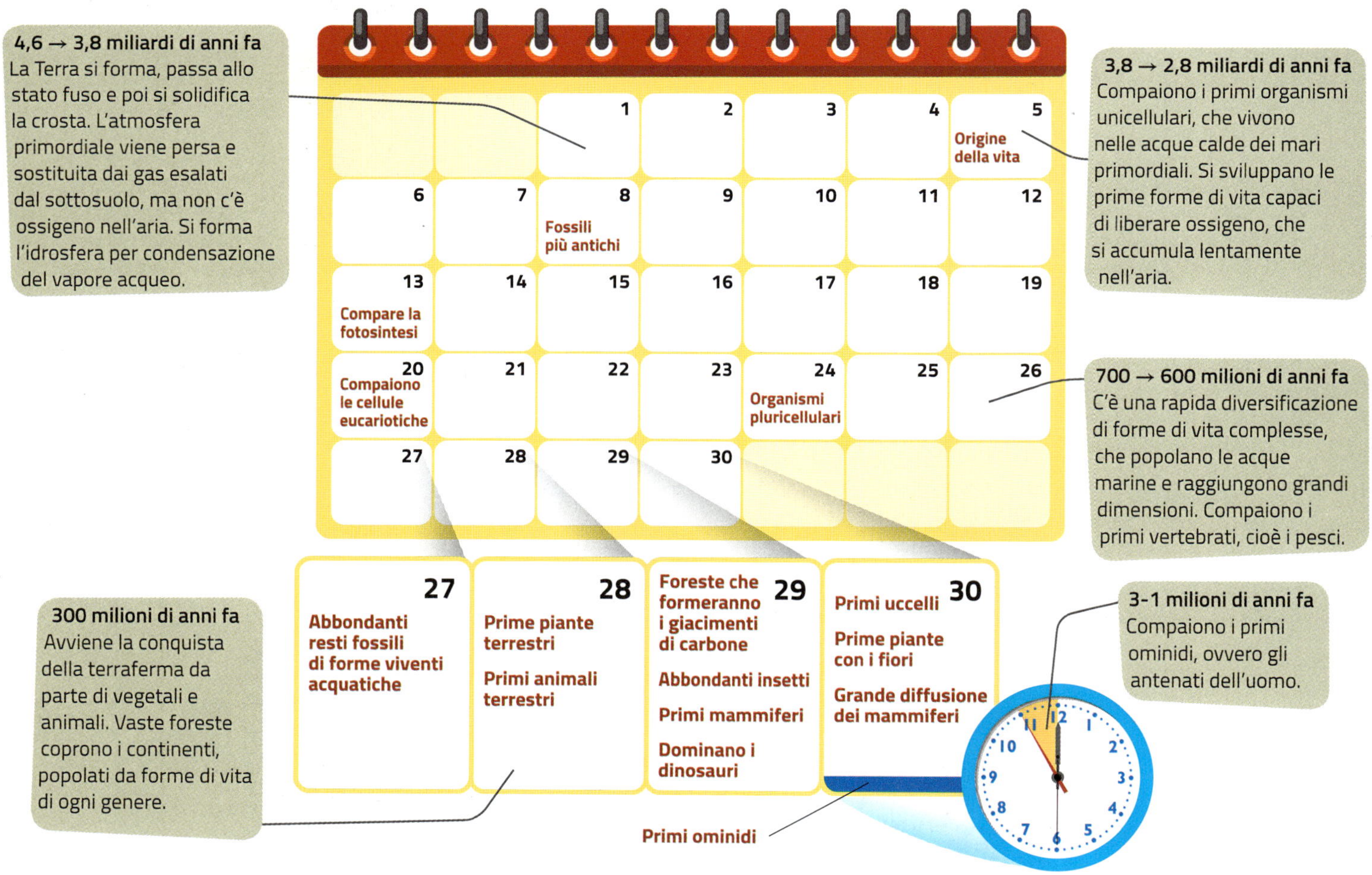

risalgono all'inizio dell'era paleozoica (530 milioni di anni fa), sono stati invece individuati in una formazione rocciosa detta *Burgess Shale*, sulle montagne del Canada occidentale, e comprendono animali sia a corpo molle sia dotati di conchiglia in eccellente stato di conservazione.

Durante il Paleozoico, inoltre, si moltiplicarono le forme di vita marine, comparvero un gran numero di piante terrestri e i primi vertebrati; in questa era ebbe anche inizio la colonizzazione delle terre emerse da parte degli insetti e degli anfibi (come le rane che hanno una parte iniziale di vita acquatica e una vita adulta da animali terrestri, in cui respirano aria) e comparvero i primi rettili.

L'era paleozoica terminò circa 245 milioni di anni fa con un avvenimento catastrofico le cui cause sono ancora oggi materia di discussione tra gli scienziati. Un'ipotesi molto accreditata è quella che si sia verificato un drastico e improvviso cambiamento climatico, dovuto forse a una glaciazione che ha abbassato il livello degli oceani, o all'enorme esplosione di un vulcano in Siberia, oppure ancora alla caduta di un meteorite nell'attuale Cina meridionale. Di fatto, questo evento è considerato il più catastrofico di tutta la storia del nostro pianeta e ha dato luogo alla cosiddetta **estinzione permiana**, che ha provocato la scomparsa dell'85-90% delle specie allora viventi, soprattutto di quelle marine.

Il Mesozoico è l'era dei dinosauri

L'**era mesozoica** (245-65 milioni di anni fa) viene suddivisa in tre periodi: *Triassico*, *Giurassico* e *Cretaceo*. Il clima tipico di questa era geologica era piuttosto caldo e secco e le terre emerse erano popolate soprattutto da conifere e rettili. In particolare, a partire dal Giurassico il vasto e diversificato gruppo dei dinosauri fu dominante insieme a quello dei rettili volanti (per esempio, gli pterosauri) e acquatici (come gli ittiosauri). Comparvero e iniziarono a diffondersi anche piccoli mammiferi e i primi uccelli: il passaggio evolutivo dai dinosauri agli uccelli è testimoniato dai fossili di *Archaeopteryx* (**figura 4**), che presenta le caratteristiche di entrambi i gruppi.

▲ **Figura 4**
Il fossile di *Archaeopteryx* conservato al *Museum für Naturkunde* di Berlino.

Anche il Mesozoico terminò con una catastrofe planetaria, forse meno sconvolgente di quella che pose fine al Paleozoico, ma più conosciuta; questa catastrofe provocò, infatti, l'estinzione di tutti i dinosauri a causa di una significativa modificazione climatica che portò a un importante abbassamento della temperatura globale per un lungo periodo. Gran parte dei ricercatori concorda nell'affermare che tale catastrofe sia stata causata da due eventi: la caduta del meteorite che ha formato il cratere *Chicxulub*, nello Yucatan (Messico), e le eccezionali eruzioni vulcaniche avvenute nella regione del Deccan (India).

Il Cenozoico arriva fino a oggi

L'**era cenozoica** comprende gli ultimi 65 milioni di anni ed è caratterizzata da una grande quantità di reperti fossili e informazioni di tipo geologico, perciò viene suddivisa non solo in periodi (*Paleogene* e *Neogene*), ma anche in epoche (dal più antico *Paleocene* al più recente *Olocene*).

Il clima del Cenozoico era mediamente più freddo rispetto all'era precedente, perciò si vennero a formare nuovi ambienti naturali in cui avvenne un'enorme diffusione delle angiosperme (le piante provviste di fiori), che diventarono ben presto le piante dominanti. Tra gli animali comparvero nuove forme di pesci, uccelli e insetti e si diversificarono molto i mammiferi. Le attuali forme viventi di piante e animali sono solo una piccola parte delle specie che comparvero durante il Cenozoico; molti mammiferi di grandi dimensioni si estinsero nel corso di questa era geologica, probabilmente a causa delle ripetute glaciazioni.

Facciamo il punto

1. Che cosa indica l'espressione «Big Bang»?
2. Che differenza c'è tra Universo e Sistema solare?
3. Come ha avuto origine l'atmosfera?
4. Che cosa indica l'espressione «esplosione cambriana»?
5. Quali forme di vita erano presenti nel Giurassico?
6. Che cosa avvenne nel Cenozoico?

2 Le diverse ipotesi sull'origine della vita

L'ipotesi di Oparin sulla comparsa della vita sulla Terra

La prima ipotesi scientificamente fondata sull'origine della vita fu elaborata dal biochimico russo **Aleksandr Oparin** (1894-1980) e venne ripresa dal genetista scozzese John Burdon Haldane (1892-1964). Secondo questi scienziati, la comparsa della vita sulla Terra fu preceduta da una lunga serie di eventi che prende il nome di **evoluzione chimica**.

Non sappiamo ancora con certezza quali gas fossero presenti nell'atmosfera primitiva e nei mari durante questo periodo di tempo, ma grazie all'analisi di minerali e rocce possiamo tuttavia affermare che:

1. l'ossigeno libero era quasi del tutto assente nell'atmosfera, mentre erano abbondanti l'azoto e il diossido di carbonio;
2. i quattro elementi che oggi costituiscono più del 95% della struttura degli organismi viventi (H, O, C, N) erano già presenti nell'atmosfera e nelle acque, sotto forma di elementi isolati o di composti (**figura 5**). L'ossigeno non era presente come molecola libera di O_2, ma era legato all'idrogeno per formare l'acqua, al carbonio per formare diossido di carbonio e ad altri elementi chimici, come il silicio, presenti all'interno delle rocce.

Oltre a questi elementi e composti, sul nostro pianeta era disponibile anche moltissima energia che si manifestava sotto forma di scariche elettriche, fenomeni radioattivi, radiazioni luminose provenienti dal Sole e calore, generato dai precedenti processi e in gran parte proveniente dal centro della Terra. Oparin ipotizzò che, in tali condizioni, dai gas dell'atmosfera si sarebbero potute formare grandi quantità di molecole organiche che in seguito si sarebbero raccolte nei mari e nei laghi del pianeta, dando origine a un «brodo primitivo». In questi ambienti, piccole molecole contenenti carbonio avrebbero reagito tra loro per formare molecole più grandi, le **biomolecole**.

Oparin diede così forma a un'intuizione di Charles Darwin (1809-1882), che in una lettera del 1871 sosteneva che la vita avrebbe potuto originarsi «in una pozza d'acqua calda» in cui fossero disponibili dei sali minerali insieme a luce, calore ed elettricità.

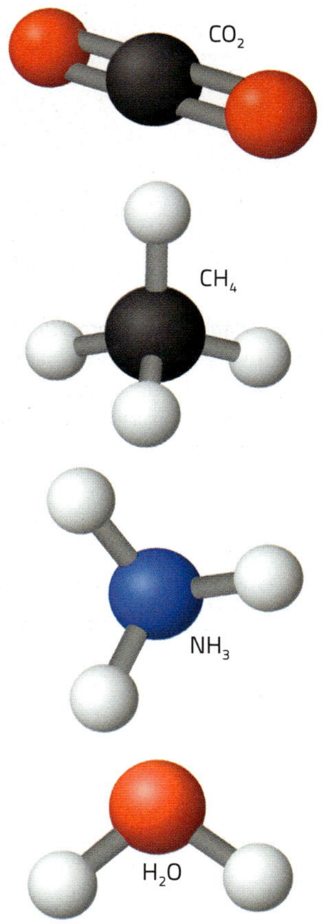

▲ **Figura 5**
Gli elementi chimici all'origine della vita (H, O, C, N) formano il diossido di carbonio (CO_2), il metano (CH_4), l'ammoniaca (NH_3) e l'acqua (H_2O).

L'esperimento di Miller-Urey conferma l'ipotesi di Oparin

Oparin pubblicò le sue ipotesi nel 1922, ma la comunità scientifica non diede loro molto credito. Verso la metà del secolo scorso, però, si ebbe la prima conferma sperimentale dell'ipotesi di Oparin grazie al lavoro di **Stanley Miller** e di **Harold Urey**, due ricercatori dell'Università di Chicago.

Miller e Urey simularono in laboratorio le condizioni ambientali ritenute probabili sulla Terra primitiva (**figura 6**); fecero circolare alcuni gas come l'idrogeno, il vapore acqueo, il metano e l'ammoniaca fra un «oceano» posto in basso (una fiasca di vetro contenente acqua riscaldata) e una sovrastante «atmosfera» (un altro contenitore di vetro posto in alto). In questo sistema chiuso, l'«oceano» veniva riscaldato per far evaporare l'acqua, che saliva nell'«atmosfera» dove erano presenti molte scariche elettriche che simulavano l'azione dei fulmini. A questo punto i gas «tornavano al suolo» scendendo in un tubo raffreddato per far condensare il vapore e farlo tornare allo stato liquido: le gocce contenevano tracce di molecole organiche che si accumulavano in basso, nella porzione di tubo che si ricollegava all'oceano.

Dopo una settimana di attività, Miller e Urey analizzarono la soluzione e scoprirono che conteneva diversi tipi di amminoacidi e altre molecole organiche. Con questo esperimento i due ricercatori dimostrarono in laboratorio che le biomolecole possono essersi formate spontaneamente a partire da composti chimici più semplici. Attraverso altri esperimenti simili, sono stati successivamente pro-

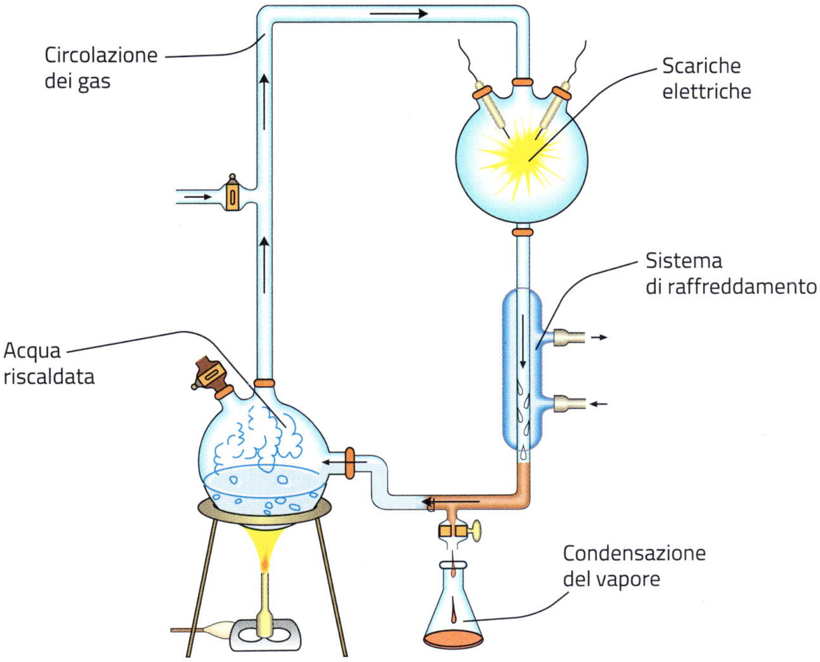

◂ **Figura 6**
L'esperimento di Miller e Urey riuscì a dimostrare che le molecole organiche potevano formarsi spontaneamente partendo dalla materia inorganica.

dotti quasi tutti gli amminoacidi e anche i nucleotidi, i componenti strutturali del materiale ereditario, il DNA e l'RNA.

In seguito, altri ricercatori hanno preso in considerazione nuove ipotesi sulla composizione dell'atmosfera, soprattutto per quanto riguarda l'apporto di sostanze che giunge dalle eruzioni vulcaniche; anche attualmente sono infatti presenti *camini idrotermali*, piccoli crateri che si trovano sul fondo degli oceani, da cui esce acqua calda proveniente dall'interno della Terra (**figura 7**). Questo fatto ha condotto alcuni ricercatori, tra cui il tedesco Günter Wächtershäuser, a ipotizzare che la vita si sia originata in questi ambienti, sfruttando la disponibilità di calore e di composti contenenti ferro e zolfo. Nel settembre del 2016, però, un articolo apparso sulla rivista *Scientific Reports* ha messo in discussione le deduzioni di Wächtershäuser, sostenendo che le biomolecole sarebbero state danneggiate dalle temperature fin troppo alte di queste zone dell'oceano.

In disaccordo con le ipotesi sull'origine della vita formulate da Oparin, alcuni scienziati hanno ipotizzato che le forme di vita più semplici attualmente esistenti siano comunque troppo complesse per avere avuto origine sulla Terra. Essi hanno quindi spostato la ricerca dell'origine della vita nello spazio interstellare e formulato una serie di ipotesi che va sotto il nome di **teoria della panspermia**. Qualunque sia stata la loro origine, oggi è possibile sostenere che le biomolecole e gli aggregati presenti nelle acque primordiali siano state quelle avvantaggiate dal punto di vista chimico-fisico e pertanto favorite da un processo di *selezione prebiologica*, si è infatti diffuso nell'ambiente il sistema in grado di duplicarsi con maggiore efficienza.

▴ **Figura 7**
I camini idrotermali sottomarini sono sorgenti poste sul fondo dell'oceano attraverso cui fuoriesce acqua a 400 °C, ricca di minerali sulfurei e ferrosi provenienti dall'interno della Terra.

Leggi l'approfondimento nell'ebook
Per saperne di più
Un'origine extraterrestre per la vita

Le prime cellule si sono formate assemblando biomolecole

Il lavoro dei primi studiosi sull'origine della vita diede risultati tanto soddisfacenti che sembrò imminente una spiegazione completa sul modo in cui si fosse giunti alla comparsa delle cellule. Ma le cose non andarono così, perché la spiegazione del passaggio dalle biomolecole alle cellule risultò molto più complessa di quanto ci si potesse attendere.

Secondo Oparin, una volta avviata la loro sintesi, col passare del tempo le biomolecole sarebbero diventate via via più numerose nei mari, per cui si sarebbero trovate sempre più vicine a causa della maggiore concentrazione. Ciò avrebbe favorito la loro combinazione, dando luogo a piccoli sistemi. A questo punto, all'evoluzione chimica avrebbe fatto seguito una nuova fase del processo, che Oparin chiamò **evoluzione prebiologica**.

Le parole

Il termine **metabolismo** deriva dal greco *metabolé* che significa «cambiamento» e indica l'insieme di tutte le reazioni che si svolgono in una cellula.

A colpo d'occhio

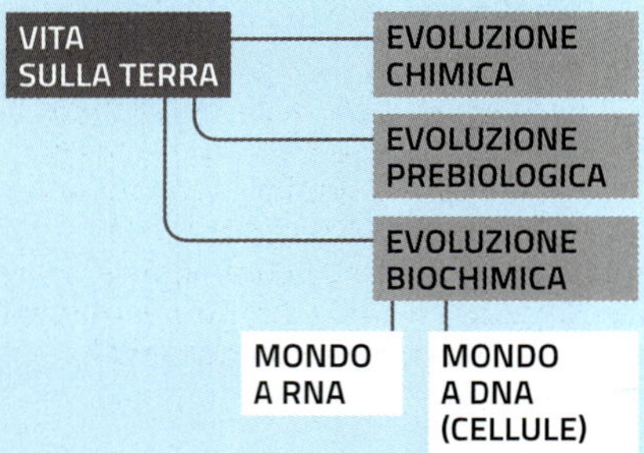

Oparin immaginava dei sistemi complessi non ancora pienamente viventi, detti *coacervati*, formati da sostanze oleose che in acqua non si disperdevano. Nel 1956, lo statunitense Sidney W. Fox propose l'ipotesi dei *proteinoidi*, aggregati proteici che si formano spontaneamente in seguito a riscaldamento e che avrebbero potuto mostrare una versione primitiva e abbozzata del moderno **metabolismo**. Fox proponeva una soluzione a uno dei due aspetti problematici su cui poggia l'origine della vita, quello di come i primi organismi viventi ottenessero energia e materiali per crescere e riprodursi. Fox, tuttavia, non riuscì a chiarire il secondo problema fondamentale per i viventi, quello della capacità di riprodursi.

Le proteine sono i «mattoni» del metabolismo, ma le cellule hanno bisogno anche del «libretto di istruzioni» che guidi la loro riproduzione e questa informazione è rappresentata dal DNA. Questi due componenti sono indissolubili: alle cellule servono le proteine per produrre il DNA, ma serve il DNA per produrre le proteine. La soluzione a questo dilemma è stata proposta inizialmente tra il 1967 e il 1968 da diversi biologi ed è stata elaborata e completata nel corso dei trent'anni successivi, portando a quello che è chiamato lo scenario del **mondo a RNA** (**figura 8**). Questa ipotesi prevede che i sistemi chimici dai quali ha preso avvio la vita fossero basati interamente sull'RNA, uno dei due acidi nucleici presenti nelle cellule (l'altro è il DNA). La molecola di RNA avrebbe potuto formarsi anche per via non biologica nelle condizioni della Terra primordiale e avrebbe svolto sia il ruolo di catalizzatore sia quello di memoria genetica. Proteine e DNA, che svolgono queste funzioni nelle cellule attuali, avrebbero avuto origine in una fase successiva dell'**evoluzione biochimica**.

A partire dal mondo a RNA, si sono susseguiti diversi cambiamenti evolutivi di grande importanza; primo fra tutti è stata la comparsa di una membrana lipidica in grado di avvolgere i primi organismi senza però isolarli completamente dall'ambiente. Circa 3,5 miliardi di anni fa sono comparse le prime cellule fotosintetiche che ricavavano energia dalla luce solare: le *cellule procariotiche*. Risale, invece, a 1,5 miliardi di anni fa la comparsa delle *cellule eucariotiche*, che sono più grandi e più complesse di quelle procariotiche e sono caratterizzate da suddivisioni interne specializzate, tra cui il nucleo e gli organuli.

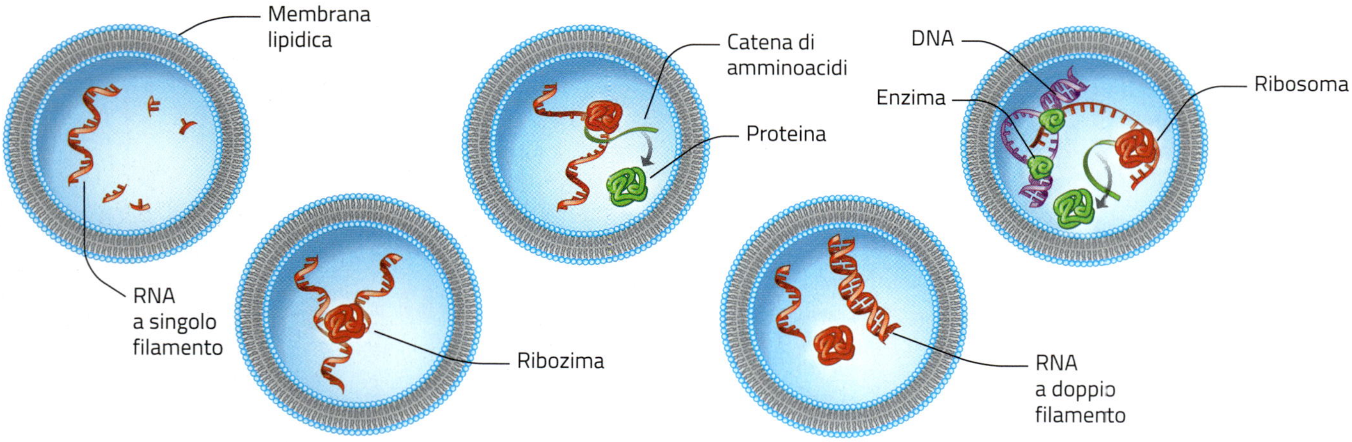

▲ **Figura 8**
L'ipotesi di un «mondo a RNA» prevede che prima della comparsa del DNA, l'RNA agisse sia da programmatore della sintesi proteica sia da catalizzatore per la propria duplicazione (ribozima). Le molecole di DNA, deputate a conservare le informazioni genetiche, potrebbero essersi evolute in seguito, a partire dall'RNA.

Tutti i viventi hanno alcune caratteristiche in comune

A prescindere da come si siano originate, oggi esistono molte forme di vita sulla Terra e ogni giorno ne vengono scoperte di nuove. Può essere complesso dare una definizione del termine «vivente», per cui è forse meglio considerare analogie e differenze con ciò che consideriamo «non vivente». Esistono infatti alcuni aspetti che permettono di classificare le rocce come non viventi e i coralli o i licheni come viventi; vediamo i più importanti (**figura 9**).

Tutti gli esseri viventi sulla Terra sono formati da **cellule**: alcuni sono formati da una sola cellula (organismi *unicellulari*), altri sono organismi *pluricellulari*, ma possono essere grandi come uno squalo balena o piccoli come le spugne. Ogni organismo **preleva energia dall'ambiente** per costruire le proprie molecole essenziali e svolgere i processi chimici. Queste molecole sono chiamate *biomolecole* e sono composti «organici», cioè composti del carbonio che non possono essere prodotti senza la presenza di almeno una cellula. Appartengono a questo gruppo le proteine, i carboidrati, i lipidi e gli acidi nucleici.

Oltre a ciò, tutti i viventi **si riproducono**, sono cioè in grado di trasmettere il proprio materiale genetico alla propria discendenza che, pertanto, saranno simili a chi li ha generati. Gli organismi sono anche **adattati all'ambiente** in cui vivono: in seguito a un lungo processo, chiamato *evoluzione*, ogni vivente è in grado di sopravvivere nel suo ambiente. Inoltre, **rispondono agli stimoli** provenienti dall'ambiente esterno, come nel caso dei cactus che vivono nel deserto, che aprono i loro fiori solo di notte per proteggerli dal caldo diurno.

Attualmente tutta la vita esistente sulla Terra è presente in una fascia denominata *biosfera*, che comprende tutta la superficie terrestre e si estende per 8-10 km nell'atmosfera e nelle profondità marine.

Tutti gli organismi che vivono sulla Terra sono fatti da due soli tipi di cellule: alcuni sono unicellulari, vivono in quasi tutti gli ambienti terrestri e sono costituiti da cellule piccole e non suddivise in compartimenti interni; questo tipo di cellula si chiama **cellula procariotica** e questi organismi sono detti *procarioti*. Invece gli *eucarioti* comprendono sia organismi unicellulari, sia organismi pluricellulari e le cellule che li costituiscono, chiamate **cellule eucariotiche**, sono più grandi e più complesse di quelle procariotiche: il loro citoplasma è suddiviso in compartimenti, il più importante dei quali è il **nucleo**, che contiene il DNA.

A colpo d'occhio

ESSERE VIVENTE
- FORMATO DA CELLULE
- ASSORBE E CONSUMA ENERGIA
- SI RIPRODUCE
- È ADATTATO ALL'AMBIENTE
- RISPONDE AGLI STIMOLI

Le parole

Il termine **eucariote** deriva dal greco e contiene le parole *eu-*, «vero» e *karion*, «nucleo»; significa quindi «con un vero nucleo»; **procariote** significa invece «prima del nucleo». L'etimologia è legata alla possibilità di vedere o meno il nucleo durante le osservazioni al microscopio.

◂ **Figura 9**
I viventi sono formati da cellule (A), estraggono energia dall'ambiente (B), si riproducono (C), si sono adattati all'ambiente in cui vivono (D) e rispondono agli stimoli (E).

Facciamo il punto

1. Che cosa prevede l'ipotesi di Oparin sulla sintesi delle prime molecole organiche?
2. Descrivi brevemente l'esperimento di Miller-Urey.
3. Che cosa si intende per «evoluzione prebiologica»?
4. Quali aspetti differenziano gli esseri viventi dai non viventi?
5. Che cosa distingue i precarioti dagli eucarioti?

3 Le caratteristiche delle cellule

Il microscopio ha rivelato un mondo sconosciuto

L'osservazione e lo studio dei viventi è antica quanto l'uomo, ma soltanto nel Seicento ci si è resi conto dell'esistenza di microrganismi invisibili a occhio nudo. Tale scoperta è stata resa possibile dall'invenzione del **microscopio**.

I primi microscopi di cui si ha notizia possono essere attribuiti a Galileo e a Cartesio. Tuttavia, le prime osservazioni sistematiche vennero effettuate dall'olandese Antony van Leeuwenhoek (1632-1723) e dall'inglese **Robert Hooke** (1635-1703). A Hooke, fisico, matematico e naturalista si devono molte intuizioni, tra cui la teoria ondulatoria della luce e l'idea di poter determinare l'accelerazione di gravità. Hooke fu anche autore, nel 1665, del primo trattato di microscopia, *Micrographia*, che illustra con splendide tavole molti tipi di cellule diverse; tra esse le prime che destarono la sua curiosità furono quelle del sughero (**figura 10**). I primi microscopi, tuttavia, causavano alterazioni molto pronunciate nell'immagine che fornivano all'occhio, il che li rendeva poco affidabili e difficili da usare. Le prime lenti con prestazioni abbastanza elevate, tanto da trasformare il microscopio in un vero e proprio strumento per osservazioni scientifiche, risalgono alla fine del Settecento.

▲ **Figura 10**
Alcune pagine dell'opera *Micrographia* di Robert Hooke, nella quale lo scienziato riporta immagini e descrizioni delle sue osservazioni: un tappo di sughero, parti di insetti, foglie e semi.

Senza l'aiuto di uno strumento ottico, l'occhio umano è in grado di distinguere oggetti distanti tra loro non meno di 1/10 di millimetro, pari a 100 μm (micrometri); la capacità di mostrare come distinti, o separati, due punti vicini è detta **potere di risoluzione** (**tabella 1**). Per esempio, se si osservano due linee distanti fra loro meno di 0,1 mm, esse appariranno come un'unica linea spessa; analogamente, due puntini distanti meno di 0,1 mm appaiono come un unico puntino sfumato. Al contrario, se si osservano a occhio nudo due linee (o due puntini) che distano 120 mm, esse appariranno ben distinguibili l'una dall'altra.

La maggior parte delle cellule eucariotiche ha un diametro compreso tra i 10 e i 30 μm, circa 3-10 volte al di sotto del potere di risoluzione dell'occhio umano; le cellule procariotiche sono ancora più piccole. Per distinguere le singole cellule e osservare la loro struttura interna, quindi, dobbiamo utilizzare strumenti che aumentino il potere di risoluzione del nostro occhio.

► **Tabella 1**
La conversione delle unità di misura utilizzate nelle osservazioni al microscopio.

centimetro	1 cm	= 1/100 m
millimetro	1 mm	= 1/1000 m = 1/10 cm
micrometro	1 μm	= 1/1 000 000 m = 1/10 000 cm
nanometro	1 nm	= 1/1 000 000 000 m = 1/10 000 000 cm
angstrom	1 Å	= 1/10 000 000 000 m = 1/100 000 000 cm
notazione esponenziale	1 m	$= 10^2$ cm $= 10^3$ mm $= 10^6$ μm $= 10^9$ nm $= 10^{10}$ Å

La cellula è l'unità di base di tutti gli esseri viventi

Dall'osservazione del sughero Hooke inventò il termine «cellula» per definire le piccole cellule che vedeva al microscopio, ma lo stesso termine acquisì un'importanza molto maggiore nell'Ottocento, grazie agli studi di Matthias Schleiden, Theodor Schwann e Rudolf Virchow.

Uno dei principi fondamentali della biologia è che tutti gli organismi viventi sono formati da una o più cellule tra loro molto simili. Questo concetto è d'importanza capitale per la biologia in quanto mette in evidenza l'**unitarietà di base** di tutti i sistemi viventi e anche la loro origine comune.

Le caratteristiche generali che contraddistinguono una cellula da altri sistemi chimici sono:

- la presenza di quattro tipi di composti organici chiamati **biomolecole** (le proteine, gli zuccheri, i grassi e gli acidi nucleici);

Curiosità

Nel 1838 il botanico tedesco Schleiden giunse alla conclusione che tutti i tessuti vegetali sono costituiti da insiemi organizzati di **cellule**. L'anno seguente lo zoologo Theodor Schwann estese le osservazioni di Schleiden ai tessuti animali e propose una base cellulare comune a tutti gli organismi viventi. Nel 1858, infine, l'idea che tutti gli organismi fossero formati da una o più cellule assunse un significato ancora più ampio, quando l'anatomopatologo Rudolf Virchow affermò che le cellule possono essere originate solo da altre cellule preesistenti.

- l'esistenza di una **membrana plasmatica**, che separa la cellula dall'ambiente circostante e le permette di mantenere una propria identità chimica;
- la presenza di **citoplasma** all'interno della membrana plasmatica, un materiale semifluido in cui avvengono tutte le reazioni cellulari (*metabolismo*);
- la presenza di **enzimi**, un tipo di proteine indispensabili per il controllo e l'attivazione delle reazioni chimiche da cui dipende la vita;
- la capacità di **dividersi** e dare origine a nuove cellule;
- la possibilità di **evolversi** grazie a piccole variazioni che compaiono nel corso delle generazioni; l'evoluzione è il processo che ha prodotto tutti gli organismi attuali a partire dalle prime cellule comparse sulla Terra.

Le cellule hanno tutte piccole dimensioni

La cellula di un batterio come *Escherichia coli* ha un diametro di circa 1 μm e un volume di circa 1 μm^3; in generale questo è l'ordine di grandezza dei procarioti. Le cellule eucariotiche, invece, sono 10 volte più grandi come diametro e fino a 1000 volte più grandi come volume. Nella gran parte dei casi, quindi, le cellule sono piccole e invisibili a occhio nudo (**figura 11**).

Il limite principale alle dimensioni della cellula è stabilito dal **rapporto tra superficie e volume**. Il volume corrisponde alla quantità di citoplasma e può essere preso come stima della quantità di attività chimica svolta dalla cellula. Invece la superficie corrisponde all'estensione della membrana e influisce sulla quantità di sostanze che la cellula può scambiare con l'esterno, poiché è grazie alla membrana che i nutrienti sono prelevati dall'ambiente e i prodotti di scarto sono riversati all'esterno.

▼ **Figura 11**
La scala delle dimensioni degli oggetti, da 0,1 nm a 1 km, con indicati gli strumenti più adeguati per osservarli.

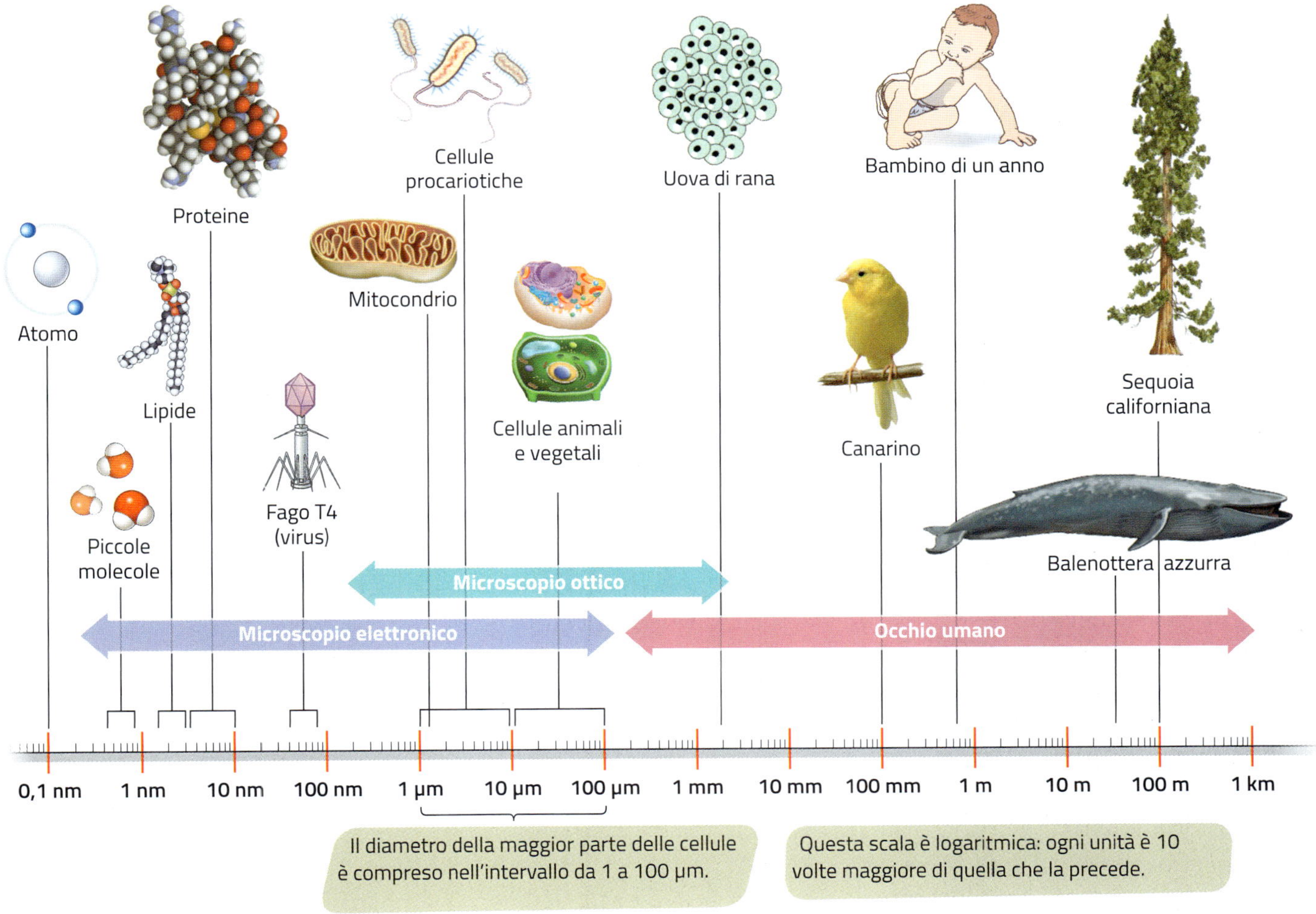

I microscopi possono essere ottici, elettronici o al laser

Oggi un **microscopio ottico** (**figura A**) ha potere di risoluzione di 200 nm; utilizzando obiettivi adatti, come quelli a immersione in olio, si possono ottenere ingrandimenti di circa 1000-1200 volte rispetto alle dimensioni originarie del campione, sufficienti a distinguere le principali strutture cellulari e gli organuli più grandi.

Nella maggior parte dei casi, tuttavia, una cellula osservata al microscopio appare di un colore uniforme e semitrasparente. Per rendere visibili le diverse strutture è necessario trattare i campioni da osservare con speciali coloranti (come l'eosina o il blu di metilene), in grado di colorare in modo diverso, per esempio, i nuclei e il citoplasma.

È praticamente impossibile costruire un microscopio ottico più efficace perché questo è il massimo livello di risoluzione ottenibile dalla lunghezza d'onda della luce; per visualizzare strutture più piccole è necessario ricorrere ad altre fonti di energia.

Il **microscopio elettronico a trasmissione** (TEM) ha un potere di risoluzione di circa 1000 volte quello del microscopio ottico (**figura B**). Esso sfrutta una sorgente con lunghezza d'onda molto più corta, costituita da fasci di elettroni invece che da raggi luminosi. Gli elettroni sono componenti degli atomi, ma hanno un comportamento ondulatorio e possono essere utilizzati al posto della radiazione luminosa. I microscopi elettronici a trasmissione offrono oggi un potere di risoluzione di circa 0,2 nm, approssimativamente 500 000 volte maggiore di quello dell'occhio umano, ma sono meno agevoli da usare: il preparato deve essere una sezione estremamente sottile per far passare gli elettroni – si ricorre per questo a uno strumento chiamato *microtomo* – e deve trovarsi in un ambiente privo di aria. L'immagine ottenuta al TEM permette di vedere particolari strutturali che altrimenti sarebbero invisibili, ma è in bianco e nero e deve essere colorata per migliorarne la visione.

Il **microscopio elettronico a scansione** (SEM) utilizza un fascio di elettroni che viene fatto scorrere su tutta la superficie del campione (**figura C**). Questo consente di ottenere rappresentazioni tridimensionali di cellule e di strutture cellulari. Il suo potere risolutivo va da 1 a 5 nm.

Una tecnica molto recente è la **criomicroscopia elettronica**, in cui il campione da osservare viene congelato in etano liquido ed è poi osservato per pochi istanti prima che si deteriori. La risoluzione delle immagini così ottenute è molto alta e permette di decifrare la forma di strutture sconosciute: un esempio è l'involucro esterno del virus Zika.

Esiste, poi, il **microscopio a forza atomica**, che non usa lenti e non necessita di alcun trattamento del campione; in questo strumento, una microsonda del diametro di circa 20-30 nm viene fatta scorrere sul campione mentre è illuminata da un raggio laser. Le oscillazioni dovute alla forma del campione (sporgenze, cavità), causano lo spostamento della luce laser riflessa dalla sonda. Questi spostamenti sono registrati dalla macchina che costruisce un'immagine tridimensionale della superficie del campione analizzato. Questo strumento ha un potere risolutivo nell'ordine di 0,1 nm e si usa per studiare singole macromolecole. In molti casi è interessante osservare uno stesso preparato con i diversi tipi di microscopi, poiché ognuno è in grado di fornire diverse e specifiche informazioni.

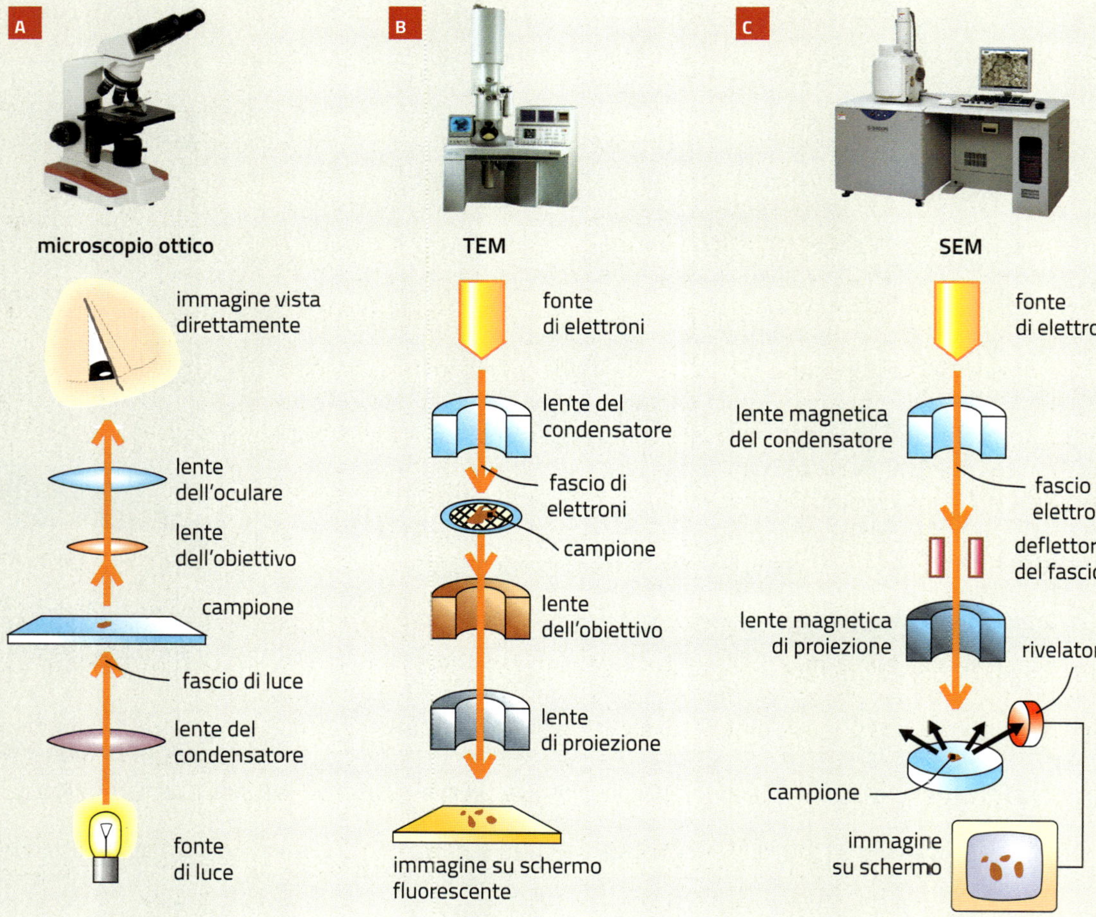

▸ **Figura**
Confronto tra il microscopio ottico (A), il microscopio elettronico a trasmissione (B) e il microscopio elettronico a scansione (C).

La **figura 12** mostra come in un solido geometrico il rapporto tra superficie e volume aumenti rapidamente a mano a mano che il volume diminuisce. Analogamente, le cellule più piccole hanno un rapporto maggiore tra area superficiale e volume rispetto a quelle grandi, se si considera che abbiano la stessa forma. Se per semplicità consideriamo modelli cellulari di forma cubica aventi spigolo l, ne deriva che la superficie sarà $s = 6 \cdot l^2$ e il volume $V = l^3$. Pertanto al diminuire di l il volume diminuirà più rapidamente della superficie e il rapporto s/V aumenterà. Tale rapporto ha influenza sulla sopravvivenza della cellula, in quanto è di vitale importanza che essa comunichi costantemente con l'ambiente circostante per effettuare uno scambio di materiali, infatti sia le sostanze che sono introdotte nella cellula sia quelle di rifiuto che vengono espulse devono attraversare la membrana plasmatica. Queste sostanze sono i materiali di partenza e i prodotti finali del metabolismo cellulare: quanto più è attivo il metabolismo della cellula, tanto più rapidamente devono avvenire gli scambi con l'ambiente, affinché la cellula possa continuare a svolgere le sue funzioni.

Questi tre solidi hanno lo stesso volume, ma superficie molto diversa.

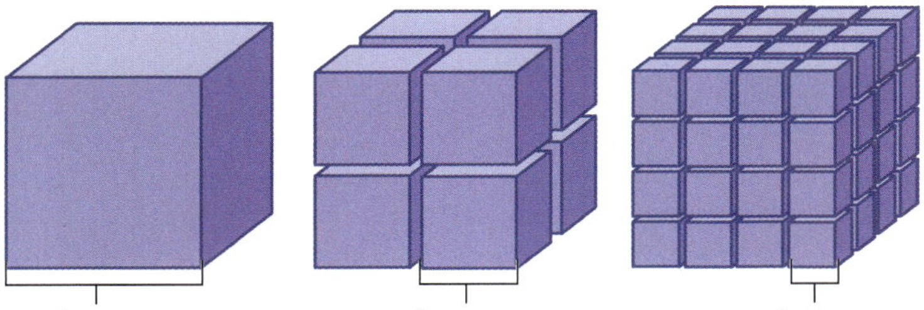

Volume	64 cm³	64 cm³	64 cm³
Superficie	96 cm²	192 cm²	384 cm²
Superficie / Volume	$\frac{96}{64} = 1,5$	$\frac{192}{64} = 3$	$\frac{384}{64} = 6$

◂ **Figura 12**
Un cubo di 4 cm di lato, otto cubi con il lato di 2 cm e sessantaquattro cubi di 1 cm hanno nel complesso lo stesso volume; tuttavia, dividendo il volume in unità più piccole, aumenta il rapporto tra area superficiale e volume.

Nelle cellule più piccole il rapporto tra area superficiale e volume è maggiore che nelle cellule più grandi; per questo, in un dato periodo di tempo, la quantità di sostanze che possono entrare o uscire da esse è proporzionalmente maggiore, perciò le cellule più piccole sono in genere metabolicamente più attive.

Un'altra possibilità di rendere più efficienti gli scambi con l'esterno e aumentare la velocità del metabolismo può giungere dalla modifica della forma della cellula. Una cellula di forma appiattita e con una superficie frastagliata avrà un rapporto s/V molto superiore a una cellula sferica con lo stesso volume. Per questo, sebbene le cellule poste singolarmente in un ambiente liquido tendano ad avere un aspetto sferico, in un contesto differente possono mostrare una grande varietà di forme. Per esempio, le cellule delle piante, dei funghi e di molti organismi unicellulari sono quasi sempre circondate da una parete cellulare rigida che ne determina la forma, mentre cellule che si muovono nell'acqua e devono catturare le molecole di cibo (come le amebe) tendono a cambiare la propria forma di continuo (**figura 13**).

Un altro limite alle dimensioni cellulari riguarda la capacità del nucleo di regolare i processi che si svolgono in una cellula grande e metabolicamente attiva; è per questo il motivo che alcuni tipi di cellule di grosse dimensioni, come le cellule muscolari umane e le cellule di alcuni funghi, dispongono di due o più nuclei.

Una diatomea è un'alga provvista di parete cellulare rigida, che protegge la cellula, ma la confina in una forma invariata.

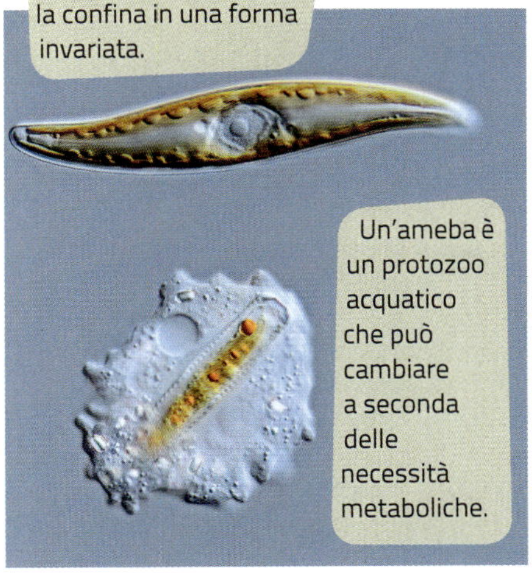

Un'ameba è un protozoo acquatico che può cambiare a seconda delle necessità metaboliche.

▴ **Figura 13**
Forma rigida e forma variabile di due eucarioti: una diatomea e un'ameba.

Facciamo il punto

1. Quali sono i vantaggi offerti dal microscopio ottico?
2. Quali altri tipi di microscopio esistono?
3. Che cosa distingue una cellula da un altro sistema chimico?
4. Perché una cellula piccola è favorita rispetto a una cellula grande?

4 Cellule procariotiche e cellule eucariotiche

I procarioti sono piccoli e privi di nucleo

I procarioti e gli eucarioti hanno in comune due caratteristiche fondamentali: una membrana esterna che separa la cellula dall'ambiente esterno, detta *membrana plasmatica*, e il *materiale genetico* che dirige le attività di una cellula e le consente di riprodursi, trasmettendo i suoi caratteri ereditari alle cellule di nuova formazione e ai discendenti.

I **procarioti** sono comparsi prima sulla Terra e hanno una struttura più semplice degli eucarioti. Ciò nonostante, comprendono una grande varietà di organismi che si differenziano sia per il tipo di metabolismo che effettuano sia per l'ambiente in cui vivono: esistono forme patogene (che provocano malattie), forme che non entrano in contatto con altri organismi (pur vivendo nello stesso ambiente) e anche tipologie utili all'ambiente. I procarioti hanno tutti la stessa struttura di base, alla quale si aggiungono strutture specializzate presenti solo in alcune specie.
La struttura di base delle cellule procariotiche (**figura 14A**) comprende:

- la **membrana plasmatica**, che consente alla cellula di restare distinta dall'ambiente circostante;
- il **citoplasma**, nel quale avvengono le reazioni del metabolismo;
- il **cromosoma batterico**, che conserva le informazioni ereditarie e consente alla cellula di riprodursi.

La **membrana plasmatica** rappresenta il confine tra l'ambiente cellulare e quello esterno e agisce come una *barriera semipermeabile e selettiva*; alcune sostanze possono attraversarla liberamente, mentre altre sono bloccate all'esterno o all'interno.

All'interno della membrana plasmatica si trova il **citoplasma**, una soluzione acquosa formata da una parte più fluida, chiamata *citosol*, e diversi tipi di aggregati insolubili, tra cui i **ribosomi**, i siti in cui avviene la sintesi delle proteine.

Una zona particolare del citoplasma, il **nucleoide**, contiene il cromosoma batterico costituito da una molecola circolare di DNA: questa molecola fornisce le informazioni per la sintesi delle proteine, che ha luogo sui ribosomi.

A colpo d'occhio

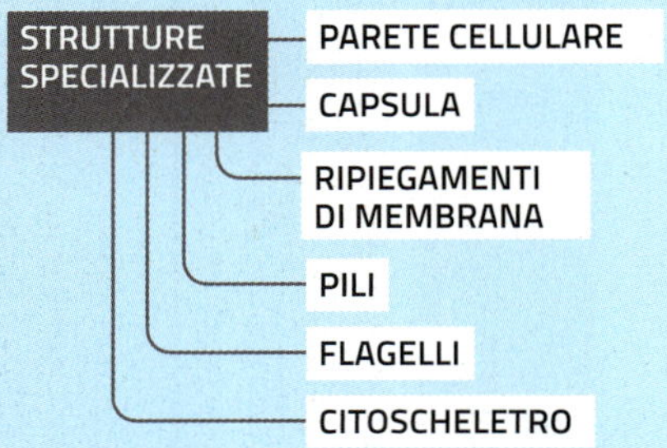

Alcuni procarioti possiedono strutture specializzate

Nel corso dell'evoluzione, alcune specie di procarioti hanno sviluppato strutture per adattarsi a condizioni di vita particolari. Le strutture specializzate dei batteri sono la *parete cellulare*, la *capsula*, i *ripiegamenti* della membrana plasmatica, i *flagelli*, i *pili* e il *citoscheletro* (**figura 14B**).

▼ **Figura 14**
(A) Fotografia al microscopio elettronico a trasmissione di un gruppo di batteri *Neisseria meningitidis*, con evidenziati il nucleoide e il citoplasma. (B) Le strutture specializzate di un batterio, come la capsula, i pili e il flagello.

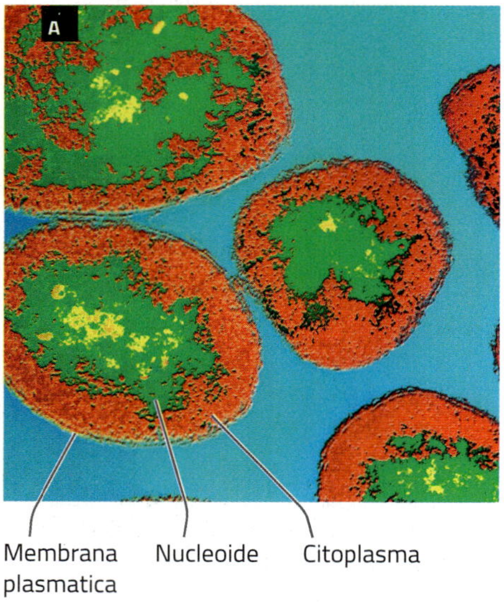

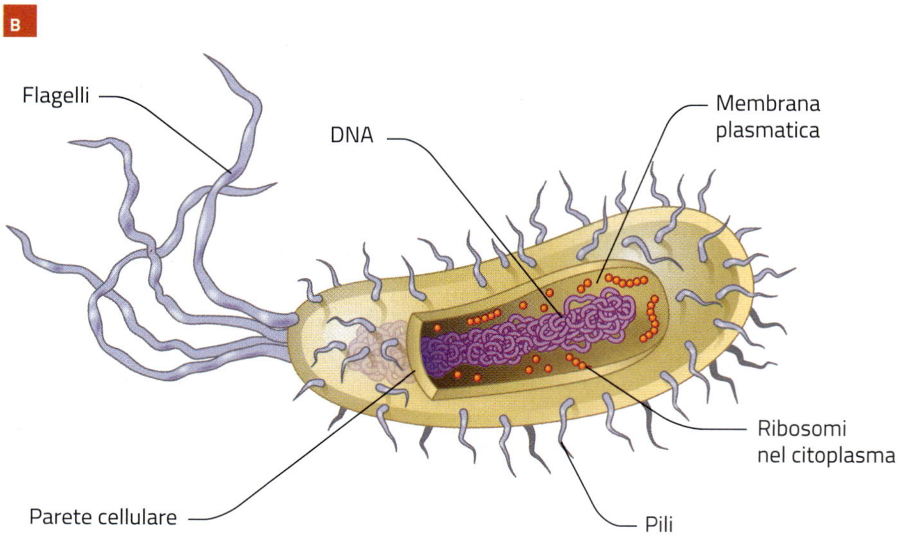

La **parete cellulare** è esterna alla membrana plasmatica, ha funzione di sostegno e determina la forma della cellula. Nei batteri la parete è costituita da un complesso di zuccheri e proteine, ma la composizione chimica dei due gruppi è molto diversa.

In molti batteri, attorno alla parete è presente un ulteriore rivestimento chiamato **capsula**, che aiuta la cellula ad aderire al substrato e la protegge dall'essiccamento; a differenza della parete, però, la capsula non è indispensabile alla vita del batterio. Un tipo particolare di batteri, chiamati batteri Gram– (*vedi* scheda **3**), possiedono una seconda membrana cellulare all'esterno della parete che li rende maggiormente resistenti ad alcuni antibiotici.

Un'altra specializzazione riguarda i *cianobatteri*, un gruppo di batteri fotosintetici chiamati anche «alghe azzurre» (**figura 15**); in queste cellule la membrana plasmatica si ripiega verso l'interno del citoplasma formando un **sistema di membrane** che ospita il pigmento clorofilla e le altre sostanze responsabili della fotosintesi. Questo stratagemma permette al batterio di ampliare la propria superficie fotosintetica, rendendo più efficiente il processo di produzione di zuccheri. Riparleremo più nel dettaglio della fotosintesi nelle prossime pagine di questo capitolo.

▼ Figura 15
Fotografie al microscopio elettronico a trasmissione di cianobatteri, con evidenziati in verde i ripiegamenti della membrana che ospitano la clorofilla e gli enzimi responsabili della fotosintesi.

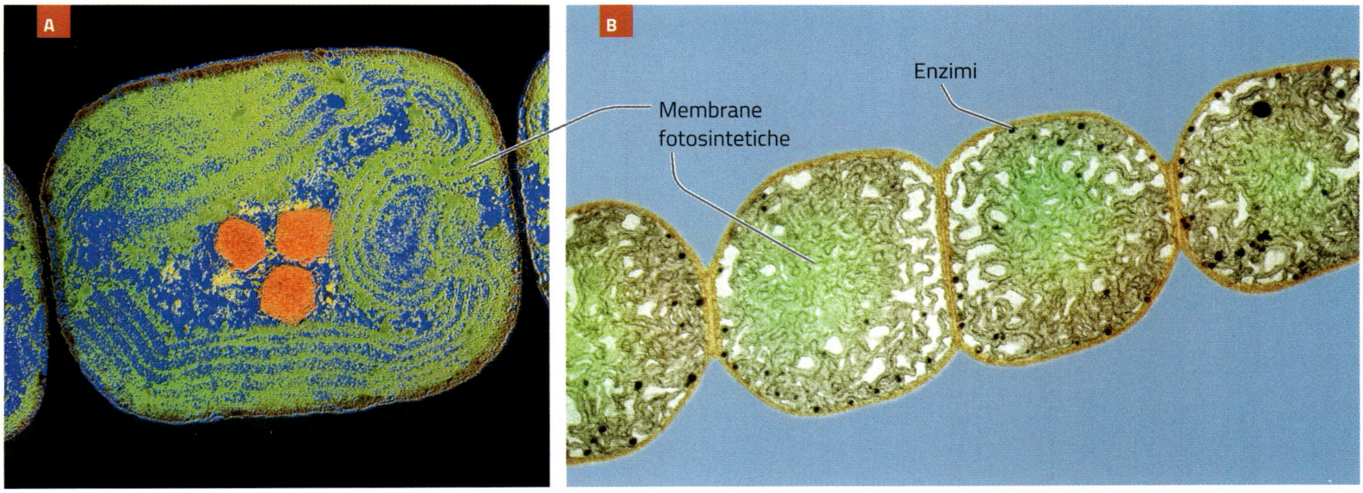

Molte specie di procarioti si muovono nell'acqua usando appendici denominate **flagelli** costituiti da proteine contrattili. Il flagello ha la forma di un piccolo cavatappi che ruota sul proprio asse come un'elica, spingendo avanti la cellula (**figura 16**); senza i flagelli, la cellula non è più in grado di spostarsi.

Come vedremo, anche le cellule eucariotiche possono avere i flagelli, ma i flagelli eucariotici sono completamente diversi per struttura e funzionamento. Altri procarioti possiedono strutture più corte e più numerose chiamate **pili**; i pili servono a far aderire i batteri al substrato su cui vivono o alle cellule animali da cui ricavano cibo e protezione. Un tipo particolare di pili (i *pili sessuali*) è coinvolto nel processo di *coniugazione*, grazie al quale alcune specie di batteri possono scambiarsi materiale genetico.

Infine, con il nome di **citoscheletro** si indica l'insieme dei filamenti attivi nella divisione cellulare o nel mantenimento della forma delle cellule. In passato si pensava che soltanto le cellule eucariotiche possedessero un citoscheletro, ma recentemente i biologi hanno verificato che questa struttura è diffusa anche tra i procarioti.

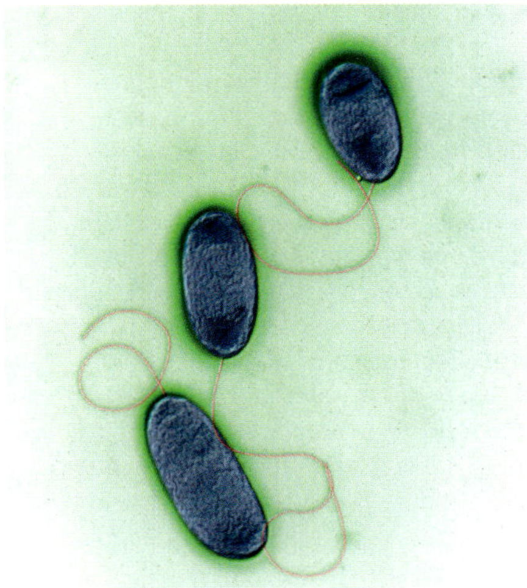

▲ Figura 16
Il batterio *Pseudomonas aeruginosa* è dotato di pili sulla superficie cellulare e di flagelli nella parte terminale che ne facilitano il movimento.

Le cellule eucariotiche presentano numerosi organuli

Come le cellule procariotiche, anche quelle eucariotiche sono delimitate da una membrana plasmatica e contengono citoplasma, ribosomi e DNA. Le cellule eucariotiche hanno tuttavia dimensioni maggiori, fino a dieci volte di più, e possiedono una struttura interna più complessa. Il citoplasma delle cellule eucariotiche è suddiviso in compartimenti interni delimitati da membrana chiamati **organuli**.

I due tipi fondamentali di cellule eucariotiche sono la **cellula animale** e la **cellula vegetale** (figura 17) che, se osservate al microscopio ottico, mostrano un grande organulo, il *nucleo*. Utilizzando microscopi più potenti emergono altri organuli, come il *reticolo endoplasmatico*, l'*apparato di Golgi*, i *mitocondri*, i *cloroplasti* e i *lisosomi*.

Ognuna di queste strutture costituisce un compartimento specializzato che svolge specifiche funzioni: il nucleo contiene le informazioni ereditarie, il reticolo endoplasmatico sintetizza le sostanze che vengono rielaborate dall'apparato di Golgi, i cloroplasti producono zuccheri e i mitocondri energia, i lisosomi degradano le sostanze di rifiuto. Come la membrana plasmatica, anche le membrane interne che delimitano gli organuli sono selettivamente permeabili e contribuiscono a creare un ambiente interno diverso dal resto del citoplasma.

Nelle cellule eucariotiche si osservano anche grandi complessi di molecole che non sono delimitati da membrane, ma che svolgono anch'essi funzioni specifiche: ne sono un esempio le fibre del *citoscheletro*, che sostengono la cellula, ne mantengono la forma e sono alla base del movimento cellulare.

▾ **Figura 17**
Rappresentazione delle principali componenti di una generica cellula animale (A) e di una cellula vegetale (B).

A **Cellula eucariote animale**

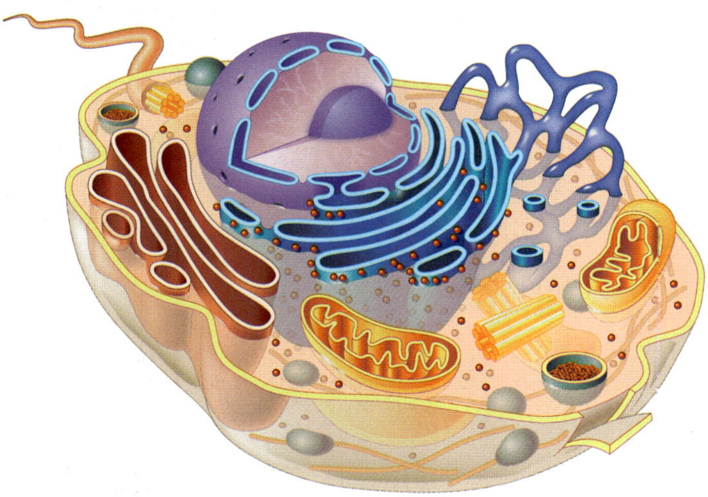

B **Cellula eucariote vegetale**

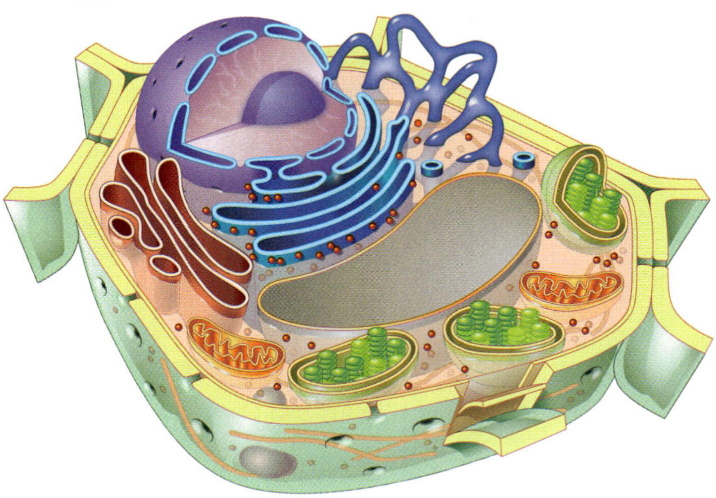

2 - Per saperne di più

La colorazione di Gram

Nella seconda metà dell'Ottocento i microbiologi hanno messo a punto un metodo di colorazione per distinguere i batteri in base alla composizione chimica della parete. Nel 1884 il batteriologo danese Hans Christian Gram mise a punto un sistema che prevede l'uso di un colorante violetto, una decolorazione con alcol e una successiva colorazione con un colorante rosso.

La tecnica, chiamata in suo onore **colorazione di Gram**, permette di dividere i batteri in due categorie: i batteri Gram positivi e i batteri Gram negativi (figura). La differenza si percepisce al microscopio ottico, perché i due gruppi assumono colori diversi dopo il trattamento.

I batteri **Gram positivi** (Gram+), la cui parete è più spessa, assorbono e trattengono il colorante violetto, assumendo una tinta dal blu al porpora. Nei batteri **Gram negativi** (Gram-), invece, la parete è sottile e non trattiene il colorante viola, che viene asportato dall'alcol, mentre assorbe il secondo colorante rosso; questi batteri assumono quindi una tinta dal rosa al rosso vivo.

Le differenze biochimiche e strutturali nella parete cellulare sono collegate alla capacità dei batteri di causare malattie: i batteri Gram-, per esempio, sono più resistenti agli antibiotici che agiscono alterando la parete batterica.

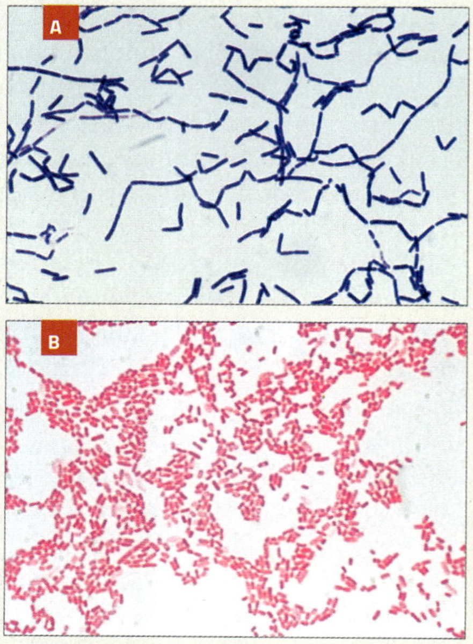

▸ **Figura**
Bacillus antracis (A) è un esempio di batterio Gram+, mentre *Escherichia coli* (B) è un Gram-.

Le cellule vegetali e quelle dei funghi si distinguono da quelle degli animali perché possiedono una *parete cellulare* posta esternamente alla membrana plasmatica. La parete cellulare sostiene la cellula, la protegge dai patogeni e contribuisce a determinare la forma dell'intero organismo.

Le cellule eucariotiche derivano dall'interazione tra cellule procariotiche

Il passaggio dalla cellula procariotica a quella eucariotica è stato un evento di enorme importanza biologica nel corso della storia del pianeta, secondo solo alla comparsa delle prime forme di vita. L'evoluzione degli eucarioti si è verificata circa 1,5 miliardi di anni fa, ma non è chiaro come sia avvenuta. Attualmente esistono diverse teorie.

Una delle più accreditate è la **teoria endosimbiontica**, basata sul pioneristico lavoro del biologo russo Konstantin Mereschkowski e ripresa, a partire dai primi anni Settanta del secolo scorso, dalla genetista Lynn Margulis; secondo questo modello, i *mitocondri* e i *cloroplasti*, organuli che forniscono l'energia necessaria a compiere tutte le funzioni vitali della cellula, deriverebbero da antichi procarioti entrati all'interno di altre cellule di dimensioni superiori (**figura 18A**). I due procarioti avrebbero dato origine a un rapporto di **simbiosi**, cioè a uno scambio reciproco di favori: la cellula più grande avrebbe fornito molecole inorganiche e sali minerali, mentre i procarioti avrebbero fornito energia e, in taluni casi, anche molecole organiche. L'ipotesi che i mitocondri e i cloroplasti possano discendere da semplici organismi procarioti che, in precedenza, avevano avuto una vita indipendente è confermata dal fatto che entrambi questi organuli conservano ancora oggi una certa quantità di DNA e di RNA. Lo studio comparato del DNA indica che i batteri da cui derivarono i cloroplasti dovevano essere molto simili ai moderni cianobatteri, gli unici batteri che operano la fotosintesi producendo ossigeno come prodotto secondario. Gli antenati dei mitocondri erano invece simili a un particolare gruppo di batteri attuali, noti come alfaproteobatteri e conosciuti per il loro metabolismo versatile.

Questi organuli, inoltre, sono in grado di avere un'autonomia chimica perché

Le parole

Il termine **simbiosi** indica «vita insieme» e si riferisce a due organismi di specie diverse che vivono in stretta e continua interazione. Se questa relazione comporta un reciproco vantaggio, si parla più precisamente di *mutualismo*. Una **endosimbiosi** è una simbiosi «interna» a una cellula.

▾ **Figura 18**
La formazione degli organuli può essere avvenuta per endosimbiosi (A) o per invaginazione della membrana plasmatica (B).

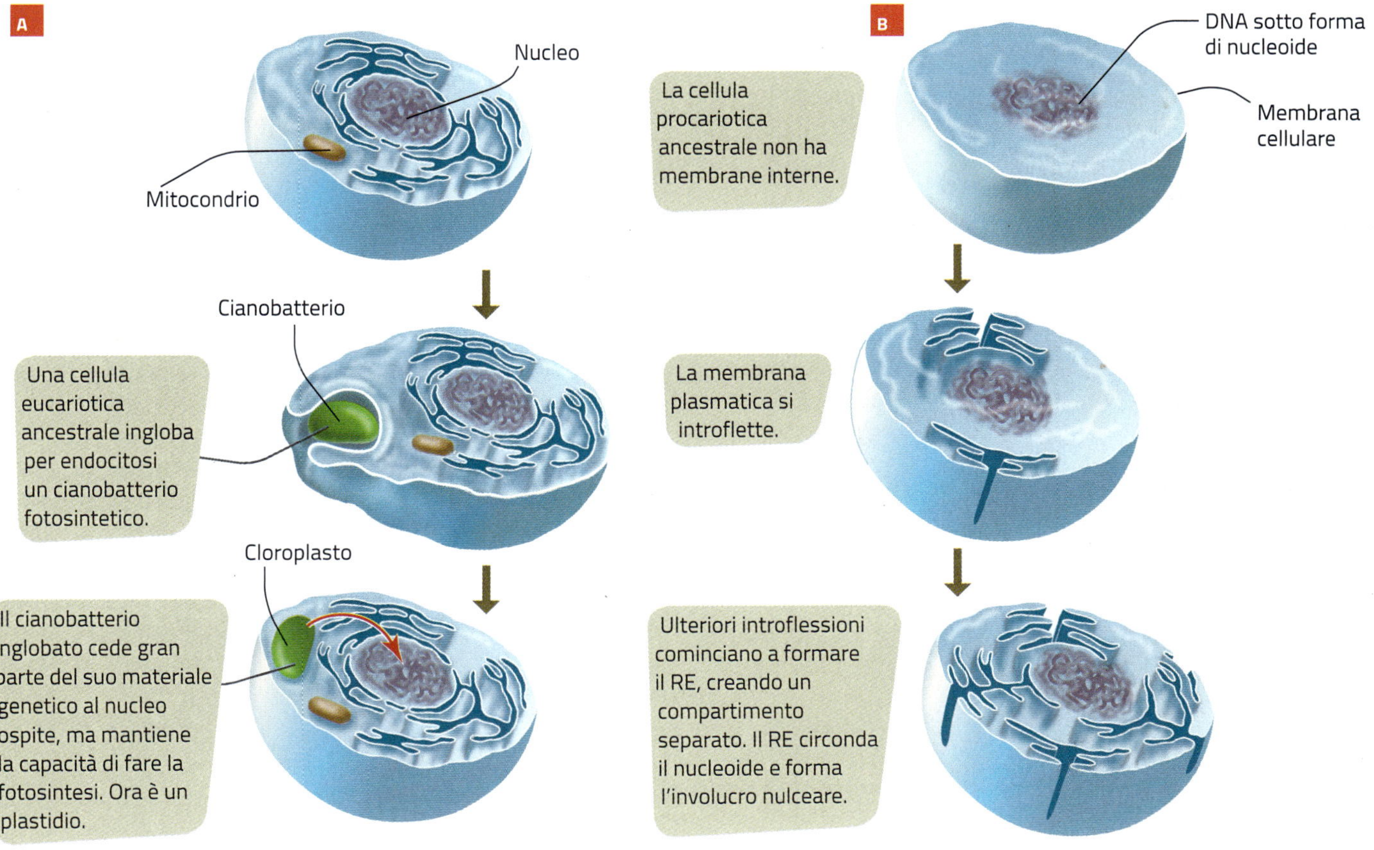

possono sintetizzare alcune semplici proteine e ogni volta che la cellula ospite si divide per dare origine a due nuove cellule, i mitocondri e i cloroplasti possono duplicarsi indipendentemente, con meccanismi simili a quelli della riproduzione dei procarioti.

Alcuni modelli non prevedono nemmeno una cellula ospite di maggiori dimensioni e descrivono invece la fusione di due cellule procariotiche, in genere un batterio e un archeobatterio, dotati di caratteristiche metaboliche tali da rendere vantaggiosa per entrambe la fusione. Il grado di complessità delle cellule aumentò ulteriormente grazie a più eventi di simbiosi. Questi antichi simbionti avrebbero perso progressivamente la propria autonomia, mantenendo le funzioni specializzate che avvantaggiavano le loro cellule ospiti: fornire energia.

Esiste, però, un'altra ipotesi. Oggi sappiamo che alcuni batteri contengono delle membrane interne che al microscopio elettronico appaiono come ripiegamenti della membrana plasmatica: nel 2014 lo scienziato David Baum ha proposto che il reticolo endoplasmatico e l'apparato di Golgi si siano formati a partire da introflessioni della membrana plasmatica (**figura 18B** nella pagina precedente).

La comparsa del nucleo, in qualche modo l'evento centrale di questo passaggio evolutivo, non è ancora chiara. Secondo alcuni ricercatori la cellula ospite sarebbe già stata provvista di nucleo, secondo altri il nucleo si sarebbe formato in seguito alla simbiosi.

La respirazione cellulare estrae energia dal glucosio, la fotosintesi produce glucosio

I mitocondri sono gli organuli cellulari coinvolti nella produzione di energia, in essi avviene la **respirazione cellulare**, un processo con cui vengono demolite le molecole organiche mediante la rottura dei legami chimici che tengono uniti i loro atomi. La rottura di questi legami libera energia che viene immagazzinata all'interno di una molecola chiamata ATP o *adenosina trifosfato*.

La respirazione cellulare fornisce alle cellule l'energia indispensabile per la loro sopravvivenza; essa avviene in tutte le cellule che vivono in ambienti in cui sia presente ossigeno allo stato gassoso (ovvero in tutte le cellule eucariotiche e in gran parte di quelle procariotiche). Possiamo sintetizzare questa serie di processi chimici nella seguente reazione:

Il glucosio, uno zucchero formato da 6 atomi di carbonio, è la principale fonte di energia per le cellule. Questa molecola viene trasformata in sostanze più sempli-

$$\underbrace{C_6H_{12}O_6}_{\text{Glucosio}} + 6\,\underbrace{O_2}_{\text{Ossigeno}} \rightarrow 6\,\underbrace{CO_2}_{\text{Diossido di carbonio}} + 6\,\underbrace{H_2O}_{\text{Acqua}} + \underbrace{32\ ATP}_{\text{Energia}}$$

ci come diossido di carbonio e acqua attraverso una serie di reazioni che libera circa 32 molecole di ATP e consuma l'ossigeno presente nell'atmosfera.

Oltre alla respirazione cellulare, le cellule vegetali possono svolgere anche un altro processo. I cloroplasti, organuli che non sono presenti nelle cellule animali, catturano l'energia solare e la sfruttano per la sintesi di molecole organiche come gli zuccheri, attraverso una serie di reazioni che nell'insieme formano la **fotosintesi clorofilliana**. I composti iniziali di questo processo sono acqua e diossido di carbonio, mentre quelli finali sono molecole di carboidrati e ossigeno. La reazione che riassume tutto il processo è la seguente:

A prima vista questa reazione può sembrare l'inverso di quella della respirazione

$$6\,\underbrace{CO_2}_{\text{Diossido di carbonio}} + 6\,\underbrace{H_2O}_{\text{Acqua}} + \text{energia solare} \rightarrow \underbrace{C_6H_{12}O_6}_{\text{Glucosio}} + 6\,\underbrace{O_2}_{\text{Ossigeno}}$$

cellulare; in realtà i due processi avvengono seguendo percorsi ben differenziati.

Gli organismi si dividono in autotrofi ed eterotrofi

Fotosintesi e respirazione cellulare sono i due meccanismi più diffusi tra i viventi per produrre energia e ricavare molecole utili. In base alla capacità di sfruttare soltanto uno o entrambi questi processi, gli organismi sono divisi in due gruppi: gli *eterotrofi* e gli *autotrofi*.

Gli organismi **eterotrofi** dipendono da fonti esterne di molecole organiche per quanto riguarda sia l'energia sia le molecole che servono come materiale da costruzione per le proprie cellule e comprendono tutti gli animali (**figure 19A** e **B**), i funghi e molti organismi unicellulari.

Gli organismi **autotrofi**, invece, non hanno bisogno di molecole organiche provenienti da fonti esterne per ricavare energia o da usare come materiali da costruzione; infatti, essi sono in grado di produrre le proprie molecole organiche a partire da sostanze inorganiche semplici, come il diossido di carbonio e l'acqua. Molti autotrofi, tra cui le piante e parecchi organismi unicellulari, sono *fotosintetici*, cioè sfruttano il Sole come fonte di energia per le reazioni di sintesi (**figura 19C**); altri organismi sono invece *chemiosintetici* perché catturano l'energia liberata da reazioni inorganiche dello zolfo o dell'azoto per attivare i loro processi vitali (**figura 19D**).

Le parole

Il termine **eterotrofo** deriva dal greco *eteros*, «altro», e *trophé*, «nutrirsi», e indica un organismo che deve nutrirsi di sostanze esterne, mentre **autotrofo**, dal greco *autos*, «da se stesso», indica un organismo che produce autonomamente le sostanze di cui è composto.

A

B

C

D
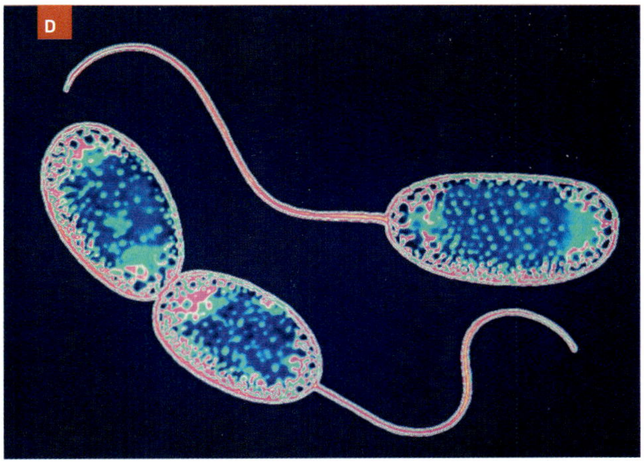

◂ **Figura 19**
Gli animali erbivori come l'alpaca (A) e quelli carnivori come lo squalo (B) sono eterotrofi, mentre le ninfee (C), come tutte le piante, sono autotrofe; *Nitrobacter* (D) è un batterio autotrofo chemiosintetico che trasforma i nitriti in nitrati.

Facciamo il punto

1. Descrivi la struttura generale dei batteri.
2. In che cosa consiste la teoria endosimbiontica?
3. Quale aspetto funzionale accomuna tutti gli organismi autotrofi?
4. Quali sono le differenze tra autotrofi ed eterotrofi?
5. Descrivi il processo chimico della fotosintesi e della respirazione cellulare.
6. Che cosa distingue un organismo fotosintetico da uno chemiosintetico?

5 Origine degli organismi pluricellulari

La pluricellularità offre vantaggi e svantaggi

Nonostante gli organismi unicellulari eucarioti abbiano una struttura organizzata e siano dotati di una notevole complessità, ci sono dei limiti alle dimensioni che una singola cellula può raggiungere senza ridurre la propria efficienza funzionale. La soluzione evolutivamente più efficiente per oltrepassare questi limiti di dimensione è la **pluricellularità**, cioè la ripetizione di singole unità, le cellule, ognuna con un rapporto superficie/volume ottimale e ognuna con il suo nucleo; è la pluricellularità a rendere possibile il notevole aumento delle potenziali dimensioni di un organismo.

Tali vantaggi, tuttavia, sono accompagnati da nuovi problemi, infatti l'organismo deve procurarsi una maggiore quantità di cibo per rifornire di energia le sue numerose cellule. Inoltre maggiori quantità di sostanze devono passare dentro e fuori dall'organismo ed essere trasportate alle singole cellule e un corpo più grande ha bisogno di un maggiore sostegno fisico. Le attività di tutte le cellule devono essere coordinate per un efficace funzionamento di tutto l'organismo e, infine, è necessario un periodo di tempo più lungo per il completo sviluppo corporeo, che spesso nei primi stadi necessita di protezione e nutrimento.

Per queste ragioni, il passaggio alla pluricellularità implica la **differenziazione** tra le cellule, cosicché ciascun tipo possa sviluppare la sua **specializzazione**, vale a dire la capacità di svolgere una particolare funzione o una serie particolare di funzioni. Perché l'organismo funzioni è necessaria una continua **comunicazione** tra le cellule, che può avvenire attraverso gli scambi di segnali molecolari o, negli organismi più complessi, di segnali nervosi. Tale comunicazione consente l'**integrazione** e la **coordinazione** delle attività di tutti i tipi di cellule.

A colpo d'occhio

PLURICELLULARITÀ
- DIFFERENZIAZIONE → SPECIALIZZAZIONE
- COMUNICAZIONE → INTEGRAZIONE E COORDINAZIONE

Le colonie sono insiemi di cellule indipendenti

Il passaggio da procarioti a eucarioti ha richiesto circa due miliardi di anni, nei quali molti organismi sono comparsi, si sono evoluti ed estinti. Un fenomeno simile si è verificato nel passaggio dagli organismi unicellulari a quelli pluricellulari, ma ciò ha richiesto tempi geologici inferiori. Per quanto è possibile dedurre dai fossili, infatti, i primi organismi pluricellulari fecero la loro comparsa 750 milioni di anni fa. Il passaggio non fu, però, immediato: una forma intermedia è rappresentata da singole cellule riunite in **colonie**, nelle quali ciascuna cellula conserva un alto grado di autonomia funzionale, che invece si perde con l'avvento della pluricellularità. Nelle colonie, tuttavia, le cellule sono spesso collegate tra loro da filamenti citoplasmatici che conferiscono all'aggregato una tale unitarietà da farlo assomigliare a un singolo organismo (**figura 20**).

Le cellule degli organismi pluricellulari, invece, differiscono dagli eucarioti unicellulari e dalle colonie perché ogni tipo di cellula è specializzato nel compiere una funzione specifica nella vita dell'organismo. Le cellule, tuttavia, non si snaturano del tutto e mantengono le caratteristiche di base che garantivano la vita unicellulare. A dimostrarlo è la somiglianza tra la cellula di una pianta erba-

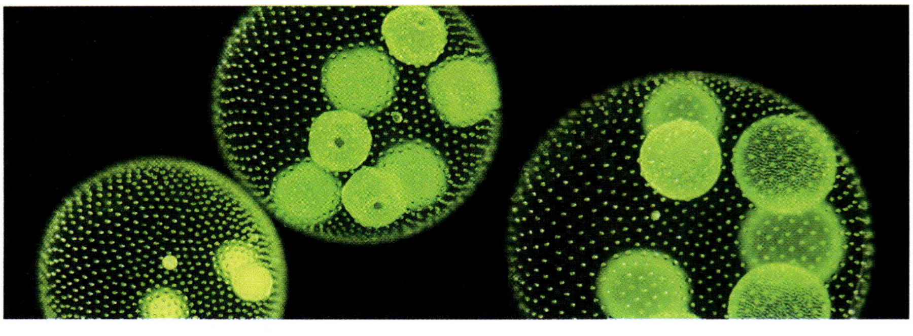

▸ Figura 20
Una colonia di *Volvox*, un'alga verde formata da tante cellule unite insieme da filamenti che ne limitano i movimenti; le sfere verdi più grandi sono nuove colonie di *Volvox* in formazione, che si staccheranno dalla colonia originale per colonizzare nuovi territori.

cea e quella di un'alga (**figura 21**): la cellula della pianta è fotosintetica e utilizza la luce del Sole per le sue richieste energetiche. Tuttavia, a differenza dell'alga, la cellula vegetale fa parte di un organismo pluricellulare e dipende da altre cellule per quanto riguarda l'approvvigionamento di acqua e sali minerali, oltre che per la protezione dalla disidratazione e dai patogeni.

Discorso analogo vale per le cellule animali: il corpo umano comprende almeno duecento tipi differenti di cellule, ognuno dei quali specializzato in una particolare funzione, ma tutti funzionanti come un insieme coordinato.

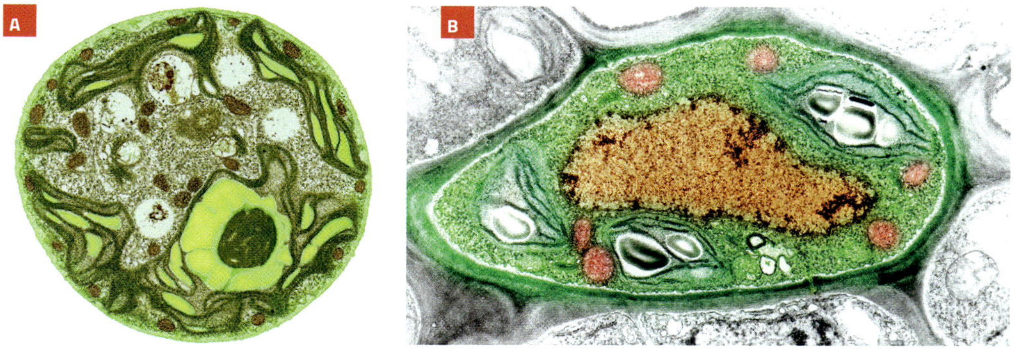

◂ Figura 21
Un'alga unicellulare come *Chlamydomonas asymmetrica* (A) e la cellula di una pianta come *Chenopodium album* (B) presentano caratteristiche comuni, anche se si sono differenziate perché una deve rispondere alle esigenze di un organismo unicellulare e l'altra no.

Facciamo il punto

1. Quali problemi risolve la pluricellularità?
2. Che cos'è una colonia?
3. Quando comparvero sulla Terra i primi organismi pluricellulari?

3 - Per saperne di più

In principio furono eterotrofe... o no?

Le prime cellule erano autotrofe o eterotrofe? Potrebbe sembrare una domanda filosofica priva di senso, ma in realtà è una questione su cui gli scienziati hanno a lungo ragionato. Nonostante la loro relativa semplicità, infatti, le prime cellule avevano anch'esse bisogno di un rifornimento continuo di energia per vivere, crescere e riprodursi. Un'ipotesi è che queste cellule fossero eterotrofe: per nutrirsi esse avrebbero assimilato le molecole organiche presenti nel «brodo primordiale», le stesse utilizzate dalle cellule per autoassemblarsi.

Secondo questa ipotesi, a mano a mano che le cellule primitive aumentarono di numero, cominciarono a esaurire le molecole complesse da cui dipendeva la loro esistenza e che avevano impiegato milioni di anni per accumularsi. Una volta ridotta la riserva di queste molecole, iniziò una forma di competizione: le cellule che erano in grado di fare un uso efficiente delle limitate fonti di energia allora disponibili avevano più probabilità di sopravvivere e di riprodursi rispetto alle cellule prive di tali capacità. Col passare del tempo comparvero cellule che erano capaci di sintetizzare molecole organiche a partire da semplici sostanze inorganiche.

Le scoperte più recenti, tuttavia, sono più orientate verso l'ipotesi che le prime cellule potessero essere autotrofe, chemiosintetiche o fotosintetiche. Innanzitutto, sono stati trovati parecchi gruppi differenti di batteri chemiosintetici che avrebbero potuto essere molto adatti alle condizioni ambientali predominanti sul giovane pianeta. In secondo luogo, in alcuni esperimenti che simulano le condizioni ambientali della Terra miliardi di anni fa sono state prodotte molecole organiche che sono i precursori chimici della clorofilla delle piante; quando queste molecole sono mescolate a molecole organiche semplici in un ambiente privo di ossigeno e illuminato, avvengono reazioni fotosintetiche primitive. Queste reazioni somigliano a quelle che si svolgono in alcuni tipi di batteri fotosintetici.

I biologi, quindi, non sono in grado di risolvere il problema se i primi organismi fossero eterotrofi o autotrofi, ma è certo che, senza l'evoluzione degli autotrofi, la vita sulla Terra sarebbe presto cessata. In più di 3,5 miliardi di anni dall'origine della vita sulla Terra a oggi, gli autotrofi di maggiore successo sono stati quelli che hanno sviluppato un sistema per utilizzare direttamente l'energia del Sole nel processo di fotosintesi. L'alga *Chlamydomonas*, per esempio, ha origini molto antiche, ma vive ancora oggi negli stagni di acqua dolce (**figura**). Questi organismi unicellulari sono piccoli, hanno un colore verde brillante (grazie alla clorofilla) e si muovono molto rapidamente per mezzo di un lungo flagello; sono fotosintetici e per questa ragione si trovano di solito vicino alla superficie dell'acqua, dove è maggiore l'intensità luminosa e spesso, se sono numerosi, tingono tutta l'acqua di verde.

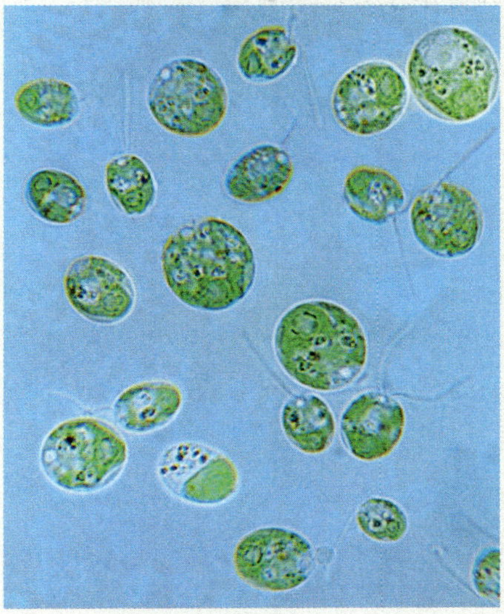

▴ Figura
Alcune alghe del genere *Chlamydomonas* fotosintetiche, che possono colorare di verde l'acqua di uno stagno quando sono presenti in gran quantità.

SINTESI DI FINE CAPITOLO

LO SAI? RIPASSA CON LO SMARTPHONE

La nascita dell'Universo

L'**Universo** si è originato 13 miliardi di anni fa da un'enorme esplosione chiamata *Big Bang* che ha liberato energia e materia.

Il nostro **Sistema solare** ha avuto origine da un ammasso di polvere e gas; la stella che si trova al centro è il **Sole**. La nostra stella si è originata 4,6 miliardi di anni fa e, in seguito, i gas e le polveri che le ruotavano attorno diedero origine ai pianeti (Mercurio, Venere, Terra, Marte, Giove, Saturno, Urano e Nettuno).

La storia della vita sulla Terra

Le prime forme di vita sulla Terra comparvero circa 530 milioni di anni fa (*esplosione cambriana*).

Nell'era **Paleozoica** è avvenuta l'estinzione di quasi tutti i viventi (*estinzione permiana*) che ha provocato la scomparsa dell'85-90% delle specie allora viventi.

Il **Mesozoico** (245-265 milioni di anni fa) è l'era dei dinosauri ed è suddiviso in tre periodi: Triassico, Giurassico e Cretaceo.

Il **Cenozoico** è l'era dei viventi attuali e comprende gli ultimi 65 milioni di anni. Con la formazione di nuovi ambienti naturali si diffusero le piante con fiori e nuove forme di insetti, pesci, uccelli e mammiferi.

Le diverse ipotesi sull'origine della vita

Oparin ipotizzò la comparsa della vita sulla Terra come una lunga serie di eventi (**evoluzione chimica**). Dai gas dell'atmosfera si sarebbero potute formare grandi quantità di molecole organiche e in seguito si sarebbero raccolte nei mari del pianeta, dando origine a un «*brodo primitivo*» in cui si formarono le prime biomolecole.

Miller e Urey confermarono questa ipotesi grazie alla simulazione in laboratorio delle condizioni ambientali ritenute probabili sulla Terra primitiva; ottennero diversi tipi di amminoacidi e altre molecole organiche. Le prime cellule si sono formate per assemblaggio delle biomolecole. Col tempo le biomolecole sarebbero diventate più numerose e quindi più vicine così da favorire la formazione di piccoli sistemi. All'evoluzione chimica avrebbe fatto seguito una nuova fase: l'**evoluzione prebiologica**.

Un'ipotesi alternativa è chiamata **teoria della panspermia**, che sposta l'origine delle biomolecole nell'Universo.

Le caratteristiche delle cellule

Tutti gli esseri viventi hanno alcune caratteristiche in comune:
- sono formati da una o più cellule;
- assorbono energia;
- si riproducono;
- sono adattati all'ambiente;
- rispondono agli stimoli.

La **cellula** è l'unità di base di tutti i viventi e ha piccole dimensioni: un batterio (*E. coli*) ha un diametro di circa 1 μm, mentre una cellula eucariotica è 10 volte più grande.

Le cellule procariotiche

Le **cellule procariotiche** sono piccole, prive di nucleo e hanno una struttura di base che comprende:
- la membrana plasmatica, che consente alla cellula di restare distinta dall'ambiente circostante;
- il citoplasma, dove avvengono le reazioni del metabolismo;
- il cromosoma batterico, che conserva le informazioni ereditarie e consente alla cellula di riprodursi.

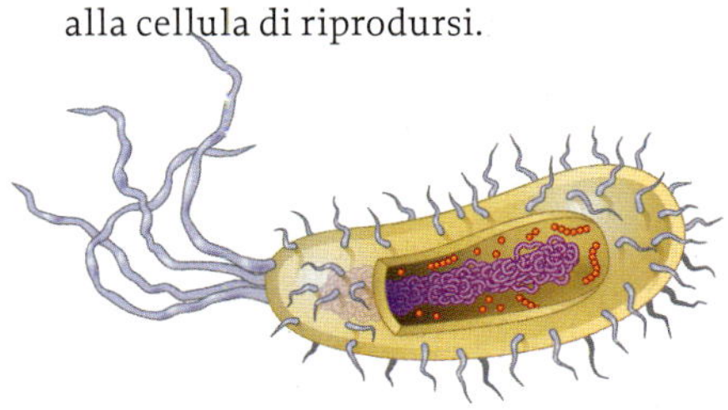

Le cellule eucariotiche

Le **cellule eucariotiche** (animali e vegetali) sono delimitate da una membrana plasmatica e contengono citoplasma, ribosomi, organuli e DNA dentro un nucleo. Queste cellule hanno dimensioni maggiori e possiedono una struttura interna più complessa. Il loro citoplasma è suddiviso in compartimenti interni delimitati da membrana chiamati organuli (reticolo endoplasmatico, apparato di Golgi, mitocondri, cloroplasti e lisosomi).

Il metabolismo cellulare

I mitocondri sono gli organuli cellulari coinvolti nella produzione di energia; al loro interno avviene la **respirazione cellulare**:

$$\underbrace{C_6H_{12}O_6}_{\text{Glucosio}} + 6\,\underbrace{O_2}_{\text{Ossigeno}} \rightarrow 6\,\underbrace{CO_2}_{\text{Diossido di carbonio}} + 6\,\underbrace{H_2O}_{\text{Acqua}} + \underbrace{ATP}_{\text{Energia chimica}}$$

I cloroplasti, organuli presenti nelle cellule vegetali, catturano l'energia solare e la sfruttano per la sintesi di molecole organiche come gli zuccheri, attraverso la **fotosintesi clorofilliana**:

$$\underbrace{CO_2}_{\text{Diossido di carbonio}} + \underbrace{H_2O}_{\text{Acqua}} + \text{energia solare} \rightarrow \underbrace{C_6H_{12}O_6}_{\text{Glucosio}} + \underbrace{O_2}_{\text{Ossigeno}}$$

Organismi autotrofi ed eterotrofi

Gli **organismi eterotrofi** dipendono da fonti esterne di molecole organiche per l'energia e le molecole che servono come materiale da costruzione per le proprie strutture. Sono eterotrofi tutti gli animali, i funghi e molti organismi unicellulari.

Gli **organismi autotrofi** non hanno bisogno di molecole organiche provenienti da fonti esterne per ricavare energia o da usare come materiali da costruzione perché attuano la fotosintesi.

Colonie e pluricellularità

La **pluricellularità** è la ripetizione di singole cellule ognuna con un rapporto superficie/volume ottimale e ognuna con il suo nucleo. La pluricellularità permette un notevole aumento delle dimensioni di un organismo.

Le **colonie** sono insiemi di cellule indipendenti. Invece, le cellule degli organismi pluricellulari differiscono dagli unicellulari e dalle colonie perché ogni tipo di cellula è specializzato nel compiere una funzione specifica nella vita dell'organismo.

VERIFICA LE TUE CONOSCENZE

ZTE ONLINE

1. Scrivi sul quaderno la definizione dei seguenti termini.

a) Organismi eterotrofi e autotrofi
b) Organismi procarioti ed eucarioti
c) Nucleo e nucleoide
d) Flagelli e pili
e) Microscopio ottico, elettronico a scansione e a trasmissione, microscopio a forza atomica.
f) Evoluzione chimica ed evoluzione prebiologica
g) Era paleozoica, mesozoica e cenozoica

Barra il completamento esatto.

2. **Secondo l'ipotesi di Oparin**

A la comparsa della vita venne preceduta da un lungo processo denominato evoluzione chimica.
B le prime cellule instaurarono un rapporto di simbiosi coi mitocondri e i cloroplasti.
C la sintesi delle prime molecole organiche fu favorita dall'impatto di meteoriti sulla superficie terrestre.
D le prime cellule comparvero sulla Terra grazie anche alla totale assenza di fenomeni atmosferici.

3. **Nell'atmosfera della Terra appena formata era quasi del tutto assente il gas**

A idrogeno.
B metano.
C ossigeno.
D ammoniaca.

Barra i due completamenti esatti.

4. **Miller e Urey con i loro esperimenti hanno capito che**

A l'atmosfera primitiva non conteneva ossigeno libero legato a carbonio, azoto o idrogeno.
B in particolari condizioni ambientali, e partendo da specifici elementi chimici, si possono spontaneamente formare amminoacidi.
C solo con la presenza di ossigeno nell'atmosfera si sono formate le prime molecole organiche.
D sono state le prime cellule eterotrofe a liberare nell'atmosfera il biossido di carbonio.
E nelle condizioni ambientali della Terra primitiva si sono verificati fenomeni chimici diversi da quelli attuali.

Barra i due completamenti esatti.

5. **Durante l'era mesozoica**

A si ha un enorme diffusione delle angiosperme.
B i primi anfibi colonizzano le terre emerse.
C la vita è ancora limitata all'ambiente acquatico.
D incominciano a diffondersi i primi mammiferi.
E la vegetazione sulla terraferma è costituita soprattutto da conifere.

Barra le due risposte esatte.

6. **Quali di queste caratteristiche contraddistinguono gli organismi eucarioti?**

A La presenza nel citoplasma di apparati di Golgi e di altri organuli.
B La presenza di un nucleo delimitato da una membrana.
C Potere svolgere la fotosintesi clorofilliana e non la respirazione cellulare.
D Possedere le informazioni genetiche sotto forma di acidi nucleici.
E Essere gli organismi viventi di dimensioni più ridotte.

7. Completa la tabella mettendo in relazione le modalità di elaborazione dell'energia (*lettere*) con i rispettivi tipi di organismi (*numeri*).

A. autotrofi
B. eterotrofi
C. fotosintetici
D. chemiosintetici

1. dipendono da fonti esterne di molecole biologiche
2. per ottenere energia dipendono da altre reazioni chimiche
3. la loro fonte di energia per le reazioni di sintesi è il Sole
4. sintetizzano molecole biologiche a partire da altre più semplici

A	B	C	D

8. Di fianco a ogni affermazione scrivi la lettera A se essa si riferisce agli organismi procarioti, la lettera B se si riferisce agli eucarioti, la lettera C se si riferisce a entrambi i tipi di cellule o la lettera D se non è valida per nessuno dei due tipi di cellule.

a) Sono costituiti da cellule che possiedono una membrana cellulare esterna. (.....)
b) Nella loro cellula si distingue una zona del citoplasma chiamata nucleoide. (.....)
c) Comprendono anche organismi pluricellulari come i batteri. (.....)
d) Hanno cellule contenenti un gran numero di organuli. (.....)

9. Completa il seguente brano scegliendo tra i termini elencati in fondo.

Secondo il modello .... le prime cellule .... si sarebbero formate in seguito all'ingresso di piccole cellule prive di .... all'interno di altre cellule di dimensioni .... Il vantaggio che queste ultime cellule trassero da tale ingresso fu, in base a questa teoria, soprattutto di carattere ....

(energetico, materiale genetico, procariotiche, endosimbiotico, minori, morfologico, nucleo, chemiosintetiche, membrana, riproduttivo, analoghe, cellulare, eucariotiche, maggiori)

10. In che modo gli organismi autotrofi ed eterotrofi si procurano l'energia necessaria ai loro processi vitali?

....
....
....
....
....
....
....
....

11. Quali sono le caratteristiche che differenziano una cellula da altri sistemi chimici?

....
....
....
....
....
....
....
....

VERIFICA LE TUE ABILITÀ

Barra il completamento esatto.

12. Se non si fossero evoluti gli organismi autotrofi terrestri

A si sarebbero comunque evolute, nell'ambiente acquatico, le cellule eucariotiche a partire dalle cellule procariotiche.

B sulla Terra oggi l'ossigeno sarebbe presente in forma non gassosa, ma liquida e solida.

C l'atmosfera sarebbe ancora inospitale per tutti gli organismi eterotrofi.

D gli organismi eterotrofi terrestri respirerebbero idrogeno e azoto, ma non ossigeno.

13. Gli organismi chemiosintetici non sono

A costituiti da una o più cellule.

B autotrofi.

C dipendenti dall'assunzione di sostanze organiche esterne.

D in grado di produrre sostanze complesse.

14. Di fianco a ogni affermazione scrivi la lettera A se essa si riferisce a una cellula animale, la lettera B se si riferisce a una cellula vegetale, la lettera C se si riferisce a una cellula procariote o la lettera D se non si riferisce a nessuno di questi tipi di cellule.

a) Può essere autotrofa, anche se incapace di svolgere alcun processo fotosintetico. (.....)

b) Contiene clorofilla ed è quindi in grado di sintetizzare glucosio. (.....)

c) È eterotrofa e il suo materiale genetico è circondato da una membrana nucleare. (.....)

15. Nei seguenti brani, barra fra i termini in neretto quelli errati.

a) Secondo la teoria proposta dalla genetista Margulis, ossia la teoria **cellulare / endosimbiontica**, le cellule **procariotiche / eucariotiche** si sono originate in seguito al rapporto di simbiosi avvenuto tra cellule più **grandi / piccole** e primitive forme di vita **dotate / prive** di nucleo simili ai batteri. Alcune di queste forme di vita capaci di produrre **energia / idrogeno** si trasformarono all'interno delle altre cellule in **cloroplasti / mitocondri** in grado di utilizzare l'energia solare.

b) Oparin sostenne che nelle primitive condizioni terrestri, caratterizzate da mari **caldi / freddi** e da un'atmosfera ricca di **ossigeno / idrogeno**, si sarebbero formati i primi semplici sistemi molecolari, ossia i **batteri / coacervati**, che permisero in seguito la nascita della vita; si ipotizza però che siano passate alcune centinaia di **milioni / miliardi** di anni prima della comparsa di quella forma di vita che chiamiamo cellula.

Barra le due risposte esatte.

16. Quali di queste caratteristiche contraddistinguono gli organismi procarioti?

A Il fatto di non essere veri organismi viventi.

B La relativa semplicità delle strutture.

C Il fatto di svolgere la fotosintesi.

D Il fatto di non possedere acidi nucleici.

E L'assenza di un nucleo ben definito.

17. Quale attività è in grado di svolgere un organismo chemiosintetico? Che cosa ha in comune con un organismo fotosintetico e per quale aspetto si differenzia?

....

....

....

....

....

....

....

....

....

....

....

18. Spiega perché le cellule, anche degli animali o delle piante più grandi, sono tutte di piccole dimensioni.

....

....

....

....

....

....

....

....

....

....

19. Se si immettono alcuni pesci in una vasca piena d'acqua, chiusa da un coperchio e dotata di un distributore di cibo, dopo alcuni giorni moriranno. Sai dare una spiegazione all'accaduto? Come si potrebbe modificare il sistema per farli sopravvivere?

....

....

....

....

....

....

UNITUTOR
VERSO L'UNIVERSITÀ

Preparati ai test di ammissione sul sito Unitutor.

20. Le cellule procariote ed eucariote possono entrambe avere

1) guanina
2) ribosomi
3) flagelli

A solo 1 e 2

B solo 1 e 3

C solo 2 e 3

D solo 2

E tutte

[dal test di ammissione a Medicina 2015-16]

HANDS-ON GLOSSARY

21. Fill in the table matching each term (*letters*) with its definition (*numbers*).

A. eukaryote
B. prokaryote
C. autotroph
D. heterotroph

1. any organism that uses inorganic materials as a source of nutrients and photosynthesis as a source of energy
2. an organism that needs organic compounds for its principal source of food
3. a single-celled organism without a membrane around its nucleus or any other organelle
4. any organism whose cells contain a nucleus and other organelles enclosed within membranes

A	B	C	D

VERSO L'ESAME: LE TUE COMPETENZE

SCHEMATIZZA

22. Costruisci una mappa concettuale in cui siano evidenziati i passaggi fondamentali che hanno portato alla comparsa della vita sulla Terra e alla successiva affermazione degli organismi pluricellulari.

RICERCA

23. I ricercatori sono concordi nell'affermare che la sesta estinzione di massa non sia ancora in corso, ma si stia avvicinando progressivamente.

Dopo avere ricercato che cosa si intende per sesta estinzione di massa, prova a individuarne le cause e fai un sintetico file PowerPoint che illustri il tuo lavoro.

INTERPRETA

24. Il codice genetico è detto universale, ma in realtà i cloroplasti e i mitocondri non condividono esattamente lo stesso codice genetico della cellula in cui si trovano.

Spiega per quale motivo ci sono queste differenze.

IPOTIZZA

25. Nel campo della fantascienza è stato più volte ipotizzato un mondo che si basi sulla biochimica del silicio anziché su quella del carbonio.

Aiutandoti con la tavola periodica degli elementi, prova a spiegare perché il silicio potrebbe essere un buon sostituto del carbonio.

SCHEMATIZZA

26. Descrivi gli eventi che, a partire dal Big Bang, hanno portato alla formazione degli esseri viventi aiutandoti con una linea del tempo.

RAGIONA

27. Nel nostro organismo esistono cellule, come i globuli rossi, che durante la maturazione perdono gli organuli cellulari, nucleo compreso.

Dopo aver ipotizzato per quali ragioni ciò possa accadere, spiega le conseguenze di una simile trasformazione.

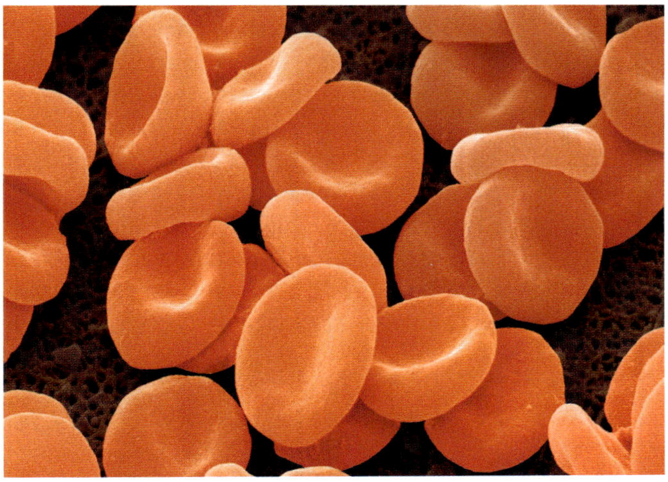

IPOTIZZA

28. I batteri sono stati i primi esseri viventi comparsi sulla Terra e da allora si sono diffusi colonizzando praticamente ogni ambiente, infatti oggi rappresentano gli organismi più diffusi in assoluto.

Ipotizza quali sono le motivazioni dell'enorme successo evolutivo delle cellule procariotiche a partire dalle loro caratteristiche.

CONFRONTA

29. Osserva le seguenti fotografie ottenute con il microscopio elettronico a trasmissione: indica a quale tipo di cellule possono appartenere e specifica le strutture che riconosci al loro interno.

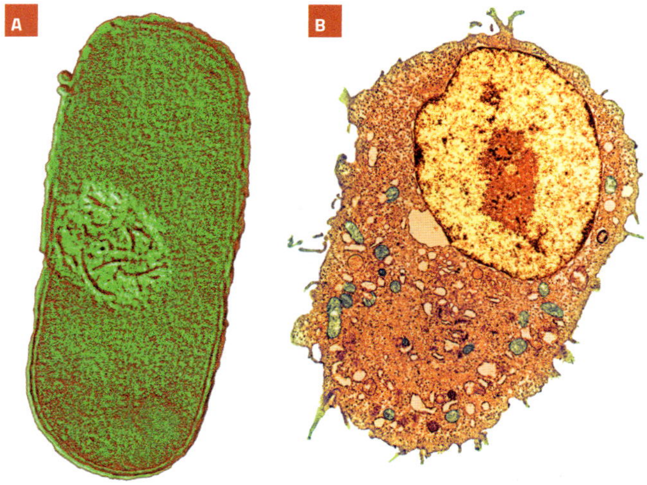

CALCOLA

30. Il campo di un microscopio ottico può essere calcolato empiricamente misurando i millimetri di un foglio di carta millimetrata che si possono contare con l'ingrandimento minore. Per gli ingrandimenti successivi l'osservazione diretta è più difficoltosa o addirittura impossibile; si deve quindi ricorrere alla seguente relazione matematica: $I1/I2 = D2/D1$, dove I1 e I2 sono gli ingrandimenti e D1 e D2 i relativi campi microscopici.

Se con l'ingrandimento 40X si è misurato un campo di 4 mm, a quanti micrometri corrisponde quello relativo all'ingrandimento 1000X?

RICERCA

31. Il 12 novembre 2014 il lander spaziale *Philae*, trasportato dalla sonda *Rosetta*, è atterrato sulla cometa *67P/Churyumov-Gerasimenko*. Lo scopo della missione era quello di studiare le caratteristiche della superficie e del nucleo della cometa, al fine di capire se questi corpi celesti possono essere ricollegati alla teoria della panspermia.

Fai una ricerca in Rete e per trovare le informazioni riguardanti il rapporto tra le comete e la comparsa della vita sulla Terra. In secondo luogo, cerca i risultati della missione condotta da *Philae* e metti in luce le scoperte più importanti.

Capitolo A2

L'evoluzionismo e la biodiversità

1 Le prime teorie evoluzionistiche

▲ **Figura 1**
Charles Darwin (A) e la copertina della prima edizione italiana de *L'origine delle specie*, datata 1864 (B).

Charles Darwin è il padre del pensiero evolutivo

Prima i procarioti, poi gli eucarioti, quindi le colonie di cellule e infine gli organismi pluricellulari che, nel corso del tempo, sono diventati sempre più grandi e complessi: tutti questi organismi, seppur così diversi, derivano da un antenato comune. A dimostrare ciò sono le caratteristiche condivise da tutti gli esseri viventi conosciuti, ma anche le enormi differenze esistenti tra loro. Il motore che ha portato una tale diversificazione è l'**evoluzione**, uno dei principi fondanti della biologia, secondo cui tutti gli organismi sono imparentati tra loro perché hanno avuto origine da un antenato comune.

Sebbene il pensiero evolutivo abbia cominciato a emergere nei primi anni dell'Ottocento, la nascita dell'evoluzionismo moderno può essere datata al 24 novembre 1859, con la pubblicazione della prima edizione del saggio *L'origine delle specie* da parte del naturalista inglese **Charles Darwin** (figura 1). Darwin lavorava a quel libro da decenni, per cui l'opera è il punto di arrivo di un lungo lavoro di ricerca iniziato quasi trent'anni prima, quando salpò dall'Inghilterra per un viaggio intorno al mondo.

Dopo aver abbandonato gli studi di medicina, a ventidue anni Darwin si stava avviando con poca convinzione verso la carriera ecclesiastica, come spesso accadeva ai figli non primogeniti dell'alta borghesia inglese di quei tempi. Era però un appassionato cacciatore e cavallerizzo, collezionava coleotteri, molluschi e conchiglie, e si interessava di botanica e geologia. Per questo motivo, Darwin non si fece sfuggire l'occasione di accompagnare il capitano Robert FitzRoy a bordo del brigantino inglese *Beagle* per un lungo viaggio nel quale avrebbe svolto il ruolo di naturalista di bordo. Dopo cinque anni in mare aperto, durante i quali circumnavigò il Sud America e toccò le rive della Nuova Zelanda, dell'Australia e del Sudafrica, Darwin ritornò in patria, dove era ormai un naturalista stimato, e si dedicò completamente alle sue ricerche utilizzando anche le informazioni raccolte durante il suo lungo viaggio.

Secondo Buffon i viventi sono degenerazioni di esseri perfetti

L'idea che gli organismi derivassero da esseri viventi più antichi era già presente nel 300 a.C., ai tempi di Aristotele, ma il filosofo greco non aveva un pensiero evolutivo di tipo darwiniano; al contrario, era convinto che i viventi fossero sempre esistiti e fossero immutabili.

Una diversa scuola di filosofia greca fu quella fondata da Democrito di Abdera, il cui pensiero venne rielaborato da Epicuro e giunse al poeta latino Lucrezio, che la raccontò magistralmente nel suo poema *De rerum natura*. Tale scuola sviluppò un pensiero di tipo evoluzionista che oggi appare sorprendentemente moderno. Tuttavia, la filosofia aristotelica e la dottrina cristiana imposero un'altra visione del mondo, basata sulla creazione dei viventi e non sulla loro evoluzione, per cui, quando all'inizio dell'Ottocento le scienze biologiche iniziarono a svilupparsi, il pensiero di questa scuola era ancora quasi del tutto sconosciuto.

Lo scienziato francese **Georges-Louis Leclerc de Buffon** (1707-1788) fu tra i primi a suggerire che le specie potessero subire dei cambiamenti nel corso del tempo. Egli ipotizzò che, oltre alle numerose creature prodotte per creazione divina all'inizio del mondo, col passare del tempo fossero comparsi sulla Terra diversi organismi, frutto della *degenerazione* delle creature perfette iniziali; per esempio gli attuali felini, come i leoni e i giaguari, sarebbero la degenerazione di un felino «ideale» (**figura 2**). L'ipotesi di Buffon, per quanto vaga circa il modo in cui questi cambiamenti potessero svolgersi, cercava di dare una spiegazione alla **biodiversità**, cioè l'enorme varietà di esseri viventi presente nel mondo attuale.

Le parole

Il termine **biodiversità** è composto dalla parola *diversità*, intesa come «varietà», e dal prefisso *bio-*, che in greco significa «vita»: la biodiversità è infatti la varietà degli esseri viventi che popolano la Terra ed è un patrimonio che va continuamente tutelato.

▲ **Figura 2**
Buffon considerava i diversi felini (come leone, tigre e giaguaro) un esempio della degenerazione di un felino ideale ancestrale.

La lunga storia della Terra fu ricostruita da Hutton

In quell'epoca, l'idea che l'ambiente geografico cambiasse nel tempo era meno sconvolgente di quanto fosse accettare l'evoluzione delle forme viventi. Per questo motivo, furono i geologi, più che i biologi, a gettare le basi della teoria evoluzionistica; tra essi uno dei più influenti fu lo scozzese **James Hutton** (1726-1797); egli formulò un'ipotesi secondo cui la Terra sarebbe stata modellata non da eventi improvvisi e violenti, bensì da processi lenti e graduali, come i cambiamenti climatici che modificano il suolo e la vegetazione, i venti che erodono le rocce, la formazione e lo scioglimento dei ghiacciai oltre che lo scorrere delle acque, che possono scavare profonde valli. Questa teoria della lenta modificazione del pianeta fu chiamata **attualismo** e risultò importante per tre ragioni.

1. Implicava che la Terra avesse una storia notevolmente più lunga, un concetto che nell'Europa dell'epoca rappresentava una novità; i teologi cristiani, infatti, contando le generazioni bibliche dai tempi di Adamo, avevano calcolato che l'età massima della Terra potesse essere di circa 6000 anni, un periodo troppo breve per consentire dei processi di trasformazione degli organismi.
2. Affermava che il normale corso degli eventi dovesse comportare un cambiamento graduale, in contrasto con l'idea condivisa precedentemente di un sistema immutabile e soggetto solo a improvvisi avvenimenti casuali, come per esempio i terremoti.
3. Implicava che potessero esistere alternative all'interpretazione letterale della Bibbia, che avrebbe dovuto essere letta come una narrazione simbolica. Tale aspetto non venne mai affermato in modo esplicito, forse per evitare lo scontro frontale con i pensatori cristiani più radicali.

A colpo d'occhio

ATTUALISMO
- LONGEVITÀ DELLA TERRA
- CAMBIAMENTI GRADUALI
- INTERPRETAZIONE DELLA BIBBIA

▲ **Figura 3**
Fossile di ammonite, un mollusco ormai estinto, molto utile per lo studio della stratigrafia e la datazione delle rocce in cui si trova.

Smith comprese l'importanza dei fossili guida

Durante l'ultima parte del diciottesimo secolo nacque un rinnovato interesse per i **fossili**. Nei secoli precedenti questi reperti venivano collezionati come curiosità, ma erano considerati talvolta come stranezze della natura, altre come pietre che somigliano a conchiglie (**figura 3**), altre ancora come prove di catastrofi naturali, quale il diluvio universale descritto nella Bibbia.

L'inglese **William Smith** fu tra i primi a studiare in modo scientifico la distribuzione dei fossili. Dovunque andasse per lavoro, per esempio in una miniera, lungo un canale o semplicemente attraverso i campi, egli annotava l'ordine dei vari strati rocciosi e collezionava i fossili appartenenti a ogni strato. Alla fine stabilì che ogni strato, in qualunque parte dell'Inghilterra si trovasse, conteneva tipi caratteristici e comuni di fossili e che questi *fossili guida* (**figura 4**) rappresentavano il modo migliore per identificare uno strato roccioso.

Così come il mondo di Hutton, anche quello osservato e descritto da Smith doveva essere molto antico. Stava, dunque, cominciando una rivoluzione nel campo della geologia: da semplice catalogo dei vari tipi di minerali e rocce, a studio dei cambiamenti della Terra nel tempo. Questo nuovo approccio, inoltre, mostrava come fossero inseparabili la storia geologica del pianeta e quella dei viventi che la abitano.

► **Figura 4**
I fossili guida permettono di identificare e datare gli strati di terreno.

Cuvier propose la teoria delle catastrofi

Lo studio dei fossili non risultò utile solo in campo geologico, ma divenne una vera e propria branca delle scienze naturali. All'inizio dell'Ottocento la figura dominante in questo settore fu il francese **Georges Cuvier**, fondatore della paleontologia dei vertebrati, che per primo avviò uno studio scientifico delle loro testimonianze fossili.

Esperto in anatomia e zoologia, Cuvier applicò le sue conoscenze sulla struttura degli animali viventi allo studio degli animali fossili; si narra che egli fosse in grado di ricostruire la forma completa di un animale a partire anche da pochi frammenti ossei (**figura 5**). Agli studenti universitari, le brillanti deduzioni di Cuvier dovettero sembrare quasi delle magie.

Oggi siamo abituati a pensare che la paleontologia e l'evoluzionismo siano scienze strettamente correlate e ci stupisce il fatto che Cuvier, pur essendo considerato uno dei padri dell'*anatomia comparata*, fosse invece uno dei più accesi e irremovibili oppositori delle teorie evoluzionistiche. Egli, tuttavia, riconosceva che molte specie un tempo presenti sulla Terra non esistevano più; questa conclusione era sorprendente per quei tempi, mentre oggi sappiamo che in questo momento è presente sul pianeta meno dell'1% di tutte le specie che lo hanno abitato in passato.

Per giustificare la presenza dei fossili, Cuvier formulò la teoria del **catastrofismo**, secondo cui sulla Terra sono avvenute, nel tempo, molte catastrofi naturali che hanno causato l'estinzione di molte specie; dopo ogni catastrofe si

▲ **Figura 5**
A partire dalla descrizione di alcune ossa fossili, Cuvier ricostruì lo scheletro del *Megatherium*, un antenato del bradipo, scomparso 10 000 anni fa.

è verificato un ripopolamento, rispetto al quale Cuvier non diede mai alcuna interpretazione scientifica. È probabile che egli si figurasse una colonizzazione delle regioni lasciate spopolate da parte dei superstiti, eventualmente provenienti da altri luoghi.

Lamarck ipotizzò che i viventi più complessi derivassero da organismi più semplici

Il primo scienziato europeo che elaborò una teoria sistematica dell'evoluzione fu il francese **Jean-Baptiste de Lamarck**. Questo «naturalista giustamente famoso», come lo definì lo stesso Darwin, nel 1801 ipotizzò che tutte le specie, *Homo sapiens* incluso, discendessero da altre specie. Lamarck era particolarmente interessato agli organismi unicellulari e agli invertebrati; i suoi studi su queste forme di vita lo portarono a considerare tutti gli organismi viventi in termini di complessità via via crescente e a pensare che ciascuna specie derivasse da un'altra precedente e meno complessa. In una certa misura, quindi, il pensiero di Lamarck restava legato alla tradizione della *Scala naturae* (*vedi* scheda 1).

Lamarck, che aveva osservato come le rocce più antiche contenessero fossili di forme più semplici, ipotizzò che le forme più complesse degli organismi viventi si fossero originate da forme più semplici mediante una **progressione**. Secondo la sua ipotesi, la progressione sarebbe stata regolata da due importanti principi:

- gli organi o le specifiche strutture degli animali si sviluppano o regrediscono in seguito *all'uso o disuso* che l'animale ne fa (figura 6);
- i cambiamenti che intercorrono durante la vita di un individuo possono essere trasmessi alla generazione successiva.

Il secondo principio, detto dell'*ereditarietà dei caratteri acquisiti*, non venne in realtà formulato da Lamarck: a inizio Ottocento, infatti, era già largamente condiviso tra gli scienziati. In seguito tale principio si dimostrò scientificamente falso perché non faceva distinzione tra i tipi di caratteri trasmessi dai genitori ai figli.

A colpo d'occhio

EVOLUZIONE SECONDO LAMARCK
- EREDITARIETÀ DEI CARATTERI ACQUISITI
- TEORIA DELL'USO E DEL DISUSO

◂ **Figura 6** Il concetto di evoluzione pensato da Lamarck sarebbe evidente nella lunghezza del collo delle giraffe (A) e nelle zampe palmate degli uccelli d'acqua come le oche (B).

Facciamo il punto

1. Che cosa sosteneva la teoria dell'attualismo?
2. Che cosa sono i fossili guida?
3. Qual era l'ipotesi di Cuvier sulla scomparsa di molte forme di vita nel corso del tempo?
4. In che modo il catastrofismo dava spiegazioni senza opporsi ai principi religiosi?
5. Quali sono i due principi su cui si basava le teoria evolutiva di Lamarck?

2 La selezione naturale

A colpo d'occhio

TEORIA SULL'EVOLUZIONE DELLA TERRA
- HUTTON — ATTUALISMO
- CUVIER — CATASTROFISMO
- LYELL — GRADUALISMO

Lyell propose la teoria del gradualismo

Nonostante le teorie evoluzioniste che circolavano a cavallo tra fine Settecento e inizio Ottocento, lo scienziato che ha influenzato maggiormente il pensiero di Darwin non è stato un naturalista come Buffon o Lamarck, bensì un geologo: **Charles Lyell**. Uno dei libri che Darwin portò con sé nel suo viaggio intorno al mondo fu infatti il primo volume di *Principi di geologia* di Lyell, appena pubblicato, e durante la traversata sul *Beagle* egli fece di tutto per procurarsi una copia dei volumi successivi.

Lyell si opponeva alla teoria delle catastrofi di Cuvier ed elaborò i suoi dati per dare nuove prove a sostegno della teoria dell'attualismo di Hutton. Secondo Lyell il motore del continuo cambiamento del pianeta nel corso del tempo è il **gradualismo**, ovvero la somma dei lenti e costanti effetti prodotti delle forze naturali. Dal momento che questo processo è quasi impercettibile, infatti i suoi effetti, come quelli prodotti dall'erosione, sono a volte appena visibili nell'arco di una vita umana, i cambiamenti devono essere avvenuti in un periodo di tempo molto lungo: era quindi confermata l'ipotesi di Hutton, secondo la quale il pianeta avrebbe avuto una storia geologica superiore ai 6000 anni. Queste stesse deduzioni furono importanti per Darwin perché gli permisero di sostenere una teoria dell'evoluzione che prevedeva che la Terra fosse molto antica.

Darwin fece un lungo viaggio intorno al mondo

La storia personale di Darwin è stata a lungo studiata perché le sue scelte private hanno inciso pesantemente sullo sviluppo del suo pensiero scientifico. La prima decisione importante compiuta dal naturalista è stata quella di imbarcarsi sul *Beagle* e fare il giro del mondo (**figura 7**).

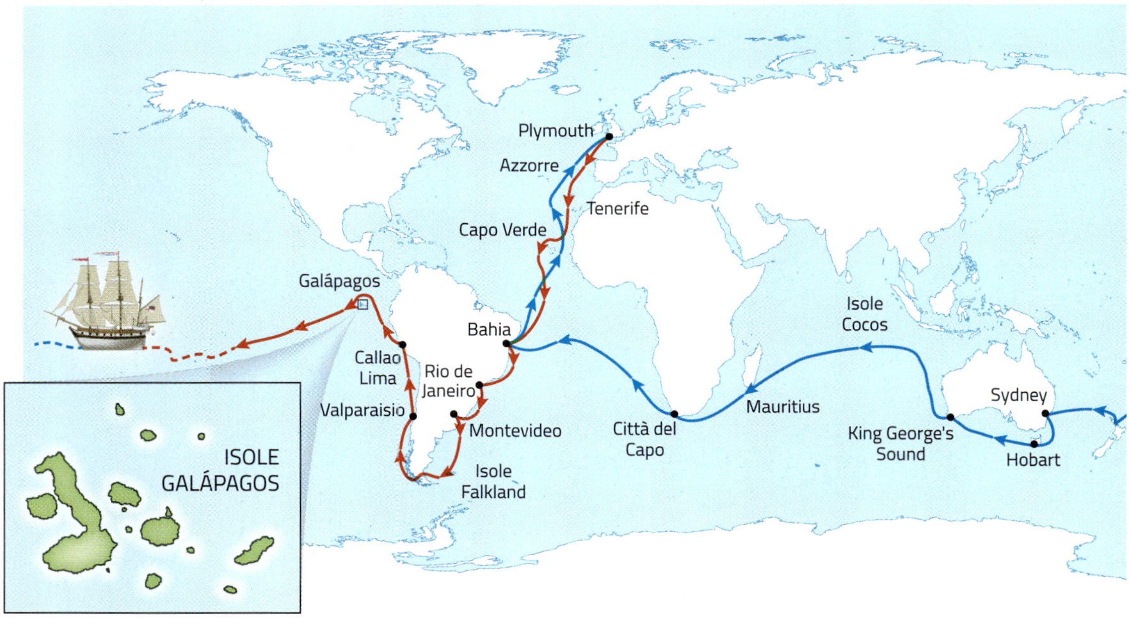

► **Figura 7**
Il tragitto del *Beagle*, che salpò dalla Gran Bretagna nel 1831 e vi fece ritorno nel 1836, dopo aver circumnavigato il Sud America e aver toccato le coste della nuova Zelanda, dell'Australia, del Madagascar e del Sudafrica.

Il 27 dicembre del 1831, Charles Darwin salpò dal porto inglese di Plymouth a bordo di un brigantino della marina britannica. In prossimità delle coste del Sud America, il veliero gettò le àncore per fare rifornimento d'acqua e di provviste alimentari, per cui egli poté esplorare le regioni interne, osservare i ricchi depositi di fossili e raccogliere e catalogare nuovi esemplari di animali e piante. In particolare, Darwin osservò con notevole interesse gli organismi delle regioni occidentali del Sud America e quelli presenti in un piccolo arcipelago di isole quasi aride, le Galápagos, che si trova a 950 km dalla costa dell'attuale Ecuador. Nonostante queste isole siano relativamente vicine, ciascuna di esse aveva il suo tipo di testuggine ed esistevano 14 specie di fringuelli, diversi per il tipo di cibo di cui si nutrivano e per la grandezza e la forma del corpo e del becco (**figura 8**).

Grazie alle sue conoscenze di geologia, Darwin sapeva che le isole Galápagos, di origine vulcanica, erano molto più giovani della terraferma; inoltre, aveva osservato che le piante e gli animali dell'arcipelago erano simili, ma non identici, a quelli del continente e allo stesso tempo su ogni isola si trovavano varietà che non erano presenti altrove. Il naturalista cominciò così a pensare che le differenti specie di testuggini e di fringuelli presenti sulle varie isole si fossero originate a partire da un'esigua varietà iniziale di organismi, provenienti probabilmente dalla terraferma.

Le parole

Le isole **Galápagos**, su cui Darwin rimase poco più di un mese, prendono il nome dalle testuggini di grandi dimensioni tipiche del luogo, *galápagos* in spagnolo, alcune delle quali arrivano a pesare anche più di un quintale. I marinai caricavano a bordo queste testuggini per tenerle come riserva di carne fresca durante i loro lunghi viaggi e alcuni di loro erano in grado di riconoscere l'isola da cui ognuna di esse proveniva.

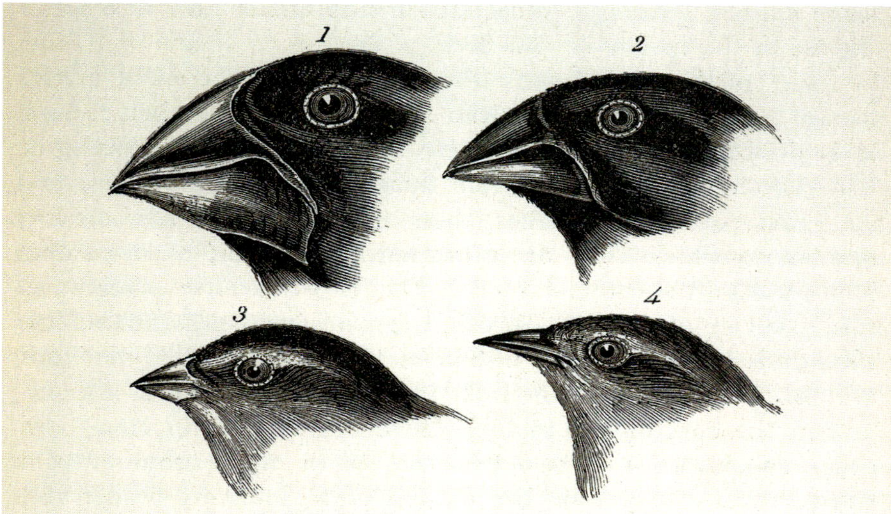

Figura 8
La dimensione e la forma del becco dei fringuelli delle Galápagos incuriosirono Darwin, che spedì molti esemplari in Inghilterra per farli studiare e catalogare.

La teoria evolutiva di Darwin si basa sulla selezione naturale

Non molto tempo dopo il suo ritorno in Inghilterra, Darwin lesse il *Saggio sul principio di popolazione* del pastore protestante **Thomas Malthus**, un libro che era stato pubblicato per la prima volta nel 1798. In questo libro Malthus prevedeva che, se la popolazione umana avesse continuato ad aumentare così rapidamente, sarebbe stato presto impossibile sfamare tutti gli abitanti della Terra.

Darwin riteneva che le conclusioni di Malthus, ossia che il cibo e altri fattori limitano lo sviluppo delle popolazioni, si potessero estendere per tutte le specie. Per esempio, calcolò che una coppia di elefanti (animali che hanno un lungo periodo di gravidanza e pochi figli nel corso della vita) produrrebbe 19 milioni di elefanti in 750 anni, se tutti i discendenti vivessero e si riproducessero normalmente; eppure, il numero medio di individui rimane generalmente lo stesso nel tempo. Perciò, sebbene in teoria una coppia di elefanti possa produrre milioni di discendenti, in pratica ne produce solo due. Ma perché proprio due? Il processo mediante cui proprio questi due animali vengono favoriti, e sono gli unici a sopravvivere, fu chiamato da Darwin **selezione naturale**.

Per Darwin il processo di selezione naturale era analogo al tipo di selezione praticata dagli allevatori di bestiame, come cavalli, cani e piccioni: attraverso la *selezione artificiale* gli uomini scelgono gli esemplari di piante e di animali da far riprodurre in base alle caratteristiche che sembrano più convenienti (per esempio, le mucche che fanno più latte, le pecore che danno più lana o i cavalli che corrono più veloci). Nel caso della selezione naturale è l'ambiente che attua la selezione, favorendo gli individui portatori di caratteristiche che meglio si adattano a quello specifico ambiente.

Già Buffon aveva notato l'importanza che aveva la predazione verso gli organismi malformati, malati o vecchi al fine di mantenere la specie sana, ma il pensiero di Darwin andava oltre questa semplice considerazione: se le risorse non sono sufficienti per tutta la progenie, molti individui non sopravviveranno, non solo quelli palesemente inadeguati. Sono sufficienti anche lievi differenze per determinare un vantaggio o uno svantaggio in termini evolutivi, per esempio la colorazione un po' troppo chiara o troppo scura, le dimensioni corporee leggermente diverse e così via. La selezione naturale favorisce gli individui di ogni specie che siano portatori delle caratteristiche più idonee all'ambiente in cui vivono.

Una popolazione di individui della stessa specie, dunque, si modifica quando individui con certe caratteristiche ereditarie sopravvivono e si riproducono, mentre altri con caratteri ereditari diversi vengono eliminati perché svantaggiati. Per capire meglio questo concetto facciamo un esempio a partire da un'ipotetica popolazione di orsi polari bianchi e bruni (**figura 9**). Se nelle zone artiche un orso polare dalla pelliccia scura cercasse di catturare delle foche, sarebbe più facilmente visibile sul ghiaccio e risulterebbe svantaggiato; gli orsi con il manto bianco, invece, riuscirebbero ad avvicinarsi alle prede e avrebbero maggiori probabilità di catturarle. In una lotta per la sopravvivenza, dunque, gli orsi con il manto scuro sarebbero svantaggiati e produrrebbero meno figli, andando lentamente a scomparire; al contrario, i figli degli orsi con un manto chiaro avrebbero maggiori possibilità di sopravvivenza e, lentamente, tutti gli orsi polari diventerebbero bianchi.

Il principale fattore su cui si basano i processi evolutivi è la **variabilità** delle caratteristiche esistenti all'interno di una popolazione di individui della stessa specie. Secondo Darwin tale variabilità, o diversità, di una specie è dovuta al caso e non è prodotta né dall'ambiente né dalla volontà degli organismi stessi: tale idea smentisce dunque la teoria dell'uso e del disuso di Lamarck. Oggi sappiamo che queste variazioni sono conseguenza di *mutazioni*, cambiamenti che possono avvenire nel patrimonio genetico di qualsiasi organismo.

▲ **Figura 9**
In un'ipotetica popolazione di orsi polari bianchi e bruni, la selezione naturale favorisce gli individui dal manto chiaro per cui gli orsi scuri tendono a diminuire fino alla loro scomparsa.

Darwin concretizzò le sue teorie nel testo «L'origine delle specie»

Durante il suo viaggio, Darwin inviò a Londra numerosi animali esotici e resoconti scientifici che lo resero un naturalista di fama ancor prima che tornasse in patria. Al suo ritorno era già un'autorità del settore, ma non ebbe fretta di rendere pubbliche le sue intuizioni sull'evoluzione dei viventi. Passarono più di vent'anni prima che *L'origine delle specie* fosse pubblicato, periodo in cui Darwin si dedicò alla scrittura di molte altre opere. Il risultato del suo lavoro fu però scrupoloso e ogni possibile obiezione venne anticipata, soppesata e confutata.

Tuttavia, fu necessario l'intervento di un altro naturalista perché Darwin si decidesse a rendere pubblica la sua teoria. Il gallese **Alfred R. Wallace**, infatti, dopo una lunga permanenza nel Sudest asiatico, era giunto autonomamente a conclusioni analoghe a quelle di Darwin sulle modificazioni dei viventi nel corso del tempo. Con una lettera Wallace chiese a Darwin di rendere pubblica questa sua intuizione, costringendo quest'ultimo a pubblicare la sua opera per non essere scavalcato. L'impianto scientifico costruito da Darwin era molto più articolato di quello del collega e quindi non ci fu mai alcun dubbio sulla maggiore concretezza del suo lavoro rispetto a quello di Wallace. L'influenza che i due naturalisti ebbero uno sull'altro fu incredibile e le loro scoperte rimangono ancora oggi il punto di partenza per tutti gli scienziati che si occupano delle tematiche evolutive.

La tesi di fondo de *L'origine delle specie* si basava su cinque principi:

1. il processo di riproduzione è stabile, cioè gli organismi generano organismi simili a loro stessi;
2. nella maggior parte delle specie il numero di individui che sopravvivono e si riproducono è piccolo in confronto al numero di organismi nati;
3. in ogni popolazione possono comparire delle differenze tra i singoli organismi (variabilità) e alcune di esse possono essere trasmesse dai genitori ai figli (sono cioè ereditabili);
4. quali individui riusciranno a sopravvivere e a riprodursi, e quali non vi riusciranno, è determinato dalle interazioni che intercorrono tra gli organismi e l'ambiente, ovvero dalla *selezione naturale*: alcune variazioni, che Darwin definì «favorevoli», consentono agli individui di generare più discendenti di altri e, se sono ereditarie, tendono a diventare sempre più frequenti da una generazione all'altra;
5. dopo un periodo di tempo sufficientemente lungo, la selezione naturale porta a un tale accumulo di cambiamenti da differenziare tra loro i vari gruppi di organismi.

1 - Storia della scienza

Le teorie del fissismo e del creazionismo

Hai presente l'immagine che ritrae l'evoluzione dei viventi come una serie di personaggi che camminano e «si evolvono» progressivamente? Bene, quell'immagine è sbagliata!

Questa visualizzazione si chiama *Marcia del progresso* (**figura**) e anche se è usata spesso dal punto di vista mediatico, si basa sulla falsa idea che i viventi si trasformino uno nell'altro e che tutto vada in direzione di un essere «migliore». L'origine di questa idea risale ad **Aristotele**, il primo grande naturalista della storia, che credeva che tutti gli esseri viventi potessero essere disposti in una scala gerarchica, ordinata per complessità crescente. In questa gerarchia (chiamata poi *Scala Naturae*, «scala della natura»), gli organismi più semplici occupano lo scalino più basso, l'uomo quello più alto e tutti gli altri organismi si trovano in una posizione intermedia. Fino al tardo Ottocento molti biologi credevano ancora nella validità di questa scala gerarchica. La teoria che sta alla base di questa idea, oggi chiamata **fissismo**, afferma che gli organismi sono sempre esistiti e non hanno mai subito variazioni nel corso del tempo.

In campo cristiano dal fissismo derivò il **creazionismo**, un'idea basata sui precetti e i racconti presenti nella Bibbia: tutti gli esseri viventi sono stati creati per un atto divino così come sono oggi. Questa idea di immutabilità presuppone che ogni forma vivente abbia avuto origine con le caratteristiche attuali perché si potesse integrare nel luogo in cui avrebbe vissuto.

Tra coloro che si rifacevano alla creazione divina come presupposto di una teoria scientifica c'era **Linneo**, naturalista svedese cui si deve la base del nostro attuale sistema di nomenclatura dei viventi.

Nel 1753 egli pubblicò due voluminosi libri in cui venivano descritte tutte le specie di piante allora conosciute. Mentre Linneo lavorava a questa opera enciclopedica, però, gli esploratori provenienti dall'Africa e dalle Americhe ritornavano in Europa con nuove specie di piante e animali. Linneo, pur aggiornando continuamente la sua classificazione per adattarla a queste nuove scoperte, non mutò opinione sul fatto che tutte le specie attuali fossero state create da Dio e che da allora fossero rimaste tali. Nel corso dell'Ottocento, con la diffusione del pensiero evoluzionista, lo scontro tra creazionisti ed evoluzionisti si fece acceso. Nel mondo anglosassone prese piede la posizione del reverendo William Paley (1743-1805), sostenitore della **teologia naturale**. Secondo questa filosofia, lo studio della natura forniva argomenti per dimostrare l'esistenza di Dio e faceva emergere l'esistenza di un **progetto intelligente**. Dio avrebbe dunque creato i viventi, per poi lasciarli evolvere e cambiare senza «intervenire» oltre. Questa posizione è ancora oggi sostenuta da chi si rifà alla Bibbia come fondamento per lo studio della natura. Paley fu anche l'ideatore della **creazione speciale**, l'idea che Dio non abbia generato tutte le specie viventi in un unico atto, ma diluendo la creazione nel tempo, in modo che ciascuna comparisse al momento opportuno.

▸ **Figura**
La *scala naturae* è entrata nell'immaginario collettivo, ma deve essere considerata solo come una rappresentazione visuale e non come un principio scientifico.

Facciamo il punto

1. Quale teoria di Charles Lyell diventò di grande importanza per Darwin?
2. Quali osservazioni fece il giovane Darwin alle isole Galápagos?
3. Quale ruolo hanno, secondo Darwin, le variazioni che sono presenti tra gli individui?
4. Su quali premesse si basava il pensiero di Darwin e di Wallace?

3 Le prove a sostegno della teoria evoluzionistica

L'evoluzione è un processo molto lungo

L'evoluzione dei viventi è una teoria supportata da molte prove, tra le quali c'è la **biogeografia**, una scienza che studia la distribuzione delle piante e degli animali nelle diverse regioni del mondo. Gli esploratori come Darwin e Wallace erano rimasti perplessi dal fatto che luoghi con clima e topografia simili sono spesso popolati da organismi molto differenti. Secondo la dottrina creazionista, ogni specie fu creata specificatamente per un particolare tipo di vita e posta nell'ambiente più idoneo; per questo motivo, si diceva, non ci sono orsi polari all'equatore.

Darwin iniziò il suo viaggio con questa visione creazionista, ma ben presto cominciò a porsi molti interrogativi. Perché, per esempio, l'Australia possiede pochissimi mammiferi placentati, ma presenta una grande quantità di marsupiali, tutti imparentati tra loro e presenti solo di rado in altre parti del pianeta? Ognuna delle 55 specie distinte di canguri è stata creata separatamente e poi collocata in Australia o è comparso in quel continente un marsupiale ancestrale che ha dato origine a tutte le forme di marsupiali esistenti?

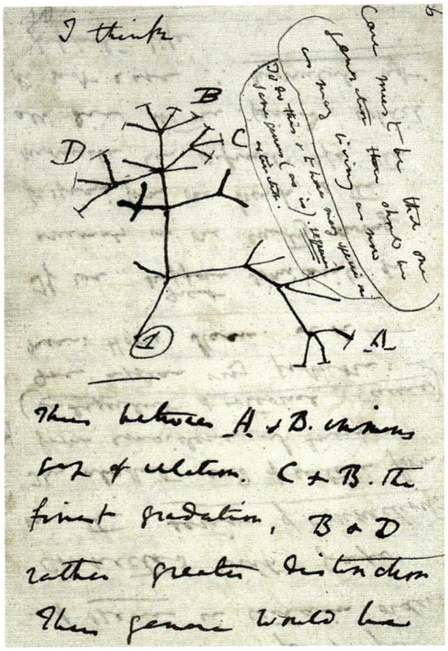

▲ **Figura 10**
Negli appunti di Darwin è presente un «albero della vita» che rappresenta la discendenza comune di tutti i viventi da un solo organismo.

Nell'Ottocento non era semplice rispondere a queste domande, ma con l'arrivo delle tecniche di biologia molecolare venne dimostrata l'ipotesi che già Darwin aveva suggerito: tutti i viventi derivano da un unico organismo ancestrale (**figura 10**). Darwin poteva però anche utilizzare lo studio dei fossili e degli strati rocciosi del suolo; le coste del Sud America erano infatti molto interessanti poiché mostravano prove di un esteso sollevamento della crosta terrestre. Gli strati geologici osservati durante il viaggio sul *Beagle* e quelli studiati da Smith contenevano depositi di animali marini, alcuni dei quali erano collocati molto al di sopra del livello del mare. Darwin, a partire dai fossili, fu in grado di calcolare l'età degli strati confrontandoli, come Smith aveva fatto prima di lui con quelli di località diverse.

I **fossili** risultarono quindi un'ottima prova per dimostrare che gli organismi più semplici dal punto di vista evolutivo comparvero prima di quelli più complessi, perché si trovavano in strati rocciosi più profondi e quindi più antichi.

Le parole

Il termine **omologia** è diverso da **analogia**: le *strutture analoghe* non provano l'evoluzione degli organismi da un antenato comune, ma indicano che, a fronte di pressioni ambientali simili, specie molto diverse hanno adottato soluzioni simili. È il caso delle ali degli insetti e degli uccelli che, pur facilitando il volo, non hanno affinità strutturali.

Le strutture omologhe sono frutto dell'evoluzione

Mediante l'**omologia**, il confronto tra fossili e animali ancora in vita, è possibile ottenere altre prove dell'evoluzione. Le *strutture omologhe* sono parti del corpo di organismi diversi con un'origine comune e mostrano una certa somiglianza, anche se svolgono funzioni differenti. È il caso degli arti anteriori di molti vertebrati, come coccodrilli, uccelli, balene, cavalli, pipistrelli ed esseri umani (**figura 11**), che sono tutti costituiti da ossa ordinate secondo uno stesso modello.

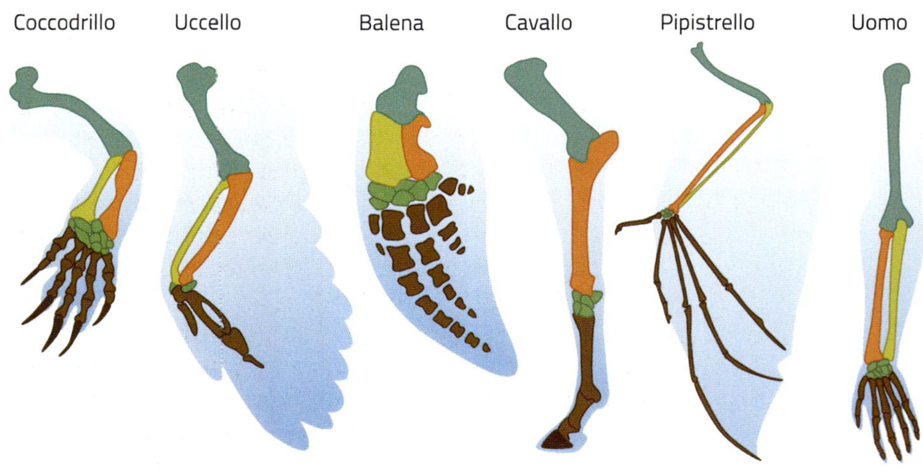

► **Figura 11**
Gli arti dei vertebrati sono strutture omologhe, che possono svolgere la funzione di zampe, ali o pinne.

Inoltre, tranne rare eccezioni, tutti i mammiferi, dal topo alla giraffa, hanno sette vertebre cervicali alla base del cranio, il che significa che è esistito un antenato comune a tutti questi animali. Infine, un'ulteriore prova deriva dal fatto che ogni vertebrato ha quattro arti, e non sei, otto o cento. Le balene, e perfino alcuni serpenti, conservano ancora nella loro struttura anatomica elementi primitivi delle ossa del bacino e degli arti posteriori, che per loro non hanno più alcuna utilità; la perdita di queste strutture, ormai così ridotte da essere quasi irriconoscibili, è una testimonianza dell'adattamento alla vita acquatica.

La microevoluzione è l'evoluzione in tempi brevi

Anche se l'evoluzione degli esseri viventi è un processo molto lento, in alcuni casi è stato possibile osservare dei cambiamenti evolutivi nel corso del loro svolgimento. Un esempio si è avuto quando le conseguenze delle attività umane hanno cambiato in modo repentino le condizioni ambientali, creando pressioni selettive talmente forti su alcuni organismi che è stato possibile osservare l'effettivo processo di evoluzione per selezione naturale. Questi fenomeni evolutivi, che si svolgono su piccola scala e si concludono in tempi relativamente brevi dal punto di vista geologico, sono noti come **microevoluzione**; un esempio è dato dalla falena punteggiata delle betulle, o *Biston betularia* (**figura 12**).

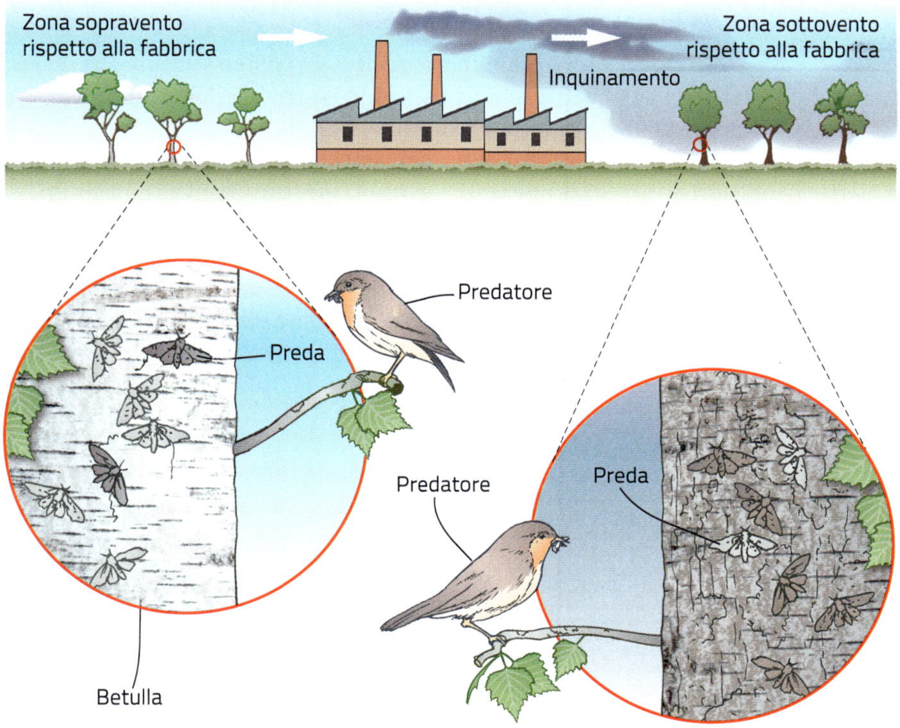

◄ **Figura 12**
Prima della rivoluzione industriale, su 100 falene presenti sui tronchi di betulla, 98 erano chiare e 2 scure; a causa del forte inquinamento la situazione si capovolse, con 5 falene chiare e 95 scure.

Questa farfalla notturna di colore biancastro, nota ai naturalisti inglesi del diciannovesimo secolo, di solito si posava sui tronchi resi chiari dai licheni; su questo sfondo, le falene erano quasi invisibili ai predatori. Fino al 1845 gli esemplari osservati di *B. betularia* erano quasi tutti di colore chiaro, con qualche rarissima eccezione di falene scure. Con la crescente industrializzazione dell'Inghilterra, però, le particelle di fuliggine cominciarono a coprire la corteccia delle piante, uccidendo i licheni. Nelle zone più inquinate, i tronchi diventarono mano a mano più scuri, e così le falene chiare divennero molto evidenti per gli uccelli, mentre quelle scure tendevano a sfuggirgli. Di conseguenza, le falene chiare diventarono sempre più rare, mentre erano più diffuse quelle scure; tale sostituzione procedette a grande velocità: a partire dal 1850 si trovavano pochissime falene chiare e solo in località distanti dai centri industriali. In seguito, quando in Inghilterra vennero introdotti controlli sulle emissioni di fumo, l'inquinamento cominciò a diminuire e la percentuale di farfalle chiare rispetto a quelle scure riprese ad aumentare, insieme alla ricomparsa di licheni sui tronchi degli alberi.

Guarda il video nell'ebook
Un minuto di biologia
L'evoluzione di Biston betularia

▲ **Figura 13**
Cocciniglie su foglie di agrumi.

L'esempio di *Biston betularia* è una prova che la selezione operata dall'ambiente è una forza che non fa «preferenze» per l'uno o l'altro organismo, ma tende a favorire la sopravvivenza e la riproduzione di quelli meglio integrati nel loro ambiente.

Gli insetticidi e gli antibiotici possono selezionare ceppi resistenti

Un altro esempio di cambiamenti evolutivi osservabili in tempi rapidi è lo sviluppo della **resistenza agli insetticidi**, sostanze chimiche velenose per gli insetti, che furono inizialmente accolti con favore perché eliminavano i parassiti e permettevano di osservare un forte incremento della produzione di frutta e verdura; successivamente si scoprì che queste sostanze tendono ad accumularsi nell'ambiente, diventando pericolose per la salute di tutti gli organismi, uomo compreso; inoltre il loro impiego aveva generato un numero consistente di ceppi resistenti, difficilissimi da distruggere.

Un esempio particolarmente significativo di resistenza agli insetticidi è stato osservato in un tipo di cocciniglie (**figura 13**) che attaccavano le piante di agrumi in California. Agli inizi del secolo scorso, il gas cianidrico venne spruzzato sugli aranceti a intervalli regolari e con grande successo, a una concentrazione sufficiente a uccidere il 99% degli insetti. Nel 1914, però, i coltivatori di arance vicino a Los Angeles notarono che la dose di gas spruzzata non era più sufficiente a distruggere tutti i parassiti: i sopravvissuti erano passati in pochi anni da meno dell'1% al 22% e questo valore tendeva a salire.

Un esempio più recente di selezione naturale riguarda lo sviluppo della **resistenza ai farmaci** da parte di alcuni batteri. Alla fine della Seconda guerra mondiale si diffusero gli antibiotici, molecole in grado di fermare le infezioni batteriche uccidendo quasi totalmente i parassiti invasori. Negli anni successivi, però, molti batteri erano diventati resistenti, per cui potevano proliferare nonostante la somministrazione del farmaco. Tale problema aveva ricadute sia in campo medico sia in campo scientifico, ma fu risolto solo grazie a un esperimento proposto dai microbiologi statunitensi Joshua ed Esther Lederberg nel 1952 (**figura 14**). I due scienziati osservarono che, come era avvenuto per *Biston betularia* e per le cocciniglie, i batteri immuni erano semplicemente delle varianti prodotte da un cambiamento nella popolazione iniziale, che erano state selezionate dal loro ambiente.

▼ **Figura 14**
Nell'esperimento dei coniugi Lederberg vennero fatti crescere alcuni batteri in una piastra priva di antibiotici, che poi vennero trasferiti in una piastra con (+) e senza (-) penicillina.

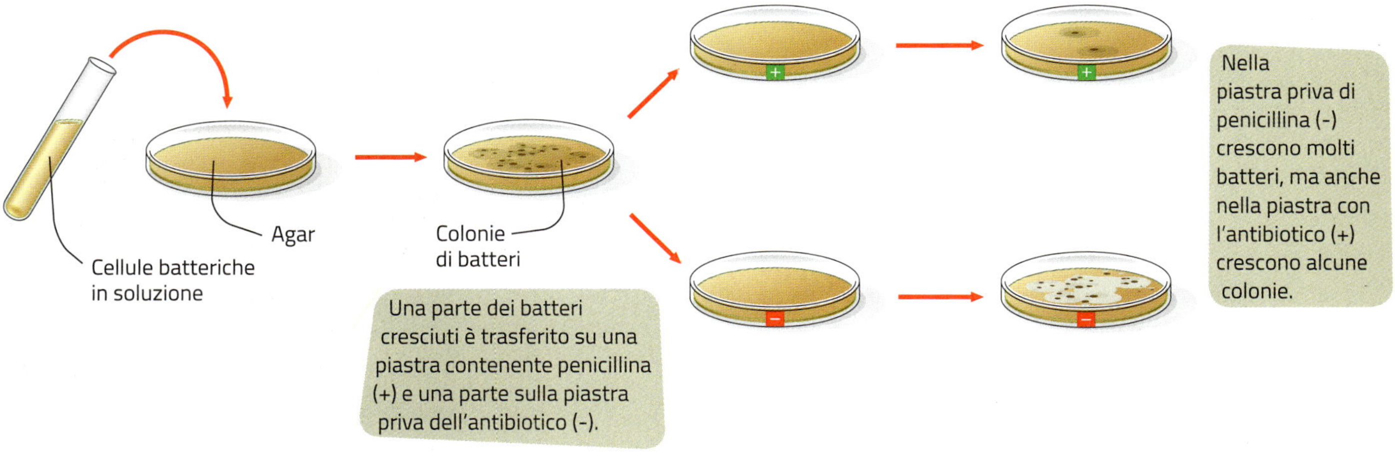

La selezione artificiale simula la selezione naturale

Gli effetti della selezione naturale possono infine essere osservati a partire dai risultati della **selezione artificiale**: da millenni gli allevatori e i coltivatori producono varietà e razze nuove attraverso incroci mirati di organismi che presentano le caratteristiche desiderate. Anche Darwin si dilettava in questa attività nella sua tenuta di Down House, presso Londra, allevando e selezionando colombi.

Per questo motivo, chi legge per la prima volta *L'Origine delle specie* può sorprendersi del fatto che, all'inizio del primo capitolo, sia presente una dettagliata descrizione di incroci eseguiti tra diversi tipi di piccioni. Selezionando esemplari con particolari caratteristiche, quali un becco più grande o una coda con un maggior numero di penne, gli allevatori di piccioni sono stati capaci, nel corso degli anni, di produrre numerose razze differenti. Questo processo di selezione artificiale, tramite il quale vengono scelti dall'uomo gli individui portatori di caratteri che si intende rafforzare nella generazione successiva, venne considerato da Darwin del tutto analogo a quello della selezione naturale. Egli era consapevole del fatto che gli incroci selettivi di piccioni non rappresentavano un esempio isolato; simili esperimenti evolutivi erano stati condotti per secoli attraverso incroci di piante e di animali, ottenendo così alcune delle più comuni varietà di organismi: le diverse tipologie di cavalli (da tiro o da corsa) e di pecore (da lana e da latte), le varietà di pomodori e di mele, oppure le variegate tipologie di cavoli (**figura 15**).

▲ **Figura 15**
Oggi possiamo disporre di una grande varietà di cavoli che derivano da selezioni artificiali di tipologie più antiche.

Facciamo il punto

1. Di che cosa si occupa la biogeografia?
2. Perché dallo studio dei fossili emergono prove dell'evoluzione dei viventi?
3. Quali omologie fanno presupporre un antenato comune a tutti i mammiferi?
4. Per quale motivo *Biston betularia* è un esempio di microevoluzione?

4 La classificazione degli organismi viventi

Organismi della stessa specie generano prole fertile

Quando si parla di organismi viventi, si usa spesso il termine «specie» per indicare un certo gruppo di animali o piante o funghi. Ma che cos'è una specie? Esistono diverse definizioni, ma quella più accettata è stata proposta dal naturalista Ernst Mayr: dal punto di vista biologico, una **specie** è un gruppo costituito da quegli organismi che possono incrociarsi tra loro e dare origine a una *prole fertile*, ma non possono incrociarsi, e generalmente non lo fanno, con individui di altri gruppi simili. Per esempio, un albero di arance e uno di mandarini sono simili, ma sono di specie diverse, per cui incrociandoli si ottengono i clementini, frutti senza semi, cioè sterili (**figura 16A**); discorso analogo vale per l'asino e il cavallo, che sono molto simili e possono accoppiarsi, ma la prole è rappresentata solo da animali sterili, il mulo o il bardotto (**figura 16B**).

La definizione di specie è una convenzione, per cui esistono delle eccezioni; in generale, si adatta bene agli animali, un po' meno alle piante e per nulla ai batteri, questi ultimi, infatti, hanno una modalità di riproduzione particolare, per cui si usano parametri del tutto diversi per classificarli.

Le parole
Il termine *species* in latino significa «tipo» perciò, semplificando, si può affermare che le **specie** sono i differenti tipi di organismi.

▼ **Figura 16**
Due esempi di incroci tra specie diverse, che danno come risultato un individuo sterile: il clementino (A), ottenuto dall'incrocio tra arancia e mandarino, e il mulo (B), l'incrocio di un asino con una cavalla.

Linneo inventò la nomenclatura binomia

Curiosità

Linneo è il nome italiano di Carl von Linné (1707 – 1778), il medico, botanico e naturalista svedese che è considerato il padre della moderna classificazione scientifica degli organismi viventi.

Definire i rapporti che esistono tra le diverse specie e catalogarle in un quadro più ampio è un lavoro scrupoloso e difficile, nel quale l'uomo si cimenta da millenni; occorre, infatti, stabilire delle convenzioni che siano valide per tutti e che siano adeguate alle nuove scoperte. Questo traguardo è stato raggiunto nel Settecento grazie a **Carlo Linneo**, studioso di botanica che diede una configurazione alle principali categorie usate nel sistema gerarchico di classificazione biologica definendo la **nomenclatura binomia**, tutt'ora in uso.

Secondo il sistema binomio, il nome scientifico di un organismo è costituito da due parti: il nome del genere più un termine specifico, che indica la specie all'interno di quel genere. Il **genere** è un gruppo di specie strettamente affini, presumibilmente derivate da un antenato comune. Per esempio, la tigre è classificata nel genere *Panthera* e il suo nome scientifico è *Panthera tigris*. L'uso di questa combinazione unica di termini indica che ci si riferisce alla tigre e non a un animale affine come il leone (*Panthera leo*) o il giaguaro (*Panthera onca*). Tigre, leone e giaguaro, ma anche leopardo e leopardo delle nevi, fanno tutti parte del genere *Panthera* (**figura 17**).

Il nome scientifico viene ovunque scritto nel seguente modo:

- in *corsivo* (oppure sottolineato, se il testo è tutto in corsivo);
- con il nome del genere in maiuscolo (*Panthera*, *Homo*, *Pinus*);
- con il nome specifico in minuscolo (*Panthera tigris*, *Homo sapiens*, *Pinus pinaster*);
- con il nome del genere abbreviato dopo la prima citazione (*P. tigris*).

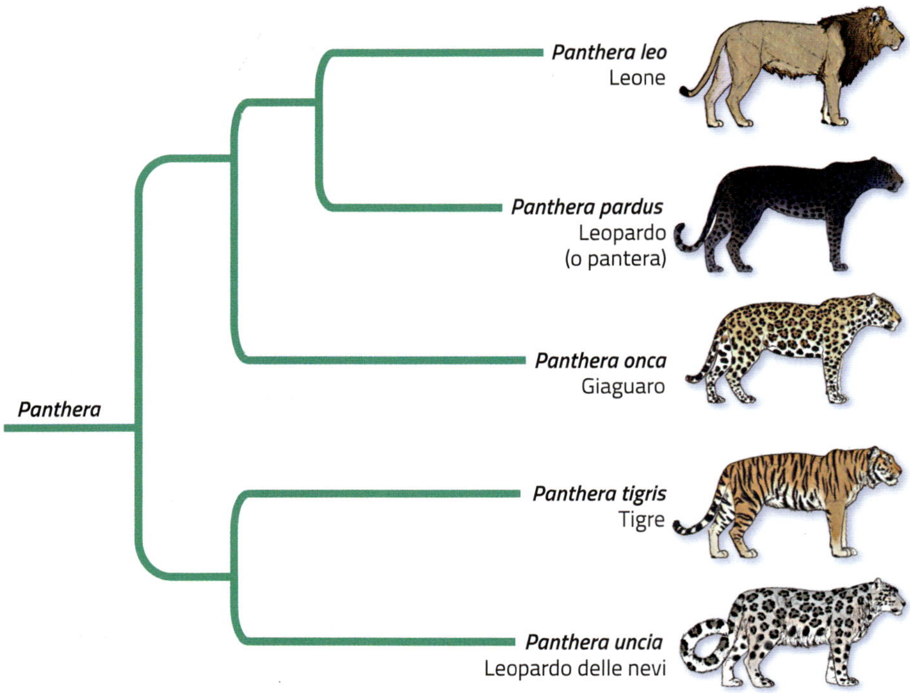

► **Figura 17**
Le relazioni esistenti tra le specie del genere *Panthera* possono essere mostrate attraverso particolari diagrammi chiamati «alberi filogenetici». Al genere *Panthera* appartengono la tigre, il giaguaro, la pantera nera e il leone.

La classificazione è un sistema gerarchico

Il sistema linneano di classificazione dei viventi non si ferma al livello dei generi, ma permette di costruire una gerarchia sempre maggiore, come tante scatole cinesi infilate una nell'altra. Tale sistema è alla base della **tassonomia**, una branca delle scienze naturali che si occupa degli aspetti teorici e pratici per classificare gli organismi, sia quelli viventi sia quelli estinti; la suddivisione in gruppi avviene in base alle somiglianze e alle differenze fra gli organismi e ciascun gruppo è detto *unità tassonomica*.

Nel secolo scorso è maturata l'idea che i modelli di classificazione non solo devono essere utili e facili da utilizzare, ma devono anche riflettere in modo preciso le relazioni evolutive tra i vari organismi. È nata pertanto una disciplina, chiamata **sistematica**, che studia la biodiversità soprattutto in base a queste relazioni.

Nel sistema gerarchico della classificazione biologica le specie tra loro correlate vengono raggruppate in generi, i **generi** in famiglie, le **famiglie** in ordini, gli **ordini** in classi, le **classi** in phyla, i **phyla** in **domini** (**tabella 1**). Tutte queste categorie principali possono essere ulteriormente suddivise o raggruppate in un certo numero di altre categorie che sono utilizzate meno frequentemente, quali il *subphylum* o la *superfamiglia*. I phyla, o divisioni, tra loro correlati sono a loro volta raggruppati in categorie superiori: i regni. Il rapporto che esiste tra i diversi livelli gerarchici mette in evidenza non solo le somiglianze e le differenze, ma anche le relazioni evolutive tra i differenti gruppi.

Attraverso la sistematica è dunque possibile ricostruire la **filogenesi** delle specie, ossia la loro storia evolutiva prendendo in considerazione l'origine delle somiglianze o delle differenze strutturali. In questo modo si può costruire un *albero filogenetico* (o «albero genealogico»; *vedi* **figura 17**), che permette di comprendere con facilità quanto due gruppi di organismi siano vicini a un antenato comune.

Curiosità

I termini *divisione* e **phylum** sono equivalenti, ma il primo viene di solito usato nella classificazione dei funghi e delle piante, mentre si ricorre al secondo soprattutto per gli organismi animali.

Categoria	Unità tassonomica	Qualche dato numerico
Dominio	*Eukàrya* (eucarioti)	
Regno	*Animalia* (animali)	circa 1 000 000 di specie suddivise in 35 phyla
Phylum	*Chordata* (cordati)	circa 48 000 specie suddivise in subphyla
Subphylum	*Vertebrata* (vertebrati)	45 000 specie suddivise in 5 classi
Classe	*Aves* (uccelli)	9600 specie suddivise in 28 ordini
Ordine	*Passeriformes* (passeriformi)	5400 specie suddivise in 72 famiglie
Famiglia	*Paridae* (paridi)	65 specie suddivise in 7 generi
Genere	*Parus* (cince)	51 specie (di cui 9 europee)
Specie	*major* (cinciallegra)	1 sola specie

◂ **Tabella 1**
La classificazione dell'uccello cinciallegra (nella fotografia).

Alcune omologie sono evidenti anche nello sviluppo embrionale

Negli alberi filogenetici non rientrano solo gli organismi che oggi popolano il pianeta, ma anche quelli estinti, e per fare ciò si utilizzano i fossili, nel caso siano disponibili. Un contributo alla costruzione di questi alberi proviene anche da altre discipline, come gli studi di **biologia dello sviluppo** sui differenti stadi del ciclo vitale e sui tipi di sviluppo embrionale, che hanno fatto emergere similitudini tra organismi anche molto differenti tra loro.

Nella **figura 18** si vedono gli embrioni di cinque diverse classi di vertebrati che, a uno stadio precoce, non sono praticamente distinguibili tra loro: tutti hanno tasche branchiali sporgenti (visibili appena sotto la testa) e code simili a quelle dei pesci; perfino in uno stadio di sviluppo più avanzato l'embrione umano presenta una coda che è più lunga dei suoi arti. Si tratta di omologie, indicatori delle strette relazioni evolutive che accomunano tutti i vertebrati e che forniscono un'ulteriore prova di una loro origine comune.

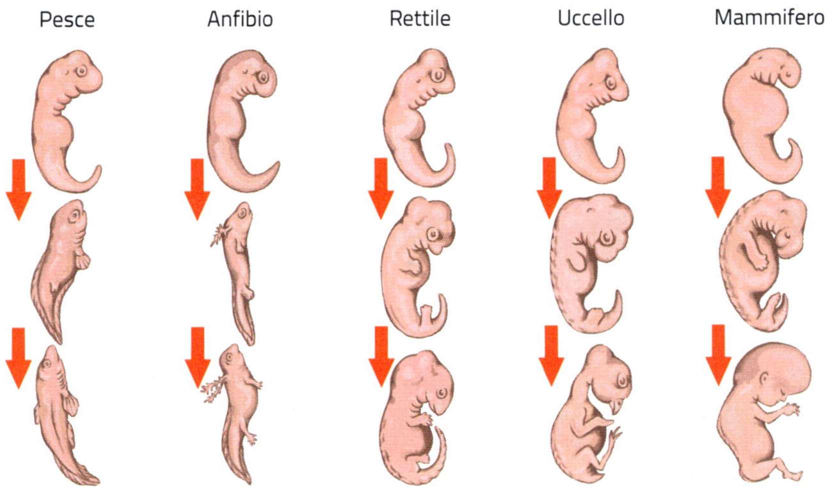

◂ **Figura 18**
Disegni non in scala che rappresentano gli embrioni di cinque classi di vertebrati in tre stadi successivi di sviluppo, accomunati da evidenti similitudini nelle fasi iniziali.

La sistematica molecolare è un nuovo strumento per la classificazione

Oggi, con l'aiuto delle tecniche di biologia molecolare, è possibile analizzare la struttura di molte molecole biologiche contenute nelle cellule e individuare così le eventuali differenze presenti, per esempio, nel patrimonio genetico di due organismi. Il confronto si basa sul fatto che maggiori sono le differenze fra due strutture molecolari e maggiore sarà la distanza evolutiva tra due organismi; viceversa, minori sono le differenze, più strette sono le relazioni. Questo metodo ha quasi sempre confermato i risultati a cui si era giunti con i metodi tradizionali, ma ha portato talvolta a risultati curiosi: per esempio, il panda maggiore che vive in Cina, a differenza del panda minore, è un orso e non un procione, mentre i condor sono imparentati più con le cicogne che con i falchi o gli avvoltoi, dall'aspetto molto più simili (**figura 19**).

Queste nuove tecniche molecolari, tuttavia, vengono utilizzate soprattutto nella classificazione degli organismi unicellulari, a causa dell'enorme difficoltà che spesso si incontra nel distinguere tra loro questi esseri viventi in base alle caratteristiche strutturali. Attualmente sta diventando sempre più realistica la speranza di poter costruire un albero filogenetico che riesca a comprendere tutti gli organismi in base a un unico criterio di classificazione.

▲ **Figura 19**
A prima vista il condor (A) assomiglia di più all'avvoltoio (B) che alla cicogna (C), ma i dati molecolari hanno dimostrato il contrario.

Ogni gruppo è una convenzione e non è immutabile

La classificazione è una materia molto controversa, che ha subito variazioni anche molto radicali nel corso del tempo. Per più di un secolo venne adottato dagli studiosi il sistema proposto da Linneo che riconosceva solo due regni: il regno degli animali (in latino *Animalia*), che comprendeva gli organismi che crescono fino a una certa dimensione e per un periodo limitato e che sono in grado di muoversi e mangiare, e il regno delle piante (*Plantae*), che comprendeva gli esseri viventi che non si muovono, non mangiano e crescono per tutto il tempo della loro esistenza. Perciò funghi, alghe e batteri erano raggruppati con le piante, mentre i protozoi (organismi unicellulari che si muovono e mangiano) erano classificati con gli animali.

Successivamente si stabilì di riconoscere un terzo regno, quello dei funghi (*Fungi*): a differenza delle piante e degli animali, i funghi sono ancorati al terreno come i vegetali, ma assorbono le molecole complesse dal terreno su cui vivono. Con le nuove scoperte nel mondo microscopico, si sentì la necessità di classificare separatamente non solo gli organismi unicellulari da quelli pluricellulari, ma anche di distinguere gli unicellulari eucarioti da quelli procarioti. Gli unicellulari eucarioti vennero inseriti nel nuovo regno dei protisti (*Protista*) indipendentemente dal fatto che fossero autotrofi o eterotrofi, mentre nel regno delle monère (*Monera*) vennero classificati tutti i tipi di procarioti.

Tuttavia, queste unità tassonomiche non sono gli unici modelli di classificazione oggi esistenti e vengono aggiornate mano a mano che le scoperte aumentano. Il regno dei protisti, per esempio, in molti casi non viene più considerato valido e gli organismi che ne fanno parte sono stati suddivisi tra i funghi, le piante e gli animali; allo stesso modo, le monere sono oggi suddivise in eubatteri e archeobatteri.

I domini sono tre: *Archaea*, *Bacteria* ed *Eukàrya*

Il livello più alto di classificazione è quello dei domini, tre grandi gruppi che raccolgono tutti i viventi (**figura 20**): *Archaea* e *Bacteria*, entrambi costituiti solo da organismi procarioti, ed *Eukàrya* che comprende tutti gli eucarioti.

Il dominio *Archaea* comprende il regno degli **archeobatteri**, in grado di vivere anche in ambienti inospitali come le saline e le sorgenti termali; anche il dominio *Bacteria* è formato solo dal regno dei batteri (o **eubatteri**).

Il terzo dominio, quello degli *Eukàrya*, è suddiviso in quattro regni: protisti, funghi, piante e animali. I **protisti** comprendono gli eucarioti unicellulari e anche alcuni semplici pluricellulari: è un gruppo molto diversificato, che comprende specie eterotrofe e autotrofe. I **funghi** comprendono organismi come muffe, lieviti e funghi propriamente detti; non vengono inseriti nel regno delle piante perché sono eterotrofi e dalle analisi molecolari è emerso che sono evolutivamente più vicini agli animali che alle piante. Le **piante** sono organismi pluricellulari fotosintetici che trasformano l'energia del Sole in molecole complesse; queste molecole (carboidrati, proteine e lipidi) sono la risorsa energetica di tutti i viventi eterotrofi. Gli **animali** sono eterotrofi pluricellulari che devono ingerire altri organismi, piante, funghi o altri animali, per il loro sostentamento.

I domini e i regni comprendono tutti gli organismi viventi costituiti da una o più cellule, ma sono esclusi i **virus**, che non sono cellule: essi presentano una struttura subcellulare formata solo da un involucro protettivo nel quale è contenuto il materiale genetico. I virus possono vivere e riprodursi soltanto all'interno di altre cellule e sono pertanto classificati tra i *parassiti obbligati*.

Curiosità

Secondo l'*International Institute for Species Exploration*, ogni anno vengono scoperte quasi ventimila **nuove specie**, molte delle quali si estinguono ancora prima di essere correttamente catalogate; da calcoli statistici risulta che ci siano ancora dieci milioni di specie da classificare, cinque volte più di quelle attualmente note. L'elenco delle nuove specie scoperte è pubblicato sul sito www.esf.edu.

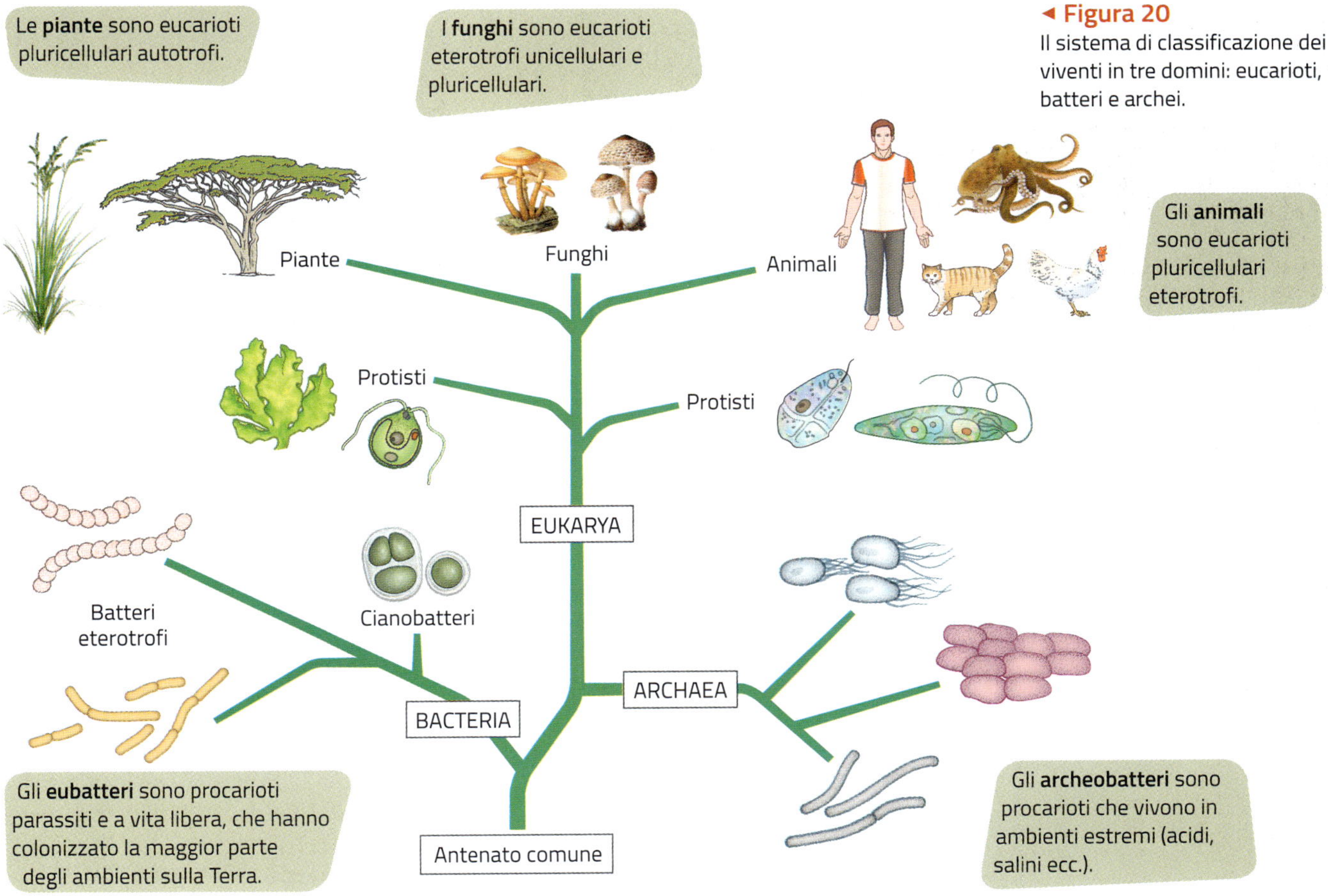

◂ **Figura 20**
Il sistema di classificazione dei viventi in tre domini: eucarioti, batteri e archei.

Facciamo il punto

1. Che cosa si intende con il termine «specie»?
2. In che cosa consiste il sistema di nomenclatura binomia?
3. In quali domini e regni si possono classificare tutti i viventi?
4. Di che cosa si occupa la sistematica?
5. Descrivi, facendo qualche esempio, il contributo fornito dalla sistematica molecolare.
6. Quali sono le «unità tassonomiche» e in quale rapporto sono?

5 I procarioti: batteri e archei

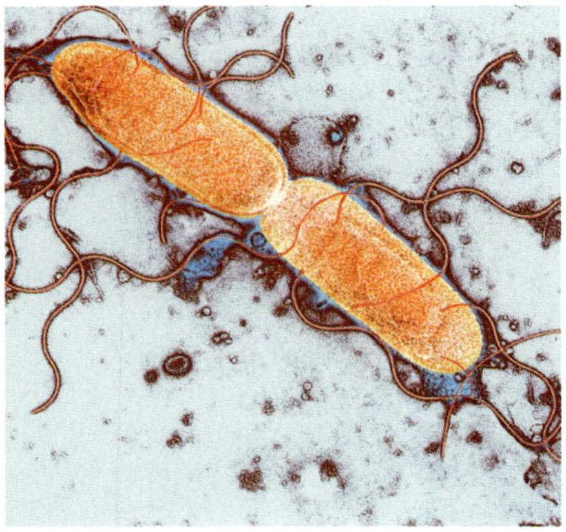

▲ **Figura 21**
La divisione di una cellula batterica nell'intestino umano: dall'immagine al microscopio elettronico a trasmissione si possono notare le due cellule figlie che si stanno per separare.

I batteri hanno colonizzato tutti gli habitat della Terra

Tra tutte le forme viventi esistenti sul nostro pianeta, i procarioti sono quelle più abbondanti e diffuse. Gli eubatteri e gli archeobatteri hanno infatti colonizzato ambienti molto diversi, dalle nuvole ai fondali marini, l'interno di altri organismi, fino ad arrivare alle bocche dei vulcani. Il loro successo biologico è connesso alla loro semplicità strutturale, che permette loro di reagire in fretta agli stimoli ambientali, e alla velocità di riproduzione: in condizioni di crescita ottimali, una popolazione di batteri della specie *Escherichia coli* può raddoppiare ogni 20 minuti circa (figura 21).

Un'altra strategia che spiega il successo di questi organismi è che se nell'ambiente in cui vivono diminuiscono le sostanze nutrienti, molti tipi di batteri sono in grado di formare **spore**, cellule molto resistenti capaci di rimanere quiescenti (cioè a riposo) per anni, fino a quando non si manifestano di nuovo le condizioni ottimali alla loro crescita e al loro sviluppo.

Gran parte degli **archeobatteri** (o archei) vive in condizioni ambientali estreme: gli *alofili*, per esempio, sono presenti anche in ambienti molto salati, come i mari chiusi o le saline, gli *acidofili* in acque molto acide, mentre i *termofili* vivono in zone molto calde (che sfiorano i 100 °C), in ambienti sotterranei in cui la pressione fa sì che il punto di ebollizione dell'acqua si innalzi. I *termoacidofili* prediligono poi ambienti molto caldi e acidi al contempo, condizioni che si verificano, per esempio, vicino alle sorgenti termali.

2 - La nostra salute

I batteri possono essere patogeni, innocui o utili

Molti batteri che vivono su questo pianeta sono assolutamente innocui per gli altri viventi perché non entrano in contatto con nessun'altra forma di vita. Esistono tuttavia gruppi di **patogeni** che entrano nel corpo di un organismo per ricavare sostanze nutritive e per riprodursi.

La nostra principale difesa contro questi batteri è la pelle che, essendo formata da cellule rigide e morte, impedisce il loro ingresso a meno che non sia ferita o lacerata; proprio per questo motivo è necessario disinfettare e proteggere la parte ferita. Alcune parti del corpo a diretto contatto con l'esterno, come l'interno della bocca, non sono rivestite da un tessuto di cellule morte, ma sono ricoperte da un muco protettivo che contiene sostanze antibiotiche in grado di uccidere i batteri.

Ciò nonostante, il muco non è sempre efficace, specie con i batteri responsabili di malattie gastroenteriche come la diarrea (figura). Altre patologie umane di origine batterica sono la tonsillite, la meningite, la polmonite, il colera, la tubercolosi e il tetano, che possono essere curate con degli antibiotici, ma solo dietro un'attenta prescrizione medica.

Tra i moltissimi **batteri utili** ci sono quelli che permettono la fermentazione del latte per produrre yogurt e formaggi. Altri ancora vengono utilizzati per la depurazione delle acque, perché sono in grado di convertire agenti inquinanti nocivi in sostanze inoffensive.

I batteri decompositori di organismi morti (animali o vegetali), come quelli *nitrificanti*, demoliscono le proteine contenute nei cadaveri degli animali e liberano composti ricchi di azoto (che hanno funzione fertilizzante), mentre altri liberano elementi come fosforo e zolfo.

Esiste poi un gran numero di batteri che vive nel nostro corpo, soprattutto nell'intestino, dove produce la vitamina K, una sostanza indispensabile per la coagulazione del sangue; tra questi, uno dei più diffusi è *Escherichia coli*.

◂ **Figura**
In molte zone povere del pianeta l'accesso all'acqua potabile non è garantito a tutti, per cui è necessario bere l'acqua solo attraverso speciali filtri che la depurano dalla presenza dei batteri che proliferano nelle acque stagnanti.

Gli eubatteri comprendono diversi tipi di procarioti

Gli **eubatteri** sono molto diversi tra loro e possono essere classificati anche in base alla loro forma (**figura 22**); i gruppi più comuni sono:

- i *bacilli* con forma allungata;
- i *cocchi* sono sferici e disposti spesso in file, come le perle di una collana;
- gli *spirilli* con una forma a spirale.

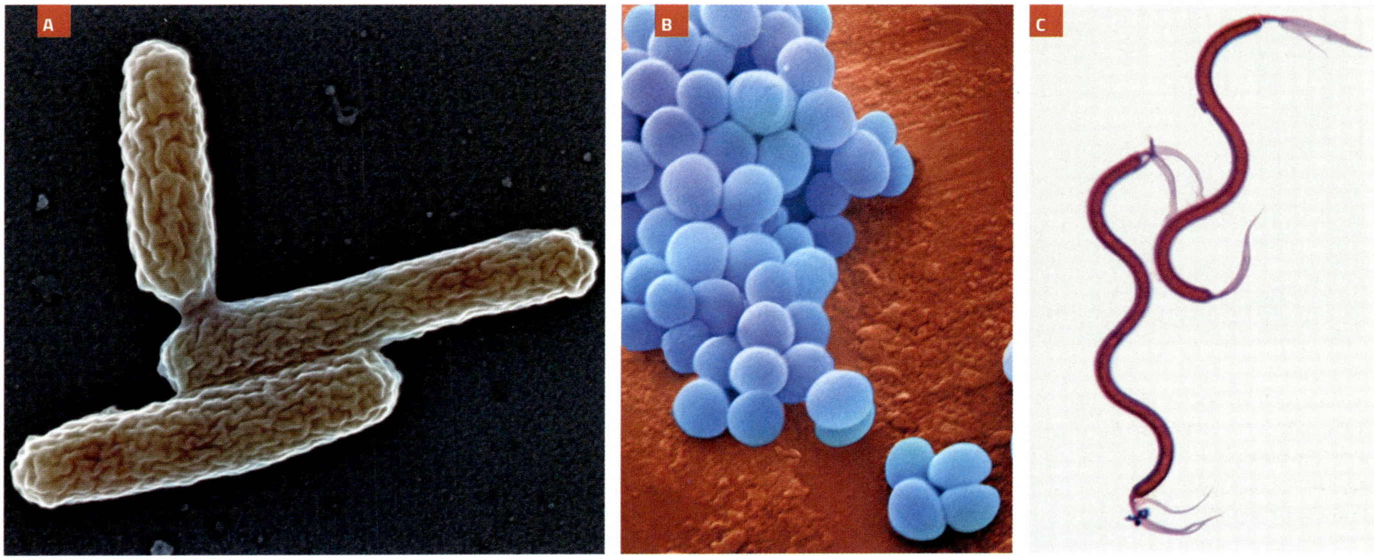

▲ **Figura 22**
Classificazione di batteri in base alla forma: *Legionella pneumophila* è un bacillo (A), *Streptococcus pyogenes* è un cocco (B), mentre *Spirillum volutans* è uno spirillo (C).

Oltre agli organismi che conducono vita libera, vi sono numerosi eubatteri *parassiti*, che vivono cioè a spese di altri esseri viventi, penetrando spesso al loro interno; altri invece possono vivere associati ai funghi, formando i licheni (**figura 23**).

Per poter avere una tale varietà di ambienti e stili di vita, i batteri hanno stretto relazioni con l'ambiente in cui vivono e riescono a ricavare l'energia da numerosi differenti processi. I più numerosi sono i batteri **eterotrofi**, che ottengono le molecole ricche di energia dai tessuti o dai liquidi corporei di altri organismi viventi; tra essi vi sono i *saprofiti*, che si nutrono di materiali in decomposizione. I batteri saprofiti sono presenti nel suolo dei boschi e delle foreste e, nel giro di un anno, sono in grado di decomporre tutte le foglie che si accumulano nel terreno; oltre a smaltire una massa che impedirebbe la crescita di altre piante, la decomposizione delle foglie arricchisce il terreno di nutrienti, rendendo il terriccio del bosco estremamente fertile.

I batteri **autotrofi**, invece, sono in grado di produrre autonomamente le proprie molecole ricche di energia a partire da sostanze chimiche più semplici. Alcuni di questi procarioti autotrofi sono *fotosintetici* mentre altri sono *chemiosintetici*. Gli eubatteri fotosintetici includono i cianobatteri, i batteri verdi e molti batteri purpurei. I *cianobatteri* vivono nelle acque dolci e assomigliano alle piante e alle alghe in quanto contengono il pigmento clorofilla; talvolta, le loro cellule sono autonome, ma spesso formano raggruppamenti, filamenti o catene. Tra quelli non fotosintetici, invece, ci sono le *spirochete* (che provocano malattie come la sifilide e la malattia di Lyme) e diverse specie di notevole importanza economica, come i batteri impiegati nella produzione di latticini.

Alcune specie di cianobatteri sono in grado di incorporare azoto atmosferico nelle proprie biomolecole: i batteri **azotofissatori** e **nitrificanti** sono fertilizzanti naturali, in grado di aumentare fino a dieci volte la produzione di un campo senza la necessità di aggiungere concimi azotati.

▲ **Figura 23**
I licheni, presenti sulle rocce o sui tronchi degli alberi, sono formati dall'associazione di un fungo, che fornisce acqua e sali minerali all'alga o al cianobatterio, mentre quest'ultimo procura al fungo le molecole organiche di cui ha bisogno.

Facciamo il punto

1. Quali caratteristiche sono proprie degli eubatteri? E quali degli archei?
2. Dove vivono e quali caratteristiche hanno i cianobatteri?
3. Che funzione hanno i batteri saprofiti?

6 Il regno dei protisti

I protisti comprendono protozoi, funghi mucillaginosi, muffe d'acqua e alghe

▲ **Figura 24**
Trichodina pediculus è un protozoo ciliato che parassita la pelle dei pesci d'acqua dolce.

A colpo d'occhio

PROTISTI
- PROTOZOI
- FUNGHI MUCILLAGINOSI E MUFFE D'ACQUA
- ALGHE

Nella classificazione degli eucarioti, il regno dei **protisti** ha perso importanza mano a mano che le tecniche di analisi molecolare sono state raffinate. Molti organismi, che prima erano classificati in questo regno, ora vengono annoverati tra gli altri tre regni. Ciò nonostante, tra i protisti ci sono individui eterotrofi, autotrofi fotosintetici e alcuni organismi particolari che possono essere sia eterotrofi sia fotosintetici. La maggior parte dei protisti è unicellulare, ma alcuni di essi sono organismi più complessi: è il caso dei *ciliati*, che presentano un'incredibile varietà di strutture altamente specializzate (**figura 24**). In realtà, il fatto che gli organismi unicellulari possano essere così complessi non è sorprendente; tra i protisti, ogni cellula è un piccolo organismo autosufficiente, in grado di soddisfare tutte le necessità vitali quanto una qualsiasi pianta o animale pluricellulare.

I protisti vengono divisi in tre grandi gruppi: i *protozoi*, i *funghi mucillaginosi* e le *muffe d'acqua* (che costituiscono un unico gruppo), e infine le *alghe*; ognuno di questi gruppi non ufficiali comprende un certo numero di phyla o divisioni. L'inserimento delle alghe tra i protisti ha creato qualche problema di classificazione perché alcuni gruppi di alghe sono pluricellulari; tuttavia si preferisce mantenere questa collocazione e non separare le alghe unicellulari da quelle pluricellulari, a causa delle evidenti somiglianze tra le cellule e al fatto che, anche in alghe dalle dimensioni di diversi metri, ogni cellula ha una vita autonoma e non dipendente dalle altre.

I protozoi sono tutti unicellulari eterotrofi

Se osserviamo con un microscopio ottico alcune gocce di acqua stagnante, possiamo vedere diverse specie di protozoi che si muovono nell'acqua o vivono ancorati ai detriti (**figura 25**). I **protozoi** costituiscono un insieme molto vario di organismi, ma la maggior parte di essi è unicellulare ed eterotrofa. Di solito, i protozoi si riproducono per via *asessuata*, tramite una semplice divisione cellulare (scissione), ma molti hanno anche un ciclo *sessuato*, che consente lo scambio di materiale genetico tra due individui.

Con l'utilizzo delle moderne tecniche di analisi, la classificazione dei protozoi è diventata via via più complicata. Qui ci limiteremo a considerare solo i gruppi principali: tre di essi (*Mastigophora*, *Sarcodina* e *Ciliophora*) comprendono forme sia a vita libera sia parassite e si distinguono principalmente sulla base del loro tipo di locomozione, mentre altri due gruppi (*Opalinida* e *Sporozoa*) sono esclusivamente parassiti.

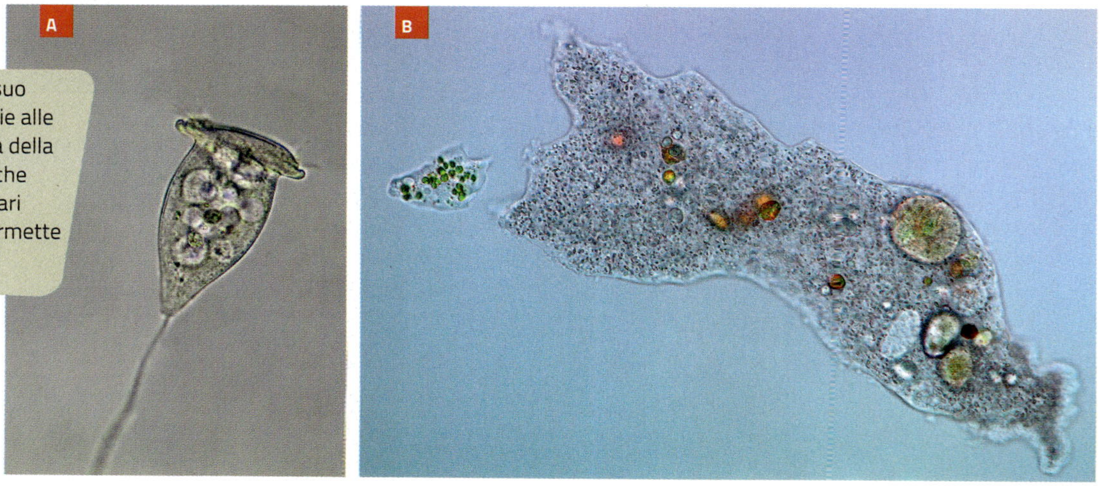

Vorticella si attacca con il suo peduncolo ai detriti e, grazie alle ciglia poste nella parte alta della cellula, crea una corrente che attira le particelle alimentari contenute nell'acqua e permette alla cellula di ingerirle.

► **Figura 25**
Tra i protozoi che vivono nelle acque stagnanti ci sono *Vorticella* (A) e le amebe (B).

I **mastigofori**, ritenuti i più primitivi tra i protisti eterotrofi, sono caratterizzati dalla presenza di *flagelli*, ossia di filamenti esterni che permettono alle cellule di muoversi nell'acqua. Alcuni mastigofori conducono vita libera, ma la maggior parte di essi vive dentro o sopra altri organismi dai quali ottiene il nutrimento divenendone parassita (**figura 26A**).

I **sarcodini** sono alla base dello zooplancton, l'insieme di animali microscopici alla base della catena alimentare marina. Esse comprendono le amebe, i *foraminiferi* caratterizzati dalla presenza di un guscio in prevalenza calcareo (**figura 26B**) e i *radiolari*, che possiedono un guscio siliceo.

I **ciliati** sono i protozoi più complessi e specializzati: sono caratterizzati dalla presenza di ciglia, filamenti esterni simili ai flagelli, ma in genere più corti e numerosi; un esempio di ciliato è *Paramecium* (**figura 26C**).

Gli opalinidi e gli sporozoi sono organismi che vivono all'interno di altre specie animali. Gli **opalinidi**, che si muovono per mezzo di ciglia, sono stati trovati prevalentemente nel canale digerente di rane e rospi e a volte anche nei pesci e nei rettili (**figura 26D**). Gli **sporozoi** sono caratterizzati dall'assenza di ciglia o flagelli e da complessi cicli vitali. Gli sporozoi più conosciuti sono gli appartenenti al genere *Plasmodium* (**figura 26E**), che trasmette la *malaria* in molte specie di uccelli e di mammiferi attraverso la puntura di zanzare che agiscono da vettori.

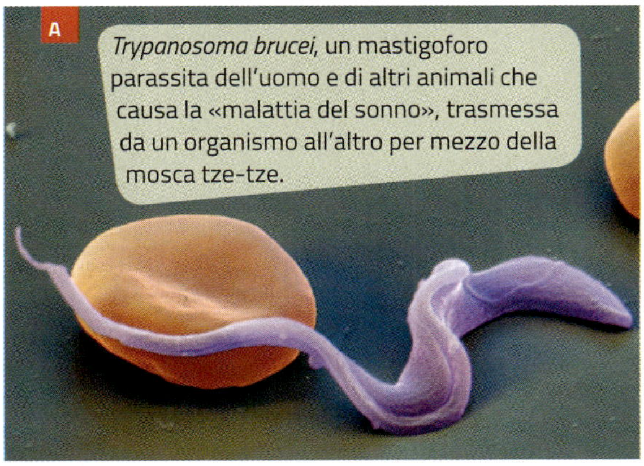

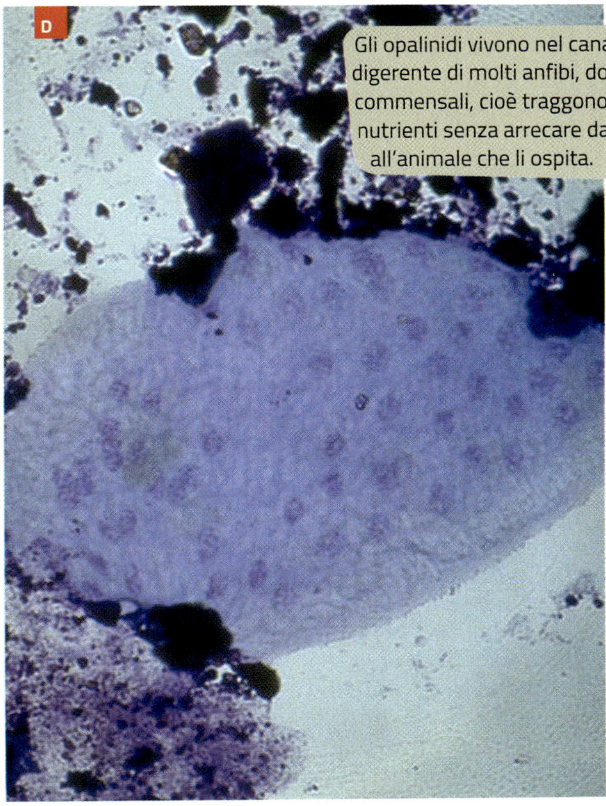

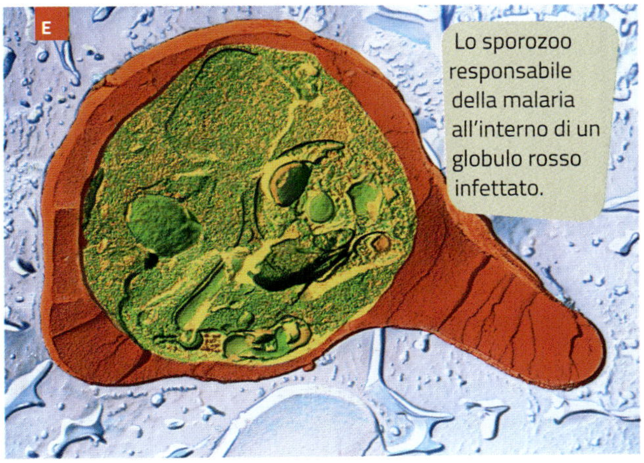

◂ **Figura 26**
Alcuni esempi di protozoi: (A) *Trypanosoma brucei*, un mastigoforo parassita; (B) un foraminifero; (C) un paramecio al microscopio elettronico a scansione; (D) un opalinide al microscopio elettronico a trasmissione; (E) il plasmodio responsabile della malaria è uno sporozoo.

Curiosità
In Irlanda un terzo del raccolto di patate del 1845 e l'intero raccolto del 1846 andarono perduti a causa dell'infestazione di *Phytophthora infestans*, un **fungo mucillaginoso**; questa epidemia provocò una grave carestia e la morte di gran parte della popolazione più povera.

Le parole
Saprofita deriva dal greco *saprós*, che significa «marcio», e *phytón* «pianta»: indica quegli organismi che si nutrono di materia organica in decomposizione, prevalentemente i tronchi degli alberi caduti.

I funghi mucillaginosi e le muffe d'acqua sono protisti particolari

I **funghi mucillaginosi** sono un gruppo di organismi che vengono classificati tra i protisti a causa della loro somiglianza con le amebe; essi comprendono più di 500 specie. Questi funghi in genere vivono sul legno marcescente nutrendosi di batteri, alcuni lieviti e altri nutrienti. I funghi mucillaginosi si riproducono per mezzo di spore, cellule che vengono prodotte all'interno di strutture dette *sporangi*. Gli sporangi sono spesso sollevati dal suolo per facilitare la dispersione delle spore tramite il vento.

Le **muffe d'acqua** comprendono un migliaio di specie e assomigliano un po' ai funghi per quanto riguarda le caratteristiche strutturali di base. Gran parte delle muffe d'acqua è saprofita e vive sui resti di organismi morti; alcune forme, invece, sono parassite (*oomiceti*), come *Plasmopara viticola*, che causa la peronospora della vite, una malattia che rappresenta una seria minaccia per l'industria vinicola (figura 27), e *Phytophthora infestans*, agente della peronospora della patata, che ha prodotto gravi carestie.

▸ **Figura 27**
Se una pianta di vite viene attaccata dalla peronospora, il frutto tende a marcire.

Le alghe sono organismi acquatici fotosintetici

Le **alghe** sono organismi eucarioti fotosintetici comparsi più di 2 miliardi di anni fa e vengono classificate nel regno dei protisti, anche se molte sono pluricellulari.

I vari phyla sono distinti in base ai pigmenti fotosintetici accessori, al tipo di riserve alimentari accumulate ed eventualmente alla composizione chimica. Alcuni di questi gruppi (come quelli delle euglenofite, crisofite, bacillariofite e dinofite) sono costituiti quasi esclusivamente da organismi unicellulari; altri invece (come le clorofite, le feofite e le rodofite) comprendono soprattutto alghe pluricellulari.

3 - Educazione ambientale

L'eutrofizzazione delle acque

Un fenomeno tipico nelle acque costiere delle zone tropicali è la proliferazione eccessiva di alghe unicellulari, fenomeno che può però avere talvolta effetti dannosi. Alcune alghe unicellulari, infatti, hanno la capacità di produrre tossine così potenti da avvelenare interi banchi di pesci.

Recentemente, per effetto delle modificazioni climatiche, anche nel Mare Mediterraneo ci sono state invasioni di alghe tropicali tossiche, come *Ostreopsis ovata*, che normalmente vivono su altre alghe presenti sul fondale, ma che in particolari condizioni ambientali vengono a galla, conferendo all'acqua un aspetto «torbido».

Queste emergenze ambientali sono dovute all'**eutrofizzazione** delle acque, cioè all'eccezionale arricchimento di sostanze nutritive indotto dal riscaldamento globale e dalle attività umane. La proliferazione di alghe microscopiche è tale da non venire smaltita da organismi consumatori e determina una maggiore attività batterica (figura); aumenta così il consumo di ossigeno, che viene a mancare ai pesci provocandone la morte, e la successiva morte anche delle alghe per mancanza di ossigeno. In breve tempo, il tratto di mare o il lago interessato dal fenomeno dell'eutrofizzazione rimane privo di forme di vita.

▸ **Figura**
L'eutrofizzazione determina una carenza di ossigeno nell'acqua che crea un ambiente asfittico sfavorevole per tutte le forme di vita acquatiche.

Le alghe unicellulari si trovano in genere vicino alla superficie dei mari o delle acque dolci, dove vi è luce in abbondanza per poter effettuare la fotosintesi. Ogni cellula è un individuo autosufficiente, che dipende solo dalla luce del Sole, dal diossido di carbonio e dai sali minerali disciolti nell'acqua circostante. Insieme a piccoli animali invertebrati e a forme larvali di animali più grossi, questi protisti unicellulari costituiscono il *plancton*. I membri fotosintetici del plancton, detti nel loro insieme **fitoplancton**, svolgono la maggior parte dei processi fotosintetici che hanno luogo negli oceani e riforniscono l'atmosfera di enormi quantità di ossigeno. Oggi il fitoplancton è in pericolo per il crescente inquinamento degli oceani e, se dovesse ridursi drasticamente, verrebbe compromesso l'intero equilibrio vitale del pianeta.

Le parole

Il termine **plancton** deriva dal greco *planktón* che significa «vagabondo, errante» e indica gli organismi unicellulari e pluricellulari che galleggiano sulla superficie delle acque.

Una caratteristica che accomuna le grandi *alghe pluricellulari* è una struttura corporea, il **tallo**, in cui sono però assenti organi o tessuti specializzati. Gran parte delle alghe pluricellulari si è adattata a vivere in acque saline poco profonde e lungo le coste; qui la luce è tanto intensa da costituire una ineguagliabile fonte di energia e le acque sono particolarmente ricche di sostanze nutritive, provenienti dal dilavamento del suolo o spinte in superficie dalle acque più profonde tramite le correnti ascensionali. Un importante adattamento di alcune tra le alghe più complesse è l'*aptère*, una particolare struttura d'ancoraggio che aderisce alle rocce, ma che non è una radice in quanto non contiene canali interni per l'assorbimento e il trasporto dell'acqua. Le parti superiori di un'alga pluricellulare sono in genere sottili e ampie, adatte a produrre grandi quantità di zuccheri.

L'acqua fa da filtro alla luce bloccando le lunghezze d'onda più lunghe, ossia quelle rosse e arancioni; perciò, alle profondità maggiori penetra soltanto una debole luce azzurra. Le **alghe rosse** (o rodofite) assorbono l'energia di questa luce blu (**figura 28A**): sono abbondanti soprattutto nei mari tropicali e alcune di esse, grazie alla presenza di calcite nelle loro pareti cellulari, contribuiscono a formare le barriere coralline. Nei tratti di mare in cui l'acqua è particolarmente limpida è possibile trovare alghe rosse anche a 250 m di profondità.

Invece le **alghe brune** (chiamate anche feofite) assorbono i raggi blu-verdi. Alcune alghe brune possiedono vescicole piene d'aria che consentono loro di galleggiare, come nel caso dei sargassi. Il colore bruno di queste alghe è dovuto ai pigmenti di colore giallo e arancione, chiamati *xantofille* e *caroteni*.

Presso la superficie delle acque, invece, vivono le **alghe verdi** (o clorofite) i cui principali pigmenti, le clorofille, assorbono essenzialmente la luce rossa (**figura 28B**). Tra le varie alghe verdi non ci sono solo forme unicellulari e pluricellulari, ma anche un certo numero di forme intermedie, come le colonie. Le colonie differiscono dagli organismi propriamente pluricellulari in quanto le singole cellule che le compongono conservano un alto grado di autonomia funzionale.

◂ **Figura 28** Fondale (A) in cui sono presenti alghe rosse e alghe brune, rocce (B) ricoperte dalle alghe verdi *Eklonia radiata*.

Facciamo il punto

1. In quali gruppi si possono suddividere i protisti?
2. Quale caratteristica distingue i funghi mucillaginosi dalle muffe d'acqua?
3. Perché le alghe pluricellulari sono inserite nel regno degli unicellulari?
4. In che modo si possono suddividere le alghe pluricellulari?

LA LINEA
DEL TEMPO

Esplora nell'ebook
la timeline interattiva

L'origine della vita e la sua evoluzione

Nel corso di circa due secoli, tra Settecento e Ottocento, scienziati impegnati in diverse discipline contribuiscono ad animare il dibattito su come sia nata la vita sul nostro pianeta e da cosa sia originata la biodiversità che vediamo oggi. Geologi mettono in discussione la datazione biblica e ipotizzano che la storia della Terra sia molto più lunga, filosofi naturali formulano diverse ipotesi sull'origine delle moltissime specie che si andavano a mano a mano scoprendo e catalogando, chimici cercano di capire in che modo si siano generate le biomolecole. Nel frattempo, la tecnologia sta trasformando irreversibilmente il mondo: con il vapore nasce la società industriale e invenzioni come la lampadina e il telegrafo cambiano il modo di vivere di interi Paesi. Ma è solo con la fine dei due conflitti mondiali che un esperimento dimostra il fondamento scientifico dell'ipotesi che tutto abbia avuto origine 4 miliardi di anni fa in modo del tutto casuale.

1665

Hooke e il microscopio
Robert Hooke pubblica *Micrografia*, il primo trattato di micrografia, che contiene illustrazioni di molti diversi tipi di cellule, tra cui quelle di sughero. Si tratta delle prime osservazioni microscopiche sistematiche, assieme a quelle effettuate da Antony van Leeuwenhoek (1632-1723).

1712

L'alba della Rivoluzione industriale
Thomas Newcomen inventa la prima macchina a vapore e per questo motivo viene ricordato come uno dei padri della Rivoluzione industriale inglese.

1735

Fondamenta della tassonomia moderna
Linneo nel *Systema Naturae* organizza i tre regni viventi secondo il sistema binomiale composto da due nomi latini: il primo termine indica il genere di appartenenza ed è comune a tutte le specie che condividono alcuni caratteri principali; il secondo termine è descrittivo e indica la specie (l'uomo è classificato come «Quadrupede Antropomorfo»).

1794

Distinzione tra vertebrati e invertebrati
Lamarck distingue gli animali tra vertebrati e «invertebrati», coniando la parola. Cataloga centinaia di specie.

1796

Modello catastrofista per le estinzioni
Georges Cuvier pubblica uno studio comparativo tra gli elefanti viventi e gli esemplari fossili, dimostrando che i mammut rappresentano una specie a sé stante estinta. Cerca di ricondurre il fenomeno delle estinzioni alle catastrofi geologiche.

1798

Esce il *Saggio sul principio di popolazione*
Scritto da Thomas Malthus, il saggio prevedeva che se la popolazione della Terra avesse continuato a crescere con lo stesso ritmo, in futuro non ci sarebbe stato cibo a sufficienza per sfamarla. Darwin pensava che le limitazioni di crescita della popolazione ipotizzate da Malthus si applicassero a tutte le specie.

1804

La prima locomotiva a vapore
A febbraio Richard Trevithick produce la prima motrice a vapore in grado di trasportare per 9 miglia un carico di 70 passeggeri e 5 carrozze raggiungendo la velocità di 5 miglia orarie.

1859

Darwin e *L'origine delle specie*
Charles Darwin pubblica *L'origine delle specie per mezzo della selezione naturale*, in cui espone la teoria alla base dell'interpretazione della variabilità e dell'evoluzione degli esseri viventi.

1878

Lampadina a incandescenza
Joseph W. Swan e Thomas A. Edison costruiscono la lampadina a incandescenza con filamento in carbonio. Sebbene diversi modelli di lampadina fossero in circolazione da oltre 70 anni (nel 1841 a Parigi erano in uso lampade sperimentali per l'illuminazione pubblica), i miglioramenti tecnici ne permettono la diffusione.

1896

Il telegrafo senza fili
L'italiano Guglielmo Marconi brevetta l'applicazione di una precedente scoperta del fisico tedesco Heinrich Hertz: le onde elettromagnetiche (hertziane) vengono utilizzate per trasmettere messaggi a distanza, senza servirsi di fili elettrici. Dal 1896 le trasmissioni effettuate via radio (senza fili) si affiancano a quelle via cavo.

1749 - 1789

Pubblicazione della *Storia naturale*
La monumentale opera sulla storia naturale della Terra di Georges-Louis Leclerc de Buffon è un punto di riferimento per i naturalisti dell'epoca. In essa Buffon è il primo a ipotizzare che le specie si siano modificate per «degenerazione» rispetto alla loro forma perfetta al tempo della Creazione divina.

1766

Lo studio dei viventi viene chiamato «biologia»
La prima apparizione scritta del termine si deve a un testo di Michael Christoph Hanow del 1766. Nei 50 anni successivi lo usano diversi autori tra cui Thomas Lovell Beddoes (1799), Konrad Burdach (1800), Gottfried Reinhold Treviranus (1802) e Jean-Baptiste de Lamarck, che lo impiega anche nelle sue lezioni universitarie a Parigi.

1788

Hutton e la *Teoria della Terra*
James Hutton pubblica il suo testo di geologia fondamentale in cui propone la teoria dell'uniformitarismo, secondo cui le leggi fisiche oggi in atto sui processi geologici sono la chiave per ricostruire la storia passata della Terra. Conferma le intuizioni di Buffon e altri sull'insostenibilità della datazione biblica della Terra a soli 6000 anni.

1809

Ipotesi dell'ereditarietà dei caratteri acquisiti
In *Filosofia zoologica* Jean-Baptiste de Lamarck sostiene la variabilità delle specie e la spiega con l'uso e il disuso degli organi e la trasmissione alle generazioni successive dei caratteri acquisiti.

1815

Prima mappa geologica su scala nazionale
William Smith pubblica la prima mappa completa degli strati geologici dell'Inghilterra.

1830

I *Principi di Geologia* di Lyell
Esce il primo dei tre volumi dell'opera di Charles Lyell in cui vengono poste le basi per una impostazione metodologica della ricerca geologica. Lyell raccoglie prove per dimostrare che la Terra deve essere più vecchia di 6000 anni (come suggerito dal calcolo dell'arcivescovo Usher basato sulla Bibbia) e introduce il concetto di evoluzione.

1831 - 1836

Il viaggio intorno al mondo del brigantino Beagle
Durante i 5 anni come naturalista di bordo, Charles Darwin raccoglie animali, piante, rocce e fossili durante le lunghe soste in terraferma che gli permettono di apprezzare la grande varietà di forme dei viventi. Tra le terre visitate ci sono anche le isole Galápagos, al largo della costa dell'Ecuador.

1906

Arrhenius riporta in auge la teoria della panspermia
Nella sua opera di cosmologia *Il divenire dei mondi*, Svante Arrhenius ipotizza che la vita sia possa essere diffusa di pianeta in pianeta attraverso spore. Tuttavia esistono diverse ipotesi panspermatiche a partire dal filosofo greco Anassagora.

1924

La prima ipotesi scientifica sull'origine della vita
Il russo Aleksandr Oparin e lo scozzese John Burdon Haldane ipotizzano che una serie di eventi, detti *evoluzione chimica*, abbiano preceduto la comparsa della vita sulla Terra, determinando le condizioni affinché nel «brodo primordiale» potessero formarsi le prime biomolecole dalla combinazione di molecole più piccole contenenti carbonio.

1953

La conferma dell'ipotesi di Oparin
Stanley Miller e Harold Urey sottopongono a scariche elettriche un'atmosfera creata in maniera sperimentale, contenente i gas che ritenevano fossero presenti sulla Terra primitiva. Ottengono una sorta di brodo primordiale, simile ai mari di 4 miliardi di anni fa, in cui si trovano molecole alla base della vita, come amminoacidi, purine e pirimidine.

SINTESI DI FINE CAPITOLO

LO SAI? RIPASSA CON LO SMARTPHONE

Le prime teorie evoluzionistiche
Nel diciottesimo secolo iniziarono a circolare le prime idee evoluzionistiche.

Secondo **Buffon** i viventi si formarono per degenerazione di esseri perfetti.

Hutton ricostruì la storia della Terra (*attualismo*) ipotizzando che il nostro pianeta sia stato modellato da processi lenti e graduali.

Smith comprese l'importanza dei *fossili guida* per identificare uno strato in diverse zone geografiche.

Cuvier propose la teoria delle catastrofi (*catastrofismo*) secondo la quale sulla Terra molte catastrofi naturali hanno causato l'estinzione di un gran numero di specie.

Lamarck ipotizzò che tutte le specie discendessero da organismi più semplici mediante una progressione.

Secondo **Lyell** il motore del continuo cambiamento del pianeta nel corso del tempo è il *gradualismo*, ovvero la somma dei lenti e costanti effetti prodotti delle forze naturali.

L'evoluzione per selezione naturale
Charles **Darwin** è il padre del pensiero evolutivo che si basa sulla **selezione naturale**. Cibo e altri fattori limitano lo sviluppo delle popolazioni di tutte le specie.

Una popolazione si modifica quando alcuni individui con certe caratteristiche ereditarie sopravvivono e si riproducono, mentre altri con caratteri ereditari diversi sono eliminati.

Il principale fattore su cui si basano i processi evolutivi è la **variabilità** delle caratteristiche esistenti all'interno di una popolazione di individui della stessa specie.

Le prove a sostegno della teoria evoluzionistica
La teoria dell'evoluzione è stata confermata da varie prove: la biogeografia, i fossili, la microevoluzione, la selezione artificiale (che simula la selezione naturale) e le strutture omologhe.

Le strutture **omologhe** sono parti del corpo di organismi diversi che derivano da uno stesso organismo. Hanno una certa somiglianza, ma svolgono funzioni differenti.

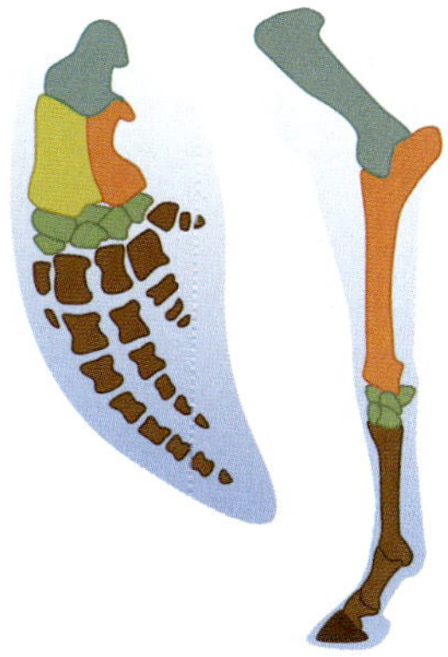

La classificazione dei viventi
Esistono varie definizioni del termine «specie»; la **specie biologica** è un gruppo formato da organismi che possono incrociarsi e dare origine a prole fertile.

La **nomenclatura binomia** prevede che il nome scientifico di un organismo sia costituito dal nome del genere più un termine specifico che indica la specie all'interno di quel genere (*Parus major*).

La **classificazione** è un sistema gerarchico secondo cui le specie, tra loro correlate, sono raggruppate in **generi**, i generi in **famiglie**, le famiglie in **ordini**, gli ordini in **classi**, le classi in **phyla**, i phyla in **domini**.

I domini sono tre: *Archaea*, *Bacteria* ed *Eukarya*.

I procarioti: batteri e archei
Gli **archei** vivono in condizioni ambientali estreme (alofili, termofili, acidofili, ecc).

I **batteri** hanno colonizzato tutti gli habitat della Terra e si possono classificare in base al loro aspetto:
- *bacilli*, di forma allungata;
- *cocchi*, sferici e disposti spesso in file;
- *spirilli*, con forma a spirale.

I batteri si distinguono anche in base al loro metabolismo:
- *eterotrofi*, se ottengono le molecole ricche di energia da altri organismi viventi;
- *autotrofi*, se sono in grado di sintetizzare autonomamente le proprie molecole ricche di energia a partire da sostanze chimiche più semplici.

I protisti
I **protisti** sono eucarioti e si dividono in: protozoi, funghi mucillaginosi e muffe d'acqua, alghe.

I **protozoi** sono tutti unicellulari eterotrofi e formano un insieme molto vario di organismi (mastigofori, sarcodini e ciliati, ecc.).

I **funghi mucillaginosi** vivono sul legno marcescente. Le **muffe d'acqua** sono saprofiti e vivono sui resti di animali morti.

Le **alghe** sono organismi eucarioti fotosintetici che possono essere unicellullari o pluricellulari:
- le *alghe rosse* (o rodofite) assorbono l'energia della luce blu;
- le *alghe brune* (chiamate anche feofite) assorbono i raggi blu-verdi;
- le *alghe verdi* (o clorofite) hanno come pigmenti le clorofille che assorbono essenzialmente la luce rossa.

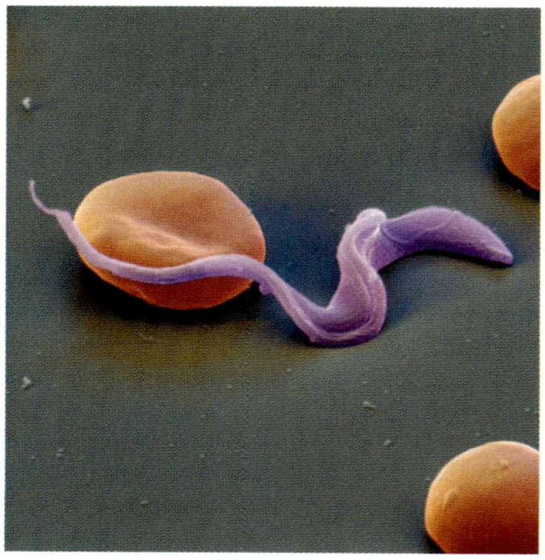

VERIFICA LE TUE CONOSCENZE

ZTE ONLINE

1. Scrivi sul quaderno la definizione dei seguenti termini.

a) Catastrofismo, gradualismo e attualismo
b) Selezione naturale e selezione artificiale
c) Tassonomia, sistematica e filogenesi
d) Dominio e regno

Barra il completamento esatto.

2. I batteri

A sono organismi unicellulari privi di un nucleo e di materiale genetico.
B vivono solo in ambienti temperati e in presenza di acqua dolce.
C si distinguono dai protisti in quanto presentano solo forme parassite.
D alcuni sono autotrofi in grado di ottenere energia anche senza la luce del Sole.

3. Quale delle seguenti affermazioni si riferisce a Charles Darwin?

A Fu il primo a sostenere che gli organismi viventi possono modificarsi nel tempo.
B Propose il principio della selezione naturale come meccanismo dell'evoluzione.
C Basò la sua teoria sull'eredità dei caratteri acquisiti.
D Affermò per primo che la superficie terrestre è costantemente modificata dalle forze naturali.

4. Nel modello gerarchico della classificazione dei viventi, le classi

A vengono dopo le famiglie e contengono molti generi.
B possono essere divise in ordini e, a loro volta, fanno parte di un determinato phylum.
C e i generi sono le due categorie mediante cui vengono identificati gli organismi col sistema di nomenclatura binomia.
D comprendono individui che fanno necessariamente parte anche dello stesso ordine.

5. Completa la tabella mettendo in corrispondenza i gruppi di animali (*lettere*) con le rispettive caratteristiche (*numeri*).

A. sarcodini
B. mastigofori
C. opalinidi
D. sporozoi
E. ciliati

1. sono dotati di flagelli e molti sono parassiti
2. sono parassiti del sistema digerente di anfibi e rettili
3. comprendono foraminiferi, amebe e radiolari
4. hanno organuli specializzati e comprendono il genere Paramecium
5. sono forme parassite e possono provocare la malaria

A	B	C	D	E

6. Completa la seguente tabella mettendo in corrispondenza i regni (*lettere*) con le rispettive caratteristiche dei loro organismi (*numeri*).

A. monere
B. protisti
C. piante
D. funghi
E. animali

1. organismi eterotrofi pluricellulari
2. organismi fotosintetici pluricellulari
3. organismi procarioti (batteri)
4. eterotrofi pluricellulari o unicellulari come le muffe
5. eucarioti unicellulari come le amebe

A	B	C	D	E

7. Barra il simbolo V se ritieni l'affermazione vera, il simbolo F se la ritieni falsa.
Secondo la classificazione in cinque regni

a) gli organismi che appartengono alla stessa specie fanno parte dello stesso genere. V F
b) il regno animale comprende tutti gli organismi eterotrofi presenti sulla Terra. V F
c) tutti i regni fanno parte di un unico dominio. V F
d) il nome latino di qualsiasi organismo è determinato dal genere e dalla specie. V F

8. Di fianco a ogni affermazione scrivi la lettera A se essa si riferisce ai procarioti, la lettera B se si riferisce agli eucarioti, la lettera C se si riferisce a entrambi i tipi di cellule o la lettera D se non è valida per nessuno dei due tipi di cellule.

a) Sono costituiti da cellule che possiedono una membrana cellulare esterna. (.....)
b) In ambienti ostili possono formare spore resistenti. (.....)
c) Comprendono anche organismi pluricellulari e unicellulari. (.....)

9. In quali domini e regni è suddiviso il mondo dei viventi? Quali sono le principali caratteristiche di ognuna di queste categorie?

....

10. Quali categorie costituiscono la sequenza del sistema gerarchico di classificazione? E che cosa si intende per «unità tassonomica»?

....

11. In che modo le informazioni sulla struttura delle molecole biologiche contribuiscono a una più precisa classificazione degli organismi?

....

VERIFICA LE TUE ABILITÀ

12. Completa il brano scegliendo tra i termini elencati in fondo.

Le strutture .... si assomigliano in quanto derivano da un organismo ancestrale .... , possono svolgere funzioni ...., ma hanno una stessa struttura ....
(autotrofo, polmonari, di base, comune, unicellulare, cellulare, ossee, differenti, uguali, respiratorie, delle ali, omologhe)

Barra il completamento esatto.

13. Nel suo viaggio lungo le coste del Sud America Darwin fu colpito

- [A] dal cambiamento progressivo delle varietà di organismi al variare dell'ambiente.
- [B] dalla somiglianza delle piante e degli animali lungo entrambe le coste americane.
- [C] dalla relativa assenza di popolazioni umane di origine americana.
- [D] dal gran numero di specie simili a quelle studiate in Gran Bretagna.

14. Se non si fossero evoluti gli organismi autotrofi terrestri

- [A] si sarebbero comunque evolute, nell'ambiente acquatico, le cellule eucariote a partire dalle cellule procariote.
- [B] sulla Terra l'ossigeno sarebbe presente soltanto legato ad altri elementi.
- [C] l'atmosfera sarebbe ancora inospitale per gli organismi eterotrofi.
- [D] gli organismi eterotrofi terrestri respirerebbero idrogeno e non ossigeno.

15. Nel seguente brano, barra fra i termini in neretto quelli errati.

Un vantaggio della **unicellularità / pluricellularità** è la possibilità di un organismo di raggiungere dimensioni **maggiori / minori** grazie a una notevole **specializzazione / diminuzione** delle funzioni svolte dei vari tessuti; tuttavia, un individuo formato da **milioni di / pochissime** cellule ha la necessità di rifornirle costantemente di **anidride carbonica / energia** e di coordinarle attraverso la fitta rete di terminazioni **sanguigne / nervose**.

16. Di fianco a ogni affermazione scrivi la lettera A se essa si riferisce a Lamarck, la lettera B se si riferisce a Hutton, la lettera C se si riferisce Cuvier, o la lettera D se non si riferisce a nessuno dei tre scienziati.

a) Il nostro pianeta si è evoluto in maniera lenta e graduale. (.....)
b) Le variazioni tra gli individui sono alla base del processo evolutivo. (.....)
c) Il successo riproduttivo che può avere un organismo è puramente casuale. (.....)
d) Gli organismi presentano una progressione di gradi crescenti di complessità. (.....)

17. Barra i due completamenti esatti.
Secondo Darwin la presenza di diverse specie di fringuelli differenti sulle diverse isole della Galápagos era dovuta

- [A] a diversi episodi di creazione differenziati nel tempo e nello spazio.
- [B] a pressioni selettive differenziate che avevano premiato gli organismi più adatti.
- [C] a un impulso innato degli organismi destinato a sviluppare le strutture più idonee.
- [D] a mutazioni genetiche che avevano determinato la comparsa di strutture differenziate.
- [E] all'azione della selezione naturale che aveva operato con modalità differenti.

18. Il caso di *Biston betularia* può essere considerato un esempio di selezione naturale o di selezione artificiale? Perché viene considerato di particolare interesse per gli studiosi di evoluzionismo?

....
....
....
....
....
....

19. Descrivi, aiutandoti con qualche esempio, le principali prove portate a testimonianza dei lenti processi evolutivi che si pensa siano avvenuti sul nostro pianeta.

....
....
....
....
....
....

UNITUTOR – VERSO L'UNIVERSITÀ

Preparati ai test di ammissione sul sito Unitutor.

20. Quale delle seguenti affermazioni è corretta?

- [A] La selezione naturale e la selezione artificiale agiscono sui geni.
- [B] La selezione naturale e la selezione artificiale agiscono sugli alleli.
- [C] La selezione naturale agisce sugli alleli, mentre la selezione artificiale agisce sui geni.
- [D] La selezione artificiale agisce sugli alleli, mentre la selezione naturale agisce sui geni.
- [E] La selezione naturale agisce sui geni, mentre la selezione artificiale agisce sui cromosomi interi.

[dal test di ammissione a Medicina 2015-16]

HANDS-ON GLOSSARY

21. Fill in the table matching each term (*letters*) with its definition (*numbers*).

A. evolution
B. selection
C. genus
D. species

1. a group of organisms more closely related than a family, but less similar than a species
2. a group of organisms that have similar characteristics and can breed with each other
3. a natural or artificial process that results in the survival and propagation of some individuals but not of others
4. one or more changes in the heritable characteristics of organisms over successive generations that give rise to biodiversity

A	B	C	D

VERSO L'ESAME: LE TUE COMPETENZE

SCHEMATIZZA

22. Costruisci una mappa concettuale che ripercorra le varie tappe del pensiero evoluzionista, dalle sue origini alle teorie attuali.

COLLEGA

23. Come avrebbe giustificato Lamarck il manto bianco degli orsi polari? Secondo Darwin invece questa colorazione da quali fattori sarebbe derivata? Metti a confronto le due spiegazioni.

RICERCA

24. Scegli un organismo animale, uno vegetale e un procariote; poi per ciascuno di questi esseri viventi ricerca la completa classificazione, a partire dal dominio fino alla specie.
Esponi alla classe la tua relazione attraverso un PowerPoint.

INTERPRETA

25. Circa 90 milioni di anni fa gli occhi dei nostri antenati mammiferi erano dotati di pigmenti fotosensibili in grado di captare la luce ultravioletta e anche quella nello spettro del rosso. Circa 30 milioni di anni fa, grazie a una serie di mutazioni, questi animali sono diventati capaci di captare la luce a basse lunghezze d'onda, ma hanno perso l'abilità di vedere la luce UV.

Sulla base della selezione naturale, come potresti spiegare questo adattamento?

INTERPRETA

26. Il suo acronimo è LUCA (*Last Universal Common Ancestor*) ed è una forma di vita primordiale dalla quale dovrebbero essere derivate tutte le altre, e di cui fino a poco tempo fa si conosceva relativamente poco. Nel luglio 2016, i ricercatori della Heinrich Heine University di Düsseldorf hanno esaminato circa 2000 specie di organismi unicellulari e hanno pubblicato sulla rivista *Nature Microbiology* uno studio in cui vengono elencati 355 caratteri che erano probabilmente presenti in LUCA e che si ritrovano ancora oggi nei suoi discendenti. Dall'analisi è emerso come LUCA fosse autotrofo, capace di trasformare idrogeno e diossido di carbonio in energia e proliferasse anche a temperature estremamente elevate.

Dopo aver spiegato se questi studi si accordano o meno con il pensiero di Darwin, spiega a quali organismi attuali LUCA potrebbe essere associato.

CONFRONTA

27. Confronta il concetto di omologia e analogia e fai almeno un esempio opportuno per ciascuna, confrontando l'essere umano con altri organismi viventi.

IPOTIZZA

28. Definisci, facendo degli esempi, un possibile scenario a tua scelta nel quale sia evidente il fenomeno della microevoluzione.

DEDUCI

29. Darwin scelse i semi di 84 specie di piante, quindi li immerse per un mese in acqua con una concentrazione di 35 g di NaCl per litro, corrispondente circa alla salinità media dell'acqua di mare. Dopo averli seminati osservò che la metà dei semi trattati germogliava ugualmente.

Cosa dimostrò Charles Darwin con questo esperimento?

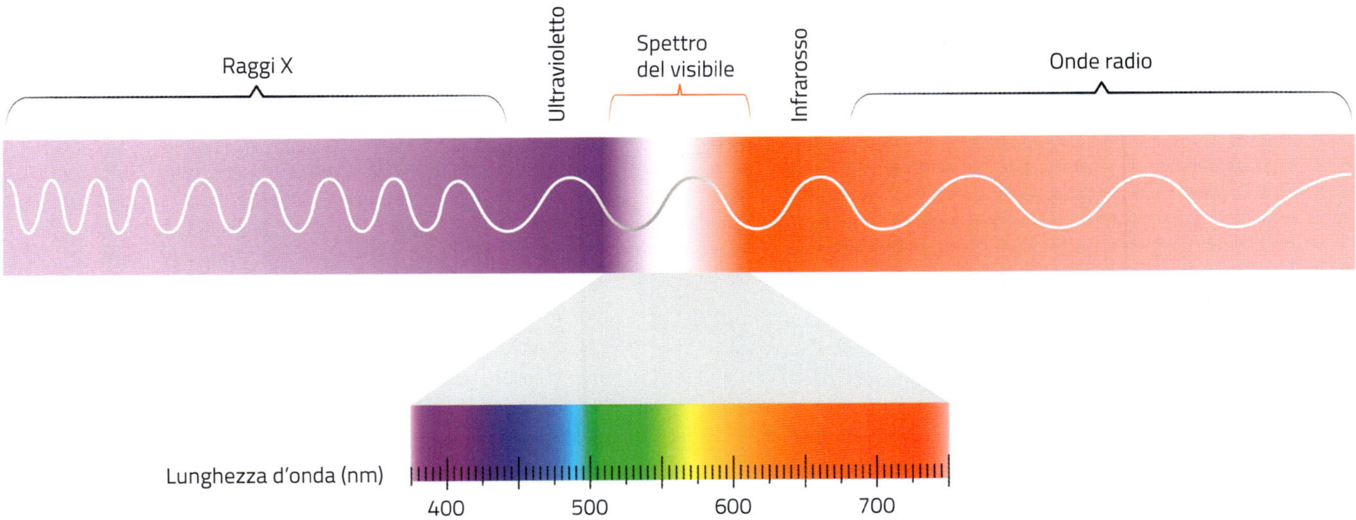

SEI PRONTO PER LA VERIFICA?

IN 1 ORA

Dopo aver studiato i contenuti fondamentali dei **capitoli A1 e A2**, prova a svolgere questa verifica nel **tempo massimo di 1 ora.**

Alla fine della prova **controlla le tue risposte** con le soluzioni che troverai sul sito *online.scuola.zanichelli.it/curtisnuovoinvitoblu* e **calcola il punteggio** totale che hai conseguito compilando la griglia finale.

CONOSCENZE

Barra la risposta esatta.

1. In quale fase dell'esperimento di Miller-Urey, i gas danno origine, combinandosi tra loro, a «nuove» molecole, come gli amminoacidi o i nucleotidi?

A Quando i gas si mescolano con il vapore acqueo.
B Quando la miscela di gas e vapore acqueo è sottoposta a scariche elettriche.
C Durante il passaggio, attraverso un tubo raffreddato, della miscela di gas e vapor acqueo.
D Nella fase di raccolta del liquido formatosi per condensazione.

(4 punti se hai risposto correttamente) ...../4

2. Secondo quale studioso specifiche strutture diventano più o meno sviluppate in seguito all'uso o disuso che ne fa l'animale?

A Hutton
B Cuvier
C Darwin
D Lamarck

(4 punti se hai risposto correttamente) ...../4

3. Quale struttura è comune ai procarioti e eucarioti?

A Nucleoide
B Cloroplasti
C Ribosomi
D Pili

(4 punti se hai risposto correttamente) ...../4

4. Da quale essere vivente discenderebbero i cloroplasti, secondo la teoria endosimbontica?

A virus
B ameba
C cianobatterio
D alga verde unicellulare

(4 punti se hai risposto correttamente) ...../4

5. Per ciascuna affermazione barra il simbolo V se la ritieni vera oppure il simbolo F se la ritieni falsa.

a) Le piante provviste di fiori si diffusero durante l'era Cenozoica. V F
b) L'*Archaeopteryx* visse nell'era Mesozoica. V F
c) L'estinzione dei dinosauri si è verificata durante l'era Cenozoica. V F

(2 punti per ogni scelta corretta) ...../6

6. Indica quale specializzazione è presente nei cianobatteri, per rendere più efficiente la fotosintesi.

A Una clorofilla altamente specializzata.
B Organuli specializzati per fare la fotosintesi anche senza la luce del Sole.
C Ripiegamenti verso l'interno della membrana plasmatica, per aumentare la superficie fotosintetica.
D Un maggior numero di ribosomi.

(4 punti se hai risposto correttamente) ...../4

Barra il completamento esatto.

7. Il nome scientifico dell'uomo moderno è formato da due termini:

A *Homo* indica la specie, *sapiens* la famiglia.
B *Homo* indica il genere, *sapiens* la specie.
C *Homo* indica la famiglia, *sapiens* il genere.
D *Homo* indica la specie, *sapiens* il genere.

(4 punti se hai risposto correttamente) ...../4

8. Gli alofili sono organismi che vivono in ambienti molto salati, e fanno parte del regno

A degli eubatteri.
B degli archeobatteri.
C dei protisti.
D dei funghi.

(4 punti se hai risposto correttamente) ...../4

9. Secondo Linneo,

A ogni ordine contiene più classi.
B l'ordine di appartenenza di un essere vivente è il suo nome scientifico.
C gli animali vengono denominati scientificamente utilizzando la nomenclatura polinomia.
D il genere è un gruppo di specie molto affini derivanti da un antenato comune.

(4 punti se hai risposto correttamente) ...../4

10. *Volvox* è un organismo coloniale che fa parte

A delle piante.
B delle alghe verdi.
C delle alghe rosse.
D delle alghe brune.

(4 punti se hai risposto correttamente) ...../4

11. Completa il seguente brano scegliendo tra i termini proposti.

Alla fine degli anni Sessanta, fu proposta la teoria secondo cui il .... comparve successivamente all'RNA, in quanto l'RNA, oltre a essere in grado di immagazzinare l'.................... genetica, era in grado di catalizzare la propria .... e di guidare la sintesi....................

informazione / DNA / proteica / duplicazione

(1 punto per ogni scelta corretta) ...../4

12. **Elenca i nomi di almeno quattro gruppi di protozoi.**

a) ....

b) ....

c) ....

d) ....

(2 punti per ogni gruppo indicato) ...../8

ABILITÀ

Barra il completamento esatto.

13. **L'ala del pipistrello è una struttura analoga all'ala**

- [A] del gabbiano.
- [B] del pinguino.
- [C] della farfalla.
- [D] della rondine.

(4 punti se hai risposto correttamente) ...../4

14. **I virus**

- [A] fanno parte del regno dei Viroidi.
- [B] possiedono una membrana plasmatica all'esterno dell'involucro protettivo.
- [C] possono riprodursi soltanto all'interno di altre cellule.
- [D] vivono in maniera autonoma e infettano le cellule soltanto in condizioni di carenze nutritive.

(4 punti se hai risposto correttamente) ...../4

15. Per ciascuna affermazione barra il simbolo V se la ritieni vera oppure il simbolo F se la ritieni falsa.

a) L'ameba è un essere unicellulare procariotico eterotrofo. [V] [F]

b) La muffa è un pluricellulare eterotrofo le cui cellule sono prive di parete cellulare. [V] [F]

c) Le alghe verdi sono delle piante specializzate a vivere sott'acqua. [V] [F]

(2 punti per ogni scelta corretta) ...../6

16. Barra il completamento errato.
Le strutture cellulari tipiche dei procarioti sono:

- [A] Membrana plasmatica.
- [B] Flagello.
- [C] Lisosomi
- [D] Ribosomi.

(4 punti se hai risposto correttamente) ...../4

17. Barra le due risposte esatte.
Un biologo osserva, al microscopio ottico un campione, di acqua prelevata da uno stagno. Cosa pensi che potrà osservare?

- [A] Batteri e ciliati.
- [B] Molecole di glucosio e batteri.
- [C] Virus e atomi di ossigeno.
- [D] Amebe e virus.
- [E] *Volvox* e batteri.

(5 punti per due risposte corrette, 3 per una sola) ...../5

18. Completa le seguenti frasi con i termini proposti (alcuni termini vanno utilizzati più di una volta).

a) Le piante sono .... pluricellulari ....

b) I funghi sono .... unicellulari e pluricellulari ....

c) Gli animali sono eucarioti .... e ....

d) Gli archeobatteri e gli eubatteri sono ....

e) I protisti sono .... e ....

pluricellulari / autotrofi / eterotrofi / unicellulari / procarioti / eucarioti

(2 punti per ogni frase corretta) ..../10

19. Nel seguente brano, barra tra i termini in neretto quelli errati.

Gli antibiotici sono dei farmaci in grado di fermare le infezioni **virali**/**batteriche**. I microrganismi **resistenti**/**sensibili** agli antibiotici, sono dei **saprofiti**/**parassiti** in grado di proliferare anche in presenza di questi farmaci, poiché sono delle varianti genetiche **selezionate**/**indotte** dall'ambiente.

(2 punti per ogni scelta corretta) ...../8

20. Barra i due completamenti esatti.
Le cellule dotate di parete cellulare sono

- [A] il batterio *Escherichia coli*.
- [B] una cellula di fegato umano.
- [C] il paramecio.
- [D] una cellula del fusto di quercia.
- [E] l'ameba.

(5 punti per due risposte corrette, 3 per una sola) ...../5

PUNTEGGIO TOTALE

...../100

Se hai ottenuto:

- meno di 60 punti devi riprendere lo studio dei capitoli;
- tra 60 e 70 punti hai una preparazione sufficiente;
- tra 70 e 80 punti hai una preparazione buona;
- tra 80 e 100 punti significa che hai studiato a fondo.

Capitolo A3 Il regno degli animali

1 Le caratteristiche degli animali

A colpo d'occhio

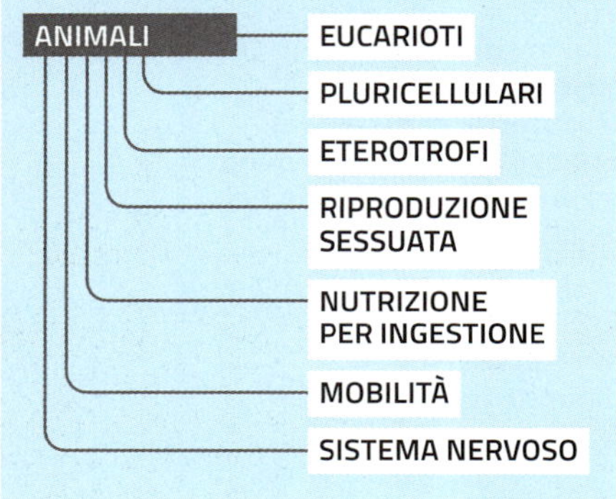

Gli animali sono eterotrofi pluricellulari e hanno cellule specializzate

Quando pensiamo a un essere vivente, in genere ci viene in mente un animale, perché questo è il tipo di organismo con cui abbiamo più familiarità. La varietà di forme all'interno di questo regno è davvero sorprendente: l'essere umano, il gatto domestico, i polpi marini, le zanzare, le spugne e i coralli sono solo alcuni esempi di questa incredibile biodiversità.

Gli **animali** sono tutti organismi eterotrofi, pluricellulari, formati da cellule eucariote che, come le piante, si sono presumibilmente evoluti da un antenato comune appartenente al gruppo dei protisti flagellati, simile ai moderni *coanoflagellati* (**figura 1**). Su questa origine c'è, tra gli specialisti del settore, un generale accordo, mentre sulle caratteristiche dell'antenato comune permangono svariate ipotesi, nessuna delle quali ancora confermata.

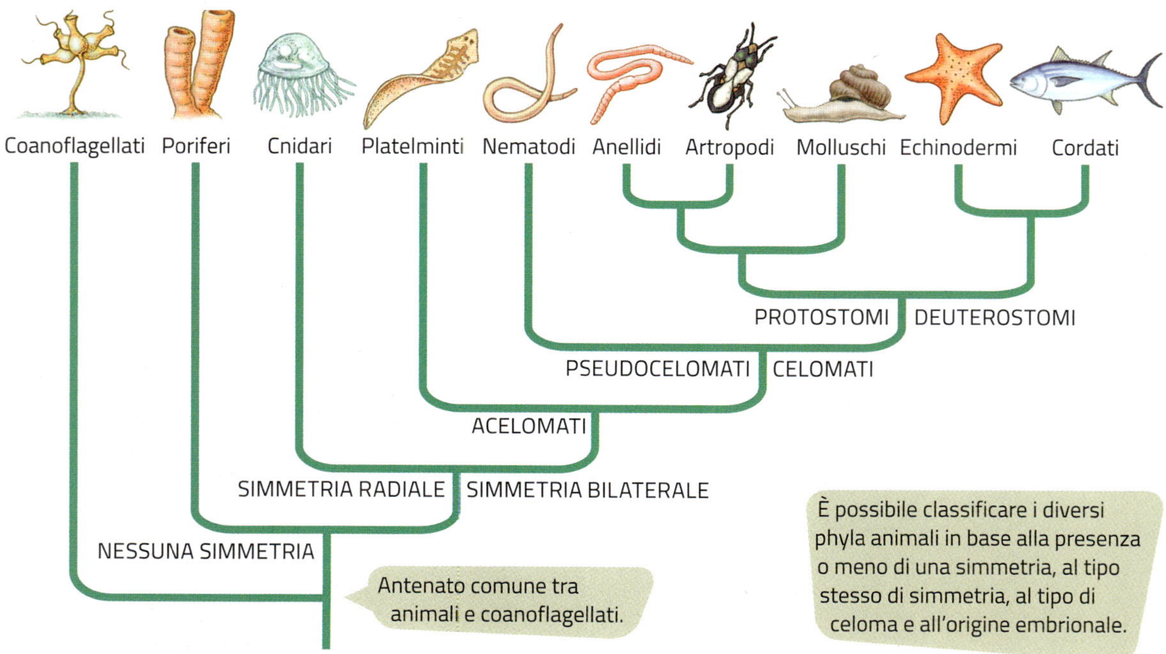

▸ **Figura 1** Albero filogenetico degli animali, con indicati i phyla più importanti e il protista da cui derivano.

Gli organismi appartenenti a questo regno hanno in genere una **riproduzione sessuata**: organismi con organi riproduttivi maschili oppure femminili producono cellule specializzate chiamate **gameti**, ognuna delle quali contiene metà del patrimonio genetico del genitore. Dall'unione di un gamete maschile e di un gamete femminile si ha la formazione della prima cellula con patrimonio genetico completo, lo **zigote**, che si divide moltissime volte per produrre il nuovo individuo.

Dal punto di vista alimentare gli animali si nutrono tramite *ingestione* e dipendono direttamente o indirettamente dagli organismi autotrofi (come le alghe marine o le piante terrestri); gli animali digeriscono il cibo in una cavità interna e accumulano sostanze di riserva sotto forma di grasso oppure di zuccheri complessi.

La maggior parte degli animali si muove per mezzo di cellule in grado di contrarsi, come le *cellule muscolari*; la mobilità del corpo è infatti indispensabile per la sopravvivenza degli organismi, ma richiede un sistema efficiente di coordinamento e controllo. Per questo motivo, tutti gli animali, tranne le spugne, hanno cellule specializzate, le *cellule nervose* (o neuroni), in grado di raccogliere stimoli dall'ambiente esterno e di elaborarli per fornire una risposta adeguata; il sistema nervoso è inoltre coinvolto in tutti gli aspetti del **comportamento**, come la fuga da un predatore o l'esecuzione di un rituale di corteggiamento. Anche se tutti gli esseri viventi (compresi i batteri e le piante) sono in grado di reagire a stimoli esterni, le cellule nervose sono presenti solo nel regno animale e per questo le risposte degli animali a tali stimoli sono più complesse e diversificate.

I phyla sono divisi in base al tipo di simmetria e alla presenza del celoma

Gli animali attuali sono classificati in circa trenta *phyla*. In passato per determinare le relazioni evolutive che esistono tra i differenti phyla si utilizzavano i seguenti criteri:

- il numero degli strati di tessuto in cui sono organizzate le cellule nell'embrione;
- la struttura di base e il tipo di simmetria del corpo;
- la presenza o l'assenza di cavità all'interno del corpo;
- il modello di sviluppo da uovo fecondato ad animale adulto.

Attualmente le relazioni evolutive vengono individuate soprattutto confrontando le molecole (sequenze di acidi nucleici e proteine) presenti in specie diverse. I risultati che si ottengono in questo modo sono spesso analoghi a quelli della classificazione tradizionale, ma in alcuni casi l'albero filogenetico è stato decisamente rivoluzionato dai dati ottenuti dalla filogenesi molecolare.

La **figura 1** mostra uno schema riassuntivo della classificazione animale e indica due caratteristiche di base usate per raggruppare i vari phyla: la *simmetria* e la presenza del *celoma*. Il tipo di simmetria che determina la struttura corporea è un fattore importante perché definisce una delle tappe evolutive della storia dello sviluppo degli animali. Nella **simmetria radiale** le parti del corpo sono disposte intorno a un asse centrale, come i raggi di una ruota (**figura 2A**), mentre nella simmetria **bilaterale** il corpo è organizzato lungo un asse longitudinale, che lo divide in due parti simmetricamente speculari l'una dell'altra (**figura 2B**).

Gli animali provvisti di simmetria bilaterale sono a loro volta suddivisi in base al celoma, la principale cavità corporea interna che contiene i visceri; in relazione al tipo di cavità corporea i phyla sono raggruppati in gruppi diversi.

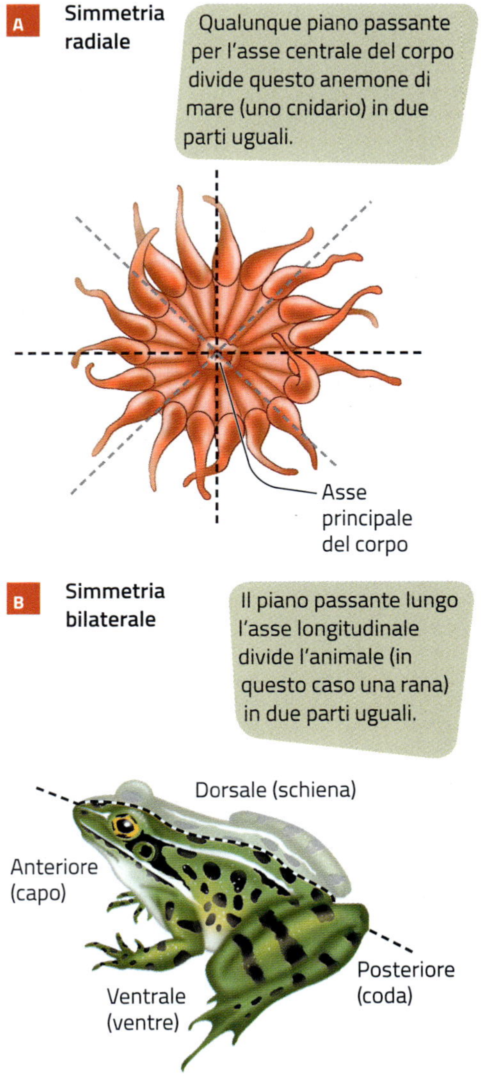

▲ **Figura 2**
Due tipi di simmetria: la simmetria radiale (A) è presente negli cnidari e la simmetria bilaterale (B) è tipica di tutti gli altri animali complessi.

Facciamo il punto

1. Quali sono le caratteristiche comuni a tutti gli animali?
2. Elenca i diversi tipi di cellule che sono presenti nei corpi degli animali.
3. Quali sono i criteri più utilizzati per classificare un animale?
4. Quali sono i due tipi di simmetria utili per la classificazione degli animali?

2 I poriferi e gli cnidari

Le spugne sono animali semplici che vivono ancorate ai fondali marini

Gli animali più antichi dal punto di vista evolutivo sono i **poriferi** (figura 3A), o spugne, che rappresentano un gruppo di circa 9000 specie quasi tutte marine, hanno dimensioni che variano da un centimetro fino a 2 m e sono *sessili*, vivono cioè ancorati al fondale; la maggior parte dei poriferi vive in acque poco profonde lungo le coste, ma alcuni vivono a grandi profondità, in zone in cui le correnti sono relativamente deboli.

La struttura anatomica di una spugna rappresenta un livello di organizzazione intermedio tra una colonia di cellule e un vero organismo pluricellulare. Le sue cellule, infatti, non sono organizzate in tessuti e organi, ma esiste una sorta di riconoscimento reciproco che le tiene unite e le organizza, anche se ogni cellula mantiene una certa autonomia: se alcune cellule vengono separate dal resto e poi rimescolate, torneranno ad aggregarsi e assumeranno di nuovo l'organizzazione di partenza. Le cellule delle spugne, al contrario delle forme coloniali, sono parzialmente differenziate e specializzate a svolgere funzioni diverse.

La struttura base delle spugne (figura 3B) è un sacco, chiamato *spongocele*, con un'apertura principale, l'*osculo*, e numerosi *pori* nella parete per il passaggio dell'acqua. I poriferi si nutrono filtrando l'acqua che li circonda, dalla quale trattengono le particelle nutritive tramite particolari cellule chiamate **coanociti**. Una spugna alta 10 cm può filtrare più di 20 L d'acqua al giorno, ma poiché tutti i processi digestivi avvengono nelle singole cellule, perfino le spugne di dimensioni maggiori possono ingerire solamente particelle microscopiche.

Gli **amebociti** sono cellule che possono spostarsi all'interno della spugna per effettuare il trasporto delle particelle alimentari, ma sono anche coinvolti nella riproduzione e nella formazione delle spicole. Le *spicole* sono strutture di sostegno che formano lo scheletro dell'animale, ma possono avere composizione chimica diversa; in base alla natura dello scheletro si distinguono spugne calcaree, silicee o di natura proteica.

Curiosità

Le **spugne** naturali, utilizzate fin dall'antichità per la cura e l'igiene della persona, sono costituite dallo *scheletro proteico* che caratterizza alcuni tipi di spugne.

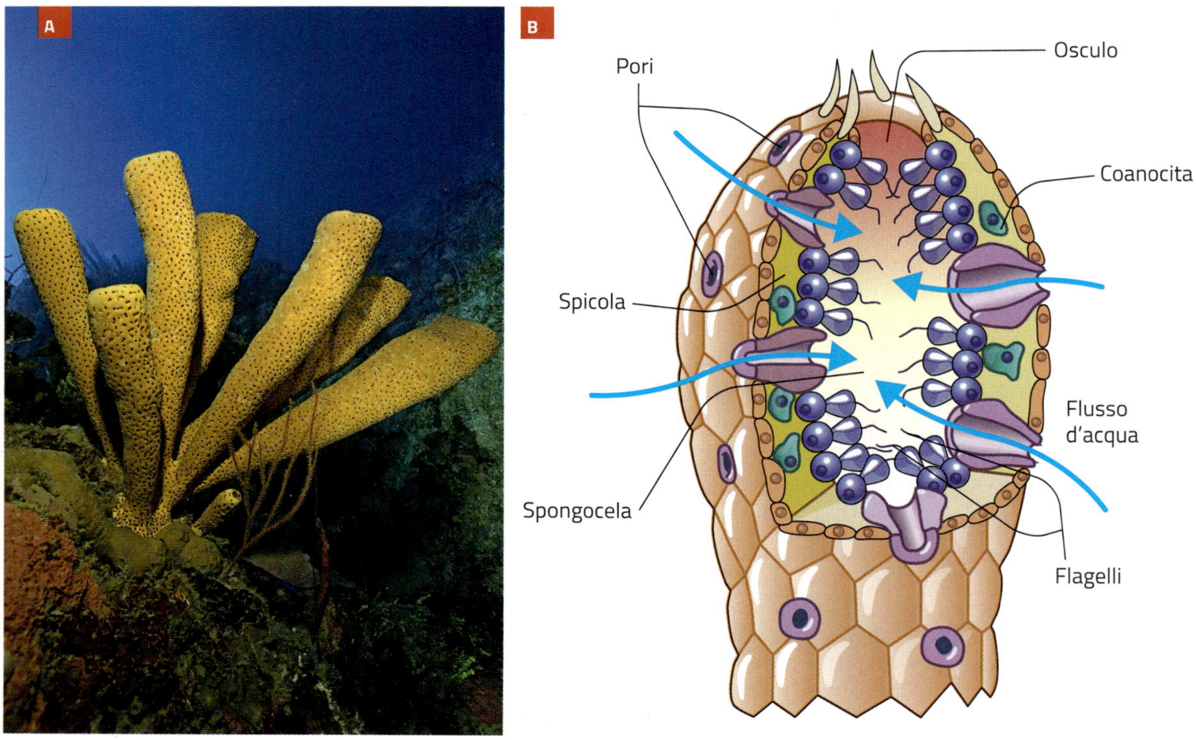

► **Figura 3** Una spugna a forma di tubo (A) e lo schema della sua struttura interna (B).

I poriferi possono riprodursi con due diverse modalità, tipiche degli animali sessili o poco mobili. La *riproduzione asessuata* avviene mediante il distacco di frammenti dell'animale genitore, che aderiscono al fondale marino dando origine a nuove spugne geneticamente identiche. La *riproduzione sessuata*, invece, avviene grazie al fatto che molte spugne sono **ermafrodite**, cioè nello stesso individuo sono presenti le strutture riproduttive maschili e femminili; di conseguenza, vengono prodotti entrambi i tipi di gameti e questo è un notevole vantaggio per gli animali che hanno scarsa o nessuna mobilità.

Le parole
Il termine **ermafrodito** deriva dal nome di un personaggio mitologico greco, figlio di Hermes e Afrodite, che possedeva caratteri fisici sia maschili sia femminili.

Gli cnidari sono polipi o meduse che possono vivere in colonie

Gli **cnidari** costituiscono un phylum di organismi pluricellulari a tutti gli effetti; si tratta di animali acquatici la cui forma adulta mostra una simmetria radiale. Tra gli cnidari più noti ci sono le *meduse*, organismi importanti per gli equilibri ecologici dell'ambiente marino, ma conosciuti anche per le forti irritazioni della pelle che possono provocare a chi, nuotando, tocca i loro tentacoli urticanti. Oltre alle meduse, questo phylum comprende altri animali acquatici come le *idre*, gli *anemoni di mare* e i *coralli* (**figura 4**). Gli scheletri calcarei di questi ultimi hanno contribuito a formare le barriere coralline diffuse nei mari caldi (*vedi* scheda 1).

La forma adulta degli cnidari ha in genere simmetria radiale, mentre la larva (o *planula*, che non è presente in tutte le specie) è un organismo a simmetria bilaterale. Le cellule di questi animali, a differenza di quelle delle spugne, sono organizzate in tessuti distinti, ma si mantiene una struttura di base del corpo semplice: uno cnidario è essenzialmente un contenitore cavo che può essere a forma di vaso, il **polipo**, oppure a forma di campana, la **medusa**; il polipo è generalmente sessile e la medusa mobile.

Le parole
Il termine **polipo** indica la forma sessile degli cnidari e non va confuso con **polpo**, che invece è un animale appartenente al phylum dei molluschi, insieme alle seppie e ai calamari.

◂ **Figura 4**
Esempi di cnidari: idra (A), medusa (B), corallo (C) e anemone (D).

Guarda il video nell'ebook
Un minuto di biologia
Il ciclo vitale degli cnidari

Gli cnidari si riproducono per via sia sessuata sia asessuata. Il ciclo vitale sessuato prevede la fase a polipo e quella a medusa (**figura 5**): i polipi ancorati al fondale formano le meduse, che una volta mature vengono liberate in mare. Le meduse producono i gameti di entrambi i sessi e li rilasciano nell'acqua, dove si fondono con gli spermatozoi e le cellule uovo di altri individui e generano le planule. Queste aderiscono al suolo e sviluppano nuovi polipi, chiudendo così il ciclo.

Negli animali di questo phylum è presente un sistema nervoso relativamente semplice, che forma una rete indifferenziata, diffusa in tutto il corpo. Le cellule più tipiche sono gli **cnidociti** che scattano in risposta a stimoli esterni emettendo una propaggine dotata di veleno; alcuni cnidari, come molte meduse, le utilizzano per paralizzare e catturare le prede.

▸ **Figura 5**
Il ciclo vitale di una medusa prevede sia la forma a polipo sessile sia quella a medusa natante.

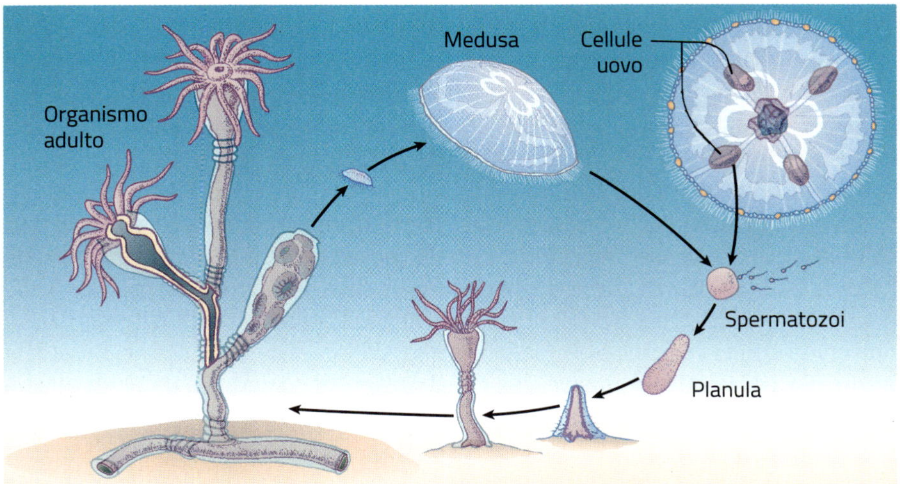

1 - Educazione ambientale

Le barriere coralline e l'inquinamento

Le barriere coralline sono formazioni costituite da scheletri di coralli, cementati tra loro grazie all'azione delle alghe calcaree. In alcune zone dell'Oceano Pacifico, dove le acque sono calde (tra i 18 e i 36 °C) e particolarmente pulite, queste barriere possono essere lunghe più di 2000 km e raggiungere un'altezza di 1200 m a causa del continuo sovrapporsi di strati di organismi vivi su precedenti strati di involucri vuoti. Tra le ramificazioni dei coralli trovano rifugio e nutrimento oltre 4000 specie di pesci e centinaia di molluschi e crostacei (**figura**).

Nel mondo, però, circa il 20% delle barriere coralline è già stato perduto e si potrebbe arrivare al 50% entro i prossimi 20 o 40 anni. Molte zone si trovano già in fase di regressione a causa della morte dei polipi che le producono e della conseguente erosione operata dal mare. Tra le cause di morte dei coralli ci sono l'inquinamento chimico prodotto dagli scarichi industriali e dalle petroliere, i comportamenti dei turisti (sia perché gettano rifiuti in mare sia perché raccolgono organismi vivi), la pesca a strascico che danneggia i fondali, l'inquinamento atmosferico e l'urbanizzazione delle coste. Tutto questo provoca lo *sbiancamento* e l'aumento della mortalità dei coralli in tutto il mondo.

Pur essendo muniti di tentacoli per catturare le particelle di cibo in sospensione, i polipi corallini non riescono a procurarsi da soli tutti i nutrienti di cui hanno bisogno. Per questo motivo, vivono in strettissimo rapporto di «collaborazione» o simbiosi con microscopiche alghe unicellulari chiamate **zooxantelle**: si tratta di protisti dinoflagellati fotosintetici che vengono inglobati nei tessuti dei polipi e che forniscono zucchero e ossigeno e preziosi elementi per la mineralizzazione dello scheletro calcareo; sono proprio le zooxantelle a dare il colore caratteristico ai coralli. In cambio, oltre a un luogo sicuro in cui vivere, queste alghe ricevono dal corallo sostanze nutrienti.

Se la temperatura dell'acqua aumenta anche solo di pochi gradi, le zooxantelle danneggiate producono sostanze che danneggiano il corallo. Come risposta i polipi espellono le zooxantelle e così facendo i coralli diventano bianchi, ma poiché non possono sopravvivere senza i dinoflagellati, cercano di instaurare rapidamente una nuova simbiosi. Se però lo sbiancamento persiste per troppo tempo, il corallo muore e si sgretola.

▴ **Figura**
Roccia ricoperta da vari tipi di corallo.

Facciamo il punto

1. Quali tipi di cellule ci sono in una spugna?
2. Qual è la caratteristica degli organismi ermafroditi?
3. Qual è la differenza tra la forma a polipo e a medusa di uno cnidario?
4. Descrivi il ciclo vitale di una medusa.

3 Platelminti, nematodi e anellidi

Animali vermiformi simili dall'esterno, ma con una struttura interna molto diversa

In questa lezione sono raggruppati tre phyla di animali che hanno aspetto esterno vermiforme, ma hanno storie evolutive molto diverse: i platelminti sono infatti i più antichi, poi sono comparsi i nematodi e solo più avanti gli anellidi. A distinguerli, inoltre, è la loro struttura interna e in particolare il tipo di **celoma**, cioè lo spazio ripieno di liquido che separa il tubo digerente dalla parete corporea interna (*vedi* figura 1).

I platelminti sono animali **acelomati**, cioè privi di celoma (figura 6A): la regione intorno al tubo digerente non è cava, ma è riempita da più strati di cellule. Lo stadio evolutivo successivo è rappresentato dagli animali **pseudocelomati** come i nematodi (figura 6B), dotati di una cavità, detta *pseudocele*, nella quale sono sospesi gli organi. Lo pseudocele è delimitato da uno strato di cellule all'esterno, mentre il tubo digerente non è rivestito.

Il passaggio evolutivo ancora successivo ha condotto agli anellidi e a tutti gli altri animali **celomati** (figura 6C), che presentano una grande cavità, il celoma, rivestita sia sul lato interno sia su quello esterno da uno strato di cellule.

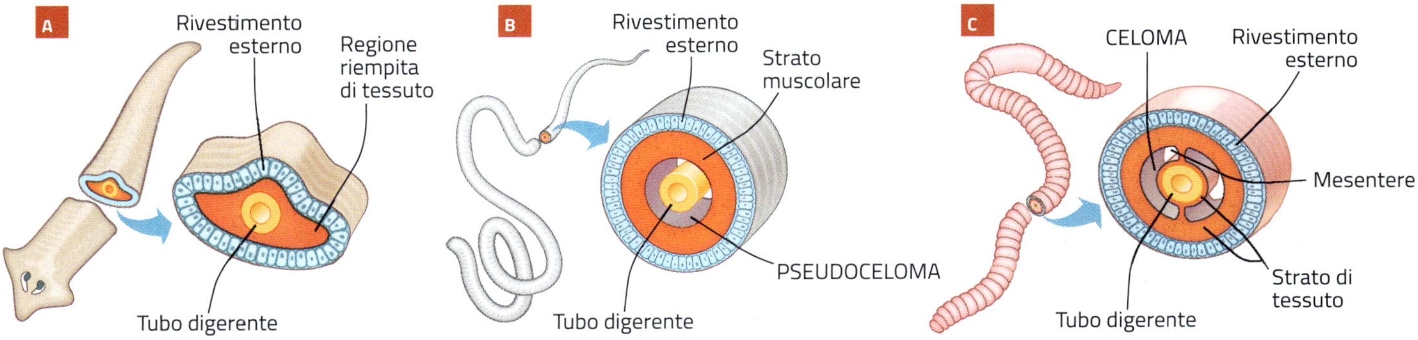

▼ Figura 6
Confronto tra animali acelomati come i platelminti (A), pseudocelomati come i nematodi (B) e celomati come gli anellidi (C).

I platelminti possono essere planarie, fasciole e tenie

I **platelminti**, chiamati anche *vermi piatti*, sono i più semplici animali a simmetria bilaterale. A questo phylum appartengono sia animali che conducono vita libera sia animali prevalentemente parassiti: la planaria, le fascìole e le tenie (figura 7). Come tutte le forme parassite, fascìole e tenie si sono originate da forme a vita libera, ma hanno perso alcuni organi per adattarsi al nuovo tipo di vita: per esempio, sono prive della cavità digestiva perché, vivendo nell'intestino di animali più grandi, assorbono cibo già digerito.

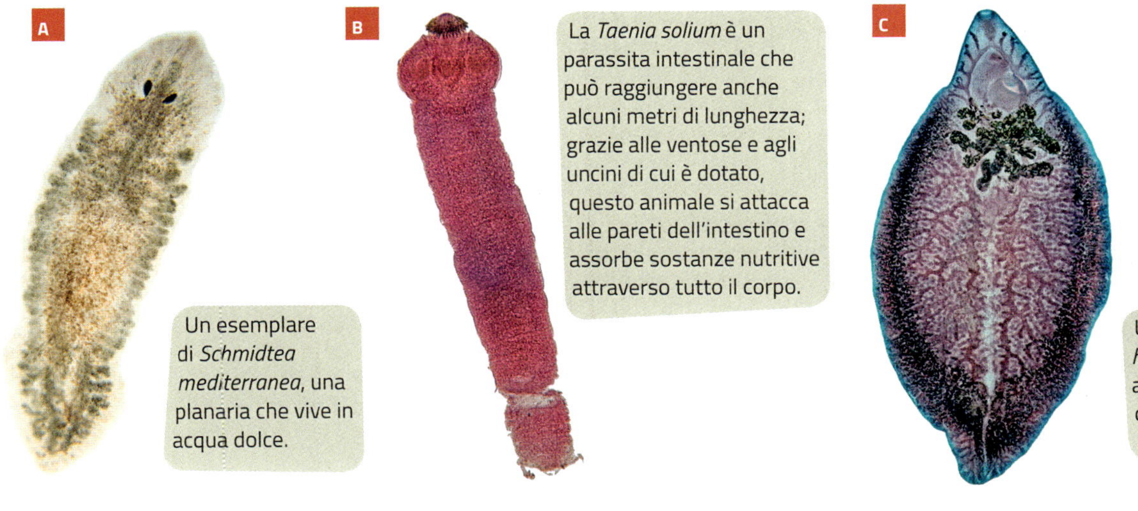

◄ Figura 7
Tre esemplari di platelminti: una planaria (A), una tenia come il verme solitario (B) e una fascìola (C).

Tutti gli organismi a simmetria bilaterale possono muoversi più efficientemente degli animali a simmetria radiale e presentano una superficie dorsale e una superficie ventrale; conseguenza di questo tipo di simmetria è anche la presenza di un'estremità anteriore, o *cefalica*, e di una posteriore, o *caudale*. Avere un'estremità cefalica è una caratteristica degli animali molto attivi; in questi organismi, le cellule che hanno la funzione di «monitorare» l'ambiente circostante sono concentrate nell'estremità anteriore, in modo da consentire all'animale di esplorare uno spazio prima di attraversarlo. La localizzazione nel capo dei vari organi di senso e dei relativi gruppi di cellule nervose che rielaborano le informazioni provenienti dall'esterno è chiamata **cefalizzazione**; questi raggruppamenti di cellule nervose, detti *gangli*, sono considerati i precursori del cervello.

L'organizzazione corporea dei platelminti è basata su tre strati di tessuto, per cui questo è il primo phylum a possedere un tessuto muscolare. I platelminti possiedono diversi organi di senso, un sistema escretore e una cavità digestiva con un'unica apertura, attraverso la quale avvengono sia l'ingestione del cibo sia l'espulsione dei rifiuti.

I nematodi sono animali pseudocelomati

I **nematodi** sono vermi cilindrici non segmentati, spesso di dimensioni microscopiche. Probabilmente esistono diverse centinaia di migliaia di specie di nematodi, ma solo una piccola percentuale di esse è stata per ora classificata; è stato calcolato che una zolla di terreno da giardino contenga mediamente un milione di nematodi. La maggior parte dei nematodi conduce vita libera, mentre alcuni sono parassiti di piante (**figura 8A**) e animali: gli esseri umani ne possono ospitare più di 30 specie (**figura 8B**).

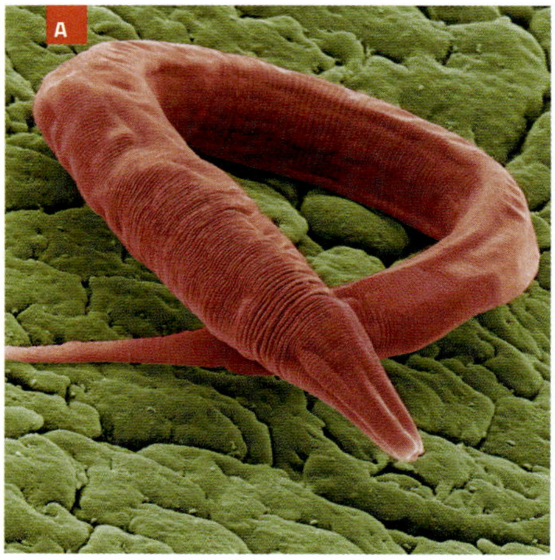

▲ **Figura 8**
I nematodi parassiti delle piante (A) possono attaccare le foglie e le radici causando deformazioni e necrosi; tra le specie parassite dell'uomo, *Strongyloides stercoralis* (B) è in grado di penetrare nella cute umana dove può causare gravi infezioni.

Gli organismi di questo phylum possiedono un **tubo digerente completo**, con due aperture e un movimento del cibo a senso unico. Inoltre sono dotati di una cavità corporea detta **pseudoceloma**. Questa struttura è una cavità chiusa e piena di liquido, che funziona come uno scheletro idrostatico all'interno del corpo; essa aumenta l'efficienza delle contrazioni muscolari dell'animale e gli permette di riacquistare la forma originale dopo che i muscoli sono stati contratti. Questo meccanismo è un significativo passo avanti rispetto ai movimenti abbastanza semplici degli animali che abbiamo fin qui considerato.

Gli anellidi comprendono i vermi segmentati come i lombrichi

Il lombrico è l'animale più comune e rappresentativo del phylum degli **anellidi**, che comprende circa 15 000 specie di vermi marini, d'acqua dolce e terrestri. Il termine «anellide» deriva dalla caratteristica più distintiva di questo gruppo: la divisione del corpo in segmenti visibili come anelli dall'esterno, detti **metameri**, separati all'interno da pareti divisorie. Questo modello di segmentazione si trova anche, in forma modificata, in altri phyla (millepiedi, crostacei e insetti), per cui suggerisce l'esistenza di un antenato comune a tutti questi organismi.

Il phylum degli anellidi è diviso in tre gruppi (**figura 9**):

- *oligocheti*, ai quali appartengono i lombrichi;
- *policheti*, che vivono prevalentemente sui fondali marini e possiedono su ogni segmento una coppia di appendici utili a muoversi;
- *irudinei*, che possono essere carnivori e vivere in ambienti acquatici oppure, come nel caso delle sanguisughe, condurre vita da parassiti e nutrirsi succhiando il sangue delle loro prede.

▲ **Figura 9**
Tre esempi di anellidi: un oligochete (A), un polichete (B) e un irudineo (C).

Un importante organo che fa la sua comparsa negli anellidi, ma che troveremo anche nei molluschi e in tutti i rimanenti phyla, è il **celoma**. All'interno di questa cavità gli organi sono tenuti sospesi dai *mesenteri* (prolungamenti della parete interna del celoma che si congiungono agli organi) e possono curvarsi, attorcigliarsi e ripiegarsi, aumentando così le loro superfici funzionali. Il celoma costituisce anche uno scheletro idrostatico che dà solidità al corpo.

Gli anellidi hanno un *intestino* tubolare e un *sistema nervoso* a forma di catena, che rende possibile un controllo preciso dei movimenti di ogni segmento del corpo (**figura 10**); inoltre, hanno un certo numero di cellule sensoriali, tra cui le cellule del tatto, i recettori del gusto, le cellule fotosensibili e quelle che rilevano il grado di umidità. È presente anche un *sistema circolatorio chiuso* che trasporta a tutte le parti del corpo l'ossigeno, che diffonde dall'esterno attraverso la pelle, e le molecole alimentari provenienti dall'intestino. Il sistema circolatorio di un lombrico è formato da lunghi vasi longitudinali, uno dorsale e tanti ventrali, che corrono da un'estremità all'altra del corpo.

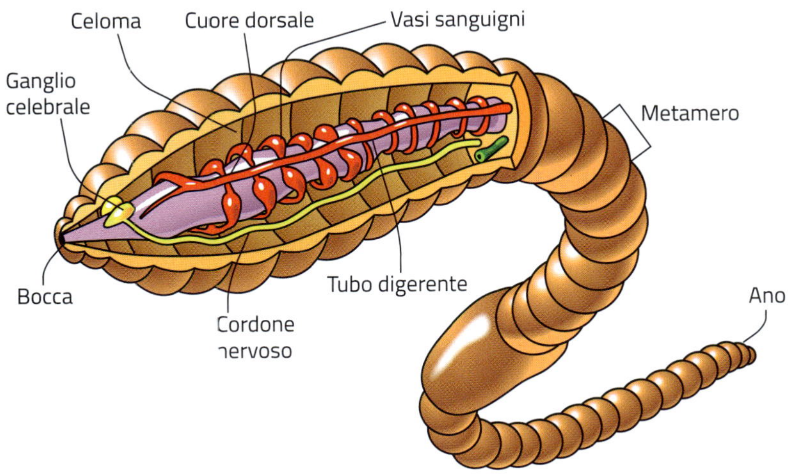

◂ **Figura 10**
La struttura interna di un lombrico mostra il tubo digerente, il ganglio cerebrale e il cuore dorsale.

Facciamo il punto

1. A che cosa serve il celoma e perché è un criterio per classificare gli animali?
2. Che cosa si intende con il termine «cefalizzazione»?
3. Descrivi la struttura corporea di una planaria.
4. Qual è la caratteristica che contraddistingue il phylum degli anellidi?

4 I molluschi e gli artropodi

I molluschi presentano piede, sacco dei visceri e mantello

I **molluschi** sono animali a simmetria bilaterale, celomati, caratterizzati da un corpo molle, spesso protetto da una conchiglia dura fatta di proteine e carbonato di calcio. In alcune forme, tuttavia, la conchiglia si è perduta nel corso dell'evoluzione, come nelle lumache e nei polpi, oppure si è molto ridotta e si trova all'interno del corpo, come nelle seppie, in cui è presente una lamina calcarea detta comunemente «osso di seppia». I molluschi costituiscono uno tra i più grandi phyla di animali sia per numero di specie (più di 100 000) sia per numero di individui.

La struttura di base del corpo di questi animali può essere distinta in tre parti: un **piede**, che possiede organi sensoriali e serve per la locomozione, un **sacco dei visceri**, che contiene organi ben sviluppati per la digestione e la riproduzione, e un **mantello**, che avvolge e racchiude la massa viscerale e che secerne i materiali che formano la conchiglia (**figura 11**).

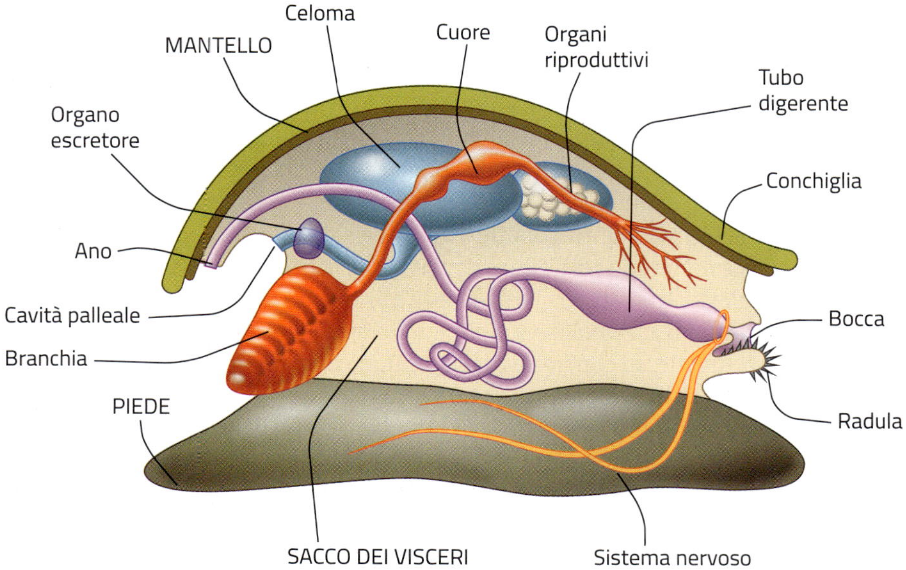

▸ **Figura 11**
Schema di un mollusco ideale, con indicati i tratti tipici: piede, sacco dei visceri e mantello.

Per quanto riguarda gli organi interni, all'interno del phylym esiste una grande variabilità. Il *sistema nervoso* è complesso solo nei cefalopodi, che in genere conducono una vita molto attiva e sono predatori; il *sistema circolatorio* possiede un organo muscolare che pompa il sangue, il **cuore**, e una rete di vasi sanguigni. La circolazione è **aperta**, in quanto il sangue non circola interamente dentro i vasi ma viene raccolto dalle branchie, pompato attraverso il cuore e liberato direttamente negli spazi presenti tra i tessuti, dai quali ritorna alle branchie e poi al cuore. Nei cefalopodi (polpi e seppie), invece, è presente un tipo di circolazione **chiusa** in cui il cuore spinge il sangue nelle branchie all'interno di una rete di vasi a esso collegati. La circolazione chiusa richiede un'anatomia più complessa, ma ha il vantaggio di far circolare il sangue più rapidamente, accelerando così il metabolismo.

Per quanto riguarda il *sistema respiratorio*, l'ossigeno entra nel corpo dei molluschi attraverso la superficie umida del mantello e delle branchie; i gasteropodi terrestri come le chiocciole hanno invece un polmone al posto delle branchie per poter respirare l'aria.

Nei molluschi la *riproduzione* è sessuata e la fecondazione può essere esterna o interna; alcuni gasteropodi sono **ermafroditi insufficienti** dato che possiedono entrambi gli organi riproduttori che, però, non sono comunicanti; ogni singolo animale, quindi, non è in grado di autofecondarsi, ma deve accoppiarsi con un altro individuo.

I molluschi presentano un'enorme varietà di forme e di comportamenti. Le principali classi di molluschi sono (**figura 12**):

- i *bivalvi* (come le ostriche e le cozze) hanno la conchiglia divisa in due parti, dette *valve*, tenute insieme da un legamento che fa da cerniera;
- i *gasteropodi* (le lumache di mare e le chiocciole) possiedono un'unica conchiglia e costituiscono la classe più numerosa, che comprende specie che vivono in ambienti marini, d'acqua dolce o terrestri;
- i *cefalopodi* sono i molluschi più attivi e complessi e comprendono i calamari, le seppie e i polpi.

▼ Figura 12
Esempi di molluschi: bivalvi (A), gasteropodi (B) e cefalopodi (C).

Gli artropodi hanno esoscheletro, corpo tripartito e appendici articolate

Nonostante l'aspetto assai diverso, uno scorpione, una mosca e un gambero appartengono allo stesso phylum, quello degli **artropodi**, il gruppo di animali di gran lunga più numeroso sulla Terra: finora sono state classificate più di un milione di specie diverse e si ritiene che il numero totale possa arrivare a 50 milioni. Gli artropodi abbondano praticamente in tutti gli habitat: in 1 km^2 di una zona a clima temperato (come l'Europa) ci possono essere fino a 20 milioni di artropodi.

Ad accomunare tutti questi animali sono la presenza di uno scheletro esterno, l'**esoscheletro**, e di *appendici articolate* che possono svolgere movimenti di precisione. Inoltre, tutti gli artropodi sono animali segmentati, una caratteristica che suggerisce una discendenza comune con gli anellidi; nel corso dell'evoluzione, tuttavia, il corpo degli artropodi si è accorciato, i segmenti sono diminuiti e si sono specializzati. Nel corpo degli artropodi è possibile individuare tre zone distinte: un **capo**, un **torace** e un **addome** (**figura 13**). Talvolta, come accade per esempio nei ragni e nelle aragoste, il torace è fuso con il capo per formare il **cefalotorace**, che in alcuni crostacei è rivestito da una specie di scudo protettivo chiamato **carapace**.

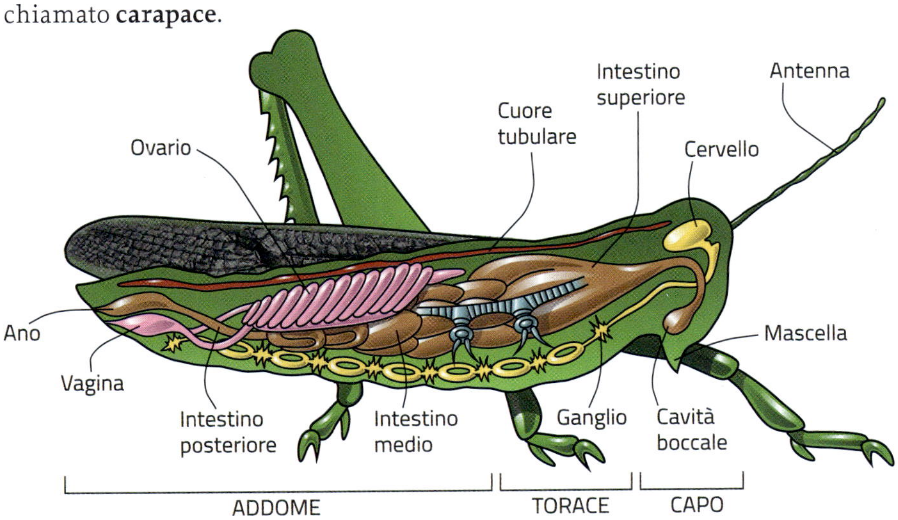

◂ Figura 13
Nel corpo di un insetto come la cavalletta (*Tettigonia viridissima*) sono presenti i tre segmenti del corpo: capo, torace e addome.

▲ **Figura 14**
Una cicala che sta faticosamente uscendo dal suo vecchio esoscheletro.

Per respirare, gli artropodi terrestri utilizzano le *trachee*, sottili canali interni a fondo cieco in cui fluisce l'aria direttamente dall'esterno del corpo; il sistema respiratorio mediante trachee, non prevede un sistema di pompaggio dell'aria, ma una semplice immissione nei sottili tubi e può essere presente soltanto in animali di piccole dimensioni come alcuni aracnidi e insetti. Gli artropodi terrestri che non possiedono trachee hanno invece i *polmoni a libretto*, così chiamati perché assomigliano alle pagine di un libro parzialmente aperto.

Il sistema circolatorio è **aperto**: in maniera simile a quanto già visto per i molluschi, il sangue diffonde liberamente nel corpo dell'animale, per essere poi risucchiato dai vasi dorsali e spinto da uno o più strutture pulsanti, chiamate *cuori*. Negli artropodi il sistema nervoso è molto sviluppato in quanto deve permettere attività motorie specializzate come il volo o la costruzione di ragnatele, ma anche perché alcuni organi di senso, come l'*occhio composto* presente negli insetti e nei crostacei, sono molto sviluppati e richiedono un'elaborazione complessa.

L'esoscheletro riveste completamente l'animale ma, essendo rigido, non può crescere durante lo sviluppo corporeo; di conseguenza, negli artropodi si ha la **muta**, il processo in cui nelle varie fasi di crescita viene eliminato il vecchio rivestimento e se ne forma uno nuovo più grande. L'animale fuoriesce dal vecchio scheletro nel momento in cui questo si apre; appena fuori, aumenta di volume assorbendo aria o acqua e, spesso, si ciba del vecchio esoscheletro (**figura 14**).

Nel corso della loro evoluzione gli artropodi si sono diversificati in tre classi principali (**figura 15**): gli **aracnidi** (ragni, acari e scorpioni), i **crostacei** (granchi, gamberi e aragoste) e gli **insetti**, ma vi sono anche altri gruppi minori come i *chilopodi* (che comprendono organismi quali i centopiedi) e i *diplopodi* (i millepiedi).

▸ **Figura 15**
Esempi di artropodi: aracnidi (A), crostacei (B), insetti (C), chilopodi (D) e diplopodi (E).

Facciamo il punto

1. Quali sono le strutture di base del corpo di un mollusco?
2. In quali classi vengono suddivisi i molluschi?
3. Spiega la differenza tra una circolazione chiusa e una aperta.
4. Elenca alcune importanti strutture e caratteristiche comuni a tutti gli artropodi.
5. Che cos'è la muta e perché avviene?
6. Quali sono i gruppi principali di artropodi?

5 Gli echinodermi e i cordati

Protostomi e deuterostomi si differenziano per l'origine della bocca

A prima vista nulla accomuna una stella marina e un cammello, oppure un'oloturia e una civetta, ma lo studio dello sviluppo embrionale degli echinodermi e dei cordati ha mostrato la loro vicinanza evolutiva. Le differenze strutturali si accentuano infatti a mano a mano che gli organismi raggiungono la fase adulta, mentre gli embrioni hanno caratteristiche simili.

Questi due phylum di animali rientrano nel gruppo dei **deuterostomi**, che raccoglie tutte le specie in cui, durante le prime fasi dello sviluppo embrionale, si forma l'ano da un'apertura chiamata *blastoporo* e la bocca da un'apertura situata all'estremità opposta (**figura 16**). Gli altri celomati, come gli anellidi, i molluschi e gli artropodi, invece, sono detti **protostomi** perché dal blastoporo si forma la bocca, mentre la seconda apertura diventa l'ano (*vedi* **figura 1**).

Le parole

I termini **protostoma** e **deuterostoma** derivano dal greco: *stòma* significa «bocca», *pròtos* vuol dire «primo» e *dèuteros*, «secondo»: nei protostomi, infatti, la bocca si origina dalla prima apertura, mentre nei deuterostomi si forma dalla seconda.

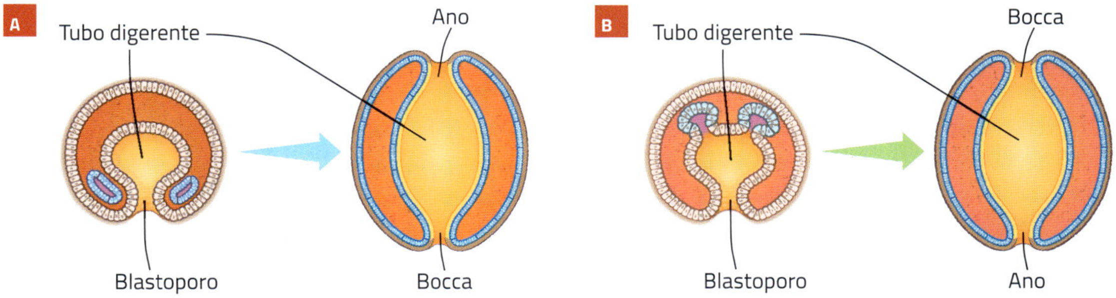

◂ Figura 16 Protostomi e deuterostomi si differenziano a livello embrionale per la trasformazione del blastoporo in bocca (nei protostomi, A) o ano (nei deuterostomi, B).

Gli echinodermi sono caratterizzati dal sistema acquifero

Gli **echinodermi** comprendono organismi come i ricci di mare, le stelle marine, i gigli di mare e le oloturie o cetrioli di mare (**figura 17**). La maggior parte degli echinodermi adulti ha un tipo particolare di simmetria radiale, perché il corpo è suddiviso in cinque sezioni: la **simmetria pentaraggiata**.

Tutti gli animali appartenenti a questo phylum sono caratterizzati da uno scheletro interno, o **endoscheletro**, a cui sono agganciate delle spine protettive. Nella maggior parte delle specie di echinodermi l'endoscheletro è costituito da minuscole piastre contenenti calcio, il *dermascheletro*, collegate tra loro da tessuti e da muscoli; il corpo è poi ricoperto da uno strato esterno di cellule, l'*epidermide*.

◂ Figura 17 Alcuni echinodermi: una stella di mare (A), un riccio di mare (B), un giglio di mare (C), un'oloturia (D) e un'ofiura (E).

Una caratteristica peculiare di questi animali è il **sistema acquifero**, una cavità modificata del celoma costituita da un canale a forma di anello, detto *canale anulare*, da cui partono cinque *canali radiali* (**figura 18**). Questa complessa struttura serve a collegare il canale anulare pieno d'acqua con numerose coppie di **pedicelli ambulacrali**, strutture cilindriche cave con pareti sottili e munite all'estremità di ventose. L'acqua entra ed esce dai pedicelli grazie a specifiche valvole.

Con questo articolato sistema di canali e valvole gli echinodermi riescono ad aderire a un substrato, a muoversi e ad afferrare le loro prede. Nonostante l'aspetto che a noi pare bizzarro, gli echinodermi sono animali ben adattati al loro ambiente e le stelle di mare sono attivi predatori.

▸ **Figura 18**
Una stella marina con il sistema acquifero messo in evidenza.

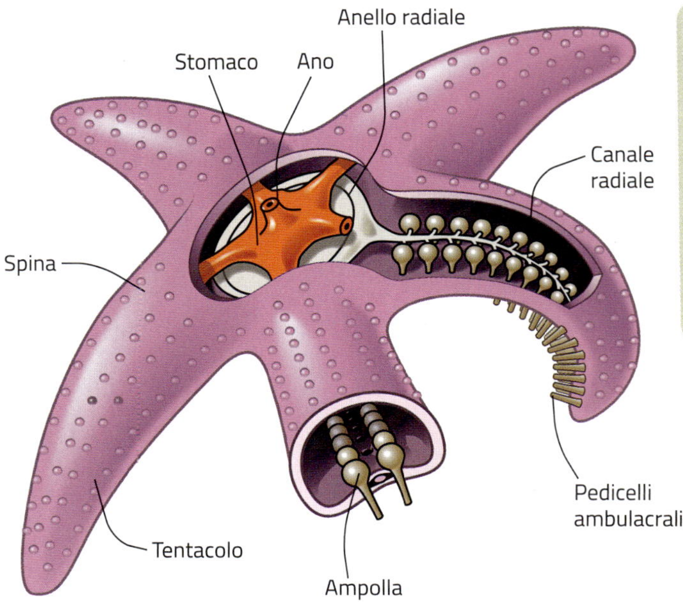

L'acqua viene inviata attraverso il canale radiale fino all'ampolla; quando questa si contrae spinge l'acqua nel pedicello che si gonfia e si raddrizza.

L'immissione e lo svuotamento dei pedicelli, processo che avviene in modo coordinato, permette all'animale di muoversi e di aderire al fondale.

Tutti i cordati hanno in comune quattro caratteristiche

Tra i deuterostomi, il phylum che raccoglie il maggior numero di specie è quello dei **cordati**. A suo volta, tale gruppo è diviso in tre subphyla: i **vertebrati**, con oltre 45 000 specie viventi, i **tunicati** e i **cefalocordati**, che insieme contano 2500 specie (**figura 19**).

I rappresentanti più comuni dei cefalocordati sono gli *anfiossi*, animali semitrasparenti lunghi alcuni centimetri che si trovano nelle acque poco profonde dei mari caldi. Anche se poco noti, gli anfiossi rappresentano un'importante tappa evolutiva nel corso della storia degli animali; essi, infatti, possono essere considerati il gruppo più simile ai progenitori di tutti i vertebrati.

▾ **Figura 19**
I cordati comprendono: i vertebrati (A), i tunicati (B) e i cefalocordati (C).

Come si vede nella **figura 20**, l'anfiosso presenta le quattro importanti caratteristiche comuni a tutti i cordati, almeno in una fase della loro esistenza: la *notocorda*, il *cordone nervoso dorsale*, la *faringe con fessure branchiali* e la *coda*. Nei vertebrati, queste strutture si sono modificate grazie all'evoluzione, cambiando forma e funzione (**tabella 1**).

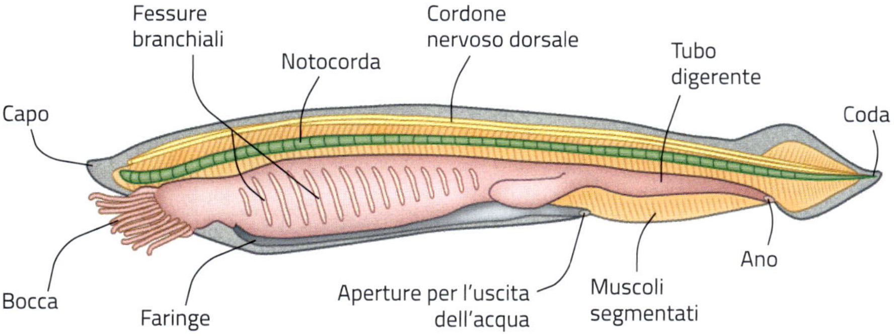

◂ Figura 20
L'anfiosso è un cefalocordato che presenta le caratteristiche comuni a tutti i cordati.

Struttura dei cordati	Funzione	Modificazione nei vertebrati	Funzione nei vertebrati
Notocorda	Sostegno per il nuoto	Affiancata o sostituita dalla colonna vertebrale	Sostegno anche fuori dall'acqua
Cordone nervoso	Funzioni nervose	Cervello dalla porzione cefalica, midollo spinale dalla parte rimanente	Funzioni nervose più articolate
Faringe con fessure branchiali	Filtrazione per la nutrizione	Branchie nei pesci, varie strutture (mascella, orecchio interno) nelle specie terrestri	Respirazione o altre funzioni
Coda	Struttura per il nuoto	Coda	Struttura di sostegno e/o locomozione

◂ Tabella 1
Le strutture fondamentali dei cordati, con relative funzioni, che nei vertebrati hanno assunto forme o funzioni diverse.

La corda dorsale, o **notocorda**, è una struttura cilindrica cartilaginea che si estende per tutta la lunghezza del corpo e serve come organo di sostegno, robusto ma flessibile; grazie a questa struttura i cordati possono nuotare più velocemente degli anellidi acquatici o dei platelminti. Nei vertebrati intorno alla notocorda si sviluppa la *colonna vertebrale*.

La parte anteriore del **cordone nervoso** si è ingrossata per formare il *cervello*, mentre la parte posteriore è andata a costituire il *midollo spinale*. La **faringe** ha invece avuto destini diversi a seconda che le specie fossero adattate alla vita terrestre o acquatica: durante lo sviluppo embrionale degli animali terrestri, dalle *tasche branchiali* si sono sviluppate strutture come la mascella, l'orecchio interno e le tonsille, mentre nei pesci la *faringe con fessure branchiali* si è evoluta nelle branchie, assumendo una funzione respiratoria.

La **coda** è rimasta in gran parte dei vertebrati in quanto è usata come un mezzo di locomozione (come per i pesci); molti animali, come gatti e canguri, la usano per mantenere l'equilibrio, mentre in altri può risultare utile per attaccarsi ai rami degli alberi (*coda prensile*), come nei camaleonti o nelle scimmie urlatrici americane. Esistono poi specie, come *Homo sapiens*, che durante lo sviluppo embrionale la perdono del tutto.

I tunicati perdono la notocorda, la coda e il tubo neurale

Nei **tunicati**, come le *ascidie*, la notocorda è presente solo durante lo stadio larvale a livello della coda; quando diventano adulti, però, questi animali perdono la coda (e quindi la notocorda) e buona parte del cordone nervoso. Le ascidie adulte, le cui dimensioni variano da 1 a 15 cm, crescono in genere sulle scogliere assumendo l'aspetto di un sacco rovesciato; quando si fissano al fondo, esse formano delle colonie derivate dalla riproduzione asessuata di un unico individuo (**figura 21**).

La somiglianza di questi animali con altri invertebrati marini (come le spugne) è frutto di una *convergenza evolutiva*, ma gli studi embriologici e molecolari mostrano con chiarezza la corretta collocazione sistematica di questo gruppo.

▾ Figura 21
Polycarpa aurata, un tunicato diffuso nel Sudest asiatico.

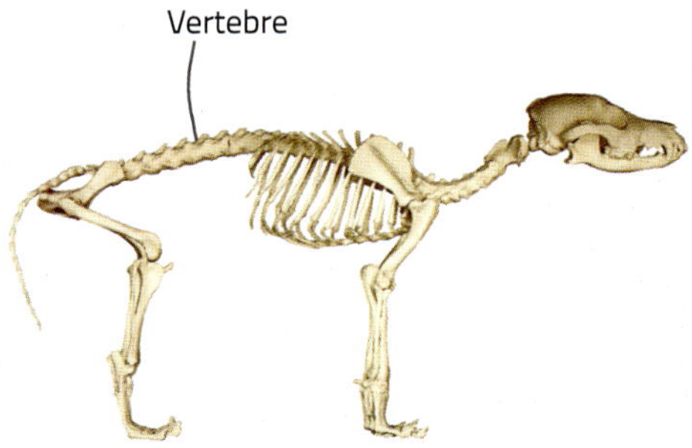

▲ **Figura 22**
Lo scheletro di un mammifero (un cane), in cui è bene evidente la colonna vertebrale.

I vertebrati possiedono uno scheletro osseo interno

I vertebrati devono il loro nome a una struttura ossea che li contraddistingue: le *vertebre* (**figura 22**). Durante lo sviluppo embrionale, infatti, questi animali perdono la notocorda cartilaginea, che viene sostituita da una colonna vertebrale ossea, o **spina dorsale**, formata da unità, le **vertebre**, che contengono il cordone nervoso centrale; in modo analogo, il cervello è racchiuso e protetto da piastre ossee che nel loro insieme formano il *cranio*. Intercalati fra le vertebre vi sono dei *dischi cartilaginei* che conferiscono alla colonna vertebrale una certa flessibilità. La colonna vertebrale è l'asse centrale dell'**endoscheletro osseo** che caratterizza la fase adulta dei vertebrati e che cresce con l'animale, per cui non è necessaria una muta come negli insetti e nei crostacei.

Nelle prossime pagine affronteremo le caratteristiche peculiari di tutte le classi di viventi che formano i vertebrati: agnati, pesci, anfibi, rettili e uccelli, mammiferi.

Facciamo il punto

1. Che cosa differenzia i protostomi dai deuterostomi?
2. Descrivi la struttura del sistema acquifero.
3. Quali sono le caratteristiche comuni a tutti i cordati?
4. Perché gli anfiossi sono ritenuti i progenitori dei vertebrati?
5. Descrivi brevemente i tunicati.
6. Qual è il vantaggio di un endoscheletro osseo?

6 I pesci e gli anfibi

Gli agnati hanno la notocorda e sono privi di mascelle

L'evoluzione dei vertebrati a partire dai cefalocordati ha avuto inizio in acqua e, grazie alla comparsa di adattamenti specifici, ha permesso l'espansione sulla terraferma e la conquista di ambienti molto diversi, come i deserti caldi e freddi e le foreste equatoriali (**figura 23**).

▼ **Figura 23**
L'albero filogenetico dei cordati, con indicate le conquiste evolutive che hanno condotto all'evoluzione delle diverse classi di vertebrati.

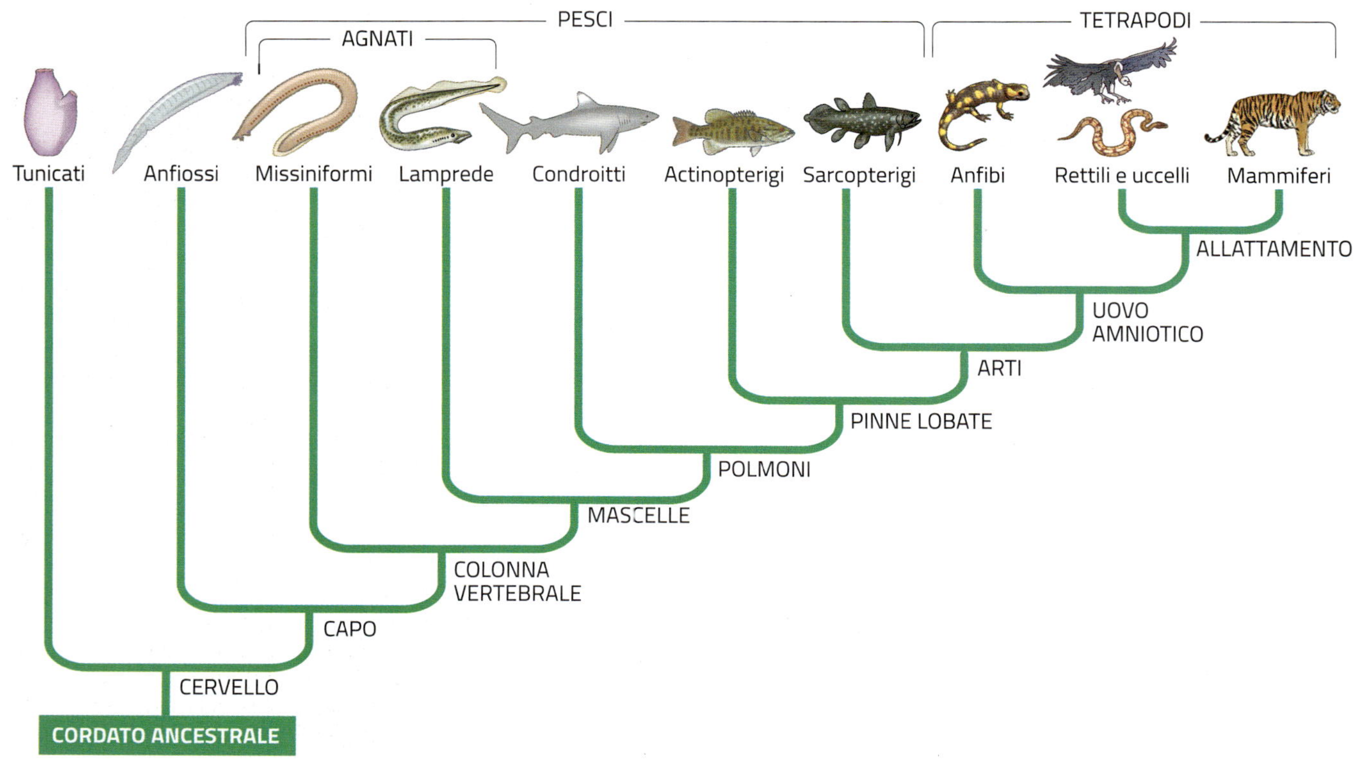

Gli **agnati** sono i vertebrati più antichi e, nonostante abbiano un aspetto simile ai pesci, hanno una struttura corporea molto diversa; essi, infatti, mantengono una robusta notocorda dorsale per tutta la lunghezza del corpo, ma presentano alcuni archi vertebrali. Gli agnati sono inoltre privi di *mascelle*, per cui non sono in grado di aprire e chiudere la bocca. Oggi esistono circa 70 specie di agnati, suddivise tra *missinoidi* e *lamprede* (**figura 24**).

◂ **Figura 24**
Missinoidi (A) e lamprede (B) sono agnati.

Tutti i pesci sono dotati di branchie per respirare

I **pesci** sono la classe di vertebrati più antichi, perché sono comparsi oltre 400 milioni di anni fa, e sono anche i più abbondanti, con oltre 30 000 specie diverse classificate. Uno dei principali eventi evolutivi che li ha distinti dagli agnati è stato la trasformazione degli archi branchiali anteriori, deputati alla filtrazione, in *mascelle articolate*, in grado di aprirsi e chiudersi; lo sviluppo di mascelle, spesso armate con robuste dentature, ha infatti aumentato enormemente la varietà degli organismi di cui i pesci possono nutrirsi. A partire dai pesci, tutti gli animali dotati di mascelle sono classificati nella categoria degli **gnatostomi**.

In questa fase evolutiva risultò molto importante anche la comparsa delle *pinne*, che permisero loro di muoversi nell'acqua in tutte le direzioni (**figura 25A**). La conquista di mascelle mobili e pinne fece dei pesci un gruppo di predatori senza pari e contribuì a generare le condizioni per un notevole aumento delle loro dimensioni corporee.

La respirazione dei pesci avviene attraverso le **branchie**: l'acqua entra dalla bocca e scorre su queste strutture, dove avviene lo scambio dei gas respiratori con la fitta rete di capillari interna; l'ossigeno disciolto è catturato nella corrente sanguigna, mentre il diossido di carbonio passa nell'acqua, che poi fuoriesce dalle fessure branchiali ricoperte da un opercolo mobile in gran parte dei pesci.

Su ciascun fianco del corpo i pesci possiedono anche degli efficaci recettori sensoriali, che consentono di rilevare l'avvicinamento di altri organismi grazie a variazioni di pressione dell'acqua circostante; ciò è reso possibile dal sistema della **linea laterale**, un insieme di recettori nervosi che fornisce informazioni anche sulla profondità in cui il pesce sta nuotando (**figura 25B**).

Le parole

Il termine **gnatostoma** è l'unione del termine greco *gnáthos*, «mascella», con *stoma*, «bocca»: gli gnatostomi sono i vertebrati dotati di mascelle; al contrario, il prefisso privativo *a-* presente nella parola **agnati** contraddistingue gli animali senza mascelle.

▾ **Figura 25**
(A) Disegno degli organi interni di un pesce.
(B) Una trota iridea (*Oncorhynchus mykiss*).

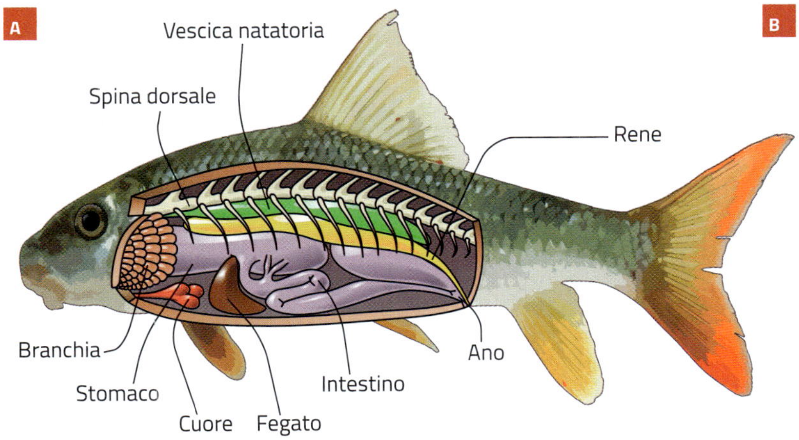

La riproduzione è sessuata: quasi tutti i pesci sono **ovipari**, cioè depongono le uova, e si riproducono mediante *fecondazione interna*, se avviene mediante un accoppiamento, oppure *esterna*, quando gli spermatozoi maschili vengono deposti sopra le uova appena deposte dalle femmine. Diverse specie di squali, però, hanno una fecondazione interna e fanno schiudere le uova all'interno del corpo della femmina che, pertanto, partorisce piccoli squali in una fase già avanzata di sviluppo. Gli organismi con questo tipo di riproduzione vengono detti **ovovivipari**.

A colpo d'occhio

PESCI
- CONDROITTI — SQUALI, RAZZE
- ACTINOPTERIGI — TROTE, TONNI
- SARCOPTERIGI — DIPNOI, CELACANTI

Esistono tre classi di pesci, che includono circa 50 000 specie: i *condroitti*, gli *actinopterigi* e i *sarcopterigi* (**figura 26**). I **condroitti** sono i pesci cartilaginei e a questo gruppo appartengono gli squali e le razze. Come gli agnati, anche questi organismi hanno uno scheletro cartilagineo, ma la presenza di una vera colonna vertebrale li rende buoni nuotatori e li favorisce, grazie anche alle possenti mascelle, nella caccia delle prede. I condroitti comprendono circa 850 specie che vivono in genere nelle acque profonde degli oceani o sui fondali delle barriere coralline.

Gli **actinopterigi** sono i pesci con le pinne raggiate e rappresentano il gruppo più consistente, con quasi 30 000 specie diverse: gran parte dei comuni pesci di acqua dolce (trote, lucci, carpe) e di acqua salata (branzini, cernie, merluzzi, orate, acciughe, tonni), ma anche pesci che possono vivere in entrambi i tipi di ambiente (anguille e salmoni) sono classificati come actinopterigi. Questo gruppo presenta due importanti innovazioni evolutive: lo scheletro osseo e la **vescica natatoria**, un organo in grado di scambiare gas con i capillari sanguigni che la circondano, aumentando o diminuendo di volume e facendo così variare il peso specifico dell'organismo; di conseguenza, il pesce è in grado di nuotare a profondità differenti risalendo o immergendosi rapidamente.

I **sarcopterigi** sono pesci a pinne lobate, che comprendono i dipnoi, i pesci polmonati e i celacanti. Hanno uno scheletro osseo, ma a differenza degli altri pesci, le loro pinne sono sostenute da parti mobili articolate, che permettono un maggior numero di movimenti. Da un gruppo estinto di sarcopterigi derivarono gli anfibi che colonizzarono la terraferma.

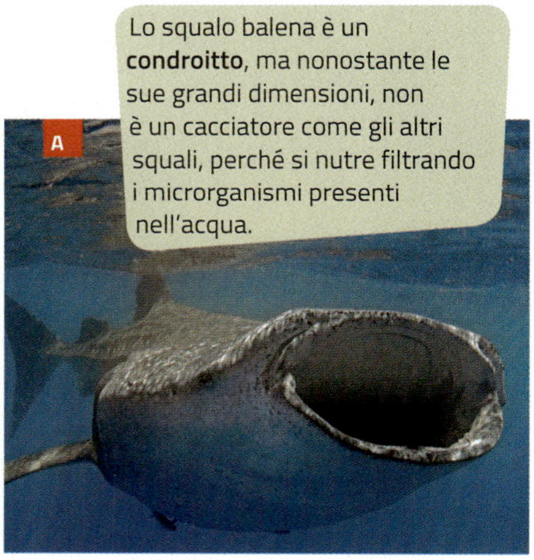

▲ **Figura 26**
Le tre suddivisioni dei pesci: condroitti (A), actinopterigi (B) e sarcopterigi (C).

I primi anfibi si sono evoluti dai pesci polmonati

Il passaggio dall'ambiente acquatico a quello terrestre è stato certamente lento e ha comportato una serie di passaggi attraverso gli ambienti umidi e salmastri. Non sono ancora chiare le fasi di questo processo perché non esistono ritrovamenti in grado di ricostruire in modo univoco questo evento evolutivo. È probabile che alcuni pesci si siano spinti a colonizzare ambienti di acqua salmastra o dolce, dove la concentrazione di sale è minore del mare aperto e il livello di ossigenazione delle acque non è costante.

Tra questi pesci, un gruppo di sarcopterigi riuscì ad adattarsi meglio, grazie alla presenza di semplici polmoni che fungevano da supporto alle branchie e permettevano loro di sopravvivere a brevi periodi di disidratazione.

Da questi pesci ne derivarono altri dotati di polmoni, da cui si originarono i moderni **dipnoi**: questi animali possono vivere in acque tanto povere di ossigeno da non consentire la vita ad altri pesci. Oltre ai dipnoi, comparvero pesci polmonati dotati di strutture scheletriche che permettevano loro di avanzare trascinando il corpo sul terreno per cercare, nei periodi di grave siccità, pozze di acqua più profonda; perciò, il passaggio alle terre emerse potrebbe essere iniziato come conseguenza di un tentativo di rimanere in un ambiente acquatico sufficientemente accogliente. Recenti ritrovamenti fossili indicano il genere *Titktaal* come il gruppo più vicino alla fase di transizione tra pesci e anfibi (**figura 27**).

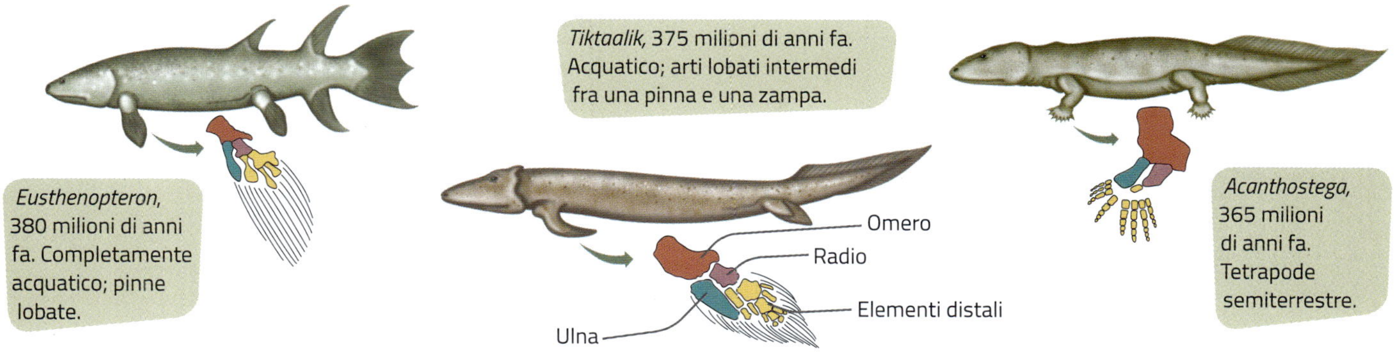

▲ Figura 27
Un pesce a pinne lobate è stato l'antenato degli animali terrestri, com'è testimoniato dalla struttura ossea delle pinne e delle zampe degli fossili ritrovati.

Dal punto di vista evolutivo, gli anfibi sono importanti perché sono stati i primi vertebrati a colonizzare parte delle terre emerse. I primi anfibi, comparsi intorno a 350 milioni di anni fa, possedevano arti simili a quelli degli anfibi odierni ed erano in grado di camminare sul terreno asciutto anziché strisciare nelle zone fangose, come facevano i loro diretti antenati, sebbene la struttura degli arti non consentisse loro di mantenersi completamente sollevati dal suolo.

Gli anfibi primitivi trovarono un habitat favorevole costituito dalle rigogliose foreste del periodo Carbonifero, un periodo del Paleozoico compreso tra 360 e 285 milioni di anni fa; in questo contesto gli anfibi potevano trovare cibo in abbondanza rappresentato da un'enorme varietà di insetti che si erano già insediati sulla terraferma. Il risultato fu che gli anfibi raggiunsero una tale diffusione e differenziazione che il periodo Carbonifero è spesso noto come l'*età degli anfibi*. Con il declino delle foreste, avvenuto circa 300 milioni di anni fa, anche gli anfibi primitivi subirono dei profondi mutamenti: molte specie si estinsero, alcune diedero origine ai moderni anfibi, mentre altre furono gli antenati dei rettili.

Le parole
Il termine **anfibio** deriva dal greco *amphì* «due, doppio», e *bìos*, che significa «vita»: infatti gli anfibi nel corso della loro esistenza presentano due diverse modalità di vita, una acquatica e una terrestre.

Gran parte degli anfibi è ancora legata all'ambiente acquatico

Gli anfibi sono animali caratterizzati da una «doppia vita»: la fase larvale è acquatica, con respirazione tramite le branchie, mentre la fase adulta è terrestre e la respirazione avviene per mezzo dei polmoni (**figura 28**). In molti anfibi, tuttavia, la respirazione polmonare è ancora primitiva e insufficiente a fornire tutto l'ossigeno necessario. In questi casi la respirazione polmonare è coadiuvata dagli *scambi attraverso l'epidermide*.

Guarda il video nell'ebook
Un minuto di biologia
Il ciclo vitale di un anfibio

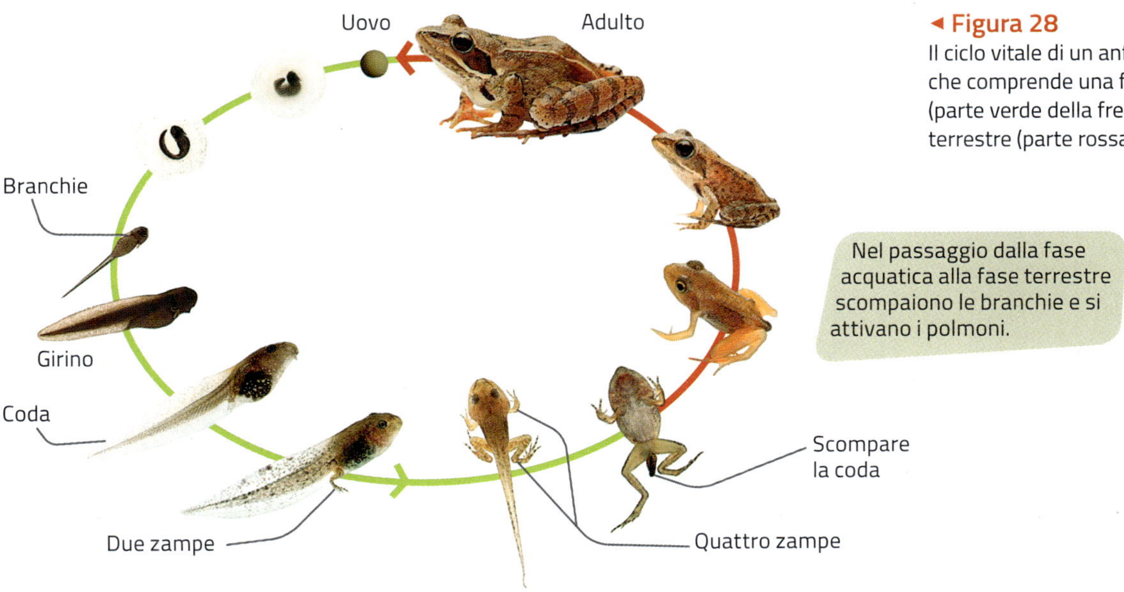

◄ Figura 28
Il ciclo vitale di un anfibio anuro, che comprende una fase acquatica (parte verde della freccia) e una fase terrestre (parte rossa della freccia).

Le uova, prive di guscio, vengono deposte nell'acqua e fecondate esternamente; dopo due settimane dalla fecondazione nascono delle larve munite di branchie esterne, dette *girini*, che in tre mesi si trasformano in adulti, perdendo le branchie e sviluppando i polmoni. Gli adulti vivono prevalentemente sulla terraferma, ma possono nuotare negli stagni per cacciare piccole prede; nelle zone tropicali, grazie alla grande umidità dell'aria, alcuni di essi si spostano anche sui rami degli alberi.

Questo quadro generale mostra però molte eccezioni: per esempio, i tritoni sono polmonati, ma continuano a vivere nell'acqua anche da adulti, mentre alcuni anfibi saltano lo stadio di girino perché dalle uova deposte in un tronco d'albero cavo o in una foglia secca, escono versioni in miniatura della forma adulta.

La classe degli anfibi oggi include più di 7000 specie ed è suddivisa in 3 ordini: gli anuri, gli urodeli e gli apodi (**figura 29**).

Gli **anuri** comprendono circa 5000 specie, tra cui rane e rospi. Questi animali sono caratterizzati da arti posteriori molto lunghi che consentono loro di nuotare negli stagni o di compiere salti sulla terraferma; sono carnivori e si cibano di prede vive (per esempio, insetti) che catturano spesso grazie alla lunga lingua appiccicosa.

Gli **urodeli** includono le salamandre e i tritoni, che possiedono quattro arti e una lunga coda anche da adulti; sono carnivori e si cibano di prede vive che cacciano essenzialmente grazie al loro olfatto molto sviluppato.

Gli **apodi** sono organismi molto piccoli e dall'aspetto vermiforme; sono privi di arti e vivono nelle regioni tropicali in tane sotterranee o sott'acqua.

Lo scoglio evolutivo che gli anfibi non hanno potuto superare è l'abbandono totale degli ambienti acquatici: a causa della rapida evaporazione dell'acqua dalla pelle, infatti, questi animali non possono vivere in ambienti secchi e caldi perché correrebbero il rischio di morire disidratati.

▸ Figura 29
Esempi di anfibi: la raganella (*Hyla arborea*) è un anuro (A), i tritoni del genere *Triturus* sono urodeli (B) e le specie del genere *Caecilia* sono apodi (C).

Facciamo il punto

1. Quali sono gli agnati e che cosa li differenzia dai pesci?
2. Quali sono le caratteristiche generali dei pesci?
3. Qual è la differenza tra pesci ovipari e pesci ovovivipari?
4. Quale tappa evolutiva è rappresentata dagli anfibi?
5. Che cosa si intende per «doppia vita» degli anfibi?
6. Quali sono i gruppi in cui si dividono gli anfibi?

7 I rettili e gli uccelli

Con i rettili compare l'uovo amniotico

I **rettili** sono i vertebrati che hanno conquistato definitivamente le terre emerse, anche grazie all'evoluzione dell'**uovo amniotico** (figura 30A). A differenza dell'uovo degli anfibi, che è gelatinoso e privo di protezioni, l'uovo amniotico ha un guscio rigido che gli permette di conservare il proprio rifornimento d'acqua all'interno. Le uova dei rettili, molto simili al comune uovo di gallina, contengono una grande quantità di *tuorlo*, la principale riserva di sostanze nutritive per l'embrione in via di sviluppo, e abbondante *albume* (il bianco dell'uovo) che fornisce ulteriori sostanze nutritive, sali minerali e acqua. Una membrana, l'*amnios*, circonda l'embrione, formando una cavità piena di liquido che sostituisce l'ambiente acquatico ancestrale.

Come gli anfibi anuri e urodeli, anche i rettili hanno quattro arti (con l'eccezione dei serpenti, che si muovono strisciando). In generale, tutti i vertebrati terrestri (cioè anfibi, rettili, uccelli e mammiferi) sono **tetrapodi**: animali con quattro arti utili al movimento, anche se alcuni li perdono durante lo sviluppo embrionale o ne hanno modificato le funzioni.

Per adattarsi alla loro esistenza terrestre, i rettili hanno sviluppato una pelle secca, generalmente ricoperta da *squame*, che li protegge dalla disidratazione (figura 30B). La loro locomozione è più efficiente di quella degli anfibi e consente loro di sollevare il ventre dal suolo durante lo spostamento; anche la respirazione polmonare è più efficiente di quella degli anfibi ed è pienamente in grado di soddisfare gli scambi gassosi dell'animale.

Come i pesci e gli anfibi, inoltre, questi animali sono **ectotermi**, cioè mantengono una temperatura corporea idonea per le loro funzioni vitali scambiando calore con l'ambiente esterno. Essi non riescono però a governare la propria termoregolazione, per cui non possono vivere in ambienti freddi come le zone artiche. Per questo motivo lucertole, coccodrilli e serpenti trascorrono alcune ore al giorno posati su rocce o terreni aridi per esporsi alla luce del Sole e incamerare il calore necessario alla loro sopravvivenza. Al contrario, uccelli e mammiferi sono **endotermi**, cioè mantengono una temperatura corporea elevata e costante generando calore mediante processi metabolici interni.

A colpo d'occhio

ADATTAMENTI DEI RETTILI
- UOVO AMNIOTICO
- ECTOTERMIA
- SQUAME

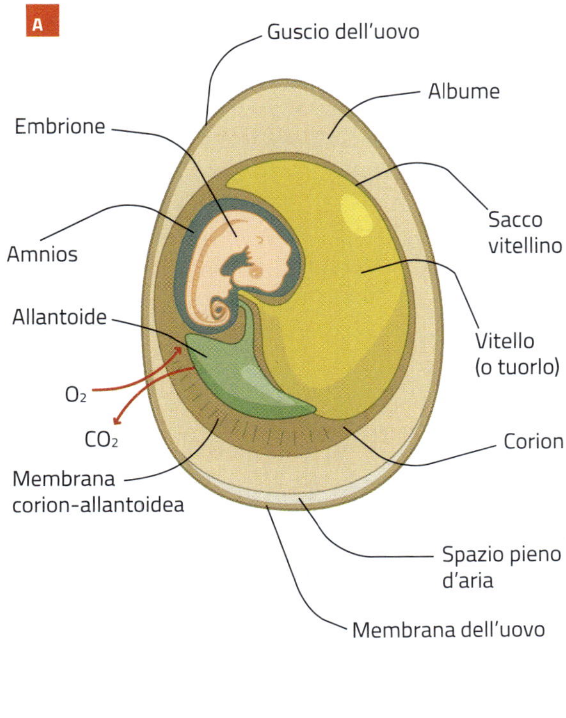

Il guscio e la membrana dell'uovo amniotico circondano e proteggono l'embrione in via di sviluppo e il tuorlo, la sua riserva di nutrimento.

▼ **Figura 30**
Le principali innovazioni introdotte con i rettili: l'uovo amniotico (A) e le squame (B).

Le parole

Il termine **loricato** deriva dal latino *lorica*, che significa «corazza», mentre **chelone** deriva dalla parola greca *cheloné* che significa «tartaruga».

I rettili attuali sono classificati in tre grandi gruppi

Nell'immaginario collettivo, i rettili più noti sono i **dinosauri**, un gruppo che ha dominato sul pianeta per milioni di anni, ma che si è estinto circa 65 milioni di anni fa. I rettili oggi esistenti sono circa 6000 specie, alcune delle quali erano già presenti all'epoca dei dinosauri, e sono suddivisi in: cheloni, squamati e loricati (**figura 31**).

I **cheloni** fanno parte di un ordine a cui appartengono le tartarughe e le testuggini, le tartarughe vivono gran parte della loro vita in acqua, mentre le testuggini sono specie terrestri. La caratteristica comune a tutte le specie di questo ordine è la presenza di una struttura protettiva dorsale formata da piastre ossee, il *carapace*, e da un piastrone ventrale. Il carapace è fuso con le vertebre dorsali e con le costole, ed è questo il motivo per cui le tartarughe non possono mai uscire dalla loro corazza. I cheloni sono privi di denti, ma posseggono un becco corneo che sfruttano per tagliare il cibo: alcune specie acquatiche sono carnivore e predatrici, mentre quasi tutte le testuggini terrestri sono erbivore. Come tutti i rettili, anche le tartarughe depongono uova, che vengono in genere sepolte nella sabbia fino alla schiusa e, a differenza dei coccodrilli, non si prendono cura della prole; le tartarughe di mare depongono le uova nella sabbia e subito dopo la schiusa i piccoli raggiungono il mare in modo autonomo.

A colpo d'occhio

RETTILI
- CHELONI
- LORICATI
- SQUAMATI

Gli **squamati** comprendono 4630 specie, divise in *sauri* (come le lucertole, i camaleonti e le iguane) e *ofidi* (i serpenti). Tutti questi animali cambiano tutta la pelle più volte nel corso della vita, attraverso la **muta**, per permettere l'accrescimento del corpo. I sauri hanno quattro zampe con cinque dita, dei quali il quarto, come nei camaleonti, è spesso molto sviluppato per migliorare la presa dei rami sui cui vivono. La bocca è fornita di numerosi denti appuntiti, direttamente impiantati nelle mascelle; la vista è molto sviluppata e gli occhi sono grandi e tendono a sporgere dalla testa. Alcuni sauri raggiungono dimensioni considere-

▼ **Figura 31**
I rettili oggi esistenti sono divisi in cheloni (A), loricati (B) e squamati (C-D).

Nei cheloni il **carapace** è parte integrante del loro scheletro, per cui non possono separarsene, ma quando sono attaccati da un predatore possono rintanare al suo interno la testa, le zampe e la coda.

I loricati possono essere lunghi da 1 a 8 m e pesare dai 15 kg fino anche a 1 t; questo alligatore è un caimano nano di Schneider (*Paleosuchus trigonatus*).

Alcuni sauri sono dotati di **ghiandole del veleno** poste nel capo e collegate ai denti anteriori: quando penetrano nella carne della preda, gli incisivi rilasciano il veleno, che paralizza o uccide l'animale colpito.

La **muta** è tipica di sauri e cheloni: i serpenti lasciano la vecchia pelle a terra quasi intera, mentre iguane, testuggini e lucertole perdono brandelli di pelle separati a intervalli di settimane o mesi.

voli, come il varano di Komodo che vive nelle isole dell'Indonesia. Gli *ofidi* sono squamati che perdono gli arti durante lo sviluppo embrionale e sono presenti in quasi tutte le latitudini eccetto che nelle zone fredde; nelle zone temperate, quando arriva l'inverno, questi animali vanno in letargo all'interno di una tana sotterranea e vi rimangono fino alla fine dell'inverno.

I **loricati** comprendono alligatori e coccodrilli e sono comparsi sulla Terra circa 90 milioni di anni fa, ma le loro caratteristiche fisiche e comportamentali sono rimaste pressoché inalterate nel tempo. Sono tutti animali carnivori e vivono vicino a bacini d'acqua dolce o, in alcuni casi, vicino al mare; grazie alla loro potente coda, infatti, sono in grado di nuotare velocemente. Il loro corpo è ricoperto da una pelle spessa, dotata di squame cornee, che li protegge dalla disidratazione; le zampe sono corte ma molto robuste e dotate di grosse unghie. Le femmine si prendono cura delle uova e le trasportano all'interno della bocca quando si spostano, per non abbandonarle ai predatori; molte specie allevano anche la prole insegnando le strategie di caccia (**figura 32**). Dal punto di vista evolutivo, i loricati appartengono allo stesso gruppo dei dinosauri, dei rettili volanti (pterosauri) e degli uccelli.

▲ **Figura 32**
Gli alligatori trasportano la prole sul dorso per insegnargli a predare.

Gli uccelli si sono evoluti a partire dai rettili

Gli **uccelli** sono i vertebrati che hanno colonizzato l'aria, ma anche parte dei mari e della terraferma: si trovano in quasi tutti gli ecosistemi, dall'Artide all'Antartide. Le loro dimensioni variano dai 5 cm di lunghezza del colibrì, che pesa circa 2 g, ai 2,7 m dello struzzo, che pesa più di un quintale. In base alle loro caratteristiche anatomiche, gli uccelli sono classificati in oltre 9000 specie raggruppate in numerosi ordini. Alcuni uccelli, come i pinguini, hanno modificato la forma delle loro ali e ciò non consente loro di volare, ma di essere degli eccellenti nuotatori. Le caratteristiche peculiari di questa classe di viventi sono il volo e l'endotermia.

A colpo d'occhio

ADATTAMENTI DEGLI UCCELLI
- ENDOTERMIA
- VOLO

Il **volo** ha permesso agli uccelli di disporre di un nuovo grande ambiente in cui vivere, vantaggioso soprattutto perché ha consentito di sfruttare fonti di cibo prima non raggiungibili. La conquista di questo spazio ha quindi favorito la comparsa di una grandissima varietà di uccelli di dimensioni e colori assai diversi. Le ipotesi sulla modalità in cui si è evoluta questa capacità sono numerose, ma non esiste un modo unico di sfruttare il volo che accomuni tutte le specie: i colibrì sono probabilmente i più abili a manovrare e sono in grado sia di mantenersi fermi in aria sia di volare all'indietro; gli uccelli rapaci, come il falco pellegrino, invece, sono in grado di raggiungere velocità notevoli quando scendono in picchiata su una preda; gli uccelli migratori sono specializzati nei voli prolungati o su grandi distanze.

Alcuni uccelli *migratori* hanno un particolare ritmo vitale e compiono due migrazioni l'anno: la prima durante il periodo invernale verso regioni a clima più favorevole, l'altra (compiendo la rotta inversa) per riprodursi nelle zone in cui sono nati. Tra gli uccelli migratori ci sono le rondini, le anatre, gli aironi e molte specie marine.

Tutti gli uccelli sono **endotermi**: essi mantengono una temperatura corporea elevata e costante (circa 41 °C), utile a favorire le contrazioni muscolari necessarie al volo e ottimo rimedio contro le infezioni di virus e batteri (è un sorta di «febbre costante», come quella che viene quando veniamo contagiati da virus o batteri).

Negli uccelli si sono evolute strutture specializzate per il volo

L'adattamento al volo ha comportato lo sviluppo di alcune strutture anatomiche che non si ritrovano in altre classi di organismi (**figura 33**). Per esempio, per rendere il corpo più leggero e aumentare la capacità polmonare, nello scheletro degli uccelli sono presenti i **sacchi aerei**: le ossa sono cave, per cui l'aria prima penetra nei polmoni, quindi attraversa le ossa, poi torna ai polmoni e infine viene espirata. Per sostenere lo sbattere delle ali, inoltre, lo scheletro è provvisto di un grande sterno munito di *carena*, un osso sul quale si inseriscono i potenti muscoli toracici che azionano le ali.

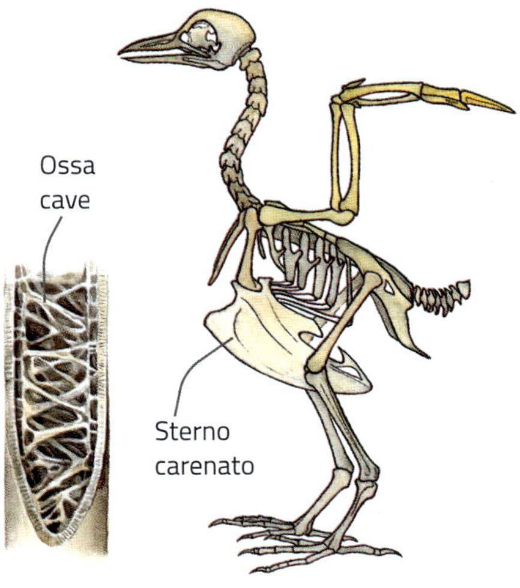

▲ **Figura 33**
Osservando lo scheletro di un uccello si possono notare alcuni adattamenti al volo: il grande sterno carenato e le ossa cave e leggere.

Leggi l'approfondimento nell'ebook
Per saperne di più
L'evoluzione dei rettili e la comparsa del volo

Per rendere più efficiente il volo, inoltre, sulle ali e sulla coda sono presenti le **penne**, che forniscono il sostegno aerodinamico e la presa aerea necessari per lo spostamento aereo. Sul resto del corpo, invece, sono presenti le **piume**, più sottili e morbide delle penne e deputate a fornire l'isolamento termico, soprattutto a quegli uccelli che vivono in climi freddi o che conducono vita notturna. Penne e piume sono formazioni cornee prodotte dalla pelle, così come lo sono le squame che rivestono le zampe, del tutto simili a quelle dei rettili.

Oltre ai sacchi aerei, per facilitare il volo anche altri pesi sono ridotti al minimo indispensabile: il sistema riproduttore femminile, per esempio, è costituito da una sola ovaia, che diventa abbastanza grossa da essere funzionale soltanto nella stagione riproduttiva. Molti uccelli presentano inoltre un marcato **dimorfismo sessuale**, cioè una differenza di corporatura e colori tra esemplari maschi e femmine: le femmine in genere sono, mimetiche, hanno cioè colorazioni che le confondono con l'ambiente a scopo difensivo; le colorazioni sgargianti dei maschi, invece, sono funzionali al corteggiamento e all'accoppiamento (**figura 34**).

▸ **Figura 34**
Molti uccelli presentano differenze morfologiche tra gli individui di sesso diverso.

Il fagiano (*Phasianus colchicus*, nella figura) o il pavone (*Pavo cristatus*) sono esempi di uccelli in cui è molto evidente il dimorfismo sessuale: i maschi sono più grossi e più colorati delle femmine e fanno tipiche danze di corteggiamento.

La riproduzione è *sessuata* con fecondazione interna. Le uova vengono deposte in un nido e tenute al caldo attraverso la *cova* fino alla schiusa. Al loro interno l'embrione si sviluppa e cresce sino a quando l'animale ha raggiunto una dimensione e una forza sufficienti per rompere il guscio. I piccoli necessitano di **cure parentali** fino a quando non sono in grado di volare e provvedere da soli alle proprie necessità; in questo periodo, quando uno dei due genitori arriva al nido, i piccoli spalancano il becco ed è proprio la vista delle loro gole che stimola la madre o il padre a rigurgitare il cibo nel becco dei figli (**figura 35**).

Il becco è di materiale corneo e ha forma e dimensioni diverse a seconda del tipo di alimentazione: tende a essere corto e robusto se l'animale si nutre di semi, è lungo e sottile se serve a estrarre il nettare dai fiori, mentre si presenta ricurvo se occorre lacerare la carne delle prede. Per triturare il cibo, gli uccelli granivori come le galline possiedono una struttura particolare, il **ventriglio**, una parte del sistema digerente nella quale il cibo viene macinato con l'aiuto di sassolini che l'animale ha ingerito in precedenza.

▸ **Figura 35**
Dopo la schiusa delle uova, i piccoli necessitano di cure parentali che, negli uccelli, derivano generalmente da entrambi i genitori.

Facciamo il punto

1. Perché l'uovo amniotico è importante dal punto di vista evolutivo?
2. Che cosa si intende con il termine «ectotermia»?
3. Come vengono classificati i rettili?
4. Quali sono le novità evolutive degli uccelli?
5. Quali sono i principali adattamenti al volo negli uccelli?

8 I mammiferi

I mammiferi sono endotermi, hanno peli, denti e latte

L'origine dei mammiferi viene fatta risalire al periodo Triassico, circa 225 milioni di anni fa, quando la Terra era dominata dai grandi rettili. Per centinaia di milioni di anni, quindi, i mammiferi rimasero un gruppo di animali poco diversificato e di scarso successo evolutivo; molti studiosi concordano sul fatto che gran parte dei primi mammiferi fossero forme notturne e forse proprio per questo si adattarono meglio alla crisi ambientale causata dalla caduta del meteorite che 65 milioni di anni fa segnò la fine del dominio dei dinosauri e dell'era mesozoica.

I tratti distintivi dei mammiferi sono l'**endotermia**, la presenza di peli e l'allattamento dei cuccioli. Il controllo della temperatura corporea ha rappresentato un'importante tappa per raggiungere l'autonomia dalle condizioni ambientali, ma ha posto un nuovo vincolo: la termoregolazione richiede, infatti, un alto consumo energetico, per cui l'animale deve ingerire fino a venti volte più cibo di un rettile delle stesse dimensioni. A sua volta, questo limite ha favorito la comparsa di adattamenti anatomici per l'approvvigionamento del cibo molto efficienti. A differenza degli altri animali, i mammiferi possono nutrirsi di alimenti molto diversi grazie all'*articolazione tra mascella e mandibola* e a una significativa *differenziazione dei tipi di denti*: gli *incisivi* vengono utilizzati per tagliare il cibo, i *canini* per strapparlo, i *molari* e i *premolari* per triturarlo e impastarlo con la saliva. Talvolta la differenziazione dei denti può essere ancora più specifica: nelle balene, per esempio, ci sono i *fanoni*, lamine che servono a filtrare l'acqua del mare e a trattenere il plancton (**figura 36**).

A colpo d'occhio

ADATTAMENTI DEI MAMMIFERI
- ENDOTERMIA
- PELLICCIA
  - FAVORISCE LA TERMOREGOLAZIONE
  - GARANTISCE IL MIMETISMO
- ALLATTAMENTO DEI CUCCIOLI

◀ **Figura 36**
Le balene hanno evoluto i fanoni al posto dei denti.

A parte quelli marini, tutti gli altri mammiferi hanno il corpo ricoperto di **peli**; anche se i cetacei (balene, orche e delfini) hanno la pelle liscia, negli stadi embrionali mostrano degli accenni di crescita di peli, che viene interrotta prima della nascita. Il pelo svolge due funzioni: garantisce un isolamento termico che rende più agevole la regolazione della temperatura corporea e favorisce il mimetismo nell'ambiente. In alcune specie la colorazione del manto serve anche a intimorire eventuali aggressori oppure a evidenziare la presenza di caratteristiche non gradite ai predatori, come il cattivo odore emesso dalle moffette.

Infine tutti i mammiferi allattano la prole fino a quando i cuccioli non sono diventati autonomi dal punto di vista alimentare. Il latte viene prodotto all'interno di particolari ghiandole, dette **ghiandole mammarie**, e fuoriesce dal corpo tramite il capezzolo, al quale il piccolo può aggrapparsi durante la suzione: solo in un piccolo gruppo di mammiferi più antichi, i monotremi, le femmine non hanno capezzoli, ma piccoli fori che i cuccioli leccano quando esce il latte. Il numero di capezzoli presenti nei mammiferi dipende dal numero di cuccioli che le femmine partoriscono contemporaneamente (**figura 37**): le scimmie hanno due capezzoli, le vacche ne hanno quattro, i topi o i conigli ne hanno più di dodici.

▲ **Figura 37**
In natura, se una femmina partorisce più cuccioli di quanti sono i suoi capezzoli, è probabile che perderà una parte della prole perché alcuni neonati non mangeranno a sufficienza.

Il **latte** è un alimento estremamente nutriente, che contiene zuccheri, grassi, proteine e acqua, e permette ai cuccioli di crescere velocemente per poter diventare autonomi; tutte queste sostanze, però, vengono prodotte dal corpo della madre che durante l'allattamento ha bisogno di maggiori quantità di cibo rispetto agli altri periodi dell'anno.

I mammiferi sono diffusi in tutti i continenti e sono stati classificati con modalità differenti; prenderemo qui in esame i tre ordini principali: monotremi, marsupiali e placentati.

I monotremi depongono uova e allattano i piccoli

Delle 4000 specie di mammiferi oggi esistenti, quasi tutte partoriscono una prole già formata, simile nelle fattezze agli organismi adulti; per questa loro capacità, queste specie sono dette **vivipare**. Un ridotto numero di mammiferi, evolutivamente più antichi, però, depone le uova ed è per questo definita **ovipara**: sono i **monotremi**, che depongono uova con guscio ma allattano i piccoli dopo la schiusa. Fanno parte di questo gruppo solo due generi, l'echidna e l'ornitorinco.

Questi animali hanno piccole dimensioni, raggiungono al massimo i 50 cm di lunghezza, e hanno arti robusti per scavare le tane e per nuotare negli stagni presso cui vivono. Sono ricoperti di peli ma, come gli uccelli, sono dotati di un becco, che nell'ornitorinco è largo e appiattito, mentre è affusolato e coperto di peli nell'echidna (**figura 38**).

Le parole

Il termine **monotremo** deriva dal greco *monos*, cioè «uno», e *trêma*, «buco, apertura»; questo nome è stato assegnato agli animali che, come gli uccelli, hanno un condotto unico per la fuoriuscita delle feci e dell'urina, la cloaca.

Sebbene l'aspetto e la fisiologia dei monotremi possa farli sembrare mammiferi primitivi, non ci sono prove che essi siano strettamente imparentati con l'antenato comune dei mammiferi e di certo non è corretto considerarli «anelli di congiunzione», come si faceva nel Settecento, quando la relazione tra le diverse specie viventi era vista come una scala lineare.

B

A

Figura 38
I due generi di monotremi oggi esistenti comprendono una specie di ornitorinco (A) e quattro specie di echidna (B).

L'*echidna* è un animale insettivoro e predilige le tèrmiti, che cattura usando i suoi robusti artigli per praticare fori nei termitai e introducendo nella fenditura la lunga lingua vischiosa alla quale gli insetti rimangono appiccicati; presenta una testa piccola, un muso allungato e un corpo ricoperto di spine, che costituisce un efficace sistema di difesa contro i predatori. L'echidna è diffuso in Australia, Nuova Guinea e Tasmania.

L'*ornitorinco* (diffuso soltanto in Australia) ha una pelliccia folta, conduce vita acquatica e ha due importanti specializzazioni: il becco piatto, col quale scava nei fondali per catturare le larve e i molluschi di cui si nutre, e le zampe palmate, che facilitano il nuoto. Sulle zampe posteriori del maschio ci sono lunghi speroni pungenti che iniettano nel predatore un potente veleno.

I marsupiali crescono gli embrioni dentro a una tasca addominale

A differenza dei monotremi, i **marsupiali** sono animali vivipari, ma partoriscono cuccioli estremamente piccoli e immaturi, che devono tenere al riparo in una speciale tasca, il *marsupio*, prima che diventino autonomi. Al momento del parto il piccolo, che pesa solo un grammo ed è lungo non più di 2 cm, compie il percorso dall'utero al marsupio, aggrappandosi al pelo della madre con gli arti anteriori dotati di unghie (gli arti posteriori non sono ancora formati). Appena raggiunge il marsupio, il neonato aderisce con la bocca a un capezzolo e vi rimane saldamente ancorato per due o tre mesi. Rimane poi nel marsupio almeno fino al sesto mese, quindi esce ma continua a essere allattato per altri dodici mesi. Si conoscono circa 250 specie di marsupiali, come il canguro, il koala, il diavolo della Tasmania e il wombat, la maggior parte delle quali vive in Australia o nelle isole vicine; alcuni marsupiali però, come l'opossum, sono presenti anche nel continente americano (**figura 39**).

In effetti, sembra che i marsupiali siano comparsi verso l'inizio del Cretaceo proprio in Nord America, dove hanno avuto una notevole diffusione, e che abbiano poi colonizzato il Sud America e da lì siano passati in Australia, che era ancora collegata al continente americano attraverso un ponte continentale corrispondente all'attuale Antartide. Poiché in Australia non erano presenti altri mammiferi e i predatori erano molto scarsi, i marsupiali hanno avuto la possibilità di diversificarsi e diffondersi con una sorprendente varietà di forme e dimensioni.

▼ Figura 39
Quattro diversi marsupiali: il canguro (A), l'opossum (B), il diavolo della Tasmania (C) e il koala (D).

I placentati sono il gruppo di mammiferi più diffuso e comprendono anche l'uomo

I mammiferi più comuni sono i **placentati** o *euteri*, così chiamati perché utilizzano la *placenta*, un organo che permette il passaggio di ossigeno e molecole nutritive dalla madre al feto; la placenta si sviluppa durante la gravidanza e viene espulsa al momento del parto. Grazie a essa il piccolo raggiunge prima della nascita uno stadio molto avanzato di sviluppo, rimanendo protetto durante il periodo in cui è più vulnerabile.

Nei mammiferi si riscontra un netto sviluppo del sistema nervoso, superiore a quello di ogni altro gruppo di vertebrati, e della vista che affina la percezione dei colori: solo i placentati, tra tutti i vertebrati, posseggono questa capacità (presente invece in alcuni insetti come le api). Lo sviluppo delle potenzialità mentali ha anche consentito l'instaurarsi di *relazioni sociali* complesse, come la formazione di branchi con una chiara divisione di compiti e di risorse, una particolare e prolungata cura della prole e un aumento della capacità di risolvere problemi grazie al potenziamento dell'apprendimento e alla fissazione della memoria.

Tra i 19 ordini appartenenti alla sottoclasse dei placentati ce ne sono alcuni più noti e affascinanti: gli insettivori, i roditori, i chirotteri, i proboscidati, gli artiodattili e i perissodattili, i carnivori, i cetacei e i primati.

Gli **insettivori** sono animali che si nutrono soprattutto di insetti, ma a volte anche di pesci e di vermi. Questi mammiferi sono di piccole dimensioni, hanno

Le parole

Il termine **euteri** deriva dal latino *eutheria*, composto a sua volta dal prefisso *eu* «vero», e dal termine greco *thēríon* «animale»: euterio significa pertanto «animale vero», cioè propriamente detto, data la consuetudine dell'uomo con i placentati.

Leggi l'approfondimento nell'ebook
Educazione ambientale
La commercializzazione illegale di animali e lo sfruttamento

muso appuntito, occhi piccoli e zampe corte, con cinque dita dotate di unghie utili per scavare le tane in cui vivono. In genere hanno una vista poco sviluppata, ma un forte senso dell'odorato, del tatto e dell'udito. Gli insettivori più comuni sono i ricci e le talpe (**figura 40A**).

I **roditori** sono l'ordine più ricco di specie di tutta la classe e comprendono conigli, lepri, ratti, topi e castori (**figura 40B**). Variabili in dimensioni, comportamento e regime alimentare, la caratteristica che li accomuna è la presenza di un paio di incisivi sporgenti per ciascuna arcata dentaria. Questi denti sono in continua crescita e la loro funzione è quella di rodere il cibo, da cui il nome del gruppo.

I **chirotteri**, o pipistrelli, sono il gruppo di mammiferi più diffuso sul pianeta; sono animali prevalentemente notturni e sono gli unici mammiferi in grado di volare. L'evoluzione degli arti superiori ha condotto alla crescita delle cinque dita degli arti anteriori, che vengono collegate da una spessa membrana e formano una sorta di ala. La gran parte dei pipistrelli è insettivora, ma alcuni di essi, come i *vampiri*, sono ematofagi (si nutrono di sangue; **figura 40C**). Per potersi orientare al buio emettono particolari ultrasuoni che, rimbalzando sugli oggetti, agiscono come un sonar e indicano loro la direzione da prendere.

Nell'ordine dei **proboscidati** sono oggi presenti solo gli elefanti; il nome della categoria dipende dalla presenza della *proboscide*, un lungo organo prensile prodotto dalla fusione del naso col labbro superiore; oltre che all'odorato, la proboscide è estremamente sensibile al tatto ed è anche in grado di aspirare l'acqua o la sabbia per poi rilanciarle con forza, come arma di difesa oppure per rinfrescare il corpo esposto al calore del Sole tropicale. Ai lati della bocca spuntano lunghe zanne, prolungamento dei denti incisivi, fatti d'avorio, un materiale pregiato che li espone alla caccia di frodo e al pericolo di estinzione. Gli elefanti vivono solo in Africa e in Asia (**figura 40D**).

▸ **Figura 40**
Alcuni gruppi di mammiferi: insettivori (A), roditori (B), chirotteri (C), proboscidati (D), perissodattili (E), cetacei (F), carnivori (G) e primati (H).

Gli **insettivori** come la talpa (*Talpa europaea*) sono prevalentemente notturni e sono diffusi in quasi tutti i continenti, ma non nelle zone artiche.

Tutti i **roditori**, compresa la nutria (*Myocastor coypus*), sono accomunati dal tasso frenetico di riproduzione: alcuni di essi possono portare a termine una gravidanza ogni due settimane.

I **pipistrelli** vampiri come *Desmodus rotundus*, per non essere scoperti e scacciati, si posano sulle loro prede, forano la pelle con un sottile dente acuminato e leccano in sangue che fuoriesce.

Esistono due generi di **elefanti**: quello africano appartiene al genere *Loxodonta*, è di dimensioni maggiori e ha orecchie più grandi di quello asiatico, appartenente al genere *Elephas*.

I **cetacei** sono mammiferi adattati al nuoto, dotati di un corpo fusiforme simile a quello dei pesci, privi di arti posteriori e con arti anteriori modificati in pinne; sono privi di peli e sono isolati termicamente da uno spesso strato di grasso che li protegge dal freddo. Fanno parte dei cetacei le balene, i delfini, le orche (**figura 40E**) e i capodogli.

Artiodattili e **perissodattili** sono animali affini, ma che si differenziano per il numero delle dita delle zampe: i primi hanno dita pari mentre i secondi dispari. Gli artiodattili sono tutti erbivori, perciò dotati di una robusta dentatura triturante, hanno corna e zoccoli; ne sono esempi i bovini, le giraffe, i cammelli e le antilopi, che sono distribuiti in tutto il mondo eccetto che in Australia e in Nuova Zelanda. I perissodattili comprendono cavalli, zebre, rinoceronti e tapiri (**figura 40F**), vivono frequentemente in grandi branchi in modo da proteggersi a vicenda; questi animali sono ruminanti, posseggono cioè uno stomaco aggiuntivo, il *rumine*, dentro al quale vivono dei batteri che degradano i prodotti vegetali di cui si nutrono.

I **carnivori** sono un ordine di mammiferi dotati di potenti denti canini, che sfruttano per strappare la carne, e di un olfatto molto sviluppato, che permette a questi animali di fiutare le prede anche a distanza. Sono diffusi in tutto il mondo e si dividono in due grandi gruppi: i *caniformi*, nei quali si trovano lupi, orsi e otarie, e i *feliniformi*, ovvero, felini, iene e manguste (**figura 40G**).

I **primati** sono le scimmie (**figura 40H**) e le scimmie antropomorfe, quelle cioè più simili all'uomo. Le prime tracce di questi animali sono risalenti a 58 milioni di anni fa e si ritiene che si siano evoluti dagli insettivori. I primati hanno tutti cinque dita, spesso con pollice opponibile, che li rende molto più agili di altri animali arboricoli come gli scoiattoli; gli occhi sono diretti in avanti e sono posti nella parte anteriore della testa, mentre le capacità olfattive sono ridotte. Approfondiremo l'evoluzione dei primati nella prossima lezione.

E

I **cetacei** come le orche (*Orcinus orca*) respirano grazie ai polmoni, per cui periodicamente salgono in superficie per effettuare gli scambi respiratori attraverso gli sfiatatoi posti sulla sommità del capo.

F

Il tapiro (*Tapirus terrestris*) è un **perissodattilo** che presenta 3 dita nelle zampe posteriori e 4 dita nelle zampe anteriori; il cavallo è dotato di un unico dito per zampa e il rinoceronte ne ha 3.

G

Le manguste sono un gruppo di 34 specie che appartengono a una famiglia di **carnivori** feliniformi che vivono in Asia e Africa; tra queste ci sono i suricati, la mangusta di Giava e la mangusta gialla.

H

I **primati** hanno caratteristiche fisiche che derivano dalla vita sugli alberi, un ambiente dove era più facile sfuggire ai predatori e dove non era necessario un olfatto molto sviluppato per seguire le tracce odorose presenti sul terreno.

Facciamo il punto

1. Quali caratteristiche contraddistinguono i mammiferi?
2. Quali differenze ci sono tra i mammiferi ovipari e quelli vivipari?
3. Descrivi la struttura e le caratteristiche dei monotremi.
4. Quali sono gli aspetti distintivi dei marsupiali?
5. Quali sono state le innovazioni evolutive dei placentati?

9 L'evoluzione umana

I primati sono divisi in 3 gruppi e comprendono l'essere umano

Gli esseri umani appartengono all'ordine dei **primati**, un gruppo di mammiferi che ha mani e piedi prensili con pollice e alluce opponibili (negli umani solo il pollice), articolazioni della spalla e del polso molto mobili e occhi frontali per una visione stereoscopica: tutte caratteristiche utili per spostarsi agilmente tra i rami degli alberi.

La tendenza più importante nell'evoluzione dei primati è forse il progressivo aumento delle dimensioni cerebrali in rapporto alle dimensioni corporee, infatti sono dotati di grande intelligenza che si manifesta in comportamenti complessi, come la capacità di risolvere problemi, e hanno un'intensa vita sociale.

I primati vengono classificati in tre gruppi: il primo comprende i *lori* dell'Asia meridionale, i *potto* dell'Africa centrale e i *lemuri* del Madagascar; il secondo include i *tarsi* dell'Asia sudorientale; il terzo gruppo è quello degli **antropoidi**, che includono le *scimmie del Nuovo Mondo* (cioè le Americhe), le *scimmie del Vecchio Mondo* (Africa e Asia), le *scimmie antropomorfe*, che vivono tutte nelle regioni tropicali di Asia e Africa, e gli esseri umani (**figura 41**). Il termine «antropomorfe» significa «dalla forma umana» e in effetti queste grandi scimmie prive di coda, che comprendono gibboni, oranghi, gorilla, scimpanzé e bonobo, sono raggruppate insieme a noi nella superfamiglia degli **ominoidi**. Gli scimpanzé, in particolare, sono i nostri parenti più stretti.

A colpo d'occhio

PRIMATI
- MANI PRENSILI
- ARTICOLAZIONE DELLA SPALLA E DEL GINOCCHIO
- OCCHI FRONTALI

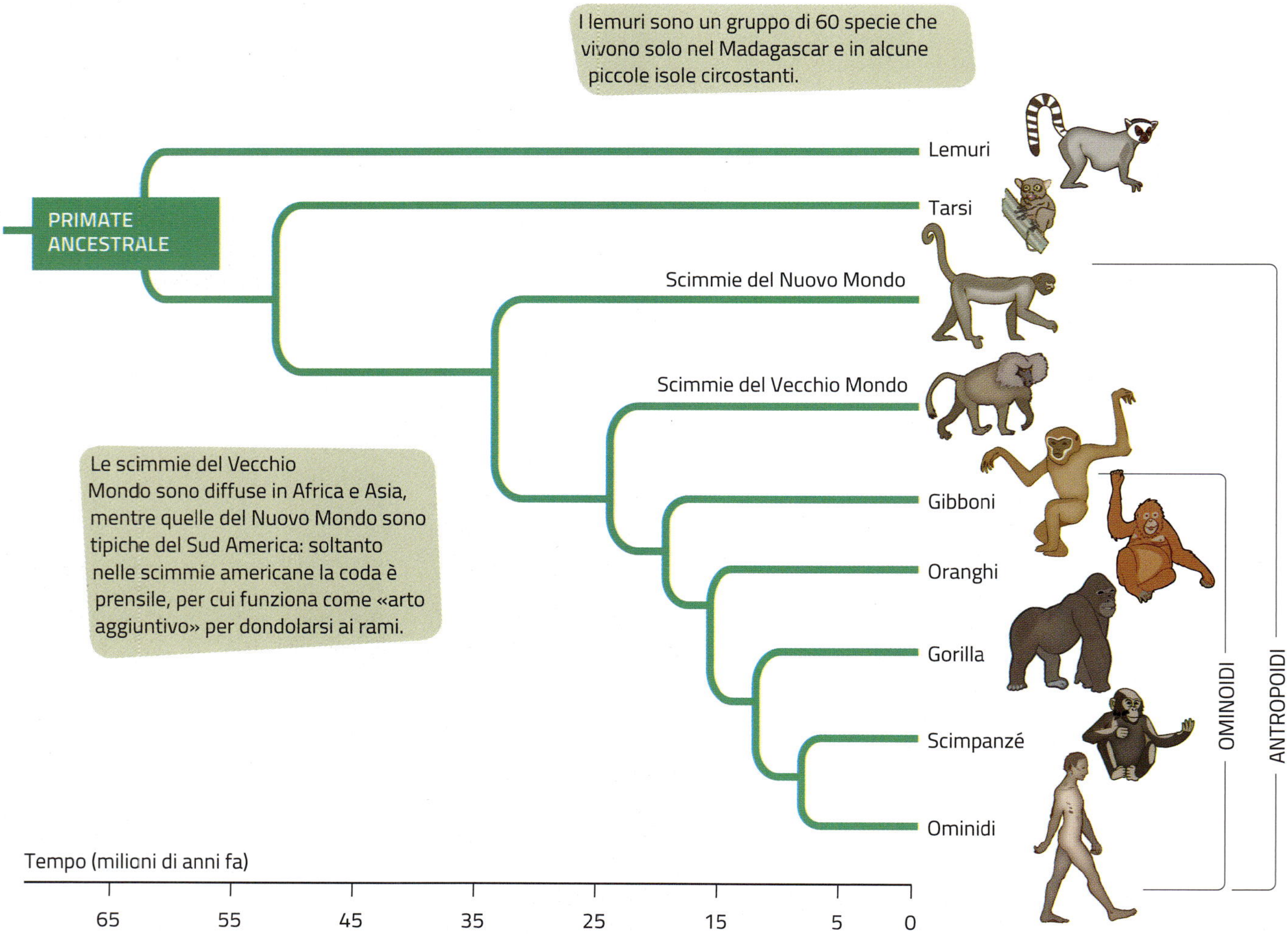

▼ **Figura 41**
Un albero filogenetico dei primati.

Gli ominidi conquistano la postura eretta e usano le mani per prendere gli oggetti

Circa 7 milioni di anni fa, in Africa orientale, dagli antenati dell'attuale scimpanzé si separò il ramo evolutivo da cui discendiamo. A questo periodo risalgono i fossili di *Sahelanthropus tchadensis* rinvenuti in Ciad (Africa centro-occidentale) nel 2001. Si tratta di una delle specie più antiche dell'albero genealogico umano con un aspetto ancora da scimmia, anche se presentava caratteristiche più «umane» e moderne, come i denti canini ridotti.

Intorno a 4 milioni di anni fa si verificò un evento decisivo: la comparsa dei primi **ominidi bipedi**. In seguito alla formazione della Rift Valley, una profonda valle tettonica, il clima in Africa orientale diventò più arido e la foresta lasciò il posto alla savana. In questo nuovo ambiente gli ominidi bipedi furono avvantaggiati, perché la **postura eretta** consentiva una maggiore visuale tra l'erba alta, dove si nascondevano i predatori; inoltre la capacità di camminare eretti lasciava le mani libere per raccogliere cibo, trasportare i piccoli, impugnare bastoni e sassi per difendersi e, successivamente, per costruire armi e altri utensili.

La deambulazione bipede richiese però una radicale riorganizzazione dell'anatomia di questi ominidi (**figura 42**): il bacino si accorciò, mentre il femore divenne allungato e inclinato. Anche il piede subì una trasformazione: la pianta divenne arcuata e l'alluce si allineò con le altre dita. Un'altra importante conseguenza della postura eretta riguarda l'apertura che mette in comunicazione la scatola cranica con la colonna vertebrale, nelle specie bipedi si trova spostato alla base del cranio.

▼ **Figura 42**
Il passaggio alla postura bipede ha richiesto una drastica riorganizzazione nell'anatomia dei primati, soprattutto nella conformazione del bacino.

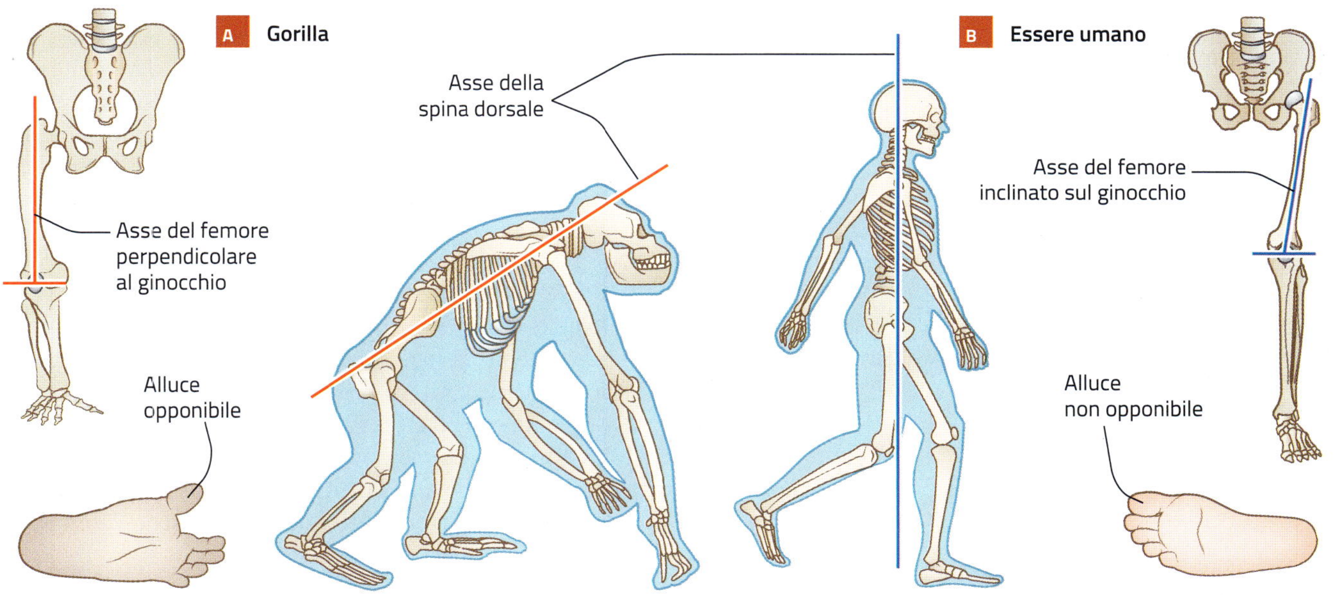

La tendenza a sviluppare queste caratteristiche è ben documentata nelle **australopitecine**, specie tutte concentrate in Africa orientale e meridionale intorno alla Rift Valley. Un famoso esemplare fossile quasi completo di *Australopithecus afarensis* è Lucy, una giovane femmina alta poco più di un metro e vissuta intorno a 3,5 milioni di anni fa. Le ossa della gamba di Lucy suggeriscono un'andatura bipede, anche se imperfetta, ma l'alluce è parzialmente opponibile, il che fa pensare a uno stile di vita ancora legato agli alberi.

Le parole
Il termine **australopiteco** non si riferisce all'Australia, bensì all'Africa australe, luogo di origine di questo ominide; «piteco» deriva dal greco *píthekos*, che vuol dire «scimmia».

Il genere *Homo* compare in Africa

I primi ominidi bipedi avevano ancora un cervello relativamente piccolo; il volume cranico di Lucy superava di poco i 400 cm^3, all'incirca come quello di un'arancia e paragonabile a quello delle scimmie antropomorfe, mentre gli esseri umani attuali possiedono un volume cranico compreso tra 1300 e 1500 cm^3, il che sta a indicare che nel corso dell'evoluzione umana il volume del cervello è più che triplicato. È probabile che questo incremento sia legato alla fabbricazione di strumenti sempre più complessi, al cambio di dieta che da vegetariana è diventata onnivora e, soprattutto, all'uso del fuoco per cuocere i cibi; tutte queste conquiste sono attribuite a un nuovo genere di ominidi bipedi a cui apparteniamo anche noi: il genere *Homo*.

I primi *Homo* comparvero in Africa dai 3 ai 2 milioni di anni fa, anche se i fossili più completi, attribuiti alla specie ***Homo habilis***, sono datati tra 1,9 e 1,4 milioni di anni fa. *H. habilis* aveva un viso meno prominente e un cranio più arrotondato rispetto agli *Australopithecus*, con un volume cerebrale di oltre 600 cm^3 (**figura 43A**). Il suo nome specifico deriva dall'abilità con cui fabbricava strumenti in legno, osso e pietra.

Nel 2015, in una grotta del Sudafrica sono stati ritrovati molti resti di una nuova specie, ***Homo naledi***. Vissuto intorno a 2 milioni di anni fa, presentava un insolito mosaico di caratteristiche: era slanciato, alto circa 150 cm per 45 kg di peso, con cranio e denti simili a *Homo habilis*, mani adatte a manipolare utensili ma con dita curve da arrampicatore, mentre i piedi erano già simili a quelli di un essere umano moderno.

Intorno a 1,9 milioni di anni fa comparve in Africa ***Homo erectus***: più alto e robusto di *H. habilis*, aveva un cervello di dimensioni maggiori (oltre 900 cm^3) e il volto più simile a quello dell'uomo moderno. *Homo erectus* imparò a controllare il fuoco e a usarlo per scaldarsi, cuocere la carne e difendersi dai predatori.

Il consumo di cibi cotti ha giocato un ruolo fondamentale nella nostra evoluzione in quanto ha reso disponibile una maggiore quantità di calorie rispetto ai cibi crudi, ha permesso di ridurre il tempo necessario a procacciarsi i pasti e, al contempo, ha favorito un rapido incremento delle dimensioni cerebrali, poiché potevano essere soddisfatte le elevate esigenze metaboliche di un grande cervello. Una testa più grande ha reso però più difficile e rischioso il parto e portato alla nascita di neonati molto più immaturi rispetto ai cuccioli delle scimmie antropomorfe e bisognosi di cure parentali prolungate. Nel lungo periodo della sua evoluzione, *H. erectus* ha modificato il proprio stile di vita, fabbricando strumenti sempre più sofisticati, vivendo in accampamenti più o meno stabili e colonizzando nuovi territori in Europa e Asia.

Le parole

Homo ergaster, la variante africana di *Homo erectus*, deriva dal greco e significa «lavoratore», facendo riferimento alla quantità e varietà di utensili trovati nei pressi dei suoi insediamenti.

L'uomo di Neanderthal era adattato all'era glaciale

La documentazione fossile relativa al periodo compreso fra 1 milione e 130 000 anni fa testimonia l'esistenza di numerose forme intermedie tra *H. erectus* e *H. sapiens* rinvenute in Africa, in Cina, a Giava e in Europa.

Nel sito di Atapuerca in Spagna sono stati trovi trovati i resti di *Homo antecessor*, uno dei primi ominidi europei, vissuto fra 1,2 milioni e 800 000 anni fa, e di *Homo heidelbergensis*, datati tra 600 000 e 100 000 anni fa. La sua capacità cranica poteva essere anche di 1200 cm^3, vicina a quella dell'uomo moderno, fabbricava

▾ Figura 43
(A) Osservando i crani di diversi ominidi, è possibile confrontare le diverse dimensioni del cervello. (B) Un albero genealogico che mostra i collegamenti tra le diverse specie del genere *Homo*.

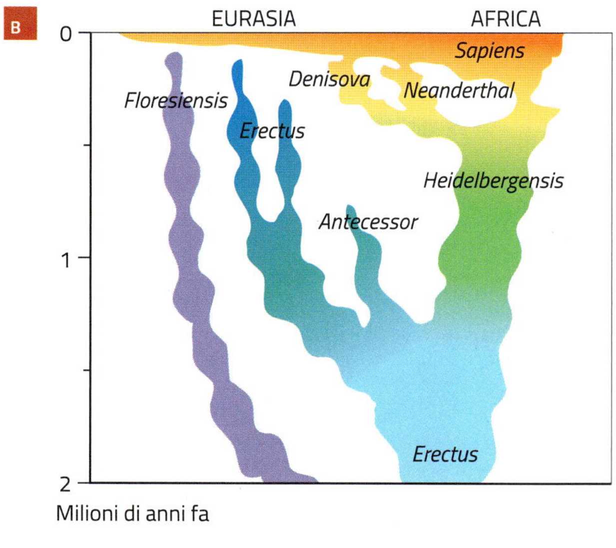

utensili più raffinati e l'esame del suo apparato vocale rivela che probabilmente era in grado di parlare. Questo gigante della sua epoca (alto in media 170 cm) ha lasciato resti in Europa, Africa e Asia, ed è considerato l'antenato che abbiamo in comune con l'uomo di Neanderthal e l'uomo di Denisova (**figura 43B**).

L'**uomo di Denisova**, ancora privo di un nome scientifico, è l'ultima specie scoperta. Di quest'ultimo antenato sono stati rinvenuti solo pochi frammenti ossei portati alla luce nel 2008 nelle grotte di Denisova, in Siberia, ma sufficienti a riscrivere la nostra genealogia. Di origine africana, questo misterioso popolo vissuto tra 70 000 e 40 000 anni fa si è incrociato con i *sapiens* dell'Oceania, i cui discendenti attuali hanno dal 4 al 6% di DNA «denisovano».

Homo neanderthalensis, meglio noto come **uomo di Neanderthal**, è comparso in Medio oriente circa 200 000 anni fa e in seguito si è diffuso in Europa e in Asia. Di statura media (160 cm) e muscolatura molto robusta, questa specie aveva una struttura fisica più tarchiata degli uomini attuali, uno spiccato prognatismo (prominenza della mandibola), fronte bassa con arcata sopraccigliare sporgente, mento sfuggente, volta cranica schiacciata e testa allungata posteriormente. Il suo volume cerebrale era pari o superiore a quello dell'uomo moderno e, sebbene sia spesso raffigurato come rozzo e primitivo, aveva una cultura avanzata ed era perfettamente adattato alle dure condizioni ambientali dell'era glaciale, infatti abitava stabilmente in caverne e capanne, lavorava la pietra con una tecnica efficiente, sapeva cucire le pelli, si decorava il corpo con pigmenti, svolgeva riti funebri e suonava una specie di flauto. La sua scomparsa, avvenuta circa 30 000 anni fa, è probabilmente legata all'arrivo e all'espansione di *Homo sapiens*, anche se le due specie, come accaduto per i denisovani, hanno convissuto negli stessi territori per migliaia di anni: una quota compresa tra l'1 e il 5% del nostro DNA è di origine neandertaliana.

Curiosità

L'**uomo di Neanderthal** prende il nome dalla valle di Neander, in Germania, così chiamato da un suo abitante del XVII secolo, Joachim Neumann. Fatto curioso è che Neander è la traslazione in greco del tedesco *Neumann*, che significa «uomo nuovo».

Homo sapiens inventa l'agricoltura e l'allevamento

I resti più antichi di ***Homo sapiens***, che provengono dall'Africa e risalgono a 130 000 anni fa, rivelano caratteristiche già molto simili a quelle dell'uomo moderno: corporatura slanciata, mento pronunciato, fronte alta e volume cranico paragonabile al nostro. I segni più evidenti di una cultura superiore sono i bellissimi esempi di arte paleolitica che questi nostri antenati hanno lasciato, come le figurine in pietra note come «Veneri» e magnifiche pitture rupestri. Grazie alla tecnologia più avanzata e a una struttura sociale più complessa, i *sapiens* hanno avuto la meglio sui loro contemporanei nella competizione per lo sfruttamento delle risorse. La loro migrazione in Europa e in Asia, a ondate successive, ha infatti segnato la fine di almeno quattro specie di *Homo* che ancora sopravvivevano 50 000 anni fa: l'uomo di Neanderthal e di Denisova, i discendenti asiatici di *Homo erectus* e ***Homo floresiensis***, scoperto nel 2003 sull'isola di Flores, in Indonesia (ribattezzato «hobbit» perché era alto poco più di 1 m e aveva un cervello grande come un'arancia). Forse discendente da *Homo erectus*, di cui conservava i tratti arcaici, *Homo floresiensis* è riuscito incredibilmente a sopravvivere fino alla fine del Paleolitico, 12 000 anni fa.

A partire da 10 000 anni fa, la nascita dell'agricoltura e dell'allevamento ha dato il via alla «rivoluzione Neolitica», che ha portato a profondi cambiamenti tecnologici e sociali, tra cui la fine del nomadismo, e al fiorire di grandi civiltà in India, Cina e Mesopotamia. Unici superstiti del folto gruppo di ominidi che hanno accompagnato la nostra evoluzione, in poche migliaia di anni siamo passati dalla vita nelle grotte e nelle capanne all'esplorazione dello spazio; questo successo è stato possibile non tanto dall'aumento dell'intelligenza, ma dai vorticosi progressi culturali e tecnologici su cui si fonda la nostra civiltà.

Facciamo il punto

1. Chi sono gli ominoidi?
2. Quando e dove comparvero i primi rappresentanti del genere *Homo*?
3. Quale carattere umano si è evoluto per primo?
4. Quale ominide ha imparato a controllare il fuoco?
5. Descrivi quante e quali specie del genere *Homo* erano presenti 50 000 anni fa.

SINTESI DI FINE CAPITOLO

LO SAI? RIPASSA CON LO SMARTPHONE

Il regno degli animali

Gli **animali** sono organismi eterotrofi, pluricellulari, formati da cellule eucariotiche.

Hanno riproduzione sessuata e si nutrono per ingestione.

Sono classificati in 30 phyla, divisi in base al tipo di simmetria e alla presenza del celoma.

Poriferi e cnidari

I **poriferi** sono animali privi di simmetria e vivono ancorati ai fondali marini. Si nutrono filtrando le particelle nutritive dall'acqua che li circonda tramite i *coanociti*. Gli *amebociti* sono cellule che servono per il trasporto delle particelle alimentari, la riproduzione e la formazione delle spicole.

Uno **cnidario** è un animale a *simmetria raggiata*, simile a un contenitore cavo, a forma di vaso (*polipo* sessile), o a forma di campana (*medusa* mobile). Gli cnidari possono vivere in colonie

Platelminti, nematodi e anellidi

Sono tutti animali vermiformi, ma hanno una struttura interna diversa tra loro. Il **celoma** è lo spazio ripieno di liquido che separa il tubo digerente dalla parete corporea interna.

I **platelminti** sono *acelomati* e possono essere planarie, fasciole e tenie. Detti anche «vermi piatti», sono i più semplici animali a *simmetria bilaterale*.

I **nematodi** hanno un tubo digerente completo con due aperture e una cavità corporea detta **pseudoceloma**.

Gli **anellidi** comprendono i vermi segmentati (lombrichi) e con il corpo diviso in segmenti visibili, detti *metameri*, separati da pareti divisorie.

Molluschi e artropodi

I **molluschi** sono caratterizzati dalla presenza di piede, sacco dei visceri e mantello. Hanno riproduzione sessuata e la fecondazione può essere esterna o interna; alcuni sono *ermafroditi* insufficienti.

Gli **artropodi** sono il gruppo più numeroso a livello di specie; hanno esoscheletro, appendici articolate e corpo tripartito in capo, torace, addome.

Echinodermi e cordati

Gli **echinodermi** sono caratterizzati dal *sistema acquifero* e comprendono diversi organismi marini (ricci di mare, stelle marine, gigli di mare e oloturie). La maggior parte degli echinodermi adulti ha una *simmetria pentaraggiata*, cioè il corpo è suddiviso in cinque sezioni.

Tutti i **cordati** hanno in comune quattro caratteristiche:

- *notocorda*, una struttura cartilaginea che serve come organo di sostegno.
- *cordone nervoso dorsale*;
- *faringe* con fessure branchiali;
- *coda*.

I **tunicati**, come le ascidie, perdono la notocorda, la coda e il tubo neurale.

I **vertebrati** possiedono uno scheletro osseo interno.

I pesci e gli anfibi

Gli **agnati** hanno la notocorda e sono privi di mascelle, mentre gli **gnatostomi** sono dotati di mascelle.

Tutti i **pesci** sono dotati di branchie per respirare, hanno una vescica natatoria e una linea laterale.

Gli **anfibi** si sono evoluti dai pesci polmonati e sono caratterizzati da una fase larvale acquatica, con respirazione branchiale, e una fase adulta terrestre, con una respirazione polmonare.

I rettili e gli uccelli

I **rettili** conquistano la terraferma grazie all'**uovo amniotico** e sono ectotermi e tetrapodi, come tutti i vertebrati terrestri. I rettili attuali sono classificati in tre grandi gruppi: cheloni (tartarughe), squamati (lucertole e serpenti) e loricati (coccodrilli).

Gli **uccelli** si sono evoluti a partire dai rettili e le loro caratteristiche peculiari sono il volo e l'endotermia. Negli uccelli si sono evolute strutture specializzate per il volo: sacchi aerei, ossa cave, penne e piume.

I mammiferi

Le caratteristiche dei **mammiferi** sono l'endotermia, la presenza di peli, i denti e l'allattamento della prole.

I **monotremi** depongono uova con guscio ma allattano i piccoli dopo la schiusa. Fanno parte di questo gruppo l'echidna e l'ornitorinco.

I **marsupiali** crescono gli embrioni dentro a una tasca addominale, sono animali vivipari, ma partoriscono cuccioli piccoli e immaturi, che tengono al riparo in una speciale tasca, il *marsupio*.

I **placentati** sono il gruppo più diffuso, di cui fa parte anche l'essere umano; la *placenta* permette il passaggio di ossigeno e molecole nutritive dalla madre al feto.

I primati e la specie umana

Gli esseri umani, assieme alle altre scimmie, fanno parte del guppo dei **primati**. La nostra specie, *Homo sapiens*, è caratterizzata da una postura eretta (*bipedismo*) e da un grande sviluppo cerebrale. I primi resti di uomini moderni sono stati trovati in Africa e risalgono a circa 130 000 anni fa.

VERIFICA LE TUE CONOSCENZE

ZTE ONLINE

1. Scrivi sul quaderno la definizione dei seguenti termini.

a) Simmetria radiale e bilaterale
b) Riproduzione asessuata, sessuata e organismi ermafroditi
c) Circolazione aperta e circolazione chiusa
d) Organismi ovipari, ovovivipari e vivipari
e) Organismi endotermi ed ectotermi
f) Protostomi e deuterostomi
g) Esoscheletro ed endoscheletro
h) Penne, piume e peli
i) Polpo, polipo e medusa

Barra il completamento esatto.

2. L'uovo amniotico

A possiede un guscio rigido e impermeabile che isola perfettamente il contenuto dall'esterno.
B appartiene soltanto agli animali che fanno parte della classe dei rettili.
C presenta un sistema di membrane che consentono scambi gassosi con l'esterno.
D è prodotto da animali che, nei periodi riproduttivi, vivono in prossimità di ambienti acquatici.

3. I tunicati sono organismi

A che vivono in mare e si modificano quando dallo stadio larvale passano allo stadio adulto.
B sessili, quindi presentano tutte le caratteristiche dei cordati, tranne la coda.
C così piccoli che non possiedono un organo respiratorio, ma l'ossigeno entra per diffusione.
D che assomigliano alle spugne, quindi hanno un sistema nervoso privo di strutture gangliari.

4. La simmetria bilaterale e la cefalizzazione consentono di

A analizzare correttamente l'ambiente prima di attraversarlo.
B avere più piani di simmetria che passano tutti per il centro del corpo dell'animale.
C avere un sistema nervoso non centralizzato ma diffuso ed efficacemente uniforme.
D orientarsi in tutte le direzioni, perché non esiste un'unica direzione di avanzamento.

5. Durante la loro crescita gli artropodi compiono diverse mute in quanto

A la metamorfosi determina una globale riorganizzazione dei tessuti.
B l'esoscheletro, formato da glucidi rigidi, non cresce con il resto del corpo.
C lo scheletro interno è staccato dagli organi e non può crescere insieme a loro.
D l'aspetto della forma larvale è del tutto diverso da quello della forma adulta.

6. I rettili comprendono

A i loricati, i cheloni e gli squamati.
B i cheloni, gli urodeli e i serpenti.
C gli agnati, i loricati e gli squamati.
D i serpenti, gli agnati e i cheloni.

7. Tutti questi animali posseggono branchie, eccetto

A la seppia.
B la chiocciola.
C la vongola.
D la trota.

8. Completa la tabella mettendo in corrispondenza il nome dei pesci (*lettere*) con i rispettivi ordini (*numeri*). (*Attenzione, alcuni numeri possono essere ripetuti più volte*).

A. tonno
B. lampreda
C. razza
D. squalo
E. trota

1. osteitti
2. condroitti
3. agnati

A	B	C	D	E

9. Nei seguenti brani, barra tra i termini in neretto quelli errati.

a) Il sistema respiratorio degli **anellidi** / **insetti** di solito è **privo** / **dotato** di un vero organo centrale preposto a tale funzione; all'ingresso dell'ossigeno nel corpo provvedono numerosi canali, detti **trachee** / **nefridi**, che comunicano con l'esterno grazie a piccoli fori che si aprono **nelle branchie** / **nell'esoscheletro**. Alcune specie, però, sono dotate di polmoni rudimentali che, per la loro fisionomia, sono detti **malpighiani** / **a libretto**.

b) Il ciclo vitale degli **cnidari** / **insetti** prevede una forma polipoide che si riproduce per via **asessuata** / **sessuata**; da essa si originano delle forme **larvali** / **medusoidi** che sono in grado di galleggiare. Questi organismi possono essere di **specie** / **sesso** differente e produrre due tipi diversi di **planule** / **gameti** che, unendosi nel momento della **fecondazione** / **metamorfosi**, danno origine a una nuova forma polipoide.

10. Completa le seguenti frasi.

a) Gli organismi che mantengono le uova all'interno del corpo fino al momento della loro schiusa sono detti ....
b) Gli animali che generano calore mediante processi metabolici interni sono chiamati ....
c) Gli organismi nei quali dal blastoporo si forma la bocca, mentre la seconda apertura diventa l'ano, sono i ....
d) Gli anfibi privi di arti sono gli ....

11. Qual è il phylum in cui compare una prima forma rudimentale di sistema nervoso? Spiega quali semplici funzioni questo sistema è in grado di compiere.

....
....
....
....
....
....

12. Quali caratteristiche differenziano le scimmie antropomorfe dalle altre scimmie?

....
....
....
....
....
....

13. Spiega le caratteristiche degli uccelli che vengono considerate adattamenti al volo.

....
....
....
....
....
....
....

VERIFICA LE TUE ABILITÀ

Barra il completamento esatto.

14. **A differenza dei molluschi, gli anellidi hanno un sistema circolatorio**

[A] che interagisce strettamente con un apparato respiratorio caratterizzato da polmoni strutturati.

[B] in cui il sangue scorre sempre all'interno dei vasi sanguigni ed è spinto da una serie di cuori.

[C] collegato a un apparato escretore formato da nefridi in grado di eliminare i prodotti di rifiuto.

[D] poco sviluppato in quanto l'ossigeno e le sostanze alimentari circolano nel corpo per diffusione.

15. **A differenza degli cnidari, gli echinodermi**

[A] sono animali che da adulti hanno un asse di simmetria radiale.

[B] presentano forme di vita che abitano i fondali marini.

[C] possiedono una forma larvale liberamente natante.

[D] hanno uno sviluppo embrionale che li accomuna ai cordati.

16. **Un organismo che riesce a mantenere costante la propria temperatura corporea è**

[A] lo squalo.

[B] il coccodrillo.

[C] il pinguino.

[D] la lucertola.

Barra i due completamenti esatti.

17. **Per i celomati il fatto di avere una cavità corporea interna comporta tutti i seguenti vantaggi, eccetto**

[A] fornire un buon aggancio ai muscoli per rendere più flessibile il corpo dell'animale.

[B] permettere agli organi interni di muoversi indipendentemente dalla parete esterna del corpo.

[C] facilitare i movimenti che richiedono forza, quali strisciare e scavare gallerie sotterranee.

[D] digerire le sostanze contenute al suo interno grazie alla presenza di specifici enzimi.

[E] favorire il passaggio da una simmetria radiale a una simmetria bilaterale.

18. Completa il seguente brano scegliendo tra i termini elencati in fondo.

Gli animali sono tutti organismi .... che .... il cibo, con poche eccezioni, quali .... che catturano le particelle alimentari .... l'acqua; alcuni animali sono .... in quanto generano il proprio calore corporeo e, per questo motivo, devono avere un'attività metabolica molto ....

(endotermi, le ascidie, autotrofi, discontinua, filtrando, decompongono, deuterostomi, variano, sessili, disperdono, i poriferi, eterotrofi, elevata, bevendo, le balene, sintetizzano, generano, espellendo, ectotermi, ingeriscono, bassa)

19. Di fianco a ogni affermazione scrivi la lettera A se l'affermazione si riferisce agli anfibi, la lettera B se si riferisce ai rettili, la lettera C se si riferisce agli uccelli e la lettera D se si può riferire a tutte e tre le classi di cordati.

a) Presentano squame sul corpo, sono ovipari ed endodermi. (.....)

b) Depositano uova e le forme larvali possono essere molto differenti da quelle adulte. (.....)

c) Sono tetrapodi, possono essere ovipari e tutti gli organismi possiedono i polmoni. (.....)

d) Possiedono un endoscheletro osseo in grado di crescere con l'animale stesso. (.....)

e) La fecondazione è sempre esterna e le loro uova sono prive di un guscio rigido. (.....)

20. Quali sono le principali differenze tra i rettili e i mammiferi?

....
....
....
....
....
....

21. Quali differenze e quali analogie possono essere individuate tra i crostacei e gli aracnidi?

....
....
....
....
....
....

22. Descrivi brevemente le caratteristiche fondamentali degli uomini di Neanderthal, facendo il confronto con gli esseri umani moderni.

....
....
....
....
....
....

UNITUTOR
VERSO L'UNIVERSITÀ

Preparati ai test di ammissione sul sito Unitutor.

23. **Molti geni umani hanno sequenze molto simili a quelle dei geni corrispondenti nello scimpanzé. La spiegazione più verosimile è che:**

[A] lo scimpanzé deriva dall'uomo.

[B] l'uomo deriva dallo scimpanzé.

[C] uomo e scimpanzé sono il risultato di una convergenza evolutiva.

[D] uomo e scimpanzé condividono un progenitore evolutivamente recente.

[E] uomo e scimpanzé appartengono allo stesso genere.

[dal test di ammissione a Veterinaria 2011-12]

HANDS-ON GLOSSARY

24. Fill in the table matching each term (*letters*) with its definition (*numbers*).

A. mammal
B. bird
C. fish
D. amphibian
E. reptile

1. any four-legged vertebrate that does not have amniotic eggs, living both on land and in water
2. a cold-blooded vertebrate that lives in water, has fins and breathes with gills
3. an animal characterized by being warm-blooded, having hair and feeding milk to its young
4. an animal that has cold blood, that lays eggs, and that is covered with scales or hard parts
5. a warm-blooded animal, with feathers, usually able to fly, and lay eggs

A	B	C	D	E

VERSO L'ESAME

SCHEMATIZZA

25. Costruisci una mappa concettuale che riporti le relazioni tra pesci e anfibi.

GIUSTIFICA

26. I placentati sono il gruppo di mammiferi maggiormente diffuso sul pianeta.

Quali sono i vantaggi di questa modalità di nutrimento del feto durante la gestazione?

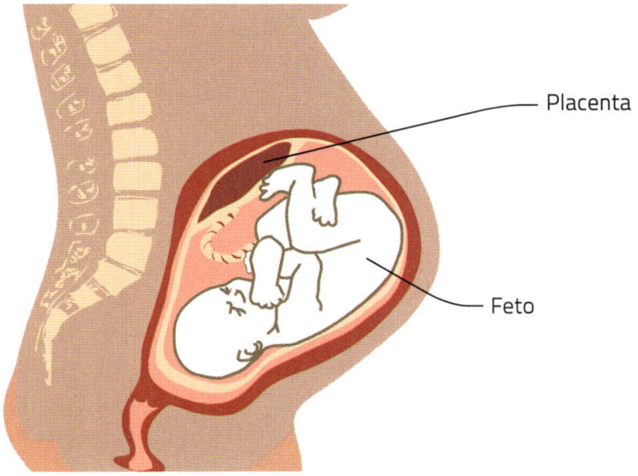

METTI IN EVIDENZA

27. La simmetria radiale e quella bilaterale sono caratteristiche differenti, ciascuna con vantaggi e svantaggi per gli animali che la posseggono.

Dopo aver scelto un animale rappresentativo per ognuno dei due tipi di simmetria, sottolinea i vantaggi e gli svantaggi a esse associati.

RICERCA

28. Fai una ricerca sul percorso evolutivo che ha condotto alla conquista del volo da parte degli uccelli, quindi scrivi un saggio di 2000 battute in cui siano riportate le tappe fondamentali di tale processo.

CONFRONTA

29. Mammiferi e uccelli sono animali con molte similitudini, ma presentano anche notevoli differenze.

Costruisci una tabella che riporti gli aspetti in comune e quelli che differenziano le due classi di animali.

Aspetti comuni	Differenze

DESCRIVI

30. Descrivi tutti i principali adattamenti evolutivi che hanno permesso agli animali di conquistare la terraferma, emancipandosi progressivamente dall'ambiente acquatico.

SPIEGA

31. I reperti fossili indicano che la postura eretta e la deambulazione bipede non si sono stabiliti gradualmente negli ominidi, ma sono due caratteristiche chiave presenti nel gruppo fino dalle sue origini.

Sai spiegare quali vantaggi e quali svantaggi hanno portato questi due aspetti agli ominidi? E come mai la selezione naturale ha decretato il successo di una specie bipede?

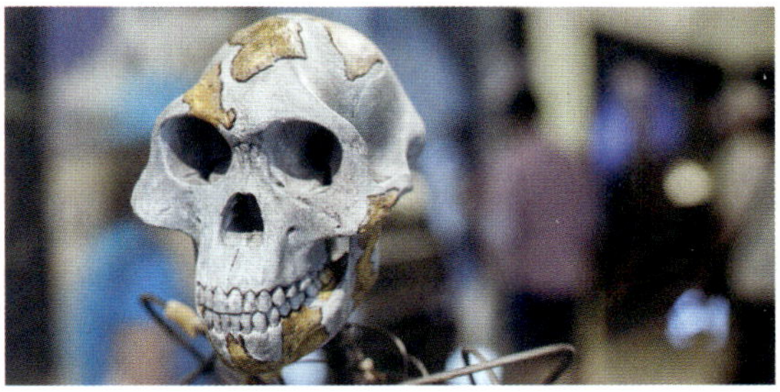

ANALIZZA

32. Questo diagramma rappresenta tutta la biodiversità delle specie animali presenti sulla Terra.

Prova a spiegare che cosa dice il grafico e quali sono i motivi di una simile distribuzione.

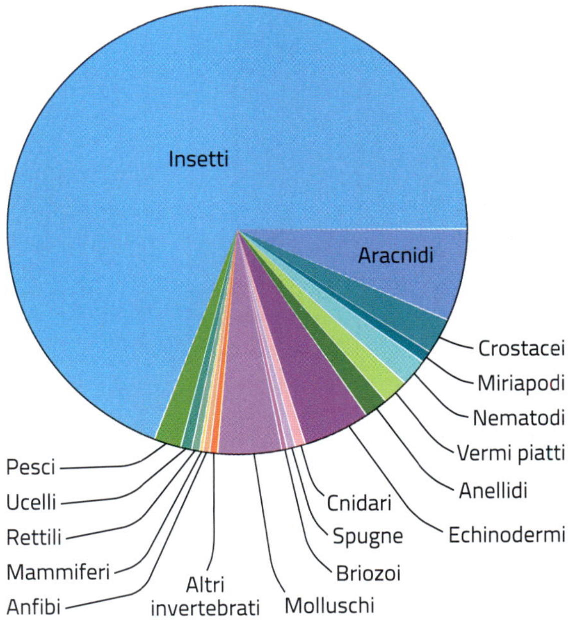

Capitolo

A4 Le piante e i funghi

1 Il regno dei funghi

Il micelio è composto da cellule chiamate ife

I **funghi** sono eucarioti eterotrofi, unicellulari o pluricellari. Per le loro caratteristiche biochimiche e per i modelli riproduttivi che adottano, questi organismi sono così diversi da tutti gli altri da non essere assimilabili né agli animali né alle piante. Tutti i funghi si procurano le sostanze nutritive mediante *assorbimento* di biomolecole in soluzione presenti nell'ambiente circostante, spesso prodotte dalla decomposizione di organismi morti; di conseguenza, i funghi vivono nel suolo, nell'acqua o in qualsiasi ambiente che contenga queste sostanze. I funghi, come le cellule vegetali, sono dotati di una parete cellulare che ha però una struttura chimica differente: non è formata da cellulosa, ma da *chitina*, un polisaccaride presente anche nell'esoscheletro degli insetti.

Appartengono al regno dei funghi sia specie unicellulari come i **lieviti**, sia specie pluricellulari come le **muffe**, costituite da masse di filamenti. Un filamento fungino è detto **ifa** e ha la funzione di assorbire le sostanze nutritive presenti nel terreno o nei tronchi morti su cui vivono; numerose ife insieme formano il **micelio**, ovvero il corpo centrale del fungo (**figura 1A**). Il micelio vive sottoterra, ma la maggior parte dei funghi forma periodicamente il **corpo fruttifero**, una struttura che fuoriesce dal terreno, costituita da ife specializzate nella riproduzione (**figura 1B**).

Curiosità

La crescita dei filamenti fungini ha prodotto quelli che vengono considerati i più grandi, e forse i più antichi, organismi viventi presenti oggi sulla Terra: è stato calcolato che alcuni **funghi** possono avere un'età di qualche migliaio di anni.

▸ Figura 1
(A) Una muffa comune per molte piante (*Botrytis cinerea*), al microscopio elettronico a scansione in cui sono evidenti le ife e il micelio. (B) Spesso i funghi sembrano disegnare un cerchio sul terreno; il cerchio è il micelio, l'insieme delle ife sotterranee, mentre i funghi sono i corpi fruttiferi che spuntano sui suoi limiti esterni.

I funghi si riproducono sia per via sessuata sia per via asessuata. La **riproduzione sessuata** avviene per fusione delle ife di due individui distinti, mentre la **riproduzione asessuata** può avvenire secondo due modalità:

- per *frammentazione delle ife*, da ogni frammento si sviluppa un nuovo individuo;
- con *produzione di spore* all'interno di sporangi, tenuti sollevati dal suolo da particolari miceli (detti *sporangiofori*) che formano i corpi fruttiferi.

Molti funghi ricoprono un ruolo di grande importanza nella produzione degli alimenti: *Saccharomyces cerevisiae*, per esempio, è un lievito usato per produrre il vino, la birra e il pane, mentre per la preparazione di formaggi stagionati come il gorgonzola si usano le muffe del genere *Penicillum*. Esistono anche funghi che possono provocare malattie alle piante, per esempio quelli della famiglia delle *Erysiphaceae* causano l'*oidio* che danneggia le foglie e i germogli vegetali; altri funghi sono responsabili di **micosi**, malattie umane che determinano arrossamenti, piccole piaghe cutanee oppure la deformazione delle unghie.

I funghi, assieme ai batteri, svolgono anche un'importante funzione ecologica: sono i principali **decompositori** (o *saprofiti*) di organismi morti. La loro continua attività di riciclaggio degli elementi chimici è essenziale per la sopravvivenza degli ecosistemi terrestri quanto quella dei produttori di sostanze nutritive.

A colpo d'occhio

RIPRODUZIONE NEI FUNGHI
- SESSUATA
  - FUSIONE DI IFE
- ASESSUATA
  - PRODUZIONE DI SPORE
  - FRAMMENTAZIONE

I funghi sono divisi in zigomiceti, ascomiceti e basidiomiceti

Nel corso degli anni la classificazione dei funghi è andata incontro a diversi cambiamenti perché molte specie presentano alcuni aspetti comuni e altri molto diversi. Sulla base delle caratteristiche del ciclo vitale e delle strutture riproduttive si possono distinguere tre gruppi: zigomiceti, ascomiceti e basidiomiceti (**figura 2**).

Guarda il video nell'ebook
Un minuto di biologia
Il ciclo vitale dei funghi

- Gli **zigomiceti** sono funghi saprofiti che si nutrono di materiale in decomposizione e comprendono anche molte specie di parassiti, come la muffa del pane.
- Gli **ascomiceti** sono caratterizzati dalla presenza di aschi, strutture a forma di sacco che contengono le spore sessuate. Sono ascomiceti i lieviti, diversi funghi mangerecci e i tartufi.
- I **basidiomiceti** sono gran parte dei funghi commestibili presenti nei boschi (come i porcini), ma anche funghi parassiti come le ruggini e i carboni, che provocano gravi malattie nei raccolti e tra le piante ornamentali. Alcune specie di questo gruppo formano stretti legami di simbiosi con le radici delle piante, che prendono il nome di *micorrize*.

Le parole

Il termine **simbiosi** deriva dal greco *symbìosis* che significa «convivenza»: due organismi sono in simbiosi se vivono a stretto contatto e, in base al rapporto che instaurano, si possono avere relazioni di parassitismo o mutualismo.

◂ **Figura 2**
Alcuni esempi di funghi: la muffa del pane *Rhizopus stolonifer* (A) è uno zigomicete, i tartufi (B) e il lievito *S. cerevisiae* (C) sono ascomiceti, mentre il fungo velenoso *Amanita muscaria* (D) è un basidiomicete.

Licheni e micorrize sono simbiosi di funghi con alghe e piante

Le specie viventi sono in relazione con l'ambiente che le circonda e instaurano relazioni con gli altri esseri viventi. Alcune relazioni sono di tipo **parassitario**: la specie *parassita* trae vantaggio dall'associazione, mentre quella *ospite* ne rimane danneggiata. Esistono però anche relazioni simbiotiche che sono di reciproco vantaggio per entrambi gli organismi: in questo caso si parla di **mutualismo**.

I funghi responsabili di malattie si comportano da parassiti (**figura 3**), ma esistono anche associazioni di tipo mutualistico che coinvolgono un fungo e un altro organismo (vegetale o procariotico): i licheni e le micorrize.

▲ **Figura 3**
Una pianta di rose infettata da un fungo del genere *Phragmidium* che causa la ruggine delle foglie; le foglie infettate ingialliscono e poi cadono.

Un **lichene** è la combinazione di un fungo con un'alga verde o con un cianobatterio (**figure 4A** e **B**); il fungo fornisce all'alga o al cianobatterio acqua e sali minerali, mentre l'alga procura al fungo le molecole organiche di cui ha bisogno. Dato che i licheni assorbono sostanze presenti nell'acqua piovana e nel vapore acqueo, essi possono essere facilmente danneggiati dai prodotti tossici che si trovano nell'aria; pertanto, essendo sensibili a queste sostanze, i licheni vengono considerati degli indicatori biologici, o *bioindicatori*, e vengono utilizzati come stima della qualità dell'aria. Questi organismi si riproducono per *frammentazione*: ogni frammento che contenga qualche ifa fungina e qualche cellula fotosintetica può dare origine a un nuovo organismo.

Le **micorrize** sono invece associazioni simbiotiche tra funghi e radici di piante complesse e svolgono un ruolo importante nella crescita delle piante (**figura 4C**). I funghi ricevono dalle piante gli zuccheri che non sono in grado di sintetizzare e in cambio forniscono alle cellule radicali i nutrienti minerali assorbiti dal terreno attraverso le proprie ife. Sembra che quasi il 90% delle piante instauri questa associazione simbiotica con i funghi, motivo per cui le micorrize sono utilizzate anche come fertilizzanti naturali del terreno.

► **Figura 4**
Due importanti associazioni mutualistiche dei funghi: i licheni (A-B) e le micorrize (C).

I licheni sono biologicamente importanti perché crescono anche in ambienti rocciosi che possono poi essere colonizzati da altre forme vegetali.

Le micorrize aumentano notevolmente l'espansione delle radici e permettono alle piante una maggiore crescita, come si vede da queste zolle di piante erbacee con micorrize (a sinistra) e senza (a destra).

Facciamo il punto

1. Qual è la struttura di base dei funghi?
2. Quali sono i gruppi in cui i funghi vengono classificati?
3. Quali ruoli svolgono i funghi in natura?
4. Perché i licheni sono buoni indicatori biologici dell'inquinamento dell'aria?
5. Che cosa sono le micorrize?

2 La comparsa delle piante terrestri

Gli adattamenti adottati dalle piante per vivere fuori dall'acqua

Le alghe sono protisti fotosintetici unicellulari legati in modo indissolubile all'ambiente acquoso, ma circa 500 milioni di anni fa alcune di esse furono in grado di uscire dal mare e colonizzare la terraferma. È in questo modo che hanno avuto origine le **piante**, organismi fotosintetici pluricellulari in grado di sopravvivere in ambiente subaereo e di sfruttare i vantaggi offerti da uno spazio totalmente nuovo: la luce del Sole è presente dall'alba al tramonto e non è ostacolata dall'acqua che ne limita il passaggio, il diossido di carbonio necessario per la fotosintesi abbonda nell'atmosfera e non sono presenti altre forme di vita in grado di competere per le risorse disponibili, poiché fuori dalle acque erano presenti solo i procarioti.

Nonostante questi vantaggi, però, i primi organismi vegetali dovettero fare fronte anche a degli svantaggi: la scarsità di acqua rendeva necessarie strutture che sostenessero gli organi deputati alla fotosintesi, occorrevano strategie per evitare di disperdere troppo in fretta i liquidi interni, era necessario ancorare in modo saldo gli organismi al suolo e raccogliere acqua in profondità. Queste caratteristiche adattative devono essersi sviluppate all'inizio della storia evolutiva delle piante; infatti, quasi tutti gli organismi vegetali moderni, pur nella loro incredibile varietà, hanno in comune alcune caratteristiche di base. Innanzitutto presentano un rivestimento ceroso delle foglie, cioè una **cuticola** impermeabile protettiva che ricopre la superficie delle parti aeree riducendo la perdita d'acqua per evaporazione; inoltre sono dotate di **stomi**, aperture specializzate della foglia e del fusto erbaceo attraverso cui avvengono gli scambi gassosi necessari alla fotosintesi (**figura 5**).

Non molto tempo dopo la conquista delle terre emerse, le piante si separarono in almeno due linee evolutive distinte (**figura 6**): una linea diede origine alle *briofite*, un gruppo che comprende gli attuali muschi, mentre dall'altra si originarono le *tracheofite* (o piante vascolari), ossia le felci, le conifere e le piante dotate di fiori.

▲ **Figura 5**
Se osserviamo al microscopio elettronico a scansione una foglia di *Haworthia*, possiamo vedere lo spesso strato di cuticola che riveste l'epidermide e impedisce la disidratazione e gli stomi che regolano il passaggio di gas.

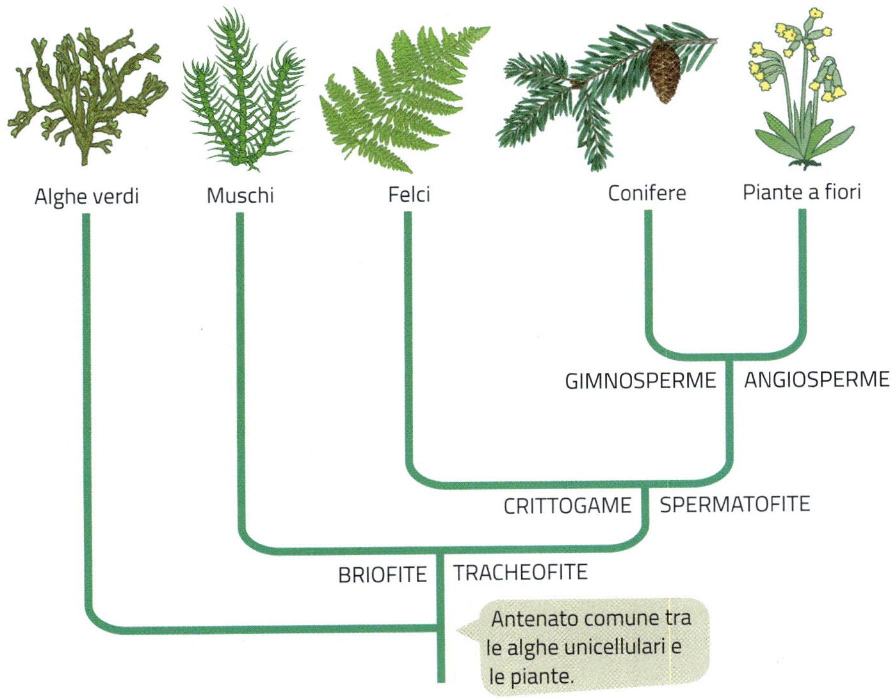

◄ **Figura 6**
L'albero filogenetico delle piante mostra come tutti derivino da un antenato comune appartenente alle alghe verdi.

Le briofite sono piante ancora legate all'ambiente acquatico

Le **briofite** hanno una struttura relativamente semplice: sono di dimensioni ridotte (di solito meno di 20 centimetri) e non possiedono alcun tipo di tessuto specializzato per la conduzione di acqua e soluti, per cui le varie sostanze si muovono al loro interno passando da cellula a cellula. Queste piante, inoltre, assorbono l'acqua direttamente dall'esterno attraverso tutte le cellule superficiali, quindi devono vivere in luoghi umidi e ombrosi o vicino alle paludi. La dipendenza di queste piante dall'acqua riguarda anche la *fecondazione* perché le cellule sessuali maschili, provviste di flagelli, devono potersi muovere in un ambiente acquoso per raggiungere quelle femminili, che rimangono ferme; nei luoghi troppo asciutti, quindi, le briofite non si potrebbero riprodurre.

Questa divisione di vegetali comprende circa 16 000 specie, suddivise in tre classi: le *epatiche*, i *muschi* e le *antocerote* (figura 7). Le **epatiche** hanno una struttura a forma di foglia, costituita da pochi strati di cellule fotosintetiche. Le **antocerote** hanno una forma simile a quella delle epatiche, oppure sono fatte da filamenti a forma di corno. I **muschi**, che siamo abituati a vedere sui tronchi degli alberi oppure sulle rocce, non crescono in altezza, ma sono formati da moltissime piantine una accanto all'altra a formare una sorta di tappeto; non avendo radici, i muschi sono solo posati sul loro substrato ed è facile staccarne una parte.

L'assenza di vasi conduttori e la dipendenza dall'acqua per la fecondazione sono caratteristiche piuttosto antiche che collocano la comparsa del ramo evolutivo delle briofite a un livello precedente rispetto alle piante vascolari, anche se la comparsa dei muschi sulle terre emerse, da un punto di vista temporale, è successiva a quella delle felci.

Le parole

Il termine **briofite** deriva dal greco *bryon*, «muschio», e *phytón*, «pianta», perché i muschi sono il gruppo più consistente di specie briofite.
Il termine **epatiche** deriva dall'aggettivo latino *hepatĭcus*, che significa «del fegato», perché alcune specie venivano utilizzate per curare le malattie del fegato.

Guarda il video nell'ebook
Un minuto di biologia
Il ciclo vitale dei muschi

▸ **Figura 7**
Tre esempi di briofite: *Marcanthia polymorpha* è un'epatica (A), le piante del genere *Anthoceros* sono antocerote (B) e *Polytrichum commune* è un muschio (C).

Facciamo il punto

1. Quali sono stati i principali adattamenti delle piante alle terre emerse?
2. Quali sono le caratteristiche strutturali delle briofite?
3. Perché le briofite sono dipendenti dall'acqua e sono di piccole dimensioni?
4. Quali sono le caratteristiche strutturali dei muschi e delle epatiche?
5. Per quali aspetti evolutivi i muschi vengono collocati prima delle felci?

Nei cicli vitali delle piante si alternano gametofito e sporofito

Il ciclo vitale delle piante è caratterizzato dall'alternarsi di due tipi diversi di individui: il gametofito e lo sporofito. Il **gametofito** contiene metà del patrimonio genetico dei genitori – per cui è definito *aploide* (n) –, si forma dalla germinazione di spore aploidi e produce i gameti, anch'essi aploidi; lo **sporofito**, invece, possiede un patrimonio genetico completo – *diploide* ($2n$) –, si genera tramite fecondazione dei gameti femminili da parte di quelli maschili e produce le spore aploidi che daranno origine a un nuovo gametofito. Questo tipo di ciclo vitale presenta dunque un'**alternanza di generazioni** (**figura A**).

La differenza sostanziale rispetto alla riproduzione sessuata che si verifica negli animali è che le cellule aploidi non si fondono immediatamente, ma danno origine a organismi aploidi (i gametofiti), i quali produrranno poi i gameti.

Nelle specie animali, ogni nuovo individuo si origina dall'unione di due gameti, uno di origine materna e uno di origine paterna, che hanno corredo aploide ma che non possono vivere in maniera indipendente (**figura B**).

Per molti tipi di piante gametofito e sporofito sono due individui di aspetto diverso che presentano differenti modalità di vita (**figura C**).

Nelle conifere e nelle piante a fiore il gametofito è presente, ma poco visibile perché è ridotto a poche cellule; quindi, quello che vediamo nei boschi e nei prati è sempre lo sporofito.

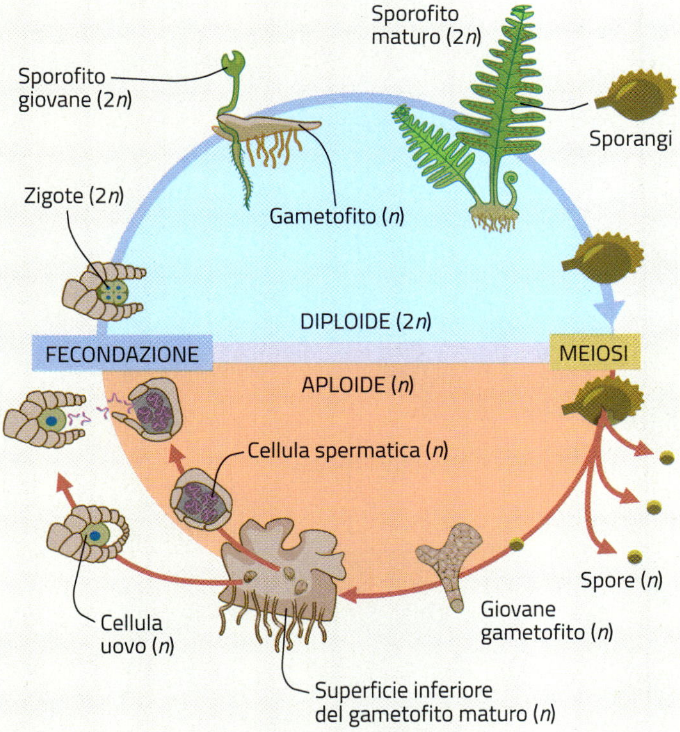

▲ **Figura A**
Nelle piante il ciclo vitale è formato da due fasi, una aploide e una diploide, che sono pluricellulari e hanno vita indipendente.

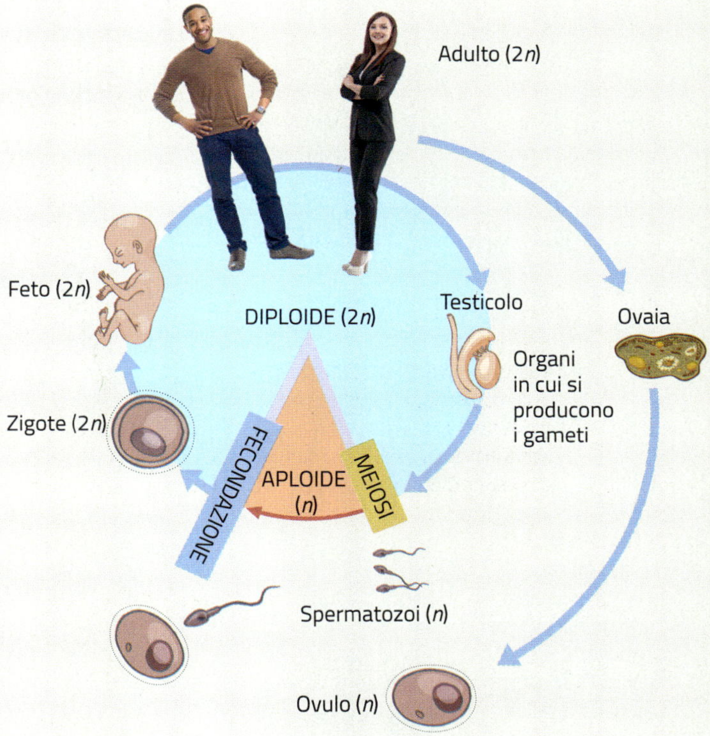

▲ **Figura B**
Negli animali la fase aploide corrisponde ai gameti, che sono unicellulari e non hanno vita libera.

► **Figura C**
Gametofito e sporofito hanno forme diverse: nella pianta a fiore *Ambrosia psilostachya*, il gametofito maschile è il polline (a sinistra), grande pochi micrometri, mentre lo sporofito è la pianta adulta (a destra), che può raggiungere 2 m di altezza.

3 Le prime piante vascolari

I vasi conduttori servono per il trasporto di acqua e zuccheri

Il passaggio evolutivo successivo alle briofite è la comparsa di tessuti specializzati per svolgere funzioni come il trasporto delle sostanze nell'organismo. Questo passaggio è avvenuto nelle **piante vascolari**, che presentano un fascio di sottili vasi conduttori che raggiungono tutti i distretti dell'organismo. Tali vasi si dividono in due tipi diversi: uno è specializzato nel trasporto di acqua e soluti disciolti, che vanno in salita dalle radici alle foglie, mentre l'altro è dedicato al trasporto degli zuccheri prodotti dalla fotosintesi, che vanno dalle parti verdi agli altri tessuti della pianta (**figura 8**). Il primo tipo si chiama *xilema* e compie, in alcune specie, un tragitto che può superare i 100 m in verticale; il secondo è detto *floema* e raggiunge tutte le cellule vive e non fotosintetiche della pianta (le radici, i germogli e alcuni fusti).

Mentre l'acqua procede soltanto «in salita», perché è raccolta dalle radici ed è liberata dalle foglie, gli zuccheri prodotti con la fotosintesi vanno sia «in salita» sia «in discesa», perché raggiungono le radici (in basso), ma anche i germogli (in alto).

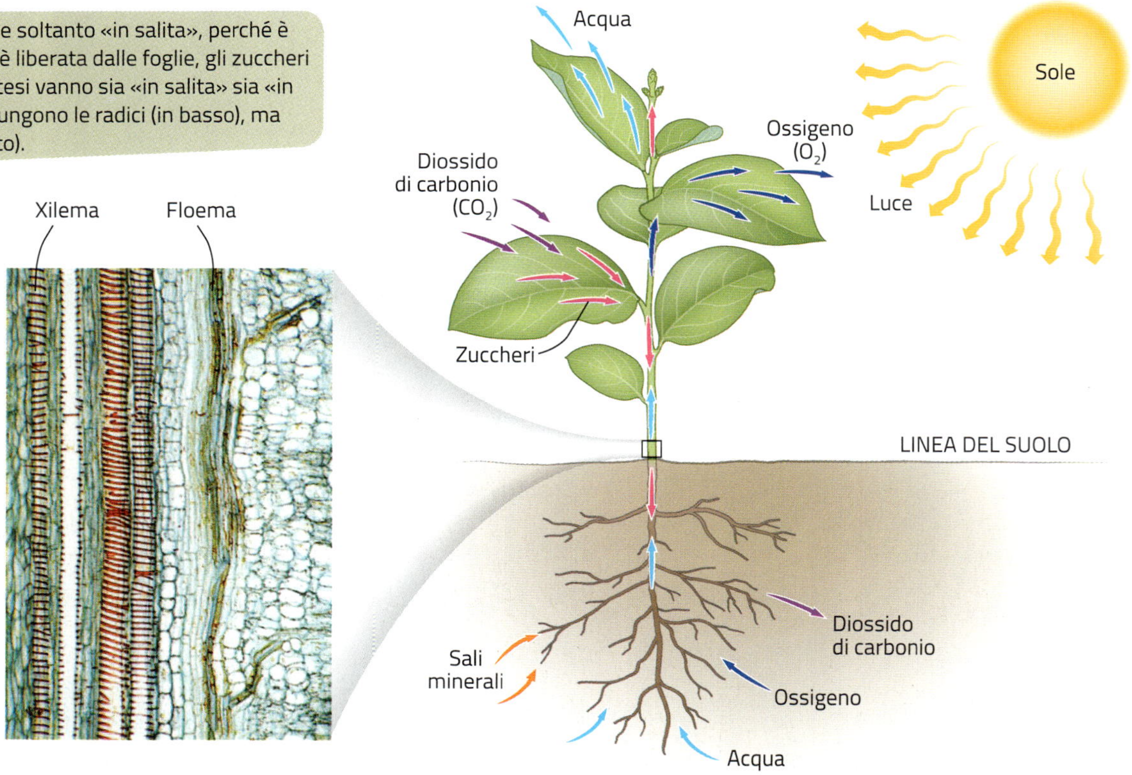

▸ Figura 8
Il fusto delle piante vascolari contiene alcuni vasi conduttori per il trasporto di acqua, ossigeno e sali minerali e altri vasi per il trasferimento degli zuccheri nel senso contrario.

Questa novità evolutiva ha dato origine alla grande varietà di piante che dominano oggi le terre emerse, nonché a molti gruppi che sono ormai estinti. Le piante vascolari viventi sono classificate in nove divisioni, ognuna delle quali sembra rappresentare una linea evolutiva separata.

Nel complesso, le piante vascolari sono definite **tracheofite** («piante con trachee», cioè vasi conduttori) e sono suddivise in piante senza semi, o *crittogame*, e in piante con semi, o *spermatofite*. Le spermatofite sono a loro volta suddivise in due gruppi: le **gimnosperme**, tra cui le conifere, e le **angiosperme**, ossia le piante con fiore (*vedi* **figura 6**).

Le parole

Il termine **gimnosperme** deriva dal greco *gymnós*, «nudo», e *spérma*, «seme»: queste piante hanno semi non ricoperti da tessuti protettivi. A differenza delle **angiosperme**, dal greco «piante con involucro», che hanno semi racchiusi e protetti all'interno di una struttura specializzata, il frutto.

Guarda il video nell'ebook
Un minuto di biologia
Il ciclo vitale delle felci

Le felci furono le prime piante a sviluppare vasi conduttori

Le prime tracce fossili di piante vascolari risalgono a circa 400 milioni di anni fa e appartengono a specie del genere *Rhynia*, che per alcuni aspetti erano simili ai muschi e non possedevano vere foglie, ma erano già dotate di un rudimentale tessuto vascolare.

Oggi le crittogame più diffuse sono le **felci**, presenti a tutte le latitudini con 12 000 specie diverse; alcune sono di piccole dimensioni (pochi centimetri di altezza), mentre altre possono superare i 2 m, come le felci arboree delle foreste pluviali (**figura 9**). Come nelle briofite, la riproduzione sessuata delle felci prevede che il gamete maschile si sposti nell'acqua grazie al suo flagello per raggiungere il gamete femminile; quindi, anche l'ambiente in cui vivono le felci deve essere umido affinché avvenga la fecondazione. La dipendenza dall'acqua per la fecondazione è un carattere ancora piuttosto primitivo, mentre la presenza di tessuti di trasporto colloca le felci fra le piante più moderne e meglio adattate alla vita sulle terre emerse.

▼ Figura 9
Una felce con la foglia liscia, *Phyllitis scolopendrium* (A), una felce tropicale a portamento arboreo, cioè dotata di tronco, come *Dicksonia squarrosa* (B) e la felce più comune presente nei boschi a clima temperato o tropicale, *Pteridium aquilinum* (C).

Le innovazioni evolutive delle tracheofite: radici, foglie e semi

Oltre ai vasi conduttori, altre importanti innovazioni nelle piante vascolari sono state la radice, la foglia e il seme, che però è esclusivo di alcuni gruppi.

La **radice** è una struttura specializzata nell'ancoraggio e nell'assorbimento di acqua, oltre che nell'immagazzinamento di sostanze di riserva (**figura 10A**), mentre la **foglia** è una struttura deputata alla fotosintesi (**figura 10B**). A grandi linee possiamo affermare che xilema e floema devono collegare in modo efficiente queste due parti della pianta.

Un'altra innovazione comparsa durante l'evoluzione delle piante vascolari è il **seme** (**figura 10C**), una struttura complessa costituita dall'embrione della nuova pianta e da un rivestimento esterno, il *tegumento del seme*. Il tegumento protegge l'embrione e gli consente anche di rimanere in stato di *quiescenza*, fino a che le condizioni ambientali non siano favorevoli alla germinazione. Questa specie di letargo vegetale può durare, in alcuni casi, anche decine di anni. Le felci sono prive di semi, strutture comparse circa 360 milioni di anni fa.

▼ Figura 10
Tre innovazioni tipiche delle tracheofite viste al microscopio ottico in sezione longitudinale: la radice di una cipolla (*Allium cepa*; A), la superficie di una foglia (B) e il seme del fagiolo (*Phaseolus vulgaris*; C).

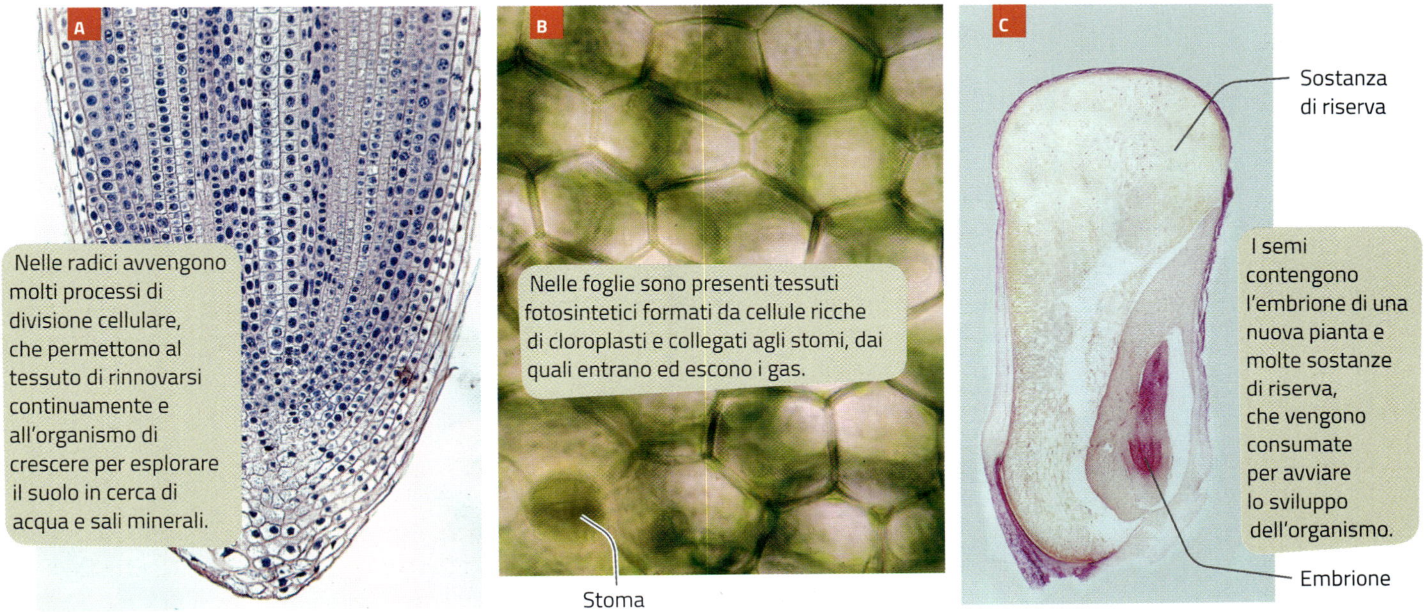

Le gimnosperme producono semi indipendenti dall'acqua

Intorno a 270 milioni di anni fa ci furono cambiamenti del clima su ampia scala: vaste glaciazioni si alternarono a periodi caldi e secchi, per cui molte piante e animali terrestri si estinsero e altre dovettero adattarsi a nuove condizioni di vita, questo favorì l'evoluzione di nuove specie: si passò così dall'era delle felci e degli anfibi a quella delle conifere e dei dinosauri. Tra i vegetali, furono avvantaggiate quelle specie in cui si erano precedentemente evolute strutture protettive per la conservazione dell'acqua. Il gruppo dominante divenne quello delle **gimnosperme**, del quale oggi rimangono quattro divisioni:

▸ **Figura 11**
Il ginkgo è caratterizzato da foglie di colore verde chiaro, che in autunno diventano gialle, a forma di ventaglio e divise in due lobi da un'incisione centrale.

- le **cicadine**, che vivono nelle zone tropicali e subtropicali, comprendono oggi poche specie ma erano il gruppo più diffuso all'epoca dei dinosauri;
- le **gnetofite**, piante molto longeve che si sono adattate a vivere nelle zone desertiche;
- le **ginkgofite**, di cui fa parte solo una specie, il *Ginkgo biloba*, un albero imponente con una particolare foglia a ventaglio (**figura 11**);
- le **conifere**, che comprende specie diffusissime come l'abete rosso (*Picea abies*), che costituisce circa un terzo delle foreste presenti sul nostro pianeta.

Il gruppo più ricco di specie è quello delle conifere (*Pinophyta*) che comprende i pini, gli abeti, i larici, i cedri, i cipressi, i ginepri e le sequoie giganti (**figura 12**). Quasi tutte queste piante hanno foglie a forma di aghi ricoperte di cera per resistere al freddo; a parte i larici, inoltre, le conifere sono tutte *sempreverdi*, cioè non perdono tutte le foglie in inverno, ma hanno un ricambio continuo. Nel fusto e nei rami di molte conifere è spesso presente la resina, una sostanza semisolida di colore giallo-bruno che ha la funzione di proteggere i vasi conduttori dai parassiti. Una piccola quantità di resina si trova anche nelle foglie, che cadendo a terra acidificano il terreno e impediscono la crescita di altre specie vegetali.

▸ **Figura 12**
È possibile riconosce le diverse conifere dalla forma dell'albero e dalla disposizione delle foglie aghiformi.

Il nome del gruppo è dovuto alla presenza dei **coni**, ovvero le strutture riproduttive, che possono essere di due tipi: quelli maschili sono più piccoli e fragili e producono il polline, mentre quelli femminili, che in genere sono legnosi e sono detti *pigne*, contengono i gameti femminili (**figura 13**). La fecondazione nelle gimnosperme avviene per opera del vento e non richiede la presenza di acqua: i gameti maschili presenti nel polline sono trasportati all'interno delle pigne, dove avviene la fecondazione; a questo punto si formano i semi che, una volta maturi, si disperdono nell'aria e vengono trasportati anche molto lontano grazie alla presenza di alette adatte a sfruttare il vento.

Guarda il video nell'ebook
Un minuto di biologia
Il ciclo vitale delle gimnosperme

◄ **Figura 13**
I coni maschili (A) e femminili (B) di un pino.

Facciamo il punto

1. Quali sono state le novità evolutive delle piante vascolari?
2. Quali caratteri indicano che le felci sono più evolute dei muschi?
3. Quali caratteristiche contraddistinguono le gimnosperme?

4 L'avvento e la diffusione delle angiosperme

Le angiosperme producono i fiori per richiamare gli impollinatori

Alla fine del Mesozoico, in seguito all'impatto di un grande asteroide sulla superficie terrestre, la storia del mondo vegetale ha visto affermarsi un nuovo gruppo di piante, le **angiosperme**, le piante dotate di fiori. Questa divisione oggi domina le regioni tropicali e temperate del pianeta, occupando più del 90% delle terre emerse in cui sono presenti forme vegetali.

Le prime specie a fiore si sono evolute circa 120 milioni di anni fa da un gruppo di gimnosperme ormai estinto; tali angiosperme erano simili a un genere di piante arbustive australiane, *Amborella*, come è stato dimostrato a livello molecolare da uno studio del 2013. È stato però necessario un radicale cambiamento delle condizioni climatiche perché le angiosperme diventassero il gruppo vegetale dominante. Esse comprendono molti grandi alberi legnosi, tutti gli alberi da frutto, i fiori ornamentali, le erbe dei prati e quelle aromatiche, gli ortaggi e i cereali, che costituiscono i principali prodotti alimentari della specie umana e la base dell'economia agricola mondiale.

► **Figura 14**
Nelle angiosperme la riproduzione è affidata agli animali come le api (A) e i colibrì (B) che, richiamati dai colori e dai profumi dei fiori, raccolgono i granelli di polline da un fiore e li depositano nel successivo, favorendo la fecondazione.

Guarda il video nell'ebook
Un minuto di biologia
Il ciclo vitale delle angiosperme

Diversamente dalle gimnosperme, che affidano al vento il trasporto dei loro gameti maschili, le angiosperme hanno evoluto una strategia riproduttiva che utilizza altri organismi viventi, come gli insetti, gli uccelli e i pipistrelli (figura 14). Questo tipo di riproduzione si è dimostrato più efficace dell'azione del vento ed è stato così favorito dalla selezione naturale.

Il fiore agisce da richiamo per gli animali e più risulta attraente, maggiore sarà la probabilità che vengano prodotti e disseminati i semi. Per richiamare gli impollinatori, esso produce una sostanza zuccherina, il **nettare**, che agisce come «premio»: mentre succhia il nettare, l'animale raccoglie involontariamente il polline, quindi si sposta su un altro fiore alla ricerca di altro nettare e lì deposita il polline del fiore precedente, fecondando i gameti femminili. Per indirizzare gli impollinatori verso il nettario, inoltre, le piante presentano colori vivaci ed emanano profumi intensi, ma non sempre questi colori sono visibili per l'occhio umano oppure i profumi risultano gradevoli per i nostri sensi (figura 15). Esistono, infine, specializzazioni particolari, come quelle delle orchidee, che hanno fiori simili nell'aspetto alle femmine delle vespe che le devono impollinare.

► **Figura 15**
Strategie per richiamare gli impollinatori: (A) *Potentilla erecta* è un fiore che appare giallo ai nostri occhi, ma che illuminato con i raggi ultravioletti mostra una colorazione bianco-rossa molto vistosa; (B) *Rafflesia arnoldii* emana un odore nauseabondo per gli esseri umani, simile alla carne in putrefazione, che però attira le mosche al suo interno.

2 - Per saperne di più

Piante annuali, biennali e perenni

Le piante presenti sulla Terra si suddividono in annuali, biennali e perenni. Nelle piante **annuali** l'intero ciclo vitale avviene nel corso di una sola stagione; radici, fusti e foglie muoiono, e soltanto i semi, che presentano una caratteristica resistenza al freddo e alla disidratazione, fanno da collegamento tra una generazione e quella successiva. Le piante annuali comprendono gran parte delle piante erbacee, i fiori selvatici, i fiori da giardino e le verdure. Nelle piante **biennali**, dal periodo della germinazione a quello della formazione dei semi sono necessarie due intere stagioni. Spesso, nel primo anno cresce un piccolo fusto, una rosetta di foglie vicino alla superficie del terreno e un sistema radicale adatto a immagazzinare sostanze di riserva. Durante la seconda stagione di crescita, le riserve alimentari sono usate per dare origine a fiori, frutti e semi, poi la pianta muore.

Le piante **perenni** hanno strutture vegetative che resistono da un anno all'altro. Le *erbacee* perenni, come i narcisi, i ciclamini e gli iris, nelle stagioni sfavorevoli rimangono quiescenti, cioè a riposo, sotto forma di strutture sotterranee modificate (bulbi), mentre le piante *legnose* perenni, tra cui i rampicanti, gli arbusti e gli alberi, sopravvivono sopra il livello del suolo.

Alcune piante legnose perenni, come quelle delle foreste tropicali, possono avere un continuo ricambio di foglie e vengono definite **sempreverdi**; altre piante invece, tipiche dei climi temperati, perdono le foglie a ogni inverno e sono dette **decidue**.

Le angiosperme possono essere monoiche o dioiche

I **fiori** sono strutture specializzate per favorire la riproduzione sessuata della pianta e, una volta avvenuta la fecondazione, si trasformano in frutti e permettono lo sviluppo dei semi. La maggior parte dei fiori è costituita da quattro diverse componenti, ognuna delle quali è una foglia modificata (**figura 16**).

A

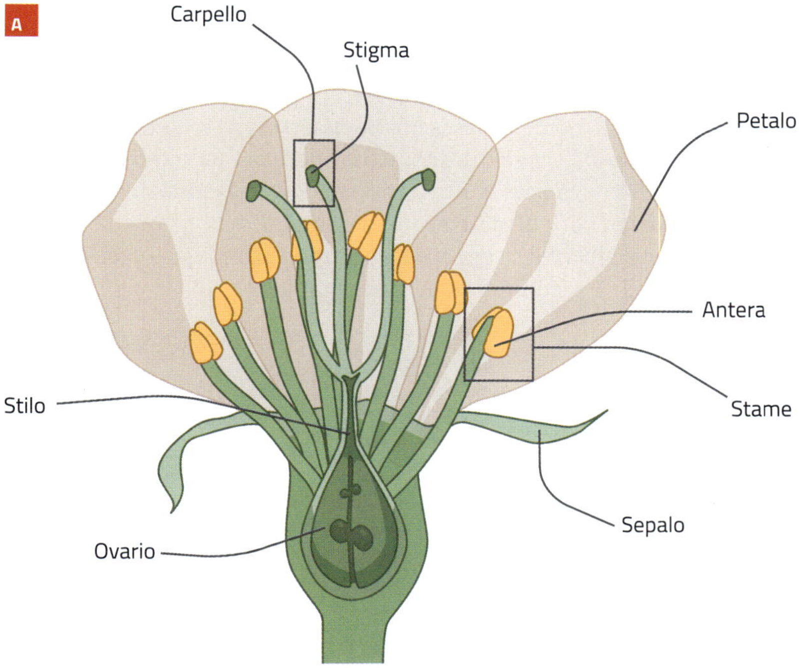

B

Il fiore del pero è perfetto perché sono presenti sia gli stami sia i carpelli.

◂ **Figura 16**
Schema (A) e fotografia (B) di un fiore di pero (*Pyrus* spp).

All'esterno del fiore è presente il **calice**, formato da foglie verdi chiamate **sepali** che proteggono il bocciolo prima della fioritura; all'interno del calice c'è la **corolla**, l'insieme dei petali colorati che attirano gli impollinatori verso il nettario. Nella zona interna si trovano le strutture che producono i gameti, chiamate stami e carpelli. Gli **stami** sono formati da un *filamento* e dall'*antera*, all'interno della quale si formano i gameti maschili; i **carpelli**, invece, sono costituiti da uno *stigma* (su cui aderiscono i granuli pollinici), da uno *stilo* e da un **ovario**, all'interno del quale vengono prodotti i gameti femminili. L'insieme di più carpelli forma il *pistillo*.

In un fiore possono essere presenti soltanto gli stami, soltanto i carpelli, oppure entrambe queste strutture: nei primi due casi si parla di fiori *imperfetti*, mentre nel terzo di fiori *perfetti*. Tra le piante che presentano fiori imperfetti è possibile fare una suddivisione ulteriore: se i fiori maschili e femminili sono presenti sulla stessa pianta, la specie è detta **monoica**, ma se si trovano su piante diverse (motivo per cui esistono individui maschili e femminili separati), le specie sono chiamate **dioiche**. Sono monoiche la zucca, la quercia, il fico e il granturco, mentre il kiwi, la palma da dattero e l'asparago sono dioiche.

A differenza degli organi riproduttori degli animali, che sono strutture permanenti, i fiori sono strutture temporanee, che si originano stagionalmente. Dopo la fecondazione alcune parti si trasformano in frutto, mentre le altre seccano e vengono eliminate.

A colpo d'occhio

- FIORI
  - PERFETTI
  - IMPERFETTI
    - PIANTE MONOICHE
    - PIANTE DIOICHE

Le parole

I termini **monoico** e **dioico** derivano dal greco e contengono entrambi la parola *ôikos* «dimora, casa»: le piante monoiche presentano entrambi i tipi di fiori «in un'unica casa», cioè in un solo individuo, mentre le piante dioiche presentano i fiori maschili e femminili «in due case», o piante, distinte.

Il frutto è una struttura specializzata per la dispersione dei semi

Dopo la fecondazione, l'ovario matura e si trasforma nel **frutto**, una struttura specializzata per proteggere i semi e facilitarne la dispersione; quest'ultima funzione è molto importante per la sopravvivenza della specie perché, se tutti i semi cadessero alla base della pianta che li produce, i nuovi germogli non avrebbero abbastanza spazio e luce per crescere.

L'aspetto e l'odore del fiore e del frutto sono espedienti per ricompensare, ingannare e attirare gli animali (**figura 17**), e per indurli a realizzare le strategie riproduttive delle piante. Un esempio familiare è rappresentato dai numerosi frutti carnosi commestibili, come la pesca o il pomodoro, che diventano saporiti e vivacemente colorati via via che maturano, attirando così l'attenzione di uccelli e mammiferi. I semi, all'interno dei frutti, hanno un rivestimento che non viene sciolto dai succhi gastrici, per cui riescono a passare indenni attraverso il tubo digerente e, qualche ora più tardi, vengono depositati insieme alle feci lontano dalla pianta madre, anche arricchiti da concime organico.

▾ **Figura 17**
Diverse strategie di propagazione dei semi: il tarassaco, *Taraxacum officinalis* (A), ha frutti predisposti per essere trasportati dal vento; la bardana, *Arctium lappa* (B), ha frutti uncinati per aderire al pelo degli animali; l'anguria, *Citrullus lanatus* (C), quando è matura si spacca lasciando uscire i semi; il melo, *Malus domestica* (D), rende i suoi frutti dolci e appariscenti perché vengano mangiati.

Le angiosperme si suddividono in monocotiledoni e dicotiledoni

Oltre al tipo di fiori, esiste un altro criterio per suddividere le angiosperme in due grandi classi: è il *cotiledone*, ovvero la prima fogliolina embrionale che viene prodotta dal seme dopo la germinazione. Le specie che possiedono un solo cotiledone sono dette **monocotiledoni**, mentre quelle che ne possiedono due sono chiamate **dicotiledoni** (**figura 18**). Le differenze tra questi due gruppi non si limitano al numero di foglioline embrionali, ma riguardano anche altri aspetti strutturali, come la disposizione dei vasi conduttori nel fusto e nelle radici, il numero di petali nei fiori e l'orientamento delle nervature nelle foglie.

Le monocotiledoni comprendono circa 65 000 specie, tra cui il bambù, le palme e molte piante erbacee, mentre le dicotiledoni includono circa 170 000 specie, come la maggior parte delle specie a portamento arboreo e delle piante ornamentali.

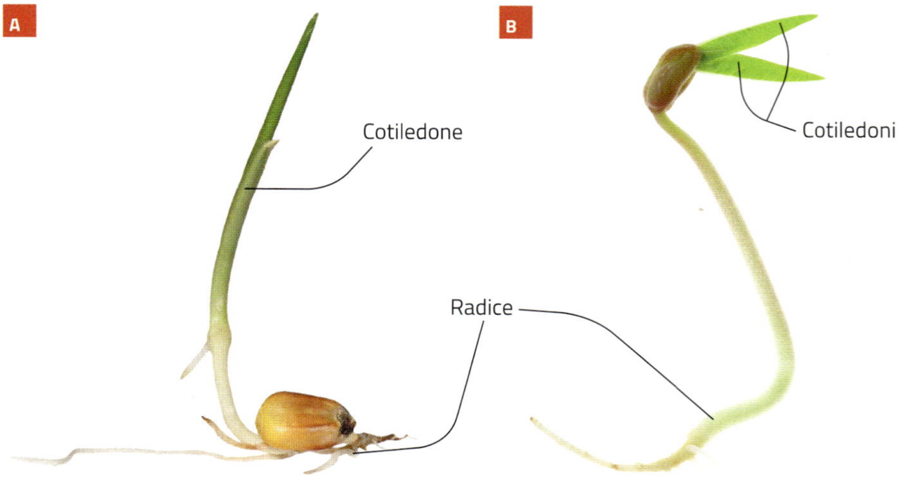

▸ **Figura 18**
Nelle monocotiledoni, come il mais (A), quando il seme germina esce una sola foglia, mentre nelle dicotiledoni come il fagiolo (B) le foglioline embrionali sono due.

La radice svolge tre funzioni essenziali

La radice, il fusto e la foglia sono strutture molto specializzate che, nelle angiosperme, hanno raggiunto un notevole livello di complessità ed efficienza. Sono a tutti gli effetti considerati organi, come negli animali lo sono il cuore o il cervello.

Le **radici** svolgono tre funzioni principali: ancorare la pianta al terreno, assorbire dal suolo l'acqua e i minerali essenziali, immagazzinare sostanze di riserva. La crescita della radice dipende dalle condizioni del terreno e dalla disponibilità d'acqua, ma in genere in una pianta adulta, le ramificazioni laterali delle radici di un albero sono spesso più estese della massa della chioma. La *radice embrionale* è la prima struttura che emerge dal tegumento del seme durante il processo di germinazione.

La struttura della radice è relativamente semplice perché presenta tre tessuti disposti in strati concentrici: epidermide, corteccia e cilindro centrale (**figura 19A**).

All'esterno si trova l'**epidermide**, che protegge le parti interne e assorbe l'acqua e i sali minerali; questo strato presenta numerose estroflessioni chiamate *peli radicali*, che aumentano la superficie di contatto della pianta con il suolo. Procedendo verso l'interno si trova prima la **corteccia**, uno strato nel quale vengono immagazzinati gli zuccheri di riserva come l'amido, e poi la *banda di Caspary*, uno strato ceroso che blocca il passaggio libero di acqua dall'esterno al cilindro centrale; per poter passare questa barriera, l'acqua deve sfruttare degli specifici canali di membrana, che permettono alla pianta di controllare le sostanze in entrata. La regione più interna contiene il **cilindro centrale**, nel quale si trovano i vasi conduttori del floema e dello xilema per il trasporto della linfa.

Le radici possono avere forme diverse: nelle dicotiledoni, come la carota, la radice è *a fittone*, cioè presenta una radice principale molto sviluppata, dalla quale si dipartono altre radici più piccole (**figura 19B**); nelle monocotiledoni come le piante erbacee, invece, si trova un *sistema radicale fascicolato*, nel quale non si individua una radice primaria, ma soltanto una rete diffusa di piccole radici (**figura 19C**).

Le parole

Nelle piante la **linfa** è un liquido che scorre attraverso lo xilema e il floema: quella che scorre nello xilema è detta *grezza* ed è costituita da sali minerali e acqua, mentre quella che si trova nel floema è detta *elaborata* e contiene zuccheri e altre sostanze.

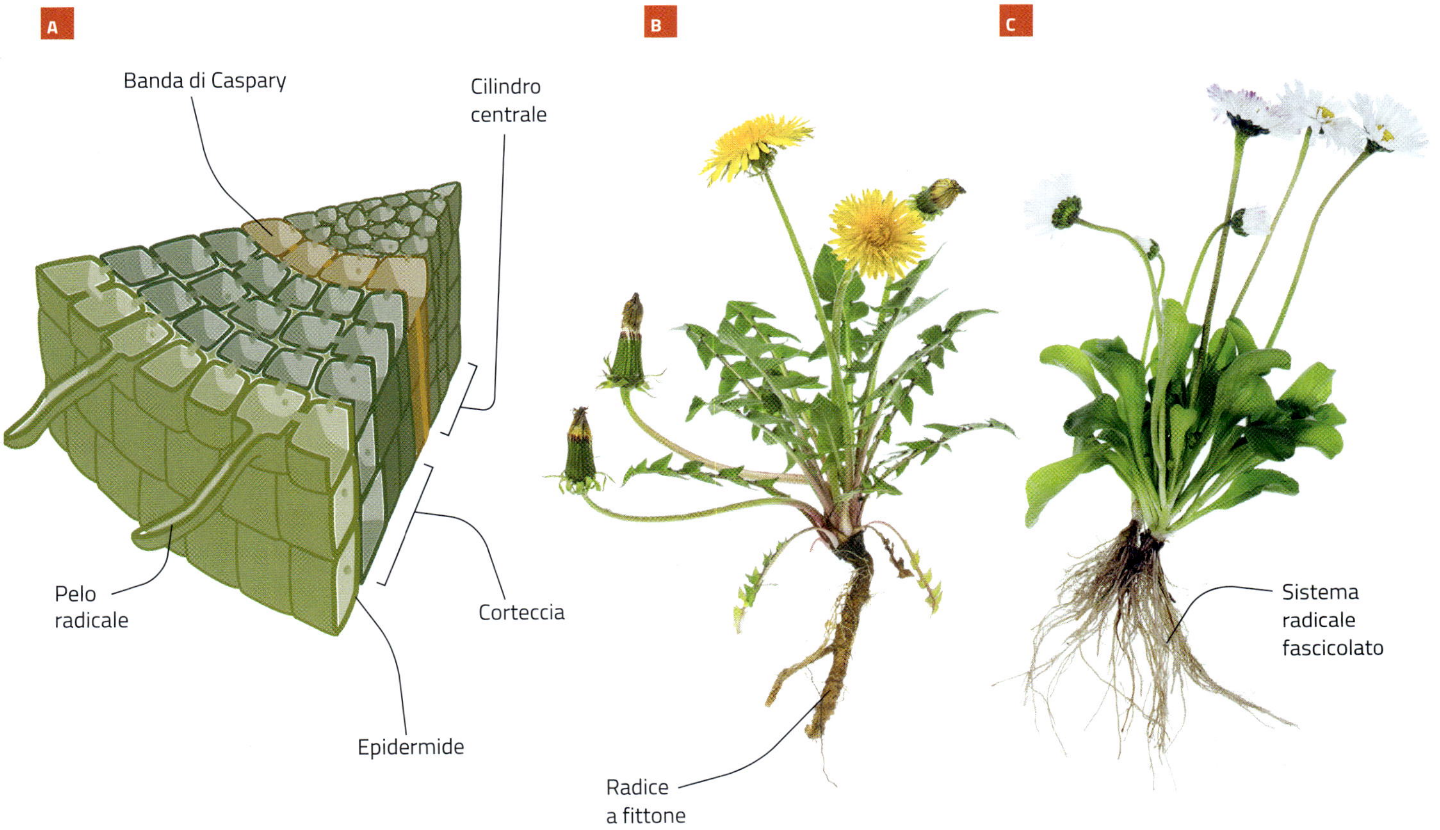

▼ **Figura 19**
(A) Schema di una radice in sezione trasversale, con indicate la posizione e la funzione dei diversi strati che la compongono. (B) Radice a fittone nel tarassaco. (C) Sistema radicale fascicolato nella margherita.

Il fusto è la struttura di sostegno della pianta

Il **fusto** sostiene le foglie per esporle alla luce ed è la via attraverso cui vengono trasportate le sostanze all'interno della pianta; alcuni fusti, come i tuberi, fungono da deposito di sostanze di riserva, mentre nelle cactacee, essi immagazzinano l'acqua nei lunghi periodi di siccità. La struttura interna di un fusto è ben visibile nelle piante che vivono a lungo, perché si possono contare gli *anelli di accrescimento annuali* (**figura 20A**), che corrispondono all'espansione del diametro della pianta avvenuta ogni anno.

Come nella radice, anche nel fusto sono presenti strati diversi dall'esterno all'interno (**figura 20B**): lo strato più esterno è l'**epidermide**, che è ricoperta di una cuticola cerosa impermeabile, sotto la quale c'è la **corteccia**, che presenta i tessuti che danno resistenza meccanica ed elastica al fusto. Tali tessuti sono il *collenchima*, formato da cellule vive che garantiscono resistenza al piegamento e all'allungamento, e lo *sclerenchima*, costituito da cellule morte ricche di *lignina*, una sostanza che indurisce la parete di cellulosa e la rende ancora più resistente. Sotto alla corteccia c'è il **cilindro centrale**, nel quale si trovano i vasi conduttori, mentre nella parte più interna si trova il **midollo**, un tessuto di riserva che può essere sostituito da tessuto di sostegno durante la crescita del fusto.

Curiosità

Gli **anelli di accrescimento** permettono di calcolare l'età dell'albero e, osservando la sezione del tronco, è anche possibile risalire alle condizioni atmosferiche di quegli anni: se le precipitazioni sono state scarse l'anello è sottile, mentre se si è avuta una forte piovosità l'anello è più spesso, perché i vasi conduttori si sono moltiplicati per trasportare l'acqua che scorreva in abbondanza.

A

B

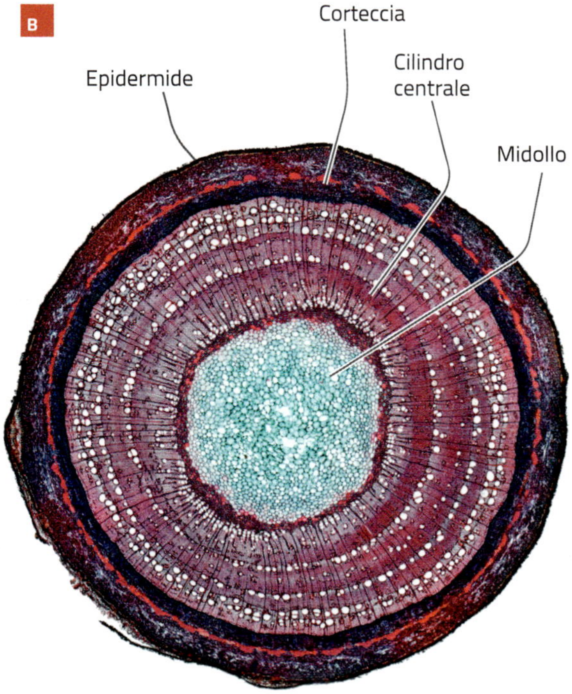

► **Figura 20**
(A) Gli anelli di accrescimento di un tronco di quercia (*Quercus* spp) sono ben visibili in tutta la sezione. (B) Una sezione trasversale del fusto di un frassino (*Fraxinus excelsior*), con indicati gli strati che lo caratterizzano.

Nelle foglie ha luogo la fotosintesi

La produzione di zuccheri in presenza di acqua, luce solare e diossido di carbonio (CO_2) con liberazione di ossigeno (O_2) è chiamata *fotosintesi clorofilliana*. Nelle piante questo processo avviene all'interno delle **foglie**, sottili lamine formate da più strati di cellule che svolgono ruoli diversi (**figura 21**).

La foglia è ricoperta esternamente dall'**epidermide**, uno strato di cellule più spesso e rivestito di una cuticola nella pagina *superiore* (quella esposta al sole) e più sottile e dotato di *stomi* nella pagina inferiore. Gli stomi sono le aperture che consentono lo scambio di gas O_2 e CO_2 tra l'esterno e l'interno della foglia; la loro apertura e chiusura viene opportunamente regolata per evitare l'uscita del vapore acqueo e la conseguente disidratazione. Se non ci fossero gli stomi una quercia di medie dimensioni potrebbe perdere oltre 400 L di acqua in un giorno.

All'interno della foglia è presente il **mesofillo**, il tessuto fotosintetico formato da un *parenchima a palizzata*, che si trova nella parte superiore della lamina fogliare e nel quale avviene gran parte della fotosintesi, e da un *parenchima spugnoso*, formato da cellule più irregolari e distanziate, nelle quali circolano i gas in entrata e in uscita dagli stomi. Nel mesofillo passano le **nervature**, fasci di vasi conduttori che collegano la foglia al resto della pianta.

Le foglie presentano una grande varietà di forme e dimensioni, che vanno dalle fronde più ampie alle minuscole squame. Alcune di queste differenze possono essere messe in relazione agli ambienti in cui le piante vivono: foglie molto grandi sono presenti nelle specie che crescono sotto la volta di una foresta tropicale pluviale dove l'acqua è abbondante, ma c'è un'intensa competizione per la luce in quanto le piante si fanno ombra a vicenda. Le foglie di piccole dimensioni, in cui la superficie utile per la cattura della luce è sacrificata in favore della conservazione dell'acqua, sono invece tipiche dei climi secchi. Esistono poi adattamenti ulteriori come quelli dei cactus del deserto, nei quali le foglie si sono trasformate in *spine* (strutture rigide, secche e non fotosintetiche) e la fotosintesi avviene nei fusti carnosi, che sono specializzati anche per la conservazione dell'acqua.

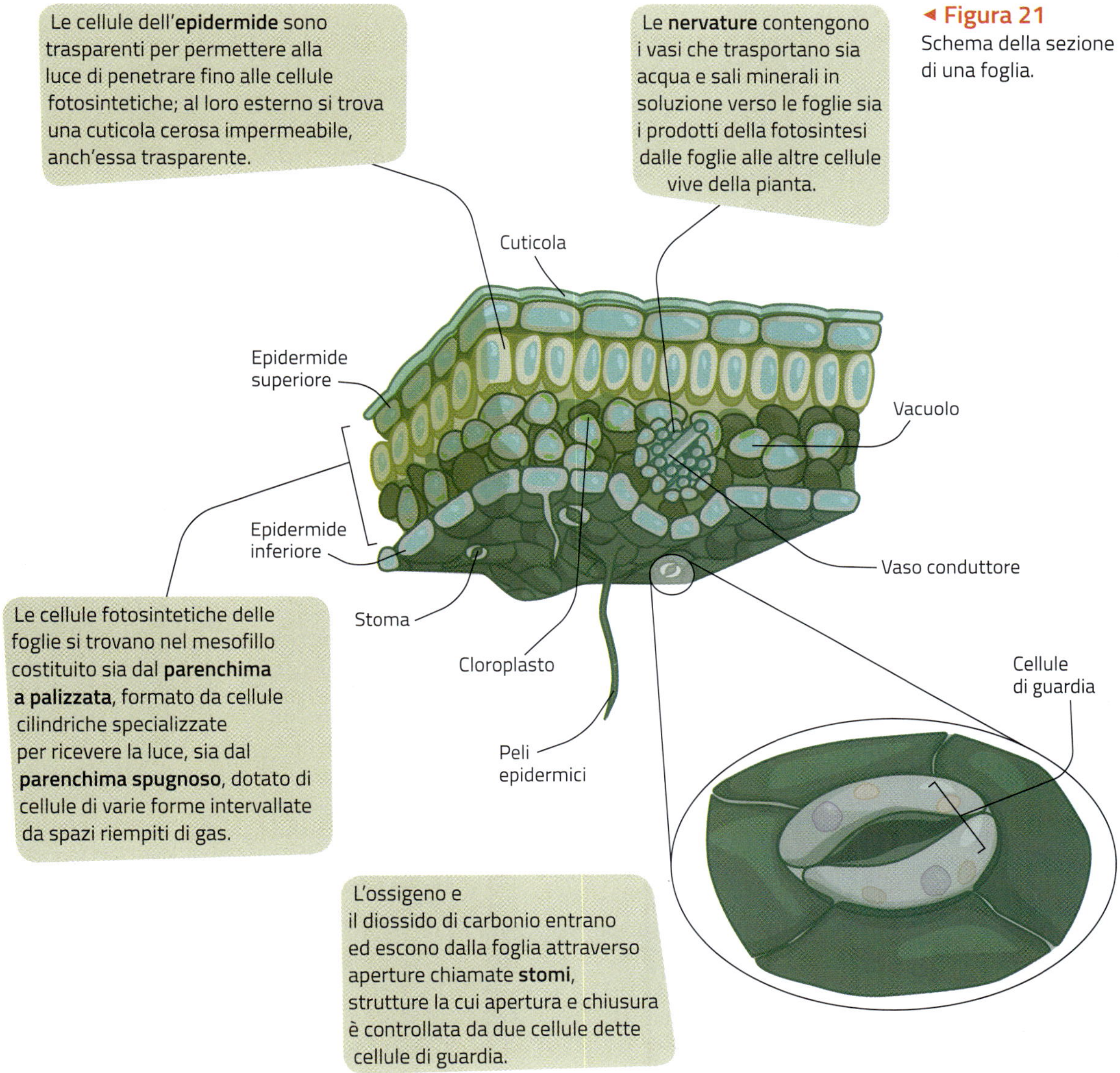

◂ **Figura 21**
Schema della sezione di una foglia.

Facciamo il punto

1. Perché la riproduzione delle angiosperme è legata a specifici animali?
2. Quali sono le principali strutture che compongono un fiore?
3. Qual è la funzione principale dei frutti?
4. Quali sono le due funzioni svolte dalle radici?
5. Qual è la struttura di un fusto?
6. Dove si trovano e a che cosa servono il mesofillo e le nervature?

SINTESI DI FINE CAPITOLO

LO SAI? RIPASSA CON LO SMARTPHONE

Il regno dei funghi

I **funghi** sono eucarioti eterotrofi, unicellulari (come i lieviti) o pluricellulari (come le muffe).

Un filamento fungino è detto **ifa** e assorbe le sostanze nutritive. Le ife insieme formano il **micelio**, cioè il corpo centrale del fungo.

I funghi si riproducono sia per via asessuata sia per via sessuata, e sono classificati in: *zigomiceti*, *ascomiceti* e *basidiomiceti*.

Le **micorrize** sono associazioni simbiotiche tra i funghi e le radici di alcune piante.

Un **lichene** deriva dalla simbiosi di un fungo con un'alga verde o con un cianobatterio.

La comparsa delle piante terrestri

Le piante terrestri hanno avuto origine da alcuni protisti fotosintetici unicellulari, come le alghe, che uscirono dall'acqua e colonizzarono la terraferma.

Le piante si separarono in due linee evolutive: briofite e tracheofite (o piante vascolari).

Le **briofite** sono piante ancora legate all'ambiente acquatico, hanno strutture semplici e non hanno organi specializzati. Sono suddivise in tre classi: le *epatiche*, i *muschi* e le *antocerote*.

Le piante vascolari

Nelle **tracheofite** compaiono i primi tessuti specializzati:

- lo *xilema* trasporta acqua e soluti disciolti, dalle radici alle foglie;
- il *floema* trasporta gli zuccheri dalle parti verdi agli altri tessuti della pianta.

Le **felci** (o pteridofite) furono le prime piante a possedere vasi conduttori.

Altre importanti innovazioni successive sono state:

- la *radice* che è specializzata nell'ancoraggio e nell'assorbimento di acqua, oltre che nell'accumulo di sostanze di riserva;
- la *foglia* che è deputata alla fotosintesi clorofilliana;
- il *seme* che contiene l'embrione di una nuova pianta e una grande quantità di sostanze di riserva, che vengono consumate per avviare lo sviluppo del nuovo organismo.

Oltre alle felci, due grandi gruppi di tracheofite sono le **gimnosperme** (piante con «seme nudo» protetto all'interno della pigna, come le conifere) e le **angiosperme** (piante in cui il seme è protetto dal frutto).

Le caratteristiche delle angiosperme

I **fiori** sono strutture specializzate per favorire la riproduzione sessuata della pianta e, una volta avvenuta la fecondazione, si trasformano in **frutti,** strutture specializzate per lo sviluppo e la dispersione dei **semi**.

Il **fusto** sostiene le foglie per esporle alla luce ed è la via attraverso cui sono trasportate le sostanze nella pianta. Nel fusto sono presenti diversi strati, dall'esterno all'interno:

- l'*epidermide*,
- la *corteccia* (che contiene collenchima e sclerenchima),
- il *cilindro centrale* (con i vasi conduttori)
- il *midollo*.

Nella struttura tipica delle **foglie** troviamo: l'*epidermide* (rivestita di cuticola) che delimita il lato esterno superiore della foglia, mentre la pagina inferiore è dotata di *stomi*, aperture che consentono il passaggio dei gas. All'interno della foglia si trova il *mesofillo* (dove passano le nervature che collegano la foglia con il resto della pianta) e il tessuto fotosintetico (suddiviso in *parenchima a palizzata* e *parenchima spugnoso*).

Le **radici** possono essere a fittone (tipiche delle dicotiledoni) o fascicolate (tipiche delle monocotiledoni).

VERIFICA LE TUE CONOSCENZE

ZTE ONLINE

1. Scrivi sul quaderno la definizione dei seguenti termini.

a) Briofite, tracheofite e spermatofite
b) Gimnosperme e angiosperme
c) Monocotiledoni e dicotiledoni
d) Monoica e dioica
e) Ife, micelio e corpo fruttifero
f) Parassitismo e mutualismo

Barra il completamento esatto.

2. Sono tutte piante vascolari

A le conifere, i muschi e le felci.
B le felci, le angiosperme e le gimnosperme.
C le felci, le briofite e le gimnosperme.
D i muschi, le gimnosperme e le angiosperme.

3. Le angiosperme differiscono da tutte le altre piante perché sono dotate di

A vasi conduttori.
B fiori e frutti.
C riproduzione sessuata.
D semi.

4. Le conifere sono dotate di foglie molto piccole perché

A si sono specializzate nella vita a climi caldi.
B hanno a disposizione sia acqua sia luce in abbondanza.
C rappresentano un modello di adattamento ai climi temperati.
D si sono adattate ad ambienti con scarsa disponibilità di acqua.

5. Completa la tabella mettendo in corrispondenza le piante (*lettere*) con le rispettive caratteristiche (*numeri*).

A. abete
B. felce
C. muschio
D. orchidea

1. vive in ambienti umidi e non ha vasi conduttori
2. fa parte di una divisione che comprende anche verdure e cereali
3. ha vasi conduttori e semi, ma non fiori
4. non produce semi e possiede vasi conduttori

A	B	C	D

Barra i due completamenti esatti.

6. Nei fiori, i sepali sono

A esterni ai petali e formano il calice.
B verdi e assomigliano alle foglie.
C i filamenti che sorreggono le antere.
D costituiti da stigma e ovario.
E di colori brillanti e formano la corolla.

7. Grazie alla banda di Caspary

A avviene una selezione delle sostanze che entrano tra le pareti cellulari della radice.
B viene resa impermeabile l'epidermide esterna per evitare che la radice possa marcire.
C vengono prodotti i peli radicali che aumentano la superficie di assorbimento della radice.
D viene controllata la quantità di acqua che passa dall'esterno verso l'interno della radice.
E si ha un accumulo di zuccheri di riserva indispensabili nelle stagioni fredde.

8. Di fianco a ogni affermazione scrivi la lettera A se essa si riferisce alla radice, la lettera B se si riferisce al fusto, la lettera C se si riferisce alla foglia o la lettera D se è valida per le tre strutture della pianta.

a) Nei cactus è il sito della fotosintesi. (.....)
b) Nelle angiosperme sono presenti cellule e tessuti differenziati. (.....)
c) Al suo interno sono presenti xilema e floema. (.....)
d) È la prima struttura che emerge dal tegumento del seme quando questo germoglia. (.....)

9. Completa le seguenti frasi.

a) I vasi conduttori compaiono per la prima volta nelle ....
b) I semi compaiono per la prima volta nelle ....
c) Nelle foglie le strutture che permettono gli scambi gassosi si chiamano ....
d) Dopo la fecondazione, la maturazione dell'ovario dà origine al ....
e) La sostanza zuccherina che serve da richiamo per gli impollinatori si chiama ....

10. Barra il simbolo V se ritieni l'affermazione vera, il simbolo F se la ritieni falsa.

a) I fiori con impollinazione anemofila (operata dal vento) hanno una maggiore produzione di polline di quelli impollinati dagli insetti. V F
b) I frutti sono specializzazioni anche per la dispersione del polline. V F
c) Solo nei muschi la fecondazione richiede presenza di acqua. V F
d) Le piante epatiche sono meno evolute delle gimnosperme. V F
e) Le gimnosperme sono piante meno evolute delle angiosperme, ma più evolute delle briofite. V F

11. Le briofite sono organismi vegetali con caratteristiche che le collocano tra le piante ad aver colonizzato la terraferma. Descrivi questi aspetti.

....

12. Quali caratteristiche devono avere i fiori che sono impollinati dagli insetti o da altri animali?

....

VERIFICA LE TUE ABILITÀ

Barra il completamento esatto.

13. Se gli stomi di una foglia rimanessero sempre aperti

[A] si avrebbe una significativa e pericolosa perdita di acqua.
[B] verrebbe liberato troppo ossigeno dalle cellule del mesofillo.
[C] si avrebbe un'eccessiva e pericolosa perdita di diossido di carbonio.
[D] le cellule potrebbero gonfiarsi fino a scoppiare.

14. I frutti spinosi, come il riccio della castagna

[A] si aprono a maturazione per far mangiare i semi in essi contenuti.
[B] contengono semi che non vengono digeriti dagli animali erbivori.
[C] attraggono gli animali in quanto sono di solito anche colorati e dolci.
[D] si propagano rotolando o attaccandosi al pelo degli animali.

15. Completa le seguenti frasi.
In che modo le angiosperme hanno risolto i seguenti problemi?

a) Proteggere e nutrire l'embrione immaturo mediante ....
b) Limitare la produzione di polline mediante ....
c) Favorire la dispersione del seme mediante ....
d) Attrarre specifici insetti per l'impollinazione mediante ....
e) Attrarre specifici animali per la dispersione dei semi mediante ....

Barra i due completamenti esatti.

16. A differenza delle felci, le gimnosperme

[A] vivono in montagna.
[B] si riproducono mediante semi.
[C] sono dotate di foglie piuttosto ampie.
[D] appartengono al gruppo delle tracheofite.
[E] hanno gameti racchiusi all'interno di coni legnosi.

17. Barra il simbolo V se ritieni l'affermazione vera, il simbolo F se la ritieni falsa.
Importanti differenze tra animali e piante sono che queste ultime

a) crescono per tutta la vita e rinnovano sempre i loro tessuti. [V] [F]
b) hanno organi riproduttori permanenti e crescono per tutta la vita. [V] [F]
c) non hanno organi riproduttori permanenti e rinnovano sempre i loro tessuti. [V] [F]
d) crescono per tutta la vita e non hanno organi riproduttivi permanenti. [V] [F]

18. Di fianco a ogni struttura vegetale scrivi la lettera A se si tratta di un frutto, B se è un seme, C se è una radice o D se non è nessuna di queste strutture.

a) Zucchina (.....)
b) Castagna (.....)
c) Pigna (.....)
d) Pannocchia di mais (.....)
e) Pomodoro (.....)
f) Cipolla (.....)

19. Perché le terre emerse hanno rappresentato un ambiente interessante da colonizzare per gli organismi vegetali? Quali sono stati i problemi che le prime piante hanno dovuto affrontare quando hanno abbandonato l'ambiente acquatico?

....
....
....
....
....
....
....
....
....
....

20. Per quali aspetti le gimnosperme sono piante più complesse delle felci?

....
....
....
....
....
....
....
....
....
....

UNITUTOR
VERSO L'UNIVERSITÀ

Preparati ai test di ammissione sul sito Unitutor.

21. Quale delle seguenti affermazioni NON rappresenta in modo corretto la respirazione aerobica e le reazioni della fase luce indipendente della fotosintesi?

[A] CO_2 è prodotto nella respirazione aerobica ed è usato nelle reazioni della fase luce indipendente.
[B] O_2 è usato nella respirazione aerobica ed è prodotto nelle reazioni della fase luce indipendente.
[C] ATP è prodotto nella respirazione aerobica ed è usato nelle reazioni della fase luce indipendente.
[D] La respirazione aerobica e le reazioni della fase luce indipendente possono avvenire contemporaneamente.
[E] L'idrogeno può essere aggiunto e rimosso da un coenzima nella respirazione aerobica, ma può solo essere rimosso da un coenzima nelle reazioni della fase luce indipendente.

[dal test di ammissione a Veterinaria 2015-16]

HANDS-ON GLOSSARY

22. Fill in the table matching each term (*letters*) with its definition (*numbers*).

A. fungus C. fern
B. plant D. moss

1. any member of a group of vascular plants that reproduces via spores and has neither seeds nor flowers
2. a small flowerless plant usually composed of simple leaves, that are generally one-cell thick, attached to a stem that has only a limited role in conducting water and nutrients
3. any member of the eukaryotic kingdom that includes unicellular microorganisms (yeasts and molds), as well as multicellular ones that produce fruiting forms known as mushrooms
4. any multicellular organism of the eukaryotic kingdom that is capable of photosynthesis, produces embryos, and lacks the power of locomotion

A	B	C	D

VERSO L'ESAME: LE TUE COMPETENZE

SCHEMATIZZA

23. Costruisci una mappa concettuale che riporti la classificazione delle piante, indicando le caratteristiche principali che distinguono le varie linee evolutive.

RICERCA E DISEGNA

24. L'entrata e l'uscita dei gas attraverso gli stomi è regolata da specifiche cellule dette «cellule di guardia».

Fai una ricerca sul meccanismo che permette a queste cellule di aprire e chiudere gli stomi, quindi schematizzalo graficamente.

ELENCA

25. Prendi in esame le briofite e costruisci una tabella in cui elencare le caratteristiche che le contraddistinguono come piante terrestri e quelle che le avvicinano alle alghe.

Piante terrestri	Alghe

METTI IN RELAZIONE

26. Si pensa che l'impollinazione anemofila (ovvero per azione del vento) si sia evoluta per prima rispetto ad altri tipi di impollinazione.

Spiegane il motivo e indica quali adattamenti possono essersi evoluti nelle piante che la attuano.

RIFLETTI

27. I muschi e i licheni sono organismi definiti «pionieri», perché sono i primi che colonizzano un nuovo ambiente e favoriscono il successivo insediamento di altre specie viventi.

Prova a spiegare per quali motivi questi organismi possono diffondersi anche in ambienti estremi.

CONFRONTA

28. Metti a confronto le gimnosperme e le angiosperme, sottolineando gli aspetti che le accomunano e quelli che le differenziano.

IPOTIZZA

29. Tra i funghi esistono specie commestibili e altre addirittura mortali; queste ultime hanno spesso colori vivaci, come la nota *Amanita muscaria* che è rossa a puntini bianchi.

Perché pensi che esista questa differenza all'interno del regno fungino?

DEDUCI

30. *Angraecum sesquipedale* è una pianta endemica del Madagascar, conosciuta anche come orchidea di Darwin; nel 1862, Charles Darwin ricevette un campione di questo fiore e fu sorpreso dalla lunghezza dei suoi nettarii tubulari (lunghi circa 30 cm). Ecco le parole con le quali Darwin commentò la forma del fiore:
... pende al basso un nettario verde di straordinaria lunghezza e simile ad una frusta... si può domandare a quale scopo possa servire un nettario di una lunghezza tanto sproporzionata...

Sulla base delle tue conoscenze, ipotizza la risposta alla domanda che si pose Darwin.

Capitolo

A5 Il ruolo dei viventi negli ecosistemi

1 L'ecologia e il flusso dell'energia

Le parole

Il termine **ecologia** deriva dal greco *oikós*, «casa», e *lógos*, «discorso, studio»; il termine è stato coniato dal biologo Ernst Haeckel nel 1866 e indica lo studio del luogo in cui abitiamo.

A colpo d'occhio

- SISTEMA
  - APERTO → ECOSISTEMI
  - CHIUSO → TERRA
  - ISOLATO → UNIVERSO

Gli ecosistemi sono l'insieme di componenti biotiche e abiotiche

I batteri, i protisti, gli animali, i funghi e le piante che abbiamo studiato finora come elementi separati sono in realtà strettamente interconnessi tra di loro e con l'ambiente in cui vivono. A studiare il rapporto tra i viventi è una disciplina nata nella seconda metà dell'Ottocento: l'ecologia. L'**ecologia** è la scienza che si occupa della componente biotica di un ecosistema e del rapporto che questa instaura con la componente abiotica. Così come le cellule sono le unità strutturali e funzionali degli esseri viventi, gli ecosistemi sono le unità di base del mondo naturale e possono essere considerati un insieme delle componenti viventi e delle condizioni chimico-fisiche di un determinato ambiente.

In un **ecosistema**, o sistema ecologico, si verificano flussi continui di energia e di sostanze; tali flussi non sono costanti perché le sostanze chimiche, una volta utilizzate, possono essere riciclate, mentre l'energia viene dissipata e non può essere recuperata. Questa caratteristica è tipica dei *sistemi aperti*, nei quali avviene un continuo scambio di energia e materia con l'ambiente; tutti gli esseri viventi sono sistemi aperti, così come gli ecosistemi. La Terra, invece, è un *sistema chiuso*, che scambia solo energia con l'ambiente che la circonda; l'Universo, infine, è un *sistema isolato*, perché non ha scambi né di materia né di energia con l'ambiente.

All'interno di ciascun ecosistema è possibile individuare uno o più **habitat**, ovvero lo spazio fisico nel quale vivono gli organismi appartenenti a una particolare specie; nell'ecosistema del bosco, per esempio, ci sono gli alberi, che sono l'habitat di anellidi, insetti, uccelli e piccoli mammiferi. In parole semplici potremmo definire l'habitat come l'«indirizzo» di casa degli organismi.

In un solo habitat possono essere presenti più nicchie ecologiche. La **nicchia ecologica** è l'insieme delle abitudini alimentari, riproduttive e sociali di una specie; nell'habitat dell'albero, per esempio, ci possono essere piccoli mammiferi che si nutrono di ghiande e germogli, uccelli insettivori e uccelli rapaci che attaccano sia i mammiferi sia gli uccelli insettivori. La nicchia ecologica è quindi lo «stile di vita» delle specie che popolano un certo habitat.

L'insieme di tutti gli ecosistemi forma la **biosfera**, che si estende da 8-10 kilometri sopra il livello del mare fino alle profondità oceaniche e anche diverse decine di metri all'interno del suolo, nel quale si propagano le radici degli alberi e vivono molti microrganismi.

Gli ecosistemi hanno una fonte di energia, un flusso energetico e un ciclo della materia

Affinché un ecosistema sia attivo e possa avere continuità, devono verificarsi tre condizioni:

1. l'esistenza di una **fonte di energia primaria**, quella proveniente dal Sole, in grado di favorire l'assemblaggio di composti del carbonio presente nell'ambiente; in genere questo processo ha luogo attraverso la *fotosintesi*, ma nei casi di ecosistemi che non dispongono di luce solare, la produzione di molecole complesse avviene grazie alla *chemiosintesi*;
2. la presenza di un **flusso unidirezionale di energia** che si origini da organismi *produttori autotrofi* (in gran parte fotosintetici) e sia indirizzato verso i *consumatori eterotrofi* (organismi che si nutrono di autotrofi o di altri eterotrofi); l'energia non può essere riciclata, ma nei vari passaggi può trasformarsi, per esempio da radiazione luminosa a energia potenziale chimica;
3. la realizzazione di **cicli biogeochimici**, che preveda il passaggio di diversi elementi chimici (come azoto o fosforo) dall'ambiente abiotico agli esseri viventi e poi di nuovo all'ambiente; tali cicli possono aver luogo grazie all'azione dei *decompositori*, organismi che demoliscono sostanze complesse così che possano essere nuovamente utilizzate dagli organismi autotrofi.

Da questo punto di vista, la Terra può essere considerata come un unico grande ecosistema, oppure come un insieme di ecosistemi di diverse dimensioni (**figura 1**). Se analizziamo fattori come l'aumento di diossido di carbonio nell'atmosfera, la diminuzione delle riserve d'acqua, il riscaldamento globale oppure la scomparsa di specie, il nostro pianeta è un ecosistema solo, ma al suo interno sono presenti ambienti più piccoli (un bosco, uno stagno, ma anche la savana o la tundra) che hanno delle loro specificità e che influiscono in vario modo sugli equilibri globali. Per questo motivo, ogni nostro singolo comportamento ha conseguenze sia sul ridotto ecosistema in cui viviamo sia sull'ecosistema globale e dunque il risparmio energetico, il differenziamento dei rifiuti e la diminuzione dello sfruttamento delle risorse sono comportamenti che non possono che avere una ricaduta positiva su tutto il pianeta.

▲ **Figura 1**
Un orto è un ecosistema perché comprende una componente biotica e una abiotica che interagiscono.

La vita dipende dall'energia del Sole

Il fattore più importante per la sopravvivenza e l'organizzazione degli ecosistemi è il flusso di energia che li attraversa. La vita sulla Terra dipende dall'energia del **Sole**, che è anche responsabile del clima, dei venti e delle precipitazioni. Non tutte le zone della Terra, però, ricevono la stessa quantità di energia, perché ciò dipende dall'angolo d'incidenza con cui i raggi colpiscono la superficie terrestre (**figura 2**). Di tutta la radiazione che proviene dal Sole, inoltre, circa la metà non raggiunge il suolo a causa della presenza dell'atmosfera, che forma un filtro intorno al pianeta: il 30% dell'energia solare incidente totale, infatti, viene riflesso nello spazio dalle nubi, dall'acqua e dal pulviscolo atmosferico, mentre un altro 20% viene assorbito dall'atmosfera stessa.

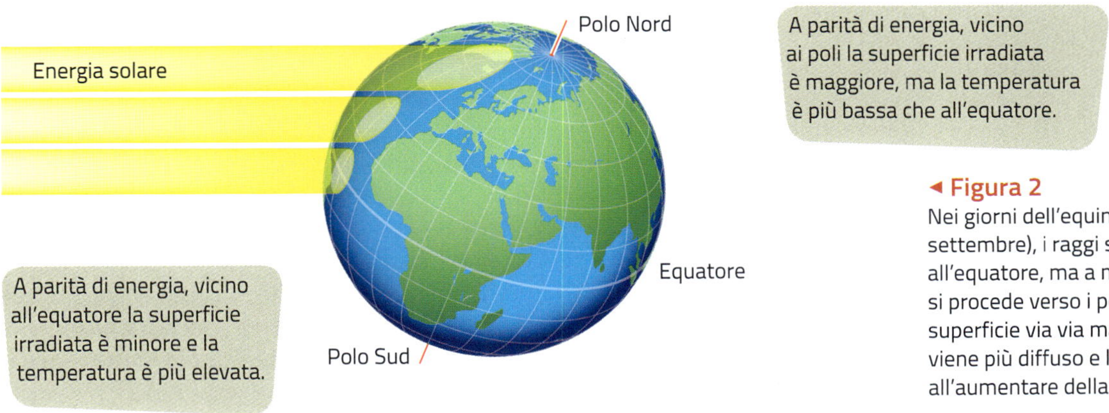

◄ **Figura 2**
Nei giorni dell'equinozio (21 marzo e 23 settembre), i raggi solari sono perpendicolari all'equatore, ma a mano a mano che si procede verso i poli, essi coprono una superficie via via maggiore perciò il calore viene più diffuso e la temperatura scende all'aumentare della latitudine.

La quota di energia che raggiunge il suolo non è utilizzata totalmente dagli organismi, in media soltanto una piccola percentuale (circa lo 0,1%) è convogliata verso i sistemi viventi e persino dove la vegetazione è più abbondante (come in una foresta, in un campo di grano o in una palude) solo una minima parte viene sfruttata dagli organismi fotosintetici per produrre molecole complesse. Questa frazione di energia solare utilizzata è però sufficiente per produrre ogni anno diversi kilogrammi (in massa secca) di materiale organico per metro quadrato di terreno coltivato o di foresta. Sommando la produzione delle singole zone della Terra, si raggiunge un totale annuo di circa 120 miliardi di tonnellate. Il materiale organico prodotto attraverso la fotosintesi è costituito soprattutto da zuccheri, che rappresentano la principale fonte di cibo di tutti gli organismi eterotrofi, siano essi erbivori oppure carnivori.

Il passaggio di energia avviene tramite le reti alimentari

Negli ecosistemi l'energia che proviene dal Sole fluisce in una sola direzione: viene trasformata dagli organismi autotrofi in energia chimica potenziale e poi viene utilizzata da tutti gli organismi viventi, che la restituiscono all'ambiente sotto forma di calore; il flusso inverso è invece impossibile.

Il passaggio di energia da un organismo a un altro avviene lungo una **catena alimentare**, cioè una sequenza che rappresenta il modo in cui organismi in relazione tra loro si procurano le sostanze alimentari e l'energia utile a sopravvivere (**figura 3**): l'organismo che sta alla base della catena è mangiato da quello che si trova al secondo anello, che a sua volta è il pasto del terzo e così via, in una serie di passaggi chiamati **livelli trofici**.

▾ Figura 3
Sia negli ecosistemi terrestri sia in quelli marini è possibile individuare delle catene alimentari formate da diversi livelli trofici; le frecce indicano il flusso di energia.

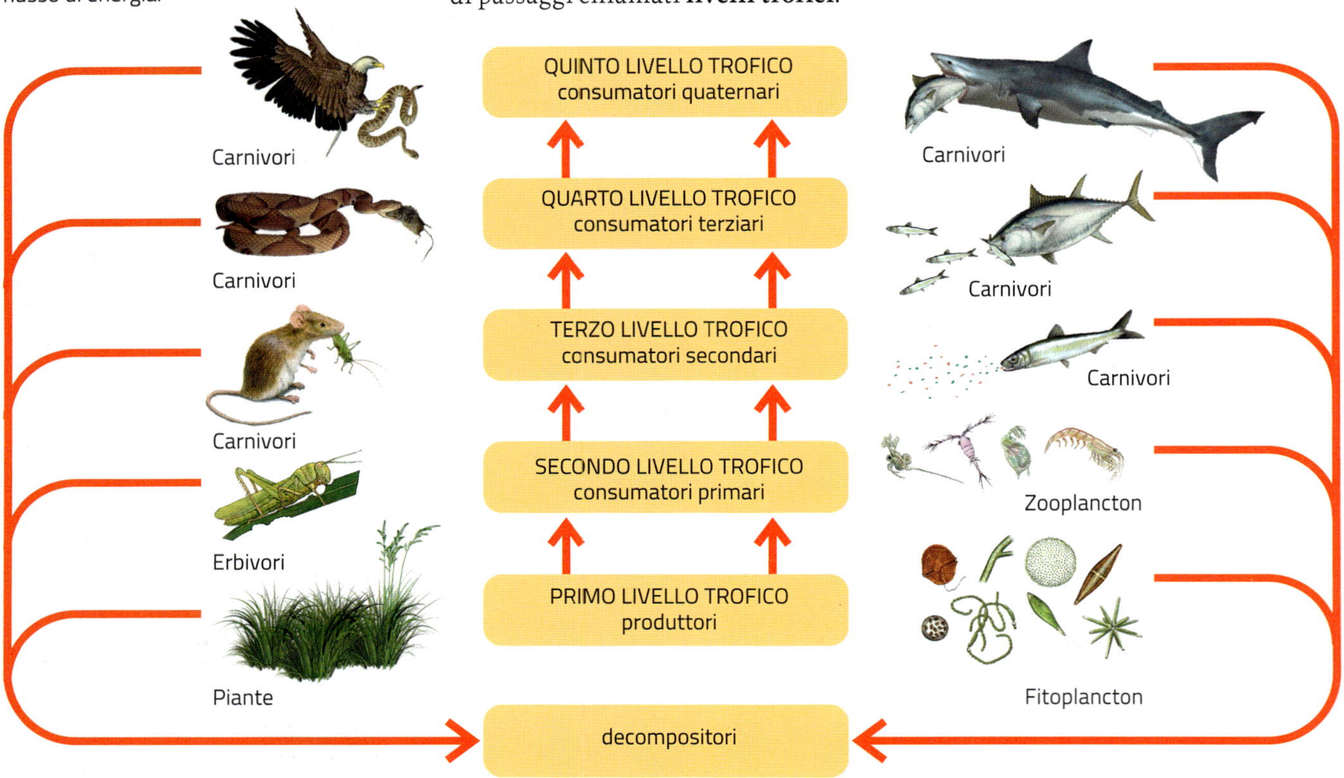

In molti ecosistemi le catene alimentari sono unite fra loro in complesse **reti alimentari**, che presentano molte ramificazioni e interconnessioni (**figura 4**). Una rete alimentare può interessare anche più di cento specie differenti; i predatori catturano in genere più di un tipo di preda e ogni tipo di preda è a sua volta mangiato da parecchie specie differenti di predatori.

Il primo livello trofico di una rete alimentare è sempre occupato dai **produttori**; sulla terraferma questo ruolo è svolto dalle piante, mentre negli ecosistemi acquatici di solito dalle piante acquatiche e dalle alghe unicellulari o pluricellulari. Questi organismi fotosintetici usano l'energia luminosa per fabbricare zuccheri e

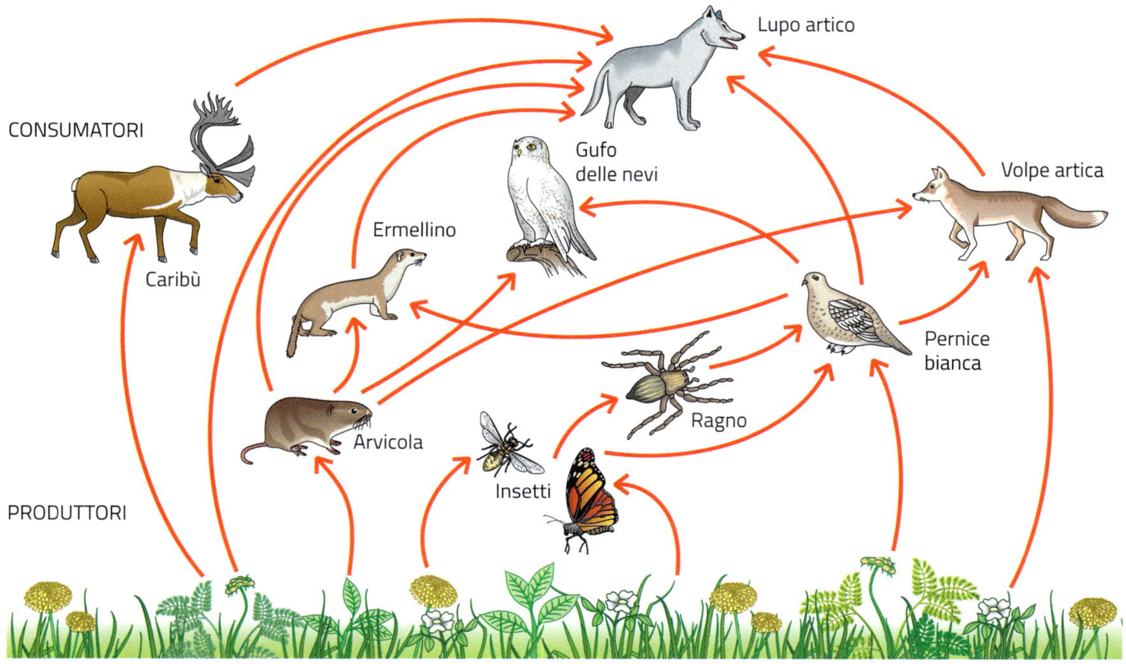

◂ **Figura 4**
Schema di una rete alimentare semplificata che si realizza nei mesi più caldi dell'anno nella tundra artica; le frecce indicano il flusso di energia.

altri composti che poi diventano fonti di energia chimica. In massa, i produttori superano di gran lunga i consumatori: il 99% di tutta la sostanza organica del mondo vivente è costituito da piante e alghe e solo il restante 1% è formato dall'insieme di tutti gli organismi eterotrofi. Ciò si giustifica anche sulla base del fatto che a ogni passaggio di livello trofico una parte dell'energia si perde sotto forma di calore e quindi l'energia disponibile si riduce considerevolmente (**figura 5**).

L'energia passa dai produttori agli erbivori, animali che si nutrono di piante o di alghe e sono perciò **consumatori primari**. Un erbivoro potrebbe essere un elefante, un cervo, un riccio di mare, una chiocciola o un topo di campagna; ogni tipo di ecosistema ha la sua caratteristica dotazione di erbivori. I carnivori, ossia gli animali che mangiano altri animali, rappresentano il livello trofico dei **consumatori secondari**; un carnivoro che si ciba di un erbivoro potrebbe essere, per esempio, una tigre, un pesce, un pettirosso o un ragno.

Alcune catene alimentari hanno un terzo e un quarto livello di consumatori; il raggiungimento di un quinto livello è generalmente il limite massimo di un ecosistema ed è un evento piuttosto raro. In questi casi i consumatori sono carnivori che si nutrono di altri carnivori. In genere, in cima alle catene alimentari ci sono i pochi animali che non sono preda naturale di nessun altro organismo, come le aquile o gli squali.

Per mantenere l'equilibrio delle catene alimentari, ci sono poi i **detritivori** o **decompositori**, organismi che smaltiscono i prodotti di rifiuto di altri organismi, come foglie morte, feci e cadaveri. Questi organismi comprendono i *saprofagi*, cioè animali specializzati nel nutrirsi dei cadaveri di animali o piante (come gli sciacalli, i granchi, i lombrichi e gli avvoltoi) e i *saprofiti*, come i batteri e i funghi, che vivono dove è presente materiale organico da demolire, come avviene in un bosco in autunno; in loro assenza il bosco verrebbe ricoperto, e progressivamente soffocato, anno dopo anno dalle sue stesse foglie e il terreno sarebbe impoverito di materie prime liberate invece dalla decomposizione attuata dai funghi e dalle muffe.

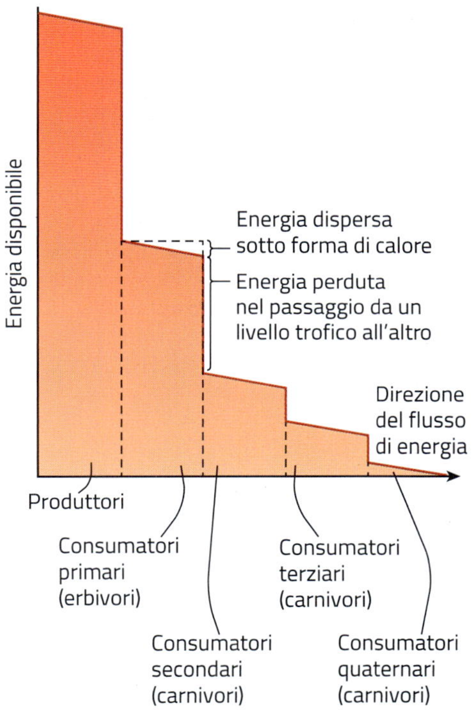

▴ **Figura 5**
In una rete alimentare l'energia disponibile diminuisce passando da un livello trofico al successivo perché viene consumata o dissipata dagli organismi.

Facciamo il punto

1. Che cosa studia l'ecologia?
2. Che cos'è un ecosistema e che cosa lo rende attivo?
3. In che modo il Sole influisce sulla vita della Terra?
4. Quale funzione svolgono i produttori primari in un ecosistema?
5. Che differenza c'è tra una catena alimentare e una rete alimentare?
6. Come sono collegati i livelli trofici di una catena alimentare?

I problemi ambientali: il surriscaldamento globale e il buco nell'ozono

Il 30 ottobre 2016 è stato trasmesso in streaming il documentario *Before the Flood - Punto di non ritorno* prodotto e interpretato dall'attore Leonardo Di Caprio, ambasciatore per le Nazioni Unite contro i cambiamenti climatici. Il film racconta gli effetti sulla popolazione e sul pianeta del surriscaldamento globale, un tema ormai all'ordine del giorno nell'agenda politica dei governi e nelle cronache dei giornali di tutto il mondo.

Tale riscaldamento (spesso citato con l'espressione inglese *global warming*) è dovuto all'aumento dell'**effetto serra**, un fenomeno naturale che ha favorito la comparsa e lo sviluppo della vita perché ha permesso il mantenimento di una temperatura media annua della Terra intorno ai 15 °C. L'effetto serra è una conseguenza dell'azione di alcuni gas atmosferici, che impediscono al calore emesso dalla superficie terrestre sotto forma di raggi infrarossi (IR) di tornare nello spazio, trattenendolo a ridosso della superficie terrestre (**figura A**). Si tratta, quindi, di un fattore positivo, senza il quale sul nostro pianeta non si troverebbe acqua allo stato liquido perché la temperatura media si aggirerebbe intorno ai −18 °C, come accade su altri pianeti.

Nel corso degli ultimi due secoli, però, a causa degli scarichi industriali, del crescente utilizzo dei combustibili fossili e dell'urbanizzazione, la concentrazione dei gas che provocano l'effetto serra (diossido di carbonio, metano e vapore acqueo) è aumentata e ha accentuato gli effetti del riscaldamento superficiale. La Noaa (*National Oceanic and Atmospheric Administration* degli Stati Uniti) e il *Met Office* (il servizio meteorologico britannico) hanno certificato che il 2015 è stato l'anno più caldo da quando esistono rilevamenti meteorologici affidabili, cioè dal 1880: la temperatura media annua è stata di 14,79 °C, pari a 0,9 °C in più della media di tutto il Novecento (**figura B**).

Le conseguenze di questo aumento sono varie: se si continua con questo andamento, in alcune zone ci saranno precipitazioni più intense (com'è accaduto ad Haiti a ottobre 2016) e inondazioni (come nel caso di Genova del 14 novembre del 2015), mentre in altre saranno minori, diminuirà la produttività agricola e si accentuerà il processo di desertificazione. Inoltre, lo scioglimento dei ghiacci polari causerà l'innalzamento del livello del mare, con seri danni alla biodiversità delle regioni costiere.

Le attività umane sono tra le principali cause dell'innalzamento della temperatura globale e perciò occorre aumentare gli sforzi nazionali e internazionali per sviluppare strategie alternative per la mobilità, lo sviluppo urbano e i consumi industriali.

IL BUCO DELL'OZONO È ANCORA UN PROBLEMA?

Gli organismi che vivono sulla Terra sono protetti dall'azione dannosa dei raggi ultravioletti del Sole grazie a uno strato di gas ozono (O_3) localizzato tra i 10 e i 50 kilometri di altitudine. Per centinaia di milioni di anni la quantità di ozono è rimasta praticamente invariata e solo una piccolissima percentuale di radiazioni ultraviolette poteva raggiungere ogni giorno la superficie del nostro pianeta.

Per effetto diretto delle attività umane (soprattutto legate all'uso di gas chiamati CFC, clorofluorocarburi, usati nel sistema di raffreddamento dei frigoriferi e degli impianti di condizionamento), qualche decennio fa questa situazione cambiò drasticamente. Una regione dello strato di ozono che sovrasta l'Antartide diventò talmente sottile da meritarsi l'appellativo giornalistico di «buco», anche se in realtà si tratta di una rarefazione. La situazione si aggravò e nel 1987 venne firmato il Protocollo di Montreal per mettere al bando i CFC, nella speranza che lo strato di ozono tornasse a ispessirsi nuovamente. Grazie a questi provvedimenti sembra che lo spessore dello strato di ozono stia tornando ad aumentare e si prevede un ritorno alla normalità entro qualche decennio: a luglio 2016 è stata pubblicata una ricerca del *Massachusetts Institute of Technology* di Boston che ha dimostrato una «riduzione del buco» sull'Antartide.

Gli effetti di un'eventuale scomparsa dello strato di ozono sarebbero drammatici per gli organismi viventi: si prevede, per esempio, che possa avvenire una drastica riduzione del fitoplancton marino e la scomparsa del 20% circa degli organismi fotosintetici terrestri. Per gli esseri umani una delle più immediate conseguenze di un forte assottigliamento dello strato di ozono potrebbe essere l'aumento dell'incidenza di tumori della pelle e di danni al sistema immunitario, ossia le nostre barriere protettive contro le malattie.

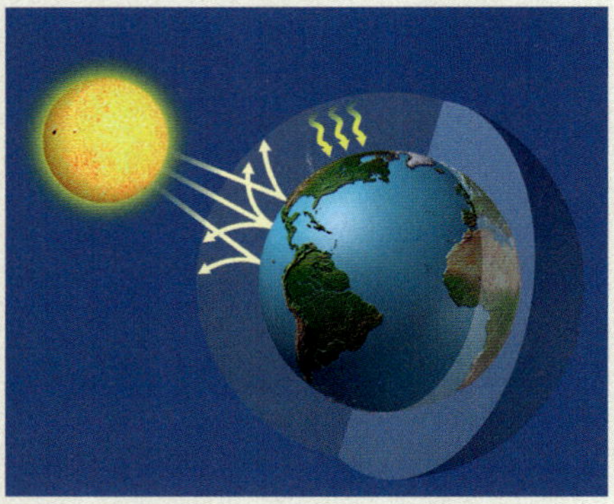

▲ **Figura A**
L'atmosfera terrestre trattiene i raggi infrarossi che provengono dalla superficie terrestre, che li emette poiché è riscaldata dal Sole.

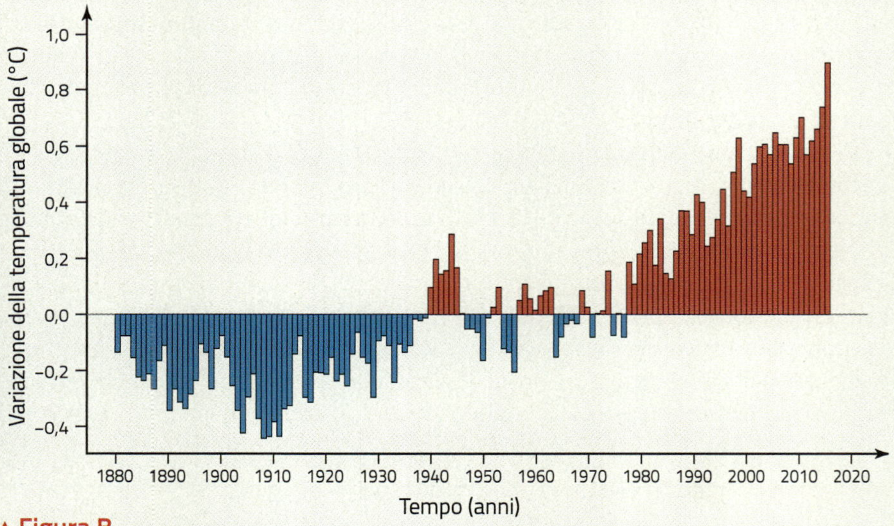

▲ **Figura B**
L'innalzamento delle temperature sul pianeta a partire dal 1880: la linea dello zero rappresenta la media annua delle temperature su un lungo periodo e gli istogrammi rossi e blu indicano di quanti gradi centigradi la temperatura di ciascun anno è sopra (rosso) o sotto (blu) tale media.

2 Il flusso della materia e i cicli biogeochimici

Nei cicli biogeochimici le sostanze si trasformano e si riciclano

A differenza dell'energia, che tende a disperdersi a ogni passaggio della catena alimentare, le sostanze chimiche possono essere in gran parte riciclate: acqua, azoto, carbonio, fosforo, zolfo e numerosi altri minerali (come il ferro e il cobalto) vengono trasformati, diventando utilizzabili da organismi differenti.

Le trasformazioni delle sostanze definiscono i **cicli biogeochimici**, eventi che coinvolgono sia le componenti geologiche sia quelle biologiche dell'ecosistema. Le *componenti geologiche* sono l'atmosfera, la crosta solida della Terra e l'idrosfera, ossia l'insieme degli oceani, dei laghi e dei fiumi; le *componenti biologiche*, invece, includono tutti gli organismi (produttori, consumatori e i detritivori).

Ciascuna di queste componenti agisce da *serbatoio* per una o più sostanze e può avere un ruolo più o meno importante a seconda del ciclo che si sta analizzando. Le caratteristiche di ciascun ciclo vanno preservate per non alterare gli equilibri esistenti all'interno degli ecosistemi. Nei prossimi paragrafi analizzeremo le caratteristiche dei cicli del carbonio, del fosforo e dell'azoto, mentre nel prossimo capitolo vedremo il ciclo dell'acqua, dal quale dipende la presenza della vita sulla Terra.

Nel ciclo del carbonio i serbatoi più grandi sono oceani e rocce

Il **carbonio** è l'elemento chimico più importante per l'esistenza della vita perché costituisce la base di un gran numero di biomolecole con caratteristiche chimiche diverse. La maggior parte del carbonio presente sul nostro pianeta si trova nelle rocce solide e nei depositi di combustibile fossile (come il petrolio o il carbone), che hanno cominciato a formarsi e ad accumularsi sotto la superficie terrestre circa 300 milioni di anni fa. Questo elemento, tuttavia, si trova anche nell'atmosfera, sotto forma di molecole di diossido di carbonio (CO_2).

Mediante la fotosintesi, i sistemi viventi assorbono e incorporano all'interno dei loro tessuti il carbonio presente nelle particelle di CO_2 atmosferico e lo utilizzano per formare le proprie molecole complesse. Per ottenere energia tali molecole devono poi essere demolite, il carbonio viene liberato e ritorna nell'atmosfera; questi processi costituiscono il **ciclo del carbonio** (figura 6).

▼ **Figura 6**
Il ciclo del carbonio coinvolge i viventi, l'atmosfera, la litosfera e l'idrosfera.

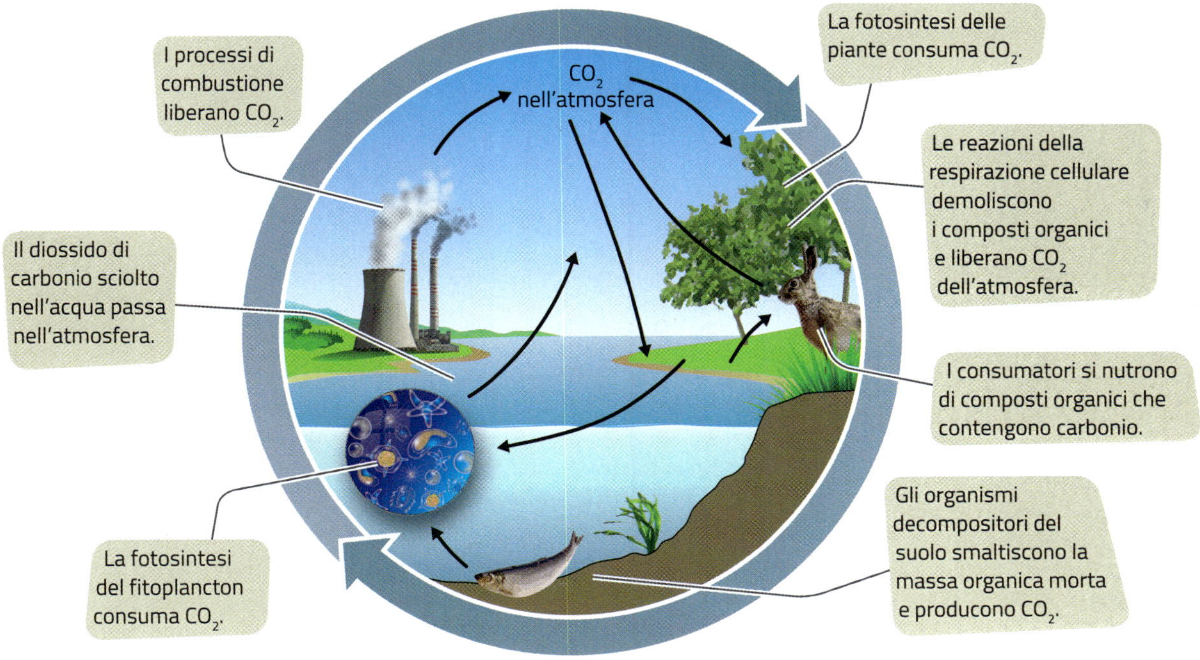

I principali organismi fotosintetici coinvolti in questo ciclo sono le piante e le alghe marine microscopiche (fitoplancton), che ogni anno convertono centinaia di miliardi di tonnellate di carbonio in carboidrati come la *cellulosa*, la biomolecola più abbondante sulla Terra. Un'enorme quantità di carbonio è anche contenuta nelle conchiglie vuote, negli escrementi e in altre sostanze di rifiuto che si depositano sul suolo o affondano negli oceani, dove sono consumate da piccoli animali, batteri e funghi.

La biosfera e l'atmosfera sono due serbatoi di carbonio relativamente ridotti come capacità complessiva rispetto agli oceani e alla litosfera, ma sono molto più dinamici; questi, infatti, scambiano carbonio con una velocità molto maggiore di quella degli altri serbatoi e costituiscono le componenti più attive e più sensibili del ciclo.

Il principale serbatoio di fosforo è la litosfera

Il **fosforo** è un elemento essenziale per gli organismi perché rappresenta un costituente degli acidi nucleici (DNA e l'RNA), che controllano le attività di base dei viventi. Come altri elementi minerali, il fosforo viene liberato dai tessuti degli organismi morti grazie all'attività degli organismi decompositori; in seguito viene assorbito dalle piante e dalle alghe e negli ecosistemi acquatici viene incorporato nelle conchiglie e negli scheletri degli animali marini. Attraverso questi passaggi il fosforo coinvolge anche la litosfera perché viene inglobato all'interno degli strati delle rocce sedimentarie; tali rocce, tornando in superficie a causa di movimenti geologici, sono la principale riserva terrestre di questo elemento (**figura 7**).

Il **ciclo del fosforo** può essere alterato dall'uso eccessivo di fertilizzanti in agricoltura e di alcuni detersivi e detergenti. A partire dalla metà del secolo scorso si è verificato un progressivo accumulo di fosforo nell'ambiente, che ha causato lo sbilanciamento degli equilibri soprattutto negli ecosistemi acquatici.

▸ Figura 7 Il ciclo del fosforo è presente nella litosfera, nell'idrosfera e nella biosfera.

Il ciclo dell'azoto è legato all'atmosfera e ai batteri

Gran parte dell'**azoto** presente sulla Terra si trova nell'atmosfera sottoforma di N_2. La maggior parte degli organismi, tuttavia, non può utilizzare l'azoto atmosferico per formare i propri composti azotati (amminoacidi e proteine) e dipende quindi dalle limitate riserve che sono presenti nel suolo. A renderlo disponibile in quantità sufficienti è l'attività dei batteri dei generi *Clostridium* e *Azotobacter*, che incorporano l'azoto presente nell'aria in numerosi composti organici attraverso un processo noto come **fissazione dell'azoto**; in questo modo l'azoto passa da N_2 a NH_3, l'ammoniaca. Alcuni microrganismi sono in grado di «fissare» l'azoto autonomamente, ma il contributo maggiore è svolto dai batteri che vivono in simbiosi con le radici delle leguminose e di altre piante.

Il **ciclo dell'azoto** comprende quattro stadi principali (**figura 8**): ammonificazione, nitrificazione, assimilazione e denitrificazione. Il processo di **ammonificazione** viene svolto da batteri e funghi che vivono nel suolo e demoliscono i composti organici presenti negli organismi morti; la loro azione trasforma l'ammoniaca in ione ammonio (NH_4^+), più semplice da utilizzare da parte delle piante. Altre specie di batteri utilizzano poi ammoniaca e ioni ammonio per ricavare energia per scopi vitali e li trasformano in *nitrati* (NO_3^-), che possono essere assorbiti dalle radici delle piante; questa fase è chiamata **nitrificazione**. Una volta che sono passati all'interno delle cellule vegetali, i nitrati vengono di nuovo trasformati attraverso il processo di **assimilazione**, che richiede energia e permette la sintesi di nuovi composti azotati.

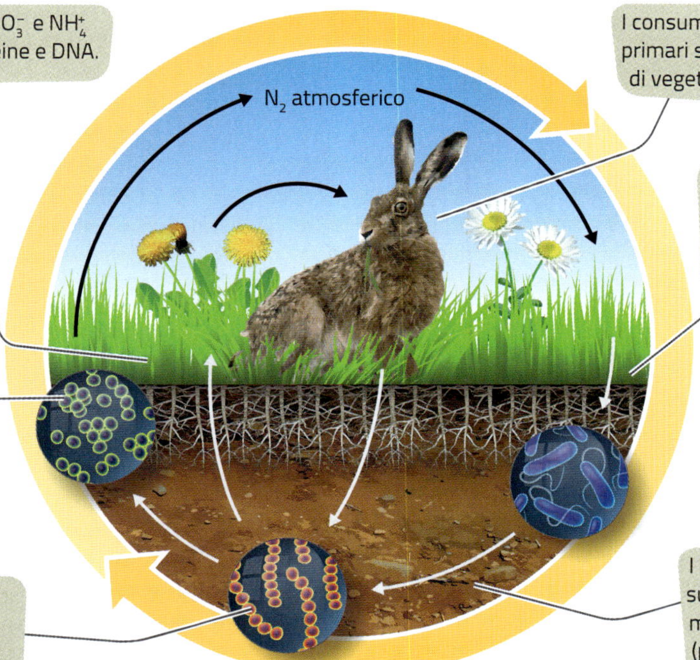

◂ **Figura 8**
L'atmosfera è il serbatoio più importante di azoto, in quanto è formata per il 78% da questo elemento che, però, non è utilizzabile dagli organismi viventi in forma gassosa.

A chiudere il ciclo è la **denitrificazione**, un processo portato avanti da alcuni batteri che trasformano i nitrati in azoto gassoso e lo liberano nuovamente in atmosfera.

Nonostante il ciclo dell'azoto appaia completo e autosufficiente, in realtà parte di questo elemento si disperde nel suolo ed è, quindi, rimossa dal ciclo. Il taglio dei raccolti, l'erosione del suolo, gli incendi e la percolazione delle acque attraverso gli strati del suolo possono ridurre notevolmente la quantità di azoto presente nel terreno, causando un impoverimento che a lungo andare può portare alla desertificazione di vaste aree. Un'altra minaccia per gli equilibri di questo ciclo è l'accumulo di azoto nelle acque, dovuto all'impiego di fertilizzanti che aumentano la produttività dei suoli sul breve-medio periodo. Se non viene assorbito dalle piante, l'azoto aggiunto alle coltivazioni finisce nei canali di scolo, nei laghi e nei mari, dove si accumula e provoca la crescita eccessiva di alghe che a lungo andare causano la morte di tutti gli animali e le piante che vivono in quel bacino. Questo fenomeno è chiamato **eutrofizzazione** (**figura 9**).

▴ **Figura 9**
L'eutrofizzazione è determinata dalla crescita esponenziale di alghe e organismi decompositori e causa la morte di molte specie di viventi per eccessivo accumulo di azoto.

Facciamo il punto

1. Quali sono gli elementi chimici indispensabili al ciclo dei viventi?
2. Che cosa sono i cicli biogeochimici?
3. Descrivi brevemente il ciclo del carbonio.
4. Perché nei sistemi viventi è necessario il fosforo?
5. Che cosa si intende per «fissazione dell'azoto»?

3 Gli ecosistemi terrestri e acquatici

Temperatura e precipitazioni determinano le caratteristiche degli ecosistemi

I flussi della materia e dell'energia hanno degli aspetti comuni, ma si declinano in modo diverso a seconda delle caratteristiche degli ecosistemi. A incidere sono soprattutto fattori fisici come la temperatura e le precipitazioni (**figura 10**) che, a loro volta, dipendono dalla latitudine, dall'altitudine sul livello del mare e dall'alternarsi delle stagioni.

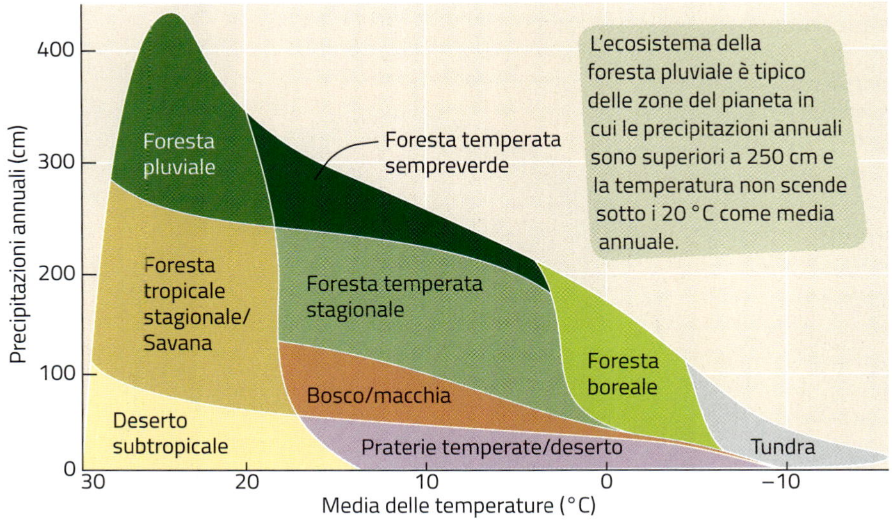

▸ **Figura 10**
Grafico che riassume il rapporto tra temperatura e precipitazioni nei diversi ecosistemi del pianeta.

La temperatura atmosferica media di entrambi gli emisferi terrestri diminuisce di circa 0,5 °C per ogni grado di latitudine, procedendo dagli 0° dell'equatore ai 90° dei poli. Un effetto analogo si ha con l'altitudine: la temperatura cala di 6,5 °C per ogni kilometro di dislivello in altezza. Questa relazione comporta un'importante conseguenza per la distribuzione degli organismi sulla terraferma: alcune piante e animali caratteristici delle regioni artiche possono vivere anche sulle catene montuose più vicine all'equatore, come nel caso della *Saxifraga purpurea*, che si trova in Norvegia, ma anche sulle Alpi italiane (**figura 11**).

▴ **Figura 11**
La sassifraga è una pianta adatta ai climi rigidi tipici della Norvegia, ma è presente anche sulle Alpi e sulla catena montuosa dell'Himalaya, in India.

I biomi sono ambienti terrestri che differiscono per il tipo di vegetazione

I cambiamenti di precipitazioni e temperatura sulla Terra non avvengono in modo brusco, ma secondo un gradiente che permette la comparsa di comunità vegetali e di conseguenza animali differenti. A partire da questo dato, è possibile individuare sulle terre emerse un certo numero di grandi ecosistemi, detti **biomi**, ognuno dei quali è caratterizzato da un particolare tipo di vegetazione dominante.

Il termine *bioma* non si riferisce a uno stato o a un regione geografica, ma a una comunità di viventi, per cui quando parliamo del «bioma della foresta tropicale» intendiamo tutte le foreste tropicali del pianeta. I confini dei biomi, inoltre, non sono netti, per cui le indicazioni riportate sulle mappe sono necessariamente approssimative. Più biomi, però, possono avere delle caratteristiche in comune: per esempio, il *Great Sandy Desert* in Australia, che è un deserto sabbioso, e la *Death Valley* in California, che è un deserto roccioso, mostrano parecchie similitudini nelle specie vegetali e animali che li popolano, perché hanno caratteristiche fisiche (escursione termica giornaliera e precipitazioni) analoghe. La medesima osservazione si può fare quando si parla di macchia mediterranea della California e dell'Italia, oppure delle praterie del Nordamerica e del Sudamerica. In generale, i principali biomi presenti sulle terre emerse sono almeno otto (**figura 12**).

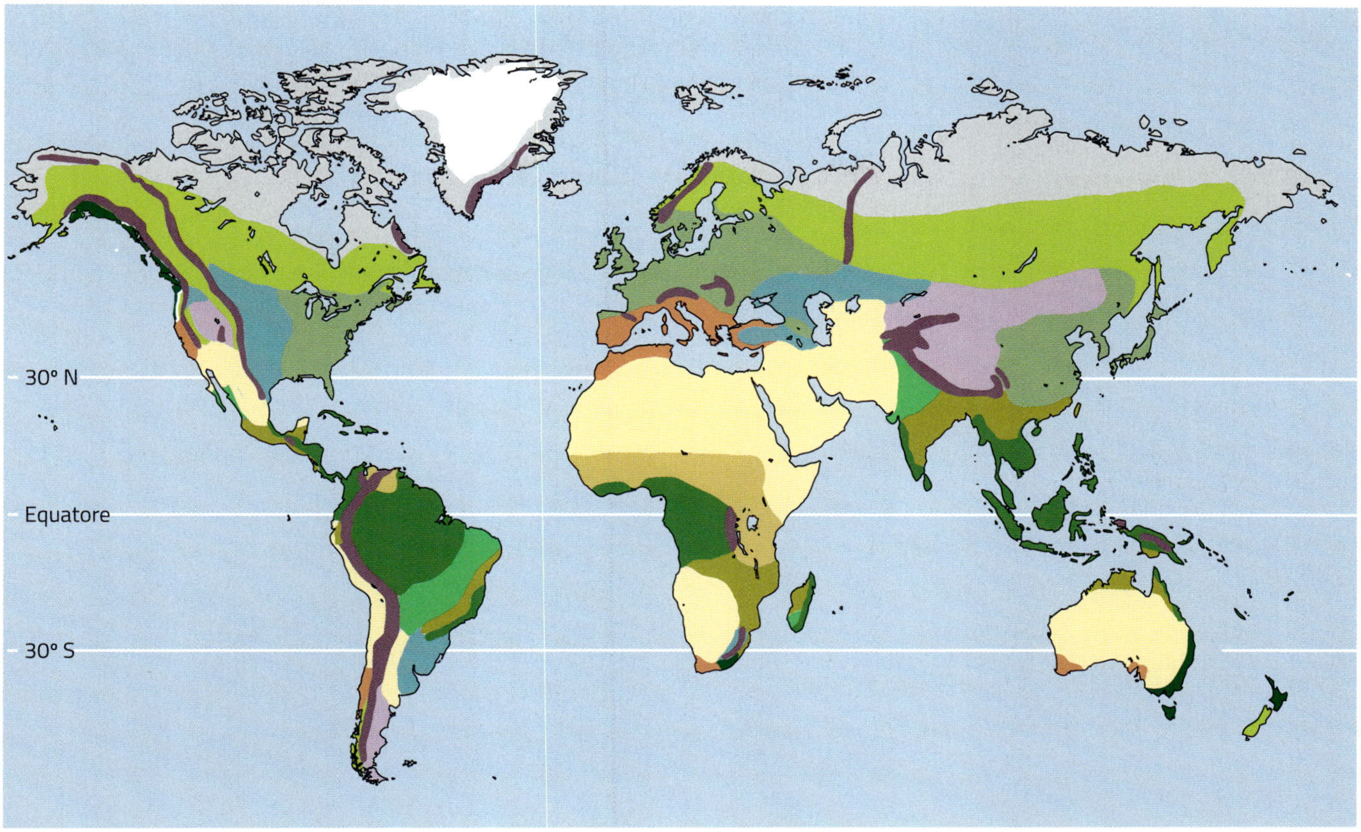

- Le **foreste temperate** (**figura 13A** nella pagina seguente) comprendono la *foresta decidua*, prevalentemente costituita da alberi che perdono le foglie in inverno, e la *foresta mista*, in cui sono presenti sia alberi decidui sia sempreverdi come le conifere. Le foreste temperate occupano aree in cui ogni anno si ha una stagione di accrescimento calda e con precipitazioni moderate (comprese fra i 750 e i 2000 mm di pioggia), seguita da un periodo più freddo. Un tempo queste foreste erano molto più estese e ricoprivano la maggior parte dell'Europa e del Nordamerica orientale.
- La **taiga**, o foresta di conifere settentrionale (*vedi* **figura 13B**), e la **foresta alpina** sono due biomi freddi in cui gran parte degli alberi possiede piccole foglie dotate di una spessa cuticola che le protegge dalla disidratazione. Essendo in genere di grandi dimensioni, le piante delle foreste alpine possono immagazzinare acqua e sostanze nutritive da usare durante la stagione secca; le loro spesse cortecce e le alte chiome sono una protezione dagli incendi caratteristici di queste regioni. Questi biomi si sviluppano in ambienti montani, secchi d'estate e umidi d'inverno, con abbondanti nevicate.
- La **tundra artica** (*vedi* **figura 13C**) caratterizza aree con un clima troppo freddo e inverni troppo lunghi anche per le conifere; questo bioma occupa un quinto della superficie terrestre e forma una cintura continua intorno alle regioni settentrionali di Nordamerica, Europa e Asia. La sua caratteristica principale è rappresentata dal *permafrost*, uno strato di terreno gelato che oltrepassa i 500 metri di profondità. In estate il terreno sgela in superficie per qualche centimetro e si impregna d'acqua poiché lo strato sottostante, gelato e impermeabile, non permette all'acqua di filtrare; in inverno la superficie congela di nuovo a causa delle temperature che possono raggiungere –35 °C.
- Nelle aree interne dei continenti ci sono le **praterie** (*vedi* **figura 13D**), zone di transizione tra le foreste temperate e i deserti; questo bioma si sviluppa in zone di terreno ondulato o quasi piatto, caratterizzate da periodi di siccità, stagioni calde-fredde e incendi periodici. Le grandi praterie del mondo comprendono le pianure dell'America settentrionale, la *steppa* russa, il *veld* del Sudafrica e la *pampa* sudamericana.

Foresta tropicale pluviale
Foresta tropicale decidua
Savana
Deserto arido
Macchia mediterranea
Deserto freddo
Alta montagna (foresta boreale e tundra)
Foresta alpina
Foresta temperata decidua
Taiga
Tundra artica
Prateria
Calotta polare

▲ Figura 12
I biomi terrestri si differenziano soprattutto in base alle comunità di organismi vegetali che li popolano (in questo schema ne indichiamo più di 8).

- Le **savane** (*vedi* **figura 13E**) sono praterie tropicali in cui si verifica l'alternanza di stagioni caratterizzate da siccità e stagioni piovose; le savane più conosciute sono quelle africane, ma questo bioma si ritrova anche in Asia e Sudamerica, nelle zone tropicali ed equatoriali.
- La **macchia mediterranea** (*vedi* **figura 13F**) è tipica di regioni con inverni miti e piovosi ed estati lunghe e asciutte; si trova sulle coste meridionali dell'Italia e della Grecia, ma anche in California (dove è chiamato *chaparral*), nelle regioni francesi mediterranee (*maquis*) e in Cile (*matorral*).
- I **deserti** (*vedi* **figura 13G**) sono situati a latitudini di circa 30° Nord e Sud, equidistanti dall'equatore, e si estendono all'interno dei continenti, in zone caratterizzate dalla quasi totale assenza di vegetazione e da scarse precipitazioni: le medie annue sono inferiori ai 250 millimetri di pioggia. Esistono differenze nel tipo di terreno (sabbioso, roccioso, pietroso) e nelle

▸ Figura 13
I principali biomi terrestri.

Nelle **foreste temperate** vivono molti tipi di animali: piccoli mammiferi come scoiattoli e procioni, erbivori come cervi e caprioli e predatori come lupi e linci. Nelle regioni più settentrionali e in quelle situate a un'altitudine elevata, gli alberi più diffusi sono quercia, betulla e acero; tigli, castagni e faggi si mescolano con abeti e pini a mano a mano che la foresta decidua si trasforma in foresta mista.

Nella **taiga** si trovano alberi sempreverdi con foglie aghiformi, specie decidue e pochissime piante annuali. Tra i mammiferi di grandi dimensioni ci sono l'alce, il cervo e l'orso.

Nella **tundra** il processo di gelo e disgelo e i venti secchi invernali consentono la crescita solo di piante erbacee e di bassi arbusti legnosi; sotto queste piante c'è uno strato ben sviluppato di muschi e licheni. I principali animali artici sono la volpe, il bue muschiato, la renna e la civetta. Durante la breve estate artica compaiono anche moltissimi insetti che richiamano un gran numero di uccelli migratori.

La **prateria** è dominata da piante erbacee, spesso appartenenti al gruppo delle graminacee. Nelle aree più secche la vegetazione è sparsa e stentata, ma in quelle più rigogliose (le praterie «a erbe alte») il manto erboso può raggiungere 1,5 metri di altezza. In questi ambienti si trovano piccoli roditori che si nutrono di semi e grossi erbivori, come i bisonti americani e i cavalli selvatici che sono, a loro volta, cibo per i carnivori.

temperature medie (deserti caldi, freddi o polari). I deserti più importanti sono il deserto dei Gobi in Cina, il Great Basin negli Stati Uniti e il Sahara, che si estende dalla costa atlantica africana fino alla penisola arabica ed è il deserto più grande del mondo. Esistono, inoltre, i deserti costieri, come quello del Namib in Africa o quello di Atacama in Cile, che si formano a causa dell'azione delle correnti fredde oceaniche che lambiscono la terraferma.

- La **foresta tropicale pluviale** (*vedi* **figura 13H**) si trova in aree in cui le precipitazioni sono abbondanti in tutte le stagioni: in queste foreste la piovosità totale varia tra i 2000 e i 4000 millimetri all'anno. Questo bioma cresce nella zona equatoriale, dove la temperatura media giornaliera è la stessa per tutto l'anno e la durata del giorno, rispetto alla notte, varia di meno di un'ora. Nelle foreste pluviali si osserva la maggiore concentrazione di specie di piante e di animali del pianeta.

Leggi l'approfondimento nell'ebook:
Educazione ambientale
Gli hotspot della biodiversità

E

La vegetazione della **savana** è limitata a pochi alberi sparsi, soprattutto acacie, che crescono in mezzo a grandi distese di graminacee. Qui vive il più numeroso e variegato gruppo di mammiferi erbivori del mondo, tra cui gazzelle, bufali, giraffe, zebre, elefanti e gnu. Questi animali divengono prede per i grandi predatori, come leoni, ghepardi e coccodrilli.

F

La **macchia mediterranea** è dominata da alberi piccoli come l'olivo e, spesso, da arbusti aromatici spinosi con foglie coriacee e sempreverdi, come ginepro, timo e alloro. Tra gli animali ci sono i cinghiali e altri piccoli vertebrati (lucertole, uccelli passeriformi, conigli e altri roditori) che hanno colori poco appariscenti per confondersi meglio con la vegetazione.

G

Gli animali che vivono nel **deserto** si sono adattati a questo difficile clima; cammelli e dromedari, per esempio, tollerano una perdita di acqua pari al 25% della massa corporea, mentre molti rettili e insetti hanno rivestimenti impermeabili e, al posto dell'urina, espellono escrezioni secche e vischiose. Diverse piante sono annuali e completano il loro ciclo vitale durante i brevi periodi piovosi, mentre altre sono perenni; queste piante si sono adattate ad accumulare acqua e hanno foglie modificate in spine per limitare la traspirazione

H

Circa il 70% di tutte le specie di piante presenti nella **foresta pluviale** sono alberi a foglie larghe, coriacee e di colore verde scuro, con fiori poco appariscenti. Nella foresta pluviale crescono le liane, rampicanti legnosi e numerose epifite come le orchidee, che vivono sui rami di altre piante a vari metri dal suolo. A popolare questa folta vegetazione è una straordinaria varietà di insetti, uccelli e mammiferi.

A colpo d'occhio

ECOSISTEMI ACQUATICI
- **MARINI**
  - OCEANICI
  - LITORANEI
- **ACQUA DOLCE**
  - ACQUA CORRENTE
  - ACQUA FERMA

La Terra è ricoperta in gran parte da acqua

La varietà dei biomi terrestri è notevole, ma le terre emerse coprono soltanto un terzo della superficie del pianeta. Il restante 70% è rappresentato dall'*idrosfera*, ovvero l'insieme di oceani, mari, fiumi, laghi e acque sotterranee che avvolge la Terra in modo discontinuo. Gli ecosistemi acquatici sono molto diffusi e diversificati e possono essere suddivisi in due grandi gruppi:

- **ecosistemi marini**, che possono essere suddivisi a loro volta in oceanici e litoranei;
- **ecosistemi d'acqua dolce**, diversi a seconda che siano formati da acqua corrente (come i fiumi) o da acqua ferma (come laghi e stagni).

Negli ecosistemi marini si distinguono organismi pelagici e bentonici

Gli oceani coprono gran parte della superficie della Terra e ospitano forme di vita a qualsiasi profondità, dalle acque vicino alle coste fino ai fondali e alle fosse. Gli organismi fotosintetici sono confinati nelle zone più superficiali e illuminate poiché gran parte della luce viene assorbita negli strati superiori dei mari: anche in acque limpide, meno del 40% della luce solare raggiunge la profondità di un metro e meno dell'1% penetra sotto i 50 metri. La presenza di questo filtro influenza la **temperatura** degli oceani, le cui acque (alla profondità di 2000 metri) hanno temperature attorno ai 4 °C, e ha ricadute sul **rimescolamento** delle acque: l'acqua più fredda è più densa e tende a non risalire, per cui le sostanze che si trovano a profondità elevate hanno scarse possibilità di giungere in superficie, aspetto che rappresenta un *fattore limitante* per la proliferazione della vita nelle acque superficiali.

Le parole

Il termine **bentonico** deriva dal greco *benthos* che significa «fondo», mentre il termine **pelagico** deriva anch'esso dal greco *pélagos* che indica il «mare aperto».

Definire dei confini nelle acque oceaniche non è semplice, ma in mare aperto è possibile distinguere due tipi di forme di vita animale e vegetale: gli **organismi pelagici**, che galleggiano o nuotano, e gli **organismi bentonici**, che si muovono sul fondo oppure vivono ancorati a esso (**figura 14**). Gli organismi pelagici possono essere di varie dimensioni, dalle piccole acciughe ai grandi squali, e di forme differenti, dalle meduse ai cefalopodi (seppie e calamari) fino alle balene. La principale forma di vita pelagica è data dal **plancton**, costituito da alghe, protisti eterotrofi, larve di invertebrati, piccoli crostacei e meduse, che fornisce cibo per i pesci e per tutti gli animali marini.

Sono invece organismi bentonici le alghe ancorate al fondale e gli animali sessili, come le spugne, i coralli, gli anemoni di mare e i molluschi bivalvi, e anche molti animali mobili che vivono sui fondali, come le stelle di mare, i crostacei, le lumache e alcuni tipi di pesci, quali le sogliole e le razze. La zona bentonica è

▼ Figura 14
Negli ecosistemi marini si distinguono organismi pelagici che nuotano e organismi bentonici che popolano i fondali.

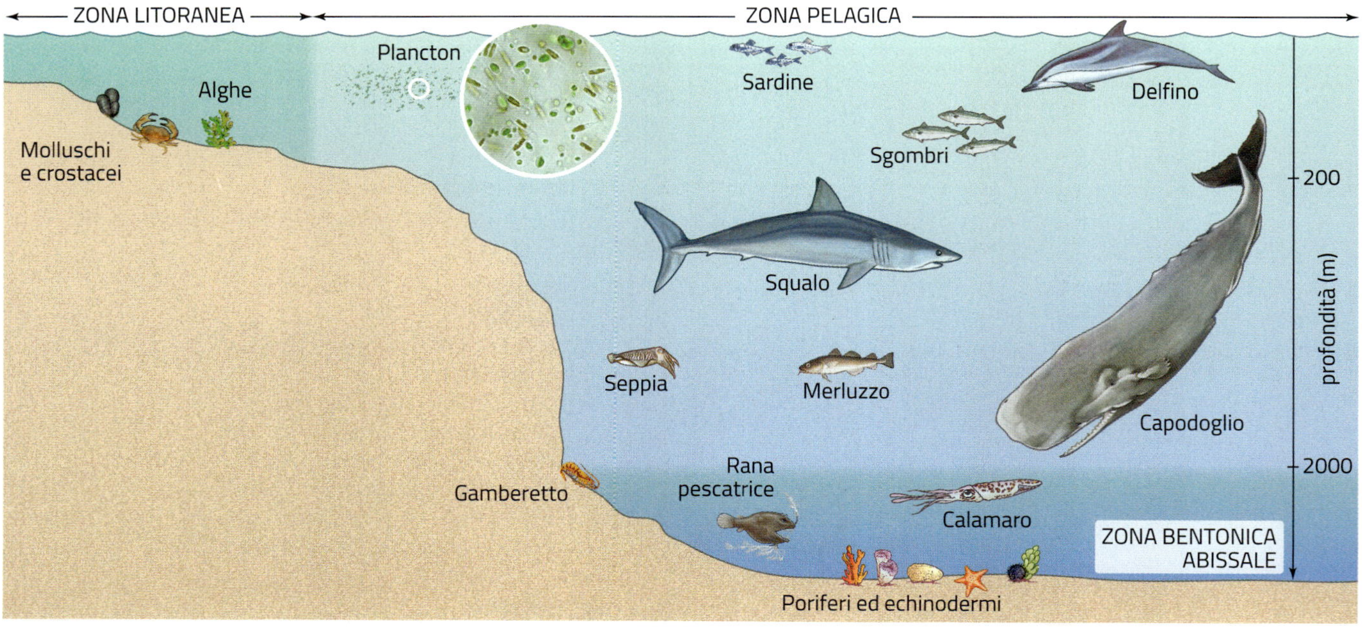

abitata anche da microrganismi come funghi e batteri, che si nutrono dei resti organici che lentamente si accumulano sul fondo del mare in seguito al deposito di cadaveri o di escrementi.

Gli ecosistemi d'acqua dolce: fiumi e laghi

Il fattore limitante che condiziona le acque continentali è la velocità della corrente, che influenza il tipo di organismi presenti. Nei bacini chiusi, per esempio, la corrente varia in funzione della dimensione dell'invaso e della distanza dal litorale. Le aree di acqua stagnante variano, per grandezza, dalle pozze più piccole fino ai laghi che si estendono per migliaia di kilometri quadrati. Se osserviamo un *lago* possiamo distinguere tre zone: litoranea, limnetica e profonda (**figura 15**).

La **zona litoranea** è a ridosso della riva del lago; qui sono presenti molluschi e anfibi che si nutrono di alghe e insetti, serpenti d'acqua e uccelli che mangiano gli anfibi e i pesci. In queste zone si formano fondali fangosi in cui si nascondono molluschi bivalvi, vermi e larve di insetti, oltre a molte specie vegetali. Nella **zona limnetica**, ossia quella delle acque aperte, le piccole alghe galleggianti (fitoplancton) rappresentano spesso gli organismi fotosintetici più comuni; questa zona, che si estende fino a dove giunge la luce, è l'habitat dei pesci nuotatori come il pesce persico e il luccio. Nella **zona profonda**, vicino al fondale, invece, non ci sono vegetali, ma vermi acquatici, larve di insetti, alcuni crostacei e batteri che agiscono da detritivori e decompongono i resti organici provenienti dalle acque sovrastanti.

Anche nei *fiumi* è possibile individuare ecosistemi diversi: dalla sorgente alla sua foce si possono incontrare ruscelli di montagna, tratti di pianura e paludi costiere. Nei tratti iniziali, le acque sono fredde, ben ossigenate e la corrente è molto forte, per cui gli organismi vegetali trovano riparo aderendo alle rocce; sotto le pietre si rifugiano le forme immature di molti insetti e le uova dei pesci. Scendendo verso la pianura, il letto del fiume si allarga, cala la velocità delle acque e anche la sua limpidezza, per cui aumentano le specie aggrappate al fondale o a ridosso dei bordi dell'alveo.

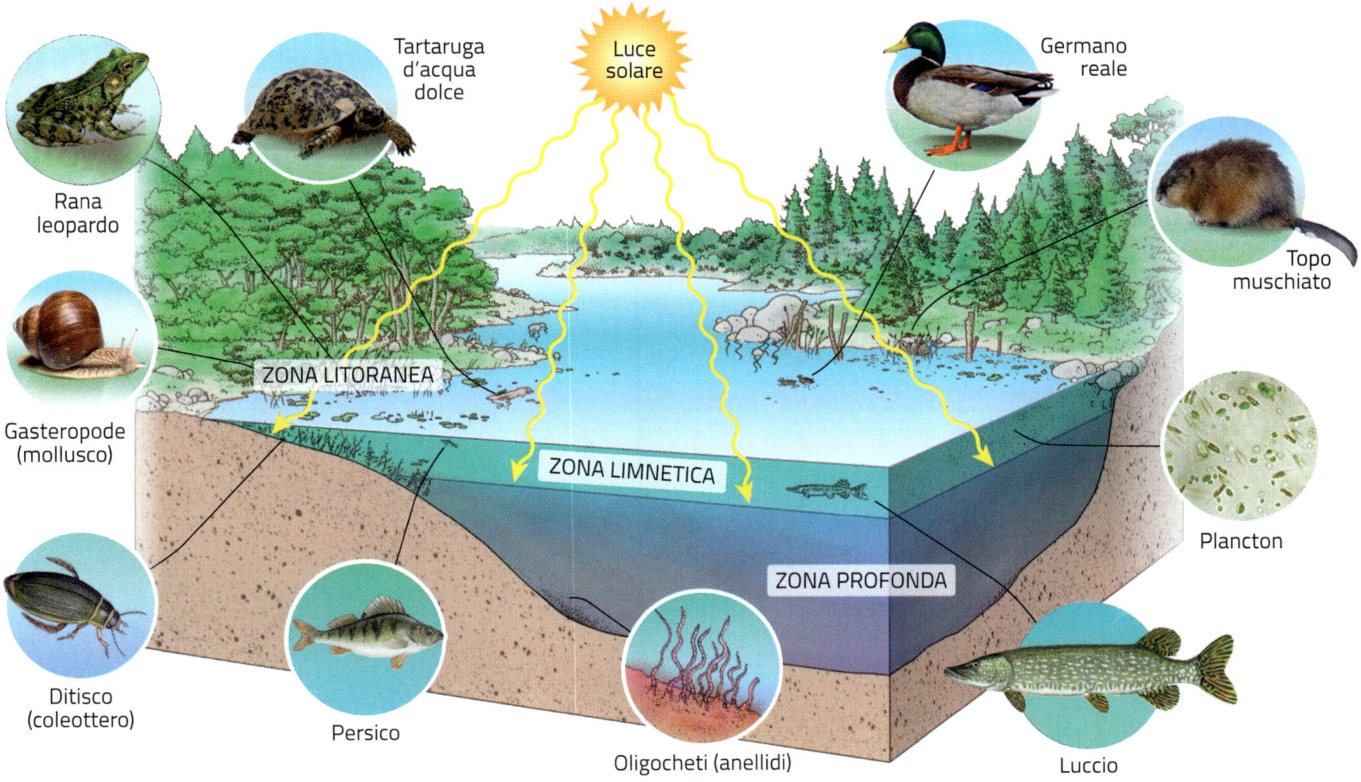

▾ Figura 15
Negli ecosistemi d'acqua dolce le specie hanno evoluto specifici adattamenti per popolare le zone litoranea, limnetica e profonda.

Facciamo il punto

1. Che cos'è un bioma?
2. Quali fattori influenzano la formazione di biomi diversi?
3. Quali sono i biomi più importanti?
4. Come si dividono gli ambienti acquatici?
5. Come si suddivide un ecosistema lacustre?

SINTESI DI FINE CAPITOLO

LO SAI? RIPASSA CON LO SMARTPHONE

L'ecologia e il flusso dell'energia

Un **ecosistema** è un insieme di componenti biotiche e abiotiche caratterizzato da flussi continui di energia e sostanze. L'insieme di tutti gli ecosistemi forma la **biosfera**.

L'**ecologia** si occupa della componente biotica di un ecosistema e del rapporto che questa instaura con la componente abiotica.

All'interno di ciascun ecosistema è possibile individuare uno o più **habitat**, ovvero lo spazio fisico in cui vivono gli organismi appartenenti a una specie.

La **nicchia ecologica** è l'insieme delle abitudini alimentari, riproduttive e sociali di una specie.

Un ecosistema è attivo e ha continuità se sono presenti:

- una *fonte di energia* primaria, cioè il Sole;
- un *flusso unidirezionale di energia* (che avviene anche attraverso le catene alimentari).
- una serie di *cicli biogeochimici* che garantiscano il ricilco della materia.

Le catene e le reti alimentari

L'energia passa lungo una **catena alimentare**, che è l'insieme dei rapporti tra vari organismi in un ecosistema. Più catene alimentari sono unite fra loro in complesse **reti alimentari.**

Il primo livello trofico di una rete alimentare è sempre occupato dai **produttori** (piante).
A ogni passaggio di livello trofico, una parte dell'energia si perde sotto forma di calore e quindi l'energia disponibile si riduce. L'energia passa dai produttori ai **consumatori primari** (erbivori) e a seguire ai **consumatori secondari** (carnivori).
Per mantenere l'equilibrio delle catene alimentari i **detritivori,** o **decompositori,** smaltiscono i prodotti di scarto di altri organismi.

Il flusso della materia e i cicli biogeochimici

I trasferimenti e le trasformazioni delle sostanze nell'ambiente formano i **cicli biogeochimici**, che coinvolgono sia le componenti *geologiche* (atmosfera, idrosfera e litosfera) sia quelle *biologiche* (tutti gli organismi) dell'ecosistema.

Il **ciclo del carbonio** parte dalla fotosintesi in cui i viventi assorbono il carbonio dal CO_2 atmosferico e formano le proprie molecole complesse. Per ottenere energia tali molecole devono poi essere demolite e il carbonio viene liberato e torna in atmosfera. I maggiori serbatoi di carbonio sono oceani e rocce, con velocità di scambio maggiore rispetto a biosfera e atmosfera.

Il **ciclo del fosforo** coinvolge la litosfera poiché il fosforo è liberato dagli organismi morti grazie ai decompositori, viene poi assorbito dalle piante e incorporato negli scheletri di organismi marini, per poi essere inglobato nelle rocce sedimentarie.

Il **ciclo dell'azoto** è legato all'atmosfera e ai batteri attraverso i processi di *fissazione* dell'azoto. Grazie ad altri batteri e funghi il ciclo ha diversi stadi:

- ammonificazione;
- nitrificazione;
- assimilazione;
- denitrificazione.

Gli ecosistemi terrestri e acquatici

La temperatura e le precipitazioni determinano le caratteristiche degli ecosistemi che, a loro volta, dipendono dalla latitudine, dall'altitudine sul livello del mare e dall'alternarsi delle stagioni.

I **biomi terrestri** sono ambienti che differiscono per il tipo di vegetazione dominante e sono:

- la foresta temperata;
- la taiga e la foresta alpina;
- la tundra artica;
- la prateria;
- la savana;
- la macchia mediterranea;
- il deserto;
- la foresta tropicale pluviale.

Gli **ecosistemi acquatici** possono essere suddivisi in due grandi gruppi:

- ecosistemi marini, che possono essere suddivisi in oceanici e litoranei;
- ecosistemi d'acqua dolce, che può essere corrente (fiumi) o ferma (come laghi e stagni).

VERIFICA LE TUE CONOSCENZE

ZTE ONLINE

1. Scrivi sul quaderno la definizione dei seguenti termini.

a) Biosfera e bioma
b) Ecosistema, habitat e nicchia ecologica
c) Catena alimentare e rete alimentare
d) Ammonificazione, nitrificazione, assimilazione e denitrificazione

Barra il completamento esatto.

2. I detritivori sono organismi

A fondamentali nel riciclaggio degli elementi chimici presenti negli organismi viventi.
B che vivono tutti sul suolo e decompongono le sostanze organiche solo degli organismi morti.
C classificati in base alla loro produzione primaria di uno specifico ecosistema.
D che non consumano energia, ma ne producono mediante la fotosintesi.

3. L'ecosistema più ricco di forme viventi è

A il mare perché, soprattutto nelle zone profonde, fornisce risorse per la vita di organismi vegetali molto diversi.
B la foresta di conifere, perché si sviluppa in regioni molto piovose dove il suo suolo è particolarmente fertile.
C il fiume, perché la corrente trasporta grandi quantità di sostanze nutritive raccolte lungo le sponde.
D la foresta pluviale tropicale, a causa delle condizioni climatiche favorevoli e dell'elevata piovosità.

4. La tundra artica

A è caratterizzata da un clima molto freddo e umido con brevi stagioni di piogge torrenziali.
B è particolarmente ricca di forme vegetali che fioriscono però in brevi periodi dell'anno.
C domina in quelle regioni il cui terreno è così gelato da non consentire la crescita di alberi.
D è perennemente coperta dai ghiacci e l'unico grosso animale che vi abita è l'orso polare.

5. I biomi sono

A specifiche aree della Terra in cui vivono esclusive piante rare.
B comunità di viventi tra loro simili per vegetali dominanti e climi corrispondenti.
C categorie vegetali che vivono in specifiche zone con climi differenti.
D le comunità di piante che occupano, ognuna, un unico continente.

6. Barra i due completamenti esatti.
Dell'energia solare indirizzata verso il nostro pianeta

A il 30% è riflesso e non raggiunge la superficie terrestre.
B l'80% giunge sulla Terra in modo uniforme alle diverse latitudini.
C solo il 10% raggiunge la superficie terrestre in assenza di nuvole.
D il 50% è riflesso dalle superfici chiare e dalle superfici degli oceani.
E il 20% viene assorbito dall'atmosfera e non giunge sulla superficie.

7. Completa la tabella mettendo in corrispondenza gli elementi chimici (*lettere*) con le rispettive funzioni nei cicli biogeochimici (*numeri*).

A. carbonio
B. fosforo
C. azoto

1. forma lo scheletro delle biomolecole ed è presente nei depositi di combustibili fossili
2. si trova nell'atmosfera e viene fissato da specifici batteri
3. si trova nelle rocce sedimentarie, mentre nei viventi è presente anche nel DNA

A	B	C

8. Completa la tabella mettendo in corrispondenza i biomi (*lettere*) con le rispettive caratteristiche (*numeri*).

A. foresta tropicale
B. deserto
C. savana
D. prateria temperata
E. tundra artica
F. taiga
G. foresta alpina
H. foresta decidua
I. foresta mista

1. ha alberi che perdono le foglie per le differenze climatiche stagionali
2. prevalgono le conifere sempreverdi; gli inverni sono molto rigidi
3. prevalgono le piante erbacee; sul suo suolo c'è il *permafrost*
4. ha sia alberi di latifoglie sia conifere
5. si trova a 30° Sud e Nord di latitudine, nel centro dei continenti
6. ha distese erbose e alberi sparsi; alterna stagioni secche e umide
7. è presente nelle aree interne dei continenti; possiede vegetazione erbosa
8. prevalgono le conifere; gli inverni sono umidi e le estati secche
9. ha durata del giorno e temperatura costanti

A	B	C	D	E	F	G	H	I

9. Completa il seguente brano scegliendo fra i termini elencati in fondo.

Le componenti di un ciclo biogeochimico possono essere geologiche o biologiche. Tra le prime vi sono .... costituita dai gas, la .... della Terra e la superficie delle .... che ricoprono circa 3/4 della superficie terrestre; tra le componenti biologiche vi sono gli organismi che si trovano a differenti livelli ....

(foreste, la biosfera, rotazione, livelli trofici, l'evaporazione, masse d'acqua, latitudini, l'atmosfera, altitudini, crosta solida, temperatura, terre emerse)

10. Completa le seguenti frasi.

a) L'azoto presente nei fertilizzanti passa dal terreno ai fiumi e al mare e può provocare una .... incontrollata di alghe che porta al fenomeno detto ....
b) La temperatura degli oceani è calda solo per .... m dalla superficie e a 2000 m di profondità si misura una temperatura mediamente costante di .... °C.
c) In relazione alle caratteristiche climatiche simili, in alcuni .... possono essere presenti piante e animali simili, anche se le regioni si trovano in zone artiche oppure presso l'Equatore, ma su alte ....
d) In una rete alimentare: gli .... sono animali che si nutrono di piante o alghe, mentre quelli che si nutrono di altri animali sono detti ....; i funghi e i batteri sono raggruppati tra gli organismi ...., e gli organismi in grado di svolgere la fotosintesi sono i ....

11. Quali sono le caratteristiche della macchia mediterranea?

....
....
....
....
....
....
....
....

VERIFICA LE TUE ABILITÀ

Barra il completamento esatto.

12. In una rete alimentare, un insetto erbivoro

A potrebbe talvolta far parte del livello trofico dei produttori.

B si trova in genere al livello trofico più elevato.

C potrebbe essere considerato un consumatore primario.

D viene in genere mangiato da consumatori terziari.

13. Le forti piogge o il disboscamento possono ridurre la quantità di fosforo o di azoto presente in un determinato ecosistema, mentre la quantità di carbonio difficilmente costituisce un problema dal momento che

A fosforo e azoto vengono presi dal suolo, mentre il carbonio viene prelevato dall'atmosfera.

B gli organismi non necessitano di grandi quantità di carbonio.

C alle piante sono necessarie solo acqua e luce solare per poter sintetizzare il proprio carbonio.

D i batteri simbiotici aiutano le piante a catturare carbonio.

14. La corretta disposizione degli organismi di un ecosistema in una sequenza che va da biomassa e disponibilità di energia maggiori a biomassa ed energia minori sarebbe

A aquila - serpente - erba - lepre

B erbe - lepre - serpente - aquila

C aquila - serpente - lepre - erba

D lepre - serpente - aquila - erba

15. Il carbonio entra nel ciclo dei viventi mediante il processo di

A decomposizione.

B respirazione.

C fossilizzazione.

D fotosintesi

16. Barra tra i termini in neretto quelli errati.

Nello studio degli ambienti **marini** / **terrestri** si è osservato che a **latitudini** / **longitudini** diverse corrispondono gli stessi tipi di **habitat** / **biomi** che si possono riscontrare a **profondità** / **altitudini** differenti; per esempio, se ci spostassimo verso i **poli** / **fondali**, potremmo notare una successione di forme vegetali **inversa** / **equivalente** a quella osservabile scendendo dalla cima di una montagna verso la pianura.

17. Di fianco a ogni affermazione scrivi la lettera A se essa si riferisce a una zona litoranea, la lettera B se si riferisce a una zona limnetica, la lettera C se si riferisce a una zona profonda o la lettera D se non si riferisce a nessuna di queste zone.

a) È la zona più popolata, con piante ancorate al fondo e diversi animali. (.....)

b) Non vi abitano organismi vegetali, ma sono presenti vermi, larve e decompositori. (.....)

c) Serpenti d'acqua e aironi possono mangiare piccoli pesci e diversi anfibi come le rane. (.....)

d) È la zona con maggiore sviluppo di alghe ma con assenza di organismi animali. (.....)

e) Si estende fino a dove giunge la luce, ed è abitata da trote, lucci e alghe unicellulari. (.....)

18. Nel seguente brano, sono presenti 4 termini errati: scrivili nella tabella con accanto i corrispondenti termini corretti.

(Attenzione: i termini sottolineati sono esatti e, pertanto, non vanno sostituiti; sostituisci singole parole, NON parti di frasi.)

Gran parte del carbonio presente sul nostro pianeta si trova sotto forma organica nell'atmosfera terrestre e disciolto negli oceani. Un'esigua parte di questo carbonio viene utilizzata da molti organismi eterotrofi per sintetizzare biomolecole quali gli zuccheri e i grassi, che avranno nelle cellule funzioni sia strutturali sia energetiche. L'anidride carbonica che si forma durante i processi catabolici verrà inglobata come prodotto di rifiuto e tornerà a far parte dell'atmosfera o degli oceani.

Termini errati	Termini corretti

19. Perché i terreni agricoli tendono a perdere fertilità, al contrario di un bosco, che ha un alto tasso di fertilità?

....

....

....

....

....

....

UNITUTOR
VERSO L'UNIVERSITÀ

Preparati ai test di ammissione sul sito Unitutor.

20. Un sacchetto di plastica impiega dai 400 ai 1000 anni per decomporsi e solo 1 su 200 viene riciclato. I sacchetti di carta, invece, si decompongono in un mese. Il dato è positivo fino a quando non si scopre che per produrre i sacchetti di plastica si consuma il 40% di energia in meno. Inoltre, serve il 90% di energia in meno per riciclare 1 kg di plastica rispetto ad 1 kg di carta. Quale delle seguenti affermazioni è totalmente sostenuta dal brano precedente?

A Considerati gli svantaggi ambientali legati ai sacchetti di carta, non si dovrebbe abbandonare l'uso dei sacchetti di plastica.

B Gli effetti nocivi dei sacchetti di carta sono a breve termine e quindi meno gravi di quelli dei sacchetti di plastica.

C Il governo dovrebbe tassare l'utilizzo dei sacchetti per la spesa e utilizzare il ricavato per sostenere iniziative ecologiche.

D Se tutti i sacchetti fossero riutilizzati e/o riciclati, la plastica sarebbe un'alternativa ambientale migliore della carta.

E È il problema dei rifiuti, non della produzione, a danneggiare l'ambiente.

[dal test di ammissione a Veterinaria 2013-14]

HANDS-ON GLOSSARY

21. Fill in the table matching each term (*letters*) with its definition (*numbers*).

A. ecosystem
B. habitat
C. niche
D. predator
E. prey

1. the role of an organism in its habitat
2. the community of organisms that live in a particular area, along with their nonliving surroundings
3. any organism that is killed by another one for food
4. the environment that provides everything an organism needs to live, grow, and reproduce
5. any organism that kills another one for food

A	B	C	D	E

VERSO L'ESAME: LE TUE COMPETENZE

SCHEMATIZZA

22. Costruisci una mappa concettuale che schematizzi il ciclo biogeochimico del carbonio.

INTERPRETA

23. In tossicologia, il fenomeno del «bioaccumulo» è il processo attraverso cui sostanze tossiche (come il DDT o i metalli pesanti) si accumulano negli organismi in concentrazioni maggiori rispetto a quelle riscontrate nell'ambiente in cui vivono.

Come si può interpretare questo processo in chiave ecologica?

GIUSTIFICA

24. Uno dei principali problemi legati all'utilizzo dei combustibili fossili è la liberazione in atmosfera di enormi quantità di diossido di carbonio.

Spiega per quale motivo questo processo rappresenta uno squilibrio nelle dinamiche naturali del sistema Terra.

RICERCA

25. Quello del lago Vittoria (al confine tra Tanzania, Uganda e Kenya) è un esempio molto significativo di come le attività umane possono avere un impatto devastante sugli ecosistemi naturali.

Esegui una ricerca su come l'azione umana ha influenzato questo ecosistema lacustre e scrivi un saggio di 2000 battute da esporre alla classe.

SPIEGA

26. In agricoltura si ricorre spesso alla fertilizzazione dei terreni con sostanze azotate.

Spiega il motivo di questo intervento, specificando il possibile impatto negativo che potrebbe avere a lungo termine sull'ambiente.

CONFRONTA

27. La Terra, una bottiglia piena d'acqua chiusa ermeticamente e l'Universo sono tre esempi molto diversi di sistemi.

Associa a ogni sistema la corretta definizione (chiuso, aperto e isolato) specificando per ciascuno quali sono gli scambi di materia ed energia che si verificano.

IPOTIZZA

28. In natura, può capitare che due specie diverse occupino lo stesso habitat.

Indica quali condizioni devono esistere affinché ciò sia possibile, quindi riporta almeno un esempio plausibile.

OSSERVA E DEDUCI

29. I clorofluorocarburi (o CFC) sono sostanze altamente impattanti sullo strato di ozono che ci protegge dai raggi ultravioletti. Questo effetto dipende dall'azione degli stessi raggi UV che scindono la molecola di CFC liberando il cloro in essa contenuto. Una volta libero, il cloro è in grado di reagire con l'ozono (O_3) sottraendogli un atomo di ossigeno ($O^{\cdot}$) e formando così monossido di cloro radicalico ($ClO^{\cdot}$) con liberazione di una molecola di ossigeno (O_2). L'ossigeno monoatomico e il monossido di cloro sono poi altamente reattivi e ciascuno può combinarsi con una nuova molecola di ozono.

Prova a scrivere le due reazioni che si verificano.

SPIEGA

30. Da qualche anno, sono in commercio delle particolari biosfere in miniatura che rappresentano un ecosistema acquatico ermeticamente chiuso; si tratta sfere di vetro che al loro interno ospitano alcuni gamberetti e piccolissime alghe.

Descrivi i processi che permettono alla sfera di mantenere la vita al suo interno.

SEI PRONTO PER LA VERIFICA?

IN 1 ORA

Dopo aver studiato i contenuti fondamentali dei **capitoli A3, A4** e **A5**, prova a svolgere questa verifica nel **tempo massimo di 1 ora.**

Alla fine della prova **controlla le tue risposte** con le soluzioni che troverai sul sito *online.scuola.zanichelli.it/curtisnuovoinvitoblu* e **calcola il punteggio** totale che hai conseguito compilando la griglia finale.

CONOSCENZE

Barra il completamento esatto.

1. I carpelli del fiore sono strutture costituite da

A uno stigma, uno stilo e un ovario.
B uno stilo, un ovario e un pistillo.
C uno stigma, un pistillo e un ovario.
D un pistillo, uno stigma e uno stilo.

(4 punti se hai risposto correttamente) ...../4

2. La lampreda è un vertebrato marino privo di

A denti.
B notocorda.
C mascelle.
D un capo ben definito.

(4 punti se hai risposto correttamente) ...../4

3. La muffa del pane è una specie parassita che fa parte

A dei basidiomiceti.
B degli ascomiceti.
C degli zigomiceti.
D dei licheni.

(4 punti se hai risposto correttamente) ...../4

4. Nel ciclo dell'azoto, *Clostridium* e *Azotobacter* sono coinvolti

A nell'ammonificazione.
B nella fissazione dell'azoto.
C nella nitrificazione.
D nella denitrificazione.

(4 punti se hai risposto correttamente) ...../4

5. La pigna delle gimnosperme è

A la struttura riproduttiva maschile in cui viene prodotto il polline.
B il cono che contiene sia gli organi riproduttori maschili sia quelli femminili.
C la struttura legnosa che contiene i gameti femminili.
D una squama legnosa che contiene gli ovuli.

(4 punti se hai risposto correttamente) ...../4

6. Il carapace è

A la struttura protettiva presente sul corpo di alcuni crostacei.
B l'endoscheletro calcareo degli echinodermi.
C il tessuto specializzato che avvolge i visceri dei molluschi.
D la struttura calcarea presente nello scheletro dei coralli.

(4 punti se hai risposto correttamente) ...../4

7. Gli animali sessili sono quelli che

A possiedono nello stesso individuo sia le strutture riproduttive femminili sia quelle maschili.
B vivono ancorati al fondale marino.
C si riproducono soltanto per via sessuata.
D si nutrono filtrando l'acqua che li circonda.

(4 punti se hai risposto correttamente) ...../4

8. Completa il seguente brano scegliendo tra i termini proposti.

Il fusto delle angiosperme è formato da vari strati diversi dall'interno all'esterno: il ...., che contiene un tessuto di riserva, il ...., in cui si trovano i vasi conduttori, la ...., costituita da tessuti resistenti e l'................., che riveste la superficie più esterna della pianta.

corteccia / epidermide / midollo / cilindro centrale

(2 punti per ogni scelta corretta) ...../8

9. Per ciascuna affermazione barra il simbolo V se la ritieni vera oppure il simbolo F se la ritieni falsa.

a) Gli organismi pelagici sono quelli che nuotano o galleggiano. V F
b) I coralli e gli anemoni di mare sono organismi bentonici. V F
c) La maggior parte delle alghe si trova nelle acque più profonde. V F

(2 punti per ogni scelta corretta) ...../6

Barra la risposta esatta.

10. Quali organismi si trovano nel secondo livello trofico?

A Piante
B Batteri decompositori
C Carnivori
D Erbivori

(4 punti se hai risposto correttamente) ...../4

11. Quale fu la prima specie *Homo* che imparò a controllare il fuoco?

A *Homo habilis*
B *Homo erectus*
C *Homo neanderthalensis*
D *Homo sapiens*

(4 punti se hai risposto correttamente) ...../4

12. Descrivi tre adattamenti al volo presenti nel corpo degli uccelli.

....

....

....

....

....

(8 punti se hai inserito tre adattamenti, 5 punti se ne hai inseriti due, 3 punti se ne hai inserito uno) ...../8

ABILITA'

13. Barra le due risposte esatte.
In quali piante, l'impollinazione non avviene per opera degli insetti?

A Nel ciliegio.
B Nella mimosa.
C Nel pino.
D Nella margherita.
E Nel cipresso.

(5 punti per due risposte corrette, 3 per una sola) ...../5

14. Nel seguente brano, barra tra i termini in neretto quelli errati.

La foglia è la struttura in cui vengono **sintetizzati / degradati** gli zuccheri attraverso alla fotosintesi clorofilliana. La pagina superiore della foglia è rivestita da una sostanza impermeabile chiamata **cuticola / lamina**, mentre la pagina inferiore è caratterizzata dalla presenza degli stomi, aperture che hanno il compito di **facilitare / ridurre** l'uscita del vapore acqueo. All'interno della foglia, il **mesofillo / midollo** è il tessuto in cui avviene la fotosintesi.

(2 punti per ogni scelta corretta) ...../8

Barra la risposta esatta.
15. Quali piante ti aspetti di trovare nel bioma della taiga?

A I cactus
B Le orchidee
C Le querce
D Gli abeti

(4 punti se hai risposto correttamente) ...../4

16. Quale animale fa parte del gruppo dei molluschi?

A Il polipo.
B La medusa.
C La chiocciola.
D La stella marina.

(4 punti se hai risposto correttamente) ...../4

17. Barra i due completamenti esatti.
Durante il ciclo del carbonio,

A gli organismi decompositori producono diossido di carbonio.
B i processi di combustione consumano diossido di carbonio.
C il fitoplancton consuma il diossido di carbonio sciolto nell'acqua dei mari e degli oceani.
D i composti organici vengono sintetizzati attraverso le reazioni della respirazione cellulare.
E le piante consumano l'ossigeno e i composti organici attraverso la fotosintesi.

(5 punti per due risposte corrette, 3 per una sola) ...../5

18. Barra il completamento errato.
Il frutto delle angiosperme

A deriva dalla trasformazione dell'ovario, dopo che è avvenuta la fecondazione.
B contiene e protegge i semi.
C riduce la dispersione dei semi, aumentando la sopravvivenza della specie.
D ha spesso un colore e sapore che attira gli animali.

(4 punti se hai risposto correttamente) ...../4

19. Negli ecosistemi terrestri, tra i produttori ci sono

A i funghi.
B il fitoplancton.
C le alghe pluricellulari.
D le piante.

(4 punti se hai risposto correttamente) ...../4

20. Completa le seguenti frasi.

a) I .... sono delle lamine di tessuto resistente ed elastico che le balene utilizzano per filtrare il plancton.
b) Gli unici mammiferi che depongono le uova con il guscio sono i ....
c) I .... sono dei mammiferi marini che hanno il corpo non ricoperto da peli.
d) I Primati hanno tutti gli occhi diretti in avanti nella parte anteriore della testa, cinque dita e il .... opponibile.

(2 punti per ogni frase corretta) ...../8

PUNTEGGIO TOTALE ...../100

Se hai ottenuto:

- meno di 60 punti devi riprendere lo studio dei capitoli;
- tra 60 e 70 punti hai una preparazione sufficiente;
- tra 70 e 80 punti hai una preparazione buona;
- tra 80 e 100 punti significa che hai studiato a fondo.

Capitolo
A6 L'acqua e la vita

1 Le proprietà chimiche dell'acqua

▲ **Figura 1**
Dallo spazio la Terra appare blu per la grande quantità di acqua presente sulla sua superficie.

L'acqua è presente sulla Terra in forma solida, liquida e aeriforme

La Terra è un pianeta azzurro. È sufficiente guardare qualche immagine satellitare del nostro pianeta (**figura 1**) per dedurre che questa caratteristica è dovuta alla grande massa d'acqua che ricopre quasi tutto il globo. La presenza di questa sostanza non è una prerogativa solo della Terra: alcuni satelliti di Giove e di Saturno, per esempio, sono ricoperti di ghiaccio, al di sotto del quale potrebbe trovarsi acqua liquida. La Terra, però, è il solo corpo celeste del Sistema solare sulla cui superficie sia presente acqua in tutti e tre gli stati della materia: solido, liquido e aeriforme.

Sul nostro pianeta, ovunque ci sia acqua allo stato liquido è presente qualche forma di vita e, molto spesso, la biodiversità è proporzionale proprio alla disponibilità di acqua. L'acqua liquida può essere sia «dolce», cioè a ridotto contenuto di sali minerali, sia «salata», ovvero a elevato contenuto di sali. Quasi il 98% dell'acqua totale è salata, per cui non può essere utilizzata dall'uomo per uso domestico, agricoltura o allevamento; il restante 2% è dolce ed è indispensabile per la nostra sopravvivenza (**figura 2**). Due terzi di questa percentuale di acqua sono però imprigionati all'interno dei ghiacci polari e sono quindi inaccessibili per gli esseri viventi; da ciò si può dedurre che la piccola quantità disponibile è preziosissima.

Esiste una stretta relazione tra acqua e vita: l'acqua è presente in tutti gli esseri viventi in una proporzione che varia dal 6% della massa dei semi delle piante fino al 95% delle meduse. Per comprendere le ragioni di questo rapporto occorre analizzare la struttura chimica dell'acqua.

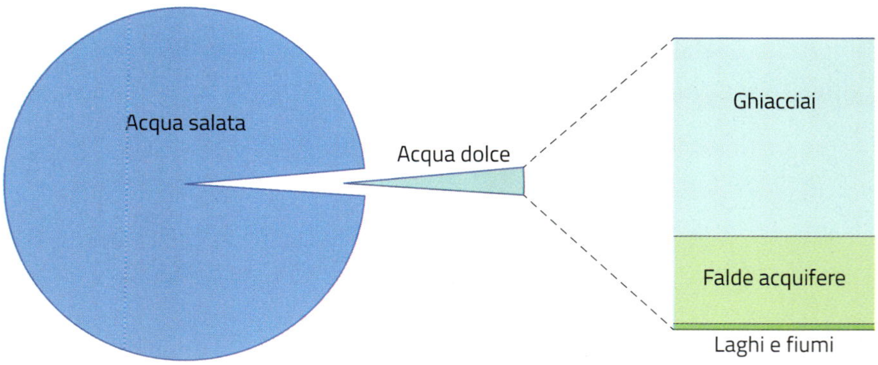

► **Figura 2**
Gran parte dell'acqua liquida presente sulla Terra è salata e solo in una piccola percentuale è dolce; di questa, circa il 70% è contenuta nei ghiacciai, il 30% scorre nelle falde acquifere sotterranee e una minima parte è contenuta nei laghi e nei fiumi.

Gli elementi nella tavola periodica sono divisi in gruppi e periodi

L'acqua è costituita da due elementi chimici: idrogeno (H) e ossigeno (O). Gli elementi chimici sono ordinati nella **tavola periodica** in base al loro *numero atomico*, che corrisponde al numero di protoni presenti nel nucleo dell'atomo (**figura 3**). In natura esistono 89 diversi elementi chimici, ma insieme a quelli prodotti artificialmente si ha il numero attuale di 118. Quando il numero di protoni, dotati di carica positiva (p^+), è uguale al numero degli elettroni, di carica negativa (e^-), l'atomo è definito *neutro*. Per esempio, un atomo di idrogeno ha numero atomico uguale a 1, per cui possiede un protone e un elettrone; invece, l'atomo di ossigeno, che ha numero atomico uguale a 8, ha 8 protoni e 8 elettroni. Al contrario, se l'atomo ha un eccesso di cariche positive o negative, si ha uno **ione**.

A colpo d'occhio

- ATOMO
  - IONE
    - POSITIVO: ECCESSO DI p^+
    - NEGATIVO: ECCESSO DI e^-
  - NEUTRO
    - UGUALE NUMERO DI p^+ ED e^-

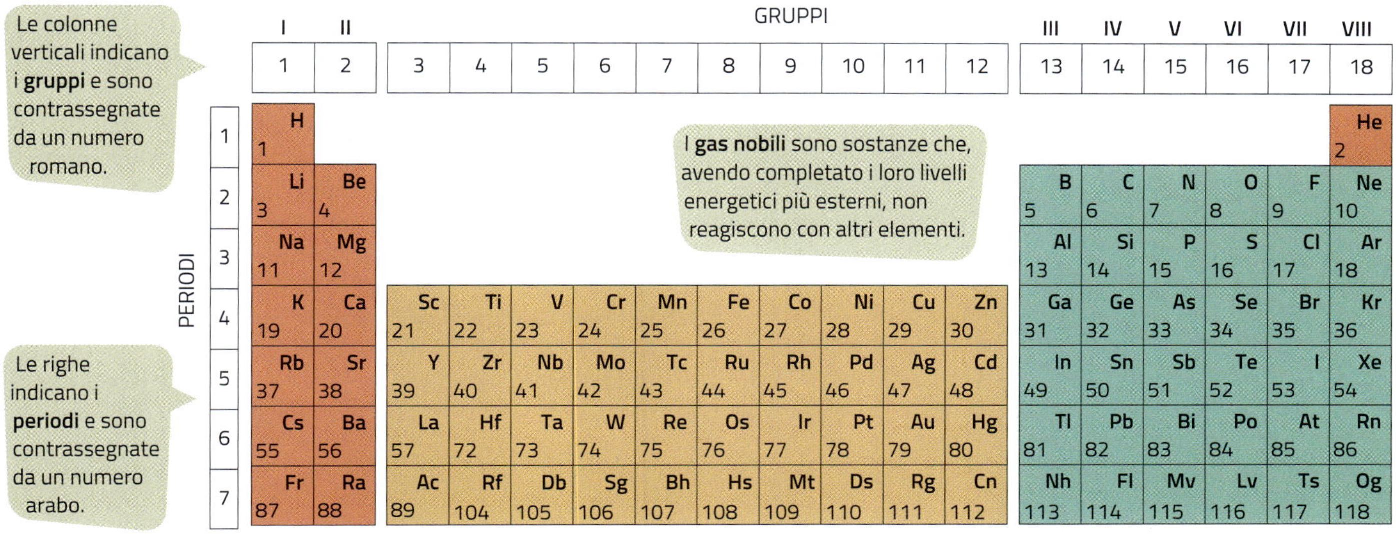

▲ **Figura 3**
La tavola periodica degli elementi senza gli elementi artificiali, dal cerio (Ce, 58) al lutezio (Lu, 71) e dal torio (Th, 90) al laurenzio (Lr, 103).

A partire dall'Ottocento, gli scienziati hanno cercato di capire la struttura dell'atomo. Secondo il modello atomico proposto da Niels Bohr agli inizi del secolo scorso, l'elettrone ruota attorno al nucleo descrivendo un'orbita circolare: a ogni elettrone corrispondono un'orbita ben precisa e una quantità definita di energia. La quantità definita di energia che l'elettrone possiede quando ruota attorno al nucleo è chiamata *livello energetico dell'orbita* (**figura 4**).

La tavola periodica è suddivisa in periodi (le righe orizzontali) e in gruppi (le colonne verticali): un **periodo** ospita gli elementi che riempiono progressivamente lo stesso livello energetico, mentre un **gruppo** contiene gli elementi che possiedono lo stesso numero di elettroni nel livello energetico più esterno. Il primo periodo contiene solo due elementi: l'idrogeno e l'elio (*vedi* **figura 4A-B**); il primo livello energetico, infatti, può ospitare al massimo due elettroni. L'ossigeno appartiene invece al secondo periodo, dove in tutto vi sono otto elementi perché il secondo livello energetico contiene fino a otto elettroni (*vedi* **figura 4C**).

▼ **Figura 4**
Nel modello atomico di Bohr gli elettroni (in azzurro) si muovono intorno al nucleo (formato da due tipi di particelle: protoni, in viola, e neutroni, in verde) in orbite a energia crescente.

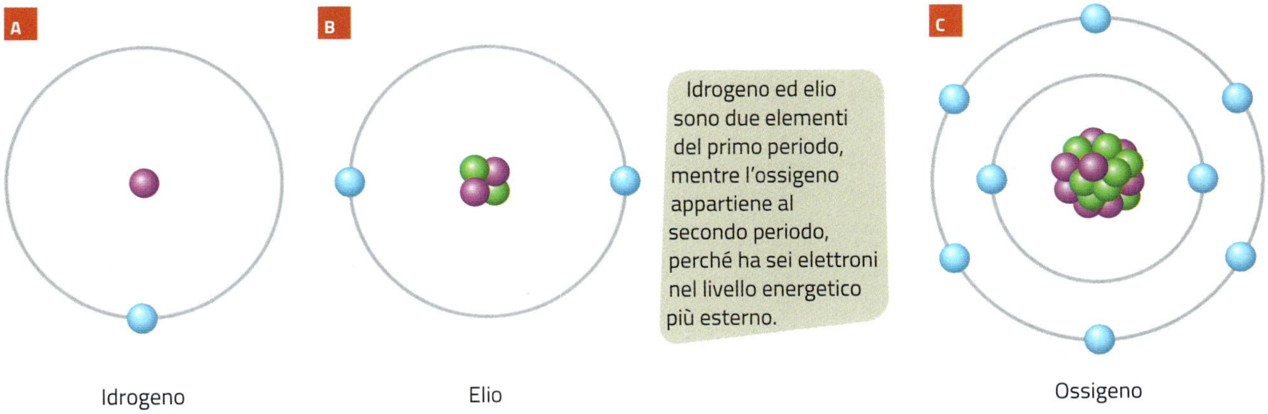

Tavola periodica interattiva

Nell'acqua un atomo di ossigeno e due di idrogeno sono uniti da legami covalenti

In un atomo gli elettroni del livello energetico più esterno sono quelli che si trovano più lontani dal nucleo e prendono il nome di **elettroni di valenza**: per esempio, gli elementi del primo gruppo, come l'idrogeno, possiedono un solo elettrone di valenza, mentre gli elementi del sesto gruppo, tra cui l'ossigeno, ne possiedono sei. Gli elettroni di valenza sono molto importanti perché determinano il comportamento chimico degli elementi; gli atomi tendono infatti a formare **legami chimici** in modo da riempire il livello energetico più esterno (chiamato *guscio di valenza*). Tale condizione garantisce una particolare stabilità energetica e permette all'atomo di non formare ulteriori legami; questo principio è chiamato *regola dell'ottetto.*

Quando due atomi di idrogeno e un atomo di ossigeno si incontrano, reagiscono per completare i propri gusci di valenza e formano una molecola d'acqua (H_2O). Una **molecola** è un insieme di atomi, uguali o diversi fra loro, tenuti insieme da un **legame covalente** che si forma quando due atomi mettono in comune i propri elettroni per raggiungere la stabilità.

Nella molecola d'acqua, ogni atomo di idrogeno condivide il proprio elettrone con un atomo di ossigeno e l'ossigeno ne condivide due, uno con ciascun atomo di idrogeno (**figura 5**). Gli elettroni condivisi trascorrono parte del proprio tempo intorno a un nucleo e parte intorno all'altro, perciò ogni atomo di idrogeno necessita di un solo elettrone, mentre all'ossigeno ne servono due.

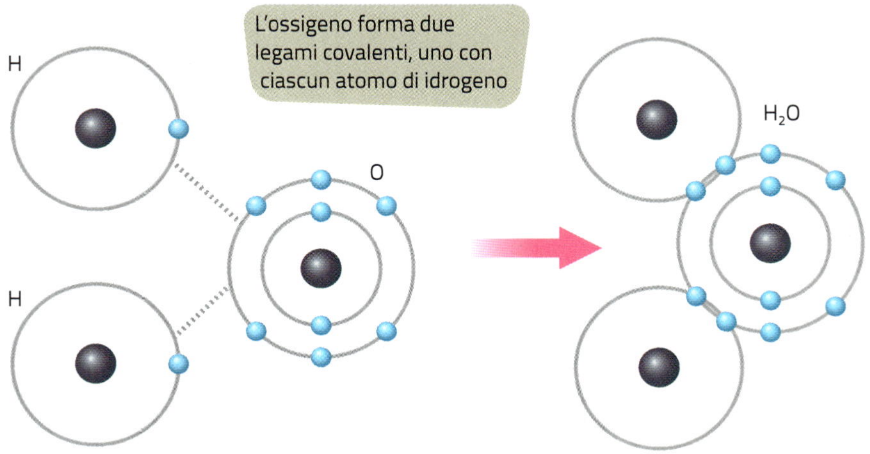

▸ Figura 5
Formazione del legame covalente tra idrogeno e ossigeno nella molecola d'acqua.

Nel caso della molecola H_2O, i legami covalenti si formano tra atomi di elementi diversi, idrogeno e ossigeno. Esistono però anche molecole formate da atomi dello stesso elemento: per esempio, nell'aria che respiriamo l'ossigeno gassoso (O_2) è formato da due atomi di ossigeno, mentre l'azoto atmosferico (N_2) è costituito da due atomi di azoto (**figura 6**).

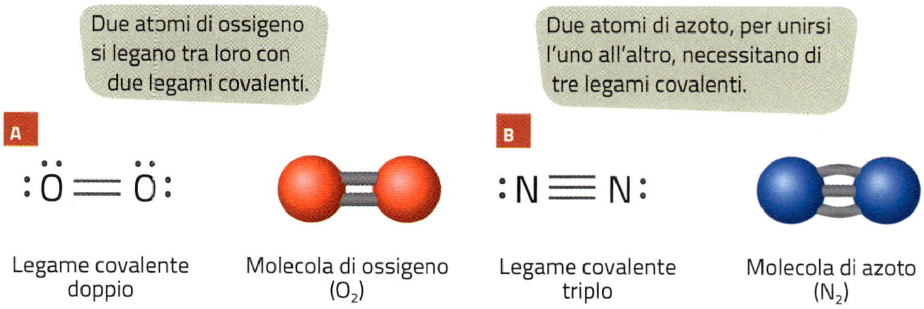

▸ Figura 6
L'ossigeno gassoso (A) e l'azoto gassoso (B) sono molecole biatomiche, ovvero formate da due atomi uguali.

La molecola dell'acqua è polare

Quando un legame covalente si forma tra due atomi dello stesso elemento, come nel caso dell'azoto, gli elettroni coinvolti nel legame sono equidistanti dai due nuclei; ciò è dovuto al fatto che i due nuclei possiedono la stessa **elettronegatività**, cioè la stessa tendenza ad attrarre a sé gli elettroni di legame. Il legame tra due elementi che hanno elettronegatività simile si dice **covalente puro** o **apolare**.

Se, invece, il legame si forma tra due atomi di elementi diversi come l'ossigeno (con elettronegatività 3,44) e l'idrogeno (con elettronegatività 2,2), gli elettroni non sono equamente condivisi, infatti l'atomo di ossigeno, più elettronegativo, attrae con maggiore intensità gli elettroni di legame. Dal momento che l'elettrone è una particella con carica negativa, l'atomo di ossigeno viene ad assumere una parziale carica negativa (indicata con δ^-), mentre l'atomo di idrogeno, impoverito di elettroni, acquista una parziale carica positiva δ^+ (**figura 7**). Si viene così a formare un legame covalente in cui gli elettroni non sono ugualmente condivisi tra i due atomi e ciò determina la formazione di un legame **covalente polare**. I legami polari coinvolgono spesso gli atomi di ossigeno, un elemento che tende ad attrarre gli elettroni di legame degli altri atomi.

A colpo d'occhio

DIFFERENZA DI ELETTRONEGATIVITÀ
- UGUALE (N≡N) → LEGAME COVALENTE PURO (O APOLARE)
- DIVERSA (O-H) → LEGAME COVALENTE POLARE

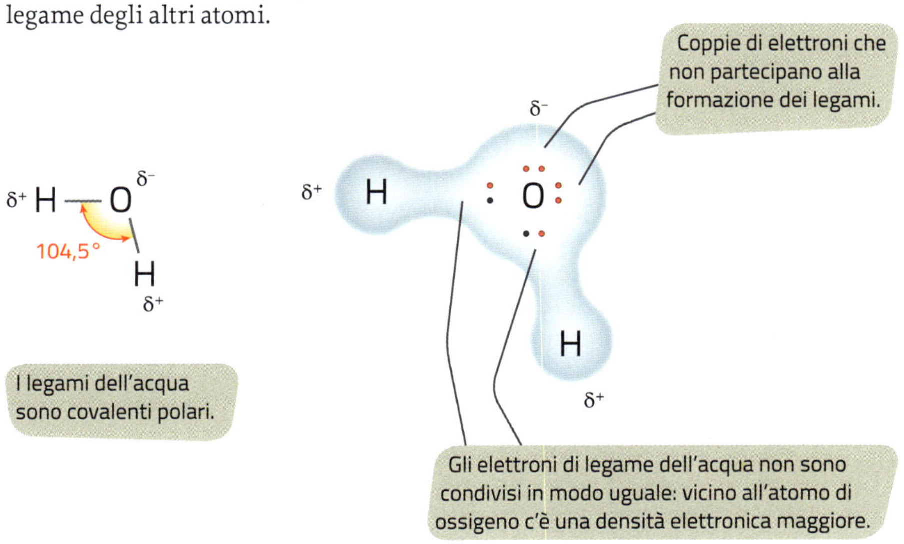

◄ **Figura 7**
Il legame covalente polare genera sulla molecola leggere cariche elettriche.

In alcuni casi, la presenza di legami polari può determinare una polarità complessiva della molecola di cui fanno parte; ciò dipende soprattutto dalla forma della molecola stessa. Per esempio, la molecola di diossido di carbonio (CO_2) ha una struttura lineare e simmetrica (**figura 8A**): nonostante i legami covalenti tra il carbonio e l'ossigeno siano polari, i due atomi di ossigeno, che si trovano in posizione simmetrica rispetto a quello di carbonio, annullano a vicenda la loro attrazione, per cui la molecola risulta nel suo insieme *non polare.*

La molecola dell'acqua invece forma un angolo in cui l'ossigeno è posto al vertice e gli atomi di idrogeno si trovano alle due estremità: la disposizione ad angolo dei legami covalenti fa sì che le forze attrattive non si possano annullare a vicenda e ciò comporta che la molecola risulti polare (**figura 8B**). Molte delle proprietà dell'acqua, dalle quali dipende la vita, derivano dalla natura polare della sua molecola.

▼ **Figura 8**
La disposizione degli atomi di ossigeno rispetto all'atomo di carbonio fa sì che il diossido di carbonio sia una molecola non polare (A), mentre nell'acqua ossigeno e idrogeno sono disposti in un modo che rende la molecola polare.

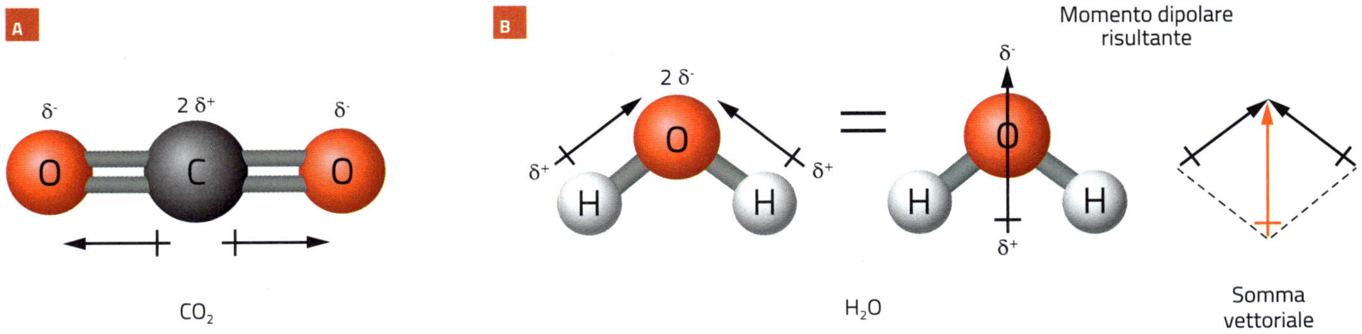

Facciamo il punto

1. Quale caratteristica rende unica la Terra nel Sistema solare?
2. Che cosa indica il termine «molecola»?
3. Quali elementi formano l'acqua?
4. Perché l'acqua è una molecola polare e il diossido di carbonio no?

2 Le proprietà fisiche dell'acqua

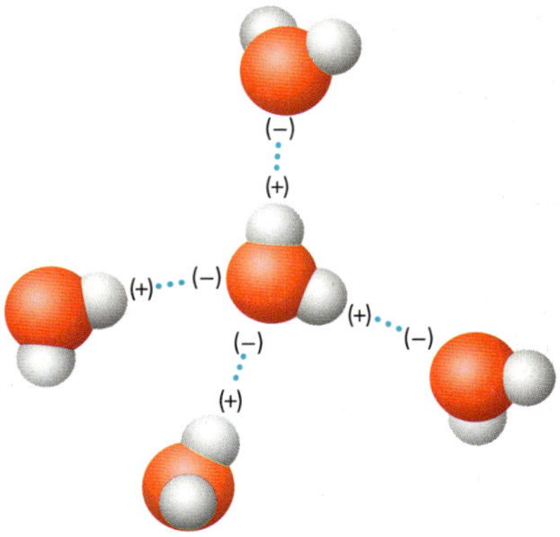

▲ **Figura 9**
Il legame a idrogeno collega ogni molecola d'acqua ad altre quattro e si forma tra molecole allo stato liquido o allo stato solido.

Il legame a idrogeno è un legame debole che si instaura tra le molecole polari

Allo stato liquido e allo stato solido le molecole d'acqua interagiscono tra loro, formando legami intermolecolari chiamati **legami a idrogeno**. Questi legami si instaurano tra le due parziali cariche negative (δ^-) dell'atomo di ossigeno di una molecola e le parziali cariche positive (δ^+) degli atomi d'idrogeno di altre due molecole d'acqua. Ciascuna molecola d'acqua, quindi, può formare legami a idrogeno con al massimo altre quattro molecole (**figura 9**).

Il legame a idrogeno è un legame elettrostatico tra cariche parziali di segno opposto, ma è più debole di un legame covalente e si può formare o spezzare con maggiore facilità. In media, un legame a idrogeno tra molecole d'acqua allo stato liquido ha una durata di 10 picosecondi ($1 \cdot 10^{-11}$ secondi) ma, immediatamente dopo essersi spezzato, tende subito a riformarsi tra due molecole diverse. Poiché in un certo quantitativo di acqua il numero delle molecole è estremamente elevato, i legami a idrogeno manifestano nel loro insieme una forza considerevole e, in condizioni normali di temperatura e pressione, riescono a tenere unite tra loro le molecole.

La tensione superficiale è dovuta alla coesione tra le molecole d'acqua

La presenza dei legami a idrogeno fa sì che le molecole d'acqua siano attratte le une verso le altre e presentino una certa resistenza alla separazione. La forza di attrazione tra molecole della stessa sostanza è chiamata **coesione**. Una manifestazione visibile della coesione è la **tensione superficiale**, un fenomeno che si manifesta sulla superficie di contatto tra l'acqua e l'aria; se si appoggia delicatamente una graffetta sulla superficie dell'acqua, la tensione superficiale impedisce alla graffetta di affondare (**figura 10A**). Per lo stesso motivo è facile vedere negli stagni degli insetti o dei ragni che «pattinano» sull'acqua come se fosse ricoperta di una pellicola elastica (**figura 10B**).

La tensione superficiale è una conseguenza dell'attrazione reciproca in tutte le direzioni fra molecole d'acqua, mentre quelle che formano lo strato superficiale, a contatto con l'aria, sono attratte solo verso l'interno del liquido; le forze intermolecolari di attrazione, infatti, sono assenti nella parte rivolta verso l'aria. Questa asimmetria produce una forza che tende a raggruppare insieme le molecole del fluido, creando una tensione sulla superficie. La superficie di contatto tra il fluido e il gas si comporta perciò come se fosse una sottilissima membrana elastica con la minore estensione superficiale possibile. In assenza di altre forze, l'estensione superficiale dell'acqua è minima quando assume la

► **Figura 10**
Per la tensione superficiale una graffetta rimane appoggiata sul pelo dell'acqua (A) e un ragno sembra camminare sulla sua superficie (B).

▲ **Figura 11**
Le forze di coesione e di adesione possono essere osservate in un rubinetto che gocciola (A) o nella rugiada che bagna un prato (B).

forma sferica: questo è il motivo per cui l'acqua tende ad aggregarsi in gocce, come si può osservare guardando un rubinetto che perde (**figura 11A**).

A causa della sua polarità, l'acqua presenta anche un'elevata forza di **adesione**, la capacità di attrarre molecole di sostanze diverse; questo è il motivo per cui l'acqua può bagnare una foglia o aderire a una ragnatela (**figura 11B**). L'adesione si manifesta solo con sostanze che formino con l'acqua legami intermolecolari.

Imbibizione e capillarità sono dovuti alle forze di coesione e adesione

Se si sovrappongono due vetrini da microscopio asciutti e si immerge un loro angolo in acqua colorata, si può osservare che l'acqua risale tra le due superfici, inserendosi tra i vetrini; in modo analogo, se si inserisce un pezzo di carta assorbente nell'inchiostro, si vedrà il colore salire in verticale, con una forza che supera quella di gravità (**figura 12**). Questo movimento dell'acqua attraverso spazi piccolissimi è detto **capillarità**, una proprietà frutto dell'azione combinata della coesione tra le molecole d'acqua e dell'adesione alla superficie dell'altra sostanza. Le molecole polari sono attratte dalla superficie libera del vetro o della carta e trascinano con sé, per coesione, altre molecole d'acqua.

Questa proprietà è utilizzata dalle piante per portare l'acqua lungo i sottili canali che collegano le radici con le foglie più alte di un albero; in modo analogo, le radici possono assorbire l'acqua che, per capillarità, si è distribuita in modo uniforme attraverso i micropori del terreno.

L'**imbibizione**, invece, consiste nel movimento capillare delle molecole d'acqua all'interno di materiali porosi come il legno e la gelatina che, di conseguenza, aumentano di volume. Un esempio di imbibizione può essere osservato quando germinano i semi delle piante: il rivestimento protettivo di un seme, come una castagna o una noce, assorbe l'acqua presente nel terreno, si gonfia e si spacca, permettendo la fuoriuscita del germoglio (**figura 13A**). Questo fenomeno si verifica perché la pressione determinata dall'imbibizione può raggiungere valori molto elevati, in grado di rompere anche i materiali più resistenti (**figura 13B**).

▲ **Figura 12**
Per effetto della capillarità, l'acqua presente nell'inchiostro risale all'interno dei minuscoli fori presenti nel foglio di carta assorbente, colorandolo.

◄ **Figura 13**
Grazie al fenomeno dell'imbibizione, questa noce di cocco ha rotto il proprio rivestimento, permettendo così la fuoriuscita del germoglio (A). Gli antichi Egizi utilizzarono l'imbibizione di cunei di legno per estrarre dalla roccia i blocchi necessari alla costruzione delle piramidi (B).

L'acqua ha un elevato calore specifico

Un'altra peculiarità dell'acqua è la sua resistenza ai cambiamenti di temperatura. La quantità di calore richiesta da 1 g di sostanza per innalzare di 1 °C la sua temperatura è detta **calore specifico**. L'unità di misura di questa grandezza è la **caloria**, ovvero la quantità di energia necessaria per innalzare la temperatura di 1 g di acqua distillata da 14,5 °C a 15,5 °C alla pressione di 1 atmosfera.

Il calore specifico dell'acqua è maggiore di quello di quasi tutte le altre sostanze; per esempio, è circa il doppio del calore specifico dell'alcol e del petrolio e dieci volte maggiore del calore specifico del ferro, che quindi si scaldano e si raffreddano molto più rapidamente (**tabella 1**). Questa proprietà è dovuta alla formazione dei legami a idrogeno tra le molecole di acqua, che ne limitano i movimenti reciproci. Quando riscaldiamo dell'acqua su un fornello, gran parte dell'energia termica fornita come calore serve a spezzare i legami a idrogeno e soltanto in minima parte è usata per aumentare la velocità media delle molecole, che è a sua volta proporzionale alla temperatura a cui si trova il sistema. Per lo stesso motivo, il ghiaccio richiede una grande quantità di calore per fondere.

In termini biologici, l'elevato calore specifico fa sì che quando viene fornito calore la temperatura di una massa d'acqua aumenti più lentamente di quella di altre sostanze di massa uguale e, viceversa, diminuisca più lentamente quando il calore viene sottratto. Di conseguenza, gli organismi che vivono nel mare, in grandi bacini d'acqua dolce o nelle loro vicinanze si trovano in un ambiente la cui temperatura rimane relativamente costante e ciò permette alle loro cellule di effettuare le reazioni chimiche in modo regolare. Dato che l'acqua costituisce una porzione considerevole del corpo di tutti gli organismi, il suo elevato calore specifico favorisce il mantenimento di una temperatura corporea interna costante.

Ti ricordi?

Il **calore** è una forma di energia scambiata fra corpi con temperatura diversa messi a contatto; il trasferimento di calore avviene sempre dal corpo più caldo a quello più freddo e non viceversa.

Sostanza	Calore specifico
Acqua	1,00
Alluminio	0,215
Argento	0,056
Ferro	0,107
Mercurio	0,033
Oro	0,0308
Piombo	0,0305
Rame	0,0924
Silicio	0,168
Vetro	0,200

▲ **Tabella 1**
Il calore specifico di alcuni elementi sostanze espresso in cal/g.

L'acqua richiede molto calore per passare da uno stato all'altro

Per far passare l'acqua dallo stato liquido allo stato di gas è necessario fornire una grande quantità di calore, detta *calore latente di vaporizzazione*; questo passaggio di stato è detto **evaporazione**. La stessa quantità di calore va invece sottratta per passare dallo stato liquido a quello solido, attraverso un processo chiamato **solidificazione** (**figura 14**).

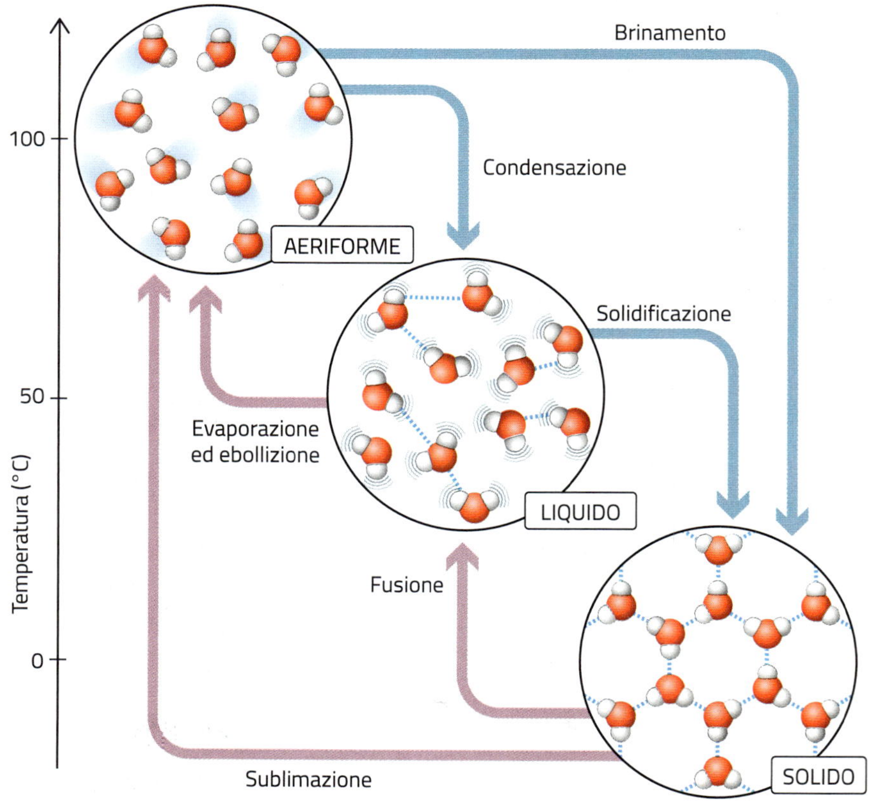

▸ **Figura 14**
I cambiamenti di stato sono fenomeni fisici che non modificano la composizione della sostanza e sono reversibili, perché è possibile riportare il materiale allo stato fisico originario, come nei passaggi tra acqua liquida, ghiaccio e vapore.

Il calore latente di vaporizzazione dell'acqua è pari a 540 cal/g; questo significa che alla temperatura di 100 °C e alla pressione di 1 atm occorrono 540 cal per fare passare 1 g di acqua dallo stato liquido a quello di vapore. Tale valore è più elevato di quello dell'alcol o dell'ammoniaca ed è molto più alto rispetto alla gran parte dei composti organici più diffusi (**tabella 2**).

Durante la fase del passaggio di stato, anche se il sistema continua ad assorbire calore dall'esterno, la temperatura rimane sempre costante perché il calore latente serve a indebolire le forze di coesione tra le particelle che passano dallo stato liquido a quello di vapore. Nel caso dell'acqua, il calore latente di vaporizzazione è particolarmente elevato a causa della capacità delle molecole d'acqua di formare tra loro numerosi legami a idrogeno. Quando tutta l'acqua è passata allo stato di vapore, la temperatura del sistema torna ad aumentare.

Per lo stesso motivo, anche il *calore latente di fusione* dell'acqua, cioè la quantità di calore che serve per fondere 1 g di ghiaccio a 0 °C, è molto alta: 80 cal/g contro le 44 cal/g del diossido di carbonio (*vedi* **tabella 2**).

Una conseguenza dell'elevato calore latente di vaporizzazione dell'acqua è la notevole quantità di calore che essa assorbe dalla superficie della nostra pelle o di una foglia; questo è il motivo per cui la sudorazione raffredda il nostro corpo.

Sostanza	Calore latente di vaporizzazione	Calore latente di fusione
Acqua	540	80
Alcol etilico	210	25
Etere etilico	85	23,2
Alluminio	2520	53,1
CO_2	137	44
Oro	380	16,1
Ammoniaca	327	81

▲ **Tabella 2**
Il calore latente di vaporizzazione e di fusione di alcuni elementi e sostanze espresso in cal/g.

Il ghiaccio è meno denso dell'acqua liquida

Per la maggior parte delle sostanze, la **densità** aumenta quando diminuisce la temperatura e un corpo passa dallo stato liquido allo stato solido. Ciò avviene perché allo stato solido le singole molecole occupano posizioni fisse e sono disposte ordinatamente le une accanto alle altre; uno stesso volume può quindi contenere un numero maggiore di molecole.

Anche la densità dell'acqua aumenta al diminuire della temperatura fino a circa 4 °C: a questo valore l'acqua è allo stato liquido e ha la sua massima densità (1000 kg/m^3). Avvicinandosi al punto di congelamento, però, le molecole d'acqua si collocano a una certa distanza l'una dall'altra per permettere a ogni molecola di formare legami a idrogeno con altre 4 molecole e ciò comporta la formazione di molti spazi vuoti. Di conseguenza, le molecole nel ghiaccio si trovano più distanti tra loro che nell'acqua allo stato liquido, dove i legami a idrogeno si rompono e si riformano in modo continuo. A differenza della maggior parte delle sostanze, quindi, l'acqua allo stato solido occupa un volume maggiore di quando si trova allo stato liquido e ha perciò una minore densità.

La minore densità del ghiaccio gli permette di galleggiare sull'acqua liquida (**figura 15**). Se così non fosse, i laghi e i mari ghiaccerebbero a partire dal fondo e si creerebbe una condizione incompatibile con la vita: una volta che il ghiaccio cominciasse ad accumularsi sul fondo, tenderebbe a non sciogliersi più, intrappolando gli organismi acquatici e alterando il clima delle zone circostanti.

Ti ricordi?
La **densità** è una grandezza che misura il rapporto tra la massa di un corpo e il suo volume, viene espressa in kg/m^3 e, in genere, dipende dalla temperatura e dalla pressione del sistema.

◄ **Figura 15**
Gli iceberg galleggiano perché il ghiaccio ha densità minore dell'acqua liquida (A); grazie a questo fenomeno, i mari e i laghi ghiacciano solo in superficie, consentendo così alle specie ittiche di sopravvivere al di sotto dello strato ghiacciato (B).

Leggi l'approfondimento nell'ebook:
Educazione ambientale
Come evitare lo spreco di acqua

Il ciclo idrologico rende l'acqua una risorsa rinnovabile

Grazie alle proprietà che abbiamo descritto, l'acqua passa ciclicamente da uno stato di aggregazione della materia all'altro. Nel farlo dà origine al **ciclo idrologico** o **ciclo dell'acqua** (figura 16), una serie di passaggi che coinvolgono l'atmosfera, l'idrosfera, la litosfera e i viventi e che consente lo sviluppo dei diversi biomi e della biodiversità.

A causa del calore proveniente dal Sole e dell'effetto serra, l'acqua in forma liquida evapora e viene trasportata dalle correnti ascensionali nelle parti alte dell'atmosfera; in quota, le molecole di vapore raggiungono zone in cui la temperatura è minore, condensano e formano ammassi di acqua allo stato liquido o solido, le nuvole. In seguito a cambiamenti di pressione e temperatura, le nuvole si trasformano in pioggia o neve e l'acqua precipita sulla superficie terrestre, ritornando agli oceani; in questo modo si ristabilisce anche l'equilibrio tra l'acqua e il cloruro di sodio che era stato alterato dall'evaporazione dell'acqua marina.

L'acqua che cade al suolo viene in gran parte assorbita dal terreno, generando sopra agli strati rocciosi e impermeabili del sottosuolo una zona di saturazione chiamata *falda freatica*, da cui essa può risalire dando luogo alle sorgenti. Per la forza di gravità, l'acqua che scende dai rilievi montuosi si accumula nei fiumi, grazie ai quali può tornare nuovamente al mare. In questo modo, l'acqua è costantemente disponibile per gli organismi viventi, favorendone la sopravvivenza.

▾ Figura 16
Il ciclo dell'acqua, azionato dall'energia solare, distribuisce costantemente questa indispensabile sostanza nelle diverse fasce climatiche.

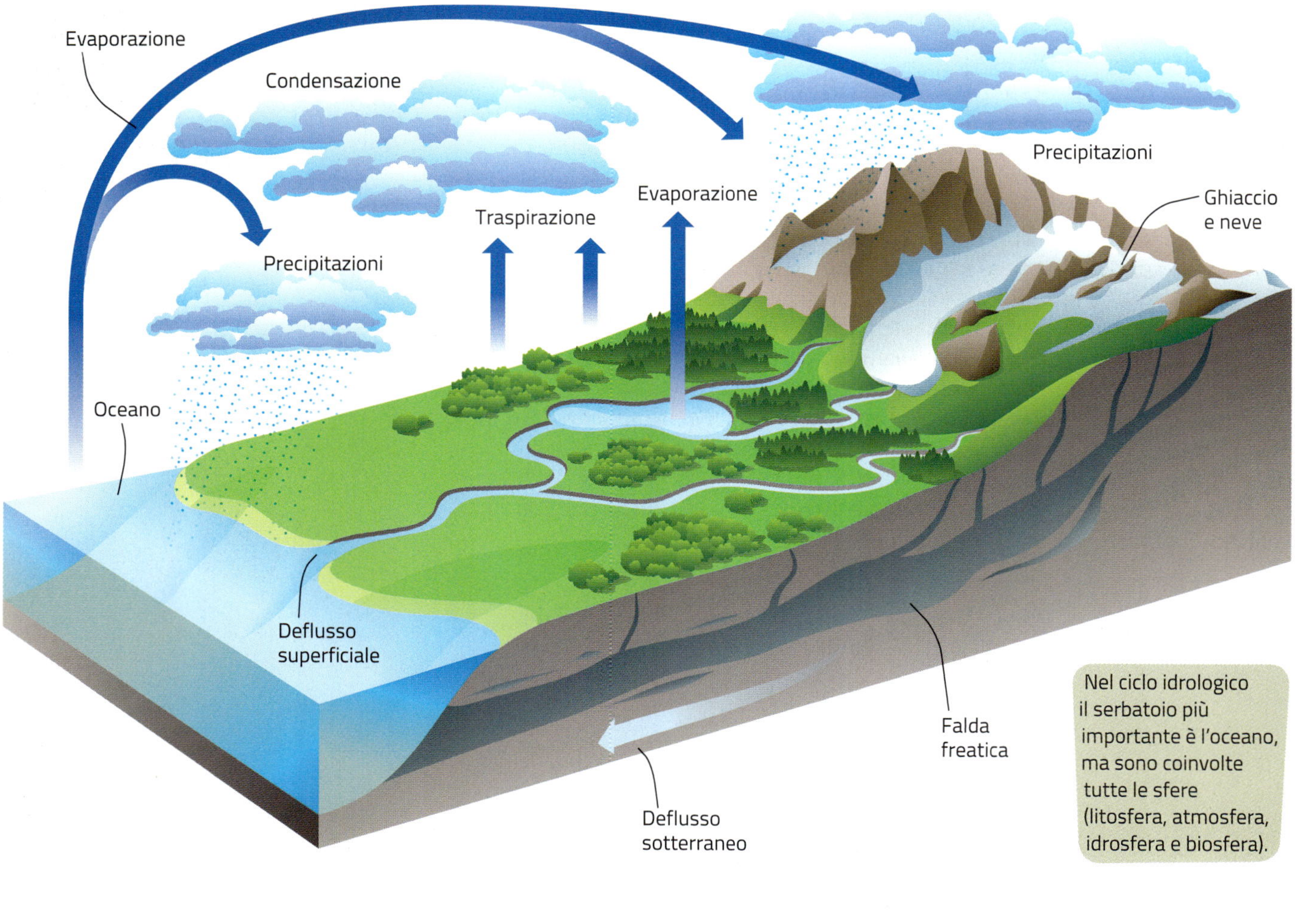

Nel ciclo idrologico il serbatoio più importante è l'oceano, ma sono coinvolte tutte le sfere (litosfera, atmosfera, idrosfera e biosfera).

Facciamo il punto

1. Che cos'è il legame a idrogeno e che cosa lo distingue dal legame covalente?
2. Che cosa sono le forze di coesione e adesione?
3. Quali sono gli effetti della capillarità nei viventi?
4. Che cosa comporta l'alto calore specifico dell'acqua?
5. Illustra il ciclo idrologico.

3 Le soluzioni acquose

L'acqua è un solvente capace di sciogliere molte sostanze

Negli organismi viventi l'acqua è essenziale perché molte sostanze si trovano immerse in soluzione: un esempio è dato dalla linfa delle piante o dal sangue, entrambi ricchi di soluti. Una **soluzione** è una miscela omogenea di molecole di due o più sostanze; la sostanza presente in maggiore quantità è di solito allo stato liquido ed è chiamata **solvente**, mentre quella presente in minore quantità è il **soluto**.

A causa della polarità delle sue molecole, l'acqua è un ottimo solvente. Questa caratteristica è un altro fattore che lega strettamente l'acqua alla vita; numerosi composti importanti per gli organismi, infatti, sono *idrofili*, cioè si sciolgono facilmente in acqua. Sono sostanze idrofile alcune biomolecole come il saccarosio (lo zucchero da tavola) e i composti ionici, come il cloruro di sodio (il sale da cucina).

Le parole

Il termine **idrofilo**, che deriva dal greco *udòr*, «acqua», e *filein*, «amare», indica le sostanze che «amano l'acqua», ovvero interagiscono con questo solvente; il termine opposto è **idrofobico**, che caratterizza le molecole che «hanno paura dell'acqua», cioè non interagiscono con essa.

Il legame ionico è un'interazione elettrica tra ioni di carica opposta

I **composti ionici** si formano tra due atomi, uno dei quali è molto più elettronegativo dell'altro; in questo caso, non si forma un legame covalente, ma l'atomo meno elettronegativo cede uno o più elettroni a quello più elettronegativo, per cui si forma un **legame ionico**.

Un esempio di legame ionico è costituito dall'unione tra sodio (che ha elettronegatività 0,9) e cloro (che ha elettronegatività 3,1). L'atomo di sodio (numero atomico 11) ha un solo elettrone nel suo livello esterno, mentre l'atomo di cloro (numero atomico 17) ne ha sette: in entrambi i casi si tratta di una condizione instabile e i due atomi tendono a reagire per raggiungere una maggiore stabilità (figura 17). L'atomo di cloro, più elettronegativo, completa il proprio livello esterno acquistando un elettrone dal sodio; in questo modo l'atomo di cloro diventa uno *ione cloruro* (Cl^-) con carica negativa, mentre l'atomo di sodio acquista una carica positiva, diventando uno *ione sodio* (Na^+).

Una volta formati, gli ioni sono generalmente stabili e non cedono o acquistano altri elettroni, per cui tra lo ione cloruro e lo ione sodio si può instaurare un legame ionico. A differenza del legame covalente, che si basa sulla condivisione di elettroni, il legame ionico è un'interazione elettrica tra ioni di carica opposta. Per questa ragione i composti ionici non formano molecole, ma **reticoli cristallini**, vale a dire strutture geometriche tridimensionali nelle quali gli ioni positivi (*cationi*) e gli ioni negativi (*anioni*) si trovano associati secondo relazioni spaziali precise e costanti.

La formula NaCl è una formula minima, cioè esprime il minimo rapporto di combinazione tra i due diversi ioni che si alternano nel reticolo, e non può essere considerata una formula molecolare.

A colpo d'occhio

DIFFERENZA DI ELETTRONEGATIVITÀ
- DIVERSA (O-H) → LEGAME COVALENTE POLARE
- MOLTO DIVERSA (Na-Cl) → LEGAME IONICO

▼ **Figura 17**
Formazione del legame ionico tra il cloro e il sodio.

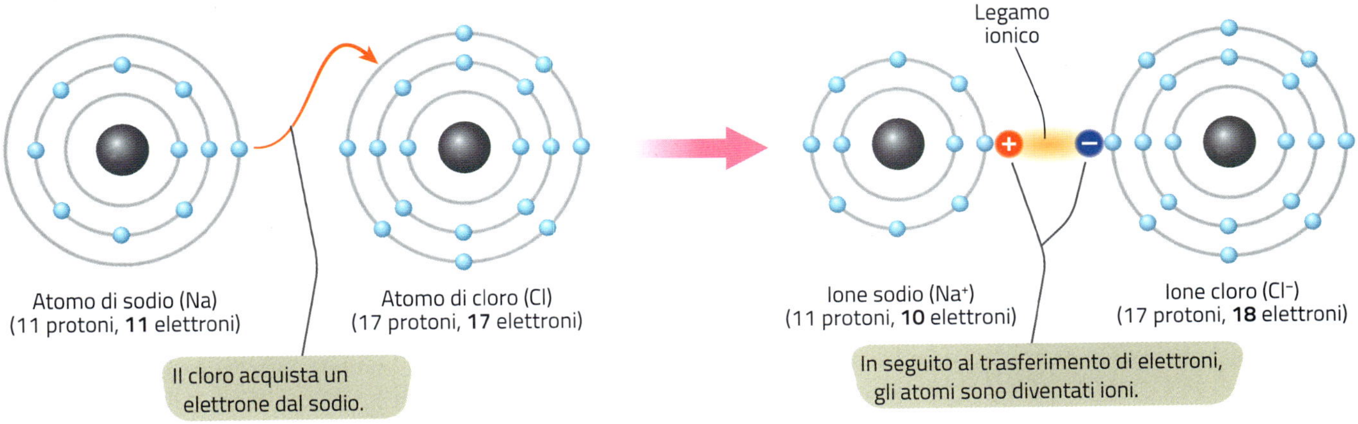

▲ **Figura 18**
Una salina per l'estrazione di cloruro di sodio dall'acqua marina.

I legami ionici producono sostanze solide stabili, denominate genericamente *sali*, come il cloruro di sodio (NaCl) o il fosfato di potassio (K_3PO_4). Nei sali allo stato solido i legami ionici sono forti perché gli ioni si trovano molto vicini l'uno all'altro (**figura 18**) ma, quando i sali entrano in soluzione acquosa, la distanza tra gli ioni aumenta e la forza di attrazione si riduce. Nelle cellule, che sono fatte soprattutto di acqua, in genere l'attrazione ionica è molto bassa, meno di un decimo di quella di un legame covalente apolare.

Gli ioni e le molecole polari possono reagire tra loro perché entrambi hanno cariche elettriche intere o parziali; si ha una reazione di questo tipo quando un sale come NaCl si disperde in acqua. Le molecole d'acqua si infiltrano nella parte solida e circondano i singoli ioni, allontanandoli gli uni dagli altri (**figura 19**). Gli ioni cloruro, con la loro carica negativa, attraggono il polo positivo delle molecole d'acqua (che si trova sugli atomi d'idrogeno), mentre il polo negativo dell'acqua (l'atomo di ossigeno) si orienta verso gli ioni sodio carichi positivamente.

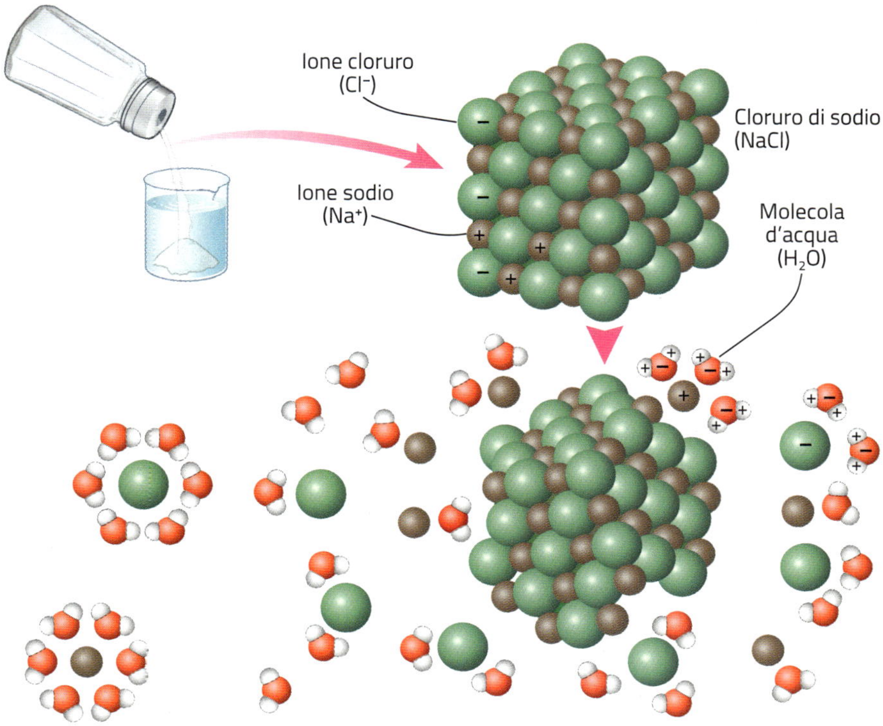

► **Figura 19**
NaCl è un sale che allo stato solido forma un reticolo cristallino compatto, ma quando entra in contatto con l'acqua i suoi ioni si separano perché interagiscono con gli atomi di ossigeno e idrogeno presenti.

Anche le molecole d'acqua possono formare ioni

A una data temperatura e in un dato volume di acqua pura avviene sempre la **ionizzazione** di un piccolo ma costante numero di molecole d'acqua. Durante questo processo, un atomo di idrogeno tende a staccarsi dall'ossigeno a cui è legato e a passare in soluzione sotto forma di ione H^+. Questo ione si lega poi con l'ossigeno di un'altra molecola d'acqua e dà origine allo *ione idronio* (H_3O^+); la molecola a cui è stato sottratto un atomo di idrogeno diventa così uno *ione ossidrile* (OH^-). In questo modo si formano due particolari ioni, idronio e ossidrile, secondo la reazione:

$$2\,H_2O \rightleftharpoons H_3O^+ + OH^-$$

Le due frecce rappresentano una reazione che procede in entrambe le direzioni, ma la freccia che punta verso 2 H_2O è più lunga perché indica che la maggior parte dell'acqua non è ionizzata; di conseguenza, in ogni campione di acqua pura, solo una piccola parte d'acqua è presente in forma ionizzata, mentre la maggior parte è in forma molecolare.

Sebbene lo ione positivo che si forma quando l'acqua si ionizza sia lo ione idronio (H_3O^-), esso viene di solito rappresentato per convenzione come uno ione idrogeno (H^+). Questa convenzione, che utilizzeremo anche in seguito, semplifica i calcoli per il bilanciamento delle reazioni chimiche.

Le soluzioni acquose possono essere acide, basiche o neutre

Poiché ogni molecola che si scinde produce uno ione di ciascun tipo, la concentrazione degli ioni H^+ è identica a quella degli ioni OH^-. L'aggiunta di una sostanza ionica o polare può però modificare la concentrazione degli ioni H^+ e OH^- e quindi alterare questo equilibrio; quando il rapporto tra questi ioni cambia, si ha la formazione di soluzioni acide e basiche.

Un **acido** è una sostanza che, all'interno di una soluzione, provoca un aumento della concentrazione relativa di ioni H^+; una **base**, invece, è una sostanza che provoca un aumento della concentrazione relativa di ioni OH^-. Infine, una soluzione è **neutra**, come l'acqua pura, se contiene un'uguale concentrazione di ioni H^+ e OH^-.

In acqua l'acido cloridrico (HCl) è quasi completamente dissociato, cioè scisso negli ioni che lo compongono, H^+ e Cl^-; perciò, una soluzione acquosa di HCl contiene una concentrazione maggiore di ioni H^+ rispetto agli ioni OH^-. Si ha un effetto opposto quando si scioglie in acqua l'idrossido di sodio (NaOH): questo composto si dissocia negli ioni Na^+ e OH^- e, di conseguenza, la soluzione presenta una concentrazione di ioni OH^- maggiore rispetto a quella degli ioni H^+.

Gli acidi e le basi che sono definiti *forti* sono sostanze che, come HCl e NaOH, si ionizzano quasi completamente in acqua, facendo aumentare in modo considerevole l'acidità o la basicità della soluzione. Gli acidi e le basi *deboli*, al contrario, sono quelle sostanze che si ionizzano solo in parte, facendo aumentare di poco la concentrazione degli ioni H^+ e OH^-. A parte alcune eccezioni (come l'acido cloridrico che si trova nello stomaco), la maggior parte delle sostanze presenti nel nostro corpo è formata da acidi o basi deboli.

Il grado di acidità di una soluzione è indicato dalla **scala del pH**, che ha valori compresi tra 0 e 14 (**figura 20**). Spostarsi di una posizione all'interno della scala del pH significa aumentare o diminuire di dieci volte la concentrazione di ioni H^+. Quindi passare da pH 2 a pH 4 significa diminuire la concentrazione di ben 100 volte! A pH 7 la concentrazione degli ioni H^+ è pari a quella degli ioni OH^-, come nel caso dell'acqua pura: questa condizione corrisponde alla *neutralità*. Una soluzione è acida se ha valori di pH inferiori a 7 (con acidità massima uguale a 0), mentre per valori superiori a 7 è basica (con basicità massima uguale a 14).

Il corretto funzionamento dei processi biochimici del nostro corpo è è garantito da una corretta regolazione del pH. Il pH del sangue, per esempio, viene mantenuto pressoché costante grazie a diversi sistemi di controllo: il valore normale è pari a 7,4 ma in caso di valori inferiori a 7,38 e superiori a 7,45 si verificano delle condizioni patologiche chiamate *acidosi* e *alcalosi*. Se queste condizioni non sono compensate, si può andare incontro a una serie di problemi fino ad arrivare al coma.

Curiosità

Un indicatore del valore di pH è la **cartina al tornasole**, una striscia di carta imbevuta di sostanze che virano di colore indicando i vari gradi del pH: se il colore tende al rosso intenso, la soluzione è acida, mentre se vira verso il blu è basica.

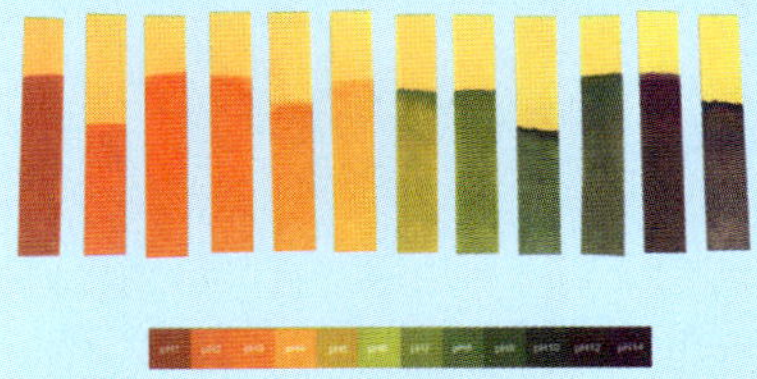

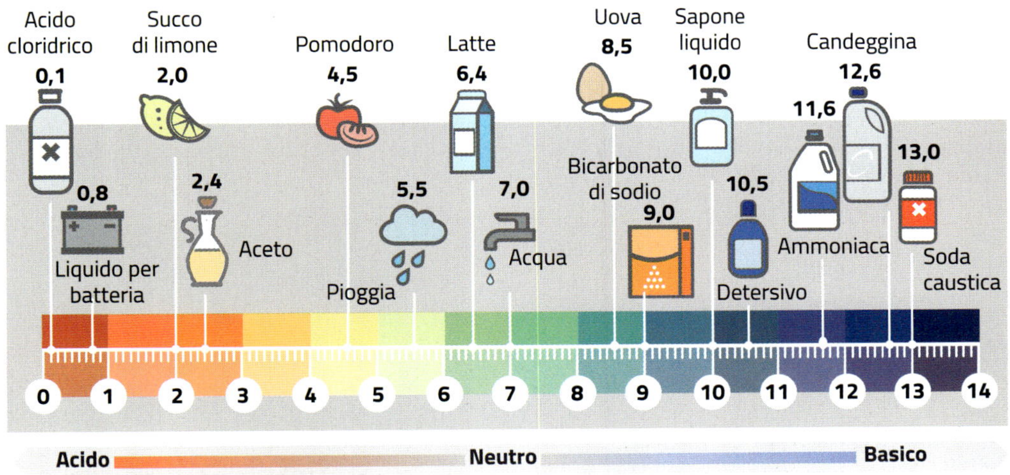

◄ **Figura 20** La scala del pH, con indicati alcuni prodotti che corrispondono ai valori di acidità e basicità.

Facciamo il punto

1. Quali sono le componenti di una soluzione e quale ruolo svolge l'acqua in una soluzione?
2. Che cosa distingue un legame ionico da uno covalente?
3. In che modo avviene la ionizzazione dell'acqua?
4. Che cosa indica la scala del pH e come si calcola?

SINTESI DI FINE CAPITOLO

LO SAI? RIPASSA CON LO SMARTPHONE

Elettroni e legami covalenti

In un atomo, gli elettroni del livello energetico più esterno si chiamano **elettroni di valenza** e sono quelli che determinano il comportamento chimico degli elementi.

Una **molecola** è un insieme di atomi, uguali o diversi fra loro, tenuti insieme da un **legame covalente**, che si forma quando due atomi mettono in comune i propri elettroni.

Se gli elettroni non sono ugualmente condivisi tra i due atomi, si forma un **legame covalente polare**, per esempio l'atomo di ossigeno dell'acqua è più elettronegativo dei due idrogeni e attrae con maggiore intensità gli elettroni di legame.

L'acqua sulla Terra

La molecola d'acqua è costituita da due atomi di idrogeno (H) e un atomo di ossigeno (O) uniti da legami covalenti polari.

L'acqua sulla nostro pianeta si presenta in tutti e tre gli stati della materia: solido, liquido e aeriforme. Allo stato liquido e allo stato solido le molecole d'acqua interagiscono tra loro, formando legami intermolecolari chiamati **legami a idrogeno**. I legami a idrogeno nel loro insieme hanno una forza considerevole e, in condizioni normali di temperatura e pressione, riescono a tenere unite tra loro le molecole.

Il 98% dell'acqua totale è salata, il 2% è dolce e indispensabile alla nostra sopravvivenza.

Il **ciclo idrologico**, o ciclo dell'acqua, consiste in una serie di passaggi che coinvolgono l'atmosfera, l'idrosfera, la litosfera e anche i viventi e che consente lo sviluppo dei diversi biomi e della biodiversità.

Le proprietà fisiche dell'acqua

La forza di attrazione tra molecole della stessa sostanza è chiamata **coesione**.
Una manifestazione della coesione è la **tensione superficiale**. La tensione superficiale avviene perché le molecole d'acqua sono attratte dalle molecole vicine in tutte le direzioni.

Per la sua polarità, l'acqua possiede anche un'elevata **adesione**, cioè la capacità di attrarre molecole di sostanze diverse.

L'**imbibizione** è il movimento capillare delle molecole d'acqua all'interno di materiali porosi che, di conseguenza, aumentano di volume. Il movimento dell'acqua attraverso spazi piccolissimi è detto **capillarità**. Imbibizione e capillarità sono dovute alle forze di coesione e adesione.

L'acqua ha un elevato **calore specifico**, cioè possiede una certa resistenza ai cambiamenti di temperatura, e richiede molto calore per passare da uno stato all'altro.
La **densità** dell'acqua aumenta al diminuire della temperatura fino a circa 4 °C, cioè l'acqua allo stato solido occupa un volume maggiore di quando si trova allo stato liquido e ha perciò una minore densità.

Le soluzioni acquose

L'acqua è una sostanza capace di sciogliere molte altre sostanze.

Una **soluzione** è una miscela omogenea di molecole di due o più sostanze; la sostanza presente in maggiore quantità è chiamata **solvente**, mentre quella presente in minore quantità è il **soluto**.

Le soluzioni acquose possono essere acide, basiche o neutre.

Un **acido** è una sostanza che provoca un aumento della concentrazione relativa di ioni H^+ in una soluzione; al contrario, una **base** è una sostanza che provoca un aumento della concentrazione relativa di ioni OH^-. Infine, una soluzione è **neutra**, come l'acqua pura, se contiene un'uguale concentrazione di ioni H^+ e OH^-. Il grado di acidità di una soluzione si esprime mediante la *scala del pH*, che ha valori compresi tra 0 e 14.

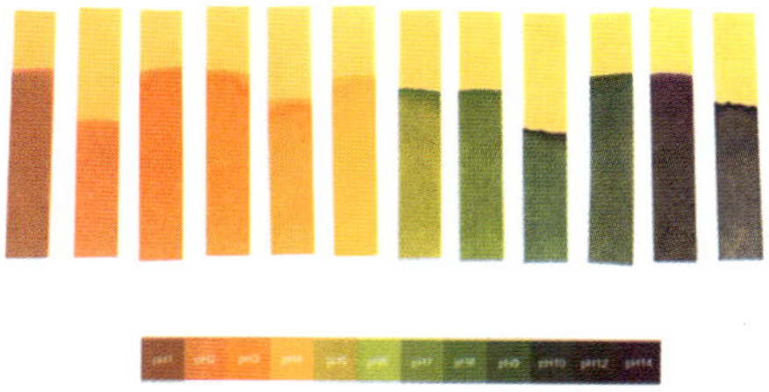

VERIFICA LE TUE CONOSCENZE

ZTE ONLINE

1. Scrivi sul quaderno la definizione dei seguenti termini.

a) Tavola periodica, periodo e gruppo
b) Elettroni di valenza e legame chimico
c) Polarità ed elettronegatività
d) Forze di adesione e coesione
e) Capillarità e imbibizione
f) Soluzione, solvente e soluto
g) Soluzione acida, basica e neutra

Barra il completamento esatto.

2. Il legame covalente

A unisce due atomi tramite la condivisione di due o più elettroni.
B si dice polare se unisce atomi con uguale numero atomico.
C unisce tra loro molecole d'acqua attraendo i vertici di segno opposto.
D si forma per attrazione tra due ioni di segno opposto.

3. Il legame ionico

A unisce due atomi tramite la condivisione di solo due elettroni.
B unisce tra loro composti ionici, purché dello stesso segno.
C si forma per attrazione tra ioni di segno opposto.
D può collegare tra loro anche molecole d'acqua.

4. In seguito al processo di ionizzazione, l'acqua

A dissocia in ioni i soluti in essa presenti.
B ha parte delle sue molecole dissociate in ioni idronio e ossidrili.
C modifica il suo pH a causa di una notevole presenza di ioni H^+.
D si dissocia permanentemente in ioni idronio e ossidrili.

5. Una soluzione è neutra

A se la misura del suo grado di acidità presenta un pH inferiore a 7.
B quando la concentrazione dei suoi ioni H^+ è uguale a quella degli ioni OH^-.
C nel caso in cui sia le molecole del solvente sia quelle del soluto siano polari.
D quando tutte le sue molecole sono collegate tra loro da legami a idrogeno.

6. Di fianco a ciascuna formula scrivi se gli atomi che compongono le molecole sono uniti da un legame ionico, covalente o covalente polare.

a) H_2O: ....
b) NaCl: ....
c) CO_2: ....
d) H_2: ....

7. Di fianco a ogni affermazione scrivi la lettera A se l'affermazione si riferisce alla tensione superficiale, B se si riferisce alla capillarità, C se si riferisce all'evaporazione o D se si riferisce alla solidificazione.

a) È il passaggio di stato che richiede sottrazione di calore. (.....)
b) È il risultato dell'azione combinata di coesione e adesione. (.....)
c) Fa assumere alle gocce d'acqua una forma sferica. (.....)
d) L'acqua sale attraverso i piccoli spazi di una carta assorbente. (.....)
e) Permette agli insetti di camminare sull'acqua. (.....)

8. Barra il simbolo V se ritieni l'affermazione vera, o il simbolo F se la ritieni falsa.

a) Un reticolo cristallino è una sequenza di molecole d'acqua allo stato solido. V F
b) Grazie alla sua polarità, l'acqua scinde facilmente le molecole polari. V F
c) Nella tavola periodica i gruppi comprendono elementi che hanno gli elettroni più esterni sullo stesso livello energetico. V F
d) Gli elettroni di valenza sono quelli posti sul livello energetico più esterno. V F
e) Due atomi uniti da un legame covalente doppio condividono quattro elettroni. V F
f) Un acido fa aumentare in una soluzione la concentrazione degli ioni H^+. V F

9. Completa le seguenti frasi.

a) In una soluzione è detta .... la sostanza che tende a dissociarsi nei suoi ioni.
b) La quantità di calore che serve per fondere 1 g di ghiaccio a 0 °C è chiamata ....
c) L'attrazione che un atomo esercita nei confronti degli elettroni condivisi in un legame viene chiamata ....
d) La .... è una forza che tende a raggruppare le molecole d'acqua nella parte a contatto con l'aria.

10. Completa la tabella mettendo in relazione i termini (*lettere*) con le loro definizioni (*numeri*).

A. tensione superficiale
B. evaporazione
C. calore latente di vaporizzazione
D. capillarità
E. densità

1. formazione di una «pellicola» elastica sulla superficie dell'acqua
2. misura il rapporto tra la massa di un corpo e il suo volume
3. le molecole d'acqua possono risalire lungo un foglio di carta assorbente
4. passaggio di stato che prevede un periodo a temperatura costante
5. energia termica necessaria per passare dallo stato liquido a quello di gas

A	B	C	D	E

11. L'acqua è una sostanza molto diffusa sul nostro pianeta, ma dotata di specifiche caratteristiche che la rendono particolare. Descrivi la molecola dell'acqua evidenziando le sue peculiarità strutturali e le conseguenze che ne derivano.

....
....
....
....
....
....

12. Che cos'è un legame covalente polare e quali sono le sue caratteristiche?

....
....
....
....
....
....

VERIFICA LE TUE ABILITÀ

Barra il completamento esatto.

13. Nell'azoto molecolare (N_2)

A si formano 3 legami covalenti che coinvolgono 6 elettroni.

B si formano 2 legami per un totale di 8 elettroni coinvolti.

C come nella molecola di ossigeno si condividono 2 elettroni.

D come nella molecola d'acqua si formano leggere cariche polari.

14. Sudando si abbassa la temperatura corporea in quanto

A il sudore forma una pellicola acquosa isolante che impedisce l'ingresso di calore.

B l'energia termica contenuta nel corpo viene convertita in energia chimica interna ai legami a idrogeno.

C eliminando acqua diminuisce nel corpo la possibilità di regolare la temperatura.

D parte del calore corporeo viene utilizzata per fare evaporare l'acqua dalla superficie del corpo.

15. Barra il completamento errato.
Il legame a idrogeno

A fa in modo che ogni atomo di ossigeno di una molecola interagisca con quello di un'altra.

B attrae tra loro molecole e non singoli atomi come avviene nei legami chimici.

C è una conseguenza della polarità delle molecole d'acqua.

D è più debole di un legame covalente o ionico, ma determina proprietà importanti.

Barra i due completamenti esatti.

16. Avendo numero atomico 8, l'ossigeno

A tende a perdere due elettroni, diventando uno ione positivo.

B cede due protoni assumendo perciò una carica negativa.

C si lega a due atomi di H per completare il suo livello energetico esterno.

D si trova nello stesso gruppo dello zolfo che ha numero atomico 16.

E si trova nello stesso periodo del sodio che ha numero atomico 11.

17. Una bottiglia piena d'acqua messa nel congelatore tende a rompersi perché

A si verifica un calo dell'energia di movimento interna alle molecole d'acqua e questo fa gelare la bottiglia.

B si formano e diventano stabili i legami tra una molecola d'acqua e altre quattro molecole adiacenti.

C le molecole tendono ad allontanarsi a causa della formazione dei legami a idrogeno stabili.

D si verifica una dilatazione dovuta alla formazione di legami covalenti stabili interni alle molecole dell'acqua.

E diventano stabili i legami tra l'acqua e il vetro della bottiglia che, quindi, si dilata e si rompe.

18. Nel seguente brano barra tra i termini in neretto quelli errati.

Nell'acqua allo stato liquido i legami a idrogeno sono di **lunga / breve** durata a causa **del movimento / della polarità** delle molecole. La presenza e la rottura dei legami a idrogeno agiscono sul clima infatti, in inverno, nelle località di mare la temperatura dell'aria viene **mitigata / raffreddata** dalla presenza della grande massa d'acqua. Il calore specifico elevato dell'acqua agisce sulla temperatura facendola raffreddare più **lentamente / velocemente** di quella di altre sostanze di **massa / temperatura** uguale.

19. In che cosa consiste la differenza tra un acido forte (o una base forte) e un acido debole (o una base debole)?

....

....

....

....

....

....

....

....

....

20. Quale caratteristica deve avere un composto per sciogliersi in acqua? Come avviene questo processo?

....

....

....

....

....

....

....

....

UNITUTOR
VERSO L'UNIVERSITÀ

Preparati ai test di ammissione sul sito Unitutor.

21. L'ammoniaca (NH_3) ha un punto di ebollizione pari a −33 °C. La fosfina (PH_3) ha invece un punto di ebollizione pari a −88 °C. Quale delle seguenti affermazioni spiega perché hanno punti di ebollizione così differenti?

A La NH_3 è una molecola più grande della PH_3.

B La NH_3 forma legami a idrogeno intermolecolari più facilmente della PH_3.

C La NH_3 è un composto ionico. La PH_3 è un composto molecolare.

D La NH_3 ha una massa inferiore alla PH_3.

E La NH_3 ha una struttura molto grande. La PH_3 ha una struttura molecolare semplice.

[dal test di ammissione a Veterinaria 2015-16]

HANDS-ON GLOSSARY

22. Fill in the table matching each term (*letters*) with its definition (*numbers*).

A. atom
B. molecule
C. hydrogen bond
D. ionic bond
E. covalent bond
F. polar covalent bond

1. also called molecular bond, is the one that involves the sharing of electron pairs between atoms
2. a type of chemical bond that involves the electrostatic attraction between oppositely charged ions
3. the smallest possible amount of a particular substance that has all the characteristics of that substance
4. a weak chemical bond between an electronegative atom (such as fluorine, oxygen, or nitrogen) and a hydrogen atom bound to another electronegative atom
5. the smallest particle of a substance that can exist by itself or be combined with others
6. a bond in which one or more electrons are unequally shared between two nuclei

A	B	C	D	E	F

VERSO L'ESAME: LE TUE COMPETENZE

SCHEMATIZZA

23. Costruisci una mappa concettuale che riporti tutte le caratteristiche chimico-fisiche dell'acqua.

PRECISA

24. Il ghiaccio galleggia sull'acqua liquida, ma se si osserva un iceberg si nota come solamente una piccola parte sia emersa.

Che cosa influenza questo comportamento?

IPOTIZZA

25. Le piante sfruttano la capacità dell'acqua di risalire lungo i sottili canali che collegano le radici alle foglie; oltre alle forze di coesione e di adesione esiste una «forza motrice» che garantisce il fatto che questo flusso, diretto dal terreno verso l'alto, e quindi contro la forza di gravità, sia continuo.

Prova a ipotizzare di che cosa si tratta.

CONFRONTA

26. Le molecole di acqua possono formare tra di loro legami a idrogeno in virtù della polarità della molecola.

Aiutandoti con la tavola periodica degli elementi, indica almeno altre tre molecole che pensi possano avere lo stesso comportamento.

SPIEGA

27. L'acqua è in grado di sciogliere il sale da cucina, ma non può fare lo stesso con l'olio di oliva: prova a spiegare il perché di questa differenza.

DISEGNA

28. Disegna 4 molecole di acqua legate assieme dai legami a idrogeno.

METTI IN RELAZIONE

29. Sulla base dei dati riportati in tabella, quale dei materiali indicati utilizzeresti per fabbricare il manico di una pentola? Motiva la tua risposta.

Sostanza	cal/g
Piombo	0,0305
Oro	0,0308
Mercurio	0,033
Cadmio	0,055
Argento	0,056
Germanio	0,077
Rame	0,0924
Ferro	0,107
Silicio	0,168
Vetro	0,2
Alluminio	0,215
Berillio	0,436

RICERCA

30. Grazie alle osservazioni della sonda NASA *Mars Reconnaissance Orbiter*, nel 2015 gli scienziati hanno dimostrato la presenza di tracce di acqua allo stato liquido sul pianeta Marte. Le immagini ad alta risoluzione del telescopio a bordo della sonda, chiamato *HiRISE*, hanno evidenziato la presenza di striature scure su diversi pendii dei rilievi marziani; queste striature appaiono quando la temperatura è di circa –23 °C e scompaiono quando la temperatura si abbassa nuovamente.

Fai una ricerca per capire la spiegazione di questo fenomeno, partendo dalle caratteristiche del pianeta Marte, indagando soprattutto perché non ci si aspetterebbe di trovare sulla superficie marziana masse d'acqua allo stato liquido.

OSSERVA, SPIEGA, DEDUCI

31. All'interno di un cilindro graduato, la lettura del volume di un certo quantitativo di acqua può essere falsata dalla presenza di un *menisco* (o avvallamento).

Spiega il fenomeno relativamente alle forze che coinvolgono le molecole di acqua. Come pensi vari il menisco al variare del diametro del cilindro? Perché? Sapendo che il mercurio ha forze coesive maggiori e forze adesive minori rispetto a quelle dell'acqua, quale pensi sia la forma del menisco che si osserva all'interno di un cilindro contenente mercurio? Disegnalo.

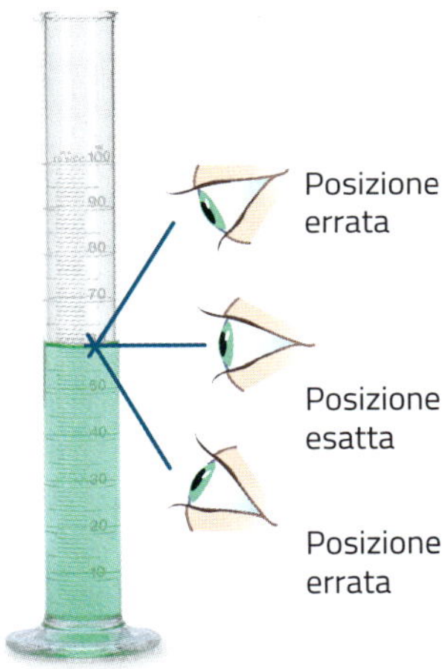

Capitolo A7

Le molecole della vita

1 La chimica del carbonio e i suoi composti

Il carbonio è l'elemento chimico più abbondante nei viventi

Se disidratassimo completamente un organismo o una cellula rimarrebbe una miscela di composti formati perlopiù da quattro elementi: carbonio (C), ossigeno, (O), idrogeno (H) e azoto (N). Tra questi, il carbonio è l'elemento più abbondante (**figura 1**).

Fino quasi alla metà dell'Ottocento i chimici ritenevano che la materia organica, di cui parevano fatti gli organismi viventi, fosse diversa dalla materia inorganica. Le ricerche successive mostrarono che non era così e che i composti *organici* sono formati dagli stessi elementi e seguono le stesse leggi dei composti inorganici. Il termine **chimica organica**, però, è rimasto nell'uso per indicare la branca della chimica che studia i composti del carbonio, con l'eccezione del diossido di carbonio e dei suoi derivati.

Una delle caratteristiche distintive del carbonio è la sua capacità di combinarsi per dare origine a una straordinaria varietà di molecole; l'elenco dei composti organici noti comprende, infatti, oltre 5 milioni di sostanze diverse, molte di più di quelle formate da qualsiasi altro elemento. Il carbonio è presente in molti materiali naturali e artificiali tra cui i combustibili, i coloranti, gli alimenti, le plastiche, le vernici, i detergenti e i farmaci. Ma il carbonio è abbondante soprattutto nelle cellule, dove forma composti che svolgono moltissime funzioni diverse.

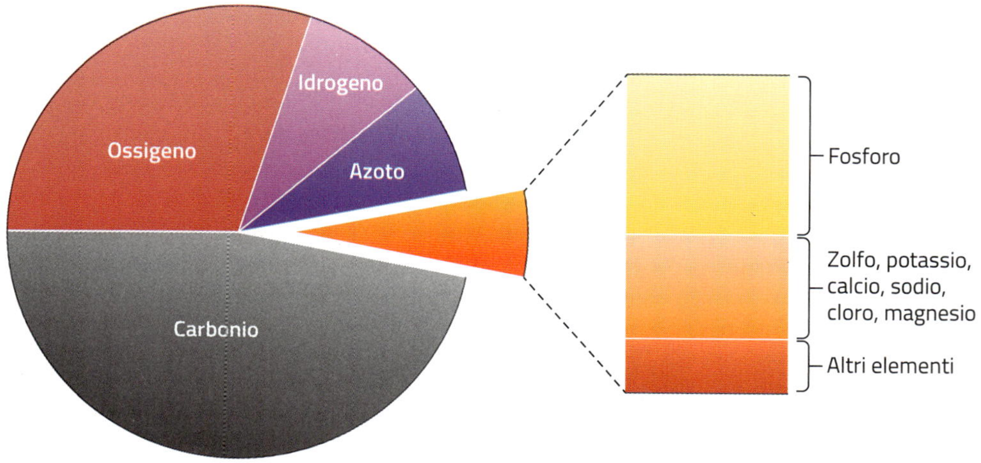

Figura 1
Il 94% della massa secca di una cellula è costituita da soli quattro elementi: C, O, H e N.

Gli atomi di carbonio formano lunghe catene mediante legami covalenti

Il carbonio ha in tutto sei elettroni, due nel livello energetico più interno e quattro nel livello più esterno, che può contenere fino a otto elettroni (**figura 2**). Per raggiungere la massima stabilità, tale elemento tende quindi a completare il guscio di valenza formando quattro legami covalenti con altri atomi; questi legami possono essere semplici (con la condivisione di un elettrone per parte), doppi (se gli atomi condividono una coppia di elettroni) oppure tripli (se si condividono tre elettroni). Tali legami, inoltre, si formano sia tra atomi di carbonio sia con atomi di elementi diversi. Tra tutti gli elementi che si uniscono al carbonio il più comune è l'idrogeno, che è presente in tutte le molecole organiche; i composti organici costituiti solo da carbonio e idrogeno sono chiamati **idrocarburi**.

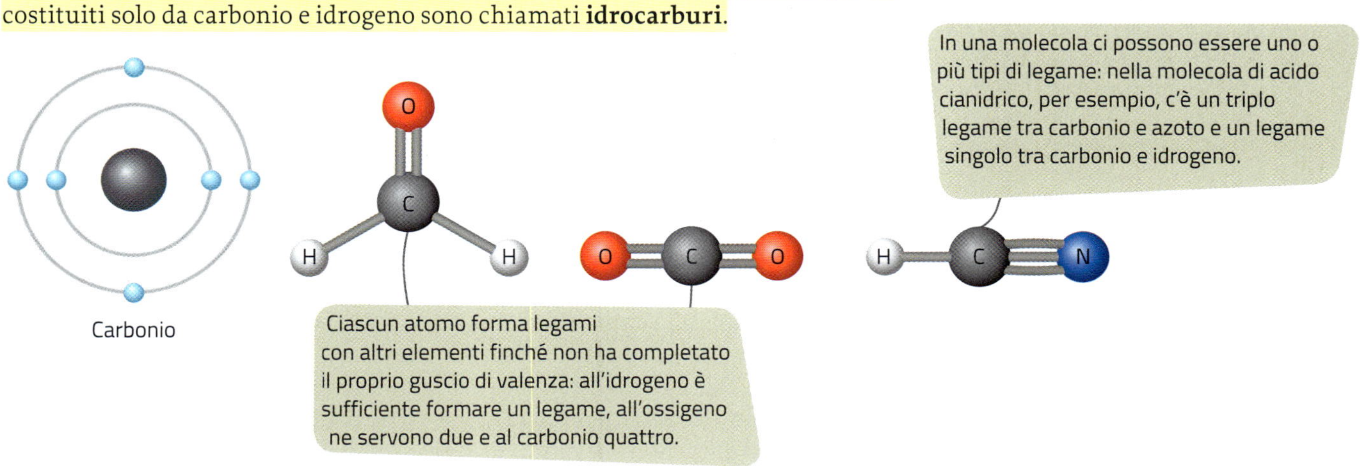

▲ **Figura 2**
Il carbonio fa parte del IV gruppo della tavola periodica, perciò ha quattro elettroni nel livello energetico più esterno; per completare tale livello può legarsi con altri atomi mediante legami semplici, doppi o tripli.

Per rappresentare i composti organici si usano diverse tipologie di formule. Le **formule grezze** specificano soltanto il numero di atomi di ogni elemento chimico che è presente nella molecola; queste sono le formule più utilizzate in chimica inorganica, ma per i composti organici, spesso molto complessi, possono risultare poco indicative. Le **formule di struttura**, invece, evidenziano in che modo gli atomi sono legati tra loro. Per esempio, le formule CH_4 e C_2H_6 rappresentano le formule grezze dei gas combustibili metano ed etano, mentre le corrispondenti formule di struttura sono:

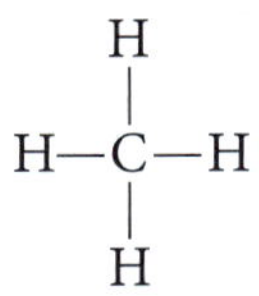
metano

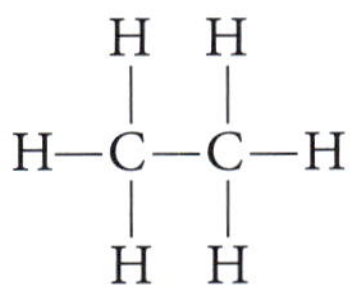
etano

Legando insieme decine, centinaia o persino migliaia di atomi di carbonio si ottengono **catene carboniose** di lunghezza variabile e di forma lineare, ramificata oppure ad anello:

$$CH_3—CH_2—CH_2—CH_3$$

catena lineare

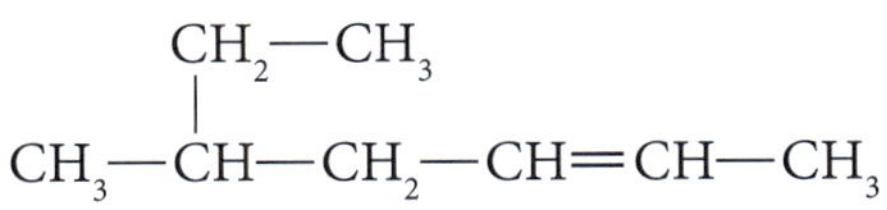
catena ramificata

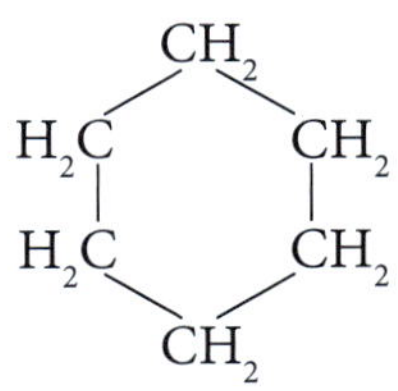
anello

Le catene carboniose sono molto stabili e non si rompono facilmente; infatti a temperatura ambiente non reagiscono né con l'acqua né con l'ossigeno, due sostanze comuni e molto reattive. Alle catene carboniose si aggiungono poi singoli atomi o gruppi di atomi di altri elementi; in questo modo si può ottenere un numero elevatissimo di composti, tutti diversi tra loro per composizione o per struttura.

Gli isomeri sono molecole diverse che hanno la stessa formula grezza

Le formule grezze non danno informazioni sulla posizione degli atomi nelle catene carboniose. Due molecole organiche, infatti, possono contenere esattamente gli stessi atomi, ma avere struttura molto diversa; in questo caso si parla di *isomeri*. Gli **isomeri** sono molecole che hanno la stessa formula grezza, ma che differiscono o per il modo in cui gli atomi sono legati tra loro (isomeri *di struttura*) o per la disposizione degli atomi nello spazio (*stereoisomeri*).

Gli **isomeri di struttura** sono molecole formate dagli stessi atomi, ma legati in modo diverso, come si può vedere in questi due idrocarburi formati da quattro atomi di carbonio:

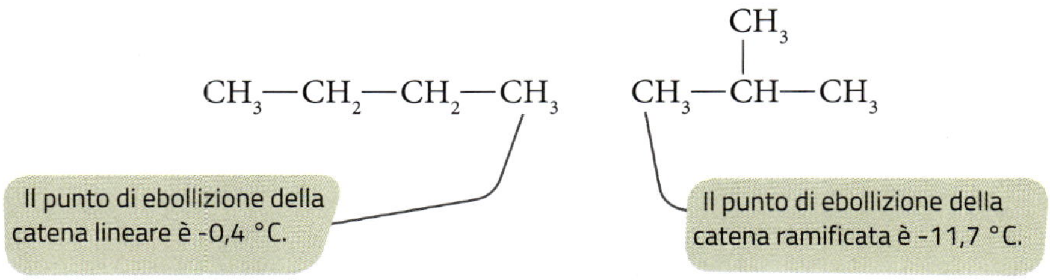

Entrambe le molecole hanno formula grezza C_4H_{10}, ma in un caso i quattro atomi di carbonio formano una catena lineare, mentre nell'altro formano una catena ramificata. A causa della differenza nella forma della catena, i due isomeri di struttura hanno diverse proprietà fisiche, come il punto di ebollizione e il punto di fusione. All'aumentare del numero di atomi di carbonio che formano la catena, aumenta anche il numero dei possibili isomeri (**tabella 1**).

Formula	Numero di isomeri
C_4H_{10}	2
C_5H_{12}	3
C_6H_{14}	5
C_7H_{16}	9
C_8H_{18}	18
C_9H_{20}	35
$C_{10}H_{22}$	75
$C_{15}H_{32}$	4347
$C_{20}H_{42}$	366 319

▲ **Tabella 1**
All'aumentare del numero di atomi di carbonio, cresce anche il numero di possibili isomeri di struttura.

1 - Per saperne di più

Un altro tipo di isomeria: la stereoisomeria

Gli **stereoisomeri** sono invece molecole che differiscono per la disposizione degli atomi nello spazio; appartengono a questo gruppo diversi stereoisomeri, i più importanti dei quali sono gli **enantiomeri** (o isomeri ottici) che sono molecole speculari l'una rispetto all'altra, ma non sono sovrapponibili.

Per comprendere la relazione che esiste tra due isomeri ottici si possono osservare due mani: entrambe sono costituite dalle stesse dita, ma la mano destra è l'immagine speculare della mano sinistra. Questa particolarità è dovuta al fatto che le nostre mani sono oggetti *chirali*, cioè privi di un piano di simmetria interno che li divida in due metà identiche; altri esempi di oggetti chirali sono le chiavi e le conchiglie. La parola **chirale** deriva dal greco *khéir* che significa «mano»: tutti gli oggetti chirali sono come le nostre mani, hanno forme speculari non sovrapponibili all'originale perché sono privi di un piano di simmetria (**figura**).

Gli enantiomeri sono molecole chirali, che come le mani non hanno un piano di simmetria. Il *bromo-cloro-iodo-metano* per esempio, è un composto organico con un atomo di carbonio che lega un atomo di idrogeno, uno di bromo, uno di cloro e uno di iodio:

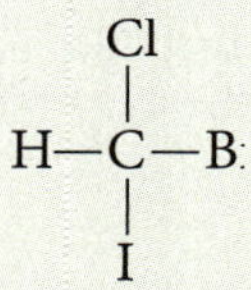

La formula di struttura di questa molecola e la sua immagine speculare sono enantiomeri perché, anche ruotandole nello spazio, non possono essere sovrapposte.

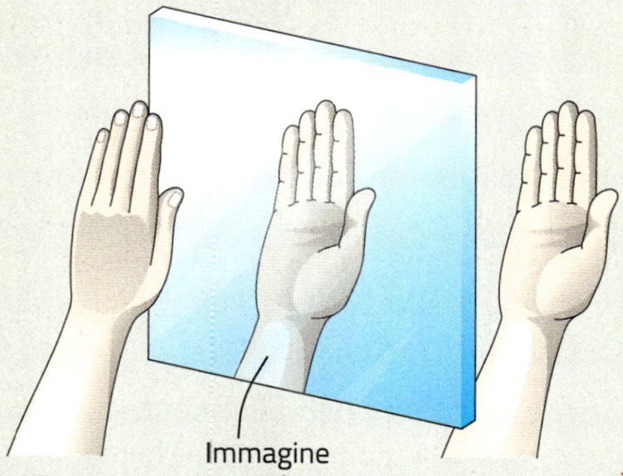

◄ **Figura**
La mano è un oggetto chirale, priva di un piano di simmetria.

Questo caso si verifica tutte le volte che nella molecola sia presente uno **stereocentro**, cioè un atomo di carbonio a cui sono legati quattro atomi o gruppi di atomi diversi tra loro.

L'isomeria ottica è importante per gli esseri viventi perché le cellule sono in grado di distinguere con grande precisione gli enantiomeri di una stessa molecola. Gli enantiomeri di un dato composto hanno quindi proprietà fisico-chimiche identiche, ma proprietà biologiche spesso molto diverse.

Alcani e cicloalcani sono idrocarburi saturi

A seconda del tipo di legami presenti, gli idrocarburi si dividono in alcani, alcheni e alchini. Negli **alcani**, il carbonio forma soltanto legami singoli con gli altri atomi, perciò si lega sempre con altri quattro atomi; per questo motivo gli alcani sono chiamati *idrocarburi saturi*.

La formula generica degli alcani è C_nH_{2n+2}: il più semplice degli alcani è quindi il **metano**, che ha formula CH_4 (un atomo di carbonio legato a quattro idrogeni). I tre idrocarburi successivi sono l'**etano** (C_2H_6), il **propano** (C_3H_8) e il **butano** (C_4H_{10}). Il nome degli alcani con più di 5 atomi di carbonio è riferito alla numerazione greca: pentano, esano, eptano, ottano, nonano ecc:

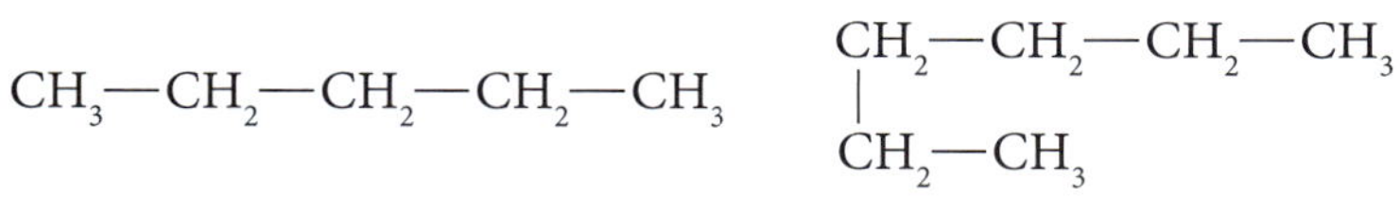

pentano esano

Gli alcani possono avere anche forma ciclica e in questo caso si chiamano **cicloalcani**. La chiusura della catena comporta la perdita di due atomi di idrogeno, per cui la formula generale dei cicloalcani è C_nH_{2n}.

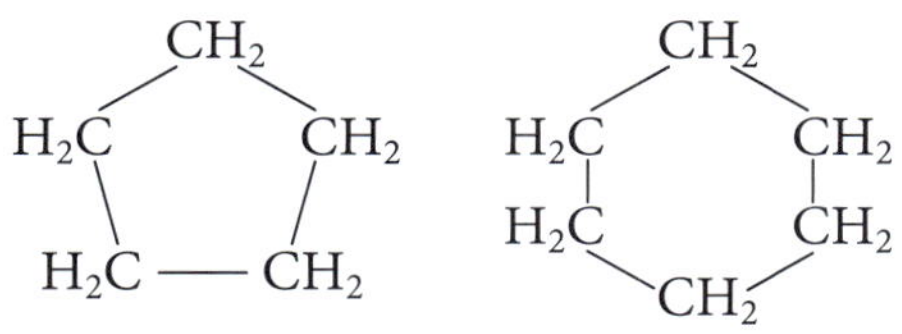

ciclopentano cicloesano

Per questioni di geometria dei legami, non tutte le molecole cicliche sono altrettanto stabili. Vedremo che le molecole a 5 o a 6 atomi formano i composti ciclici più frequenti e più importanti.

Alcheni e alchini sono idrocarburi insaturi

I composti organici che non contengono soltanto legami singoli, ma anche legami doppi o tripli, sono chiamati *idrocarburi insaturi* perché possiedono un numero di atomi di carbonio che non ha «saturato» la loro capacità di legame. Fanno parte di questo gruppo gli **alcheni**, che hanno almeno un legame covalente doppio tra due atomi di carbonio, e gli **alchini**, che hanno almeno un legame covalente triplo:

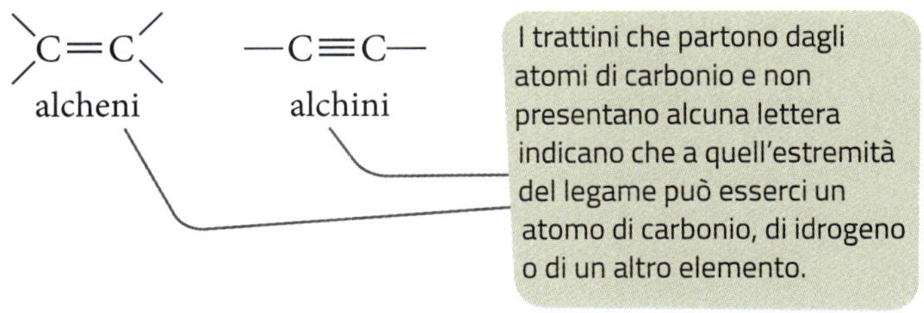

In queste classi di composti ciascun atomo di carbonio coinvolto nel legame multiplo non si lega con quattro atomi (come accade invece negli alcani), ma solo con tre atomi negli alcheni e due negli alchini. La formula generale degli alcheni è C_nH_{2n} e il primo idrocarburo della serie è l'**etene** (o *etilene*, C_2H_4); la formula degli alchini è C_nH_{2n-2} e il primo idrocarburo della serie è l'**etino** (o *acetilene*, C_2H_2).

etene etino

All'aumentare degli atomi di carbonio si formano il *propene* (C_3H_6) e il *butene* (C_4H_8) per gli alcheni e il *propino* (C_3H_4) e il *butino* (C_4H_6) per gli alchini.

Leggi l'approfondimento nell'ebook:
Educazione ambientale
Gli idrocarburi e l'ambiente

Gli idrocarburi aromatici hanno proprietà differenti

Tra gli idrocarburi esiste un'altra classe di composti che viene definita *aromatica* per via del caratteristico odore dei primi composti che sono stati scoperti; nonostante questo termine, però, non tutti gli idrocarburi aromatici sono profumati, anzi molti emanano odori sgradevoli, mentre altri non hanno alcun odore. Il termine «aromaticità», tuttavia, è rimasto in uso e oggi indica la relativa stabilità chimica delle molecole di idrocarburi di questa classe.

Tale stabilità è una delle principali caratteristiche del **benzene** (C_6H_6), la molecola capostipite di questo gruppo di composti. La forma esagonale del benzene contiene **tre legami covalenti doppi** che, però, possono essere disposti nella molecola in due modi diversi:

La rappresentazione con l'esagono e il cerchio è quella più utilizzata per il benzene perché indica che i tre doppi legami (raffigurati con il cerchio) tra gli atomi di carbonio non si trovano in una posizione fissa.

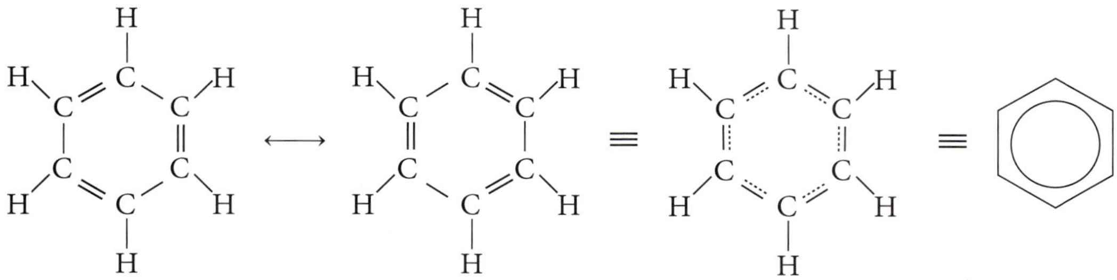

I gruppi funzionali determinano le caratteristiche dei composti organici

La presenza di legami doppi o tripli nella catena carboniosa di un idrocarburo insaturo influenza il suo comportamento chimico. Per esempio, la reattività del propene:

$$CH_3{-}CH{=}CH_2$$

è dovuta alla presenza del gruppo C=C, mentre è influenzata pochissimo dalla restante parte della catena.

2 - La nostra salute

Gli effetti dell'alcol etilico

La classe degli alcoli contiene molti composti importanti a livello biologico e chimico, ma c'è un composto che, più degli altri, ci è molto famigliare: l'alcol etilico. Questa sostanza è contenuta a concentrazioni diverse in varie bevande: la birra ne contiene tra il 3% e l'8%, il vino dal 10% al 13%, mentre i superalcolici come whisky e grappa ne contengono circa il 40%. La concentrazione di alcol etilico è riportata sulle etichette come percentuale sul volume totale della bevanda.

Quando assumiamo una bevanda che contiene alcol, il nostro corpo lo assorbe in tempi molto rapidi: dopo 5 minuti dall'ingestione è già presente in tracce nel sangue. La velocità di assorbimento dipende da diversi fattori, come la presenza di altro cibo nello stomaco (a digiuno l'assorbimento è immediato, a stomaco pieno ritarda un po'). Grazie alla sua capacità di passare molto rapidamente nel sangue, l'alcol raggiunge in fretta tutte le aree del corpo; la sua azione riguarda soprattutto cervello, fegato, reni e cuore.

Il fegato ha la funzione di distruggere l'alcol, trasformandolo in composti meno dannosi che sono eliminati con le urine o con la respirazione. L'azione sul sistema nervoso dipende dal **dosaggio**: a dosi ridotte, produce euforia, eccitazione e perdita delle inibizioni; a dosi maggiori agisce come sedativo e induce sonnolenza, mentre a dosaggi ancora più elevati agisce come un veleno, portando perdita dell'equilibrio e allucinazioni e, in alcuni casi, si può arrivare al coma. L'alcol, inoltre, provoca dipendenza (**alcolismo**), per cui non è diverso da altre sostanze da abuso come la nicotina o le droghe.

È importante ricordare che l'alcol rallenta i riflessi e riduce la percezione del rischio:la Commissione Europea ha stimato che il 25% degli incidenti stradali avvenuti in Europa nel 2014 è dovuto alla guida in stato di ebbrezza. La legge stabilisce che il *tasso alcolemico* per chi guida, cioè la concentrazione di alcol nel sangue, deve essere inferiore a 500 mg per litro di sangue. Chi non supera il test subisce il ritiro della patente. Esistono però delle categorie di lavoratori che devono avere tasso alcolemico pari a 0, come i camionisti o i piloti di treni e aerei, gli insegnanti, il personale sanitario e coloro che lavorano in campo edile.

Per conoscere il proprio tasso alcolemico è possibile utilizzare un **etilometro** (**figura**), ovvero uno strumento che rileva la quantità di alcol presente nel fiato, che è proporzionale alla concentrazione nel sangue.

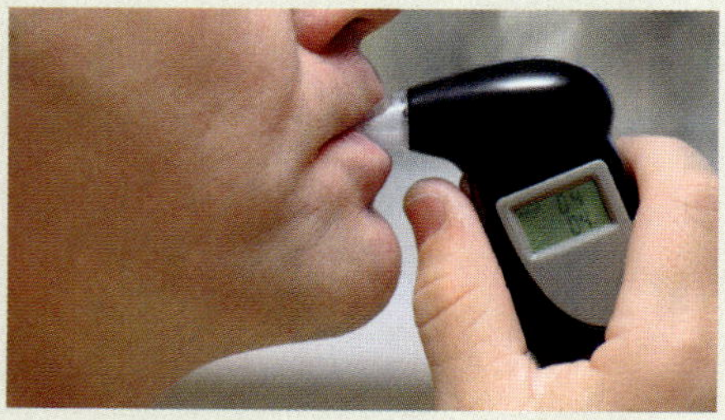

◂ **Figura**
Per la guida in stato di ebbrezza la legge prevede il ritiro della patente per un tempo variabile, ma in caso di incidente grave si può arrivare all'arresto.

Classe	Formula generale	Gruppo funzionale	Esempio di molecola	Nome (la parte caratteristica del nome è in rosso)	Esempi nella vita quotidiana
Alcoli	R–OH	Ossidrilico –OH	CH_3–OH	Metanolo	Gli alcoli sono presenti nel vino, nella birra e nei liquori.
Aldeidi	R–CHO	Carbonilico (aldeidico) $-\underset{\underset{O}{\Vert}}{C}-H$	$CH_3-C\begin{smallmatrix}\nearrow O\\ \searrow H\end{smallmatrix}$	Etanale (acetaldeide)	La formalina, una soluzione di formaldeide, era utilizzata per conservare organi per studi anatomici o per le imbalsamazioni.
Chetoni	R–CO–R′	Carbonilico (chetonico) $-\underset{\underset{O}{\Vert}}{C}-$	$\begin{smallmatrix}CH_3\searrow\\ CH_3\nearrow\end{smallmatrix}C=O$	Propanone (acetone)	L'acetone è un chetone presente in molti solventi per vernici e adesivi.
Acidi carbossilici	R–COOH	Carbossilico $-C\begin{smallmatrix}\nearrow O\\ \searrow OH\end{smallmatrix}$	$CH_3-C\begin{smallmatrix}\nearrow O\\ \searrow OH\end{smallmatrix}$	Acido etanoico (acido acetico)	L'aceto è un acido carbossilico, così come l'acido butirrico che si trova nel burro.
Ammine	R–NH_2	Amminico –NH_2	CH_3– NH_2	Metilammina	Le ammine sono contenute in disinfettanti, insetticidi, erbicidi, farmaci, coloranti e prodotti per lo sviluppo delle fotografie.

◂ **Tabella 2**
I principali gruppi funzionali presenti nelle biomolecole.

Il gruppo che rappresenta il centro di reattività della molecola è detto **gruppo funzionale**, mentre il resto della catena costituisce il suo scheletro molecolare e si indica con la lettera *R*. Per questo avremmo potuto rappresentare il propene (o qualunque altro alchene) con la formula:

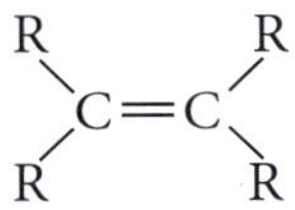

Un **gruppo funzionale** è un atomo, o un gruppo di atomi, che determina il comportamento chimico e fisico della molecola di cui fanno parte. Tutte le molecole che possiedono lo stesso gruppo funzionale costituiscono una classe di composti. Esistono numerose classi di composti (**tabella 2**), delle quali analizzeremo solo le caratteristiche che ci serviranno per lo studio delle molecole biologiche più comuni.

Gli **alcoli** sono caratterizzati dal **gruppo ossidrilico** (–OH) e, se si trovano in soluzione acquosa, hanno la capacità di formare legami a idrogeno tra di loro e con le molecole d'acqua; per questo motivo gli alcoli hanno una solubilità molto elevata. L'*alcol etilico* (o *etanolo*) è l'alcol contenuto nei vini e nei liquori, mentre l'*alcol denaturato*, reso non commestibile attraverso un processo chimico che ne peggiora l'odore e il sapore, è usato come sgrassante e come solvente industriale.

Il **gruppo carbonilico** è costituito da un atomo di ossigeno legato al carbonio da un doppio legame covalente (C=O). Se tale gruppo è posizionato alla fine della catena viene detto *gruppo aldeidico* e la classe prende il nome di **aldeidi**; invece, se il gruppo carbonilico si trova all'interno della catena viene chiamato *gruppo chetonico* e la classe di composti cui appartiene è quella dei **chetoni**. Gli zuccheri che mangiamo contengono sempre un gruppo carbonilico.

La classe degli **acidi carbossilici** è caratterizzata dalla presenza del **gruppo carbossilico**, formato da un atomo di carbonio cui sono legati un gruppo ossidrilico e un gruppo carbonilico. Esempi di questi acidi sono gli acidi grassi che si trovano in prodotti come il burro e l'olio.

Infine, il **gruppo amminico** è formato da un atomo di azoto cui sono legati due atomi di idrogeno; questo gruppo conferisce alla molecola proprietà basiche ed è presente nei composti organici chiamati **ammine**. Come vedremo, i costituenti delle proteine contengono sia un gruppo carbossilico sia un gruppo amminico e per questo sono detti *amminoacidi*.

ALDEIDI C=O
|
H
CHETONI
C=O

A colpo d'occhio

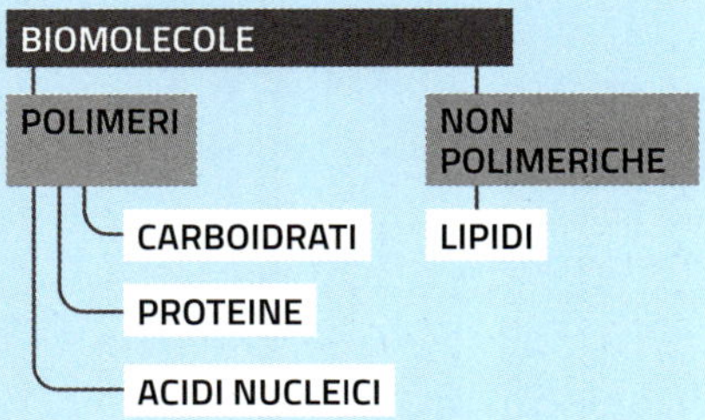

Le parole

Monomero e **polimero** derivano dal greco *méros*, «parte», preceduto dai prefissi *mònos*, «solo» oppure *polys*, «molto», pertanto stanno a indicare delle entità costituite da una o più subunità.

Le macromolecole sono formate da centinaia o migliaia di atomi

Negli anni sono stati sintetizzati nei laboratori chimici alcuni milioni di sostanze, ma questo numero non è nulla se confrontato con i mille miliardi di molecole biologiche o **biomolecole** che si trovano negli organismi viventi. Nonostante la loro differenza chimica, le biomolecole possono essere suddivise in quattro grandi classi di composti, tutti indispensabili alla vita: zuccheri, proteine, lipidi e acidi nucleici.

Le biomolecole possono essere relativamente piccole e semplici, come alcuni zuccheri; altre invece sono *macromolecole* molto grandi, costituite da un numero elevatissimo di atomi. Spesso le biomolecole hanno una struttura complessa e presentano al loro interno gruppi funzionali diversi, che determinano il loro comportamento chimico: in questo caso si tratta di composti *polifunzionali*.

Molte macromolecole sono **polimeri** ottenuti per assemblaggio di molecole più piccole chiamate **monomeri**. Si può pensare un polimero biologico come a una collana costituita da tante perle, ognuna delle quali rappresenta un monomero. Esempi di polimeri sono i polisaccaridi, cioè zuccheri formati da decine o centinaia di monosaccaridi, le proteine, costituite da catene ripiegate di amminoacidi e anche gli acidi nucleici, che sono catene di nucleotidi. Non sono invece polimeri i lipidi, perché hanno composizione e struttura molto varie.

Indipendentemente dalla loro natura chimica, tutte le biomolecole possiedono una precisa forma tridimensionale, correlata alla funzione che svolgono, e possiedono proprietà chimiche specifiche, determinanti per il loro ruolo biologico.

La condensazione unisce i monomeri, l'idrolisi spezza i polimeri

Le cellule hanno spesso la necessità di produrre nuovi polimeri, oppure di demolirli per ricavare i monomeri da usare per un'altra delle molteplici attività che svolgono. La reazione di sintesi di un polimero a partire da due o più monomeri è detta **condensazione** e prevede che per ogni coppia di monomeri che si unisce venga eliminata una molecola d'acqua (**figura 3A**). Il processo inverso si chiama **idrolisi**: l'aggiunta di molecole d'acqua rompe i legami covalenti che legano i monomeri, scindendo il polimero nelle sue unità costituenti (**figura 3B**).

Nel corpo degli esseri viventi avvengono continue reazioni di idrolisi e condensazione. Il processo di digestione del cibo è un esempio di idrolisi, perché le molecole molto complesse presenti nel cibo vengono trasformate in molecole più piccole; in questo modo i nutrienti possono attraversare le pareti dell'intestino ed entrare nel sangue, che le trasporterà ai vari tessuti. La crescita in altezza del corpo, specie nei primi mesi di vita e durante l'adolescenza, è invece la conseguenza di molte reazioni di condensazione, che portano all'allungamento delle ossa e dei muscoli.

▼ **Figura 3**
Con una reazione di condensazione un monomero si può legare a un polimero grazie all'eliminazione di una molecola di acqua (A). Con una reazione di idrolisi un monomero viene staccato dal suo polimero per intervento di una molecola di acqua (B).

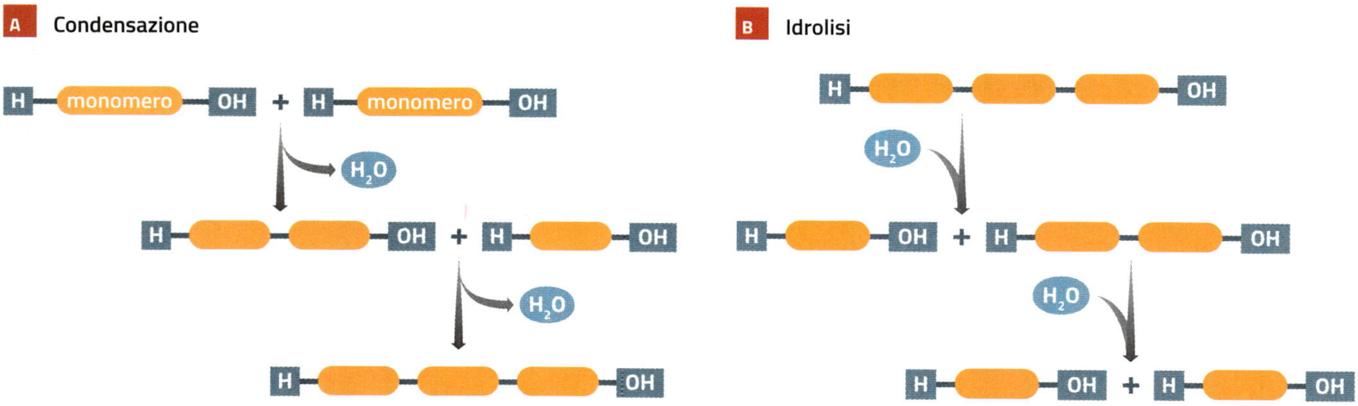

Facciamo il punto

1. Che cosa studia la chimica organica?
2. Che cosa sono gli idrocarburi e come si differenziano?
3. Quali sono i principali gruppi funzionali?
4. Che cosa sono le biomolecole?
5. Che cos'è un polimero?
6. Spiega i processi di idrolisi e condensazione.

2 I carboidrati: monosaccaridi e polisaccaridi

Le molecole dei carboidrati possono essere semplici o complesse

I **carboidrati**, biomolecole formate da carbonio, idrogeno e ossigeno, sono tra i composti organici più abbondanti sulla Terra e costituiscono la principale fonte di energia per tutti gli esseri viventi; alcuni di essi hanno anche una funzione strutturale nelle cellule, come la cellulosa che fornisce sostegno alle cellule vegetali. I tre principali gruppi di carboidrati sono classificati in base al numero di monomeri da cui sono formati:

1. i **monosaccaridi** sono i carboidrati più semplici e rappresentano i monomeri degli altri gruppi di zuccheri; ne sono un esempio il glucosio e il fruttosio (**figura 4A**);
2. i **disaccaridi** derivano dalla condensazione di due monosaccaridi; un esempio è il saccarosio, lo zucchero che usiamo in cucina. Insieme ai monosaccaridi, i disaccaridi formano gli *zuccheri*, sostanze solubili in acqua e di sapore dolce (**figura 4B**);
3. i **polisaccaridi** sono polimeri di grandi dimensioni, formati da centinaia o migliaia di monosaccaridi; ne sono esempi l'amido e la cellulosa (**figura 4C**).

Le parole

Il termine **carboidrato** o *idrato di carbonio* indica una sostanza organica composta da carbonio e acqua: gli atomi di idrogeno sono presenti in numero doppio rispetto a quelli di ossigeno, cioè nello stesso rapporto in cui i due elementi sono presenti nell'acqua. I termini monosaccaride, disaccaride e polisaccaride, invece, contengono il termine *saccaride*, «zucchero», preceduto dai prefissi *mono* (uno), *di* (due) e *poli* (molti).

◄ Figura 4
Il miele contiene una miscela di due monosaccaridi, glucosio e fruttosio (A); il saccarosio è il comune zucchero da tavola, che può essere integrale (più scuro) oppure raffinato (bianco) (B); il fiore del cotone è cellulosa quasi allo stato puro e viene usato per la produzione di tessuti (C).

I monosaccaridi contengono un gruppo carbonilico e più gruppi ossidrilici

I monosaccaridi sono i carboidrati più semplici e hanno formula generale $C_n(H_2O)_n$. A seconda del numero di atomi di carbonio che compongono la molecola, i monosaccaridi si suddividono in **triosi** (zuccheri a 3 atomi di carbonio), **tetrosi** (a 4 atomi di carbonio), **pentosi** (a 5 atomi di carbonio), **esosi** (a 6 atomi di carbonio) ed **eptosi** (a 7 atomi di carbonio). Tra questi, i pentosi e gli esosi sono i più importanti dal punto di vista biologico.

Le proprietà chimiche dei monosaccaridi dipendono da specifici gruppi funzionali:

- un gruppo ossidrilico (–OH) legato a ciascun atomo di carbonio della molecola, eccetto quello del gruppo carbonilico;
- un gruppo carbonilico (C=O), che può essere aldeidico oppure chetonico a seconda della posizione che occupa all'interno della catena carboniosa.

Se il gruppo carbonilico si trova all'inizio della catena carboniosa, i monosaccaridi sono detti **aldosi**, come il glucosio, mentre se si trova legato al secondo atomo di carbonio della catena, come nel caso del fruttosio, il gruppo è quello dei **chetosi**. Nella **figura 5** si può vedere che il glucosio e il fruttosio sono due *isomeri di struttura*: la loro formula grezza è sempre $C_6H_{12}O_6$ (sono due esosi), ma i loro atomi sono legati in modo diverso. Questo vale in generale per tutti i monosaccaridi che contengono lo stesso numero di atomi di carbonio.

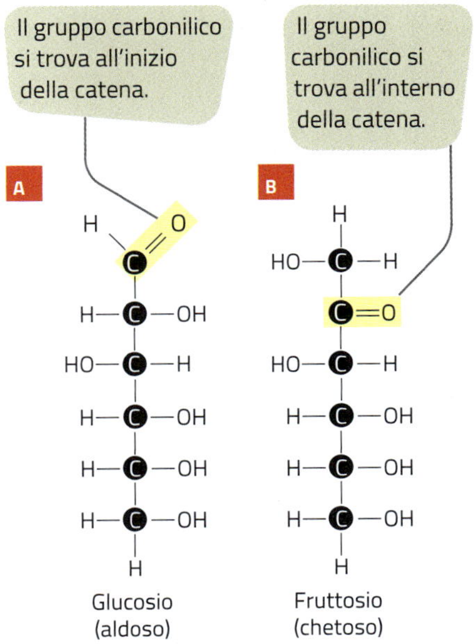

▲ Figura 5
Formula di struttura del glucosio (A) e del fruttosio (B), i due monosaccaridi più diffusi in natura.

A colpo d'occhio

- MONOSACCARIDI
  - NUMERO DI C
    - TRIOSI
    - TETROSI
    - PENTOSI
    - ESOSI
  - POSIZIONE DI C=O
    - ALDOSI
    - CHETOSI

I pentosi più importanti per gli organismi sono due aldosi, il **ribosio** e il **desossiribosio**, che sono i monomeri costituenti degli acidi nucleici (RNA e DNA). Questi due zuccheri non sono isomeri in quanto differiscono per la presenza di un atomo di ossigeno in meno sul C-2 del desossiribosio:

La numerazione degli atomi di carbonio ha inizio dall'estremità della catena più vicino al gruppo carbonilico; nel ribosio e nel desossiribosio il carbonio 2, (C-2) è quello più vicino al gruppo funzionale.

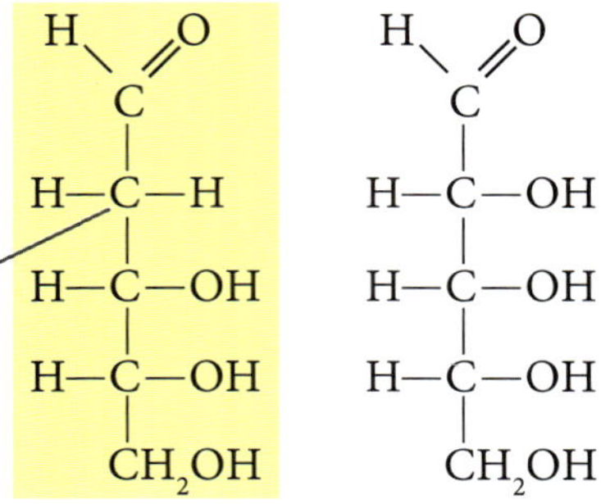

desossiribosio ribosio

I monosaccaridi con più di quattro atomi di carbonio possono presentarsi in due forme: a catena lineare oppure ad anello. Quest'ultima forma è più stabile nelle condizioni chimiche e fisiche generalmente presenti nelle cellule.

Curiosità

La forma **ad anello** dei monosaccaridi è più frequente di quella aperta, ma sono presenti entrambe perché passano continuamente da uno stato all'altro.

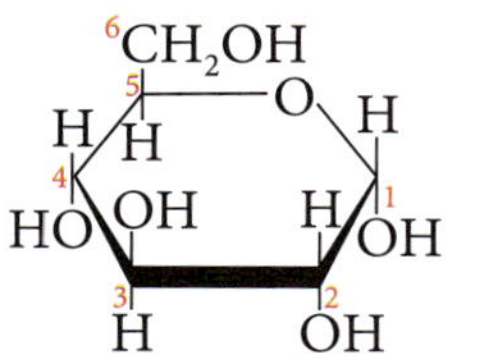

glucosio

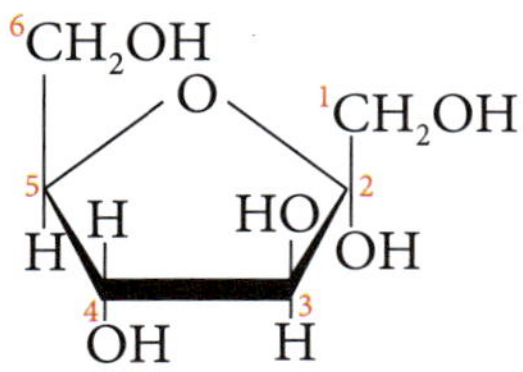

fruttosio

I disaccaridi sono costituiti da due monosaccaridi legati da un legame glicosidico

Guarda il video nell'ebook: **Un minuto di biologia** *I carboidrati*

I disaccaridi e i polisaccaridi derivano tutti da monosaccaridi che si legano con un processo di condensazione, grazie a legami covalenti detti **legami glicosidici**. I disaccaridi, come il saccarosio, il lattosio e il maltosio, sono molecole prodotte dall'unione di due monosaccaridi.

La reazione che porta alla formazione del legame glicosidico avviene tra il gruppo ossidrilico di un monosaccaride e il gruppo ossidrilico di un altro monosaccaride, entrambi in forma ciclica. Il legame più frequente è tra il C-1 del primo monosaccaride e il C-4 del secondo monosaccaride; in questo caso il legame che forma è detto **1,4-glicosidico**:

In questa rappresentazione non sono indicati i gruppi -OH e gli atomi di idrogeno superflui.

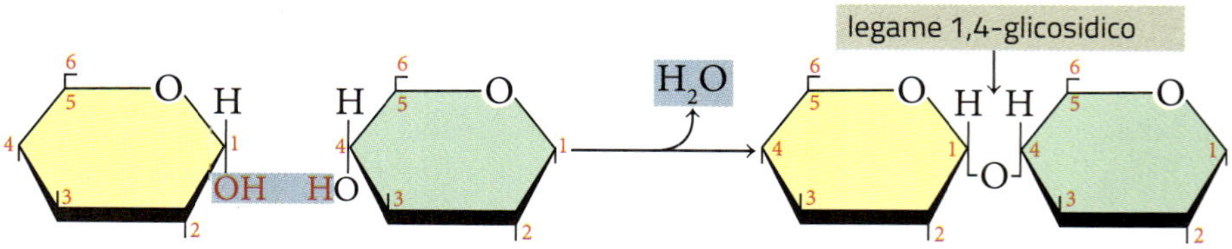

primo monosaccaride — secondo monosaccaride — disaccaride

Anche in questo caso, l'isomeria è determinante: quando un monosaccaride passa dalla forma aperta alla forma ciclica, il C-1 da simmetrico diventa asimmetrico, generando due nuovi stereoisomeri. Nell'isomero α il gruppo –OH è rivolto verso il basso, mentre nell'isomero β il gruppo –OH è rivolto verso l'alto:

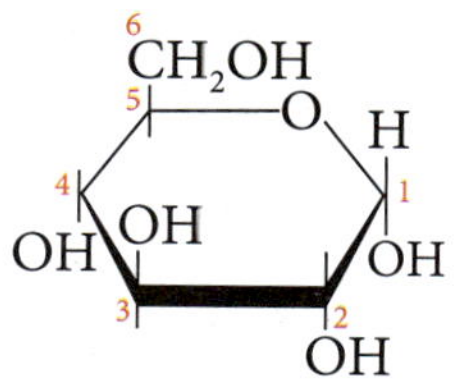

α-glucosio

Il C-1 è legato sempre a un gruppo -OH e a un H, che si trovano in posizioni invertite nelle forme α e β.

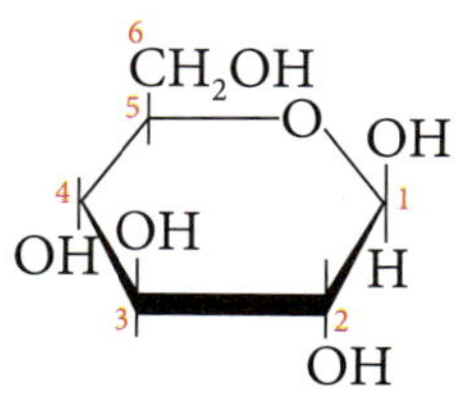

β-glucosio

Questo cambiamento incide sulle caratteristiche fisiche della molecola, ma soprattutto sul legame glicosidico che può essere di tipo α o di tipo β, a seconda che il gruppo ossidrilico su C-1 si trovi rivolto verso il basso (α) o verso l'alto (β).

Il **lattosio** è lo zucchero contenuto nel latte ed è un disaccaride che si forma per condensazione di una molecola di β-galattosio e di una molecola di β-glucosio; il legame è quindi 1,4- β-glicosidico:

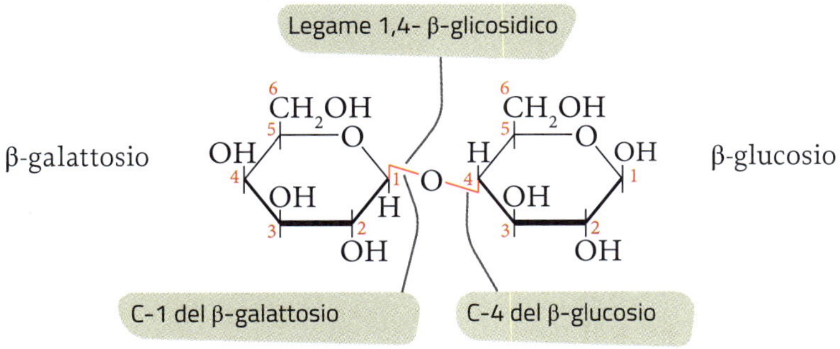

Il **saccarosio** si forma invece per condensazione di una molecola di α-glucosio e di una di β-fruttosio; il legame è quindi 1,2-α-glicosidico:

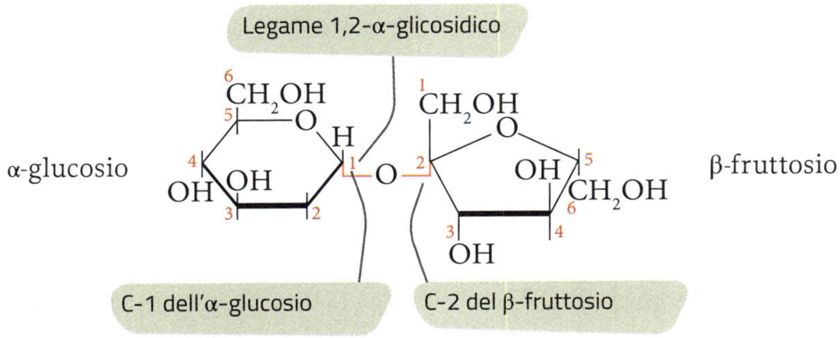

Curiosità

Nelle piante, il glucosio prodotto tramite la fotosintesi nelle cellule delle foglie viene prima trasformato in **saccarosio** e poi trasportato alle altre parti della pianta, per esempio fusti e radici; qui è idrolizzato per ottenere energia oppure immagazzinato come riserva. È questo il caso della canna da zucchero e della barbabietola da zucchero da cui ricaviamo lo zucchero che consumiamo: in queste specie, infatti, il saccarosio costituisce fino al 18% del peso nella canna e fino al 22% del peso nella barbabietola.

3- La nostra salute

L'intolleranza al lattosio

Il latte non è per tutti. Quando siamo appena nati, il latte è il nostro unico alimento (**figura**). In molti adulti, invece, il latte provoca crampi, gonfiori e altri problemi intestinali. Questi malesseri dipendono dall'intolleranza al lattosio, ovvero dall'incapacità di digerire lo zucchero presente nel latte.

A consentire la digestione del lattosio è l'enzima *lattasi*, una molecola molto abbondante nei cuccioli dei mammiferi. La lattasi agisce nello stomaco e scinde il lattosio in glucosio e galattosio, che poi sono assorbiti nell'intestino. Negli adulti può succedere che la produzione di lattasi diminuisca o scompaia del tutto col passare degli anni: in questo caso il lattosio non viene più demolito nello stomaco e arriva nell'intestino, dove è usato come nutrimento dai batteri della flora batterica attraverso un processo chiamato *fermentazione*. La fermentazione del lattosio produce gas e altre sostanze responsabili di gonfiore, diarrea e crampi. Questa condizione si risolve scegliendo alimenti a basso contenuto di lattosio, oggi diffusi in commercio, come lo yogurt, i formaggi stagionati e il latte ad alta digeribilità (o HD, *High Digestibility*), in cui il lattosio è stato idrolizzato in glucosio e galattosio.

► **Figura**
Prima dello svezzamento, che avviene intorno ai 6 mesi di vita, l'unico alimento digeribile per un neonato è il latte; da adulti, molte persone possono digerire solo il latte HD.

Il **maltosio** è presente nell'amido di mais e nei semi in germinazione, questo disaccaride si forma per condensazione di due molecole di α-glucosio unite da un legame 1,4-α-glicosidico:

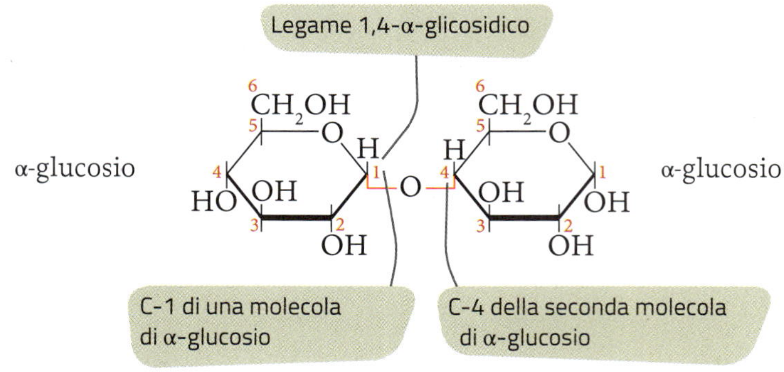

A colpo d'occhio

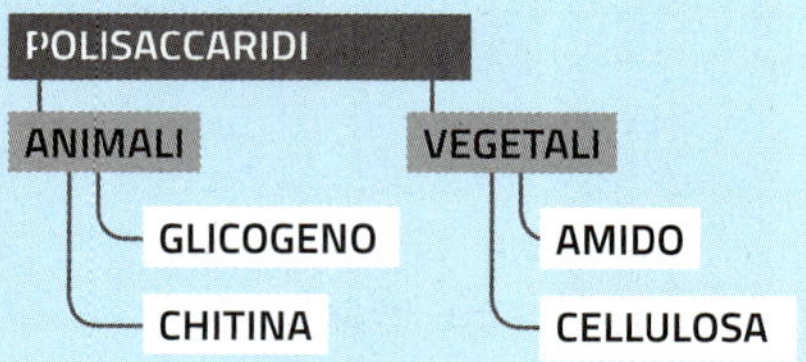

I polisaccaridi hanno funzione di riserva e struttura

I polisaccaridi sono polimeri formati dall'unione di centinaia o anche migliaia di monosaccaridi; i più diffusi in natura sono l'amido, la cellulosa e il glicogeno, tutti polimeri del glucosio. Il glucosio libero non può essere immagazzinato in grande quantità nelle cellule che, pertanto, lo accumulano sotto forma di suoi polimeri: **amido** e **glicogeno** con funzione di riserva e **cellulosa** e **chitina** con funzione strutturale. L'amido e la cellulosa sono prodotti dai vegetali, mentre il glicogeno e la chitina sono sintetizzati (cioè prodotti) dalle cellule animali.

L'**amido** è la molecola di riserva di glucosio presente nelle piante ed è costituito da due diversi tipi di polimeri: l'*amilosio* (pari a circa il 20%) e l'*amilopectina* (pari all'80%). L'amilosio è una catena lineare di molecole di glucosio unite da legami 1,4-α-glicosidici, mentre l'*amilopecina* è una molecola ramificata: ogni 30 legami 1,4-α -glicosidici è presente un punto di ramificazione costituito da un legame 1,6-α-glicosidico (**figura 6**).

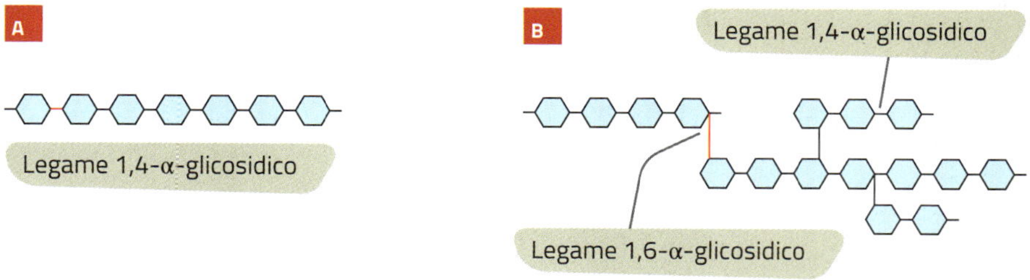

► Figura 6 Formule dell'amilosio (A) e dell'amilopectina (B), che, legate tra loro, formano l'amido.

L'amido è presente nelle cellule fotosintetiche e nei semi, dove viene accumulato per fornire energia agli embrioni delle nuove piantine; in questo modo, i germogli possono disporre di energia fino a quando non saranno in grado di produrlo mediante la fotosintesi. Più della metà dei carboidrati presenti nella nostra alimentazione è costituita da amido (**figura 7**), molecola che durante la digestione è idrolizzata prima in molecole di maltosio e poi in glucosio.

► Figura 7 Tutti i prodotti a base di cereali o i tuberi, come le patate (A), sono ricchi di amido, che viene immagazzinato all'interno delle cellule vegetali (B) in grossi granuli (in blu nell'immagine al microscopio elettronico a scansione).

Il **glicogeno**, lo zucchero di riserva degli animali, ha una struttura e molto simile a quella dell'amido: una catena ramificata di molecole di glucosio unite da legami 1,4-α-glicosidici e 1,6-α-glicosidici, con punti di ramificazione molto più frequenti rispetto all'amilopectina (**figura 8**). Il glicogeno è presente ad alta concentrazione nei muscoli e nel fegato, dove viene immagazzinato per diventare la principale fonte di glucosio per tutte le cellule del corpo.

Leggi l'approfondimento nell'ebook:
Per saperne di più
La difficile digestione della cellulosa

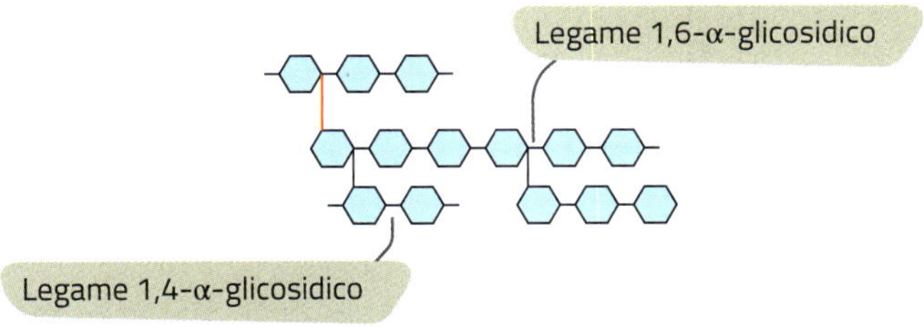

◂ Figura 8
Formula chimica del glicogeno che ha un numero di ramificazioni superiore a quelle dell'amido.

La **cellulosa**, un polisaccaride con ruolo strutturale, è presente solo nelle cellule vegetali ed è costituita da monomeri di glucosio uniti da legami 1,4-β-glicosidici. La configurazione β permette alla cellulosa di formare catene molto lunghe, che si dispongono in parallelo e interagiscono tra loro mediante legami a idrogeno; si formano così delle fibre lunghe e rigide che rivestono le cellule, fornendo loro un notevole sostegno (**figura 9**).

La **chitina** è un altro polisaccaride che svolge un ruolo strutturale; non è costituito esclusivamente da unità monosaccaridiche, ma anche da un derivato del glucosio. La chitina costituisce lo scheletro esterno, le zampe e le ali degli insetti, dei ragni e dei crostacei ed è presente nel rivestimento esterno delle cellule dei funghi.

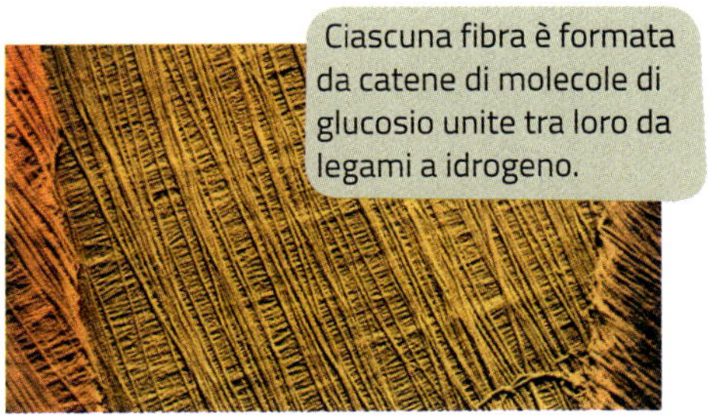

▴ Figura 9
Al microscopio elettronico a scansione è possibile vedere le fibre di cellulosa di questa alga disposte a formare un reticolo molto fitto.

4 - La nostra salute

Lo sport, la glicemia e il diabete

Prima di compiere un'attività sportiva è consigliato mangiare delle fette biscottate con la marmellata o, se lo sforzo è prolungato, della pasta poco condita. Perché? Questi alimenti sono composti da **carboidrati**, che vengono idrolizzati in monosaccaridi e ci forniscono energia più o meno rapidamente a seconda della complessità delle loro molecole (**figura**).

Il miele, che è una miscela di glucosio e fruttosio, è già parzialmente idrolizzato e quindi passa velocemente nel sangue per raggiungere le cellule, dove fornirà energia in tempi molto brevi. Viceversa, i carboidrati più complessi, come quelli contenuti nel pane e nella pasta, richiedono anche diverse ore per essere idrolizzati completamente nei monosaccaridi che li compongono.

Il **glucosio** è particolarmente importante per l'uomo e per tutti gli altri vertebrati perché è il monosaccaride più utilizzato come fonte di energia da tutte le cellule vive, che raggiunge grazie alla circolazione sanguigna. La **glicemia**, cioè la concentrazione del glucosio nel sangue, varia nel corso della giornata: a digiuno, per esempio quando ci svegliamo al mattino, è di circa 70-90 mg/dL; due ore dopo un pasto, invece, il valore aumenta, ma senza superare i 140 mg/dL. In qualsiasi momento della giornata, un valore di glicemia che supera i 200 mg/dL è considerato segno di **diabete**. Il diabete è una malattia cronica legata al metabolismo del glucosio: lo zucchero non viene assorbito dalle cellule, per cui rimane in concentrazioni elevate nel sangue. Un livello di glicemia eccessivo può causare danni permanenti agli occhi, ai reni, agli arti e al sistema nervoso; nei casi più gravi, inoltre, può indurre il coma.

▸ Figura
Per correre una gara di velocità o fare un allenamento breve è meglio mangiare cibi semplici come miele o marmellata; per sforzi prolungati, come il nuoto o la corsa di resistenza, è meglio un piatto di pasta.

Facciamo il punto

1. Quali sono le funzioni dei carboidrati?
2. Spiega la differenza fra zuccheri pentosi ed esosi facendo degli esempi.
3. Che cos'è il legame glicosidico e come si forma?
4. Quali sono i principali polisaccaridi?
5. Descrivi le caratteristiche e le funzioni dei polisaccaridi vegetali.

3 I lipidi: biomolecole insolubili in acqua

▲ **Figura 10**
Lo strato lipidico sottocutaneo protegge le foche dal freddo e permette loro di vivere in condizioni climatiche estreme.

Guarda il video nell'ebook:
Un minuto di biologia
I lipidi

Tutti i lipidi hanno funzione strutturale ed energetica

I **lipidi** sono composti organici eterogenei con composizione e struttura varia, ma presentano due caratteristiche comuni:

- sono insolubili nei solventi polari come l'acqua e vi galleggiano sopra perché hanno una densità inferiore;
- a parità di massa, sono le molecole che liberano la maggior quantità di energia.

In acqua i lipidi formano delle *emulsioni*, dispersioni poco stabili sotto forma di minutissime goccioline che danno luogo a un sistema eterogeneo nel quale le due componenti, acqua e lipidi, restano separate e visibili a occhio nudo.

Il principale ruolo dei lipidi è quello di riserva energetica e di isolante termico; le foche e altri animali adattati ai climi polari, per esempio, hanno uno spesso strato lipidico sottocutaneo che li protegge dal freddo (**figura 10**). Alcuni lipidi hanno funzioni strutturali (sono i costituenti delle membrane delle cellule) e altri, come gli ormoni steroidei, sono «messaggeri» chimici che agiscono sia all'interno della cellula sia tra cellule di distretti corporei diversi.

I grassi animali e gli oli vegetali sono formati da trigliceridi

I lipidi più semplici sono gli **acidi grassi**, molecole che presentano tra 8 e 24 atomi di carbonio, di cui il primo forma un gruppo carbossilico. Queste sostanze tendono a comportarsi come acidi, pur non essendo solubili in acqua. Essi hanno quindi una «doppia natura», polare e apolare: molecole di questo tipo sono dette *anfipatiche*. La zona polare è chiamata *testa* perché è piccola ed è concentrata a un'estremità della molecola, mentre la zona apolare è la *coda*, che può essere più o meno lunga a seconda del numero di atomi di carbonio presenti. Quando si trovano in soluzione acquosa, gli acidi grassi si dispongono come delle *micelle*, piccoli aggregati di forma sferica nei quali le teste idrofile sono rivolte verso l'acqua e le code idrofobiche verso l'interno.

Un importante gruppo di lipidi sono i **trigliceridi**, che comprendono gli oli vegetali e i grassi animali. Queste molecole sono formate dalla condensazione di una molecola di glicerolo (un alcol formato da tre atomi di carbonio e tre gruppi –OH) con tre molecole di acidi grassi (**figura 11**).

▸ **Figura 11**
La sintesi di un trigliceride avviene per condensazione: una molecola di glicerolo si lega a tre acidi grassi, con liberazione di tre molecole d'acqua.

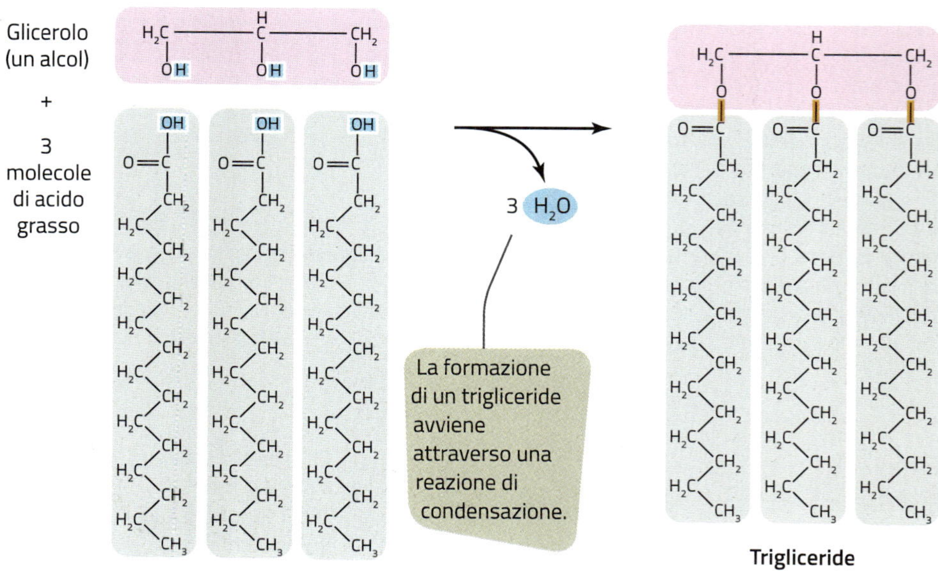

Gli acidi grassi che costituiscono il trigliceride possono essere saturi o insaturi (figura 12). Negli **acidi grassi saturi** tutti gli atomi di carbonio della catena sono uniti da legami semplici: queste molecole sono lineari e tendono ad affiancarsi in modo ordinato e parallelo. Negli **acidi grassi insaturi**, invece, le catene carboniose contengono uno o più legami covalenti doppi che generano dei ripiegamenti (o «gomiti»), lungo la catena; gli acidi grassi che contengono un solo doppio legame si chiamano *monoinsaturi*, mentre quelli che ne contengono almeno due sono detti *polinsaturi*. Le molecole degli acidi grassi polinsaturi hanno diversi gomiti che impediscono loro di addossarsi le une alle altre.

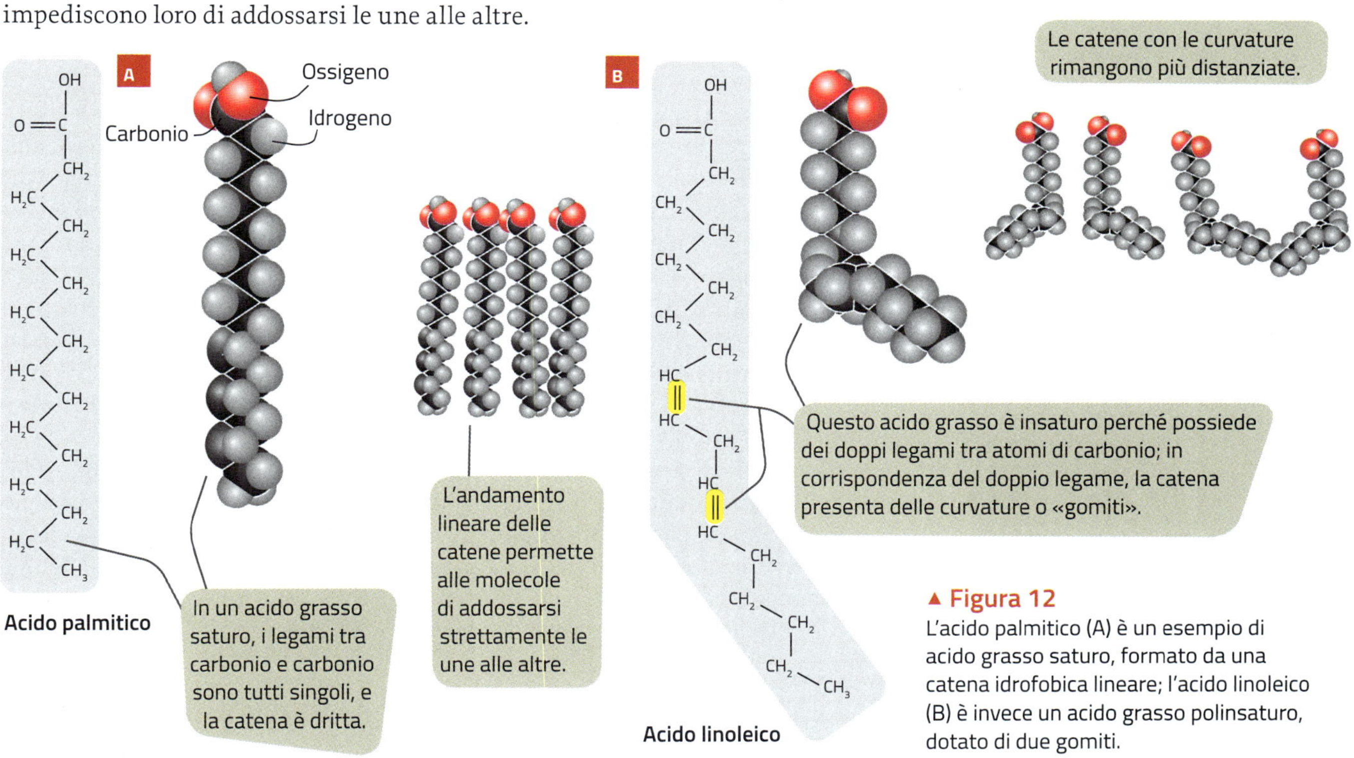

▲ **Figura 12**
L'acido palmitico (A) è un esempio di acido grasso saturo, formato da una catena idrofobica lineare; l'acido linoleico (B) è invece un acido grasso polinsaturo, dotato di due gomiti.

La configurazione delle catene carboniose ha delle importanti conseguenze sulla fluidità e sulla temperatura di fusione di un lipide. I trigliceridi dei **grassi animali** (figura 13A), come il grasso della carne, sono ricchi di acidi grassi saturi a catena lunga strettamente ammassati e per questo motivo sono solidi a temperatura ambiente. I trigliceridi che formano gli **oli vegetali** (figura 13B), come l'olio di oliva, di mais o di arachide, sono invece ricchi di acidi grassi polinsaturi a catena corta che hanno una scarsa tendenza a compattarsi; di conseguenza a temperatura ambiente gli oli sono liquidi.

Per seguire una dieta sana è meglio preferire i grassi insaturi (presenti in molti vegetali e nei pesci) ai grassi saturi presenti nel burro, nella panna e nei formaggi, perché questi rappresentano un fattore di rischio per molte malattie cardiovascolari. Ciò nonostante è bene non eliminare completamente dalla propria dieta i grassi saturi, che vanno assunti in quantità controllate e ragionevoli.

Curiosità

Nonostante la norma generale, i trigliceridi di molti pesci sono ricchi di grassi insaturi, mentre l'**olio di palma**, pur essendo di origine vegetale, contiene percentuali di grassi saturi comparabili a quelle di cibi di origine animale; per questa ragione (oltre che per motivi ambientali) è molto dibattuto il suo utilizzo nella produzione industriale di alimenti.

◂ **Figura 13**
I grassi di origine animale (A) sono saturi mentre gli oli vegetali (B) sono insaturi, come l'olio di semi di girasole.

I fosfolipidi e i glicolipidi formano le membrane cellulari

Altri due gruppi di lipidi sono i fosfolipidi e i glicolipidi, che svolgono ruoli strutturali estremamente importanti all'interno degli esseri viventi. Come i trigliceridi, anche i **fosfolipidi** sono costituiti da catene di acidi grassi unite a una molecola di glicerolo; nei fosfolipidi, però, il terzo atomo di carbonio della molecola di glicerolo non è legato a un acido grasso, ma da un gruppo fosfato (PO_4^{3-}), al quale di solito è legato un altro gruppo idrofilo (la *colina*) o un amminoacido.

I gruppi fosfato, carichi negativamente, e le eventuali altre molecole idrofile, spesso cariche positivamente, costituiscono la parte della molecola chiamata «testa»; le code di acidi grassi sono invece apolari e idrofobiche (**figura 14**), perciò anche i fosfolipidi sono molecole fortemente anfipatiche.

A causa della presenza delle due code di acidi grassi, che sono molto ingombranti, in ambiente acquoso i fosfolipidi non formano micelle, ma tendono a disporsi in un **doppio strato fosfolipidico** in cui le code di acidi grassi sono orientate una contro l'altra e le teste polari interagiscono con l'acqua su entrambi i lati. Il doppio strato fosfolipidico può estendersi fino a raggiungere dimensioni di qualche millimetro e può anche richiudersi a formare una **vescicola lipidica**. Quasi tutte le cellule sono rivestite da una *membrana* formata da un doppio strato fosfolipidico che ha caratteristiche elastiche, dinamiche e protettive. Fanno eccezione alcuni archeobatteri, le cui membrane hanno una struttura simile per proprietà, ma completamente diversa per composizione.

I **glicolipidi** sono molecole molto simili per struttura e comportamento ai fosfolipidi; in questo caso, però, il gruppo fosfato è sostituito da uno o più molecole di monosaccaridi, che nei glicolipidi più complessi possono arrivare fino a sette; in soluzione acquosa i glicolipidi si comportano come i fosfolipidi e sono anch'essi componenti essenziali delle membrane cellulari, nelle quali svolgono la funzione di selezionare le sostanze da far entrare nella cellula.

▾ Figura 14
I fosfolipidi hanno una testa idrofila e una coda idrofobica formata da due catene di acidi grassi (A). In ambiente acquoso queste molecole si dispongono a formare un doppio strato, che dà luogo alla struttura delle membrane di quasi tutte le cellule (B).

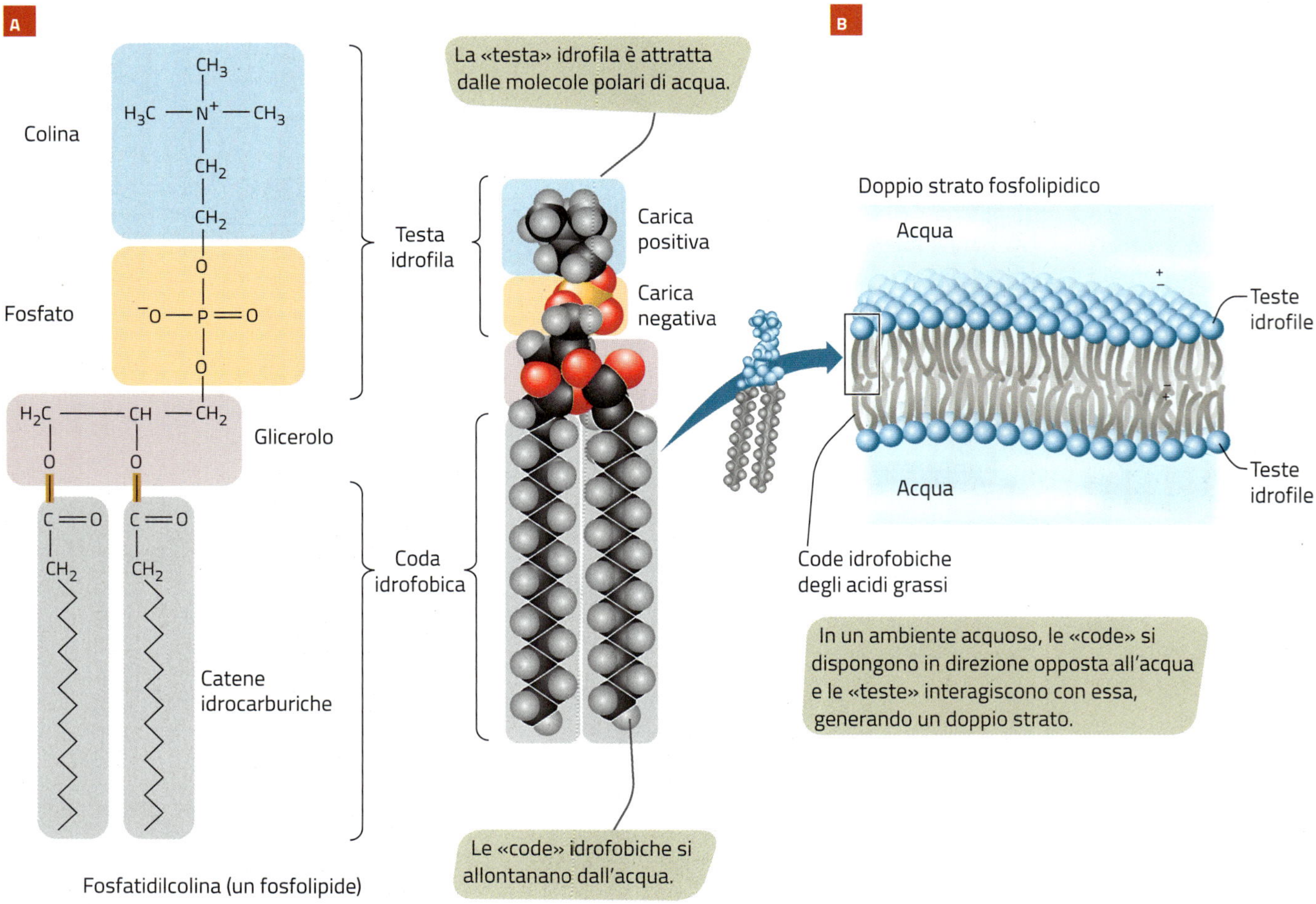

◂ **Figura 15**
Le cere rivestono le penne e i peli di alcuni animali, rendendoli praticamente impermeabili all'acqua (A); anche le foglie e i frutti sono ricoperti di cere per evitare un eccessivo assorbimento di acqua che potrebbe farli marcire (B).

Le cere rendono impermeabili le superfici, il colesterolo è il precursore degli organi steroidei

Alcuni lipidi hanno una struttura diversa da quella dei trigliceridi; tra essi vi sono le cere e il colesterolo. Le **cere** sono molecole molto lunghe che contengono da 40 a 60 atomi di carbonio; la struttura delle cere è fortemente idrofobica, caratteristica che le rende un ottimo rivestimento protettivo per impermeabilizzare la pelle, il pelo e il piumaggio degli animali, soprattutto acquatici. Per lo stesso motivo le cere sono presenti anche nei rivestimenti dei frutti e delle foglie (**figura 15**).

Il **colesterolo** appartiene agli steroidi, una classe di composti organici caratterizzati da una struttura a quattro anelli carboniosi legati tra loro (**figura 16**). Il colesterolo è una componente essenziale delle membrane delle cellule animali ed è sintetizzato nel fegato a partire dagli acidi grassi saturi introdotti con l'alimentazione. Una dieta troppo ricca di grassi animali può favorire una sintesi eccessiva di colesterolo che, una volta entrato nel circolo sanguigno, si accumula sulle pareti interne delle arterie. Il deposito di colesterolo tende a irrigidire e a ostruire i vasi sanguigni, portando a una malattia chiamata *aterosclerosi*.

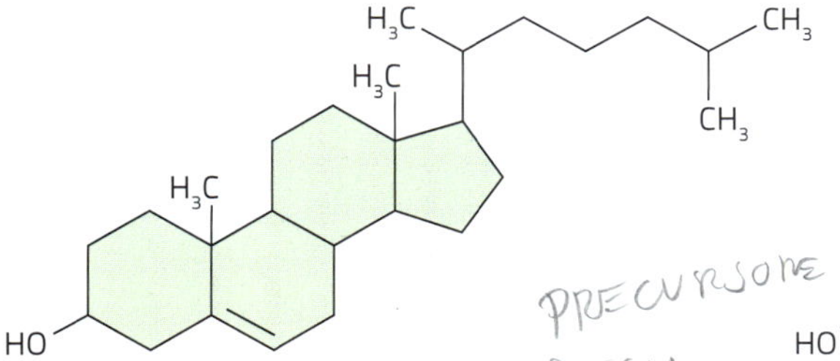

Il **colesterolo** è un costituente delle membrane e da esso derivano gli ormoni steroidei.

PRECURSORE DEGLI STEROIDI

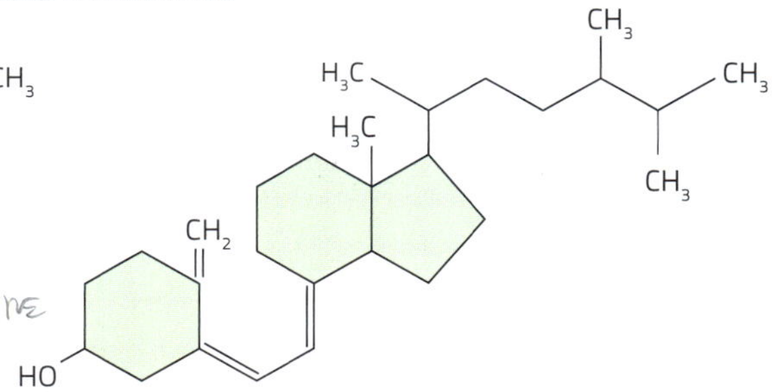

La **vitamina D** è prodotta nella pelle grazie alla luce a partire da un derivato del colesterolo.

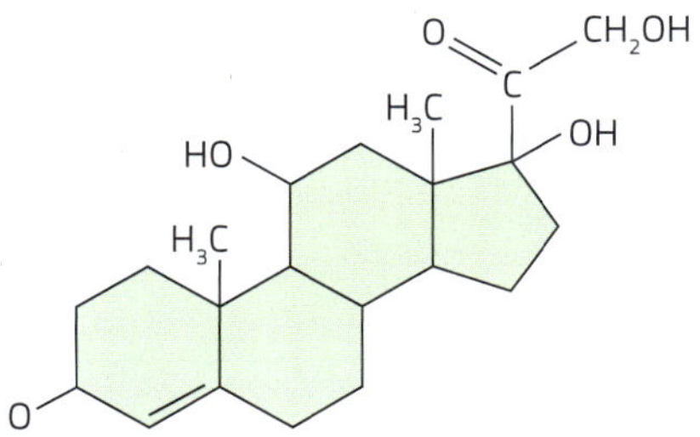

Il **cortisolo** è un ormone secreto dalle ghiandole surrenali.

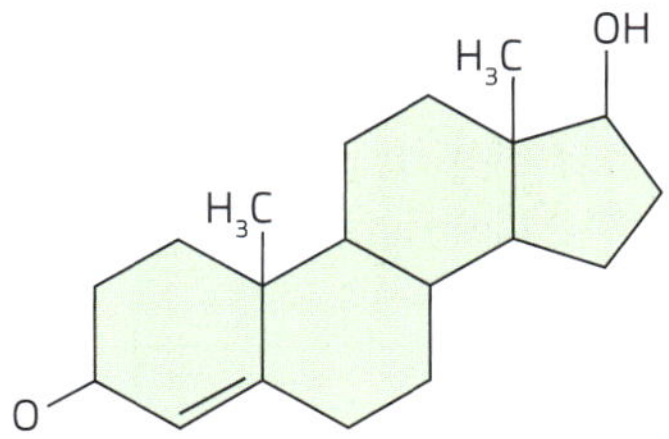

Il **testosterone** è una ormone sessuale maschile.

◂ **Figura 16**
La molecola di colesterolo e tre suoi derivati.

Le parole

La parola **vitamina** deriva dal tedesco *vitamin*, una termine composto dal latino *vīta* e dal tedesco *amini*, «ammina»: fu inventato da Casimir Funk, che nel 1913 scoprì la vitamina B; poiché questa molecola contiene un gruppo amminico, Funk pensò che anche le altre avessero composizione analoga e le chiamò quindi «ammine della vita».

Il colesterolo è impiegato dalle ghiandole endocrine per sintetizzare gli ormoni steroidei, che svolgono il ruolo di messaggeri chimici nell'organismo. Alcuni esempi di ormoni steroidei sono il cortisolo, che favorisce la liberazione di glucosio nel sangue in situazioni di stress fisico, e gli ormoni sessuali femminili (estrogeni) e maschili (testosterone), che determinano lo sviluppo delle caratteristiche sessuali e la fertilità.

Le **vitamine** sono molecole indispensabili per le cellule e devono essere introdotte con gli alimenti poiché il nostro corpo non è in grado di sintetizzarle. Pur avendo strutture chimiche molto diverse, le vitamine si suddividono in due categorie (**tabella 3**):

- le vitamine *idrosolubili*, come le vitamine B e C, in genere non vengono accumulare nell'organismo e quindi vanno assunte quotidianamente;
- le vitamine *liposolubili*, come la A, la D e la E, sono introdotte con i grassi alimentari e sono poi accumulate nel fegato. La nostra pelle è in grado di produrre la vitamina D a partire da un derivato del colesterolo, grazie all'azione dei raggi ultravioletti; anche la vitamina A è sintetizzata dal fegato partendo da alcuni precursori contenuti negli alimenti.

▸ Tabella 3 Le vitamine liposolubili e idrosolubili.

Categoria	Esempio	Alimenti che la contengono	Funzione	Sintomi da carenza
VITAMINE LIPOSOLUBILI	A (o retinolo)	Fegato animale e olio di fegato di merluzzo, uova e latticini, frutta e ortaggi giallo-arancioni.	Costituisce i pigmenti visivi; promuove l'integrità delle cellule della pelle e delle mucose.	Cecità notturna, anemia, perdita di appetito, aumento della sensibilità alle infezioni.
	D (o calciferolo)	Fegato animale e olio di fegato di merluzzo, uova e latticini.	Regola il metabolismo del calcio, favorisce lo sviluppo di ossa e denti.	Deformazione delle ossa specie quelle lunghe, carie.
	E (o tocoferolo)	Oli di semi e di oliva, ortaggi a foglia larga, fegato, uova, latte.	Previene le ossidazioni, reazioni con l'ossigeno che danneggiano le cellule.	Disturbi della gravidanza, anemia.
	K	Ortaggi freschi a foglia larga, fegato.	Previene le emorragie.	Emorragie dovute ad alterazioni della coagulazione del sangue.
VITAMINE IDROSOLUBILI	C (o acido ascorbico)	Agrumi, pomodori, kiwi, ortaggi e frutta fresca.	Previene le ossidazioni, migliora le difese immunitarie, facilita la cicatrizzazione delle ferite.	Emorragie, gengiviti, fragilità dei capillari.
	B_1 (o tiamina)	Lievito, cereali, legumi, frutta, fegato, carne, uova.	Interviene nel metabolismo dei carboidrati.	Disturbi cardiaci e nervosi.
	B_2 (o riboflavina)	Lievito, latte e derivati, cereali, uova, fegato, pesce, legumi, ortaggi.	Prende parte a numerose reazioni cellulari.	Alterazioni cutanee e oculari.
	PP (o niacina)	Carne, pesce, pollame, farine integrali.	Crescita e mantenimento dei sistemi nervoso e digerente.	Disturbi digestivi e nervosi, depressione, ansia.

Facciamo il punto

1. Quali sono le caratteristiche comuni a tutti i lipidi?
2. Che cosa distingue i grassi animali dagli oli vegetali?
3. Che cosa sono i trigliceridi?
4. Qual è la caratteristica fondamentale dei fosfolipidi?
5. Che cos'è il colesterolo e quali funzioni svolge?

4 Le proteine: le molecole più complesse

Le proteine sono sequenze ordinate di amminoacidi

Le **proteine** sono grandi polimeri costituiti da monomeri, chiamati amminoacidi, disposti in sequenza a formare lunghe catene ripiegate su se stesse, dette **catene polipeptidiche**.

Guarda il video nell'ebook: **Un minuto di biologia** *Le proteine*

Gli **amminoacidi** che formano le proteine sono in tutto 20; questo «alfabeto» è molto antico ed è universale nella sua struttura di base: tutte le specie di batteri, piante, funghi e animali contengono gli stessi amminoacidi, assemblati in combinazioni diverse all'interno delle catene polipeptidiche. La grande varietà di ruoli svolti dalle proteine (**tabella 4**) è dovuta proprio alla specifica disposizione dei 20 monomeri che le costituiscono.

La varietà delle proteine è straordinaria: il batterio *Escherichia coli*, che vive nel nostro intestino, contiene da 600 a 800 proteine diverse, mentre una cellula del nostro corpo ne può contenere anche più di 100 000, con dimensioni assai variabili. Alcune proteine sono piccole, come l'ormone insulina che è costituita da soli 51 amminoacidi, mentre altre sono molto grandi, come la proteina muscolare *titina* che in alcune sue varietà arriva a contenere oltre 34000 amminoacidi. Alcune proteine, infine, sono formate da più catene polipeptidiche ripiegate e associate a formare grandi complessi funzionali.

Come vedremo, infatti, anche la forma delle molecole proteiche è essenziale perché possano svolgere specifici ruoli.

Proteina	Funzione
Enzimi	Accelerano le reazioni cellulari
Proteine strutturali	Conferiscono stabilità e partecipano al movimento
Proteine di difesa	Riconoscono ed eliminano le sostanze estranee all'organismo
Proteine di segnalazione	Controllano i processi cellulari
Proteine recettore	Ricevono e trasmettono i segnali cellulari
Trasportatori di membrana	Regolano il passaggio di sostanze attraverso le membrane cellulari
Proteine di trasporto	Legano e trasportano sostanze all'interno dell'organismo

◂ **Tabella 4**
I diversi gruppi di proteine cellulari e le relative funzioni.

Gli amminoacidi contengono un gruppo amminico, un gruppo carbossilico e una catena laterale

I 20 amminoacidi che si trovano nelle cellule presentano tutti la stessa struttura di base: un atomo di carbonio centrale, detto *carbonio* α, a cui sono legati un gruppo amminico (–NH_2), un gruppo carbossilico (–COOH), un atomo di idrogeno e un gruppo R. Questo gruppo R è chiamato anche *catena laterale* ed è caratteristico per ogni amminoacido.

Tranne la glicina, che ha come catena laterale un altro atomo di idrogeno, in tutti gli altri amminoacidi il carbonio α è uno stereocentro. La disposizione dei gruppi funzionali intorno allo **stereocentro** può essere riassunta dalla formula generale seguente:

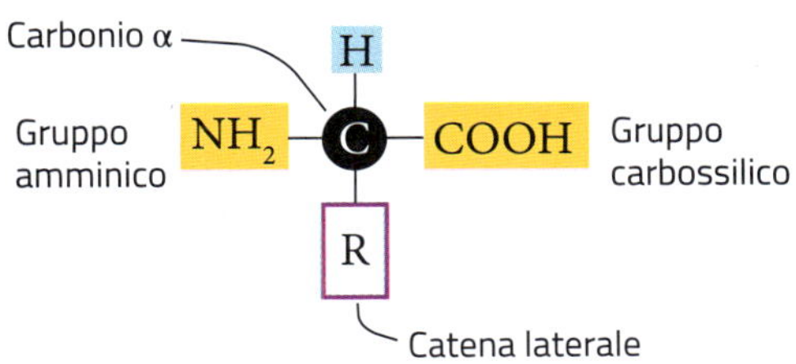

In soluzione acquosa, il gruppo carbossilico tende a perdere un elettrone (-COO^-), mentre NH_2 tende ad acquistarlo (-NH_3^+).

I gruppi R dei diversi amminoacidi variano per dimensioni, capacità di formare legami e polarità; in base a queste caratteristiche vengono suddivisi in carichi, polari, speciali e idrofobici (**figura 17**):

- gli **amminoacidi carichi** sono cinque e possiedono catene laterali dotate di carica elettrica positiva o negativa, sono idrofili e formano legami con l'acqua e altre sostanze polari o cariche;
- gli **amminoacidi polari** sono anch'essi cinque, sono idrofili e tendono a formare legami a idrogeno con l'acqua o con altre molecole polari;
- gli **amminoacidi speciali**, vengono chiamati così perché presentano specifiche caratteristiche e sono tre (glicina, cisteina e prolina);
- gli **amminoacidi idrofobici** sono sette e hanno catene laterali apolari che, in ambiente acquoso, tendono a raggrupparsi all'interno della proteina, in modo da disporsi il più lontano possibile dall'acqua.

Come abbiamo visto, la **glicina** ha come gruppo R un atomo di idrogeno; la molecola è così piccola che può incastrarsi negli spazi più ristretti all'interno di una proteina ripiegata su se stessa, dove una catena laterale più ingombrante non potrebbe entrare.

Il gruppo R della **cisteina** presenta un gruppo solfidrico –SH che può reagire con un'altra molecola di cisteina per formare un legame covalente tra due atomi

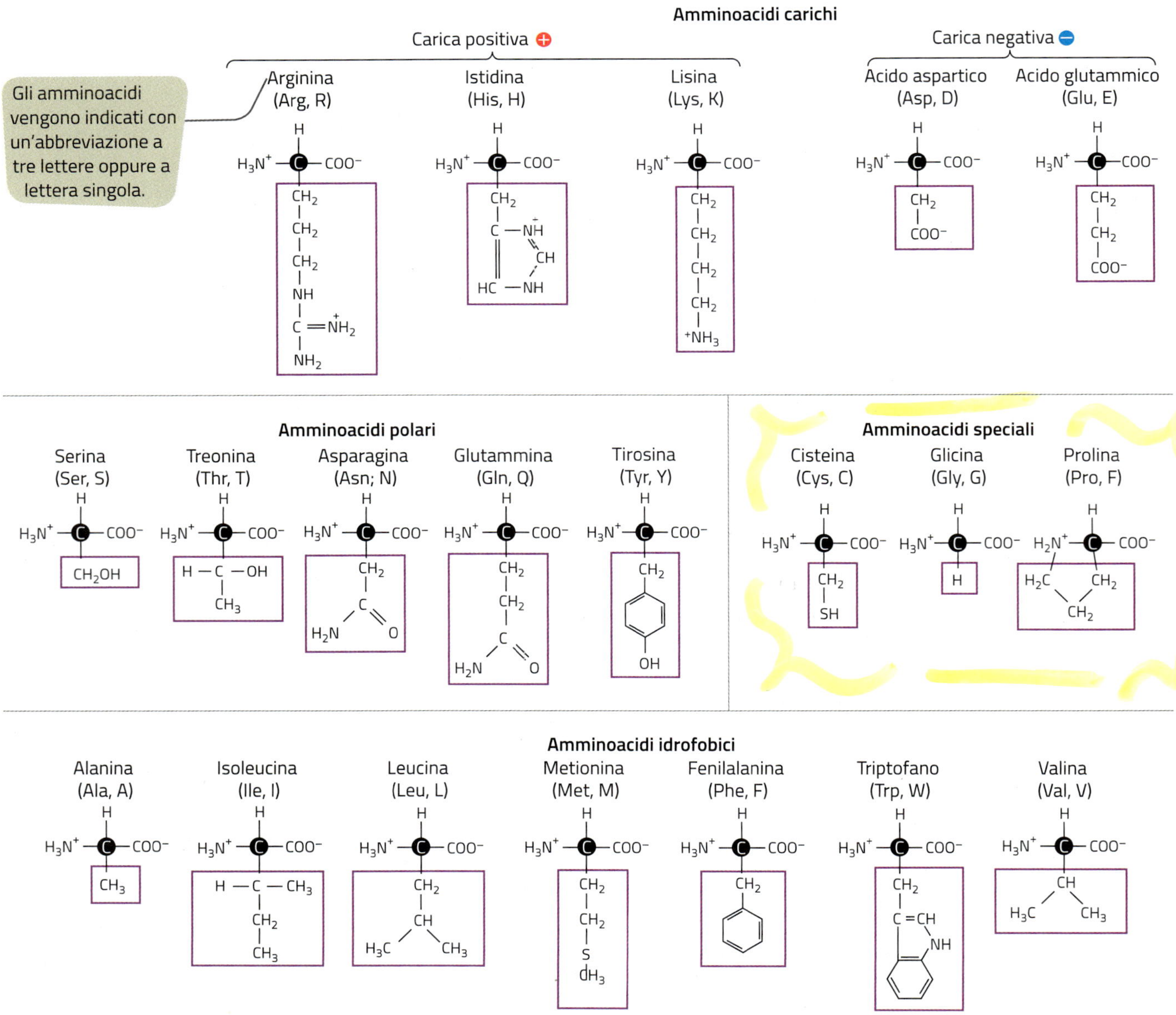

▼ Figura 17
I 20 amminoacidi presenti nelle cellule si differenziano in base alle caratteristiche dei loro gruppi R.

di zolfo; questo legame, chiamato *ponte disolfuro* (–S–S–), contribuisce a determinare il modo in cui si ripiega la catena e, quindi, è responsabile delle caratteristiche chimiche di molte proteine.

La **prolina** è diversa da tutti gli altri amminoacidi perché la sua catena laterale si lega all'atomo di azoto del gruppo amminico formando un anello, struttura che limita la possibilità della catena laterale di ruotare intorno al carbonio α.

Le proteine a struttura primaria hanno gli amminoacidi disposti in modo lineare

L'unione tra gli amminoacidi avviene grazie a una reazione di condensazione tra l'atomo di azoto del gruppo amminico di un amminoacido e l'atomo di carbonio del gruppo carbossilico di un altro amminoacido, con eliminazione di una molecola d'acqua. Il legame covalente che si forma è detto **legame peptidico** e il prodotto della reazione è un dipeptide, se è costituito da due amminoacidi (**figura 18**); in seguito all'aggiunta di altri amminoacidi si forma una catena polipeptidica di lunghezza variabile e la molecola risultante è detta *polipeptide*.

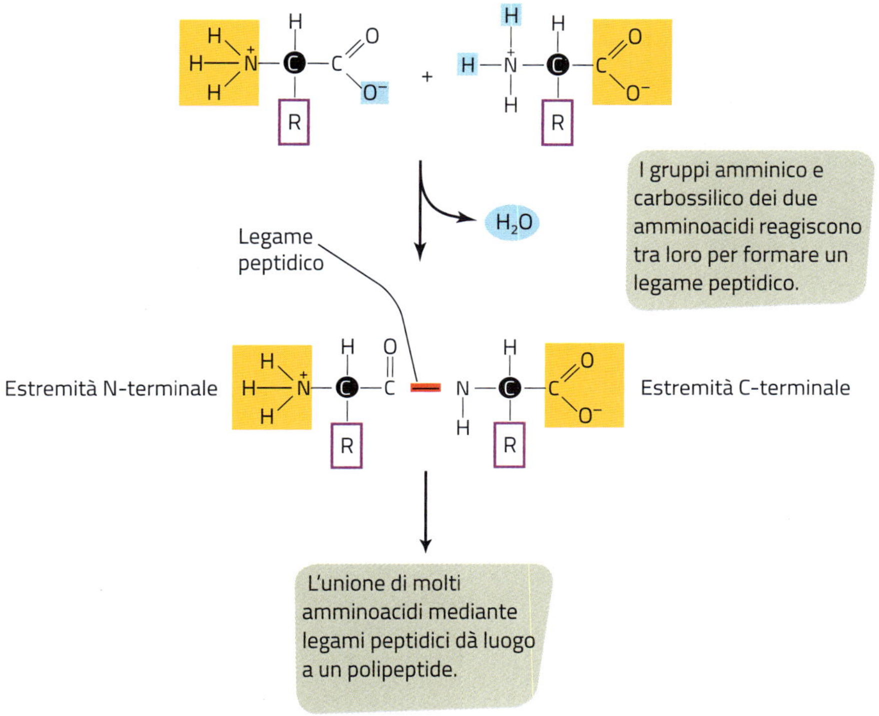

◄ **Figura 18**
Un legame peptidico si forma per condensazione con liberazione di una molecola d'acqua.

Leggi l'approfondimento nell'ebook: **La nostra salute** *L'importanza della struttura primaria: l'anemia falciforme*

Grazie alla presenza dei legami peptidici, in ogni catena polipeptidica si forma un'ossatura solida e costante, determinata dalla successione regolare dei tre atomi N–C–C– appartenenti rispettivamente al gruppo amminico, al carbonio α e al gruppo carbossilico di ciascun amminoacido. Al carbonio α di ciascun gruppo è anche legato un gruppo R diverso, con specifiche proprietà chimiche; perciò le catene polipeptidiche presentano un ordine lineare che le rende diverse una dall'altra. La sequenza lineare specifica degli amminoacidi nella catena polipeptidica costituisce la **struttura primaria** di una proteina (**figura 19A** nella pagina seguente).

La struttura primaria è in genere una sequenza lineare di amminoacidi, una struttura di base che, mediante ripiegamenti e avvolgimenti, può dar luogo a proteine più complesse. La struttura di ogni polipeptide dipende dalla sua struttura primaria; anche la minima variazione nella sequenza degli amminoacidi può compromettere o annullare la funzionalità della proteina stessa, rendendola inutilizzabile o addirittura dannosa. Così come una parola è leggibile solo se le lettere che la costituiscono sono disposte nell'ordine corretto, analogamente una proteina può svolgere la propria funzione solo se l'ordine in cui sono disposti i suoi amminoacidi è esatto.

Nella struttura secondaria la catena polipeptidica si ripiega su se stessa

Una volta assemblata, lungo la catena polipeptidica avvengono delle interazioni tra i gruppi NH e CO degli amminoacidi che la fanno ripiegare su se stessa e le fanno assumere una configurazione detta **struttura secondaria** (**figura 19B**). I due principali tipi di struttura secondaria sono l'α-elica e il foglietto β.

▼ **Figura 19**
I livelli di organizzazione di una proteina: struttura primaria (A), secondaria (B), terziaria (C) e quaternaria (D).

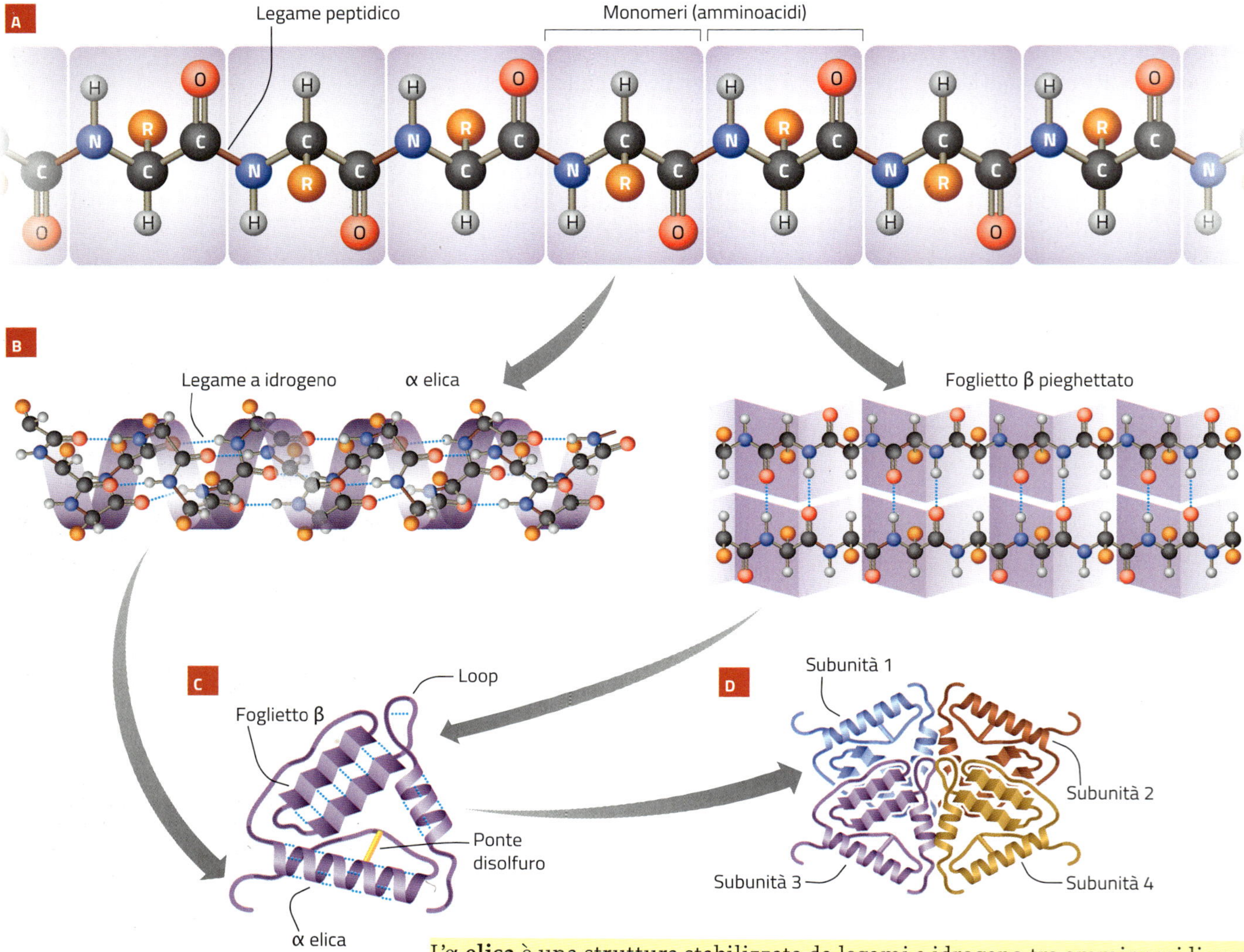

L'α-elica è una struttura stabilizzata da legami a idrogeno tra amminoacidi presenti sulla medesima catena, che si avvolge su se stessa come un nastro. I legami a idrogeno si instaurano tra il gruppo CO di un amminoacido e il gruppo NH dell'amminoacido situato quattro posizioni più avanti. Il risultato è una struttura piuttosto rigida, simile a un bastoncino, con i gruppi R che sporgono all'esterno seguendo un andamento a spirale. La percentuale di strutture ad α-elica all'interno di una proteina è molto variabile: la *ferritina*, che permette di immagazzinare il ferro nel nostro corpo, è quasi completamente costituita da fasci di eliche (**figura 20**), mentre l'ω-gliadina, non ne contiene affatto.

La seconda struttura secondaria delle proteine è il foglietto β, che si ritrova per esempio nella *fibroina* presente nella seta della tela dei ragni. I **foglietti** β sono formati da tratti della catena polipeptidica disposti a zig-zag in parallelo tra loro, e uniti da legami a idrogeno tra i gruppi CO e i gruppi NH_2 degli amminoacidi. Rispetto alle α-eliche, i foglietti β hanno una forma più appiattita e possono formarsi sia fra tratti diversi della stessa catena, ripiegata su se stessa, sia tra due catene polipeptidiche diverse; pertanto, i legami a idrogeno possono formarsi anche tra amminoacidi distanti tra loro nella struttura primaria. Molto spesso all'interno della stessa proteina sono presenti regioni ad α-elica e regioni a foglietto β collegate da brevi sequenze che formano anse o forcine.

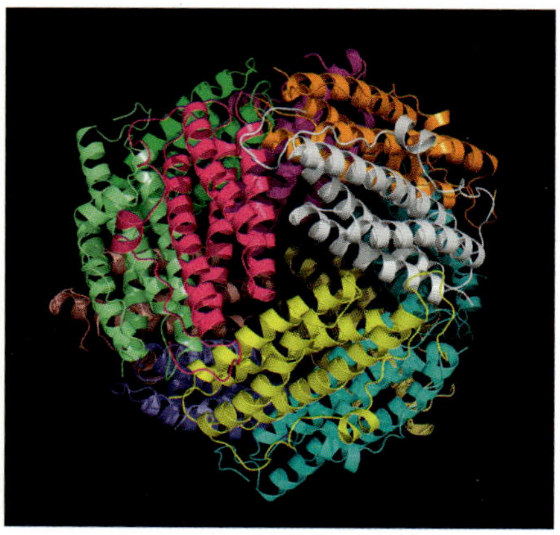

▲ **Figura 20**
Rappresentazione molecolare della ferritina, formata da molte catene secondarie diverse, tutte avvolte a formare delle α-eliche.

La struttura terziaria è il ripiegamento o l'assemblaggio di più strutture secondarie

In molte proteine la struttura secondaria si ripiega su sé stessa per dare origine a una complessa **struttura terziaria** (*vedi* **figura 19C**) dovuta alle interazioni dei gruppi R degli amminoacidi tra loro e con le molecole dell'ambiente circostante (in particolare con l'acqua). In altri casi la struttura terziaria è il frutto dell'assemblaggio di più strutture secondarie, la cui disposizione tridimensionale degli atomi determina interazioni tra zone anche molto distanti della catena, con formazione di una nuova molecola completa e funzionante. Tali interazioni comprendono:

- legami ionici tra gruppi con cariche opposte (che in soluzione sono legami deboli);
- legami a idrogeno tra gruppi R polari dotati di un H^+;
- interazioni tra gruppi idrofobici;
- legami covalenti, come i ponti disolfuro tra i gruppi –SH della cisteina.

I legami covalenti, che sono molto forti, contribuiscono a mantenere alcune parti delle molecole in una posizione ben definita e costante.

La distribuzione degli amminoacidi dopo il ripiegamento non è mai casuale, ma dipende dal fatto che in ambiente acquoso i gruppi idrofobici tendono a non entrare a contatto con l'acqua, per cui la catena si ripiega in modo che i gruppi R apolari siano localizzati verso l'interno della molecola e i gruppi R carichi o polari si trovino in superficie.

In base alla loro struttura terziaria le proteine si dividono in proteine fibrose, che hanno catene polipeptidiche disposte in fasci, e proteine globulari, le cui catene sono ripiegate ad assumere forme compatte e sferiche.

Le **proteine fibrose** sono proteine strutturali di forma allungata che forniscono sostegno e protezione alle cellule; ne sono due esempi la *cheratina* e il *collagene*, che sono costituite dall'assemblaggio su se stessa di un'unica proteina a struttura secondaria e hanno una struttura terziaria relativamente semplice, chiamata **super-elica**, che conferisce loro resistenza ed elasticità. La **cheratina**, il principale componente della lana e dei capelli, è formata da due α-eliche avvolte una intorno all'altra. A seconda dei legami che si instaurano tra le eliche, le cheratine possono essere più flessibili ed elastiche (come nel caso dei capelli e della lana), oppure più resistenti, come nelle unghie, negli aculei e negli zoccoli. Il **collagene** (**figura 21**) è la proteina più abbondante nel corpo dei mammiferi; è presente

Le parole

Il termine **cheratina** deriva dalla parola greca *kératos* che significa «corno»; la cheratina infatti forma le corna delle capre o dei cervi, ma anche il guscio delle tartarughe, il corno del rinoceronte e le placche della corazza dei coccodrilli.

▼ **Figura 21**
Le fibre di collagene che formano i tendini o i capelli sono formate da fasci di fibrille, ognuno dei quali presenta 3 α-eliche avvolte.

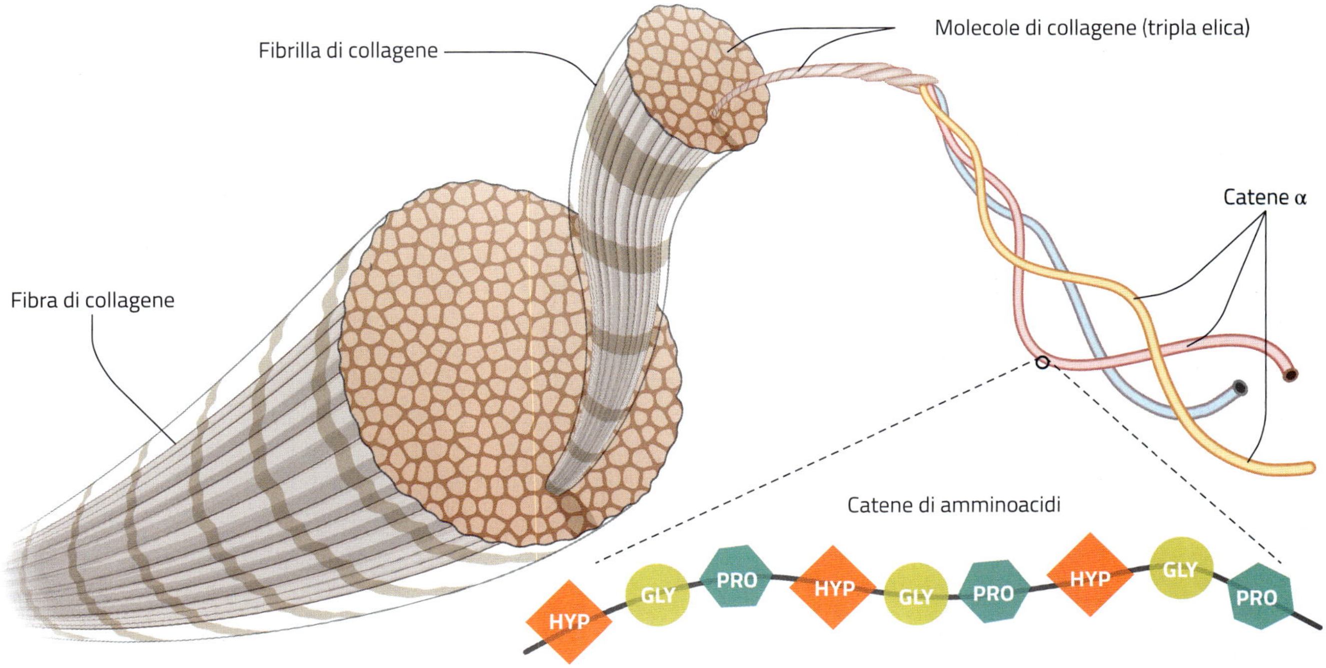

nella pelle, nella cartilagine, nelle ossa e nei tendini. La sua struttura terziaria è costituita da tre catene avvolte a formare un filamento compatto e molto resistente, adatto a fornire sostegno ai tessuti.

Le **proteine globulari**, dalla forma raggomitolata, svolgono una grande varietà di funzioni, tra cui quella di catalizzatori delle reazioni e di arma di difesa dai patogeni. Una proteina di trasporto, per esempio, è la **mioglobina**, che lega l'ossigeno presente nelle fibre del muscolo; questa proteina è una singola catena di 153 amminoacidi unita a un gruppo contenente un atomo di ferro, responsabile del trasporto dell'ossigeno. Il 70% della catena della mioglobina forma otto α-eliche, mentre il restante 30% forma ripiegamenti e anse. La struttura terziaria che ne risulta è molto compatta, con gli amminoacidi non polari confinati all'interno della molecola e i gruppi polari o carichi esposti sulla superficie. Tra le proteine globulari un ruolo importante è svolto dagli **enzimi**; queste molecole svolgono la funzione di catalizzatori, cioè accelerano le reazioni chimiche che hanno luogo nelle cellule. Senza enzimi molte reazioni fondamentali non avrebbero luogo, oppure avverrebbero tanto lentamente da non permettere la vita.

La struttura quaternaria comporta l'interazione fra due o più strutture terziarie

Nella maggior parte delle proteine, la struttura terziaria è il massimo livello di complessità raggiunto dal polipeptide. In alcuni casi, però, due o più strutture terziarie possono unirsi per formare una **struttura quaternaria** (*vedi* figura 19D). In questo caso le catene che formano le proteine quaternarie, chiamate *subunità*, sono tenute insieme da legami intermolecolari e ionici.

Esempi di proteine con struttura quaternaria sono gli **anticorpi**, responsabili della risposta immunitaria che ci difende dalle infezioni, e l'**emoglobina** (figura 22), la proteina che trasporta l'ossigeno all'interno dei globuli rossi. Entrambe queste proteine sono costituite da quattro subunità; esistono però complessi proteici molto più grandi, come alcuni enzimi costituiti dall'aggregazione di oltre 60 subunità.

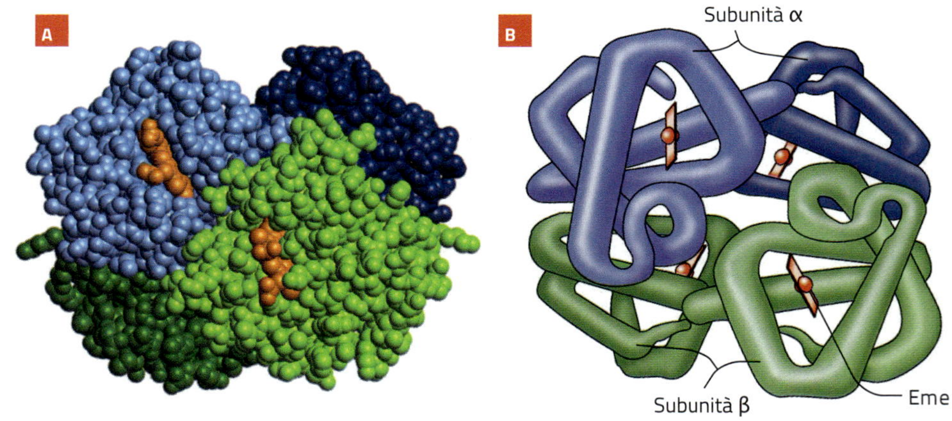

► **Figura 22**
L'emoglobina è formata da quattro subunità, uguali a due a due, ognuna delle quali possiede un gruppo contenente ferro che ha il compito di legarsi all'ossigeno (in arancione nel disegno).

Una proteina può svolgere la sua funzione solo se la sua struttura tridimensionale è intatta; un'alterazione della struttura, infatti, porta alla perdita dell'attività specifica della molecole. Questo fenomeno è detto **denaturazione**, cioè un cambiamento della struttura originale, con conseguente perdita della funzione. Il processo di denaturazione può essere indotto da diverse cause, tra cui l'aumento di temperatura, le variazioni del pH o la presenza di particolari soluti. Cuocendo un uovo, per esempio, le proteine si denaturano e l'uovo solidifica (figura 23); nella maggior parte dei casi, il processo è irreversibile.

▲ **Figura 23**
La denaturazione può avvenire grazie al calore, che rompe i legami tra le proteine e ne modifica in modo irreversibile la struttura.

Facciamo il punto

1. Quali sono i monomeri delle proteine e come sono classificati?
2. Quali sono i livelli di organizzazione delle proteine e come si differenziano?
3. Quali sono le funzioni delle proteine nella cellula?
4. Che cosa comporta la denaturazione di una proteina?

5 Gli acidi nucleici: l'archivio delle informazioni genetiche

DNA e RNA sono due polimeri di nucleotidi

Gli **acidi nucleici** sono grandi polimeri di monomeri chiamati **nucleotidi**, che hanno la funzione di conservare e trasmettere l'informazione genetica e di regolare tutte le attività cellulari. La struttura di ogni componente cellulare è il prodotto di un'informazione codificata dalla sequenza dei nucleotidi che costituiscono gli acidi nucleici. Queste informazioni sono responsabili delle caratteristiche fisiche, dalla struttura corporea (che è tipica per ogni specie) fino al colore degli occhi e dei peli, aspetti che dipendono tutti dall'azione di specifiche proteine.

Esistono due tipi di acidi nucleici: il **DNA** (acido desossiribonucleico) e l'**RNA** (acido ribonucleico). Il DNA codifica l'informazione ereditaria e la trasmette da una generazione alla successiva; l'RNA trascrive l'informazione contenuta nel DNA e la usa per guidare la sintesi delle proteine, facendo in modo che la sequenza degli amminoacidi lungo la catena corrisponda esattamente all'informazione codificata dal DNA.

Guarda il video nell'ebook:
Un minuto di biologia
Gli acidi nucleici

I nucleotidi contengono un gruppo fosfato, un monosaccaride e una base azotata

I nucleotidi sono i «mattoni» degli acidi nucleici, ma svolgono anche altre funzioni, tra cui il trasporto di energia all'interno della cellula. Un **nucleotide** è formato da un gruppo fosfato, un monosaccaride a cinque atomi di carbonio e una base azotata (figura 24).

Il **gruppo fosfato** (PO_4^{3-}) deriva dall'acido fosforico (H_3PO_4) ed è la parte del nucleotide che possiede proprietà acide, da cui il termine «acido nucleico». Il monosaccaride può essere il **ribosio** o il **deossiribosio**, che contiene un atomo di ossigeno in meno rispetto al ribosio. Le **basi azotate** sono molecole organiche che contengono una struttura ad anello semplice (*pirimidine*) oppure ad anello doppio (*purine*); l'anello contiene atomi di azoto che conferiscono alla molecola proprietà basiche. Esistono cinque differenti basi azotate: *adenina* (A), *guanina* (G), *citosina* (C), *timina* (T) e *uracile* (U).

A colpo d'occhio

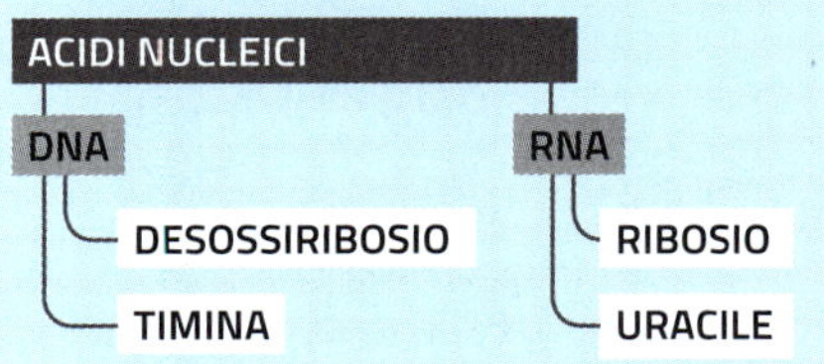

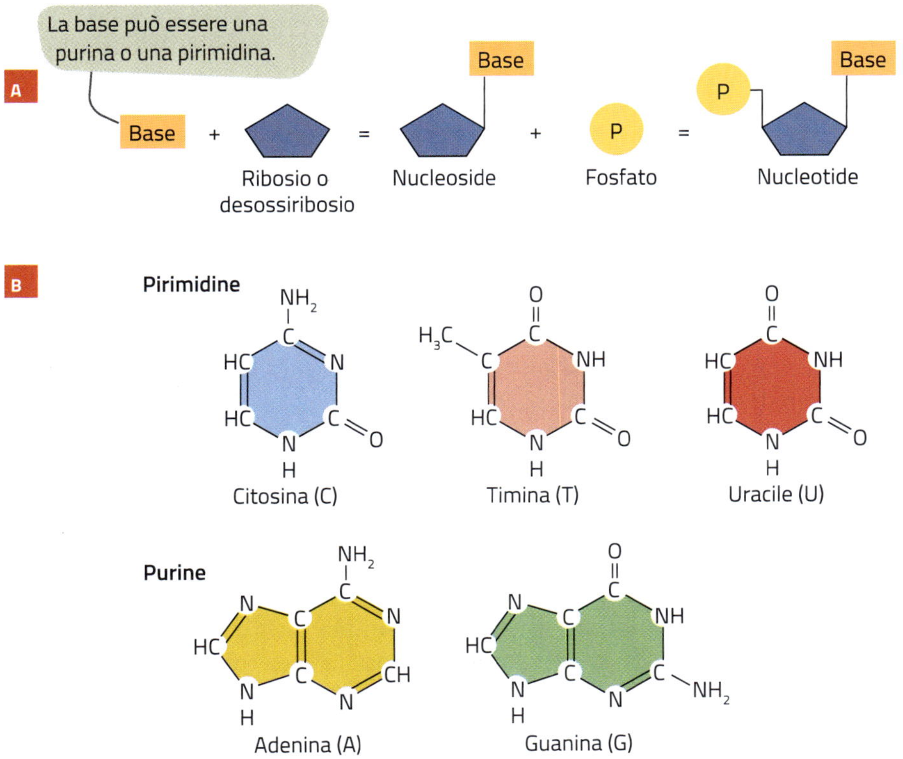

◂ **Figura 24**
Struttura di base degli acidi nucleici (A) e le basi azotate (B).

DNA e RNA differiscono per due aspetti: nel **DNA** lo zucchero è il desossiribosio e le basi azotate sono adenina, guanina, citosina e timina, mentre nell'**RNA** lo zucchero è il ribosio e le basi azotate sono adenina, guanina, citosina e uracile, che sostituisce la timina.

L'informazione di un acido nucleico è contenuta nella sequenza dei suoi nucleotidi

Come gli altri polimeri, anche il DNA e l'RNA si formano mediante reazioni di condensazione; le loro molecole sono quindi sequenze lineari di nucleotidi, uniti da legami covalenti tra lo zucchero di un nucleotide e il gruppo fosfato di quello successivo. Lo **scheletro** della catena polinucleotidica è formato dall'alternanza regolare zucchero-fosfato-zucchero-fosfato; le basi azotate sono legate allo zucchero e sporgono all'esterno della catena (**figura 25**).

▼ **Figura 25**
Struttura delle catene di nucleotidi che formano l'RNA (A) e il DNA (B).

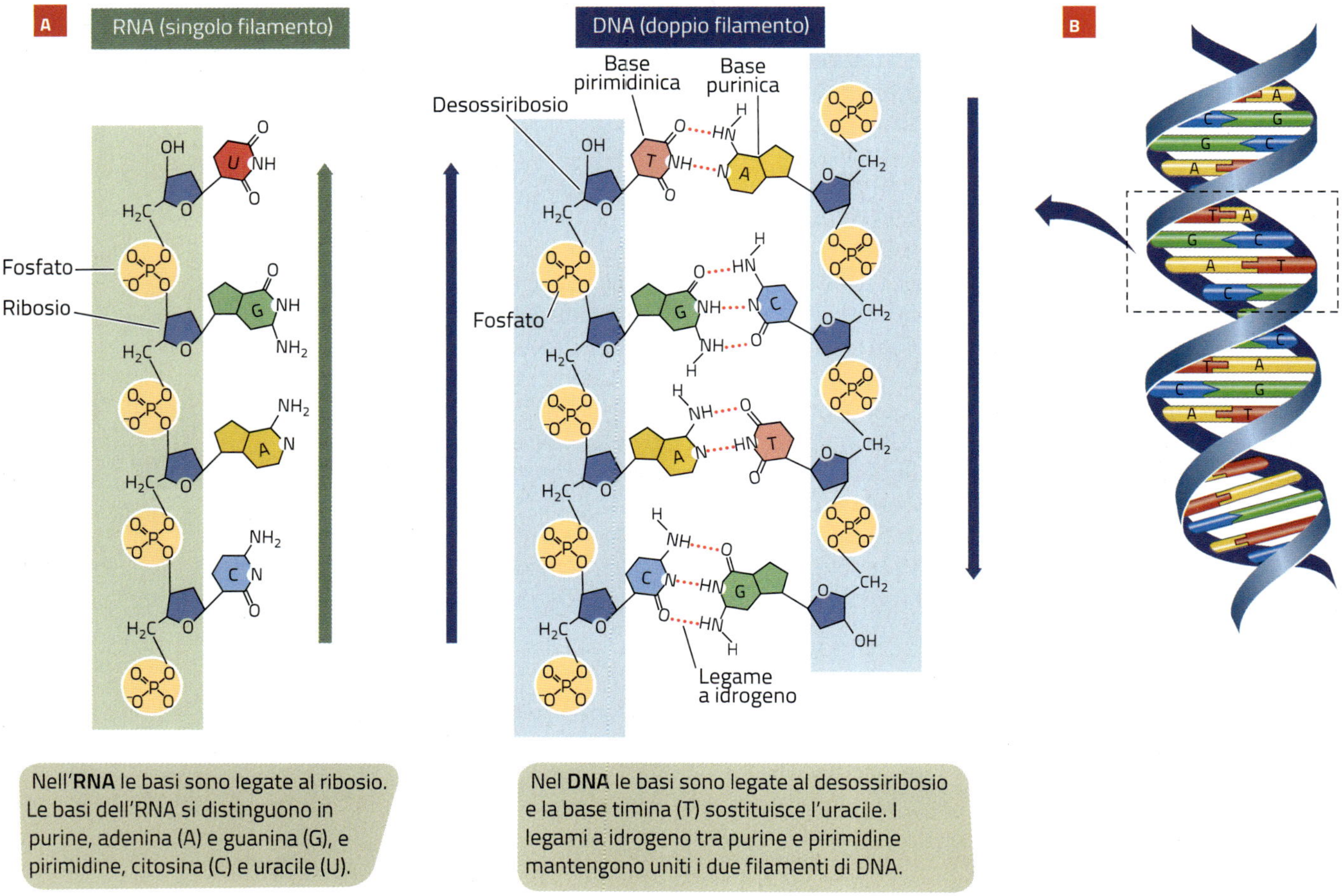

Mentre le molecole di RNA sono formate da una singola catena, il DNA di solito è a doppio filamento: le due catene polinucleotidiche appaiate sono tenute insieme da legami a idrogeno che si formano tra le basi azotate. L'appaiamento delle basi non è casuale: l'adenina si appaia sempre e solo con la timina, e la citosina si appaia sempre con la guanina e ciò dipende dalla struttura delle basi azotate che condiziona la possibilità di formare due o tre legami a idrogeno. Le basi azotate sono perciò tra loro **complementari**: adenina con timina e guanina con citosina.

Il DNA e l'RNA sono *molecole informazionali* perché l'informazione è codificata nella sequenza delle basi che formano le catene polinucleotidiche: la sequenza GAGGC, per esempio, contiene un'informazione diversa da quella codificata nella sequenza GCAAC. Il DNA è un polimero molto grande che svolge la funzione di archivio e ha una struttura straordinariamente uniforme in quanto le sue variazioni riguardano esclusivamente le sequenze di basi. La molecola di RNA, molto più piccola, ha la funzione di ricopiare la sequenza di nucleotidi custodita nel DNA e tradurla nella precisa sequenza di amminoacidi di una proteina funzionale.

Il modello della struttura del DNA fu definito nel 1953 grazie agli studi di Rosalind Franklin su campioni di acidi nucleici analizzati ai raggi X. I suoi dati furono poi utilizzati da James Watson, Maurice Wilkins e Francis Crick, che giunsero a comprendere che il DNA forma una struttura a **doppia elica**, con dieci nucleotidi per ogni giro. I ricercatori riuscirono a comprendere la struttura della doppia elica che, come una scala, ha i montanti verticali formati da sequenze alternate di molecole di zucchero ribosio e di gruppi fosfato, mentre i pioli orizzontali sono le basi azotate accoppiate.

L'informazione codificata nella sequenza di basi del DNA è quella relativa all'ordine in cui disporre gli amminoacidi per costruire una data proteina. È grazie alle informazioni portate dal DNA che ogni cellula dell'organismo può assemblare correttamente tutte le sue proteine, disponendo gli amminoacidi nell'esatta sequenza: a una specifica serie di nucleotidi presente nel DNA corrisponde un'unica precisa sequenza di amminoacidi di una determinata proteina. L'insieme dei criteri che consentono di ricavare una sequenza polipeptidica da un tratto di DNA costituisce il **codice genetico**.

Curiosità

Sebbene si tratti di codici naturali, c'è un'evidente somiglianza con il modo in cui si immagazzina l'informazione nel DNA e nei sistemi informatici: il **codice** binario, per esempio, si basa su messaggi composti da due soli segni, 0 e 1, mentre il codice degli acidi nucleici ha quattro segni (A, C, G, e T).

L'ATP fornisce energia alle cellule

Tutte le cellule hanno bisogno di energia per vivere e svolgere le loro funzioni. Come abbiamo visto, lipidi e carboidrati sono importanti fonti energetiche, ma sono troppo complessi per l'uso immediato che ne fanno le cellule; per ricavare energia da una molecola di glucosio, la cellula deve mettere in moto una serie di reazioni che demoliscono lo zucchero liberando l'energia contenuta nei suoi legami. Per disporre rapidamente di energia, invece, le molecole usano l'ATP (*adenosina trifosfato*), una biomolecola che funziona come una pila ricaricabile. Una molecola di **ATP** è formata dalla base azotata adenina legata a una molecola di ribosio a cui è attaccata una sequenza di tre gruppi fosfato (**figura 26**). I legami che tengono uniti i tre gruppi fosfato sono abbastanza deboli da rompersi facilmente per idrolisi. Nella maggior parte dei casi, l'idrolisi coinvolge solo uno dei gruppi fosfato secondo la reazione:

$$ATP + H_2O \longrightarrow ADP + P_i + \text{energia}$$

I prodotti della reazione sono **ADP** (adenosina difosfato), un gruppo fosfato (P_i) e una quantità di energia abbastanza piccola da non danneggiare la cellula, ma sufficiente ad attivare la maggior parte delle reazioni cellulari.

L'ADP viene «ricaricato» in ATP quando la cellula demolisce le molecole di glucosio, attraverso la reazione inversa:

$$ADP + P_i + \text{energia} \longrightarrow ATP + H_2O$$

Per mantenersi in vita, una cellula consuma milioni di molecole di ATP al secondo, che sono continuamente prodotte e idrolizzate attraverso migliaia di reazioni.

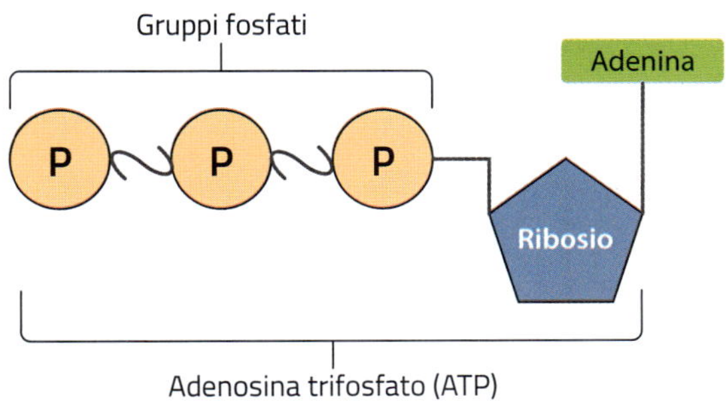

◂ **Figura 26**
L'ATP è formato da 3 gruppi fosfato, dall'adenina e da una molecola di ribosio.

Facciamo il punto

1. Descrivi la struttura della molecola di un nucleotide.
2. Descrivi le funzioni biologiche del DNA e dell'RNA.
3. Che cos'è il codice genetico?
4. Qual è la funzione biologica dell'ATP?

SINTESI
DI FINE CAPITOLO

LO SAI? RIPASSA CON LO SMARTPHONE

La chimica del carbonio

Il carbonio è l'elemento più abbondante sulla Terra e si combina con gli altri elementi formando una varietà di molecole. Quando il carbonio si lega all'idrogeno forma dei composti organici chiamati **idrocarburi**.

Gli idrocarburi si dividono in:

- **saturi**, alcani e cicloalcani (con tutti legami singoli);
- **insaturi,** alcheni (con almeno un doppio legame) e alchini (con almeno triplo legame).

Gruppi funzionali e isomeri

I **gruppi funzionali** determinano le caratteristiche dei composti organici e sono i centri di reattività della molecola.

Per rappresentare i composti chimici si usano *formule*:

- *grezze*, che specificano il numero degli atomi di ogni elemento nella molecola;
- *di struttura*, che evidenziano come gli atomi sono legati tra loro.

Gli **isomeri** sono molecole diverse che hanno la stessa formula grezza ma che differiscono per come gli atomi sono disposti nello spazio.

Reazioni di idrolisi e condensazione

Le **macromolecole** sono *polimeri* formati da due o più *monomeri* uniti da legami chimici. Negli esseri viventi le macromolecole sono chiamate **biomolecole**: carboidrati, proteine, acidi nucleici (che sono polimeri) e lipidi (che non sono polimeri).

La reazione di **condensazione** consiste nell'unione di due monomeri o due polimeri che tra loro formano un legame covalente, con liberazione di una molecola d'acqua.

Attraverso la reazione di **idrolisi**, invece, una macromolecola viene scissa in due o più parti, con consumo ogni volta di una molecola d'acqua.

I carboidrati

La principale fonte di energia per tutti i viventi sono i **carboidrati** (o *glucidi*): biomolecole formate da carbonio, idrogeno e ossigeno.

I carboidrati sono classificati in base al numero di monomeri:

- **monosaccaridi**, un gruppo carbonilico e più gruppi ossidrilici (come glucosio e fruttosio);
- **disaccaridi**, due monosaccaridi legati da un legame glicosidico (come lattosio e saccarosio);
- **polisaccaridi**, se sono grandi polimeri formati dall'unione di centinaia/migliaia di monosaccaridi (come amido e cellulosa).

I lipidi

I lipidi sono molecole insolubili in acqua, come gli **acidi grassi** caratterizzati da lunghe catene carboniose con un gruppo carbossilico terminale, e possono essere: **saturi** (se tutti gli atomi di carbonio sono uniti da legami singoli) o **insaturi** (se contengono uno o più doppi legami).

I principali gruppi di lipidi sono:

- **trigliceridi**, costituiti da tre catene di acidi grassi legate a una molecola di glicerolo (grassi animali e oli vegetali);
- **fosfolipidi**, simili ai trigliceridi ma con un gruppo fosfato ($PO4^{3-}$) legato al terzo carbonio del glicerolo;
- **glicolipidi,** simili ai trigliceridi a cui si legano dei carboidrati.

Le proteine

Sono grandi polimeri costituiti da monomeri, chiamati **amminoacidi**, disposti in sequenza a formare lunghe catene ripiegate, dette *catene polipeptidiche*.

Gli amminoacidi contengono un **gruppo amminico**, un **gruppo carbossilico** e una **catena laterale**.

L'unione tra gli amminoacidi avviene grazie a una reazione di condensazione e il legame covalente che si forma è detto *legame peptidico*.

La **struttura primaria** indica l'ordine in cui sono disposti gli amminoacidi. Quando la catena di amminoacidi si ripiega su se stessa si forma la **struttura secondaria**, e può avere due conformazioni (α-elica o *foglietto* β). La **struttura terziaria** è il ripiegamento o l'assemblaggio di più strutture secondarie. La **struttura quaternaria** è l'interazione fra due o più strutture terziarie.

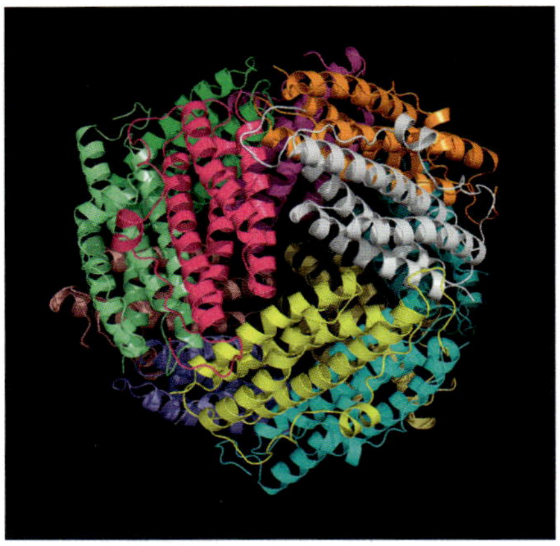

Gli acidi nucleici

Sono grandi polimeri di monomeri chiamati **nucleotidi** che conservano e trasmettono l'informazione genetica. I nucleotidi contengono un *gruppo fosfato*, un *monosaccaride* e una *base azotata*.

Nel **DNA** lo zucchero è il desossiribosio e le basi azotate sono adenina, guanina, citosina e timina; nell'**RNA** lo zucchero è il ribosio e le basi azotate sono adenina, guanina, citosina e uracile.

Il DNA codifica l'informazione ereditaria e l'RNA trascrive l'informazione contenuta nel DNA e la usa per guidare la sintesi delle proteine.

VERIFICA LE TUE CONOSCENZE

ZTE ONLINE

1. Scrivi sul quaderno la definizione dei seguenti termini.

a) Formula grezza e formula di struttura
b) Isomeri di struttura, stereoisomeri ed enantiomeri
c) Alcani, alcheni e alchini
d) Polimeri e monomeri
e) Condensazione e idrolisi
f) Monosaccaridi aldosi e chetosi
g) Proteine fibrose e globulari

Barra il completamento esatto.

2. I nucleotidi

A sono i monomeri che formano la struttura primaria delle proteine.
B sono presenti nel DNA ma sono assenti nell'RNA.
C vengono sintetizzati per formare le molecole lipidiche.
D sono alla base della struttura degli acidi nucleici.

3. La mioglobina è

A un enzima indispensabile per l'idrolisi del saccarosio.
B una proteina globulare di trasporto a struttura terziaria.
C una proteina con struttura secondaria ad α-elica.
D una proteina fibrosa di sostegno dalla forma allungata.

4. Completa le seguenti frasi.

a) Le biomolecole più abbondanti sulla Terra formate solo da carbonio, idrogeno e ossigeno sono i ....
b) I due polimeri che formano l'amido sono .... e ....
c) Il legame che unisce due amminoacidi è detto ....
d) Le molecole lipidiche che hanno una testa polare si chiamano ....
e) L'emoglobina presente nei globuli rossi è una proteina a struttura ....

5. Barra i due completamenti esatti.
Il saccarosio, l'amido e il lattosio

A sono tutti carboidrati e disaccaridi.
B sono formati da sequenze di amminoacidi.
C sono tutte molecole che contengono glucosio.
D sono zuccheri di struttura, alcuni di origine animale altri vegetale.
E vengono tutti prodotti mediante condensazione di monosaccaridi.

6. Completa il brano scegliendo i termini corretti tra quelli elencati in fondo.

I lipidi sono .... in solventi polari in quanto le loro molecole non sono .... L'energia da essi prodotta viene ceduta in tempi .... , sebbene si possa affermare che i lipidi sono le molecole organiche più .... I grassi insaturi, come per esempio .... , tendono a essere .... a temperatura ambiente, mentre quelli saturi, come per esempio .... , tendono a essere ....

(liquidi, immediati, il colesterolo, complesse, insolubili, gassosi, polari, lunghi, energetiche, solubili, polimeri, idrolizzabili, l'olio d'oliva, apolari, brevi, il burro, solidi, cerosi)

7. Completa la tabella mettendo in corrispondenza le molecole organiche (*lettere*) con i monomeri che le costituiscono (*numeri*).

A. carboidrati
B. lipidi
C. proteine
D. acidi nucleici
E. molecole di ATP

1. glicerolo e acidi grassi
2. nucleotidi contenenti 4 diversi tipi di basi azotate
3. monosaccaridi
4. nucleotidi contenenti 3 gruppi fosfato
5. amminoacidi

A	B	C	D	E

8. Nel seguente brano, barra tra i termini in neretto quelli errati.

A differenza di molte piante, gli animali hanno una capacità **elevata / limitata** di immagazzinare carboidrati. Nei vertebrati gli zuccheri in eccesso rispetto a quanto può essere **accumulato / idrolizzato** sotto forma di **glicogeno / amido** sono convertiti in **proteine / grassi**; anche alcune piante immagazzinano energia sotto forma di **oli / fosfolipidi**, soprattutto nei semi e nei frutti.

9. Barra il simbolo V se ritieni l'affermazione vera, il simbolo F se la ritieni falsa.

a) Negli acidi grassi il legame tra carbonio e carbonio è sempre covalente semplice. V F
b) L'amido può essere idrolizzato dalle piante per ottenere glucosio. V F
c) I trigliceridi sono disaccaridi. V F
d) I polipeptidi sono formati dall'associazione di molti acidi grassi. V F
e) Il glicogeno è presente negli animali, ma non nei vegetali. V F
f) L'ATP ha due gruppi fosfato in più rispetto ai nucleotidi. V F

10. Descrivi la struttura di una molecola di ATP specificando la sua funzione biologica e in che modo si differenzia da una molecola di ADP.

11. Che cosa hanno in comune e in che cosa differiscono tra loro i diversi amminoacidi? In quali gruppi vengono suddivisi gli amminoacidi?

12. Che cosa sono gli idrocarburi? Come si chiamano e quali sono le rispettive formule grezze degli idrocarburi che possiedono 1, 2, 3 o 4 atomi di carbonio?

VERIFICA LE TUE ABILITÀ

Barra il completamento esatto.

13. La molecola di ATP

[A] differisce dai nucleotidi presenti nel DNA in quanto presenta una base azotata differente.

[B] può essere ricaricata in ADP con l'aggiunta di un gruppo fosfato.

[C] quando viene idrolizzata assorbe energia utile alla cellula.

[D] rappresenta una forma di energia immediatamente disponibile per la cellula.

14. Si ha una condensazione quando

[A] più monomeri si uniscono demolendo molecole d'acqua.

[B] i polimeri si spezzano producendo molecole d'acqua.

[C] più monomeri si uniscono liberando molecole d'acqua.

[D] un monomero si spezza liberando molecole d'acqua.

15. Di fianco a ogni affermazione scrivi la lettera A se è riferita alle proteine, B se è riferita agli zuccheri, C se è riferita ai lipidi, o la lettera D se è riferita agli acidi nucleici.

a) Le loro molecole possono costituire strutture cellulari, ormoni o vitamine. (.....)

b) Includono molecole che vengono sempre sintetizzate mediante tre reazioni di condensazione. (.....)

c) In nessuna delle loro molecole sono presenti azoto o fosforo o zolfo. (.....)

d) Le loro molecole possono essere costituite anche da un solo tipo di monomero. (.....)

e) Ogni loro monomero è costituito da tre tipi di molecole diverse, solo una delle quali è uno zucchero. (.....)

Barra i due completamenti esatti.

16. A differenza dei polisaccaridi, le proteine

[A] possono avere sia funzione strutturale sia di riserva.

[B] sono formate da monomeri che si legano mediante condensazioni.

[C] sono costituite da carbonio, ossigeno, idrogeno e azoto.

[D] possono regolare altre reazioni chimiche o avere funzioni immunitarie.

[E] sono presenti negli animali, ma sono assenti nei vegetali.

17. Barra il simbolo V se ritieni l'affermazione vera, il simbolo F se la ritieni falsa.

Se una proteina ha struttura terziaria

a) i legami a idrogeno che si formano tra un amminoacido e un altro posto a una certa distanza possono spezzarsi e riformarsi, determinando l'allungamento della molecola. [V] [F]

b) al suo interno si verificano interazioni tra amminoacidi, attrazioni fra gruppi polari e legami a idrogeno. [V] [F]

c) contiene file di amminoacidi legate tra loro mediante legami covalenti polari. [V] [F]

d) a causa della disposizione dei suoi amminoacidi ha prevalentemente funzioni strutturali. [V] [F]

e) ogni amminoacido si lega esclusivamente ad altri due, senza che vi siano possibilità di interazione con amminoacidi posti a una certa distanza. [V] [F]

18. Nel seguente brano, barra tra i termini in neretto quelli errati.

Il glucosio può essere esclusivamente prodotto dalle cellule vegetali per mezzo della reazione di **respirazione / fotosintesi**; la **sintesi / demolizione** del glucosio con conseguente liberazione di energia è, invece, patrimonio di tutte le cellule, che possono così recuperare l'energia racchiusa nei suoi legami. Sia le cellule animali sia quelle vegetali utilizzano il glucosio per **sintetizzare / demolire** polisaccaridi mediante reazioni di condensazione; grazie a questo processo la pianta può crescere sintetizzando **cellulosa / chitina** e gli animali possono accumulare **glicogeno / chitina** nel fegato.

19. Spiega le diverse modalità con cui glucosio e ATP danno energia alle cellule.

....
....
....
....
....
....
....
....

20. Quali tipi di legami chimici determinano la forma delle molecole proteiche? Che struttura avrebbero le proteine in assenza di questi tipi di legami?

....
....
....
....
....
....

UNITUTOR
VERSO L'UNIVERSITÀ

Preparati ai test di ammissione sul sito Unitutor.

21. Trigliceridi e fosfolipidi possono contenere:

1. Catene di acidi grassi
2. Legami estere
3. Legami semplici e doppi

[A] Tutti

[B] Solo 1 e 2

[C] Solo 1 e 3

[D] Solo 2 e 3

[E] Nessuno

[dal test di ammissione a Veterinaria 2015-16]

HANDS-ON GLOSSARY

22. Fill in the table matching each term (*letters*) with its definition (*numbers*).

A. carbohydrates
B. lipids
C. proteins
D. nucleic acids

1. polymers made from monomers known as nucleotides, they include DNA and RNA
2. macromolecules consisting of one or more long chains of amino acids, also called polypeptides
3. biomolecules consisting of carbons, hydrogen and oxygen atoms, also called saccharides or sugars
4. fats, oils or waxes that dissolve in alcohol but not in water, two examples are cholesterol and triglygerids

A	B	C	D

VERSO L'ESAME: LE TUE COMPETENZE

SCHEMATIZZA

23. Costruisci una mappa concettuale che illustri la classificazione completa delle molecole di importanza biologica.

SPIEGA

24. In commercio esistono i grassi vegetali spalmabili, come per esempio la margarina: questi prodotti alimentari si ottengono per idrogenazione di oli.

Spiega le conseguenze di questo processo, mettendole in relazione allo stato di aggregazione.

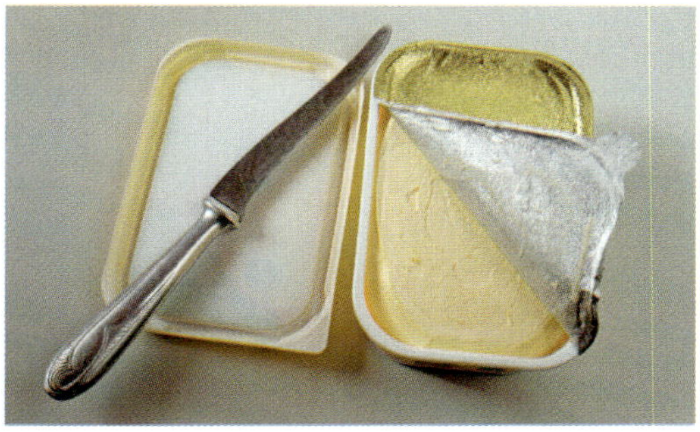

CONFRONTA

25. Metti a confronto la struttura della cellulosa con quella dell'amido, spiegando le differenze tra le due molecole e che cosa ne deriva.

I POTIZZA

26. Gli amminoacidi possono essere uniti mediante legame peptidico e formare catene molto diverse. Per esempio, una catena che comprende la successione Gly-Pro-Ala è diversa da una che prevede Ala-Gly-Pro. In linea teorica, quindi, il numero di proteine è infinito.

Perché questa ipotesi non si realizza?

DEDUCI

27. Completa la seguente proporzione, individuando il criterio utilizzato per associare i vari termini.

monosaccaride: polisaccaride = ...: DNA = = amminoacido: ....

RIFLETTI

28. Gli amminoacidi sono ioni dipolari, che possono avere una carica negativa e una carica positiva. Per questa caratteristica gli amminoacidi sono molecole *anfotere*, ovvero possono comportarsi sia da basi sia da acidi.

Da che cosa pensi dipenda il fatto che abbiano l'uno oppure l'altro comportamento?

GIUSTIFICA

29. La permanente è un trattamento che arriccia i capelli sfruttando la denaturazione delle proteine.

Che relazione esiste tra questo fenomeno biologico e la piega dei capelli?

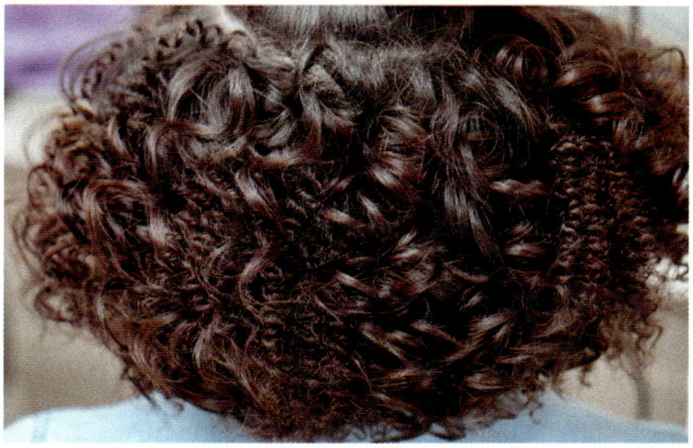

CALCOLA

30. In una molecola di DNA, se l'adenina è presente con una percentuale del 25%, rispetto le basi azotate totali, quale sarà la percentuale di citosina?

COLLEGA E DISEGNA

31. Completa la tabella associando a ogni molecola il gruppo funzionale corrispondente; poi disegna tutte le formule di struttura.

Nome	Formula	Gruppo funzionale
Metanolo	CH_3OH	
Acido propanoico	CH_3CH_2COOH	
Glucosio	$CH_2OH(CHOH)_4CHO$	
Propanone	CH_3CH_3CO	

DEDUCI

32. I saponi sono molecole usate per rimuovere il grasso dai vestiti e dalla pelle.

Per svolgere questa funzione, quale struttura molecolare pensi debbano avere?

SEI PRONTO PER LA VERIFICA?

IN 1 ORA

Dopo aver studiato i contenuti fondamentali dei **capitoli A6 e A7**, prova a svolgere questa verifica nel **tempo massimo di 1 ora.**

Alla fine della prova **controlla le tue risposte** con le soluzioni che troverai sul sito *online.scuola.zanichelli.it/curtisnuovoinvitoblu* e **calcola il punteggio** totale che hai conseguito compilando la griglia finale.

CONOSCENZE

Barra la risposta esatta.

1. A quale fenomeno è legato l'aumento di volume di un materiale in seguito al movimento dell'acqua al suo interno?

- A Capillarità
- B Tensione superficiale
- C Imbibizione
- D Dilatazione

(4 punti se hai risposto correttamente) ...../4

2. Quali legami sono presenti nella molecola H_2O?

- A Due legami covalenti polari.
- B Un legame covalente apolare e un legame covalente polare.
- C Due legami a idrogeno.
- D Un legame covalente polare e un legame a idrogeno.

(4 punti se hai risposto correttamente) ...../4

3. Quale base azotata contiene due anelli?

- A Adenina
- B Citosina
- C Timina
- D Uracile

(4 punti se hai risposto correttamente) ...../4

4. Quali biomolecole non sono dei polimeri?

- A I carboidrati
- B I lipidi
- C Le proteine
- D Gli acidi nucleici

(4 punti se hai risposto correttamente) ...../4

Barra il completamento esatto.

5. Gli idrocarburi caratterizzati dalla presenza di un legame triplo sono gli

- A alcani.
- B alcheni.
- C alchini.
- D idrocarburi aromatici.

(4 punti se hai risposto correttamente) ...../4

6. Un esempio di monosaccaride pentoso è il

- A ribosio.
- B glucosio.
- C fruttosio.
- D galattosio.

(4 punti se hai risposto correttamente) ...../4

7. Una soluzione è definita acida se ha un valore del pH

- A minore di 1.
- B minore di 7.
- C maggiore di 7.
- D maggiore di 14.

(4 punti se hai risposto correttamente) ...../4

8. Gli elettroni di valenza sono gli elettroni

- A posseduti da un atomo.
- B acquistati da uno ione negativo.
- C coinvolti nei legami chimici formati da un atomo per raggiungere la stabilità.
- D che si trovano sul livello energetico più esterno di un atomo.

(4 punti se hai risposto correttamente) ...../4

9. Gli isomeri di struttura sono molecole che

- A hanno una diversa formula grezza ma hanno la stessa temperatura di ebollizione e fusione.
- B hanno lo stesso numero di atomi di carbonio ma un diverso numero di atomi di idrogeno.
- C sono una l'immagine speculare dell'altra.
- D hanno la stessa formula grezza ma differiscono per la disposizione spaziale degli atomi.

(4 punti se hai risposto correttamente) ...../4

10. Per ciascuna affermazione barra il simbolo V se la ritieni vera oppure il simbolo F se la ritieni falsa.

a) Il calore latente di vaporizzazione dell'acqua è più basso di quello della maggior parte dei solventi organici. V F

b) Il passaggio di stato dallo stato gassoso allo stato solido è detto brinamento. V F

c) L'acqua ha la sua densità massima a 4 °C. V F

(2 punti per ogni scelta corretta) ...../6

11. Nel seguente brano, barra tra i termini in neretto quelli errati.

La forza di attrazione tra le molecole di acqua, detta **coesione / adesione,** si manifesta nel fenomeno della **pressione / tensione** superficiale. Essa è dovuta ai legami **covalenti polari / a idrogeno** che si stabiliscono tra le molecole d'acqua. Ogni molecola d'acqua può formare al massimo **tre / quattro** legami di questo tipo.

(2 punti per ogni scelta corretta) ...../8

12. Descrivi le fasi principali del ciclo dell'acqua.

....

....

....

....

....

(8 punti se hai descritto tutte le fasi, 4 punti se ne hai saltato qualcuno) ...../8

ABILITÀ

Barra il completamento esatto.

13. Il maltosio, il disaccaride formato dalla condensazione di due molecole di a-glucosio, ha formula grezza

- [A] $2C_6H_{12}O_6$
- [B] $C_{12}H_{24}O$
- [C] $C_{12}H_{26}O_{13}$
- [D] $C_{12}H_{22}O_{11}$

(4 punti se hai risposto correttamente) ...../4

14. Se un filamento di DNA contiene la sequenza TAGGCTTATG, la sequenza del filamento complementare sarà

- [A] GTATTCGGAT.
- [B] AUCCGAAUAC.
- [C] ATCCGTTATC.
- [D] ATCCGAATAC.

(4 punti se hai risposto correttamente) ...../4

15. Barra le due risposte esatte.
Quali biomolecole sono di origine animale?

- [A] Emoglobina
- [B] Amido
- [C] Cheratina
- [D] Chitina
- [E] Vitamina C

(5 punti per due risposte corrette, 3 per una sola) ...../5

16. Completa le seguenti frasi con i termini proposti (alcuni termini vanno utilizzati più di una volta).

a) Il legame peptidico si forma tra il gruppo .... di un amminoacido e il gruppo carbossilico di un altro amminoacido.

b) Il legame ionico contribuisce alla formazione della struttura .... delle proteine.

c) La denaturazione non modifica la struttura.............. di un polipeptide, ma modifica quella ....

d) Il gruppo .... degli amminoacidi è sempre a sinistra del carbonio.

terziaria / secondaria / amminico / primaria / quaternaria / carbossilico

(2 punti per ogni frase corretta) ..../10

Barra la risposta esatta.

17. Cosa hanno in comune il glicogeno, l'amido e la cellulosa?

- [A] Sono polisaccaridi ramificati
- [B] Sono polimeri del glucosio
- [C] Sono polisaccaridi di origine vegetale
- [D] I monomeri che li costituiscono sono uniti da legami 1,4-α-glicosidici

(4 punti se hai risposto correttamente) ...../4

18. In quali strutture non sono presenti legami intermolecolari a idrogeno?

- [A] Ghiaccio
- [B] DNA
- [C] Trigliceridi
- [D] Strutture secondarie delle proteine

(4 punti se hai risposto correttamente) ...../4

Barra i due completamenti esatti.

19. La glicina

- [A] è sempre il primo amminoacido di una catena polipeptidica.
- [B] è un amminoacido con una catena laterale di carica positiva.
- [C] ha due atomi di idrogeno legati al carbonio.
- [D] è l'unico amminoacido che può formare legami covalenti con la catena laterale.
- [E] contiene soltanto due atomi di carbonio.

(5 punti per due risposte corrette, 3 per una sola) ...../5

20. Completa le seguenti frasi.

a) Il cloruro di sodio (NaCl) è un composto ....

b) Gli ioni positivi e gli ioni negativi sono disposti in un reticolo ....

c) In acqua, il cloruro di sodio libera ioni cloruro e ioni sodio: il pH della soluzione è quindi ....

(2 punti per ogni risposta corretta) ...../6

PUNTEGGIO TOTALE

...../100

Se hai ottenuto:

- meno di 60 punti devi riprendere lo studio dei capitoli;
- tra 60 e 70 punti hai una preparazione sufficiente;
- tra 70 e 80 punti hai una preparazione buona;
- tra 80 e 100 punti significa che hai studiato a fondo.

Capitolo

A8 La cellula eucariotica

1 Struttura e funzione della membrana plasmatica

La cellula è l'unità funzionale degli esseri viventi

Un cane o uno scarabeo sono organismi viventi, un'automobile e una roccia no. Tutti sappiamo riconoscere questa differenza, ma se dobbiamo riflettere «in astratto» su quel che rende vivi gli organismi, abbiamo più difficoltà. Discorso analogo vale anche per i biologi, che hanno problemi nel definire i virus, perché manifestano soltanto alcune delle caratteristiche tipiche degli esseri viventi.

Come abbiamo visto nel capitolo A1, un criterio per stabilire ciò che è vivente e ciò che non lo è dipende dal fatto che sulla Terra gli organismi viventi si sono evoluti in forma di sistemi cellulari; è perciò possibile considerare come viventi solo i sistemi formati da una o più cellule. Resta irrisolto il caso relativo ai virus, che non sono cellule, ma è certo che le **cellule** sono le unità di base degli organismi viventi, pertanto capire come è fatta e come funziona una cellula è un passo fondamentale per comprendere il fenomeno della vita.

Ti ricordi?
Tutti i **viventi** sono formati da cellule, ricavano energia dall'ambiente che li circonda e la consumano per svolgere le loro attività, si riproducono e sono adattati per rispondere agli stimoli ambientali.

La membrana plasmatica mantiene la composizione chimica della cellula

Qualunque organismo, sia esso unicellulare o pluricellulare, eterotrofo o autotrofo, per vivere deve continuamente effettuare scambi di sostanze con l'ambiente circostante. La composizione interna di una cellula, infatti, è in genere molto diversa dall'ambiente che la circonda; per esempio, all'interno di un organismo unicellulare che vive in uno stagno ci sono lipidi, proteine, carboidrati, DNA e ATP, mentre all'esterno si trova solo acqua con disciolti dei sali minerali. In assenza di una barriera tra l'interno e l'esterno, queste sostanze potrebbero rimescolarsi fino ad annullare ogni differenza di concentrazione.

La struttura che mantiene costante la composizione chimica interna della cellula è la **membrana plasmatica**, che agisce in due modi:

- impedisce l'entrata di sostanze dannose, favorendo l'ingresso di quelle utili;
- trattiene all'interno le sostanze indispensabili, facendo uscire quelle da eliminare.

La membrana plasmatica è troppo sottile per essere osservata al microscopio ottico, mentre al microscopio elettronico appare come una doppia linea continua (**figura 1A**); anche in questo caso, però, non si vedono i dettagli, poiché la membrana ha uno spessore di soli 7-9 nm.

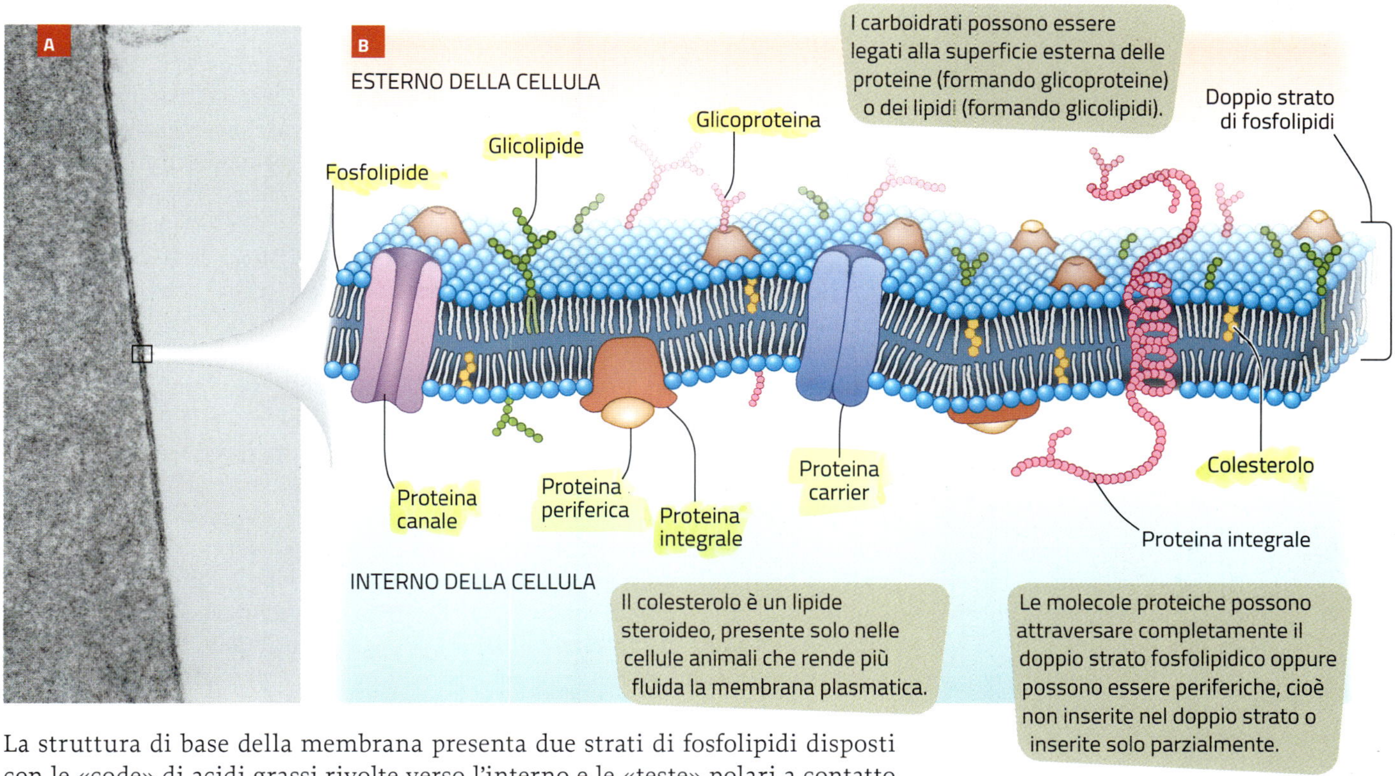

▲ **Figura 1**
(A) La membrana plasmatica separa l'ambiente interno (a sinistra) da quello esterno (a destra); al microscopio elettronico a trasmissione la membrana appare formata da due linee scure parallele che corrispondono alle teste idrofile dei fosfolipidi. (B) Rappresentazione del doppio strato fosfolipidico.

La struttura di base della membrana presenta due strati di fosfolipidi disposti con le «code» di acidi grassi rivolte verso l'interno e le «teste» polari a contatto con l'ambiente acquoso circostante (**figura 1B**). Tale organizzazione è comune a tutti gli organismi ed è presente sia all'esterno della cellula sia nelle membrane che rivestono gli organuli interni.

La struttura del doppio strato fosfolipidico non è però fissa; le molecole possono spostarsi lateralmente al suo interno formando configurazioni diverse chiamate *mosaici*, che variano a seconda della situazione e da una regione all'altra della cellula. Per questo motivo si fa riferimento a un **modello a mosaico fluido** delle membrane (**figura 2**), proposto per la prima volta nel 1972.

La composizione chimica dei lipidi di membrana è specifica nei vari tipi di cellule, in ogni specie e in ogni tessuto. A variare può essere la lunghezza delle code dei fosfolipidi, il numero di legami doppi tra atomi di carbonio o la presenza di gruppi polari legati alle teste idrofile. Nelle membrane delle cellule animali sono presenti tra i fosfolipidi anche molecole di **colesterolo**, che contribuiscono a migliorare la resistenza del doppio strato. Questo lipide è abbondante nella membrana plasmatica, mentre è scarso nella membrana degli organuli.

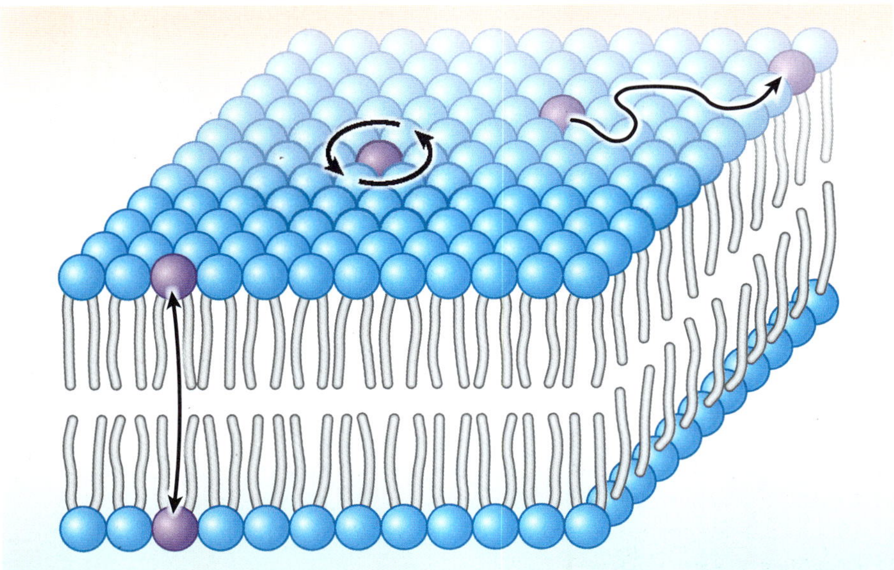

◄ **Figura 2**
Secondo il modello a mosaico fluido, i fosfolipidi possono spostarsi all'interno della membrana in tutte le direzioni e le proteine possono scorrere in orizzontale, a seconda delle necessità della cellula.

La composizione lipidica e la temperatura influiscono sulla fluidità delle membrane, che a sua volta condiziona la velocità con cui le molecole si spostano da un punto all'altro; gli acidi grassi a catena corta e la presenza di doppi legami e di bassi livelli di colesterolo rendono più fluide le membrane, mentre alle basse temperature le molecole si muovono più lentamente e la fluidità diminuisce. Nei climi freddi, gli organismi che non sono in grado di mantenere costante la temperatura corporea riescono a modificare la composizione delle proprie membrane cellulari sostituendo gli acidi grassi saturi con altri insaturi e a catena più breve; in questo modo la fluidità della membrana rimane ottimale anche a basse temperature.

Le diverse attività delle membrane dipendono dalla presenza di specifiche proteine

All'interno delle membrane cellulari sono inserite numerose proteine con funzioni differenti. In generale, il numero e il tipo delle proteine dipende molto dal tipo di membrana: nella membrana plasmatica si trova in media una proteina ogni 25 molecole di fosfolipidi, mentre nella membrana dei mitocondri c'è una proteina ogni 15 fosfolipidi. Poiché le molecole proteiche hanno massa mediamente molto più elevata di quelle lipidiche, nella maggior parte delle membrane il *rapporto in massa* tra proteine e lipidi si aggira attorno all'1 : 1.

Le proteine di membrana possono essere integrali o periferiche: le **proteine integrali** attraversano tutto il doppio strato fosfolipidico, mentre le **proteine periferiche** sono presenti solo su uno dei due lati della membrana.

Le proteine integrali di membrana (**figura 3A**) presentano sia regioni idrofobiche sia regioni idrofile; le prime sono immerse nella membrana e sono costituite da α-eliche ricche di amminoacidi idrofobici i cui gruppi R apolari legano gli acidi grassi dei fosfolipidi agganciando la proteina alla parte centrale del doppio strato. Le estremità idrofile della proteina sporgono invece ai due lati della membrana e interagiscono sia con le teste polari dei fosfolipidi sia con l'ambiente acquoso esterno e interno alla cellula. Le proteine integrali sono sempre strettamente associate alla membrana; per separarle è necessario usare solventi o detergenti in grado di spezzare le interazioni idrofobiche con i fosfolipidi.

Al contrario, le proteine periferiche (**figura 3B**) sono prive di regioni idrofobiche e si uniscono alla membrana formando legami con le teste polari dei fosfolipidi o con le regioni idrofile delle proteine integrali. In genere queste proteine possono essere staccate dalla membrana con trattamenti più blandi rispetto a quelli richiesti dalle proteine integrali.

Molte proteine di membrana svolgono il ruolo di enzimi; altre, invece, sono **recettori** che hanno la funzione di riconoscere le molecole che devono entrare nella cellula o che trasportano dei segnali chimici da una cellula all'altra (come, per esempio, gli ormoni). Le regioni idrofile delle proteine con funzione di recettore sporgono all'esterno della membrana e interagiscono con il *ligando*, la molecola

Curiosità

Le scoperte relative alla struttura e alla funzione di specifiche **proteine di membrana** hanno permesso un rapido sviluppo nel campo della farmacologia, perché hanno fatto comprendere come poter agire all'interno delle cellule; tra questi campi d'azione vi sono i processi che riguardano la risposta immunitaria del corpo umano, la propagazione delle infezioni e la trasmissione degli impulsi nervosi.

▾ **Figura 3**
Differenze tra proteine integrali (in rosa, A) e proteine periferiche (in verde, B).

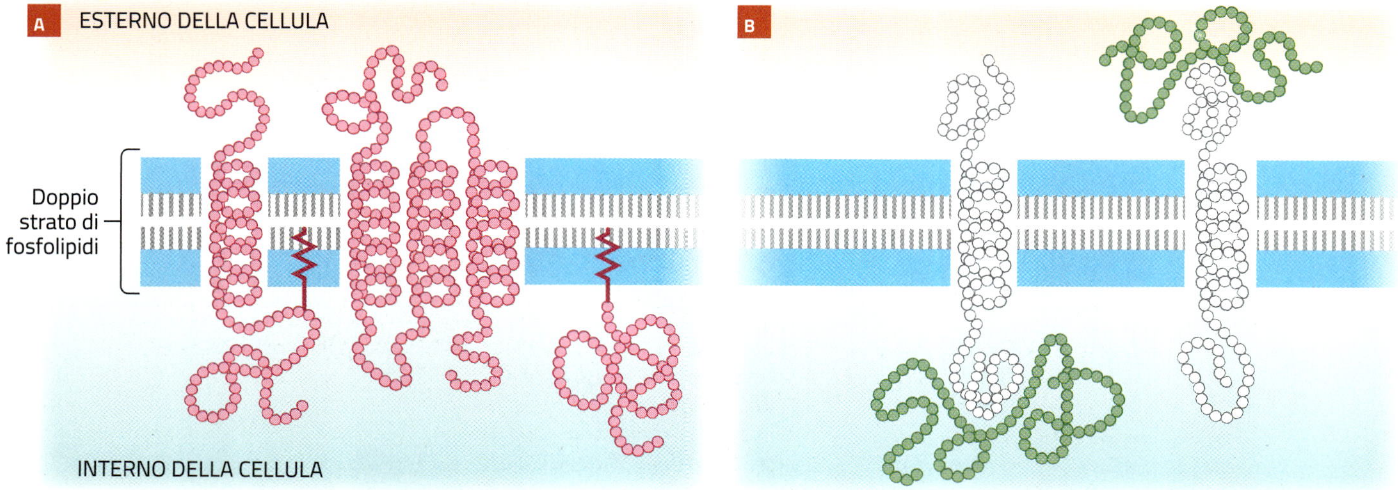

che si lega al recettore; l'unione del ligando col recettore provoca una variazione chimica che induce una risposta cellulare. Grazie alla specificità del legame tra il recettore e il suo ligando, gli ormoni entrano solo nelle cellule su cui devono agire, ma non in quelle di altri tessuti; l'ormone ossitocina, per esempio, provoca le contrazioni dei muscoli dell'utero durante il parto, ma non ha alcun effetto sugli altri muscoli del corpo che non sono dotati degli specifici recettori.

Tra le funzioni delle proteine integrali di membrana, la più importante è quella di *carrier* o **trasportatore**, un ruolo chiave nel movimento di ioni e molecole attraverso la membrana cellulare. Queste proteine, che mettono in comunicazione l'esterno e l'interno della cellula, formano infatti una sorta di canale di passaggio per le specifiche sostanze.

Sul lato esterno della membrana, alle proteine integrali sono spesso legate corte catene di carboidrati, strutture dette **glicoproteine** (*vedi* figura 1B). Le catene di carboidrati delle glicoproteine giocano un ruolo importante nell'adesione tra le cellule e nel riconoscimento di molecole come ormoni e anticorpi.

A colpo d'occhio

PROTEINA DI MEMBRANA
- TIPO
  - INTEGRALE
  - PERIFERICA
- FUNZIONE
  - RECETTORE
  - TRASPORTATORE

Le cellule vegetali hanno anche una parete esterna

Le cellule vegetali sono caratterizzate dalla presenza di una **parete cellulare** formata dal polisaccaride cellulosa, aspetto che le distingue da tutti gli altri tipi di cellule; la parete è posta all'esterno della membrana plasmatica.

Quando una cellula vegetale si divide, tra le membrane delle due nuove cellule si forma un sottile strato di materiale colloso che darà origine alla cosiddetta *lamella mediana*; questa struttura, formata da pectina (un polisaccaride che conferisce una consistenza gelatinosa) e da altri carboidrati, tiene unite le cellule adiacenti. In seguito, su ogni lato della lamella mediana, ciascuna cellula costruisce la propria *parete primaria* (figura 4). Quando la nuova cellula vegetale cresce, può formare una *parete secondaria*, che ha una capacità di espansione minore rispetto a quella primaria poiché spesso contiene molecole che le conferiscono rigidità.

Oltre che nelle piante, pareti cellulari di cellulosa si trovano anche in vari tipi di alghe, mentre nei funghi e nelle cellule procariotiche le pareti cellulari sono costituite da un polisaccaride diverso dalla cellulosa: la chitina.

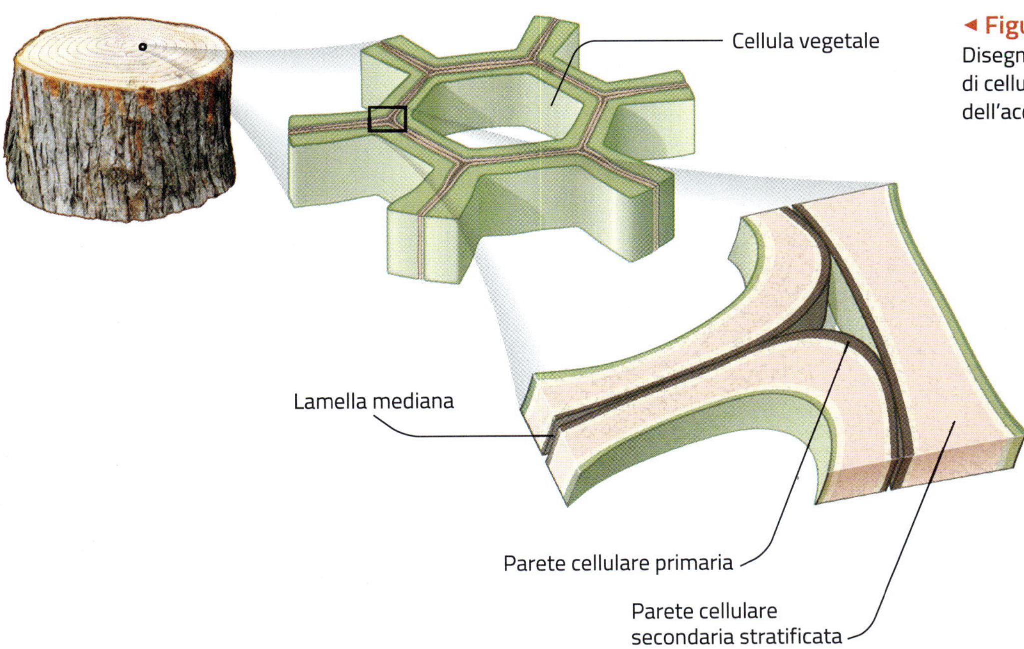

◂ **Figura 4**
Disegno delle pareti cellulari di cellule adibite al trasporto dell'acqua nelle piante.

Facciamo il punto

1. Quali sono i compiti svolti dalla membrana plasmatica?
2. Descrivi la struttura della membrana plasmatica.
3. Che cosa si intende per «modello a mosaico fluido»?
4. Elenca, specificando le relative funzioni, le principali proteine di membrana.
5. Che cos'è la parete cellulare? E dove si trova?

2 Gli organuli e il sistema delle membrane interne

La membrana delimita un ambiente formato da citosol e organuli

All'interno della membrana plasmatica delle cellule eucariotiche è presente un ambiente caratterizzato dalla presenza di compartimenti interni delimitati da membrane, gli **organuli**, nei quali sono contenuti specifici enzimi. Questo aspetto distingue gli eucarioti dai batteri che, invece, hanno soltanto ribosomi (che sono privi di membrana), enzimi e DNA sparsi all'interno delle loro cellule.

L'ambiente cellulare, chiamato **citosol**, è una soluzione acquosa in cui sono presenti ioni, molecole di piccole dimensioni (amminoacidi, zuccheri, ATP) e proteine con funzione strutturale. L'insieme di citosol e organuli forma il **citoplasma** della cellula (**figura 5**).

Grazie agli enzimi, ogni tipo di organulo può svolgere solo alcune reazioni chimiche che non possono avvenire nelle altre parti della cellula. Alcuni organuli sono presenti in tutte le cellule eucariotiche, il più importante dei quali è il *nucleo*, che contiene gran parte del materiale genetico (DNA) della cellula. Nel nucleo hanno luogo la duplicazione del DNA e le prime tappe della decodificazione dell'informazione genetica. In tutte le cellule eucariotiche sono inoltre presenti anche il *reticolo endoplasmatico*, l'*apparato di Golgi*, i *mitocondri* e i *vacuoli*. Altri tipi di organuli sono invece caratteristici solo delle cellule vegetali o delle cellule animali; i *cloroplasti*, per esempio, si trovano solo nelle cellule vegetali, mentre i *lisosomi* sono presenti solo in quelle animali.

Guarda i video nell'ebook:
La biologia in 3D
- *La cellula*
- *The cell*

▾ Figura 5
Disegno di una cellula animale (A) e vegetale (B), con indicate le funzioni di alcuni organuli.

A

Il **flagello** è una struttura che permette il movimento; è indispensabile per gli eucarioti a vita libera, mentre nei pluricellulari si trova solo in alcune cellule mobili, come gli spermatozoi.

I **centrioli** non si trovano nelle piante e in gran parte dei funghi; la loro funzione è quella di organizzare il citoscheletro durante la divisione cellulare.

I **lisosomi** sono presenti solo nelle cellule animali, dove demoliscono molte molecole, liberando i monomeri che le costituiscono.

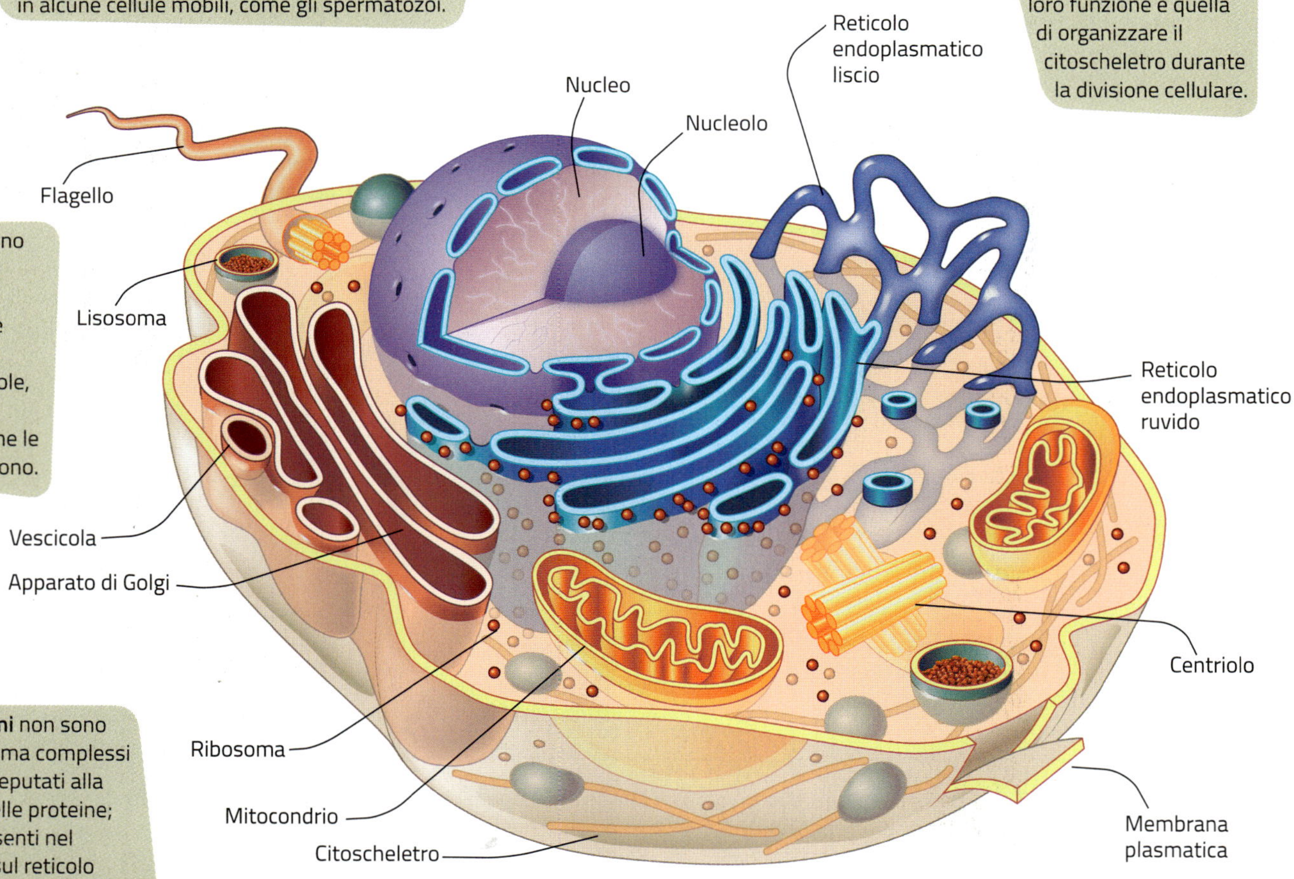

I **ribosomi** non sono organuli, ma complessi proteici deputati alla sintesi delle proteine; sono presenti nel citosol e sul reticolo endoplasmatico ruvido.

Il nucleo contiene l'informazione genetica e i ribosomi la elaborano

Il **nucleo** è un grosso organulo tondeggiante circondato da un *involucro nucleare* costituito da due membrane, ognuna delle quali è formata da un doppio strato di fosfolipidi. Le due membrane nucleari sono fuse insieme in diversi punti, dove formano i *pori nucleari*, aperture di circa 9 nm di diametro che permettono il passaggio di sostanze tra il nucleo e il citoplasma (**figura 6**). In altri punti, la membrana esterna dell'involucro nucleare forma delle anse che si protendono nel citoplasma e che sono in continuità con la membrana di un altro organulo, il reticolo endoplasmatico. Il nucleo della cellula contiene le molecole di **DNA** che portano le informazioni ereditarie.

Quando la cellula svolge le proprie attività metaboliche, il DNA si trova disperso nel nucleo sotto forma di **cromatina**, un complesso fibroso costituito da filamenti di DNA associati a proteine. Prima della divisione cellulare, la cromatina si addensa e forma strutture compatte dette **cromosomi**; il numero di cromosomi presenti in ogni cellula è caratteristico di ciascuna specie. Prima che la cellula si duplichi, il numero dei cromosomi raddoppia, per cui al momento della divisione ciascuna delle cellule figlie riceve un *corredo cromosomico* uguale a quello della cellula madre.

All'interno del nucleo si può individuare una regione, detta **nucleolo**, in cui avviene l'assemblaggio dei **ribosomi**. Queste particelle sono composte da un tipo speciale di RNA, detto *RNA ribosomiale* (rRNA), al quale sono legate oltre 50 molecole proteiche diverse. Una volta pronti, i ribosomi escono dal nucleo attraverso i pori nucleari.

▼ Figura 6
Fotografia al microscopio elettronico a trasmissione di una cellula animale in cui è ben evidente la zona scura del nucleolo all'interno del nucleo.

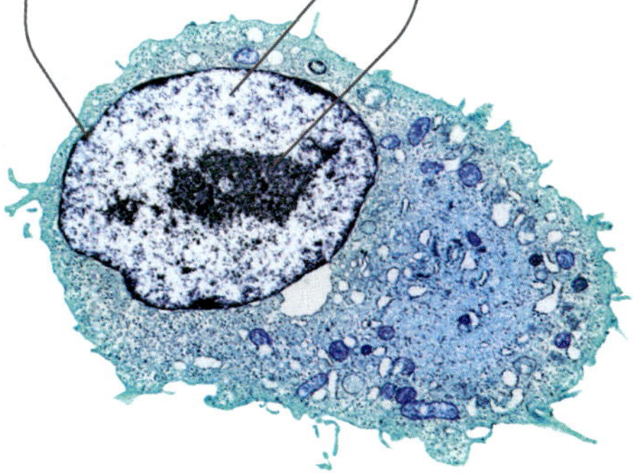

B

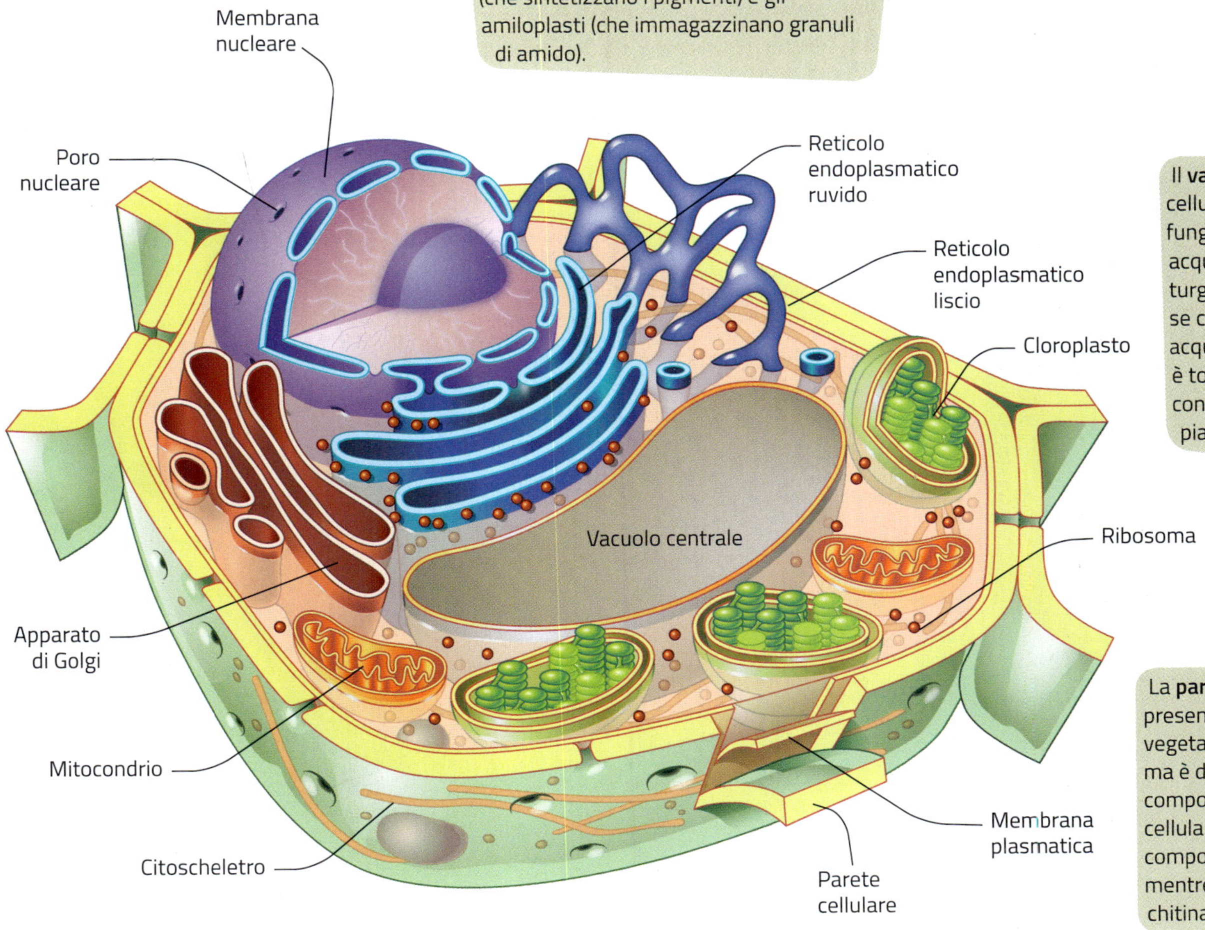

I **cloroplasti** sono gli organuli fotosintetici delle piante e sono dei *plastidi*, una famiglia di organuli che comprende i cromoplasti (che sintetizzano i pigmenti) e gli amiloplasti (che immagazzinano granuli di amido).

Il **vacuolo** delle cellule vegetali funge da riserva di acqua e agisce sul turgore cellulare: se contiene molta acqua, la pianta è tonica, se ne contiene poca la pianta avvizzisce.

La **parete cellulare** è presente nelle cellule vegetali e nei funghi, ma è diversa per composizione: nella cellula vegetale è composta da cellulosa, mentre nei funghi da chitina.

Sia negli eucarioti sia nei procarioti i ribosomi sono composti da due subunità, una maggiore e una minore; i ribosomi eucariotici, però, sono più grandi e presentano più proteine di quelli procariotici. Nei batteri, inoltre, i ribosomi si trovano sempre liberi nel citoplasma, mentre negli eucarioti possono trovarsi liberi nel citoplasma, fissati alla superficie del reticolo endoplasmatico oppure localizzati all'interno dei mitocondri e dei cloroplasti.

In qualunque posizione si trovino, i ribosomi hanno un ruolo chiave nella sintesi delle proteine; questo processo è chiamato *traduzione* perché traduce le informazioni codificate nel DNA, sotto forma di una sequenza di nucleotidi, nella corrispondente sequenza di amminoacidi della proteina (**figura 7**). Maggiore è la quantità di proteine sintetizzate e più numerosi sono i ribosomi; le cellule muscolari, per esempio, sono particolarmente ricche di ribosomi.

▲ **Figura 7**
Fotografia al microscopio elettronico a trasmissione di una fila di ribosomi (in azzurro) che traducono l'informazione genetica presente in un tratto di RNA (in rosso); dai ribosomi fuoriescono le catene di polipeptidi in formazione (in verde).

Nel reticolo endoplasmatico ruvido avvengono la sintesi e la maturazione delle proteine

In tutte le cellule eucariotiche è presente un vasto **sistema di membrane interne** che suddivide il citoplasma in compartimenti separati; tra questi, i più importanti sono il reticolo endoplasmatico, l'apparato di Golgi e i lisosomi. Questi organuli sono collegati tra loro da vescicole membranose che si spostano continuamente all'interno del sistema di membrane, trasferendo materiali da un compartimento all'altro.

Il **reticolo endoplasmatico** (RE) è costituito da una rete di membrane interconnesse che formano sacchetti appiattiti, tubuli e canali, e che sono in continuità con l'involucro del nucleo (**figura 8**). Il *lume* del reticolo, vale a dire il suo spazio interno, costituisce un'area distinta dal citoplasma ed è connesso al lume dell'apparato di Golgi e all'interno dei lisosomi.

Alcune regioni del reticolo endoplasmatico sono costellate da ribosomi che aderiscono alla faccia esterna della membrana; in questo caso il reticolo endoplasmatico viene detto *ruvido*, a causa dell'aspetto granulare che assume quando viene osservato al microscopio elettronico (**figura 8B**). Le regioni prive di ribosomi costituiscono invece il reticolo endoplasmatico *liscio*. Il ruolo del **reticolo endoplasmatico ruvido** (o RER) è di sintetizzare le proteine che svolgono la loro funzione all'esterno della cellula o all'interno di organuli come i lisosomi e i perossisomi.

▼ **Figura 8**
(A) Fotografia al microscopio elettronico a trasmissione di un tratto di reticolo endoplasmatico ruvido. (B) Disegno del reticolo endoplasmatico ruvido e liscio.

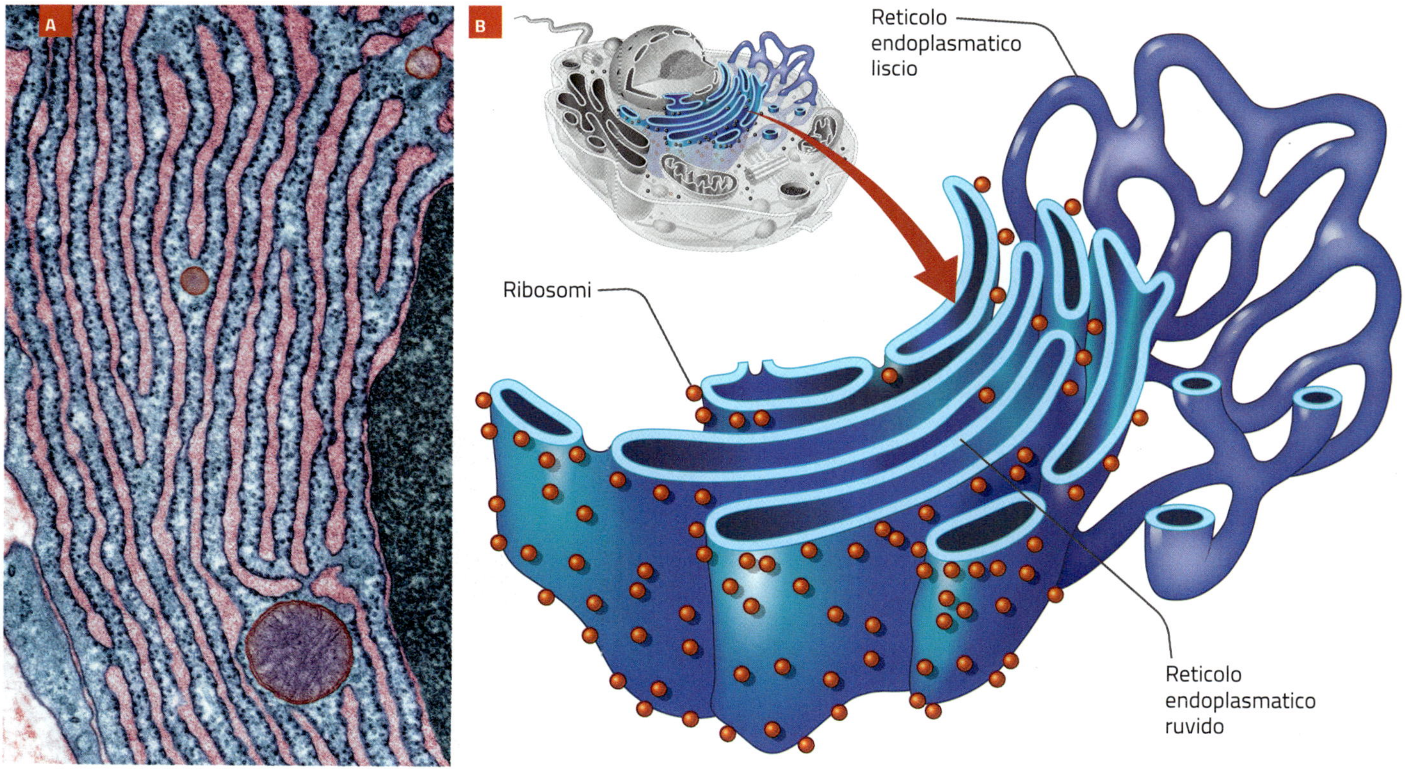

Queste proteine, come gli ormoni proteici e gli enzimi, devono essere spesso modificate chimicamente prima di arrivare alla loro destinazione finale. A mano a mano che sono sintetizzate dai ribosomi del RER, le catene polipeptidiche neoformate vanno incontro a una serie di cambiamenti come, per esempio, il ripiegamento nella struttura terziaria o l'aggiunta di carboidrati che le trasformano in glicoproteine. Dal RER, la nuova proteina può poi dirigersi nell'apparato di Golgi per subire ulteriori modificazioni oppure essere rilasciata all'esterno; in entrambi i casi, il trasporto avviene grazie a vescicole di trasporto, che scorrono sulle fibre del citoscheletro come su dei binari.

Il reticolo endoplasmatico ruvido è molto sviluppato nelle cellule che sintetizzano grandi quantità di proteine di secrezione, come le cellule ghiandolari dell'apparato digerente che sintetizzano gli enzimi digestivi; al contrario, le cellule adipose che accumulano grassi hanno in genere un RER poco esteso.

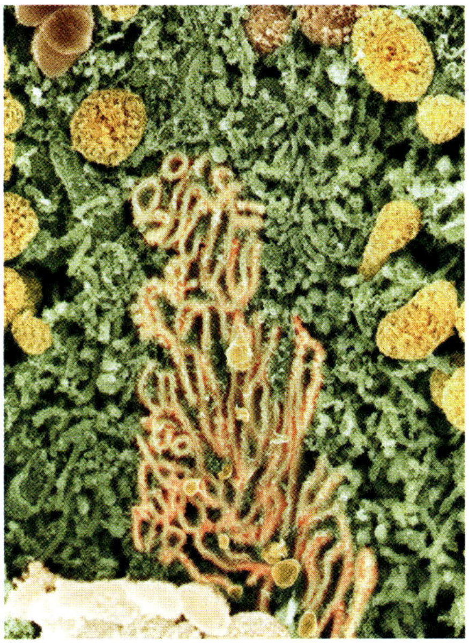

▲ **Figura 9**
Fotografia al microscopio elettronico a scansione del reticolo endoplasmatico liscio (in arancione).

Il reticolo endoplasmatico liscio sintetizza i lipidi e degrada le sostanze tossiche

Il **reticolo endoplasmatico liscio** è il secondo componente del sistema di membrane interne; ha una struttura più tubulare del RER, ma è definito «liscio» perché sulle sue membrane non sono presenti i ribosomi (**figura 9**). La funzione principale del reticolo endoplasmatico liscio (o REL) è la sintesi dei lipidi cellulari.

A causa del suo ruolo, il REL è abbondante soprattutto nelle cellule specializzate nel metabolismo lipidico, come nelle cellule dei testicoli e delle ovaie che producono gli ormoni sessuali a struttura steroidea. Altre funzioni del REL sono sintetizzare i fosfolipidi che compongono tutte le membrane cellulari e accumulare ioni calcio (Ca^{2+}), indispensabili per la contrazione muscolare. Nelle cellule animali, inoltre, il REL idrolizza il glicogeno per ricavarne glucosio.

Infine, un'altra funzione svolta dagli enzimi presenti sul REL è quella di trasformare diverse sostanze dannose per l'organismo, come l'alcol etilico e alcuni farmaci, in composti non tossici; per questo motivo il reticolo endoplasmatico liscio è particolarmente sviluppato nelle cellule del fegato, l'organo che ha la funzione di rimuovere le tossine presenti nella circolazione sanguigna.

L'apparato di Golgi elabora e distribuisce le proteine prodotte dalla cellula

L'**apparato di Golgi** è un organulo posto nei pressi del nucleo e in continuità con il reticolo endoplasmatico ruvido; è costituito da una serie di sacchetti membranosi chiamati **cisterne**, impilati uno sull'altro (**figura 10**); poiché le cisterne non sono comunicanti tra loro, ciascuna produce continuamente vescicole che hanno funzione di trasportare sostanze da una cisterna all'altra.

▼ **Figura 10**
Disegno (A) e fotografia al microscopio elettronico a trasmissione (B) dell'apparato di Golgi (in arancione nella fotografia) con alcune vescicole (in giallo).

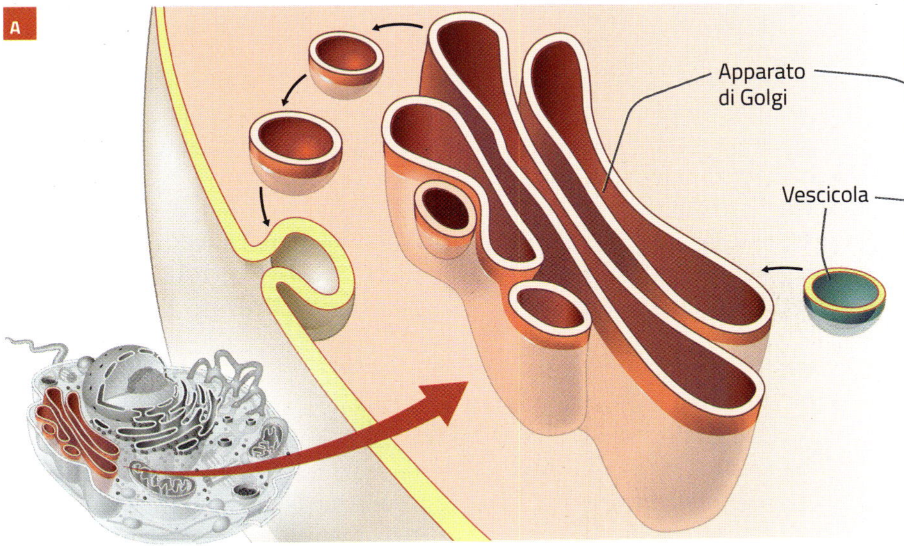

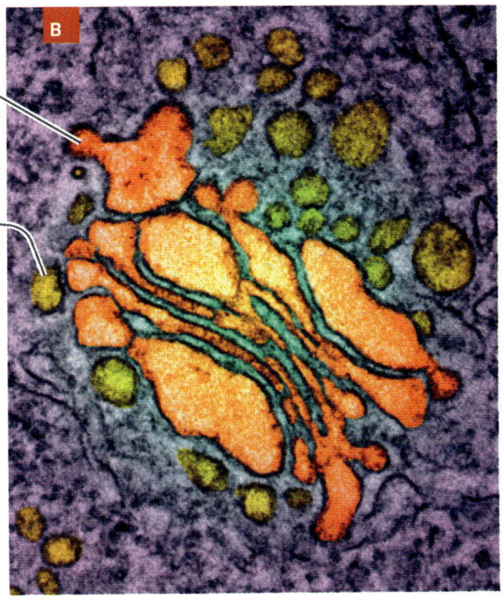

La funzione dell'apparato di Golgi è quella di elaborare le proteine che giungono dal reticolo endoplasmatico ruvido, marcarle con apposite «etichette» chimiche in base alla loro destinazione finale e inglobarle all'interno di vescicole di trasporto; a questo punto le proteine possono raggiungere altre zone della cellula oppure essere riversate all'esterno. L'apparato di Golgi è un centro di rielaborazione, di selezione e di esportazione di specifiche molecole indispensabili alla cellula stessa oppure a cellule limitrofe.

Le cisterne dell'apparato di Golgi possiedono tre zone distinte in base alla funzione: una zona «d'ingresso» più vicina al nucleo e al RER (chiamata *cis*), una zona intermedia e una zona «di uscita» prossima alla membrana plasmatica (definita *trans*). Il lato *cis* è quello a cui giungono le vescicole di trasporto provenienti dal RER e contenenti le molecole da rielaborare. Queste molecole, grazie alle vescicole di trasporto, passano poi da una cisterna all'altra all'interno della zona intermedia, vengono rielaborate chimicamente e infine raggiungono il lato *trans*, che serve da deposito; da qui i prodotti finiti e destinati alla secrezione, impacchettati in nuove vescicole, si spostano verso la membrana plasmatica per essere espulsi (**figura 11**).

▾ Figura 11
L'apparato di Golgi modifica le proteine provenienti dal RER e le indirizza verso la corretta destinazione all'interno o all'esterno della cellula.

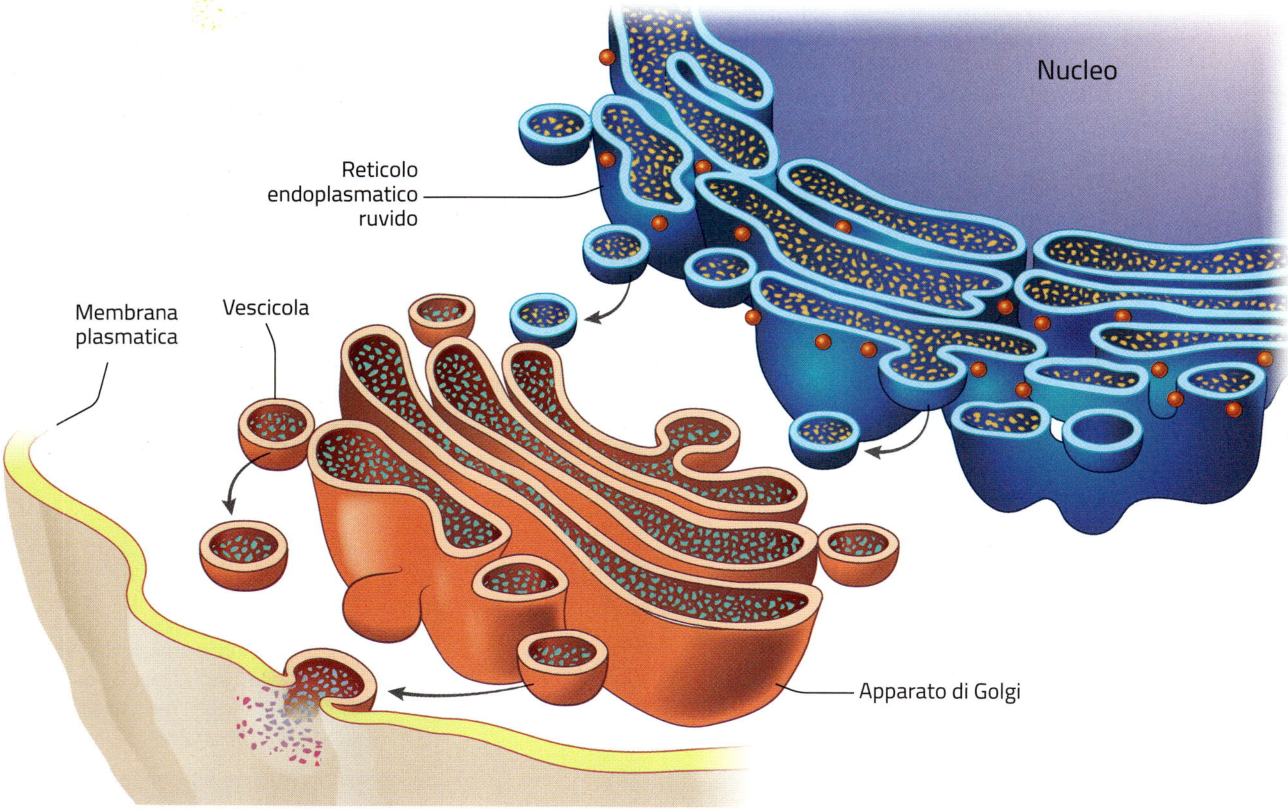

Grazie alle vescicole alcuni prodotti possono entrare a fare parte della membrana plasmatica o delle membrane di altri organuli, che in questo modo si accrescono. L'apparato di Golgi produce anche altri organuli, come i lisosomi, che possono essere considerati delle vescicole specializzate.

Come nel caso del reticolo endoplasmatico, anche l'apparato di Golgi è molto sviluppato nelle cellule che sintetizzano e secernono grandi quantità di sostanze, come per esempio i globuli bianchi che producono molti anticorpi oppure le cellule dello stomaco che secernono una grande quantità di enzimi digestivi.

Le parole

Lisosoma deriva dalle parole greche *lysis*, che significa «spezzare, sciogliere», e *soma*, «corpo»; il lisosoma è perciò un corpuscolo in grado di demolire una specifica sostanza.

Lisosomi, proteasomi e perossisomi demoliscono e riciclano sostanze

Tra le vescicole prodotte dall'apparato di Golgi ci sono i **lisosomi**, organuli sferici che racchiudono gli enzimi coinvolti nelle reazioni di idrolisi delle molecole complesse nei monomeri che le compongono; un singolo lisosoma può contenere fino a 50 differenti tipi di enzimi idrolitici. Tali organuli si trovano soltanto negli animali, dove sono essenziali perché senza di loro la cellula non potrebbe contenere enzimi attivi senza correre il rischio di autodigerirsi.

Un'altra funzione dei lisosomi è la distruzione dei batteri nocivi grazie a un processo chiamato **fagocitosi**. I nostri globuli bianchi, per esempio, sono capaci di identificare i microrganismi estranei e possono inglobarli all'interno di vacuoli (chiamati *fagosomi*) che si fondono, poi, con i lisosomi; a questo punto gli enzimi idrolitici si riversano nel vacuolo e demoliscono le cellule batteriche (**figura 12**).

In tutte le cellule eucariotiche, inoltre, sono presenti i **perossisomi**, vescicole rivestite da una membrana, che possono contenere più di 50 tipi di enzimi ossidativi. Una cellula di fegato contiene fino a 600 perossisomi, che esercitano molteplici funzioni: la degradazione degli acidi grassi, la sintesi del colesterolo, il metabolismo degli amminoacidi e delle basi azotate, la demolizione e lo smaltimento di composti tossici del metabolismo cellulare (tra cui i perossidi come il perossido di idrogeno, H_2O_2, cioè l'acqua ossigenata).

Nel citosol e nel nucleo degli eucarioti, inoltre, sono presenti i **proteasomi**, complessi proteici tubulari che riconoscono le proteine da distruggere grazie alla presenza di una speciale sequenza che segnala i polipeptidi vecchi o mal funzionanti. L'attività svolta dai proteasomi è chiamata *proteolisi* ed è fondamentale sia per riciclare gli amminoacidi sia per interrompere le reazioni che vedono coinvolte proteine che vengono distrutte. I proteasomi non sono dotati di una membrana, per cui non sono veri organuli, ma hanno dimensioni superiori alle altre proteine citoplasmatiche.

Curiosità

I **perossisomi** contengono molti enzimi caratteristici della specie che li contiene; nelle piante presentano enzimi che inducono la produzione di zuccheri utili alla crescita del germoglio, nei mammiferi hanno enzimi che agiscono sui precursori delle biomolecole, mentre nelle lucciole contengono la *luciferasi*, l'enzima che produce la caratteristica luce di questi insetti.

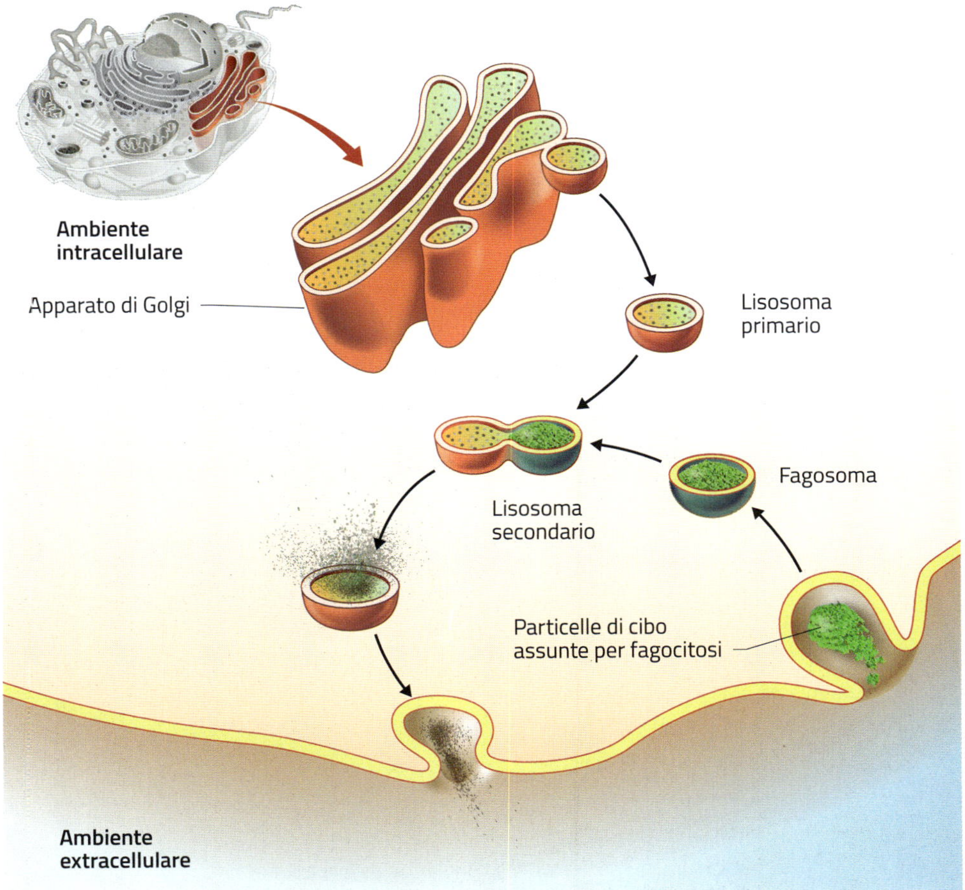

▲ **Figura 12**
Il processo di fagocitosi è attivato dall'azione dei lisosomi che si fondono con le vescicole contenenti il materiale da distruggere e lo idrolizzano.

Il vacuolo e la parete collaborano per mantenere il turgore della cellula vegetale

Molte cellule eucariotiche, soprattutto quelle vegetali, contengono vacuoli che svolgono funzioni di sostegno e di deposito. Un **vacuolo** è un organulo delimitato da una membrana fosfolipidica e contiene acqua e soluti di varia natura.

Le cellule vegetali immature hanno di solito numerosi vacuoli che, durante l'accrescimento, si fondono in un unico grosso vacuolo centrale pieno d'acqua, che diventa il principale elemento di sostegno della cellula. Il vacuolo centrale è delimitato da una membrana chiamata *tonoplasto*, formata da un singolo strato lipoproteico. La disposizione delle proteine sul tonoplasto è asimmetrica, perché la superficie rivolta verso l'esterno è più ricca di proteine. Molti trasportatori di membrana sono integrali e sono soprattutto carrier, pompe protoniche, canali ed enzimi.

Nelle cellule vegetali, l'ingresso dell'acqua nel vacuolo spinge la membrana plasmatica verso l'esterno, ma la parete cellulare (che è una struttura rigida) si oppone al rigonfiamento ed evita che la cellula esploda. Si produce, così, uno stato di *turgore*, che contribuisce al sostegno dell'intera pianta.

L'effetto del **turgore** è ben visibile in caso di disidratazione: se una pianta in vaso non viene annaffiata (figura 13), perde consistenza e avvizzisce perché l'acqua contenuta nei vacuoli viene utilizzata per le funzioni vitali; quando la pianta viene annaffiata, in pochi minuti recupera la sua consistenza, non appena l'acqua rientra nei vacuoli, restituendo turgore alle cellule.

Il vacuolo (figura 14) ha anche la funzione di deposito per diversi tipi di molecole, tra cui i prodotti di scarto del metabolismo cellulare e dei pigmenti che conferiscono il colore ai petali dei fiori. A volte il vaculo contiene degli enzimi litici, per cui svolge un'azione analoga ai lisosomi della cellula animale. In molti organismi unicellulari, inoltre, è presente un **vacuolo contrattile** in grado di pompare acqua fuori dalla cellula, in questo modo le cellule possono regolare il contenuto di acqua all'interno del citoplasma, evitando di gonfiarsi in modo eccessivo.

▲ **Figura 13**
Se non viene annaffiata per alcuni giorni, una pianta di viole appassisce perché le cellule hanno dovuto utilizzare l'acqua contenuta nei vacuoli e hanno perso il turgore.

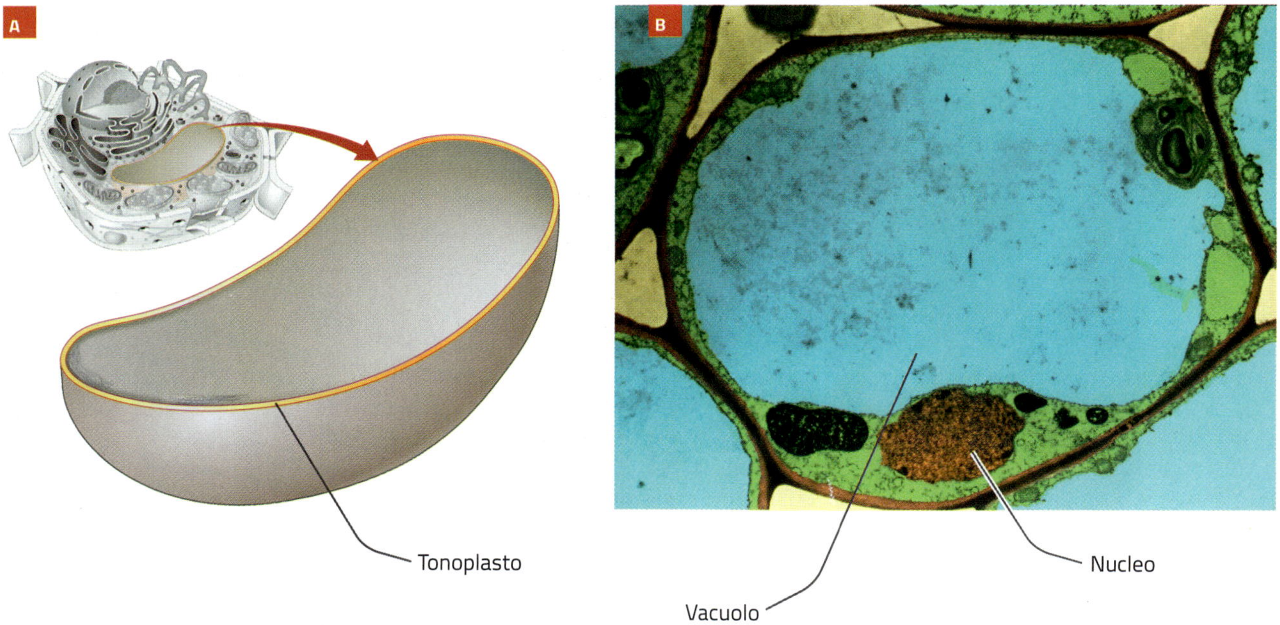

▼ **Figura 14**
Disegno (A) e fotografia al microscopio elettronico a trasmissione (B) del vacuolo di una cellula vegetale.

Facciamo il punto

1. Qual è la differenza tra citosol e citoplasma?
2. Qual è la funzione del nucleo? Descrivi la sua struttura.
3. Spiega le differenze strutturali e funzionali di RER e REL.
4. Descrivi la struttura dell'apparato di Golgi.
5. Quali strumenti sfruttano le cellule per degradare le sostanze di rifiuto?
6. In che modo la cellula vegetale mantiene lo stato di turgore?

3 Gli organuli coinvolti nella produzione di energia

Nei cloroplasti l'energia luminosa è convertita in energia chimica

La fotosintesi è indispensabile per la vita sulla Terra perché, in maniera diretta o indiretta, garantisce che il flusso di energia proceda dal Sole a gran parte degli esseri viventi. Per avvenire, questo processo richiede la presenza di **pigmenti**, sostanze colorate in grado di catturare l'energia associata ad alcune lunghezze d'onda della luce; il principale pigmento è la **clorofilla**, ma sono presenti anche i *carotenoidi* e gli *antociani*. Negli eucarioti, le molecole di clorofilla sono contenute all'interno di grossi complessi proteici chiamati *fotosistemi*, che catturano l'energia solare attraverso una serie di enzimi e la trasformano in ATP.

I fotosistemi e gli enzimi sono inseriti in un elaborato sistema di membrane poste all'interno dei cloroplasti. I **cloroplasti** (**figura 15**) sono gli organuli che nelle cellule eucariotiche attuano la fotosintesi; questi organuli possono variare per dimensione e per forma, ma sono sempre circondati da una doppia membrana con ribosomi e una molecola di *DNA circolare* che contiene le informazioni per produrre RNA e alcune delle proteine che formano i fotosistemi; le altre proteine sono codificate dal nucleo e sono importate dal citoplasma. È importante sottolineare che il DNA contenuto nei cloroplasti contiene informazioni genetiche uniche e non presenti nel DNA nucleare.

Ti ricordi?

Gli organismi autotrofi fotosintetici, come le piante e le alghe, catturano l'energia radiante del Sole e la trasformano in energia chimica immagazzinata nei legami delle molecole di glucosio. Per farlo sfruttano una serie di reazioni che nel complesso formano la **fotosintesi clorofilliana**. Il glucosio è poi convertito in tutte le biomolecole necessarie per la crescita e lo sviluppo delle varie parti della pianta.

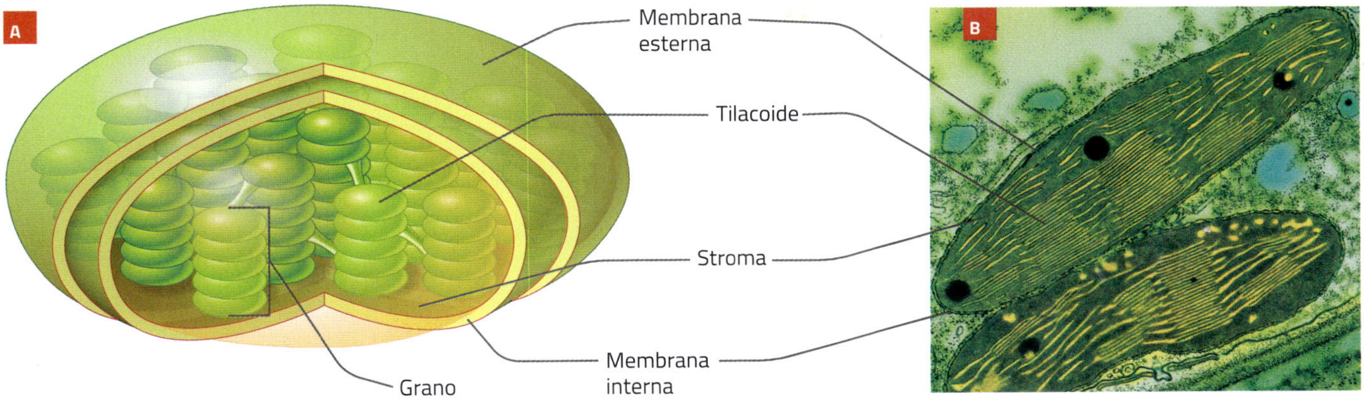

▲ **Figura 15**
Disegno di un cloroplasto (A) e fotografia al microscopio elettronico a trasmissione di due cloroplasti della foglia di una pianta di pisello (B).

Oltre alla doppia membrana esterna, i cloroplasti possiedono una serie di membrane interne ripiegate in sacchetti discoidali chiamati **tilacoidi**; i tilacoidi contengono i fotosistemi e sono impilati a formare delle strutture dette *grana* (al singolare *granum*) che sono immersi in una sostanza gelatinosa, detta *stroma*, che possiamo considerare come il citoplasma dell'organulo, nel quale avvengono le reazioni di sintesi del glucosio.

I cloroplasti sono i più noti tra i **plastidi**, organuli tipici delle piante e dotati di una doppia membrana. Oltre ai cloroplasti nelle cellule vegetali sono presenti altri due tipi di *plastidi*: i *cromoplasti*, che contengono pigmenti rossi, arancioni e gialli e conferiscono il colore ai fiori e ai frutti, e i *leucoplasti*, che hanno la funzione di accumulare sostanze di riserva, come gli amidi e i grassi.

La respirazione cellulare avviene nei mitocondri

La produzione di glucosio nei cloroplasti è esclusiva degli organismi autotrofi, mentre in tutti gli eucarioti avviene la demolizione del glucosio per ricavare energia. Questo processo ha inizio nel citoplasma delle cellule attraverso una serie di reazioni che nel complesso formano la *glicolisi*. I prodotti della glicolisi alimentano poi le reazioni della **respirazione cellulare**, che hanno la funzione di sintetizzare molecole di ATP. I **mitocondri** sono gli organuli in cui avviene la respirazione cellulare, il processo che libera la maggior quantità di energia presente nei nutrienti e la accumula sotto forma di ATP.

Leggi gli approfondimenti nell'ebook:
Per saperne di più
- *Si può vivere senza mitocondri?*
- *Le malattie mitocondriali*

I mitocondri sono organuli di forma cilindrica smussata, hanno un diametro di circa 1,5 μm e una lunghezza compresa fra 2 e 8 μm, all'incirca le dimensioni di un batterio e poco più di un cloroplasto. Il numero di mitocondri per ogni cellula varia a seconda del tipo di cellula: le cellule che hanno bisogno di molta energia (come i neuroni, le cellule del fegato e le cellule muscolari) tendono a contenere più mitocondri di quelle che svolgono una funzione poco attiva (come quella di deposito delle cellule adipose).

Come i cloroplasti, anche i mitocondri sono rivestiti da due membrane (**figura 16**). La **membrana esterna** ha una funzione protettiva ed è permeabile a numerose sostanze, che possono entrare e uscire liberamente dal mitocondrio. Subito sotto si trova la **membrana interna**, separata dalla membrana esterna dallo *spazio intermembrana*. La membrana interna forma dei ripiegamenti, chiamati **creste**, che permettono di ampliare notevolmente la superficie della membrana interna, sulla quale sono presenti i complessi proteici che svolgono la respirazione cellulare. Un'altra caratteristica importante della membrana interna è la sua *permeabilità selettiva*: questa struttura esercita un controllo maggiore di quella esterna su ciò che la attraversa; come vedremo, questo aspetto, è fondamentale per la sintesi dell'ATP.

Il miscuglio presente all'interno della membrana interna, simile al citoplasma, si chiama **matrice mitocondriale** e contiene enzimi, DNA e ribosomi. Il *DNA mitocondriale* è una molecola circolare e contiene le informazioni per alcune proteine necessarie alla respirazione cellulare e diversi tipi di RNA.

Come i cloroplasti, anche i mitocondri hanno nel loro DNA informazioni che mancano nel DNA nucleare.

Curiosità

I **mitocondri** vengono prodotti autonomamente dalla cellula, ma derivano dai mitocondri presenti nell'embrione, provenienti a loro volta dalla cellula uovo; i mitocondri del tuo corpo, quindi, sono tutti di origine materna. Se una cellula è privata dei suoi mitocondri (come accade per esempio ai lieviti), non sarà più in grado di sostituirli e non potrà più attuare la respirazione cellulare.

Le cellule che necessitano di molta energia sono in genere ricche di mitocondri.

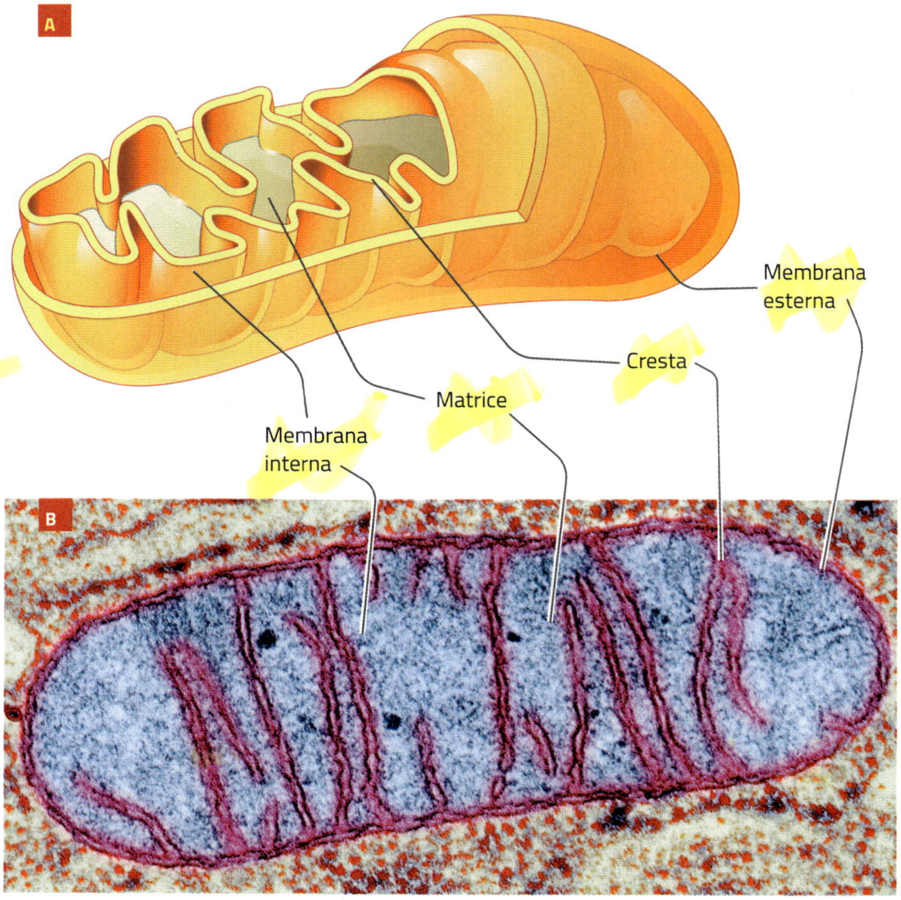

▸ Figura 16
Disegno (A) e fotografia al microscopio elettronico a trasmissione di un mitocondrio (B).

Facciamo il punto

1. Che cosa sono i pigmenti?
2. Quali sono i pigmenti fotosintetici? E quale funzione svolgono?
3. Descrivi la struttura di un cloroplasto.
4. Descrivi la struttura di un mitocondrio.

4 Il sostegno, il movimento e l'adesione cellulare

A colpo d'occhio

CITOSCHELETRO
- SOSTIENE LA CELLULA
- È ALLA BASE DEL MOVIMENTO
- MANTIENE IN POSIZIONE GLI ORGANULI

Il citoscheletro fornisce sostegno alla cellula e favorisce il movimento

Oltre agli organuli dotati di membrana, il citoplasma eucariotico contiene delle fibre lunghe e sottili che costituiscono il **citoscheletro**. Questa «impalcatura dinamica» sostiene la cellula, mantiene la sua forma, è alla base del movimento cellulare e, inoltre, provvede a spostare e a posizionare correttamente gli organuli all'interno del citoplasma. Il citoscheletro è formato da tre tipi di filamenti: i microtubuli, i filamenti di actina e i filamenti intermedi (figura 17).

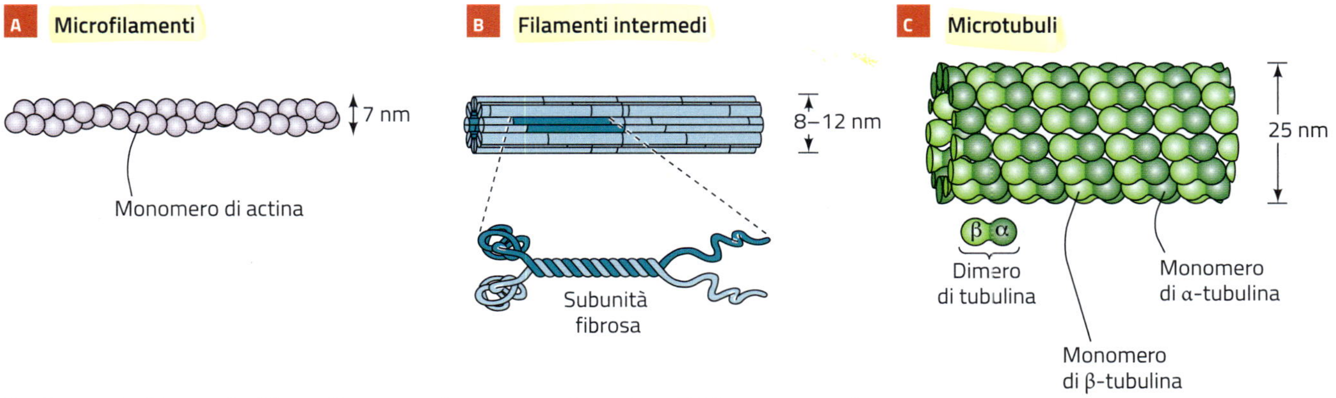

▲ **Figura 17**
I filamenti che compongono il citoscheletro: microfilamenti (A), filamenti intermedi (B) e microtubuli (C).

I **microtubuli** sono le fibre più grosse, hanno un diametro di 25 nm e sono lunghi fino a 50 mm; hanno l'aspetto di cilindri cavi e sono formati da una proteina chiamata *tubulina*. I monomeri di tubulina possono facilmente aggiungersi o staccarsi, allungando o accorciando in questo modo il microtubulo; questa capacità di cambiare rapidamente lunghezza rende il microtubulo una struttura estremamente elastica e dinamica. I microtubuli:

1. formano una struttura interna che sostiene la cellula;
2. servono da binari lungo cui scorrono le *proteine motrici*, che usano ATP per trasportare gli organuli e altri materiali da una parte all'altra della cellula;
3. sono associati alle appendici cellulari (le ciglia e i flagelli);
4. costituiscono il *fuso mitotico*, un insieme di filamenti che assicura la corretta distribuzione dei cromosomi alle due cellule figlie durante il processo di divisione cellulare (*vedi* capitolo A10).

I **microfilamenti** sono sottilissime fibre elicoidali formate da molecole della proteina globulare *actina*. Il loro diametro è di soli 6-7 nm, ma spesso sono uniti in fasci che si allungano attraverso il citoplasma come dei cavi oppure sono intrecciati a formare delle reti. I filamenti di actina partecipano al movimento interno degli organuli e al movimento della cellula stessa; è grazie ai filamenti di actina che le cellule possono strisciare, appiattirsi oppure espandersi. I macrofagi (figura 18), un tipo di globulo bianco, si muovono emettendo delle estroflessioni, dette *pseudopodi*, in grado di estendersi o rientrare grazie all'azione coordinata dei filamenti di actina uniti a quelli di un'altra proteina, la *miosina*. Actina e miosina sono, inoltre, responsabili della contrazione che permette il movimento dei muscoli degli animali.

I **filamenti intermedi** hanno dimensioni intermedie tra quelle dei filamenti di actina e dei microtubuli (10 nm di diametro) e sono composti di proteine fibrose. Questi filamenti sono un materiale di rinforzo per mantenere la forma cellulare e sono più abbondanti nelle cellule sottoposte a tensioni e compressioni di tipo meccanico, come quelle della pelle.

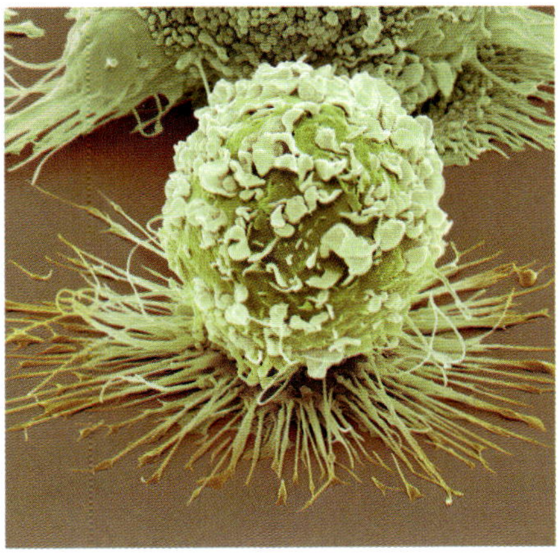

▲ **Figura 18**
Fotografia al microscopio elettronico a scansione di un macrofago che, grazie ai microfilamenti, può spostarsi per raggiungere i patogeni che hanno attaccato il corpo.

Le ciglia e i flagelli sono le strutture specializzate per il movimento

Molte cellule eucariotiche hanno **ciglia** e **flagelli** sulla superficie esterna, strutture filiformi che permettono loro di muoversi oppure di spostare i fluidi in cui sono immerse. Le ciglia sono corte e molto numerose, mentre i flagelli sono lunghi e meno numerosi. Le ciglia e i flagelli sono costituiti da microtubuli organizzati in una struttura chiamata *assonema* (**figura 19**).

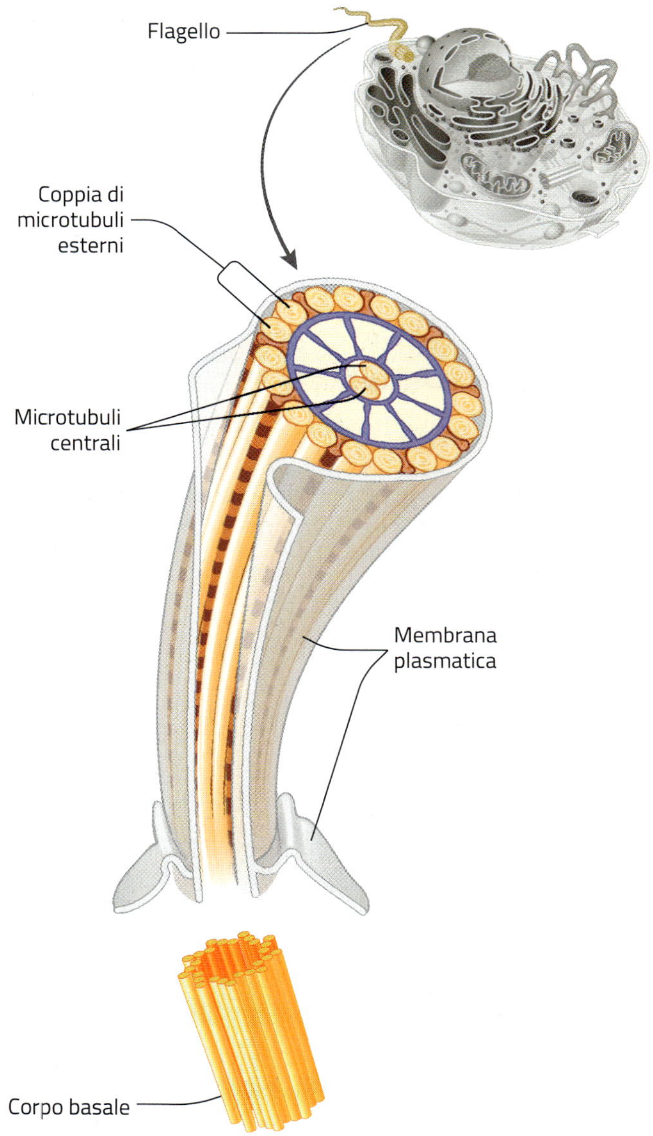

▸ **Figura 19**
Sezioni trasversali di un flagello in cui si vede la diversa distribuzione dei microtubuli nell'assonema e nel corpo basale.

Nell'assonema, nove coppie di microtubuli formano un cilindro che a sua volta circonda altri due microtubuli centrali. Il movimento delle ciglia e dei flagelli, simile a quello di una frusta, è causato dallo scorrimento delle coppie di microtubuli che scivolano l'una sull'altra grazie all'azione delle *dineine*, particolari proteine globulari a forma di braccia che collegano le coppie di microtubuli e usano l'energia dell'ATP per spostarsi lungo i microtubuli.

Altre proteine formano filamenti centrali che, come i raggi di una ruota, collegano le nove coppie di microtubuli esterni alla coppia centrale; altre proteine formano connessioni circolari che tengono unite le nove coppie esterne.

Le estremità dei microtubuli si agganciano alla membrana plasmatica a livello di una struttura chiamata **corpo basale**; anche il corpo basale è costituito da microtubuli, il cui numero e la cui disposizione, tuttavia, mostrano qualche differenza. I corpi basali, infatti, hanno nove triplette esterne, ma non hanno microtubuli al centro, quindi nel corpo basale il «mozzo» centrale della ruota non è un microtubulo, anche se ha circa lo stesso diametro.

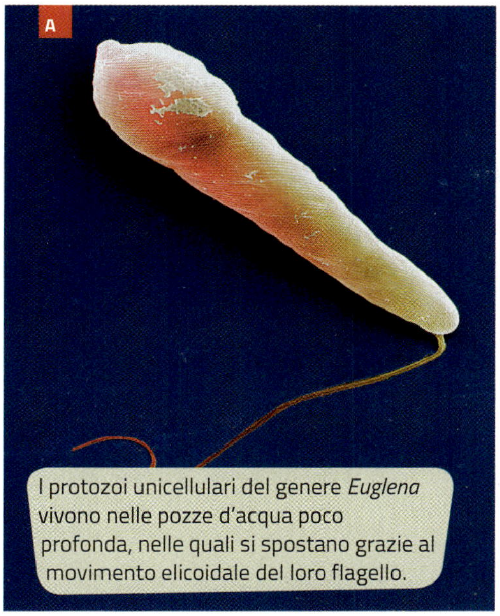

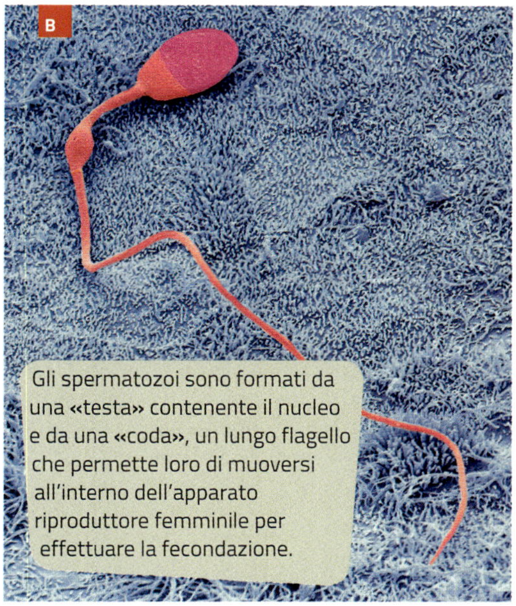

◂ Figura 20
Due esempi di flagelli al microscopio elettronico a scansione: un protozoo del genere *Euglena* (A) e uno spermatozoo di scimmia (B).

Nei protisti unicellulari e in alcuni tipi di vermi piatti le ciglia e i flagelli sono responsabili del movimento dell'intero organismo; anche la motilità degli spermatozoi deriva dal loro unico e potente flagello, simile a una coda (**figura 20**).

Le cellule che rivestono le superfici interne di molti animali, esseri umani compresi, possono invece essere provviste di ciglia. Per esempio, le cellule che rivestono la trachea sono dotate di ciglia che sospingono verso l'alto le particelle che inspiriamo con l'aria (come pollini e polveri) dopo che sono state bloccate dal muco prodotto dalle cellule stesse (**figura 21**); un altro tessuto cigliato è quello che riveste le tube di Falloppio, i canali che collegano le ovaie all'utero. Mentre gli spermatozoi sono dotati di un flagello per il loro spostamento, le cellule uovo sono spinte verso l'utero da una corrente provocata dal movimento delle ciglia.

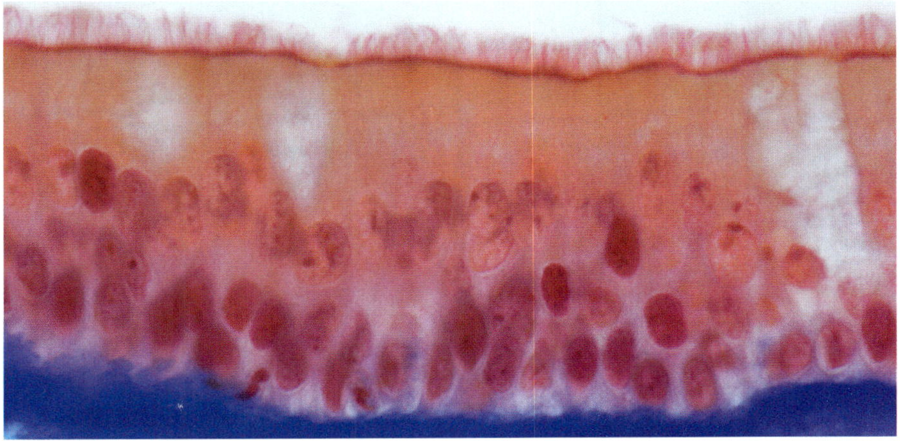

◂ Figura 21
Al microscopio ottico è possibile apprezzare l'elevato numero di ciglia che riveste lo strato superficiale dell'epitelio della trachea, che spinge fuori dall'apparato respiratorio il muco in cui sono rimasti imprigionati i pollini e la polvere inspirati con l'aria.

L'adesione e il riconoscimento tra le cellule avvengono grazie alla membrana plasmatica

Nel nostro corpo si trovano circa 60 000 miliardi di cellule organizzate a formare diversi tessuti che a loro volta costituiscono gli organi; i tessuti di rivestimento, per esempio, formano la pelle e le mucose che rivestono la superficie esterna e interna del corpo. I meccanismi che permettono alle cellule di aggregarsi tra loro formando i tessuti sono il **riconoscimento** e l'**adesione cellulare**. Grazie a questi processi, che avvengono per opera delle proteine presenti nella membrana plasmatica, le cellule di uno stesso tipo sono in grado di riconoscersi e stabilire connessioni stabili le une con le altre. Tali connessioni, o **giunzioni cellulari**, sono visibili solo al microscopio elettronico e sono di tre tipi: le giunzioni occludenti, i desmosomi e le giunzioni comunicanti.

A colpo d'occhio

GIUNZIONI CELLULARI
- GIUNZIONI OCCLUDENTI
- DESMOSOMI
- GIUNZIONI COMUNICANTI
- PLASMODESMI

Le **giunzioni occludenti**, o *tight junctions* (**figura 22A**), sono formate da più di 24 diverse proteine, tre delle quali sono delle proteine integrali chiamate *claudine*, *occludine* e *molecole di adesione giunzionale*. Sul lato citoplasmatico queste proteine si attaccano ai filamenti di actina del citoscheletro, mentre sulla faccia esterna della membrana si uniscono tra loro attraverso legami non covalenti, formando delle «cinture» continue intorno alle cellule. In corrispondenza delle giunzioni occludenti, gli spazi tra le cellule si annullano e le membrane sono saldate tra loro. Queste giunzioni sono tipiche dei tessuti di rivestimento, come la mucosa intestinale, nella quale è importante che le molecole del cibo non si infiltrino tra una cellula e l'altra, ma siano costrette ad attraversare ogni singola cellula.

I **desmosomi** (**figura 22B**) sono delle formazioni di adesione, simili a «punti di saldatura», tra le membrane di due cellule adiacenti. Ogni desmosoma è formato da una placca proteica agganciata internamente ai filamenti intermedi del citoscheletro; verso l'esterno, dalla placca fuoriescono dei filamenti costituiti da specifiche proteine di adesione che si allungano attraverso lo spazio intercellulare e si agganciano alla placca della cellula vicina. La presenza dei desmosomi conferisce al tessuto una grande resistenza meccanica, aspetto molto importante nei tessuti di rivestimento come la pelle: se la struttura dei desmosomi viene compromessa, la pelle risulta estremamente fragile, si lacera e tende a ricoprirsi di vescicole.

Le **giunzioni comunicanti**, o *gap junctions*, sono presenti nella maggior parte dei tessuti animali, dove facilitano il trasporto di ioni e piccole molecole tra cellule adiacenti; nel tessuto cardiaco le giunzioni comunicanti contribuiscono anche alla trasmissione dei segnali elettrici che provocano la contrazione del cuore. Queste giunzioni sono costituite da proteine integrali chiamate *connessine*, disposte a formare dei canali tubulari che sporgono nello spazio tra le cellule (**figura 22C**); ogni «tubo» si lega poi a un canale simile presente sulla cellula adiacente.

Le cellule vegetali, che sono circondate da una rigida parete di cellulosa, comunicano tra loro attraverso minuscoli canali detti **plasmodesmi** (**figura 22D**); questi canali hanno un diametro di 20-40 nm, sono rivestiti dalla membrana plasmatica e attraversano le pareti di cellule contigue, mettendo in comunicazione i rispettivi citoplasmi. In questo modo le cellule possono scambiarsi ioni, RNA, proteine e altre molecole.

▾ Figura 22
I quattro diversi tipi di giunzioni cellulari ancorano le cellule e le mettono in comunicazione tra loro: giunzioni occludenti (A), desmosomi (B), giunzioni comunicanti (C) e plasmodesmi (D).

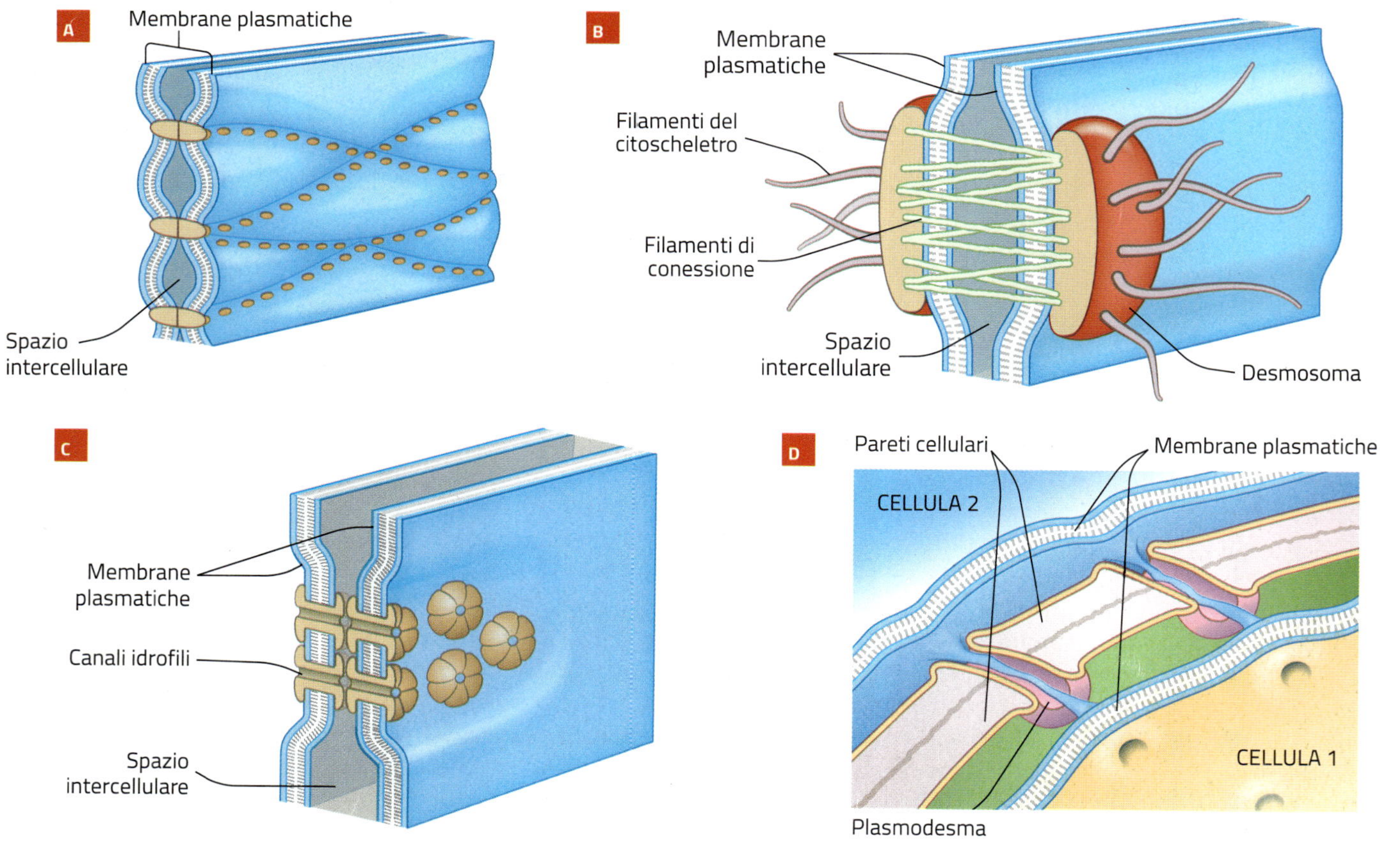

La matrice extracellulare riempie gli spazi tra le cellule degli organismi pluricellulari

Negli animali pluricellulari le cellule sono immerse in una sostanza detta **matrice extracellulare** (figura 23) che le sostiene, le aiuta restare in contatto e a comunicare le une con le altre. La matrice extracellulare è costituita da proteine fibrose, dette *collageni*, e da proteine elastiche come l'*elastina*, immerse in una sostanza gelatinosa costituita da *proteoglicani* (associazioni di proteine e polisaccaridi di grandi dimensioni).

I **collageni** sono le proteine più abbondanti nel regno animale; quasi tutte le cellule sintetizzano almeno un tipo di collagene che fornisce il supporto strutturale ai tessuti per mezzo di *fibre* simili a corde, *reti* o *fibrille* sottili. Le fibre di collagene sono molto resistenti e sono abbondanti nei legamenti e nei tendini, tessuti specializzati che collegano le ossa tra loro e ai muscoli; le reti, più flessibili, sostengono gli strati profondi della pelle, mentre le fibrille si trovano soprattutto nelle ossa, nei nervi e nella pelle.

L'**elastina** è la proteina che conferisce ai tessuti elasticità, cioè la capacità di recuperare la forma originaria dopo un allungamento; un esempio di tessuto elastico è la cartilagine, come quelle che formano l'orecchio o le articolazioni del ginocchio. Oltre che nella cartilagine, l'elastina è abbondante nei vasi sanguigni, nella pelle e nei polmoni.

Se i collageni e l'elastina assicurano resistenza ed elasticità alla matrice, i **proteoglicani** provvedono all'idratazione dei tessuti. Queste molecole sono formate da una proteina centrale a cui sono legate fino a 100 lunghe catene lineari di zuccheri in grado di attirare molecole di acqua, formando un gel che facilita gli scambi di sostanze tra le cellule e le aiuta a resistere alle forze di compressione. I proteoglicani, inoltre, interagiscono con i collageni e con altre proteine mantenendole nella corretta posizione perché possano svolgere la loro funzione.

Nella maggior parte dei tessuti, infine, sono presenti le **glicoproteine**, chiamate *fibronectine*, che connettono la matrice alle cellule per mezzo di recettori di membrana chiamati *integrine*.

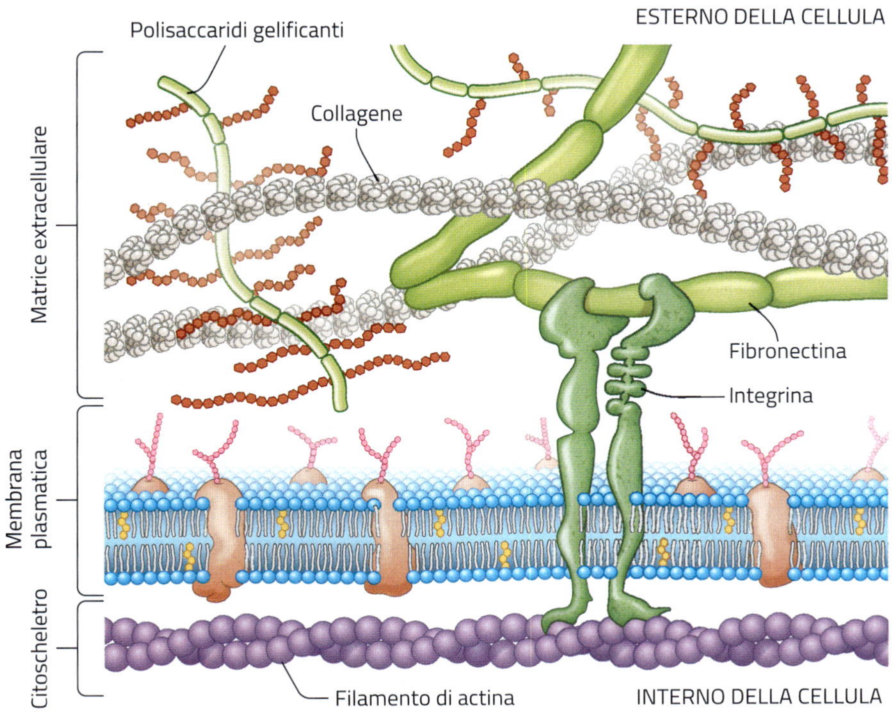

◂ **Figura 23**
Disegno della matrice extracellulare con indicate le molecole più abbondanti in essa contenute.

Facciamo il punto

1. Descrivi la struttura del citoscheletro, specificando la funzione di ogni tipo di filamento.
2. Quali sono le analogie e le differenze tra ciglia e flagelli?
3. Descrivi i diversi tipi di giunzioni cellulari.
4. Qual è la funzione delle proteine presenti nella matrice extracellulare?

SINTESI DI FINE CAPITOLO

LO SAI? RIPASSA CON LO SMARTPHONE

La membrana plasmatica e la parete cellulare

La **membrana plasmatica** è costituita da proteine e fosfolipidi disposti con le loro code (acidi grassi) verso l'interno e le loro teste (gruppo fosfato) verso l'esterno a costituire un **doppio strato fosfolipidico**.

I fosfolipidi si possono muovere lateralmente dentro il doppio strato formando diverse configurazioni: questa struttura è definita **modello a mosaico fluido**.

La membrana plasmatica:

- impedisce l'entrata di sostanze dannose, favorendo l'ingresso di quelle utili;
- trattiene all'interno le sostanze indispensabili, facendo uscire quelle da eliminare.

La **parete cellulare**, tipica delle cellule vegetali, è fatta di cellulosa e si trova esternamente alla membrana plasmatica.

Le caratteristiche della cellula eucariotica

Nelle **cellule eucariotiche** sono presenti compartimenti interni delimitati da membrane chiamati **organuli**, ognuno dei quali svolge una funzione specifica.

Negli eucarioti il **nucleo** contiene il materiale ereditario e dirige le funzioni cellulari.

Il **citoplasma** è composto dal **citosol** (la sua componente fluida) e contiene gli *organuli cellulari*; i principali sono:

- apparato di Golgi;
- reticolo endoplasmatico liscio e ruvido;
- lisosomi, proteasomi e perossisiomi;
- mitocondri e cloroplasti (questi ultimi solo nelle cellule vegetali).

L'apparato di Golgi e il reticolo endoplasmatico

L'**apparato di Golgi** è un sistema di membrane (dette *cisterne*) che modifica, elabora e distribuisce attraverso *vescicole* le sostanze prodotte nella cellula.

Esistono due tipi di **reticolo endoplasmatico**:

- **ruvido** (**RER**), formato da un sistema di membrane su cui di trovano numerosi *ribosomi*;
- **liscio** (**REL**), che non presenta ribosomi sulla superficie.

Lisosomi, proteasomi e perossisomi

L'apparato di Golgi produce vescicole dette **lisosomi**, organuli sferici che racchiudono *enzimi* coinvolti nelle reazioni di *idrolisi*. Questi enzimi idrolitici spezzano le biomolecole complesse in molecole più piccole che poi sono riutilizzate nel citosol.

Altri organuli che demoliscono e riciclano sostanze sono:

- i **proteasomi**, che demoliscono le proteine per riciclare rapidamente gli amminoacidi di cui sono costituite;
- i **perossisomi**, speciali vescicole che contengono diversi tipi di enzimi ossidativi.

I cloroplasti

Solo nelle cellule vegetali, i **cloroplasti** sintetizzano glucosio, a partire da diossido di carbonio e acqua, mediante il processo di *fotosintesi clorofilliana*.

Questi organuli hanno un sistema di membrane interne che si ripiegano a formare i tilacoidi.

I **tilacoidi**, strutture a forma di sacchetti appiattiti immersi in una sostanza gelatinosa detta *stroma*, in cui avviene la sintesi del glucosio.

I mitocondri

In tutte le cellule, i **mitocondri** producono energia grazie alla *respirazione cellulare*, cioè in presenza di ossigeno demoliscono le molecole energetiche (come il glucosio) e ricavano energia (sotto forma di ATP).

Questi organuli sono rivestiti da una **doppia membrana**: quella esterna ha funzione protettiva ed è permeabile a numerose sostanze, quella interna si ripiega a formare delle **creste** in cui avvengono le reazioni di respirazione cellulare.

Il citoscheletro

Il **citoscheletro** dà sostegno strutturale e fissa gli organuli cellulari all'interno del citosol.

È composto da tre elementi di base:

- i **microtubuli**, composti da dimeri di tubulina, sono le strutture più grosse del citoscheletro;
- i **filamenti intermedi**, composti da proteine fibrose;
- i **filamenti di actina** (o **microfilamenti**), composti da fibre elicoidali di proteine globulari di actina.

Le ciglia e i flagelli

Ciglia e **flagelli** sono appendici filiformi che si estendono dalla superficie della cellula e sono associate al movimento.

Hanno forma e dimensioni diverse:

- le ciglia sono corte e numerose;
- i flagelli sono lunghi e poco numerosi.

Hanno entrambi la medesima interna:

- **9 coppie** di **microtubuli**, uno aderente all'altro, formano una specie di cilindro che circonda altri **2 microtubuli centrali**;
- **1 corpo basale,** costituito da 9 triplette esterne senza microtubuli al centro.

Le giunzioni cellulari

Ci sono vari tipi di connessioni tra cellule, o **giunzioni cellulari**:

- le **giunzioni occludent**i sono formate da diverse proteine, gli spazi tra le cellule si annullano e le membrane sono saldate tra loro (tipiche dei tessuti di rivestimento);
- i **desmosomi** sono delle formazioni di adesione, simili a «punti di saldatura», tra le membrane di due cellule adiacenti che danno al tessuto una grande resistenza meccanica;
- le **giunzioni comunicanti** sono presenti nella maggior parte dei tessuti animali, dove facilitano il trasporto di ioni e molecole tra cellule adiacenti.

Le cellule vegetali, circondate da una rigida parete di cellulosa, comunicano tra loro attraverso canali detti **plasmodesmi**.

La matrice extracellulare

La **matrice extracellulare** è una rete di molecole che sostiene le cellule, riempiendo gli spazi fra di loro le aiuta a restare in contatto e a comunicare le une con le altre.

La matrice è costituita da **proteine fibrose** (collageni) e **proteine elastiche** (elastina) immerse in una sostanza gelatinosa ricca di **proteoglicani** (associazioni di proteine e polisaccaridi). I *collageni* e l'*elastina* assicurano resistenza ed elasticità alla matrice, i *proteoglicani* provvedono all'idratazione dei tessuti.

VERIFICA LE TUE CONOSCENZE

ZTE ONLINE

1. Scrivi sul quaderno le definizioni dei seguenti termini.

a) Proteine integrali e proteine periferiche
b) Cromatina e cromosomi
c) Reticolo endoplasmatico liscio e ruvido
d) Perossisomi e proteasomi.
e) Pigmenti e fotosistemi
f) Turgore e permeabilità selettiva
g) Tubulina e proteine motrici
h) Giunzioni occludenti, giunzioni comunicanti, desmosomi e plasmodesmi
i) Collageni, elastina e proteoglicani

Barra il completamento esatto.

2. Un organulo presente solo nelle cellule animali, e non in quelle vegetali, è

A il lisosoma.
B il reticolo endoplasmatico liscio.
C il mitocondrio.
D il vacuolo contrattile.

3. Il nucleolo

A è l'organulo che contiene il materiale genetico.
B si trova all'esterno della membrana nucleare.
C è il sito in cui vengono assemblati i ribosomi.
D è costituito solo da RNA e proteine.

4. Un mitocondrio

A ha ripiegamenti della membrana immersi in una sostanza chiamata stroma.
B è caratterizzato da una membrana esterna ricca di cellulosa.
C è un organulo coinvolto nei processi che forniscono energia alle cellule.
D contiene speciali strutture su cui vengono sintetizzate i lipidi.

Barra i due completamenti esatti.

5. I flagelli, al contrario delle ciglia,

A sono distribuiti uniformemente su tutta la superficie cellulare.
B sono lunghi e poco numerosi.
C sono presenti solo nelle cellule procariote.
D permettono il movimento degli spermatozoi.
E hanno una struttura interna chiamata assonema.

6. La membrana plasmatica

A ha una struttura a mosaico fluido dovuta al movimento delle catene polisaccaridiche.
B separa la cellula dall'ambiente circostante mediante un doppio strato lipidico.
C ha una struttura non rigida e prevede una parte idrofila e una idrofobica.
D è chimicamente diversa a seconda che circondi una cellula animale oppure una vegetale.
E è costituita da glucosio che unito ai fosfolipidi dà origine a molecole di glicolipidi.

7. Completa la tabella mettendo in corrispondenza le funzioni cellulari (*numeri*) con i rispettivi organuli (*lettere*).

A. apparato di Golgi
B. citoscheletro
C. cloroplasto
D. vacuolo contrattile
E. lisosoma
F. ribosoma

1. al suo interno si produce glucosio
2. sostiene gli organuli
3. elimina l'acqua in eccesso
4. è il sito del processo di traduzione
5. rielabora e secerne macromolecole
6. demolisce molecole mediante enzimi idrolitici

A	B	C	D	E	F

8. Nel seguente brano, barra tra i termini in neretto quelli errati.

La membrana cellulare è formata da un doppio strato **polisaccaridico / fosfolipidico** le cui molecole presentano la parte **polare / non polare** rivolta verso l'esterno a contatto con l'ambiente acquoso. La membrana possiede anche molte proteine, chiamate proteine **periferiche / integrali** di membrana, formate da una parte **idrofila / idrofoba** immersa nel doppio strato; all'**interno / esterno** di questa membrana le cellule **vegetali / animali** presentano una parete costituita da cellulosa.

9. Completa le seguenti frasi.

a) Cloroplasti, cromoplasti e leucoplasti nel loro insieme sono chiamati ....
b) La parte liquida che costituisce il citoplasma è il ....
c) Nelle cellule vegetali la corretta pressione idrostatica che dà sostegno alla cellula è detta ....
d) La struttura che tiene unite tra loro due cellule vegetali è detta ....
e) La struttura nella quale avviene la sintesi dei ribosomi è il ....

10. Barra il completamento errato.
Il reticolo endoplasmatico ruvido

A è formato da vescicole e cisterne.
B è formato da sacche e cisterne.
C sintetizza lipidi per la cellula.
D è collegato all'involucro nucleare.

11. Quali organuli sono particolarmente numerosi nelle cellule muscolari e nelle cellule delle foglie? Motiva la tua risposta.

....
....
....
....
....
....
....

12. Descrivi la struttura della membrana cellulare, prestando particolare attenzione alle caratteristiche che la rendono un efficace sistema di trasporto di sostanze anche molto diverse tra loro.

....
....
....
....
....
....
....

VERIFICA LE TUE ABILITÀ

Barra il completamento esatto.

13. Senza i lisosomi le cellule non potrebbero

A riciclare gli organuli danneggiati.
B far uscire dalle cellule i prodotti assemblati.
C sintetizzare le catene polipeptidiche.
D produrre le vescicole di trasporto.

14. Una cellula priva dell'apparato di Golgi

A sarebbe del tutto priva di riserve energetiche, perciò morirebbe in assenza di glucosio.
B non disporrebbe della componente acquosa indispensabile per attuare le soluzioni.
C sarebbe incapace di rielaborare ed esportare proteine complesse.
D non sarebbe in grado di demolire molecole complesse in molecole più semplici.

15. Le cellule implicate nei processi digestivi sono ricche di RER in quanto

A serve molta energia per scomporre le sostanze ingerite.
B occorrono numerosi ribosomi per sintetizzare gli enzimi digestivi.
C serve una barriera protettiva verso l'eccessiva quantità di sostanze acide.
D i ribosomi servono alla formazione delle vescicole per esportare sostanze.

Barra i due completamenti esatti.

16. Secondo una sequenza esatta, il sistema interno di membrane collega tra loro

A il nucleo, il reticolo ruvido, l'apparato di Golgi.
B il reticolo ruvido, mitocondri, lisosomi.
C apparato di Golgi, lisosomi, nucleo.
D reticolo ruvido, apparato di Golgi, membrana cellulare.
E apparato di Golgi, reticolo granulare, lisosomi.

17. Barra il simbolo V se ritieni l'affermazione vera o il simbolo F se la ritieni falsa.

a) A differenza dei collageni, i proteoglicani contengono molecole glucidiche e costituiscono la struttura di tendini e legamenti. V F
b) Il lisosoma è un esempio di organulo che conferma la necessità per la cellula di far avvenire particolari reazioni in compartimenti separati. V F
c) I mitocondri sono i siti cellulari in cui l'energia chimica contenuta nelle molecole alimentari viene trasformata in energia interna alle molecole di ATP. V F
d) Le giunzioni occludenti possono sostituire i plasmodesmi in quanto svolgono la stessa funzione. V F
e) Uno dei vantaggi delle suddivisioni delle funzioni nei vari organuli è che i processi metabolici possono avvenire contemporaneamente. V F

18. Nel seguente brano, barra tra i termini in neretto quelli errati.

La struttura della membrana cellulare, presente in tutte le cellule eucariote, è **diversa** / **uguale** a quella che riveste i vari organuli presenti all'interno della cellula; gli organuli rivestiti da una singola membrana sono, per esempio, i **vacuoli** / **ribosomi**, mentre i **nuclei** / **le vescicole** hanno una membrana doppia. All'**esterno** / **interno** della membrana, le cellule vegetali hanno anche una parete cellulare.

19. In che cosa differiscono i cloroplasti dai mitocondri dal punto di vista strutturale e funzionale? E che cosa invece hanno in comune questi organuli?

....
....
....
....

20. Quali sono le principali differenze tra le cellule animali e quelle vegetali?

....
....
....
....
....

UNITUTOR
VERSO L'UNIVERSITÀ

Preparati ai test di ammissione sul sito Unitutor.

21. L'immagine al microscopio elettronico mostra all'interno di una cellula del fegato umano decine di organelli di forma simile e di dimensioni comprese tra 0,25 µm e 0,75 µm. Questi organelli hanno una membrana singola e liscia. Quali tra gli organelli elencati di seguito potrebbero essere?

A Centrioli
B Mitocondri
C Lisosomi
D Nucleoli
E Ribosomi

[dal test di ammissione a Medicina 2015-16]

HANDS-ON GLOSSARY

22. Fill in the table matching each term (*letters*) with its definition (*numbers*).

A. cytoskeleton
B. nucleus
C. mitochondria
D. chloroplasts
E. organelle

1. a membrane-enclosed organelle found in eukaryotic cells, it contains most of the cell's genetic material
2. double membrane-bound organelles found in eukaryotes, they generate most of the cell's supply of energy (ATP)
3. specialized subunits (organelles) found in plant and algal cells, their main role is to conduct photosynthesis
4. every specialized subunit within a cell that has a specific function, each one is usually separately enclosed within its own lipid bilayer
5. a complex network of interlinking filaments and tubules that extend throughout the cytoplasm, from the nucleus to the plasma membrane

A	B	C	D	E

VERSO L'ESAME: LE TUE COMPETENZE

SCHEMATIZZA

23. Costruisci una mappa concettuale che evidenzi le principali caratteristiche della cellula eucariotica, in particolare similitudini e differenze fra le cellule animali e vegetali.

IPOTIZZA

24. Gli eritrociti sono cellule prive di mitocondri: che cosa comporta questa caratteristica? E perché pensi che i globuli rossi umani abbiano perso questi organuli cellulari?

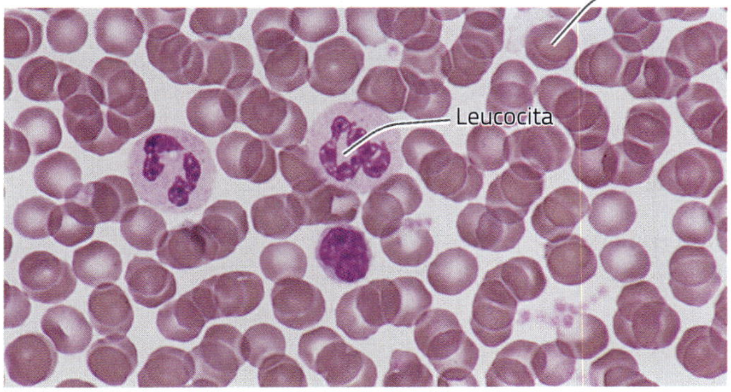

OSSERVA E DEFINISCI

25. Osserva questa immagine e indica:
a) di che cosa si tratta?
b) con quale tipo di microscopio è stata ottenuta?
c) quali sono i nomi delle varie parti che osservi?

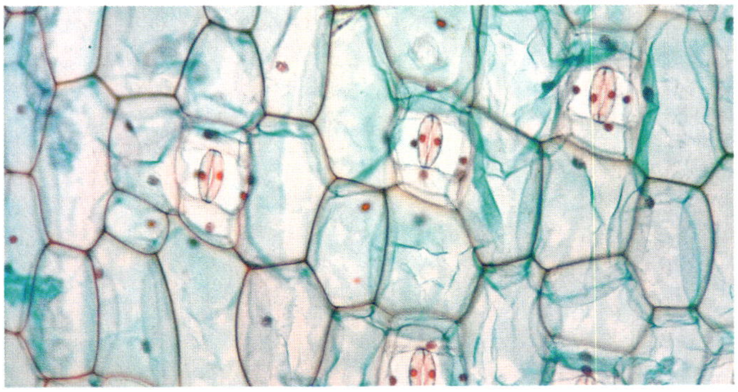

SPIEGA

26. La teoria endosimbiontica sostiene che i cloroplasti e i mitocondri siano derivati dalla simbiosi di antichi organismi unicellulari che si sono introdotti in un organismo, sempre unicellulare, di dimensioni maggiori.

Quali potrebbero essere le prove a sostegno di questa teoria?

GIUSTIFICA

27. Nel fegato umano esistono cellule particolarmente ricche di perossisomi: come potresti giustificare questa caratteristica?

SCHEMATIZZA

28. Costruisci una tabella a doppia entrata che permetta di distinguere tra gli organuli che sono presenti soltanto nelle cellule animali, quelli che sono esclusivi delle cellule vegetali e quelli che si trovano in entrambi i tipi di cellule.

RIFLETTI

29. La sinigrina è una sostanza che contiene zolfo, presente nelle piante della famiglia delle Brassicaceae (di cui fanno partee i broccoli e la senape) e in altre specie vegetali, come il rafano. Quando i tessuti di queste piante sono danneggiati, un enzima chiamato mirosinasi, che si trova in alcuni vacuoli specifici, può scindere la sinigrina racchiusa in altri vacuoli.
I prodotti della reazione comprendono l'isotiocianato di allile, la molecola responsabile del sapore piccante di questi cibi.

a) Quale potrebbe essere la funzione di questa sostanza?
b) Perché la reazione si attiva solo in caso di danneggiamento dei tessuti?

OSSERVA E COLLEGA

30. Associa ai diversi tipi di filamenti cellulari il nome appropriato, e poi spiega in che cosa differiscono l'uno dall'altro:
a) microtubulo
b) microfilamento
c) filamento intermedio

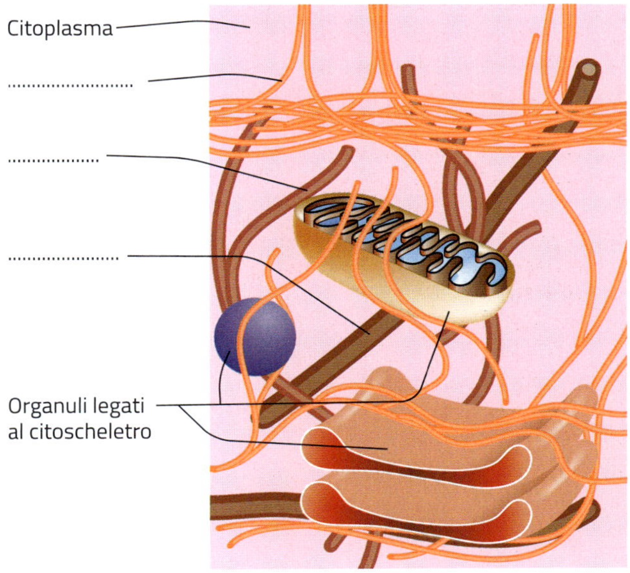

Capitolo A9

Il trasporto cellulare e il metabolismo energetico

1 Le cellule e l'energia

Le cellule trasformano materia ed energia

Le cellule prelevano dall'esterno i nutrienti, li trasformano e infine eliminano i prodotti di scarto; inoltre, hanno bisogno di energia per compiere tutte le funzioni necessarie per mantenersi e crescere, come le attività metaboliche e il movimento. Le cellule sono sistemi *aperti* che scambiano continuamente materia ed energia con l'ambiente che le circonda.

L'energia può presentarsi in diverse forme: chimica, elettrica, termica, luminosa e meccanica. Tutte queste forme di energia, però, possono essere ricondotte a due tipi fondamentali che possono trasformarsi uno nell'altro: l'**energia cinetica**, che è l'energia associata al movimento di un corpo o di una particella, e l'**energia potenziale**, associata alla posizione di un corpo o immagazzinata nei legami chimici di una molecola. Queste due forme di energia sono collegate: per esempio, un masso in bilico sul versante di una montagna possiede energia potenziale (di tipo gravitazionale) perché è sottoposto alla forza di attrazione esercitata dalla Terra; tale energia si può liberare, sotto forma di energia cinetica, quando il masso frana a valle. Per capire meglio le trasformazioni di energia che avvengono nelle cellule è utile rifarsi ai princìpi della termodinamica.

Il **principio di conservazione dell'energia** afferma che l'energia non può essere né creata né distrutta, ma è possibile trasformarla. L'energia chimica può quindi essere convertita in altre forme di energia; per esempio, il nostro corpo trasforma l'energia chimica contenuta negli alimenti in energia di movimento e calore. Queste trasformazioni avvengono grazie a numerose reazioni chimiche che nel loro insieme costituiscono il **metabolismo cellulare**.
Le reazioni metaboliche sono di due tipi: anaboliche e cataboliche.

Le **reazioni anaboliche** sintetizzano molecole complesse a partire da molecole più semplici; la sintesi di un polipeptide a partire dagli amminoacidi o la sintesi di un acido nucleico a partire dai nucleotidi che lo compongono sono due esempi di reazioni anaboliche. Queste reazioni tendono ad accrescere la complessità e l'organizzazione interna della cellula; per questo motivo hanno bisogno di assorbire energia dall'ambiente, sono cioè **endoergoniche** (**figura 1A**).

Le **reazioni cataboliche** demoliscono le molecole complesse in molecole più semplici; un esempio è l'idrolisi dell'amido, che avviene durante la digestione e che porta alla formazione di disaccaridi e monosaccaridi. In generale, le reazioni cataboliche sono **esoergoniche**, cioè liberano energia (**figura 1B**).

A colpo d'occhio

METABOLISMO
- ANABOLISMO → REAZIONI ENDOERGONICHE
- CATABOLISMO → REAZIONI ESOERGONICHE

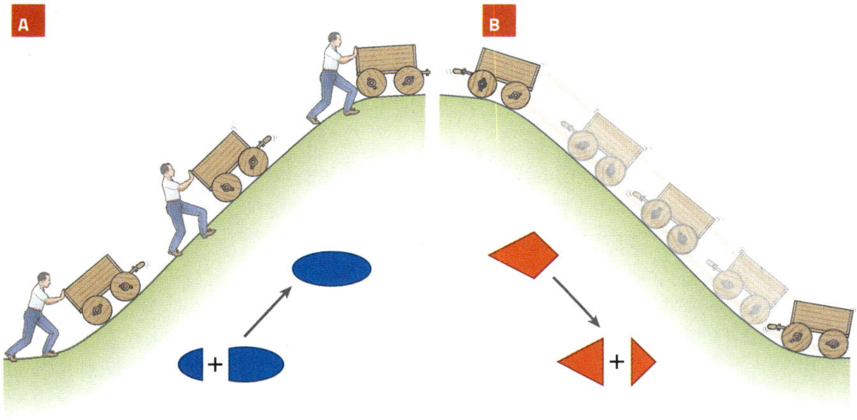

◂ **Figura 1**
Una reazione endoergonica (A) che richiede energia e un esempio di reazione esoergonica (B), che libera energia.

La molecola di ATP accoppia le reazioni metaboliche

Il catabolismo e l'anabolismo sono processi strettamente *accoppiati*; in biochimica due reazioni si dicono *accoppiate* quando condividono un reagente e/o un prodotto, in modo che se una reazione non avviene spontaneamente (perché è endoergonica), può essere «trascinata» da una seconda (esoergonica) che libera più energia di quanta richiesta dalla prima (**figura 2**).
Per esempio, se la reazione:

$$A + B \rightleftarrows C + D$$

fosse endoergonica, richiederebbe un apporto di energia dall'esterno, mentre se la reazione:

$$C + D \rightleftarrows E$$

fosse esoergonica e liberasse un'energia maggiore rispetto a quella richiesta dalla reazione precedente, sarebbe possibile sommare le due reazioni, come se fossero equazioni matematiche. La risultante:

$$A + B \rightleftarrows E$$

avrebbe un disavanzo di energia, perciò la reazione complessiva sarebbe esoergonica e dunque *spontanea*.

La cellula, quindi, utilizza l'energia e le molecole semplici derivate dalle reazioni cataboliche come materiale per la sintesi di nuove molecole. La molecola che fornisce l'energia per le reazioni accoppiate è l'**ATP**. L'idrolisi dell'ATP spezza i legami tra due gruppi fosfato producendo una molecola di ADP (adenosindifosfato), uno ione fosfato inorganico ($H_2PO_4^-$, abbreviato in Pi) ed energia, secondo la reazione:

$$ATP + H_2O \rightarrow ADP + Pi + energia$$

Ti ricordi?
La molecola di **ATP** è composta dalla base azotata adenina unita allo zucchero ribosio, a cui sono legati tre gruppi fosfato.

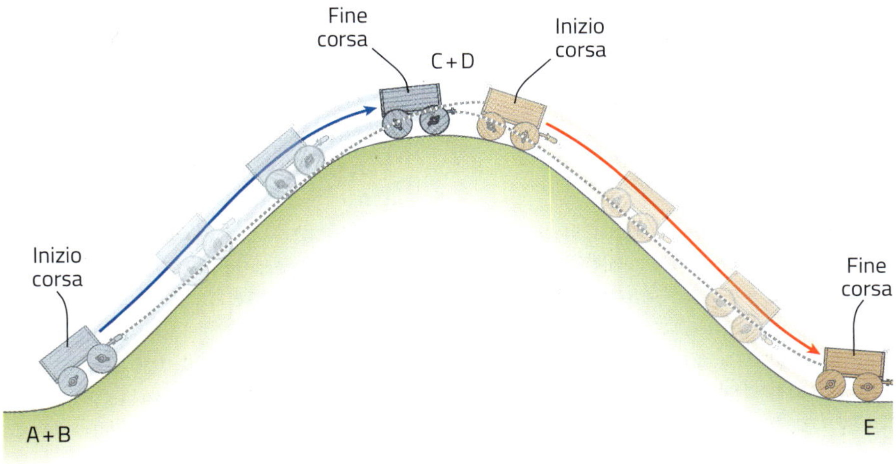

◂ **Figura 2**
Un esempio di reazione accoppiata: il carrello al fondo della collina non può risalire la china senza una reazione che fornisca energia. L'energia che si libera quando un altro carrello scende giù dalla discesa trascinando il primo è di gran lunga maggiore dell'energia fornita inizialmente.

L'idrolisi dell'ATP che avviene nelle cellule rilascia una quantità di energia sufficiente ad attivare le reazioni anaboliche (**figura 3**), ma non abbastanza da danneggiare le cellule. La cellula, utilizzando l'energia prodotta dalle reazioni cataboliche, può anche sintetizzare facilmente nuove molecole di ATP a partire da ADP e Pi.

Spesso il gruppo fosfato terminale dell'ATP non viene semplicemente rimosso, ma trasferito a un'altra molecola attraverso un processo chiamato **fosforilazione**. Le reazioni di fosforilazione trasferiscono parte dell'energia potenziale della molecola dell'ATP al composto fosforilato. L'aggiunta di un gruppo fosfato può infatti rendere meno stabile (e quindi più *reattiva*) la molecola, cosicché possa partecipare a una successiva reazione.

Numerosi processi cellulari, come il trasporto, il movimento e le reazioni anaboliche consumano ATP, per cui le cellule hanno bisogno di «bruciare» sostanze ricche di energia per produrre nuovo ATP. In tutti gli organismi, il combustibile chimico più comune è il glucosio, ma anche gli altri carboidrati, i grassi e le proteine possono essere usati a questo scopo.

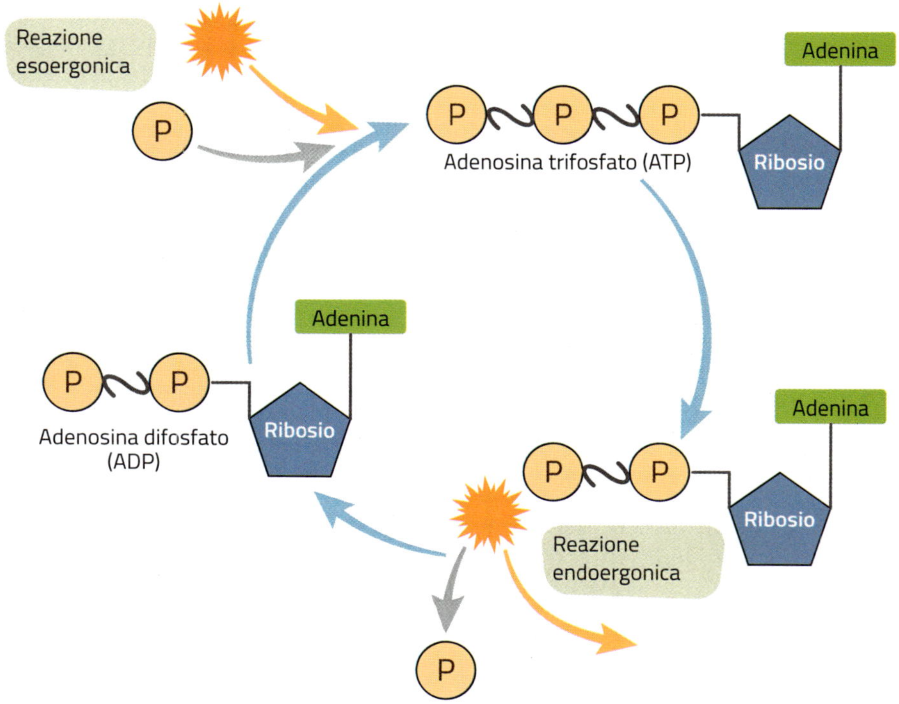

▸ **Figura 3**
L'ATP è un agente accoppiante perché trasporta l'energia dalle reazioni esoergoniche cataboliche a quelle endoergoniche anaboliche.

Gli enzimi fanno avvenire più velocemente le reazioni cellulari

Per potersi attivare, la maggior parte delle reazioni chimiche richiede un apporto iniziale d'energia; questo vale non solo per le reazioni biologiche, ma anche per altre reazioni, come la combustione del metano. Questa energia, detta **energia di attivazione**, aumenta la velocità delle molecole e fa sì che esse si possano urtare con forza sufficiente per:

1. vincere la forza di repulsione tra gli elettroni che circondano una molecola e e quelli posti intorno a un'altra;
2. spezzare i legami chimici presenti all'interno delle molecole, consentendo la formazione di nuovi legami.

In laboratorio l'energia di attivazione è spesso fornita sotto forma di calore. Nelle cellule, dove avvengono contemporaneamente molte reazioni differenti, questo non è possibile perché il calore potrebbe accelerare tutte le reazioni cellulari in modo indiscriminato, spezzerebbe i legami a idrogeno che determinano la struttura di molte biomolecole e denaturerebbe le proteine. Per questo motivo le cellule ricorrono ai **catalizzatori**, sostanze che accelerano una reazione senza essere modificate in modo permanente dalla reazione stessa e senza ricorrere al calore.

Le parole

Il termine **catalizzatore** deriva dalla parola greca *katálysis*, che significa «scioglimento» ed è stato introdotto nel 1936 dal chimico svedese Jöns Jacob Berzelius, inventore anche del termine «chimica organica».

I catalizzatori agiscono formando un'associazione temporanea con le molecole dei reagenti che comporta una **diminuzione dell'energia di attivazione** necessaria a innescare la reazione chimica (**figura 4**). Questa associazione avvicina tra loro le molecole dei reagenti e indebolisce i legami chimici esistenti, facilitando la formazione di altri. Il risultato è che la reazione procede più rapidamente di quanto farebbe in assenza del catalizzatore.

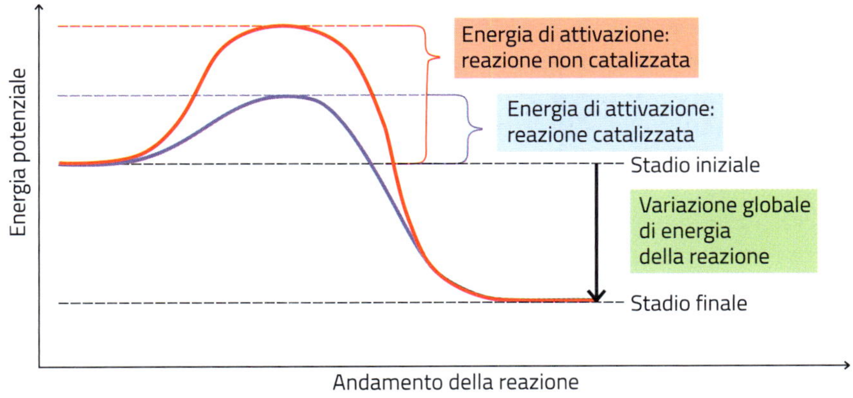

◂ Figura 4
Una reazione non catalizzata richiede più energia di una catalizzata.

I catalizzatori biologici sono particolari proteine chiamate **enzimi**; per mezzo degli enzimi, le cellule sono in grado di portare a termine le reazioni biochimiche essenziali a velocità e a temperature compatibili con la vita. Poiché gli enzimi non vengono modificati durante le reazioni che catalizzano, possono essere utilizzati più volte: una singola molecola di enzima, in un secondo, può catalizzare le reazioni di decine di migliaia di molecole identiche. Per questo motivo gli enzimi sono efficaci anche in minime quantità.

Un'altra caratteristica dei catalizzatori biologici è la **specificità**: ogni enzima può riconoscere un unico reagente e perciò può catalizzare una sola specifica reazione. Questo aspetto è di fondamentale importanza perché in uno spazio limitato, come l'interno di una cellula, in un dato istante devono avvenire solo alcune reazioni e non altre; se un enzima attivasse contemporaneamente reazioni chimiche diverse, la cellula perderebbe il controllo delle proprie funzioni vitali. In una singola cellula possono essere presenti da un migliaio fino a decine di migliaia di enzimi differenti, ognuno dei quali catalizza una reazione diversa.

Le parole

A ogni **enzima** è stato dato un nome che identifica la molecola su cui agisce unito alla desinenza *–asi*; per esempio la *lattasi* è l'enzima che catalizza l'idrolisi del disaccaride lattosio, mentre l'*amilasi* presente nella nostra saliva è responsabile della demolizione dell'amido e la *DNA polimerasi* è l'enzima che catalizza la sintesi di una nuova molecola di DNA.

Il sito attivo è la regione dell'enzima che si lega al substrato

In una reazione catalizzata da un enzima, i reagenti prendono il nome di **substrati**. Le molecole di substrato (S) si legano a un sito dell'enzima, chiamato **sito attivo**, dove avviene la reazione. Il legame di un substrato con il sito attivo di un enzima produce il **complesso enzima-substrato** (ES), che dà origine al prodotto (P) e rilascia l'enzima. Alla fine della reazione, l'enzima liberato (E) riacquista la stessa forma chimica che aveva inizialmente:

$$E + S \rightarrow ES \rightarrow E + P$$

La specificità di un enzima deriva dalla struttura tridimensionale del suo sito attivo, al quale si adatta un solo substrato, come la chiave nella serratura, o al massimo una gamma molto ristretta di substrati (**figura 5**). Altre molecole, diverse per forma o per proprietà chimiche, non riescono ad aderire al sito attivo e a legarsi a esso.

▾ Figura 5
Ogni enzima si lega solo a determinate molecole e catalizza solo un certo tipo di reazione; l'esempio riportato è quello dell'enzima lattasi.

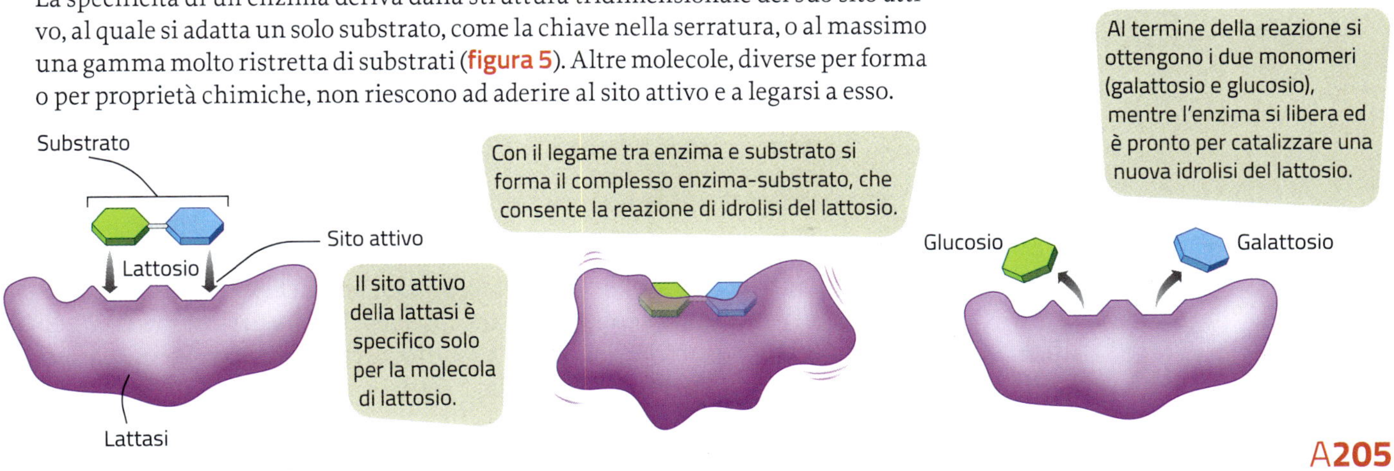

È interessante notare che di norma un enzima catalizza sia una data reazione sia la reazione inversa. Nel caso della precedente reazione generica, l'enzima può anche prendere parte alla reazione:

$$E + P \rightarrow E + S$$

È la cellula che, regolando il proprio metabolismo, fa sì che avvenga la **reazione diretta** (dal substrato al prodotto) oppure la **reazione inversa** (dal prodotto al substrato).

La maggior parte degli enzimi ha dimensioni maggiori rispetto alle molecole di substrato su cui agisce; al suo interno, però, il sito attivo è costituito da una decina di amminoacidi o poco più, ma ha la capacità di selezionare il reagente giusto tra le migliaia presenti nella cellula.

Un esempio interessante è quello del *lisozima*, che è presente nelle lacrime e nella saliva dove svolge un'azione battericida, perché è in grado di demolire i carboidrati che formano la parete dei batteri (**figura 6**). L'intero enzima è costituito da una catena polipeptidica di 129 amminoacidi, ma nel sito attivo sono soprattutto due amminoacidi (l'acido glutammico e l'acido aspartico) ad agire per selezionare le molecole da idrolizzare. Questi due amminoacidi di carica negativa rendono il lisozima funzionante solo in ambiente acido, perché soltanto a pH 5 perdono un elettrone dal loro gruppo R e diventano attivi.

Ti ricordi?

Le **proteine** sono polimeri complessi formati da amminoacidi, che in natura sono 20; la struttura *primaria* delle proteine corrisponde alla sequenza lineare di amminoacidi, quella *secondaria* può essere ad α-elica o a foglietto β, la struttura *terziaria* è formata da strutture primarie ripiegate in complessi gomitoli e la struttura *quaternaria* è un insieme di strutture terziarie.

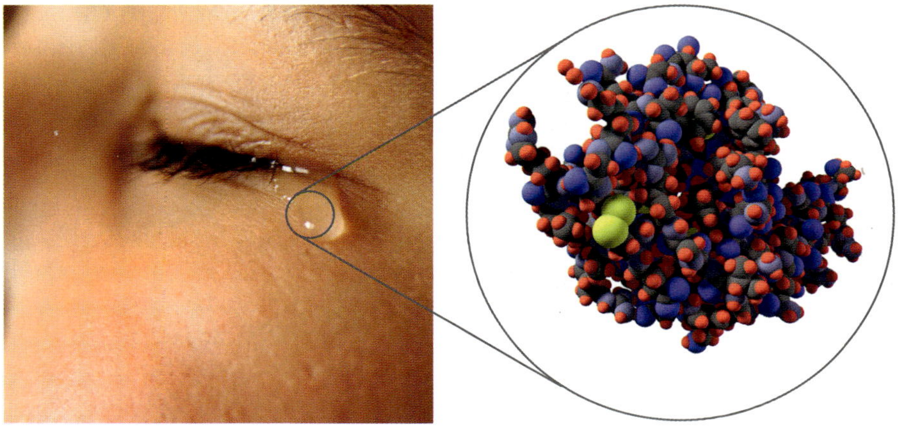

▸ Figura 6
Nelle lacrime e nella saliva è presente l'enzima lisozima (nello zoom la sua struttura molecolare).

Alcuni enzimi necessitano di cofattori e coenzimi

La capacità di attivare reazioni chimiche (detta anche *attività catalitica*) di alcuni enzimi sembra dipendere solo dall'interazione tra il sito attivo e il substrato; in altri casi, invece, l'azione di un enzima è legata alla presenza di molecole non proteiche che possono essere, a seconda della loro natura chimica, *coenzimi*, *cofattori* o *gruppi prostetici*.

I **cofattori** sono ioni inorganici come lo zinco, il ferro o il magnesio. Lo ione magnesio (Mg^{2+}), in particolare, interviene nelle reazioni di fosforilazione che operano il trasferimento di un gruppo fosfato da una molecola a un'altra. In soluzione, il gruppo fosfato ha due cariche negative che sono attratte dalle due positive dello ione magnesio legato all'enzima; in questo modo viene facilitata l'adesione del gruppo fosfato al sito attivo dell'enzima.

I **coenzimi** sono composti organici di piccole dimensioni che formano un legame transitorio con l'enzima. Alcune vitamine, composti che gli esseri umani e altri animali non sono in grado di sintetizzare e devono pertanto assumere con l'alimentazione, sono coenzimi o precursori di coenzimi, questi ultimi sono molecole che potranno diventare coenzimi in seguito a opportune modificazioni chimiche. Come vedremo più avanti, alcuni coenzimi sono implicati nei processi in cui avviene un trasferimento di elettroni da una molecola all'altra.

I **gruppi prostetici**, infine, sono gruppi molecolari anche di grandi dimensioni, legati in modo permanente all'enzima, in genere tramite legami covalenti. In assenza del gruppo prostetico, che può essere un lipide, un nucleotide, un carboidrato o una vitamina, l'enzima non è in grado di funzionare.

A colpo d'occhio

FUNZIONALITÀ DELL'ENZIMA
- COFATTORI — IONI INORGANICI
- COENZIMI — PICCOLE MOLECOLE TRANSITORIE
- GRUPPI PROSTETICI — GRANDI MOLECOLE PERMANENTI

Le reazioni cellulari sono organizzate in vie metaboliche

Una caratteristica degli enzimi è che spesso lavorano in serie, come macchine in una catena di montaggio. Ogni enzima catalizza un singolo passaggio di una serie ordinata di reazioni che, nel suo complesso, costituisce una **via metabolica**. Vie metaboliche diverse svolgono funzioni differenti nella vita di una cellula; per esempio, una via può essere coinvolta nella demolizione del glucosio, un'altra nella sintesi di ATP e un'altra ancora nella sintesi di un amminoacido.

Molte vie metaboliche sono processi comuni a tutti gli organismi (dai batteri, alle piante e agli animali), a testimonianza del fatto che le cellule ricavano molti vantaggi da una tale organizzazione del lavoro; per esempio, i gruppi di enzimi che prendono parte alla stessa sequenza possono essere confinati in specifiche regioni cellulari, come i lisosomi. Un altro vantaggio è che in questo modo si evita l'accumulo di prodotti intermedi, dato che ogni prodotto tende a essere subito riutilizzato nella reazione successiva (**figura 7**).

Le vie metaboliche seguono tre principi comuni:

1. ogni via metabolica è regolata da enzimi chiave che determinano la velocità con cui avviene il processo complessivo;
2. ogni fase della reazione è catalizzata da un enzima specifico;
3. le vie metaboliche sono attive in specifici compartimenti, come il citoplasma o l'interno di alcuni organuli.

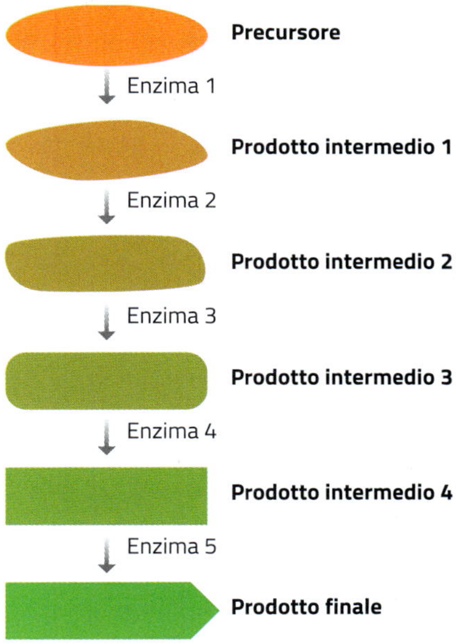

▲ **Figura 7**
Una via metabolica (che in questo caso è lineare) può essere schematizzata come una sequenza di passaggi; ogni passaggio è una reazione catalizzata da uno specifico enzima, che agisce sul prodotto dell'enzima precedente.

Non bisogna confondere il ruolo degli enzimi nelle vie metaboliche con quello dell'ATP: un enzima non fornisce energia, ma abbassa la soglia dell'energia di attivazione di una specifica reazione, mentre l'ATP può fornire energia a moltissime e diverse trasformazioni endoergoniche. Gli enzimi inoltre restano inalterati alla fine della reazione catalizzata, mentre al termine di ogni via metabolica si può fare un bilancio della quantità di ATP che è stata complessivamente consumata o prodotta.

L'insieme delle vie metaboliche cellulari costituisce una rete complessa, simile alla mappa della metropolitana (**figura 8**), nella quale è possibile seguire percorsi alternativi, individuare tragitti particolarmente adatti alle esigenze del momento (le «ore di punta») e trovare dei «nodi» comuni a più percorsi.

Le vie cataboliche sono generalmente **vie convergenti**, in cui diverse molecole di partenza convergono verso la generazione di un singolo prodotto.

Le vie metaboliche possono essere **lineari** oppure **ramificate**.

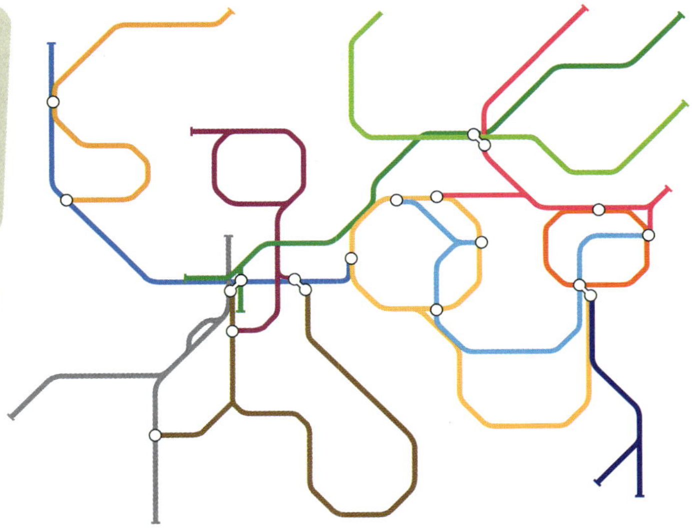

Il ciclo di Krebs è un esempio di **via metabolica ciclica** in cui, attraverso una serie di reazioni, si ottiene la rigenerazione di una delle molecole di partenza.

◄ **Figura 8**
Le vie metaboliche si intrecciano come le linee di una metropolitana, i punti di intersezione rappresentano le molecole condivise da più vie, perciò i prodotti di una via possono diventare i precursori di altre reazioni metaboliche, oppure bloccare le tappe successive.

Molte reazioni metaboliche sono ossidoriduzioni

Reazioni importanti per la realizzazione del metabolismo sono le *ossidoriduzioni* o **reazioni redox**, in cui uno o più elettroni sono trasferiti da una sostanza a un'altra. La **riduzione** è una reazione che prevede l'acquisto di uno o più elettroni da parte di un atomo, di uno ione o di una molecola; l'**ossidazione** consiste invece nella cessione di uno o più elettroni.

L'ossidazione e la riduzione avvengono sempre insieme, poiché nelle trasformazioni chimiche non c'è mai perdita di elettroni, infatti quando un composto

Le parole
La perdita di elettroni è detta **ossidazione** perché l'ossigeno, essendo molto elettronegativo, attrae fortemente gli elettroni ed è quindi spesso l'accettore di elettroni.

chimico si ossida, gli elettroni che perde si trasferiscono a un altro composto, che si riduce (**figura 9**). Il composto che si riduce è detto *agente ossidante* (perché ossida l'altro) e quello che si ossida è detto *agente riducente* (perché riduce l'altro). Sebbene l'ossidazione e la riduzione siano generalmente definite come un passaggio di elettroni, nelle reazioni biologiche spesso si fa riferimento all'acquisizione o alla perdita di atomi di idrogeno. Nelle molecole organiche, infatti, il trasferimento di elettroni di norma si accompagna a un passaggio di ioni idrogeno, che sono formati da un protone e un elettrone:

$$H = H^+ + e^-$$

Per questo, nei processi biochimici, una molecola che perde atomi di idrogeno si *ossida* e una molecola che acquista atomi di idrogeno si *riduce*. Per esempio, nell'ossidazione del glucosio la molecola di zucchero perde atomi di idrogeno e l'ossigeno li accetta, formando acqua:

$$C_6H_{12}O_6 + 6\ O_2 \rightarrow 6\ CO_2 + 6\ H_2O + \text{energia}$$

In generale, quanto più una molecola è ridotta, tanto più è instabile nelle condizioni tipiche di una cellula e quindi maggiore è l'energia che si trova immagazzinata nei suoi legami. Gli atomi di carbonio del glucosio si trovano in una forma ridotta, ricca di energia; nel diossido di carbonio, al contrario, il carbonio si trova in una forma ossidata, povera di energia. La trasformazione della molecola del glucosio in diossido di carbonio libera energia, pertanto la reazione è esoergonica.

Nella fotosintesi, invece, gli elettroni passano da una molecola più ossidata a una più ridotta; in questo caso avranno bisogno di un apporto di energia esterno, fornito dalla luce solare:

$$6\ CO_2 + 6\ H_2O + \text{energia} \rightarrow C_6H_{12}O_6 + 6\ O_2$$

Gli enzimi che catalizzano le reazioni redox lavorano spesso in coppia con particolari coenzimi che funzionano come delle navette, trasportando gli elettroni da una via metabolica a un'altra. Tra tutti, il più importante è il **coenzima NAD**, una sigla che sta per *nicotinammide adenin dinucleotide*, che lavora insieme a un gruppo di enzimi chiamati *deidrogenasi*.

Il NAD si presenta in due forme chimicamente distinte: la forma ossidata NAD^+, con un contenuto energetico inferiore, e la forma ridotta $NADH + H^+$, più ricca di energia. Le deidrogenasi «caricano» il NAD^+ di elettroni, trasformandolo nella forma ridotta $NADH + H^+$; a questo punto il coenzima ridotto si trasferisce a un'altra via metabolica, dove viene ossidato da un'altra deidrogenasi (**figura 10**). Questo processo libera energia che può essere usata, per esempio, per sintetizzare ATP.

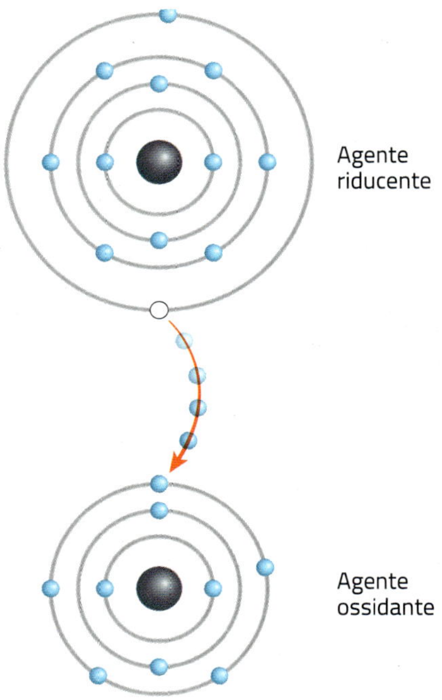

▲ Figura 9
Nelle redox si verifica il passaggio di elettroni da un composto (l'agente riducente) a un altro (l'agente ossidante).

Curiosità

L'energia immagazzinata nel $NADH + H^+$ è accessibile solo attraverso lo svolgersi di specifiche reazioni redox, per cui questo coenzima non costituisce un trasportatore di energia al pari dell'ATP. Il **NAD** è dunque un trasportatore, ma soltanto di atomi di idrogeno.

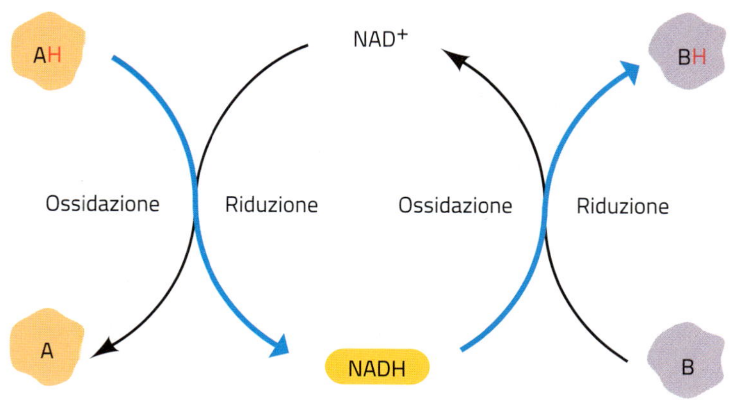

► Figura 10
Schema dei processi di ossidorizione in cui è coinvolto il NAD: ogni freccia nera ricurva rappresenta una reazione di ossidazione o di riduzione. La freccia larga in blu indica ilpercorso degli elettroni trasferiti.

Facciamo il punto

1. Che cosa si intende per «metabolismo cellulare»?
2. Qual è la differenza tra le reazioni cataboliche e quelle anaboliche?
3. Perché l'ATP agisce come agente accoppiante delle reazioni metaboliche?
4. Che cosa sono i catalizzatori e qual è la loro funzione?
5. Quali sono le caratteristiche degli enzimi?
6. Che cosa sono i cofattori e i coenzimi?
7. Che cosa si intende per «via metabolica»?

2 Scambi di sostanze tra cellule e ambiente

La diffusione è un processo spontaneo che non richiede consumo di energia

Le sostanze possono entrare e uscire dalle cellule, o muoversi al loro interno, in diversi modi; quello più semplice è la **diffusione**, che non richiede consumo di energia.

È semplice verificare il processo di diffusione: se si versano alcune gocce di inchiostro in un punto qualsiasi di un recipiente pieno d'acqua, le molecole di inchiostro si spostano e si distribuiscono lentamente in tutto il recipiente; dopo qualche secondo le particelle colorate si trovano alla stessa concentrazione in ogni parte del liquido, che appare così di colore uniforme (**figura 11**). Le molecole, pur rimanendo in movimento, raggiungono uno stato di *equilibrio dinamico*, ovvero una distribuzione mediamente uniforme.

A colpo d'occhio

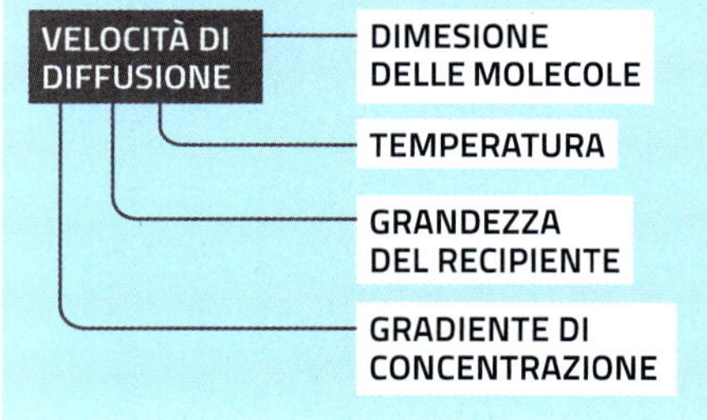

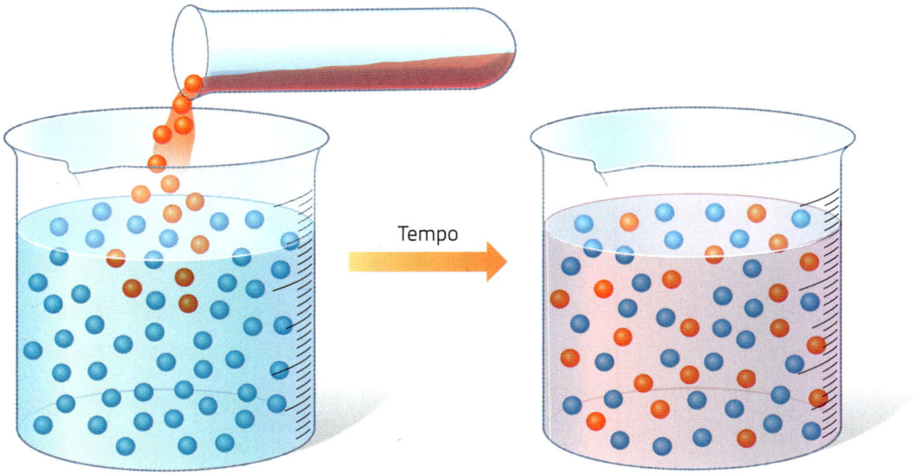

◂ Figura 11
Quando si versa dell'inchiostro in un recipiente pieno d'acqua, questo si distribuisce in modo uniforme e fa cambiare colore a tutta la soluzione.

La velocità del processo di diffusione varia a seconda delle dimensioni delle molecole, della temperatura e della grandezza del recipiente: le molecole più piccole diffondono più velocemente e le temperature più alte accelerano la diffusione perché aumentano il movimento delle molecole. In una cellula, dove le distanze sono assai ridotte, la diffusione è molto rapida; ioni e micromolecole possono diffondere in pochi millisecondi da un'estremità all'altra di un organulo cellulare. Su scala maggiore, invece, i tempi si allungano parecchio: la diffusione su distanze di qualche centimetro potrebbe richiedere ore, o addirittura anni nel caso di pochi metri. La diffusione quindi non è un processo adatto per spostare sostanze da un punto all'altro del nostro corpo, ma è abbastanza efficiente per trasferire molecole attraverso uno strato di poche cellule.

Il quarto elemento che determina la velocità della diffusione è il *gradiente di concentrazione*, cioè la differenza di concentrazione tra le due soluzioni che vengono a contatto; lo spostamento avviene sempre da una zona di maggiore a una di minore concentrazione. La diffusione è il movimento spontaneo delle molecole che presentano un diverso gradiente di concentrazione; tanto maggiore è la differenza delle concentrazioni tanto più rapida è la diffusione.

Il passaggio di molecole può avvenire per trasporto passivo o attivo

La diffusione che abbiamo considerato finora avviene in un recipiente privo di barriere od ostacoli. Se, invece, la soluzione è divisa in due compartimenti separati da una membrana, come nel caso della cellula, il movimento delle molecole dei soluti sarà influenzato anche dalle caratteristiche della membrana.

La membrana plasmatica è detta **selettivamente permeabile** perché può essere attraversata da alcune sostanze ma non da altre (**figura 12**). Le particelle che non possono attraversare la membrana restano confinate all'esterno o all'interno della cellula, mentre quelle che sono libere di attraversarla diffondono da un compartimento all'altro, fino a raggiungere la stessa concentrazione ai due lati della membrana. A questo punto, le particelle continuano a muoversi attraverso la membrana, ma poiché il flusso in uscita è uguale a quello in entrata, la concentrazione ai due lati della membrana rimane costante.

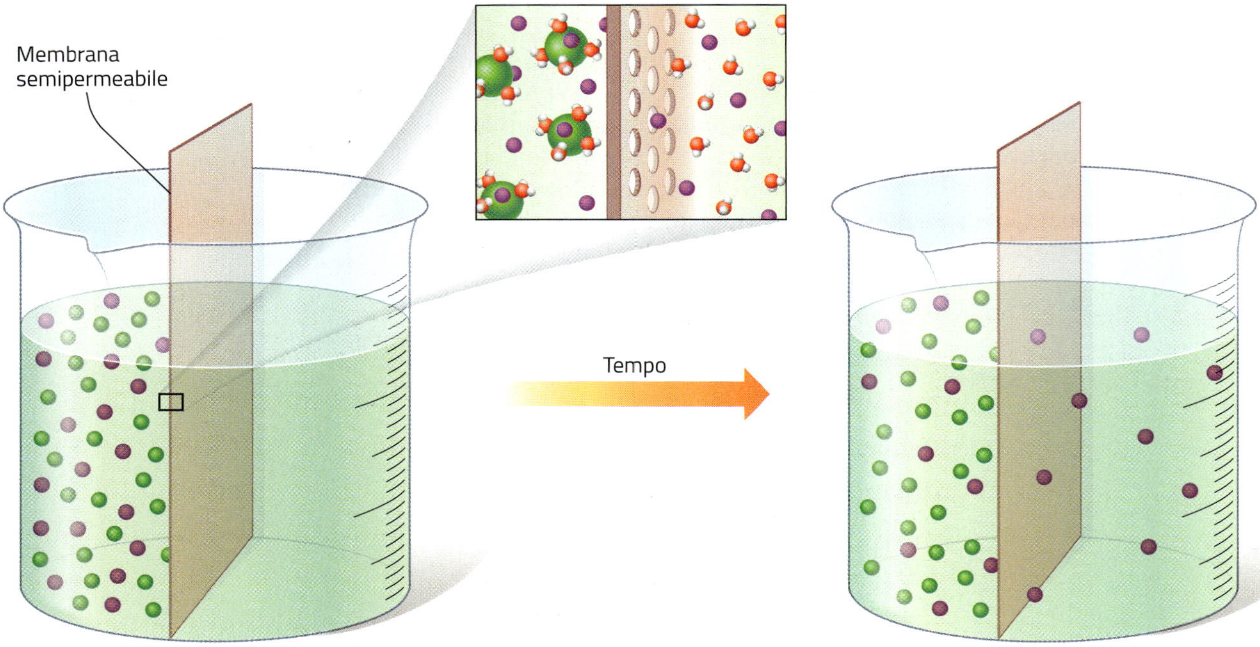

▾ Figura 12
Questo modello ricostruisce una membrana selettivamente permeabile: le piccole molecole di acqua possono attraversare la membrana cellulare, mentre quelle del soluto non possono passare.

Il movimento attraverso la membrana può avvenire in modo spontaneo e senza il consumo di energia da parte della cellula, oppure attraverso il dispendio di molecole di ATP. Nel primo caso si parla di **trasporto passivo**, il modo più semplice per spostare sostanze dentro e fuori dalla cellula; questo tipo di trasporto non richiede energia perché avviene *secondo gradiente di concentrazione*, cioè da una zona a concentrazione maggiore verso quella a concentrazione minore. Nel secondo caso si ha un **trasporto attivo**, con consumo di energia chimica e spostamento di molecole da una parte all'altra della membrana *contro gradiente di concentrazione*, cioè dalla zona a concentrazione minore a quella a concentrazione maggiore.

Il trasporto passivo, inoltre, può avvenire secondo modalità differenti, che prevedono o meno l'impiego di proteine di membrana che velocizzino il passaggio delle molecole. Questi diversi tipi di trasporto sono la *diffusione semplice*, l'*osmosi* e la *diffusione facilitata* (**figura 13**).

▾ Figura 13
Nella cellula avvengono tre tipi di trasporto passivo: la diffusione semplice (A), la diffusione facilitata (B, C) e la diffusione per osmosi (D).

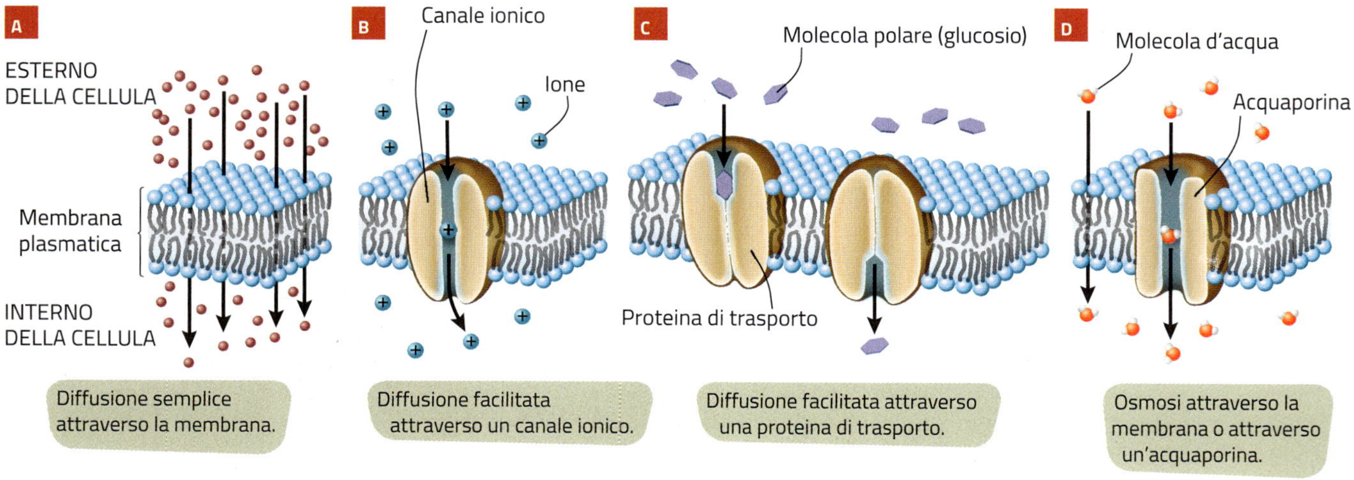

La diffusione attraverso una membrana può essere semplice o facilitata

La **diffusione semplice** è il passaggio diretto attraverso la membrana di particelle liposolubili o di piccole dimensioni, secondo gradiente di concentrazione. Una molecola apolare è solubile nei lipidi, per cui riesce a entrare nella cellula semplicemente diffondendo attraverso il doppio strato fosfolipidico della membrana plasmatica. Anche l'acqua passa attraverso la membrana perché le sue molecole sono di dimensioni ridotte e possono infiltrarsi tra le code dei fosfolipidi. Per la stessa ragione riescono a passare anche altre piccole molecole polari o parzialmente ionizzate, come NH_3 e CO_2 in soluzione acquosa.

Al contrario, le particelle più grandi (come amminoacidi e zuccheri) e quelle elettricamente cariche (cioè gli ioni) non attraversano facilmente la membrana per due motivi: non sono solubili nella parte interna e idrofobica del doppio strato fosfolipidico e sono spesso circondate da molecole d'acqua con cui formano legami a idrogeno, aumentando così il proprio ingombro. A parità di dimensioni, quindi, uno steroide attraversa facilmente la membrana, mentre un polipeptide diffonde con grande difficoltà; di conseguenza, dovrà ricorrere al secondo tipo di meccanismo, la diffusione facilitata, che utilizza proteine di trasporto.

La **diffusione facilitata** avviene senza consumo di energia, ma richiede l'intervento di due tipi di proteine di membrana: i canali proteici e i *carrier*. I **canali proteici** sono proteine trans-membrana (che attraversano cioè la membrana) formate da varie subunità che delimitano un poro centrale. La superficie del canale è formata da amminoacidi polari che formano legami con le molecole d'acqua, facilitando il passaggio di sostanze polari, soprattutto ioni. Al contrario, la superficie esterna della proteina, che si trova immersa nel doppio strato di fosfolipidi, è ricca di amminoacidi apolari.

Tra i canali proteici, i più importanti sono i canali ionici e le acquaporine. I **canali ionici** regolano in modo specifico il flusso di ioni in entrata e in uscita dalla cellula e sono responsabili di molti fenomeni biologici, tra cui l'apertura degli stomi delle foglie. Alcuni tipi di canali ionici sono sempre aperti, altri invece si aprono solo in seguito a un'attivazione di natura chimica (tramite *molecole segnale*), elettrica o meccanica (**figura 14**).

A colpo d'occhio

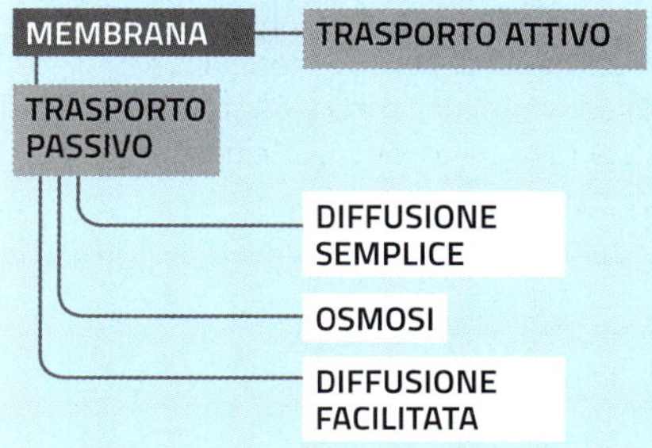

Guarda i video nell'ebook:
Un minuto di biologia
Il trasporto passivo

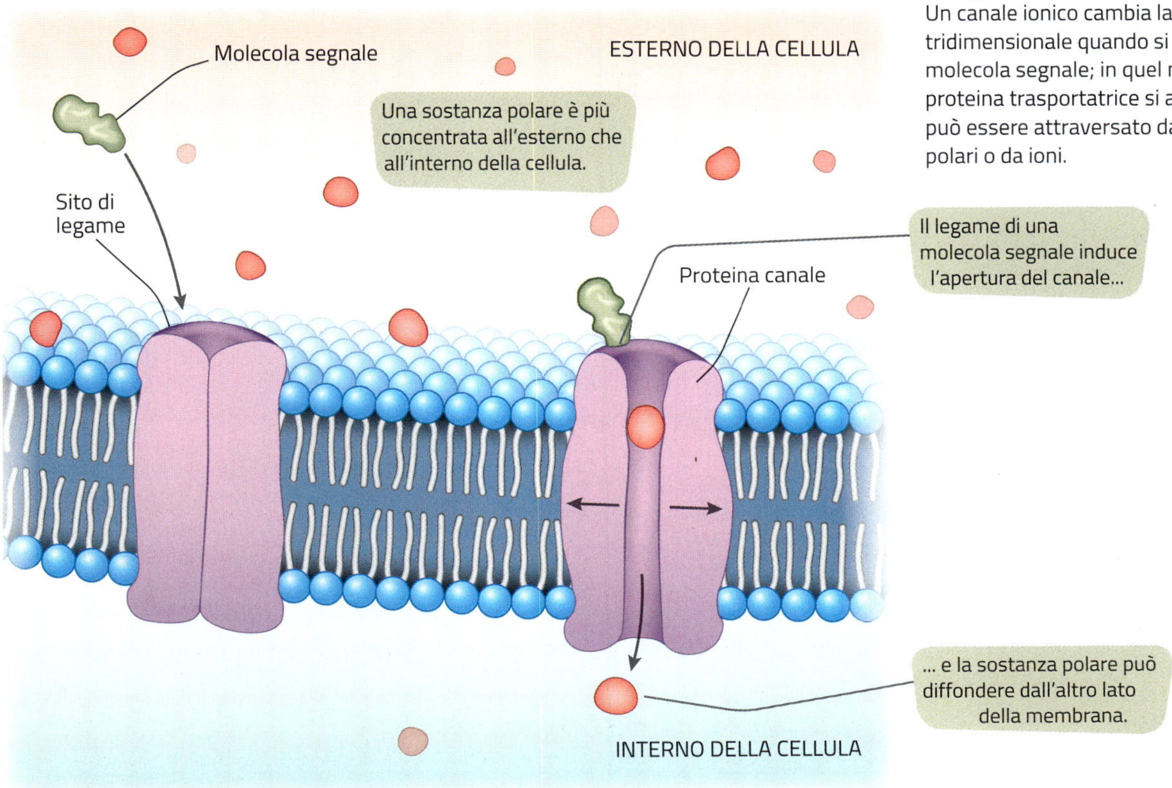

◂ Figura 14
Un canale ionico cambia la propria forma tridimensionale quando si lega a una molecola segnale; in quel momento la proteina trasportatrice si apre e il canale può essere attraversato da molecole polari o da ioni.

Le **acquaporine** hanno invece la funzione di aumentare la permeabilità della membrana all'acqua (*vedi* scheda 1). Normalmente, l'acqua entra ed esce dalle cellule per diffusione semplice, ma in certi casi le cellule di alcuni organi devono poter generare rapidamente flussi molto intensi di acqua: in queste condizioni si attivano le acquaporine, che si aprono rendendo il passaggio dell'acqua più veloce rispetto alla diffusione semplice.

I *carrier*, o **proteine di trasporto**, legano e poi trasferiscono sostanze, in genere molecole polari, attraverso la membrana. Un esempio di proteina di trasporto è il *carrier* del glucosio (**figura 15**), che facilita l'assorbimento dello zucchero da parte delle cellule. Questa proteina esiste in due conformazioni alternative: una è aperta verso il lato esterno della membrana, l'altra verso il lato interno. Quando il glucosio che si trova all'esterno si lega alla sua proteina di trasporto, induce un cambio di conformazione nel *carrier*, il quale lo rilascia nel citoplasma. Al termine del processo, il *carrier* recupera la sua forma originale ed è pronto a legare un'altra molecola di glucosio.

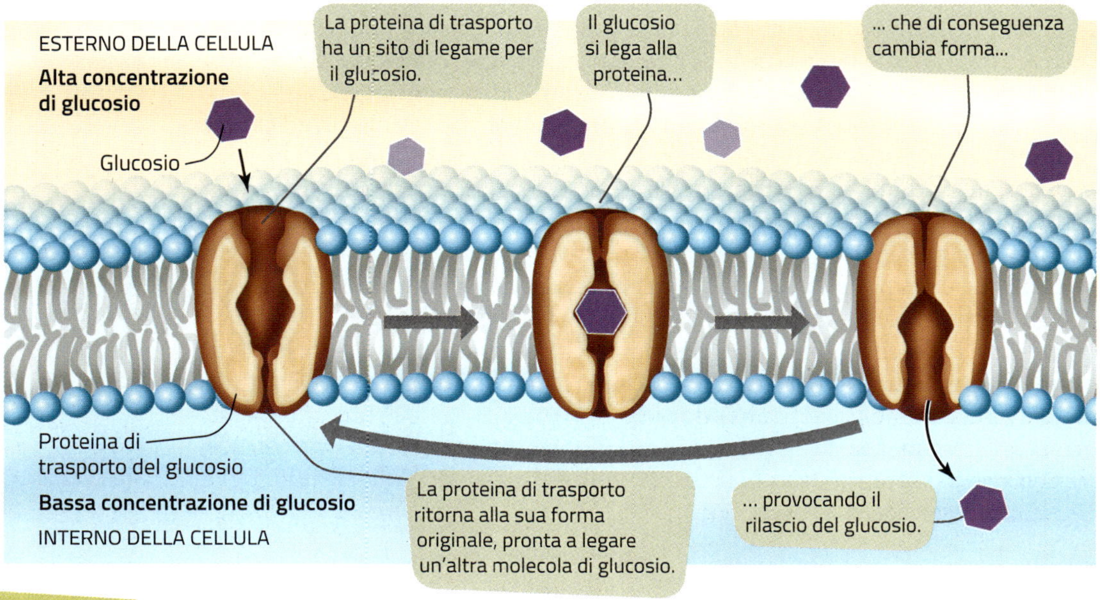

▸ Figura 15
Il *carrier* del glucosio è una proteina che consente allo zucchero di entrare nella cellula secondo gradiente di concentrazione; il glucosio si lega alla proteina di trasporto che lo trasferisce all'interno della membrana e poi, in seguito a un cambiamento di conformazione, lo libera nel citoplasma.

1- La nostra salute

Bloccare le acquaporine per indebolire il glaucoma

Negli esseri viventi l'acqua è indispensabile perché agisce da solvente delle reazioni metaboliche, regolatore del volume cellulare e della temperatura corporea, trasportatore dei nutrienti e delle sostanze di rifiuto. Per poterla sfruttare in tutte queste mansioni, le cellule hanno bisogno di spostare l'acqua in grandi quantità e in tempi brevi nelle zone che ne hanno più necessità.

Nel 1991 Peter Agre scoprì la struttura e il funzionamento delle acquaporine e per questo risultato ottenne il premio Nobel per la Chimica nel 2003, ma fino a quel momento non era chiaro come l'acqua si muovesse all'interno dei tessuti. Negli ultimi anni, invece, lo studio dei canali per il passaggio dell'acqua attraverso le membrane cellulari è diventato un settore di ricerca molto approfondito.

Le acquaporine sono una famiglia di piccole proteine canale della membrana plasmatica presenti in batteri, funghi, piante e animali. Così come le valvole di un sistema idraulico hanno la funzione di regolare il passaggio dell'acqua fra una «tubatura» e l'altra, evitando che il flusso si arresti o sia troppo violento, allo stesso modo le acquaporine mantengono costante il volume d'acqua all'interno del nostro corpo.

Dal punto di vista funzionale si distinguono due sottofamiglie:

1. le **acquaporine classiche** che trasportano solo acqua;
2. le **acquagliceroporine** che, oltre all'acqua, lasciano passare glicerolo e altre molecole neutre.

Nei vertebrati sono state identificate 12 acquaporine localizzate soprattutto nel rene, nei capillari polmonari, nelle ghiandole salivari e lacrimali e nell'occhio, dove regolano la concentrazione di acqua del cristallino.

Dato che la funzione di questi canali è essenziale per molti tipi di cellule, anche i ricercatori impegnati nella lotta contro il cancro stanno cercando un modo per bloccarne l'azione.

Uno degli obiettivi, per esempio, è quello di curare le malattie legate ai disturbi dell'equilibrio idrico, come il **glaucoma**, una malattia oculare dovuta a un aumento della pressione all'interno dell'occhio. Un elemento chimico molto efficace per bloccare l'apertura di questi canali è il mercurio, che però non può essere usato come farmaco perché è troppo velenoso. Per questo motivo sono in corso molte ricerche che tentano di trovare delle sostanze in grado di bloccare soltanto le acquaporine nelle cellule malate, senza influenzare le cellule sane circostanti.

L'osmosi è il passaggio di molecole d'acqua attraverso una membrana selettivamente permeabile

Fra tutte le molecole che si spostano all'interno o all'esterno delle cellule, la più comune è quella dell'acqua (H_2O). La forza che sposta l'acqua è la differenza di energia potenziale che, nel caso specifico, prende il nome di *potenziale idrico*. L'acqua si sposta sempre da una regione a **potenziale idrico maggiore** a una regione a **potenziale idrico minore**.

Se si considera l'acqua che scorre verso il basso a causa della forza di gravità, la quantità che si trova in un lago di alta quota possiede un potenziale idrico maggiore di quella che si trova ai piedi della montagna, ma a mano a mano che scorre verso il basso, la sua energia potenziale si trasforma in energia cinetica attraverso uno spostamento chiamato *flusso di massa*. La differenza nel potenziale idrico è quindi data dall'altitudine alla quale sono posti i due bacini.

Nelle soluzioni acquose, invece, il potenziale idrico è causato dalla *concentrazione* delle sostanze che vi sono disciolte, cioè dei soluti. Se si confrontano per esempio due soluzioni di uguale volume, ma con diverse concentrazioni di sale da cucina (figura 16A), nella soluzione più concentrata il numero di particelle di sale per unità di volume di soluzione è maggiore, mentre il numero di molecole d'acqua è inferiore; di conseguenza l'acqua è «meno concentrata» e il potenziale idrico è inferiore: questa soluzione è detta **ipertonica**. Al contrario, nella soluzione più diluita, la concentrazione del sale è minore mentre la concentrazione dell'acqua è maggiore; di conseguenza il potenziale idrico è maggiore: questa soluzione è detta **ipotonica**.

Se due soluzioni a concentrazione diversa sono separate da una membrana che permette il passaggio dell'acqua ma non dei soluti, chiamata **membrana selettivamente permeabile**, le molecole d'acqua diffondono dalla soluzione ipotonica a quella ipertonica; questo processo è chiamato **osmosi**.

In assenza di altri fattori che agiscano sul potenziale idrico, il processo va avanti fino a quando la concentrazione di soluti non è la stessa in entrambe le soluzioni, che a questo punto sono dette **isotoniche** (figura 16B). Il trasferimento di acqua non è influenzato dalla tipologia di sostanze disciolte ma solamente dalla loro concentrazione; inoltre, poiché lo spostamento di molecole avviene secondo il potenziale idrico dell'acqua, il processo non comporta dispendio energetico da parte della cellula.

L'osmosi è quindi il «motore» che attiva gli spostamenti di acqua tra la cellula e l'ambiente esterno, movimenti che avvengono sia per diffusione semplice attraverso la membrana sia per diffusione facilitata per mezzo delle acquaporine.

Guarda i video nell'ebook: **Un minuto di biologia** *L'osmosi*

Le parole

I prefissi **iper-**, che significa «più», e **ipo-**, che significa «meno», non si riferiscono al potenziale idrico, ma alla concentrazione di soluti. L'acqua si sposta dalla soluzione ipotonica a quella ipertonica, ma tale spostamento va inteso come *flusso netto*, perché il suo movimento attraverso la membrana è continuo in entrambe le direzioni.

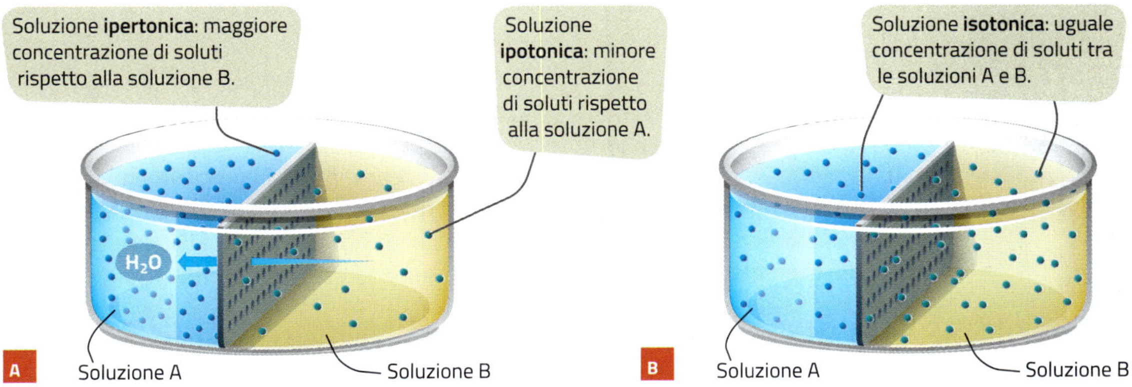

◂ **Figura 16** La concentrazione relativa di soluti (tonicità) determina la direzione del movimento delle molecole attraverso una membrana selettivamente permeabile.

Gli animali acquatici si sono adattati a vivere in ambienti ipotonici o ipertonici

Il movimento osmotico dell'acqua è un problema ambientale a cui le cellule hanno dovuto adattarsi per sopravvivere; questa esigenza è legata al fatto che per garantire il corretto funzionamento delle proteine e degli enzimi, le cellule devono mantenere costante il proprio equilibrio idrico interno. Questo equilibrio deve essere mantenuto a prescindere dal fatto che il citoplasma sia ipotonico, isotonico o ipertonico rispetto all'ambiente esterno.

> **Curiosità**
>
> I globuli rossi (come le altre cellule animali), per mantenere la propria integrità, devono sempre trovarsi in un **ambiente isotonico** rispetto al proprio citoplasma; per questo motivo nelle terapie endovenose e nelle idratazioni attraverso flebo si utilizza una soluzione di cloruro di sodio allo 0,9% chiamata *soluzione fisiologica*, che è isotonica rispetto al plasma sanguigno.

Prendiamo come esempio i globuli rossi del sangue (**figura 17A**), cellule sospese in una soluzione acquosa di sali, proteine e altri soluti chiamata *plasma*. Guardando una goccia di sangue al microscopio ottico si può osservare che i globuli rossi hanno una tipica forma a disco schiacciata al centro, ma se si aggiunge dell'acqua distillata si può vedere che i globuli rossi si gonfiano fino a scoppiare; viceversa, se si aggiunge una soluzione molto concentrata di sale, i globuli rossi si sgonfiano e raggrinziscono perdendo acqua.

Il fenomeno è diverso nelle cellule vegetali, dotate di una parete cellulare rigida che ne limita l'espansione (**figura 17B**). Quando le cellule vegetali assorbono acqua, al loro interno si genera il turgore, una pressione diretta contro la parete cellulare che impedisce l'ingresso di altra acqua (*vedi* capitolo A8). Quando le cellule perdono acqua, il turgore viene meno e la pianta appassisce; se la perdita di acqua è eccessiva, la membrana plasmatica si stacca dalla parete provocando la morte della cellula.

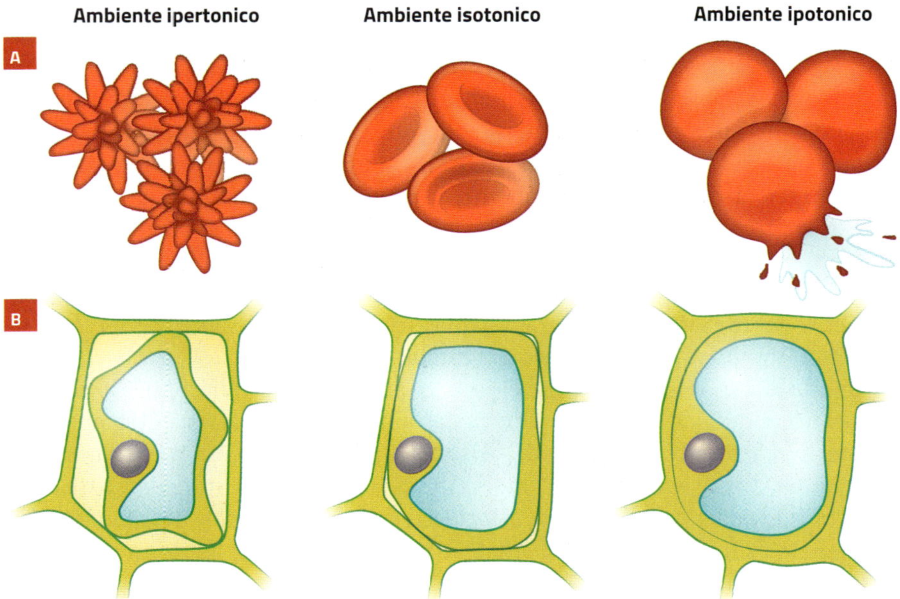

▸ **Figura 17**
L'osmosi guida il passaggio delle molecole attraverso la membrana plasmatica. Questo processo ha effetti significativi nelle cellule animali (A), mentre quelle vegetali (B) sfruttano la parete per mantenere il turgore e il sostegno meccanico delle proprie strutture.

Gli organismi unicellulari e pluricellulari, soprattutto acquatici, devono continuamente affrontare il problema dell'equilibrio idrico. Alcuni organismi, detti **osmoconformi**, adeguano semplicemente le loro condizioni interne a quelle ambientali, mentre altri, chiamati **osmoregolatori**, riescono a mantenere costante il loro ambiente interno, anche se è diverso da quello esterno.

I liquidi corporei e i tessuti di molti pesci marini, per esempio, sono ipotonici rispetto all'acqua salata in cui vivono e, di conseguenza, l'acqua tenderebbe a uscire dalle cellule per osmosi. Le specie marine hanno sviluppato adattamenti diversi per sfuggire alla disidratazione (**figura 18A**): gli squali e gli altri pesci cartilaginei accumulano nei loro tessuti quantità elevate di urea, una sostanza derivata dal metabolismo delle proteine che li rende isotonici rispetto all'acqua marina, mentre i più comuni pesci ossei sono rivestiti da un velo di muco che li protegge dal contatto con l'acqua.

La situazione opposta si verifica nelle specie di acqua dolce: il sangue e i tessuti di questi animali sono ipertonici rispetto all'ambiente circostante, per cui tenderebbero ad assorbire acqua dall'ambiente esterno. I pesci d'acqua dolce (**figura 18B**), oltre a essere protetti da uno strato di muco cutaneo, eliminano anche l'acqua in eccesso producendo urine povere di sali minerali.

Negli organismi unicellulari, i citoplasmi delle cellule delle specie marine sono di solito isotonici rispetto all'acqua salata; nel caso delle specie d'acqua dolce, invece, il citoplasma è ipertonico rispetto all'ambiente e l'acqua tenderebbe a entrare nella cellula fino a farla scoppiare. Ciò viene impedito da un organulo specializzato, il *vacuolo contrattile*, che raccoglie l'acqua dalle varie regioni della cellula e la pompa fuori mediante contrazioni ritmiche.

▴ **Figura 18**
(A) I pesci marini come il pesce napoleone (*Cheilinus undulatus*) vivono in un ambiente ipertonico rispetto ai loro liquidi interni e quindi rischiano la disidratazione. (B) I pesci d'acqua dolce come la carpa erbivora (*Ctenopharyngodon idella*) vivono invece in un ambiente ipotonico e rischiano di assorbire troppa acqua dall'esterno.

Il trasporto attivo trasferisce sostanze contro il gradiente di concentrazione

Il trasferimento di una sostanza contro il proprio gradiente di concentrazione prende il nome di **trasporto attivo** e comporta un dispendio di energia da parte della cellula. Si tratta di un processo che consente alle cellule di tenere sotto controllo le concentrazioni di certe sostanze, a prescindere dalle variazioni che si verificano nell'ambiente circostante.

Le proteine di trasporto attivo sono chiamate *pompe* e possiedono due siti di legame: uno per la molecola da trasportare e uno per l'ATP, che fornisce l'energia necessaria allo svolgimento del processo. Una delle pompe proteiche più comuni è la *pompa sodio-potassio*, che usa l'energia dell'ATP per trasportare due ioni K^+ all'interno della cellula e tre ioni Na^+ all'esterno, contro le rispettive concentrazioni. La pompa sodio-potassio è un esempio di **antiporto**, perché trasferisce due sostanze in direzioni opposte, una verso l'interno e l'altra verso l'esterno della cellula. Esistono altri due tipi di trasporto attivo: l'uniporto e il simporto (**figura 19**).

Nell'**uniporto** la proteina trasferisce una sola sostanza in un'unica direzione; è il caso della pompa del calcio, che accumula ioni Ca^{2+} nel reticolo endoplasmatico. Nel **simporto**, invece, la proteina trasferisce due sostanze nella stessa direzione; l'assorbimento degli zuccheri nel canale intestinale, per esempio, avviene grazie a una pompa che lega contemporaneamente un esoso e uno ione Na^+.

Guarda i video nell'ebook:
Un minuto di biologia
Il trasporto attivo

A colpo d'occhio

TRASPORTO ATTIVO
- UNIPORTO – CANALE Ca^{2+}
- SIMPORTO – ASSORBIMENTO ZUCCHERI INTESTINALI
- ANTIPORTO – POMPA Na^+/K^+

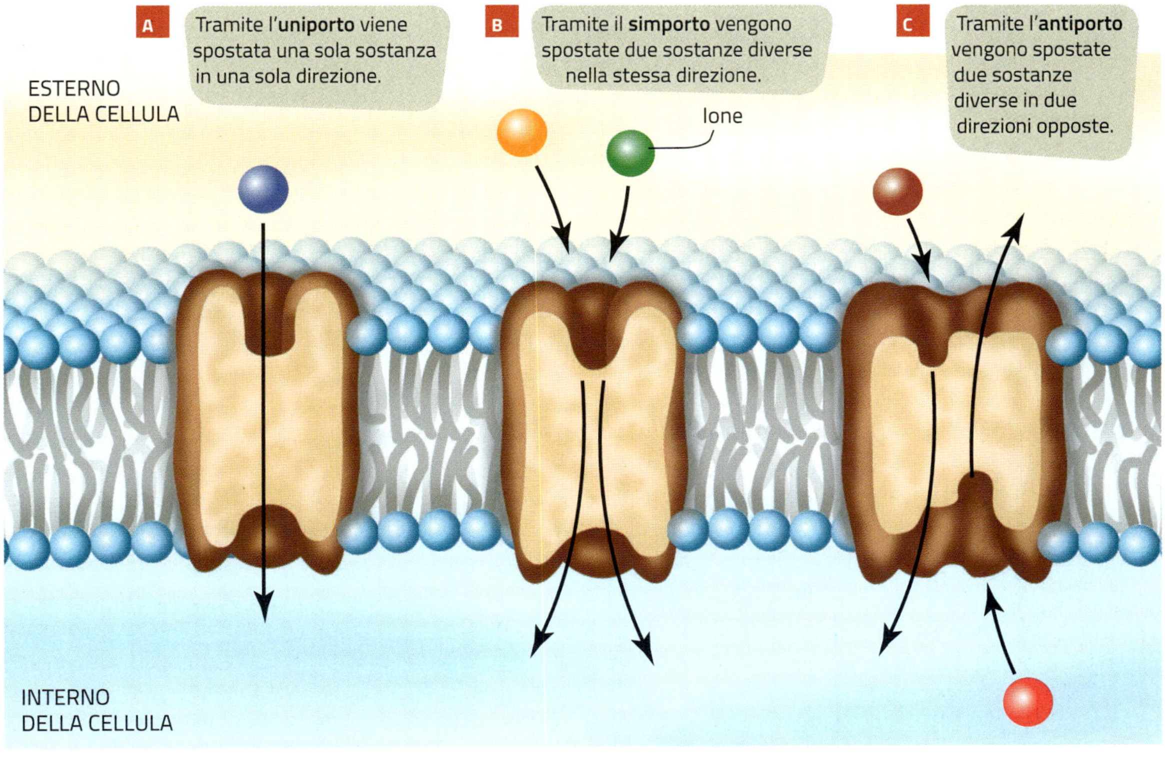

◄ **Figura 19** I tre tipi di trasporto attivo: uniporto (A), simporto (B) e antiporto (C).

Il trasporto mediato da vescicole comprende l'esocitosi e l'endocitosi

Le proteine di trasporto e i canali sono adatti a trasferire ioni e molecole polari attraverso la membrana plasmatica, ma non possono trasportare intere macromolecole o particelle, come microrganismi o pezzetti di cellule. Per importare o esportare sostanze di grandi dimensioni, la cellula ricorre al trasporto mediante **vescicole** rivestite da membrana. Esistono diversi tipi di vescicole che cooperano per trasportare sostanze dentro e fuori dalla cellula e ogni vescicola trasporta il proprio contenuto in un'unica direzione.

Il processo di esportazione, detto **esocitosi**, ha inizio nel reticolo endoplasmatico e prosegue nell'apparato di Golgi (**figura 20A** nella pagina seguente). Le proteine sintetizzate dai ribosomi entrano nelle vescicole del reticolo, dove vengono ripiegate nella loro struttura terziaria o modificate chimicamente; subito dopo

Guarda i video nell'ebook:
Un minuto di biologia
Endocitosi ed esocitosi

Le parole

Il suffisso –**citosi** deriva dal greco *kýtos*, «cavità», e può essere preceduto da vari prefissi. La **pinocitosi** (dal greco *pínein*, «bere») è il processo grazie al quale la cellula acquisisce materiali liquidi, mentre la **fagocitosi**, che contiene il verbo *phagêin*, «mangiare», indica l'assunzione di sostanze solide. I prefissi *endo-* ed *eso-* specificano i processi con cui il materiale entra nella cellula (**endocitosi**) oppure esce dalla cellula (**esocitosi**), sempre per mezzo di vescicole.

la proteina è inglobata all'interno di una vescicola che si dirige all'apparato di Golgi. Qui la vescicola si fonde con la membrana e rilascia la proteina all'interno delle cisterne. Nell'apparato di Golgi le proteine sono «etichettate» per la destinazione finale. Una volta ottenuta la proteina definitiva, per esempio un ormone o una proteina di membrana, questa è racchiusa in una nuova vescicola che si dirige verso la membrana plasmatica, si fonde con essa e libera la proteina all'esterno.

L'**endocitosi**, al contrario, è il processo che permette alla cellula di importare particelle alimentari e di rimuovere sostanze dallo spazio extracellulare (**figura 20B**). L'endocitosi inizia sulla membrana plasmatica che avvolge la sostanza da importare per formare una vescicola, che si dirige poi verso l'interno della cellula. La destinazione finale delle vescicole di endocitosi sono i lisosomi, dove avviene l'idrolisi delle sostanze introdotte; i prodotti della demolizione, come monosaccaridi, nucleotidi e amminoacidi, sono poi liberati nel citoplasma.

Quando la sostanza che deve essere trasportata all'interno della cellula per endocitosi è solida, come nel caso di un frammento di cibo o di una cellula batterica, il processo è chiamato **fagocitosi**; molti protisti eterotrofi, come le amebe, si nutrono in questo modo. La fagocitosi è anche il processo che consente ad alcuni globuli bianchi specializzati di eliminare particelle estranee, come virus o batteri. L'importazione di sostanze liquide prende invece il nome di **pinocitosi**.

L'**endocitosi mediata da recettori** è un tipo particolare di endocitosi che preleva in modo selettivo le sostanze presenti nell'ambiente extracellulare (**figura 20C**). Ciò avviene grazie a speciali proteine di membrana, chiamate *recettori*, che riconoscono le specifiche molecole da trasportare all'interno della cellula. Queste proteine sono localizzate sul versante extracellulare della membrana plasmatica, in corrispondenza di piccole depressioni chiamate *fossette rivestite*. Quando un recettore lega la propria molecola bersaglio, detta *ligando*, la fossetta rivestita si introflette e forma una *vescicola rivestita*. Irrobustita e stabilizzata dalle proteine presenti nel rivestimento, la vescicola trasporta il materiale all'interno della cellula. Una volta entrata, la vescicola perde il suo rivestimento e può fondersi con un lisosoma.

▾ Figura 20
(A) Mediante l'esocitosi le sostanze da esportare vengono avvolte da una membrana, poi la vescicola si fonde con la membrana esterna facendo uscire il proprio contenuto. (B) Mediante l'endocitosi la membrana si ripiega, avvolgendo la sostanza da introdurre e creando una vescicola interna. (C) Alcune parti della membrana di questa cellula (in blu) sono dotate di recettori, i piccoli calici arancioni, che si legano alle molecole da trasportare; poi la membrana si ripiega in una vescicola che trasporterà all'interno della cellula le molecole.

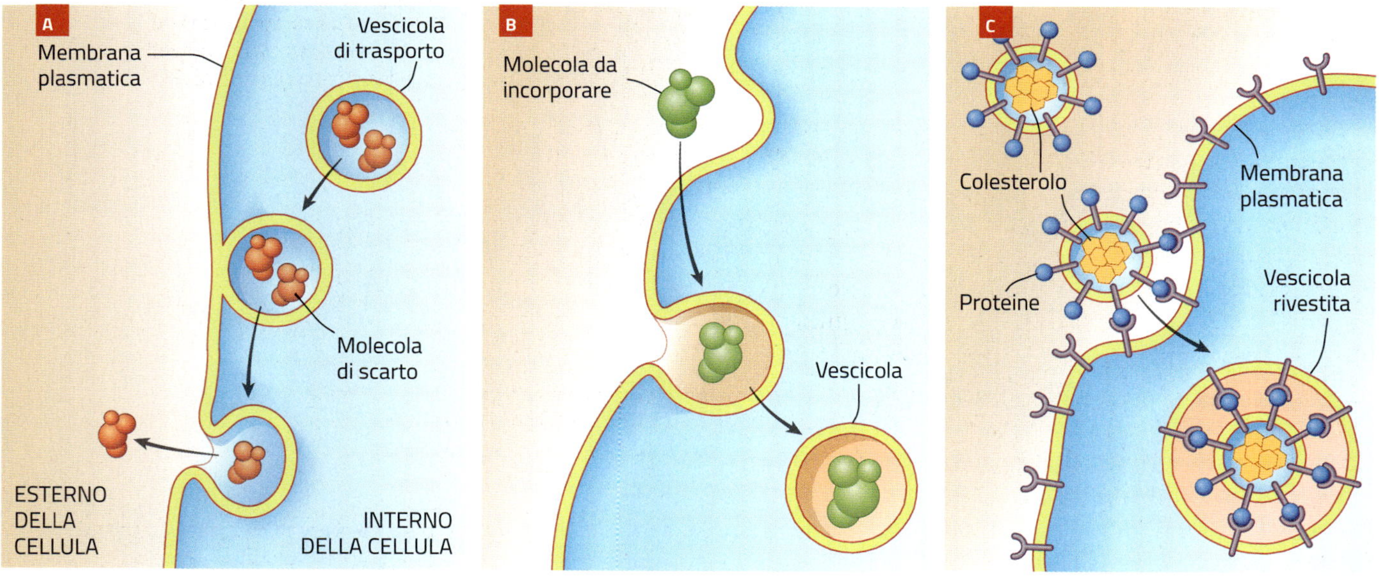

Facciamo il punto

1. In che modo la membrana semipermeabile incide sul passaggio delle molecole nella cellula?
2. Quale differenza c'è tra il trasporto passivo e il trasporto attivo?
3. In quali modi l'acqua può entrare o uscire dalla cellula?
4. Spiega il processo dell'osmosi specificando la direzione dello spostamento delle molecole di acqua.
5. Quali tipi di trasporto attivo sono attuati dalle cellule?
6. Quali tipi di trasporto avvengono grazie alla formazione di vescicole?
7. Che differenza c'è tra i processi di fagocitosi e pinocitosi?

3 Energia dal Sole: la fotosintesi

I cloroplasti assorbono la luce grazie ai pigmenti

Gli organismi autotrofi, come le piante e le alghe, sfruttano la **fotosintesi** per convertire l'energia luminosa in energia chimica, che viene accumulata nei legami tra gli atomi di alcune molecole organiche. Le cellule vegetali, poi, utilizzano gli zuccheri prodotti come combustibile per sintetizzare le molecole di ATP che alimentano i processi cellulari e come precursori per sintetizzare altre biomolecole.

Questo processo chimico avviene in aree diverse dei *cloroplasti*, organuli che si trovano in numero variabile nei vari tipi di cellula vegetale (**figura 21**): l'alga unicellulare *Chlamydomonas* possiede un unico grande cloroplasto, mentre la cellula di una foglia ne può contenere fino a 50, che corrispondono a 500 000 cloroplasti per millimetro quadrato di superficie fogliare. In questo secondo caso, gran parte della fotosintesi avviene nelle *cellule a palizzata* della foglia, cellule di forma allungata nelle quali i cloroplasti si muovono all'interno del citosol per orientarsi verso la luce.

Curiosità

Nelle foglie verdi il colore dei **carotenoidi** è mascherato dalle clorofille, che sono i pigmenti più abbondanti; in autunno, le cellule delle foglie cessano di sintetizzare la clorofilla e i colori dei carotenoidi diventano visibili.

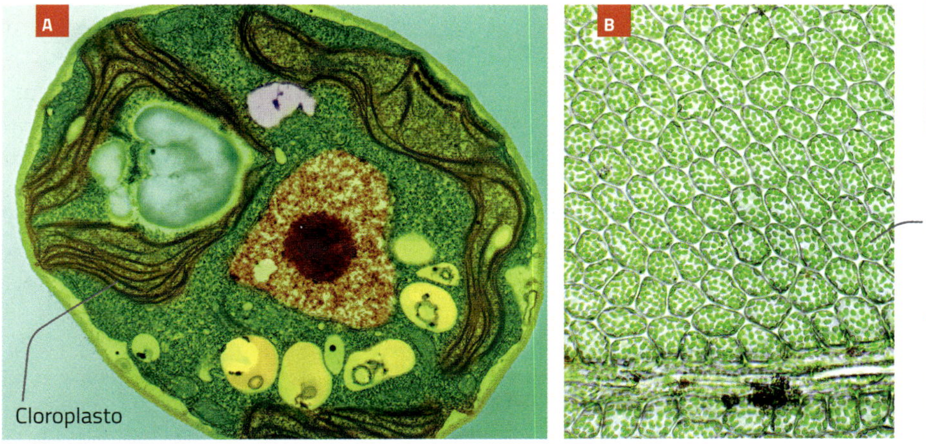

◂ Figura 21
Un'alga unicellulare *Chlamydomonas* con il suo unico cloroplasto (A) e cellule di muschio contenenti ognuna diversi cloroplasti (B).

I cloroplasti sono rivestiti da una doppia membrana che circonda una soluzione gelatinosa detta *stroma*. Questo ambiente ospita una parte delle reazioni della fotosintesi e al suo interno si trovano anche i *tilacoidi*, piccoli sacchetti appiattiti a forma di disco che sono impilati a formare i *grana*. Sulle membrane dei tilacoidi avvengono le altre reazioni della fotosintesi, che sono innescate dall'azione dei pigmenti fotosintetici. Un **pigmento** è una molecola in grado di assorbire la luce: alcuni assorbono tutte le lunghezze d'onda e quindi appaiono di colore nero; altri assorbono solo alcune lunghezze d'onda e riflettono le altre, per cui appaiono colorati (**figura 22**). La clorofilla, per esempio, assorbe le lunghezze d'onda del violetto, del rosso e del blu e riflette quelle del verde; per questo motivo le foglie ci appaiono di colore verde.

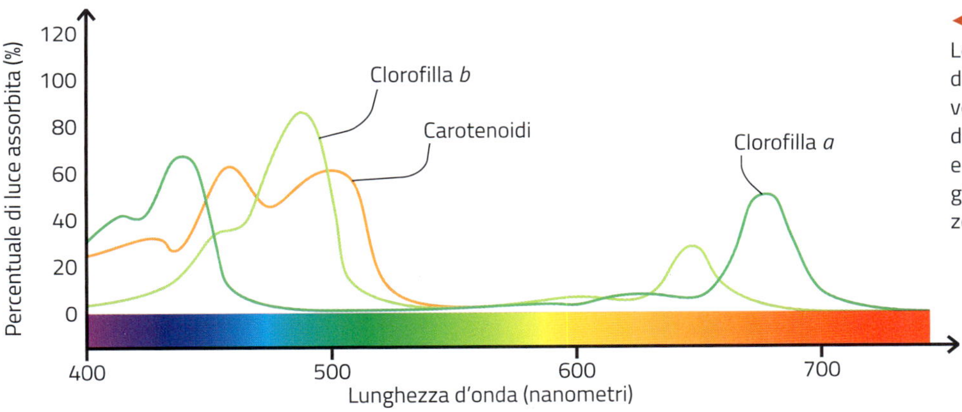

◂ Figura 22
Le curve di assorbimento dei pigmenti delle piante: le clorofille appaiono verdi perché assorbono nelle zone dello spettro che riguardano il rosso e il blu, mentre i carotenoidi appaiono giallo/arancio perché assorbono nella zona del verde.

Esistono vari tipi di clorofille che differiscono leggermente nella loro struttura molecolare e nella capacità di catturare la luce. Nelle piante e nelle alghe il pigmento responsabile della trasformazione dell'energia luminosa in energia chimica è la **clorofilla *a***. Le membrane dei tilacoidi, però, contengono anche un secondo tipo di clorofilla, la **clorofilla *b***, e un altro gruppo di pigmenti, i **carotenoidi**, di colore rosso, arancione o giallo. Grazie a questi pigmenti le piante riescono ad assorbire gran parte dello spettro elettromagnetico disponibile per la fotosintesi (*vedi* scheda 2).

La fotosintesi avviene in due fasi: la fase dipendente dalla luce e la fase indipendente dalla luce

Le reazioni della fotosintesi si svolgono in due fasi: le reazioni dipendenti dalla luce e le reazioni del ciclo di Calvin (**figura 23**).

La prima fase comprende le **reazioni dipendenti dalla luce** e avviene sulle membrane dei tilacoidi. Quando la luce colpisce le molecole di clorofilla *a*, i suoi elettroni passano a un livello energetico superiore; a questo punto la clorofilla *a* si ossida perché cede gli elettroni eccitati ad altre molecole del fotosistema in cui è contenuta. Questi elettroni passano attraverso una serie di trasportatori e giungono fino all'accettore finale di elettroni, un coenzima chiamato **$NADP^+$** (*nicotinammide adenin dinucleotide fosfato*), che si riduce secondo la reazione:

$$NADP^+ + 2\,e^- + 2\,H^+ \rightarrow NADPH + H^+$$

Per recuperare gli elettroni ceduti, la clorofilla ossida una molecola d'acqua, che si scinde e libera, attraverso gli stomi, atomi di ossigeno in atmosfera sottoforma di O_2. Oltre a $NADPH + H^+$, le reazioni dipendenti dalla luce producono anche ATP.

Ti ricordi?

Gli **stomi** sono le aperture che consentono il passaggio dei gas O_2 e CO_2 tra l'esterno e l'interno e si trovano sulla pagina inferiore delle foglie e sul fusto delle piante erbacee; la loro apertura e chiusura viene opportunamente regolata per evitare la disidratazione.

2 - Per saperne di più

Lo spettro elettromagnetico

Più di trecento anni fa, il fisico inglese Isaac Newton scompose la luce visibile in uno spettro di colori facendola passare attraverso un prisma di vetro (**figura**); poi, attraverso un secondo prisma, ricombinò i vari colori ottenendo di nuovo la luce bianca. Con questo esperimento Newton dimostrò che la luce bianca è in realtà la somma di vari colori, dal viola al rosso. La separazione dei colori è possibile perché la luce di ciascun colore, passando attraverso il prisma, viene deviata con angolazioni differenti.

Nel corso del diciannovesimo secolo si stabilì che la luce visibile corrisponde in realtà a una sezione molto piccola di un ampio spettro continuo di radiazioni, lo **spettro elettromagnetico**. Tutte le radiazioni di questo spettro si comportano come se viaggiassero sotto forma di onde. La **lunghezza d'onda**, cioè la distanza dalla cresta di un'onda a quella successiva, varia dalle frazioni di nanometro tipiche dei raggi gamma ai kilometri delle onde radio a bassa frequenza.

Alla lunghezza d'onda è associata una determinata quantità di energia. Maggiore è la lunghezza d'onda, minore è l'energia; viceversa, minore è la lunghezza d'onda, maggiore è l'energia.

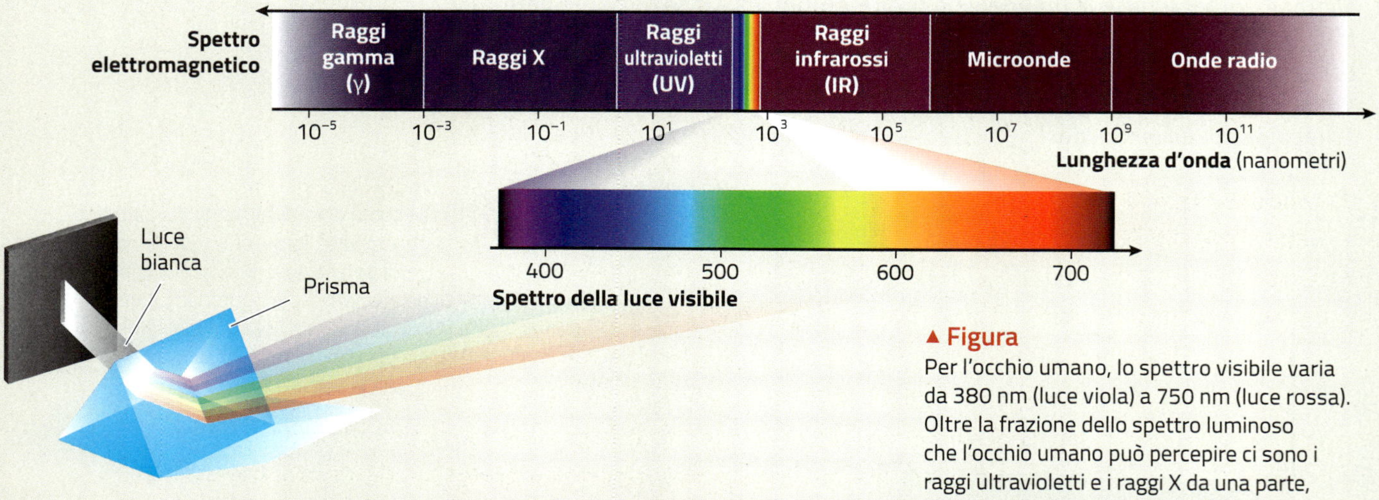

▲ Figura
Per l'occhio umano, lo spettro visibile varia da 380 nm (luce viola) a 750 nm (luce rossa). Oltre la frazione dello spettro luminoso che l'occhio umano può percepire ci sono i raggi ultravioletti e i raggi X da una parte, l'infrarosso e le microonde dall'altro.

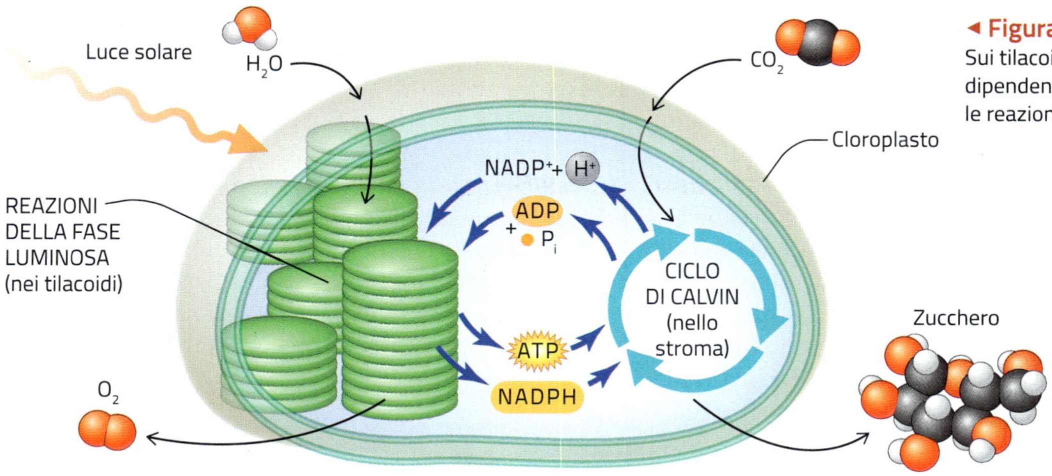

◂ Figura 23
Sui tilacoidi avvengono le reazioni dipendenti dalla luce, mentre nello stroma le reazioni del ciclo di Calvin.

Le molecole di NADPH e di ATP prodotte dalle reazioni dipendenti dalla luce vengono usate nella seconda fase della fotosintesi, costituita dalle reazioni indipendenti dalla luce, o **ciclo di Calvin**. Durante questa fase la pianta produce nuova sostanza organica, in primo luogo zuccheri. Le reazioni di questa via metabolica si svolgono nello stroma e non dipendono direttamente dalla luce, ma usano l'energia accumulata nell'ATP e nel NADPH per costruire uno zucchero a 3 atomi di carbonio (la gliceraldeide 3-fosfato) a partire dal carbonio di 3 molecole di CO_2 prelevate dall'atmosfera.

A seconda delle proprie necessità, la cellula vegetale può poi demolire questo zucchero per ricavare energia attraverso la respirazione cellulare, oppure usarla per sintetizzare saccarosio, cellulosa o amido e ogni altra sostanza organica necessaria. In genere, le piante producono per mezzo della fotosintesi una quantità di zuccheri maggiore di quella che in realtà utilizzano, pertanto gli organismi fotosintetici non solo sono in grado di autoalimentarsi, ma costituiscono anche la risorsa di cibo fondamentale per quasi tutti gli altri organismi.

Attraverso le due fasi della fotosintesi, quindi, vengono consumati diossido di carbonio e acqua e vengono prodotti zuccheri e ossigeno, mentre i coenzimi NADP sono continuamente riciclati. L'equazione generale deve essere bilanciata per restituire le giuste quantità di atomi coinvolti, vediamo come.

1. Alla fine della reazione la molecola di glucosio contiene 6 atomi di carbonio, quindi fra i reagenti ci dovranno essere 6 molecole di CO_2:

$$6\,CO_2 + H_2O \rightarrow O_2 + C_6H_{12}O_6$$

2. Nel glucosio sono contenuti anche 12 atomi di idrogeno e poiché la molecola di acqua ne contiene solo 2, ne serviranno 6:

$$6\,CO_2 + 6\,H_2O \rightarrow O_2 + C_6H_{12}O_6$$

3. Allo stesso modo controlliamo coefficienti e pedici per far tornare i conti degli atomi di ossigeno:

$$6\,CO_2 + 6\,H_2O \rightarrow 6\,O_2 + C_6H_{12}O_6$$

12+6 → 18 ← 12+6

A colpo d'occhio

FOTOSINTESI
- **FASE DIPENDENTE DALLA LUCE**: NADPH + H^+, ATP, O_2
- **CICLO DI CALVIN**: ZUCCHERI

Guarda i video nell'ebook:
Un minuto di biologia
La fotosintesi

Facciamo il punto

1. In quali parti del cloroplasto avviene la fotosintesi?
2. Quali sono i pigmenti e quale funzione svolgono?
3. Quali sono le due fasi della fotosintesi e in che cosa differiscono?

4 L'ossidazione del glucosio

La respirazione cellulare è un processo aerobico, la fermentazione è anaerobica

Tutte le cellule hanno la necessità di ricavare energia chimica dalle biomolecole e per farlo sfruttano una serie di vie metaboliche che partono dal glucosio e lo ossidano nel corso di più passaggi. La molecola di zucchero viene scissa e gli elettroni liberati nel corso del processo sono trasferiti all'ossigeno, che pertanto si riduce e va a formare acqua, in un processo esoergonico:

$$C_6H_{12}O_6 + O_2 \rightarrow 6\,CO_2 + 6\,H_2O$$

Circa il 40% dell'energia liberata dall'ossidazione del glucosio è impiegata per trasformare ADP in ATP. La cellula quindi è molto più efficiente di un motore a scoppio, nel quale solo il 25% dell'energia prodotta dalla combustione è convertita in energia di movimento, mentre il 75% è dissipata come calore.

L'ossidazione del glucosio comprende tre vie metaboliche (**figura 24**): la *glicolisi*, che è comune a tutti gli organismi, e la *respirazione cellulare* oppure la *fermentazione*, a seconda che il metabolismo proceda usando o meno l'ossigeno.

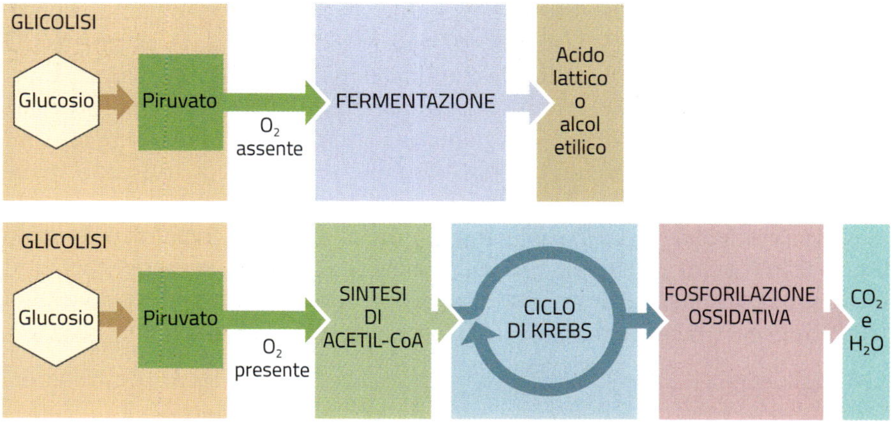

▸ **Figura 24**
La glicolisi è il primo passaggio dell'ossidazione del glucosio ed è comune a tutti gli organismi; in seguito avvengono le reazioni della respirazione cellulare, se è presente ossigeno (A), oppure quelle della fermentazione, se l'ossigeno è assente (B).

Le parole
Il termine **glicolisi** deriva dal greco *glykys*, «dolce», e dal suffisso *lysis*, «sciolto», pertanto significa «scissione dello zucchero».

La **glicolisi** è un processo che non richiede ossigeno e spezza la molecola di glucosio in due molecole di un composto a tre atomi di carbonio, chiamato *piruvato*. Gli elettroni sono trasferiti al coenzima NAD^+, che si riduce a NADH secondo la reazione:

$$NAD^+ + 2\,e^- + 2\,H^+ \rightarrow NADH + H^+$$

Durante il processo si producono anche due molecole di ATP a partire da ADP e Pi.

In presenza di ossigeno, poi, alla glicolisi seguono il *ciclo di Krebs* e la *fosforilazione ossidativa*, che avvengono nei mitocondri e che costituiscono la via metabolica della **respirazione cellulare**. Nel ciclo di Krebs prosegue il trasferimento di elettroni dal piruvato al NAD^+ e a un altro coenzima chiamato FAD (*flavin adenina dinucleotide*), molecola che può accettare due atomi di idrogeno, cioè due protoni e due elettroni, riducendosi a $FADH_2$:

$$FAD + 2\,e^- + 2\,H^+ \rightarrow FADH_2$$

Nel corso della fosforilazione ossidativa, infine, i coenzimi NADH e il $FADH_2$ ridotti cedono i loro elettroni alla *catena respiratoria*, da cui gli elettroni passano lungo una serie di trasportatori di elettroni con livelli energetici via via inferiori; in questo modo si riossidano i coenzimi e l'energia liberata è usata per sintetizzare ATP a partire da ADP e Pi. L'accettore finale degli elettroni è l'ossigeno, che si combina con due atomi di idrogeno per formare una molecola d'acqua.

In assenza di ossigeno, alla glicolisi segue uno dei due processi di **fermentazione**, che trasforma il piruvato in acido lattico o in alcol etilico. La fermentazione non produce ATP, ma serve a ossidare il NADH rigenerando il NAD^+ necessario per fare avvenire la glicolisi. Il guadagno energetico in questo caso è molto inferiore rispetto alla glicolisi seguita dalla respirazione cellulare, perché l'acido lattico e l'alcol etilico sono due composti che potrebbero ancora essere ossidati per ricavarne ulteriore energia. Dal punto di vista dell'efficienza non c'è invece differenza tra i due tipi di fermentazione: alcuni organismi svolgono la *fermentazione alcolica*, altri svolgono la *fermentazione lattica*.

Alcuni microrganismi, detti **anaerobi facoltativi**, sono in grado di svolgere sia la respirazione cellulare (in presenza di ossigeno) sia la fermentazione (in assenza di ossigeno); un esempio è il lievito unicellulare *Saccharomyces cerevisiae* (**figura 25A**), utilizzato per produrre la birra e far lievitare il pane. Gli **anaerobi obbligati**, invece, non possono vivere in presenza di ossigeno e quindi si procurano energia unicamente attraverso la fermentazione; ne sono esempi i batteri patogeni *Clostridium difficile* e *Clostridium tetani* (**figura 25B**).

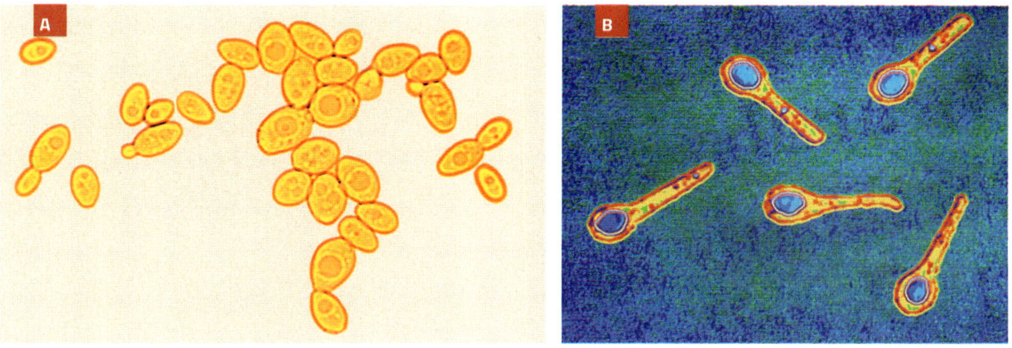

◂ Figura 25
(A) Fotografia al microscopio ottico di alcune cellule di *Saccharomyces cerevisiae*, un lievito anaerobio facoltativo (B). Fotografia al microscopio elettronico a trasmissione di alcune cellule di *Clostridium tetani*, il batterio che produce la tossina che causa il tetano.

La glicolisi avviene nel citoplasma e scinde la molecola di glucosio in due molecole di piruvato

La glicolisi si svolge nel citoplasma e comprende una sequenza di dieci reazioni (**figura 26** a pagina seguente), ognuna delle quali è catalizzata da uno specifico enzima e dà origine a un prodotto intermedio che alimenta la tappa successiva.

Guarda i video nell'ebook:
Un minuto di biologia
La glicolisi

Durante le prime cinque reazioni, la molecola di glucosio (costituita da sei atomi di carbonio) è scissa in due molecole di gliceraldeide 3-fosfato (a tre atomi di carbonio); nel corso delle reazioni successive, queste due molecole sono convertite in altrettante molecole di **acido piruvico** (anch'esso a tre atomi di carbonio).

Complessivamente, dal glucosio sono rimossi quattro elettroni che vanno a ridurre le molecole di NAD^+ e viene liberata una piccola quantità di energia che è usata per sintetizzare ATP. I passaggi di questa via metabolica sono:

- la prima e la terza tappa richiedono energia, fornita sotto forma di due molecole di ATP; queste due tappe costituiscono il cuore della prima fase del processo, durante la quale il substrato è *attivato*;
- dalla tappa 4 in poi tutti i prodotti devono essere contati due volte per ciascuna molecola di glucosio che ha dato inizio alla glicolisi; inoltre, da questo momento in poi, il processo produce energia;
- durante la tappa 6 una molecola di NAD^+ acquista un elettrone e due protoni e si riduce a $NADH + H^+$;
- nelle tappe 7 e 10 vengono prodotte complessivamente quattro molecole di ATP.

In sintesi, è necessaria l'energia dei legami fosfato di due ATP per innescare il processo che porta alla produzione complessiva di due NADH e quattro ATP, come si vede dall'equazione generale della glicolisi:

$$\text{glucosio} + 2\,ATP + 2\,ADP + 2\,Pi + 2\,NAD^+ + 4\,H^+ \rightarrow$$
$$\rightarrow 2\,\text{piruvato} + 4\,ATP + 2\,NADH + 2\,H^+ + 2\,H_2O$$

Il guadagno netto della glicolisi è quindi di 2 molecole di ATP e 2 molecole di NADH per ogni molecola di glucosio. Si tratta di una resa molto limitata, che corrisponde solo al 5% dell'energia che una cellula può ricavare da una molecola di glucosio: l'acido piruvico, infatti, è un composto ancora molto ricco di energia.

▸ **Figura 26**
Le dieci reazioni della glicolisi, con indicate le molecole più importanti.

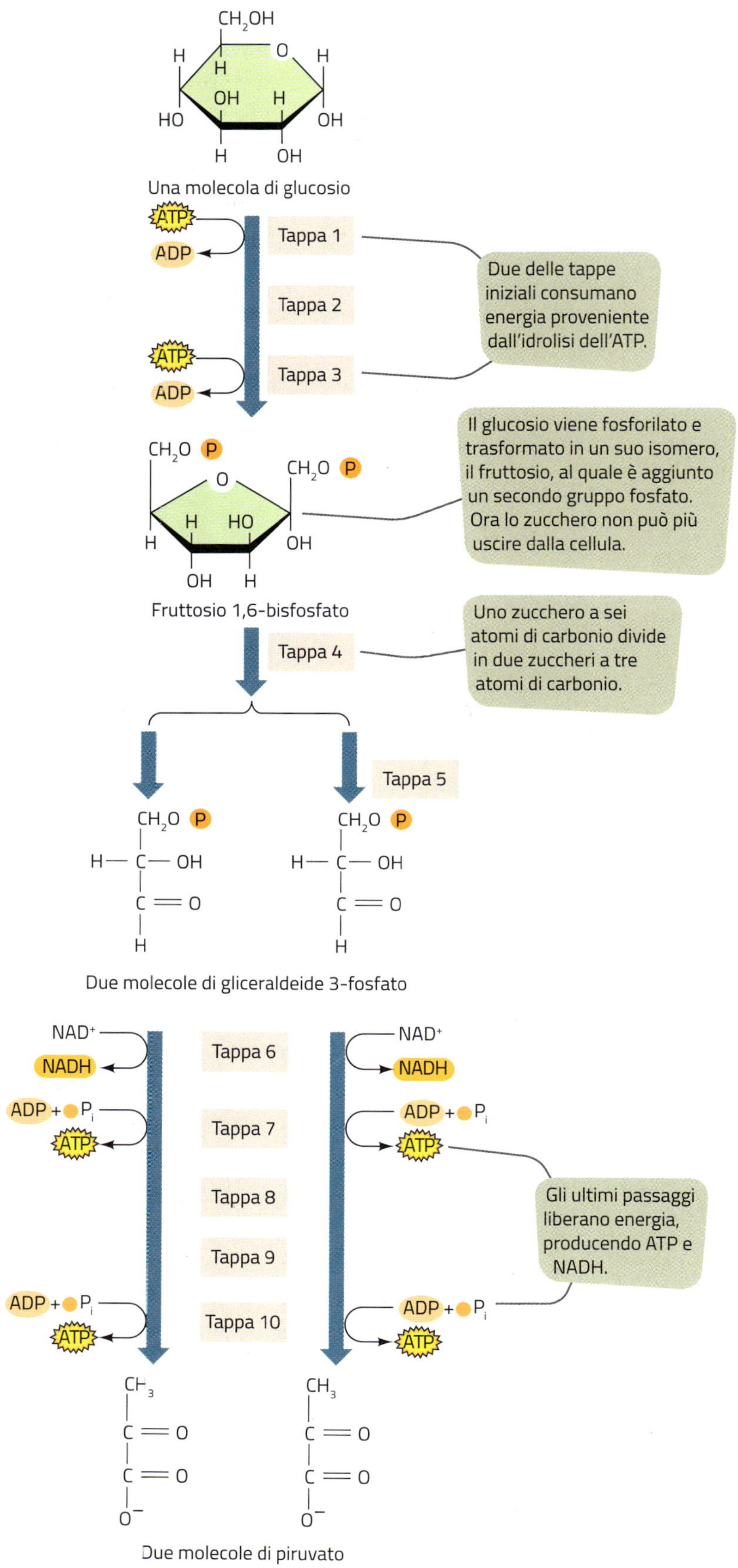

Nella matrice il piruvato è ossidato ad acetile e legato al coenzima A

Una volta terminata la glicolisi, se l'ambiente cellulare è aerobico, il piruvato viene trasportato all'interno dei mitocondri, dove va incontro alle vie metaboliche che, nel loro complesso, formano la **respirazione cellulare**.

La membrana mitocondriale esterna è permeabile alle molecole di piccole dimensioni e lo spazio intermembrana che la separa dalla membrana interna ha una composizione simile a quella del citoplasma. La membrana interna, invece, permette il passaggio solo di determinate molecole tra cui l'acido piruvico, l'ADP e l'ATP, mentre altre molecole e ioni, tra cui i protoni H^+, non possono attraversarla. Una volta superata la membrana mitocondriale interna, il piruvato è all'interno di una soluzione densa, detta **matrice**, che contiene molti enzimi e coenzimi, acqua e fosfati.

Nella matrice l'acido piruvico viene ossidato, decarbossilato (perde un atomo di carbonio) e si trasforma in un gruppo acetile a due atomi di carbonio. L'ossidazione è accompagnata dalla riduzione di un NAD^+; per ogni molecola di glucosio, che ha dato origine a due molecole di acido piruvico, si producono quindi due NADH.

Il gruppo acetile è legato al *coenzima A*, una grossa molecola che funge da «navetta» e permette l'accesso alla fase successiva; il nuovo composto è chiamato **acetilcoenzima A** (abbreviato in **acetil-CoA**). La reazione di sintesi di acetil-CoA è illustrata nella **figura 27**.

Anche i gruppi acetile che provengono da fonti diverse, come dalla demolizione dei grassi o degli amminoacidi, possono legarsi con il coenzima A ed entrare nel ciclo di Krebs.

Guarda i video nell'ebook:
Un minuto di biologia
La respirazione cellulare

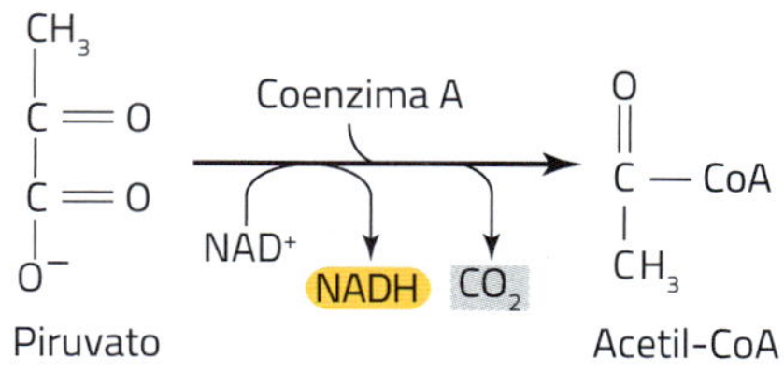

▲ **Figura 27**
Dall'ossidazione dell'acido piruvico si forma un gruppo acetile che si combina con il coenzima A per formare l'acetil-CoA.

L'acetil-CoA entra nel ciclo di Krebs e produce CO_2, ATP e coenzimi ridotti

Una volta prodotto, l'acetil-CoA reagisce con l'ossalacetato, uno degli intermedi del **ciclo di Krebs**. Come suggerisce il nome, questo ciclo è costituito da una serie di tappe che si ripetono ciclicamente, ognuna catalizzata da un enzima (**figura 28**).

Curiosità

Il **ciclo di Krebs** prende il nome dal suo scopritore Hans Adolf Krebs, che nacque nel 1900 nella Bassa Sassonia, in Germania, e dedicò la sua vita allo studio del metabolismo cellulare; già nel 1941, il ciclo dell'acido citrico (o ciclo degli acidi tricarbossilici) era noto come «ciclo di Krebs».

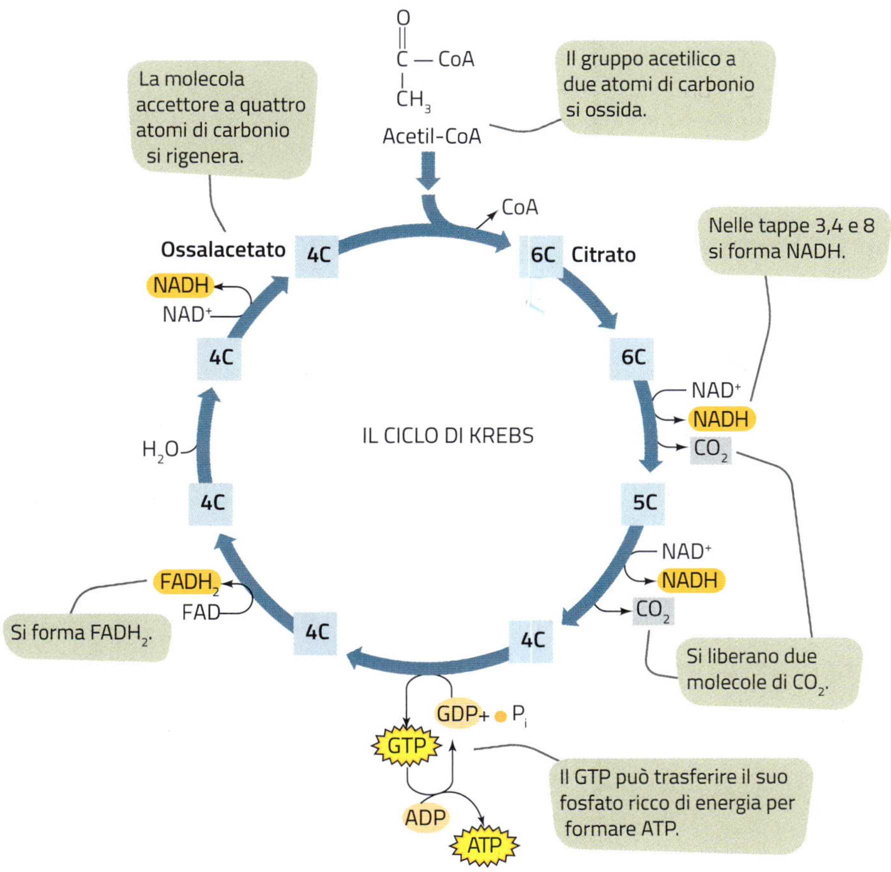

◄ **Figura 28**
Il ciclo di Krebs, con indicato il nome del composto iniziale (il citrato) e finale (l'ossalacetato) e il numero di atomi di carbonio dei composti intermedi.

L'ossalacetato è un composto a quattro atomi di carbonio che reagisce con il gruppo acetile per formare l'acido citrico (a sei atomi di carbonio). In questa fase viene liberato il coenzima A, che torna disponibile nella matrice per reagire con altri gruppi acetile. Nel corso del ciclo, due dei sei atomi di carbonio dell'acido citrico vengono ossidati a diossido di carbonio e si rigenera l'acido ossalacetico. A ogni giro completo, quindi, si consuma un gruppo acetile e si riforma una molecola di acido ossalacetico. L'energia liberata dall'ossidazione degli atomi di carbonio è utilizzata in tre modi:

- per trasformare ADP in ATP (una molecola per ciclo);
- per produrre NADH e H^+ a partire dal NAD^+ (tre molecole per ciclo);
- per produrre $FADH_2$ a partire dal FAD (una molecola per ciclo).

Per completare l'ossidazione di una molecola di glucosio sono necessari due giri del ciclo; perciò il guadagno energetico complessivo del ciclo di Krebs, per ogni molecola di glucosio, è di 2 molecole di ATP, 6 molecole di NADH e 2 molecole di $FADH_2$.

L'ossigeno non interviene in modo diretto nel ciclo di Krebs perché gli accettori di elettroni sono il NAD^+ e il FAD. Se non ci fosse O_2, però, ben presto il NAD^+ e il FAD si esaurirebbero e il ciclo di Krebs si interromperebbe; questa molecola, infatti, è necessaria per la successiva e ultima tappa della respirazione, che inizia quando il NADH e il $FADH_2$ restituiscono i loro elettroni, ossidandosi a NAD^+ e FAD.

La catena respiratoria ossida i coenzimi e riduce l'ossigeno ad acqua

L'ultima fase della respirazione cellulare è la **fosforilazione ossidativa**, che non prevede l'ossidazione del glucosio. Alla fine del ciclo di Krebs, infatti, questo monosaccaride è stato completamente ossidato. Parte della sua energia è stata utilizzata per produrre ATP da ADP e fosfato, ma gran parte è rimasta nei legami che gli elettroni e i protoni rimossi dagli atomi di carbonio stabiliscono con i coenzimi NAD^+ e FAD, riducendoli a NADH + H^+ e $FADH_2$. In queste molecole, prodotte in tutte le fasi sin qui descritte, è ancora contenuta un'elevata quantità di energia chimica, che viene immessa nella catena respiratoria.

La **catena respiratoria** è formata da una serie di trasportatori di elettroni (**figura 29**) disposti in sequenza nella membrana mitocondriale interna, i *complessi proteici I, II, III e IV* che sono grandi proteine transmembrana. Il **citocromo** è un trasportatore costituito da una piccola proteina periferica che sporge nello spazio intermembrana; l'**ubichinone** (o coenzima Q, CoQ), infine, è una piccola molecola lipidica apolare che trasporta elettroni muovendosi liberamente nel doppio strato fosfolipidico della membrana.

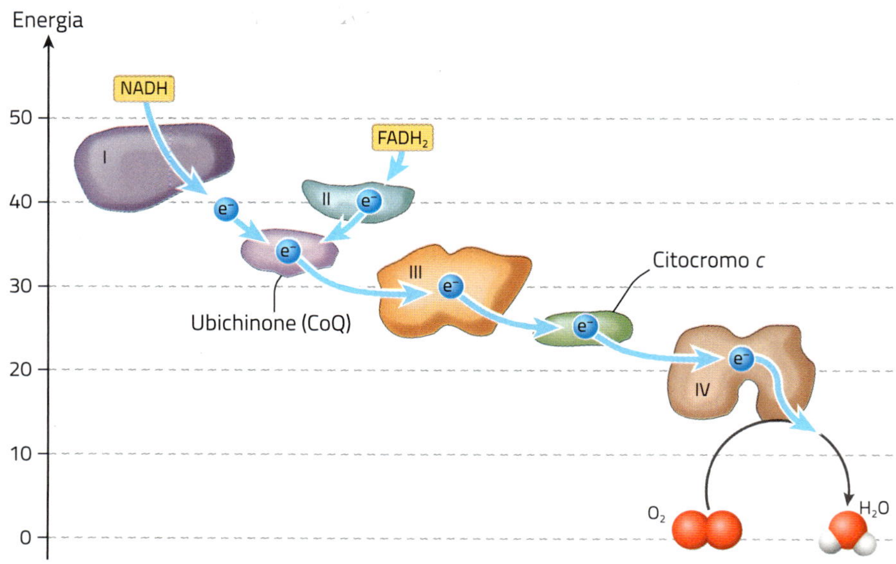

▸ Figura 29
Schema della catena respiratoria che evidenzia i complessi proteici e i citocromi coinvolti nel processo.

Gli elettroni provenienti dal NADH e dal $FADH_2$ passano da un trasportatore all'altro, secondo un ordine preciso:

- il NADH invia gli elettroni al complesso I, che a sua volta li passa al CoQ;
- il complesso II riceve gli elettroni dal $FADH_2$ e li trasferisce anch'esso al CoQ;
- il complesso III riceve gli elettroni dal CoQ e li passa al citocromo *c*;
- il complesso IV riceve gli elettroni dal citocromo *c* e li trasferisce all'ossigeno.

Infine avviene la riduzione dell'ossigeno molecolare, che si combina con quattro protoni per formare due molecole d'acqua:

$$O_2 + 4\,H^+ + 4\,e^- \rightarrow 2\,H_2O$$

La sintesi di ATP avviene per chemiosmosi

Guarda il video nell'ebook:
Un minuto di biologia
La forza proton-motrice

Oltre a trasportare elettroni, i complessi proteici della catena respiratoria provvedono anche a pompare protoni attraverso la membrana mitocondriale interna. Mentre gli elettroni scendono a livelli energetici sempre più bassi passando da un trasportatore all'altro, i complessi proteici usano l'energia liberata per pompare protoni dalla matrice mitocondriale verso lo spazio intermembrana.

Poiché la membrana interna è impermeabile agli ioni, i protoni che sono stati pompati nello spazio intermembrana non possono riattraversarla per tornare nella matrice; si genera così un *gradiente di concentrazione protonico* tra lo spazio intermembrana (dove i protoni sono più concentrati) e la matrice (dove sono meno concentrati). A questa differenza di concentrazione (più protoni fuori dalla matrice che dentro) si aggiunge una differenza di carica elettrica (più cariche positive fuori che dentro). Il gradiente di concentrazione protonico insieme alla differenza di carica elettrica costituisce una fonte di energia potenziale chiamata **forza proton-motrice** o *forza motrice protonica*, che tende a spingere indietro i protoni verso la matrice.

La forza motrice protonica è sfruttata dal complesso enzimatico **ATP sintasi** per sintetizzare ATP. L'accoppiamento tra forza motrice protonica e sintesi dell'ATP è detto **chemiosmosi** ed è presente in tutte le cellule che attivano la respirazione cellulare.

L'ATP sintasi è un grosso complesso proteico transmembrana formato da due unità (**figura 30**): la prima unità è un canale protonico che attraversa la membrana interna; la seconda unità sporge nella matrice e contiene i siti di legame per l'ATP e l'ADP. Quando i protoni si riversano nel canale per diffondere nella matrice, la seconda unità usa la forza proton-motrice che si libera per sintetizzare ATP. La fosforilazione ossidativa, quindi, dipende da due processi accoppiati:

- un *gradiente elettrochimico di protoni*, che si instaura attraverso la membrana mitocondriale durante il trasporto di elettroni lungo la catena respiratoria;
- il successivo utilizzo dell'energia potenziale immagazzinata in questo gradiente (forza proton-motrice) per ottenere ATP attraverso la *chemiosmosi*.

Le parole

Il termine **chemiosmosi**, creato dal biochimico inglese e premio Nobel Peter Mitchell negli anni Sessanta del Novecento, indica che la produzione di ATP nella fosforilazione ossidativa comprende processi sia chimici sia di trasporto attraverso una membrana selettivamente permeabile.

Curiosità

Per formare una molecola di ATP occorre che attraverso l'**ATP sintasi** passino da due a quattro protoni; si calcola che la membrana interna di un mitocondrio di una cellula del fegato contenga più di 10 000 catene respiratorie e altrettanti ATP sintasi, mentre un mitocondrio di un cellula del muscolo cardiaco, che utilizza enormi quantità di ATP, sembra averne più di 30 000.

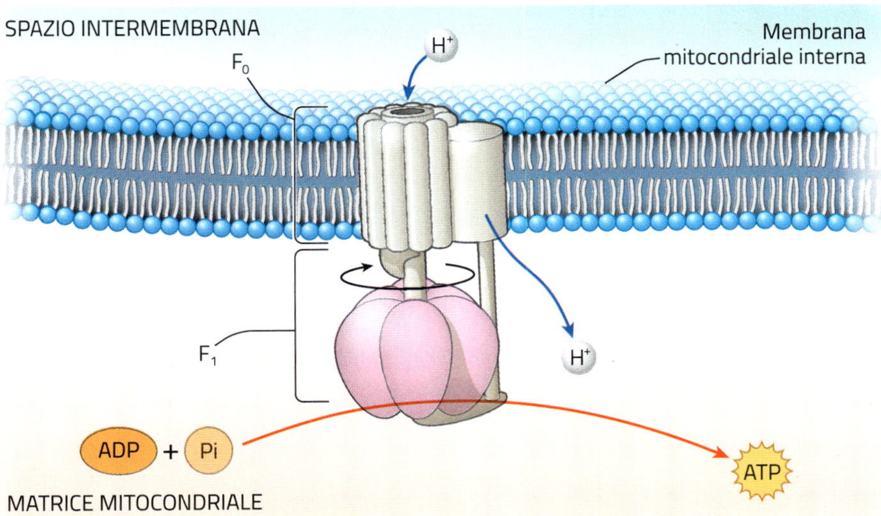

◂ Figura 30
Rappresentazione dell'ATP sintasi, che mostra un canale transmembrana (F_0) per il passaggio dei protoni dallo spazio intermembrana alla matrice e una «testa» rotante (F_1) che permette la sintesi di ATP a partire dall'ADP.

Guarda il video nell'ebook:
Un minuto di biologia
La fermentazione

La fermentazione rigenera il NAD^+ per la glicolisi in assenza di ossigeno

In assenza di ossigeno le cellule non possono compiere la respirazione cellulare, per cui la loro unica fonte di ATP è rappresentata dalla glicolisi. In questo caso, però, è necessario che alla glicolisi segua una via metabolica alternativa: la **fermentazione**. Durante la fermentazione non si produce energia e non c'è alcun guadagno in termini di ATP, ma viene riossidato il NADH a NAD^+ che può essere impiegato nuovamente per la glicolisi. La fermentazione avviene nel citoplasma e può essere di due tipi:

- la *fermentazione lattica*, che ha come prodotto finale l'acido lattico;
- la *fermentazione alcolica*, che produce alcol etilico.

La **fermentazione alcolica** è alla base di una delle biotecnologie più antiche perché, fin dai tempi antichi, gli Egizi la utilizzavano per produrre il vino e la birra e per fare lievitare il pane. Le cellule di lievito sono presenti sulla buccia degli acini d'uva e possono vivere sia in presenza sia in assenza di ossigeno. Quando si pigia l'uva e si raccoglie il mosto nei tini, dove l'ossigeno scarseggia, le cellule di lievito dapprima usano lo zucchero dell'uva attraverso la glicolisi e poi attivano la fermentazione alcolica. Il processo comprende due tappe: nella prima tappa, l'acido piruvico prodotto dalla glicolisi perde un atomo di carbonio sotto forma di CO_2 e si trasforma in un composto a due atomi di carbonio chiamato *acetaldeide*; nella seconda tappa, l'acetaldeide è ridotta ad alcol etilico e il NADH è ossidato a NAD^+ (**figura 31A**). Il diossido di carbonio si libera sotto forma di gas, producendo le bollicine tipiche della birra e del vino. Nella pasta di pane avviene lo stesso processo: il diossido di carbonio forma le bolle che fa gonfiare gli impasti, e l'alcol etilico viene eliminato durante la cottura.

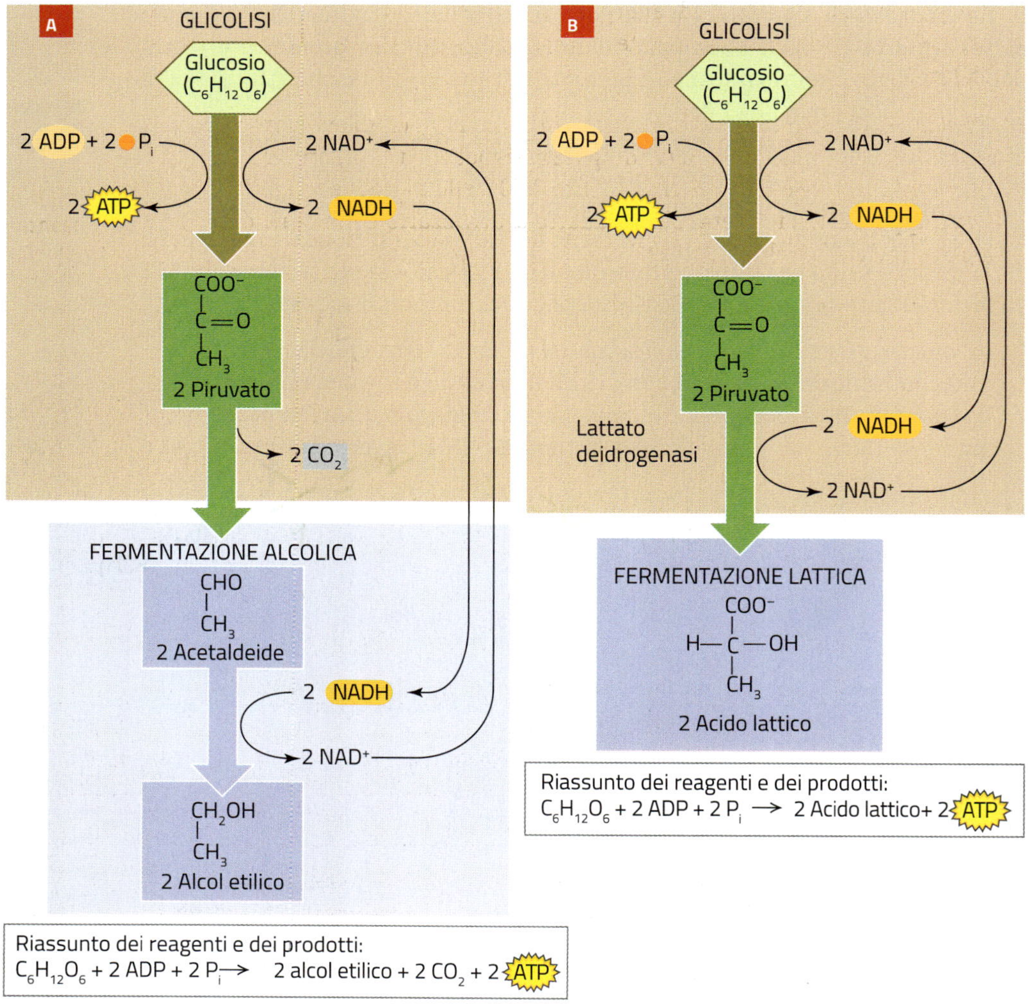

▸ **Figura 31**
La fermentazione alcolica (A) è utilizzata per la produzione di molti alimenti, sia liquidi (vino e birra) sia solidi (pane e prodotti lievitati). La fermentazione lattica (B) è utilizzata nella produzione di yogurt e latticini perché i batteri che compiono questo tipo di fermentazione ricavano energia dagli zuccheri presenti nel latte.

La **fermentazione lattica** è usata da molti procarioti, ma può attivarsi anche nelle cellule muscolari umane durante un'intensa attività fisica. Nelle cellule muscolari, l'ATP normalmente è prodotto mediante la respirazione cellulare; quando però lo sforzo muscolare è prolungato e il flusso sanguigno non riesce a fornire abbastanza ossigeno, le cellule abbandonano la respirazione cellulare e passano alla fermentazione lattica, che riduce l'acido piruvico ad acido lattico ossidando contemporaneamente il NADH a NAD^+. L'acido lattico prodotto dalle fibre muscolari diffonde nel sangue e arriva al fegato, che lo trasforma nuovamente in acido piruvico. Tuttavia, se i muscoli ne producono troppo, l'acido lattico si accumula causando i caratteristici dolori muscolari.

La fermentazione lattica ci permette anche di produrre formaggi e yogurt. Nel caso dello yogurt, si usano i batteri appartenenti alle specie *Lactobacillus bulgaricus* e *Streptococcus thermophilus* che trasformano lo zucchero lattosio in acido lattico. A differenza della fermentazione alcolica, in questo caso non si verifica una decarbossilazione, perché l'acido lattico ha 3 atomi di carbonio come il piruvato (**figura 31B**).

La via aerobica produce sedici volte più ATP della via anaerobica

La glicolisi seguita dalla fermentazione produce una totale netto di 2 molecole di ATP per molecola di glucosio; quando la glicolisi è seguita dalla respirazione cellulare, invece, la resa massima per molecola di glucosio è di circa 32 molecole di ATP (**figura 32**).

Le ragioni per le quali le vie metaboliche che operano in presenza di ossigeno producono più ATP sono due:

- grazie all'ossigeno, il glucosio è ossidato completamente a CO_2, un composto che possiede un contenuto di energia molto basso;
- l'energia è liberata gradualmente e può essere sfruttata in modo più efficace.

In un ambiente ricco di ossigeno, un organismo in grado di svolgere la respirazione cellulare si trova assai avvantaggiato rispetto a un organismo capace di svolgere solo la fermentazione. L'aumento del livello di ossigeno nell'atmosfera e lo sviluppo delle vie metaboliche adatte a utilizzarlo sono stati due eventi fondamentali nell'evoluzione degli organismi pluricellulari.

▼ Figura 32
Il bilancio energetico della glicolisi confrontato con quello della fermentazione.

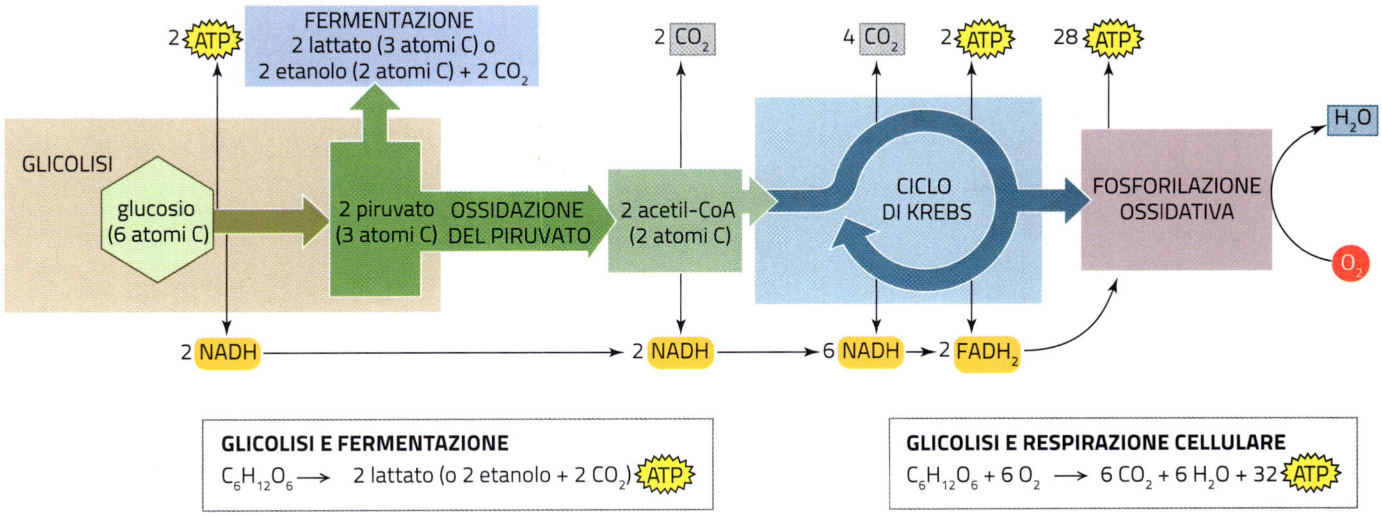

Facciamo il punto

1. Che cos'è la glicolisi e quali molecole produce?
2. Quali sono le fasi della respirazione cellulare?
3. In che cosa consiste il processo di chemiosmosi?
4. Qual è la funzione principale della fermentazione?
5. Quali sono le differenze tra l'ossidazione aerobica e anaerobica del glucosio?

SINTESI DI FINE CAPITOLO

LO SAI? RIPASSA CON LO SMARTPHONE

Le cellule e l'energia

Le cellule scambiano continuamente energia con l'ambiente che le circonda, questa si presenta in due principali forme:

- energia **cinetica**, associata al movimento di un corpo o di una particella;
- energia **potenziale**, associata alla posizione di un corpo o accumulata nei legami chimici.

Queste trasformazioni avvengono grazie a un gran numero di reazioni chimiche che nel loro insieme costituiscono il **metabolismo cellulare**.

Le reazioni metaboliche sono:

- **anaboliche**, se sintetizzano molecole complesse e sono **endoergoniche**, cioè assorbono energia.
- **cataboliche**, se demoliscono molecole complesse e sono **esoergoniche**, cioè liberano energia.

Catabolismo e anabolismo sono processi strettamente accoppiati e la molecola che fornisce energia è l'**ATP**.

Gli enzimi e le reazioni chimiche

I *catalizzatori* sono sostanze che accelerano una reazione formando un'associazione temporanea con le molecole dei reagenti (chiamati *substrati*). Ogni enzima può riconoscere un unico reagente e può catalizzare una sola specifica reazione.

Alcuni enzimi necessitano di **cofattori** (ioni inorganici) o di **coenzimi**, composti organici di piccole dimensioni con cui formano un legame transitorio. I **gruppi prostetici** sono gruppi molecolare legati in modo permanente all'enzima. Ogni enzima catalizza un singolo passaggio di una serie ordinata di reazioni che, nel complesso, costituisce una *via metabolica*.

Nelle **ossidoriduzioni** uno o più elettroni sono trasferiti da una sostanza a un'altra. La *riduzione* prevede l'acquisto di elettroni da parte di un atomo, ione o molecola; l'*ossidazione* consiste nella cessione di elettroni.

Scambi di sostanze tra cellule e ambiente

Le sostanze possono passare attraverso una membrana cellulare con dispendio di molecole di ATP (**trasporto attivo**) se si trasferiscono sostanze contro il gradiente di concentrazione, oppure in modo spontaneo e senza consumo di energia (**trasporto passivo**).

Un esempio di trasporto passivo è la **diffusione**, il movimento spontaneo di molecole secondo il diverso gradiente di concentrazione, e può essere:

- **semplice**, se attraverso la membrana passano particelle liposolubili o di piccole dimensioni;
- **facilitata**, se sono necessarie *proteine di membrana* (canali proteici e *carrier*).

Il trasporto mediato da *vescicole comprende* l'**esocitosi** e l'**endocitosi**.

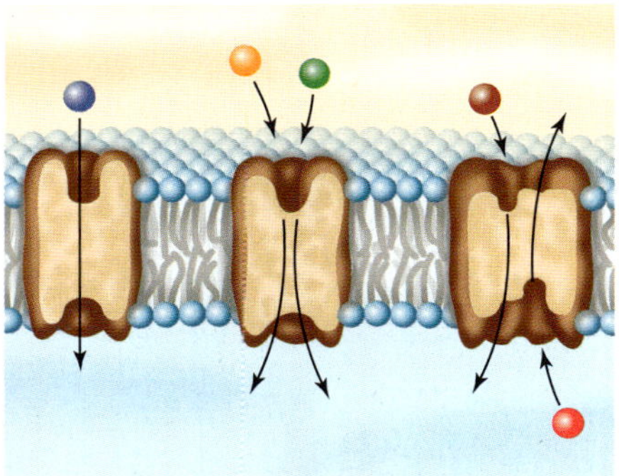

L'osmosi

Se due soluzioni a diversa concentrazione sono separate da una *membrana selettivamente permeabile*, che permette il passaggio di molecole d'acqua ma non dei soluti, avviene l'**osmosi**. Ovvero H_2O si sposta dalla soluzione a concentrazione minore, detta *ipotonica*, verso quella a concentrazione maggiore, chiamata *ipertonica*.

Quando ai due lati della membrana le concentrazioni sono uguali, le soluzioni sono *isotoniche* e si raggiunge l'equilibrio.

La fotosintesi clorofilliana

La fotosintesi avviene nelle cellule di piante e alghe e converte l'energia luminosa in energia chimica grazie ai pigmenti presenti all'interno dei cloroplasti. Secondo la reazione:

$$6\,CO_2 + 6\,H_2O \rightarrow 6\,O_2 + C_6H_{12}O_6$$

e si svolge in due fasi:

- la fase **luminosa**, che avviene sulla membrana dei tilacoidi e produce O_2;
- la fase **indipendente dalla luce** (o *ciclo di Calvin*), che avviene nello stroma e produce zuccheri.

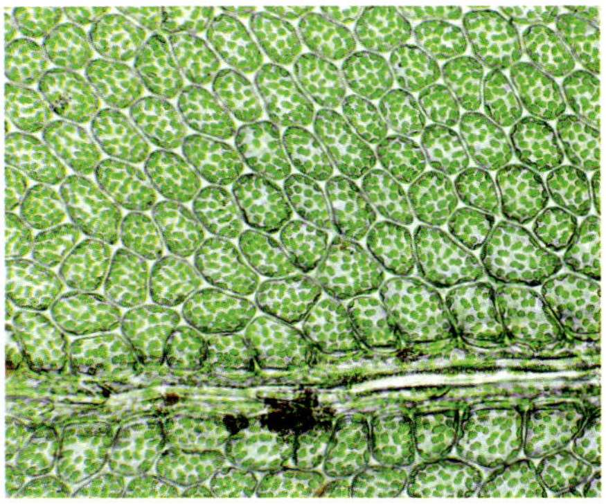

La respirazione cellulare

Questo insieme di reazioni avviene in tutte le cellule:

$$C_6H_{12}O_6 + O_2 \rightarrow 6\,CO_2 + 6\,H_2O$$

L'ossidazione dello zucchero glucosio comprende tre vie metaboliche:

- la **glicolisi**, nel citoplasma il glucosio è scisso in due molecole di piruvato;
- la **respirazione** (in presenza di ossigeno), nei mitocondri il piruvato è ossidato ad acetile e legato al coenzima A, entra nel *ciclo di Krebs* e produce CO_2, ATP e coenzimi ridotti, poi nella catena respiratoria i coenzimi sono ossidati e l'ossigeno è ridotto ad acqua;
- la **fermentazione** (senza ossigeno) avviene nel citoplasma e può essere *lattica* o *alcolica*.

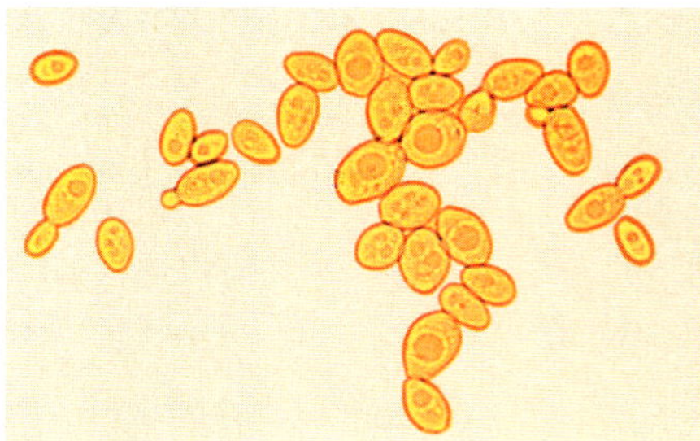

VERIFICA LE TUE CONOSCENZE

ZTE ONLINE

1. Scrivi sul quaderno la definizione dei seguenti termini.

a) Energia cinetica e potenziale
b) Metabolismo, anabolismo e catabolismo
c) Reazione esoergonica ed endoergonica
d) Catalizzatori ed enzimi
e) Fermentazione alcolica e lattica

Barra il completamento esatto.

2. Il trasporto attivo avviene

A contro gradiente di concentrazione.
B per mezzo dei lipidi di membrana.
C senza dispendio energetico.
D tramite il processo di diffusione facilitata.

3. Al termine della glicolisi, da una molecola di glucosio vengono prodotti

A una molecola di NAD^+ con un elettrone e due protoni in più.
B acido lattico oppure alcol etilico a partire dal piruvato.
C ossigeno e sei molecole di $C_6H_{12}O_6$.
D due molecole di ATP e due molecole di NADH.

4. Una cellula animale, come un globulo rosso, immersa in una soluzione ipotonica

A si gonfia perché entra acqua.
B si sgonfia perché esce acqua.
C rimane inalterata perché l'acqua entra ed esce in ugual misura.
D rimane inalterata perché la sua membrana non le permette di cambiare forma.

Barra i due completamenti esatti.

5. L'ubichinone, o coenzima Q,

A è uno dei trasportatori di elettroni della catena respiratoria.
B interviene nelle reazioni di riduzione dell'ossigeno ad acqua.
C fa parte del complesso ATP sintasi nella membrana del mitocondrio.
D è uno degli enzimi che permettono lo svolgimento della glicolisi.
E si lega al gruppo acetile prima che questa molecola entri nel ciclo di Krebs.

6. All'interno dei cloroplasti

A ha luogo il ciclo da Calvin, ma non le reazioni luce-indipendenti.
B le reazioni luce-indipendenti devono avvenire al buio.
C viene assemblato il glucosio al termine del ciclo di Calvin.
D la fissazione del carbonio avviene solo in presenza di luce.
E l'energia luminosa viene trasformata in energia chimica sui tilacoidi.

7. Il processo aerobico

A fornisce una resa energetica maggiore di quello anaerobico.
B necessita di O_2, mentre quello anaerobico avviene in sua assenza.
C può avvenire in assenza di O_2, ma in sua presenza è più efficiente.
D libera O_2, mentre quello anaerobico produce CO_2.
E consente ai batteri di sintetizzare glucosio e liberare O_2.

Barra il completamento errato.

8. Gli enzimi

A sono catalizzatori la cui struttura presenta un sito attivo.
B vengono prodotti in grandi quantità per essere più efficienti.
C possono abbassare l'energia di attivazione necessaria a far avvenire una reazione.
D non si alterano durante lo svolgimento della reazione da essi catalizzata.

9. Completa la tabella mettendo in relazione i termini (*lettere*) con le definizioni proposte (*numeri*).

A. pinocitosi
B. fagocitosi
C. esocitosi
D. osmosi

1. passaggio di acqua attraverso una membrana selettivamente permeabile
2. esportazione di sostanze mediante la formazione di vescicole
3. introduzione di gocce di liquidi mediante la formazione di vescicole
4. introduzione di sostanze solide mediante la formazione di vescicole

A	B	C	D

10. Completa la tabella mettendo in relazione i processi metabolici (*lettere*) con le rispettive funzioni (*numeri*).

A. glicolisi
B. fotosintesi
C. respirazione aerobica
D. fermentazione

1. ha come finalità la sintesi di molecole organiche
2. produce ATP e libera CO_2
3. consente la produzione di ATP e NADH
4. avviene nel citosol in assenza di ossigeno

A	B	C	D

11. Barra il simbolo V se ritieni l'affermazione vera, il simbolo F se la ritieni falsa.

Al termine di un processo di diffusione

a) il movimento netto è nullo. V F
b) il movimento delle particelle si arresta. V F
c) le due sostanze tenderanno a separarsi nuovamente. V F
d) lo spostamento di una delle due sostanze può avvenire anche contro gradiente. V F

12. Spiega qual è la funzione del ciclo di Krebs nelle cellule eucariote.

....
....
....
....
....
....
....

13. Sia il trasporto attivo sia la diffusione facilitata utilizzano proteine trasportatrici di membrana; qual è la sostanziale differenza tra i due processi?

....
....
....
....
....
....
....

Barra il completamento esatto.

VERIFICA LE TUE ABILITÀ

Barra il completamento esatto.

14. Durante la glicolisi

A il fruttosio, pur possedendo già un gruppo fosfato, viene ulteriormente fosforilato caricandosi di energia.

B due molecole di NAD^+ si riducono a $NADH^+$ ma, non formandosi ATP, il guadano energetico risulta esiguo.

C si formano prodotti più energetici dei composti iniziali e, pertanto, la reazione è nel suo complesso endoergonica.

D sulle creste mitocondriali avvengono reazioni di ossido-riduzione catalizzate da proteine dette citocromi.

15. Gli organismi anaerobi facoltativi possono

A svolgere la respirazione cellulare sia in presenza sia in assenza di ossigeno, producendo acido lattico.

B attivare entrambi i tipi di fermentazione, liberando acido lattico oppure alcol etilico.

C svolgere la respirazione cellulare oppure la fermentazione che non è però in grado di produrre ATP.

D produrre ATP in assenza di ossigeno grazie all'ossigenazione del NADH con formazione di NAD^+.

16. Un fattore che non ha influenza diretta sull'attività degli enzimi è

A la struttura chimica del substrato.

B il pH dell'ambiente circostante.

C la temperatura a cui esso agisce.

D la concentrazione delle molecole da catalizzare.

17. Completa il brano scegliendo fra i termini elencati in fondo.

L'attività metabolica di una cellula .... dal suo volume, mentre l'entità degli scambi con l'esterno è in funzione della .... Se una cellula aumenta di dimensioni, il suo fabbisogno metabolico .... più rapidamente rispetto alla capacità di effettuare .... con l'ambiente; ciò rappresenta la più importante limitazione per l'incremento delle .... cellulari.

(trasporti, diminuisce, dimensioni, scambi, dipende, è indipendente, viene inibito, rapporto, superficie, struttura, modificazioni, reazioni, temperatura, prodotto, aumenta, è controllata)

18. Di fianco a ogni affermazione scrivi la lettera A se l'affermazione si riferisce alla glicolisi, B se si riferisce al ciclo di Krebs, C se si riferisce al trasporto finale di elettroni, o la lettera D se non si riferisce a nessuno dei tre processi.

a) Per il suo svolgimento risulta assolutamente indispensabile la presenza di ossigeno. (.....)

b) I processi energetici non prevedono alcun passaggio di elettroni carichi di energia. (.....)

c) Si formano nuove molecole d'acqua, ma non di diossido di carbonio. (.....)

19. Nel seguente brano, barra fra i termini in neretto quelli errati.

La trasformazione dell'acido **lattico** / **piruvico** in etanolo è un processo che si svolge nelle cellule dei **lieviti** / **muscoli** quando c'è **presenza** / **assenza** di ossigeno. Grazie a questo processo, nei vigneti più assolati l'uva, essendo più **aspra** / **dolce**, darà un vino con una **maggiore** / **minore** gradazione alcolica, dato che il tasso alcolico dipende dalla quantità di **glucosio** / **ossigeno** che le cellule hanno a disposizione.

20. Spiega qual è la differenza tra le reazioni anaboliche e le reazioni cataboliche.

....
....
....
....
....
....
....

21. Le rodofite, o alghe rosse, sono organismi fotosintetici che vivono in profondità e sono caratterizzati dalla presenza del pigmento ficoeritrina, assieme alla clorofilla e alla ficocianina. Perché queste alghe hanno proprio questa colorazione?

....
....
....
....
....
....
....

UNITUTOR
VERSO L'UNIVERSITÀ

Preparati ai test di ammissione sul sito Unitutor.

22. In quale dei seguenti organelli avviene solitamente la sintesi proteica?

1. Cloroplasto
2. Mitocondrio
3. Nucleo

A Solo 1 e 2

B Solo 1 e 3

C Solo 2 e 3

D Tutti

E Nessuno

[dal test di ammissione a Medicina 2014-15]

23. Quale tra i composti elencati di seguito NON è un prodotto del ciclo di Calvin?

A Fosfato inorganico

B $NADP^+$

C Diossido di carbonio

D Trioso fosfato

E ADP

[dal test di ammissione a Medicina 2015-16]

HANDS-ON GLOSSARY

24. Fill in the table matching each term (*letters*) with its definition (*numbers*).

A. glycolysis
B. cristae
C. chlorophyll
D. thylakoids
E. photosynthesis

1. membrane-bound compartments inside chloroplasts and cyanobacteria
2. processes that syntesize complex organic material using carbon dioxide, water, and light energy captured by pigments
3. folds in the inner membrane of mitochondria (singular, crista)
4. green pigment found in chloroplasts, which is involved in absorbing light energy for photosynthesis
5. the first step in the breakdown of glucose to extract energy for cellular metabolism

A	B	C	D	E

VERSO L'ESAME: LE TUE COMPETENZE

SCHEMATIZZA

25. Costruisci una mappa concettuale che descriva dettagliatamente il processo di fotosintesi clorofilliana, comprendendo la fase dipendente dalla luce e quella indipendente.

SPIEGA

26. Un giorno il biologo britannico Alexander Fleming (1881-1955), mentre aveva un forte raffreddore, ha aggiunto una goccia del proprio muco a una coltura batterica e ha osservato, con sua grande sorpresa, che in breve tempo i batteri sono morti.

Cosa pensi che Fleming abbia scoperto grazie a questa osservazione?

RICERCA

27. L'attività degli enzimi può essere bloccata attraverso processi di *inibizione*, che può essere competitiva e non competitiva.

Fai una ricerca per capire meglio di che cosa si tratta e scrivi un breve articolo (massimo 1000 parole) di carattere divulgativo che spieghi i due tipi di competizione enzimatica.

COLLEGA

28. Associa a ciascuna delle seguenti immagini di globuli rossi la corretta concentrazione (isotonica, ipertonica, ipotonica) della soluzione in cui sono stati immersi, quindi spiega cosa è accaduto in ciascuno dei tre casi riportati, descrivendo gli spostamenti di acqua.

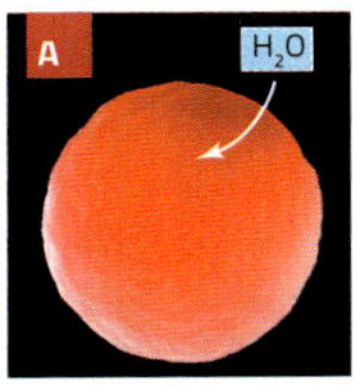

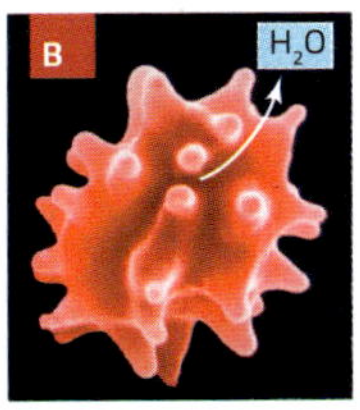

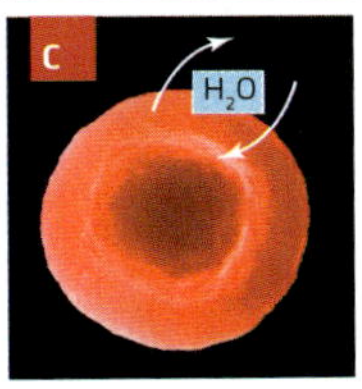

CONFRONTA

29. Metti a confronto il processo di fermentazione con la respirazione cellulare, evidenziando i punti in comune e le differenze.

Fermentazione	Respirazione cellulare

RIFLETTI

30. Durante la preparazione del vino, il mosto viene tenuto all'interno di tini chiusi con coperchi ermetici, che quindi non fanno passare aria.

Spiega, in funzione del processo metabolico in atto, il significato di questo accorgimento.

ELENCA

31. Riporta tutti i passaggi metabolici che avvengono a carico dei mitocondri, spiegando sinteticamente che cosa accade in ognuno di essi.

DEDUCI

32. Le piante decidue sono quelle che durante la stagione fredda perdono le foglie. Prima di staccarsi dal fusto e cadere, le foglie cambiano colore assumendo differenti tonalità tra il giallo, il rosso e il marrone.

Che cosa accade alle foglie? Perché hanno proprio questi colori?

SPIEGA E IPOTIZZA

33. La glicolisi è una via metabolica universale, poiché è presente in tutti gli organismi viventi.

Dopo avere descritto di cosa si tratta, ipotizza che cosa significa il fatto che la glicolisi sia un modo così diffuso per estrarre ATP a partire dal glucosio.

SEI PRONTO PER LA VERIFICA?

IN 1 ORA

Dopo aver studiato i contenuti fondamentali dei **capitoli A8 e A9**, prova a svolgere questa verifica nel **tempo massimo di 1 ora.**

Alla fine della prova **controlla le tue risposte** con le soluzioni che troverai sul sito *online.scuola.zanichelli.it/curtisnuovoinvitoblu* e **calcola il punteggio** totale che hai conseguito compilando la griglia finale.

CONOSCENZE

Barra la risposta esatta.

1. **Qual è la lunghezza d'onda assorbita dalla clorofilla *a*?**

A Verde
B Blu
C Giallo
D Rosso

(4 punti se hai risposto correttamente) ...../4

2. **Le cellule con una parete costituita da chitina appartengono a quali organismi?**

A Piante
B Funghi
C Animali
D Alghe

(4 punti se hai risposto correttamente) ...../4

3. **Come si chiamano le vescicole in cui avviene l'idrolisi delle molecole complesse?**

A Proteasomi
B Perossisomi
C Lisosomi
D Fagosomi

(4 punti se hai risposto correttamente) ...../4

4. Per ciascuna affermazione barra il simbolo V se la ritieni vera oppure il simbolo F se la ritieni falsa.

a) La fermentazione lattica di una molecola di glucosio produce acido lattico e anidride carbonica. V F
b) Il NADH è la forma ridotta del NAD^+. V F
c) L'ossidazione è la reazione in cui una specie chimica cede uno o più elettroni. V F
d) La glicolisi avviene nei mitocondri V F

(2 punti per ogni scelta corretta) ...../8

Barra il completamento esatto.

5. **Il batterio che causa il tetano è**

A anaerobio facoltativo.
B aerobio obbligato.
C fotosintetico.
D anaerobio obbligato.

(4 punti se hai risposto correttamente) ...../4

6. **Il colore dei petali dei fiori è determinato dal deposito di pigmenti all'interno**

A dei cloroplasti.
B del vacuolo.
C dell'apparato di Golgi.
D del citoplasma.

(4 punti se hai risposto correttamente) ...../4

7. **L'alcol etilico e i farmaci sono trasformati in sostanze meno tossiche**

A nel reticolo endoplasmatico liscio.
B nei mitocondri.
C nell'apparato di Golgi.
D nei perossisomi.

(4 punti se hai risposto correttamente) ...../4

8. **I gruppi prostetici sono**

A i gruppi del substrato che sono riconosciuti dal sito attivo dell'enzima.
B gli ioni inorganici legati all'enzima.
C dei gruppi di grosse dimensioni legati in modo permanente agli enzimi.
D dei composti organici di piccole dimensioni che si legano temporaneamente agli enzimi.

(4 punti se hai risposto correttamente) ...../4

9. **Le code dei fosfolipidi sono formate da due molecole di**

A acidi grassi.
B colesterolo.
C carboidrati.
D proteine integrali.

(4 punti se hai risposto correttamente) ...../4

10. **All'interno del nucleolo,**

A viene tradotta l'informazione genetica contenuta nel DNA in proteine.
B si condensano i cromosomi, prima della divisione cellulare.
C sono assemblati i ribosomi.
D si sintetizzano le proteine della cromatina.

(4 punti se hai risposto correttamente) ...../4

11. **Le acquaporine sono**

A dei carboidrati che legano le molecole d'acqua e ne permettono la diffusione attraverso la membrana.
B delle proteine di trasporto che permettono il trasporto attivo dell'acqua verso l'interno della cellula.
C dei canali fosfolipidici che fanno uscire dalla cellula l'acqua in eccesso.
D dei canali proteici che aumentano la permeabilità all'acqua delle membrane.

(4 punti se hai risposto correttamente) ...../4

12. Descrivi la struttura e la funzione dei mitocondri.

....

....

....

....

....

(8 punti se hai descritto struttura e funzione, 4 punti se ne hai descritto solo una) ...../8

ABILITÀ

13. Completa il brano con i termini proposti (alcuni termini vanno utilizzati più di una volta).

I cloroplasti sono gli organuli in cui avviene la .... Sono delimitati da una membrana .... e contengono una molecola di DNA di forma ...., che contiene delle informazioni genetiche non presenti nel DNA nucleare, necessarie per la .... All'interno del cloroplasto, sono presenti dei sacchetti delimitati da membrane impilati uno sull'altro, detti ...., che contengono il pigmento responsabile della conversione dell'energia luminosa in energia chimica.

circolare / fotosintesi / tilacoidi / doppia

(2 punti per ogni scelta corretta) ..../10

14. Barra il completamento errato.
I microfilamenti sono

A le fibre più sottili del citoscheletro.
B costituiti da dimeri della proteina actina.
C i filamenti su cui si spostano gli organuli.
D presenti negli pseudopodi dei macrofagi.

(4 punti se hai risposto correttamente) ...../4

15. Barra i due completamenti esatti.
Se due soluzioni a concentrazione diversa sono separate da una membrana semipermeabile, che permette soltanto il passaggio dell'acqua, per osmosi

A l'acqua si sposterà da una zona a potenziale idrico minore a una zona con potenziale idrico maggiore.
B il flusso di acqua verso un lato sarà, comunque, uguale a quello del verso opposto.
C l'acqua si sposterà verso la soluzione più concentrata.
D l'acqua si sposterà verso la soluzione con volume maggiore.
E diminuirà il volume della soluzione ipotonica.

(5 punti per due risposte corrette, 3 per una sola) ...../5

Barra la risposta esatta.

16. In quale processo viene liberata CO_2?

A Ciclo di Krebs
B Glicolisi
C Fotosintesi
D Fosforilazione ossidativa

(4 punti se hai risposto correttamente) ...../4

17. Quali giunzioni cellulari si trovano esclusivamente negli organismi vegetali?

A Le giunzioni occludenti
B I desmosomi
C Le giunzioni comunicanti
D I plasmodesmi

(4 punti se hai risposto correttamente) ...../4

18. Nel seguente brano, barra tra i termini in neretto quelli errati.

I liquidi corporei di molti pesci marini sono **ipotonici / ipertonici** rispetto all'acqua di mare e per evitare la disidratazione possiedono uno strato di **muco / scaglie** che rende la pelle impermeabile. I pesci d'acqua dolce vivono in un ambiente **ipotonico / ipertonico** producono urine molto diluite. Gli organismi unicellulari d'acqua dolce hanno un vacuolo **contrattile / osmoregolatore** che raccoglie l'acqua dalle varie zone della cellula e la pompa al di fuori.

(2 punti per ogni scelta corretta) ...../8

19. Barra le due risposte esatte.
Quali trasformazioni chimiche sono dei processi anabolici?

A Fotosintesi
B Idrolisi dell'amido
C Glicolisi
D Fermentazione alcolica
E Sintesi di una proteina

(5 punti per due risposte corrette, 3 per una sola) ...../5

20. Barra il completamento esatto.
Il lato *trans* dell'apparato di Golgi

A riceve le vescicole dal RER.
B produce le vescicole dirette alla membrana plasmatica.
C riceve i prodotti digeriti dai lisosomi.
D produce le vescicole dirette al nucleo.

(4 punti se hai risposto correttamente) ...../4

PUNTEGGIO TOTALE ...../100

Se hai ottenuto:

- meno di 60 punti devi riprendere lo studio dei capitoli;
- tra 60 e 70 punti hai una preparazione sufficiente;
- tra 70 e 80 punti hai una preparazione buona;
- tra 80 e 100 punti significa che hai studiato a fondo.

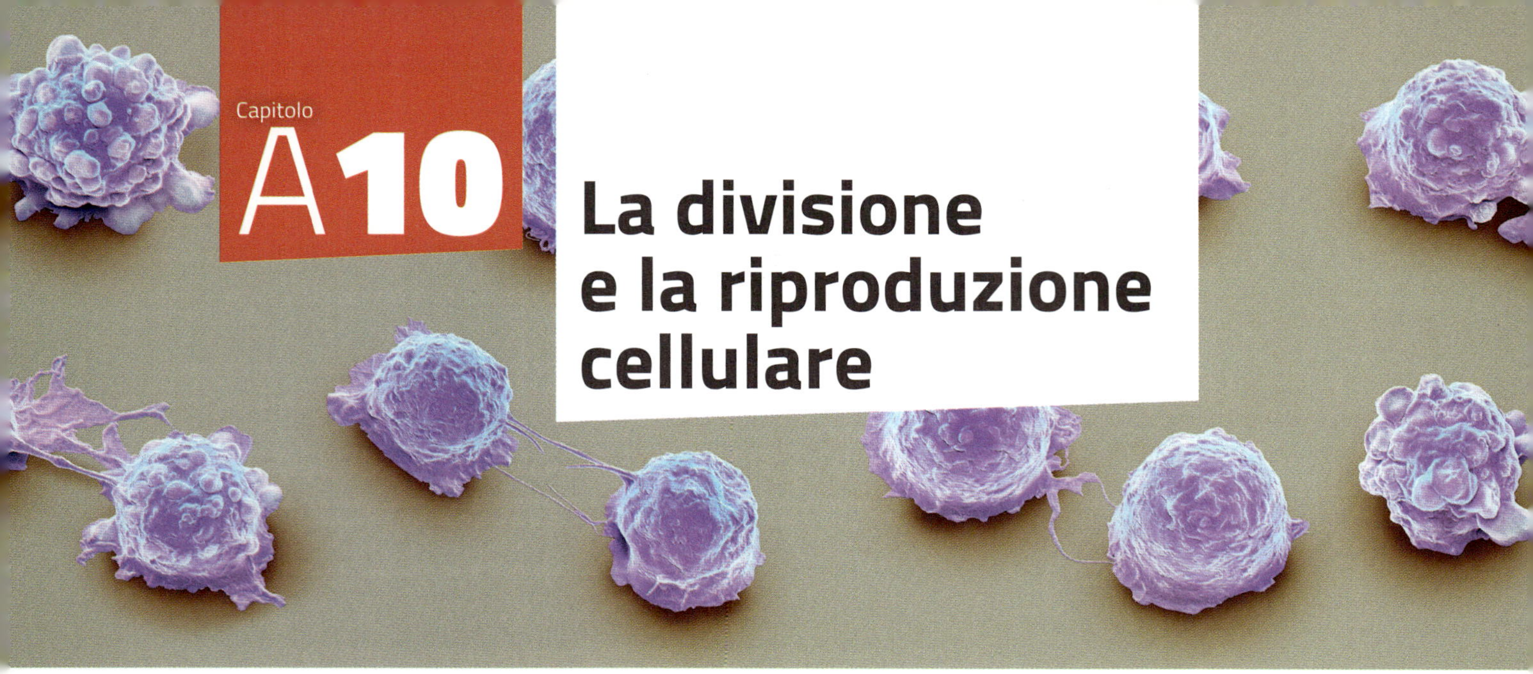

Capitolo

A10

La divisione e la riproduzione cellulare

1 La divisione cellulare nei procarioti e negli eucarioti

La divisione cellulare prevede una sequenza di quattro eventi

In questo momento, nel nostro corpo, si stanno dividendo milioni di cellule. Le cellule infatti generano altre cellule che poi si accrescono, si sviluppano, spesso si dividono a loro volta e poi muoiono. In questo modo l'organismo si accresce e sostituisce le cellule danneggiate o invecchiate.

Il processo grazie al quale una cellula si divide dando origine a due cellule figlie identiche alla cellula madre è chiamato **divisione cellulare**.

Affinché una cellula possa dividersi devono verificarsi quattro eventi:

1. deve essere attivato un **segnale riproduttivo** che dà inizio alla divisione cellulare; tale segnale proviene sia dall'interno sia dall'esterno della cellula;
2. deve avvenire la **replicazione** del materiale genetico (il DNA) in modo che le cellule figlie ricevano ciascuna un corredo genetico completo e identico;
3. la cellula madre deve distribuire equamente il DNA replicato fra le due cellule figlie attraverso un processo chiamato **segregazione**;
4. nel citoplasma deve avvenire la sintesi di enzimi e organuli destinati alle nuove cellule; deve essere inoltre aumentata la superficie della membrana plasmatica (e della eventuale parete cellulare) in modo che le due cellule figlie si possano separare attraverso un processo chiamato **citodieresi**.

Perché le nuove cellule originate dalla divisione cellulare siano perfettamente funzionanti, è fondamentale che i processi della replicazione del DNA e della segregazione avvengano con estrema precisione, garantendo per ogni specie il numero caratteristico e costante di cromosomi. Nella zanzara, per esempio, tutte le cellule del corpo contengono 6 cromosomi, mentre in quelle del cavolo ce ne sono 18, 46 nella patata, 64 nel cavallo, 78 nel cane e 216 nell' equiseto (**figura 1**).

Se tale numero varia, le conseguenze sono di solito molto gravi per l'individuo portatore (come vedremo in seguito).

◂ **Figura 1**
Il numero di cromosomi è variabile tra le specie e non è legato alle caratteristiche degli organismi; una pianta come *Equisetum arvense* (A) ha oltre 200 cromosomi mentre un *husky* siberiano (B) ne possiede 78.

Le cellule procariotiche si dividono per scissione binaria

Nei procarioti è presente il modello più semplice di divisione cellulare, in quanto il loro materiale genetico è costituito da un **cromosoma circolare** formato solo da una singola molecola di DNA, ripiegata e legata a delle proteine. Le proteine del cromosoma non portano informazioni genetiche, ma intervengono nel processo di compattazione della molecola di DNA che, se fosse distesa, sarebbe quasi mille volte più lunga della cellula stessa.

Nei procarioti la divisione cellulare prende il nome di **scissione binaria**: la cellula cresce di dimensioni, replica il proprio DNA e poi si divide, producendo due nuove cellule identiche alla cellula madre. La **figura 2A** illustra le tre fasi della scissione binaria:

1. Il cromosoma batterico inizia a duplicarsi; la molecola del DNA è molto lunga e non può distendersi interamente nella cellula, perciò si replica a mano a mano che si decompatta e si despiralizza (cioè si srotola).
2. La fase di segregazione ha inizio quando il DNA si replica: la cellula si allunga e le due molecole di DNA in formazione si spostano verso le due estremità.
3. Dopo che la duplicazione del cromosoma si è conclusa, ha inizio la citodieresi, ovvero la suddivisione del citoplasma. Il primo evento della citodieresi è una *strozzatura della membrana plasmatica* che forma un anello simile a un cordone che chiude una borsa. A mano a mano che l'anello si stringe, a livello della parete cellulare si deposita del nuovo materiale che permette la formazione della nuova parete e la separazione delle due cellule.

Le due cellule figlie sono geneticamente identiche tra loro e alla cellula madre; dopo essere cresciute, le nuove cellule possono a loro volta andare incontro a una scissione binaria, anche in tempi brevi.

Nei procarioti, i segnali per l'inizio della divisione cellulare dipendono soprattutto da fattori esterni, come le condizioni ambientali o la concentrazione di sostanze nutrienti. In condizioni favorevoli, il batterio *Escherichia coli* che vive nel nostro intestino (**figura 2B**) può dividersi anche ogni 20 minuti; in 10 ore si possono così avere 30 generazioni, il che significa che da un unico batterio possono originarsi oltre un miliardo di individui.

In alcuni eucarioti (come l'idra) può verificarsi un evento simile alla scissione binaria, ovvero la riproduzione per *gemmazione*: da una cellula si forma una protuberanza che si accresce e poi si stacca dalla cellula d'origine.

▾ Figura 2
(A) Fasi della scissione binaria di una cellula batterica. (B) Fotografia al microscopio elettronico a trasmissione di *Escherichia coli* in fase di divisione cellulare.

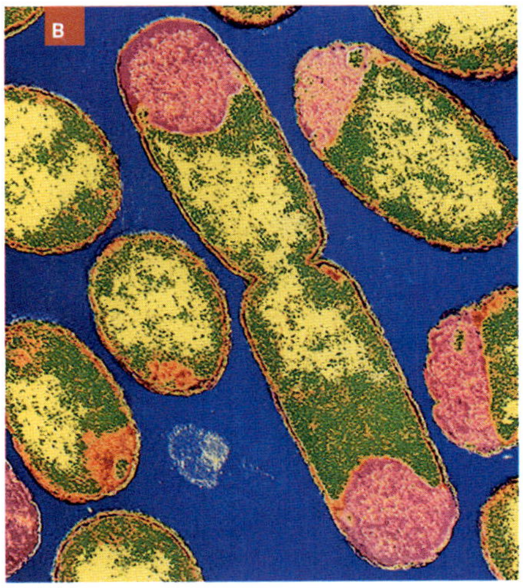

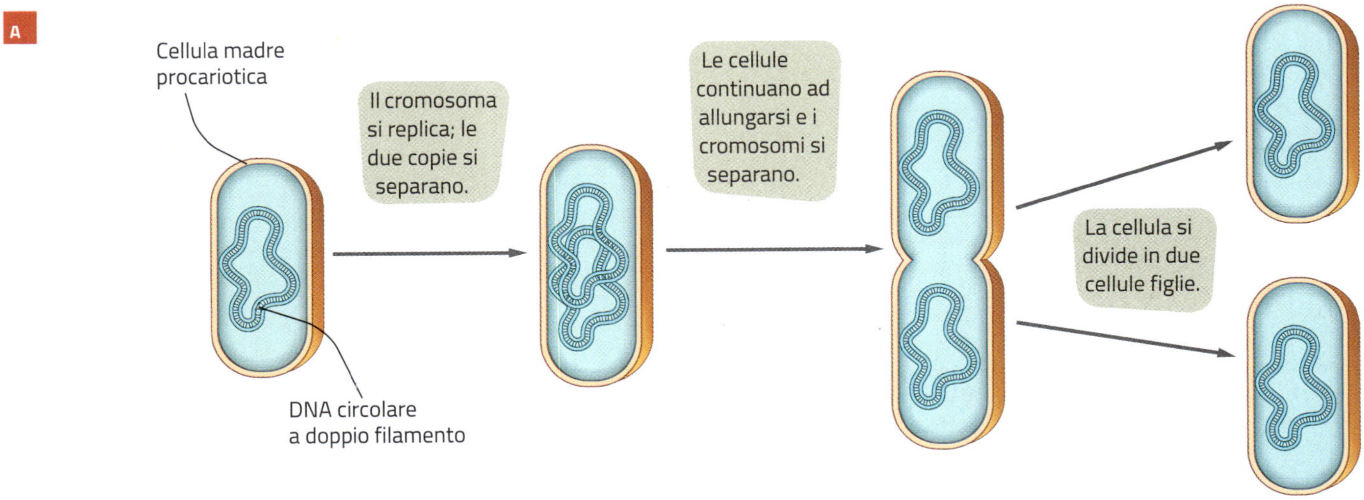

Facciamo il punto

1. Quali sono gli eventi che determinano la divisione cellulare?
2. Che cos'è la citodieresi?
3. Descrivi le tappe della scissione binaria.
4. Come si presenta il DNA nei procarioti?

2 La mitosi nelle cellule eucariotiche

La mitosi è una fase del ciclo cellulare

Ogni volta che un organismo unicellulare si divide, si forma un nuovo organismo; nei pluricellulari, invece, a ogni divisione cellulare aumenta il numero di cellule oppure sono sostituite le cellule vecchie o danneggiate con altre nuove e sane. La vita di ogni singola cellula, infatti, è decisamente più breve di quella dell'intero organismo di cui fa parte; per esempio, gran parte delle cellule umane ha una sopravvivenza media solo di alcune settimane ed è quindi necessario sostituirle via via che muoiono o vengono usurate.

Negli eucarioti pluricellulari le cellule non si dividono in continuazione a un ritmo costante, come avviene nei batteri. In una pianta o in un animale, infatti, i segnali per la divisione cellulare non dipendono dalle necessità di una singola cellula, ma dai bisogni dell'intero organismo. Il tempo che trascorre prima che una cellula si divida, inoltre, non è costante, ma varia in relazione al tessuto di cui fa parte, al compito che svolge all'interno dell'organismo e al momento dello sviluppo. Il **ciclo cellulare** è l'insieme degli eventi compresi tra la formazione di una cellula e la sua divisione in due cellule figlie.

Un'altra differenza tra la divisione cellulare dei procarioti e quella degli eucarioti riguarda la duplicazione e la segregazione: nelle cellule eucariotiche, la ripartizione del materiale genetico è complicata dalla maggiore quantità di DNA (fino a mille volte di più rispetto alle cellule procariotiche) e dal fatto che il DNA si trova sotto forma di un certo numero di **cromosomi lineari** distinti. I cromosomi, che nella specie umana sono 46, sono visibili al microscopio ottico proprio nelle prime fasi della divisione cellulare (figura 3).

Il ciclo cellulare comprende due grandi stadi: **l'interfase** e la **fase mitotica** (figura 4). L'**interfase** è il tempo che intercorre tra una divisione e l'altra; è il periodo più lungo della vita cellulare e si divide a sua volta in tre sottofasi: la sottofase G_1, la sottofase S e la sottofase G_2.

Curiosità

Nelle persone anziane i processi di **divisione cellulare** rallentano; per questo motivo, i tessuti invecchiano (la pelle ne è un chiaro esempio) e la forza muscolare progressivamente diminuisce.

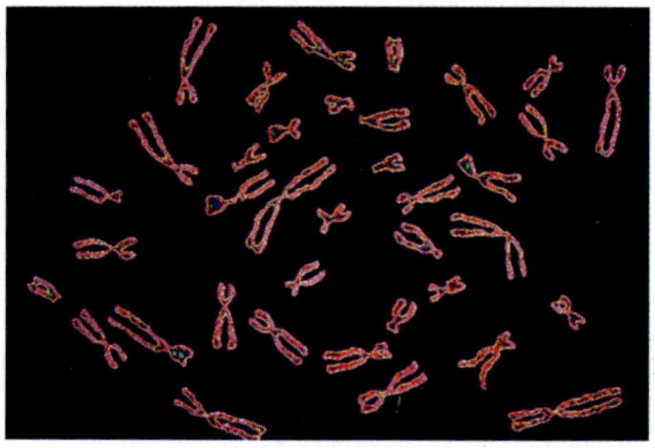

▲ **Figura 3**
I 46 cromosomi umani fotografati al microscopio ottico e poi colorati.

Guarda il video nell'ebook:
Un minuto di biologia
Il ciclo cellulare

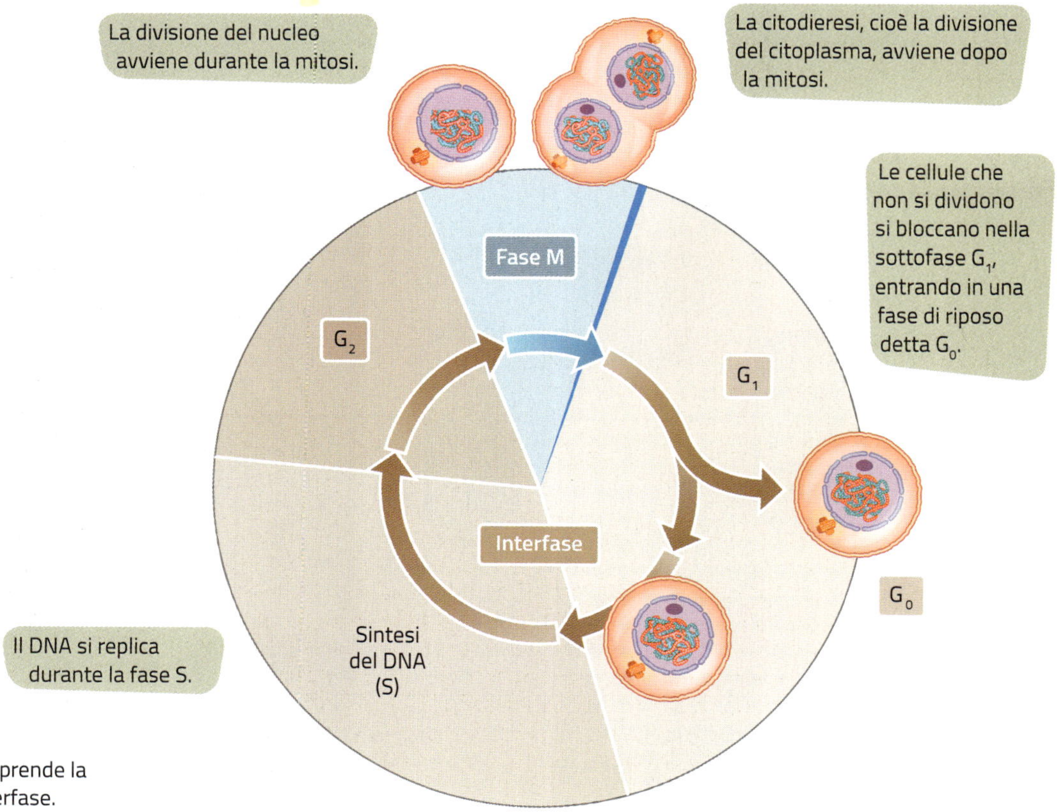

► **Figura 4**
Il ciclo cellulare comprende la fase mitotica e l'interfase.

- La **sottofase G_1** (dall'inglese *gap*, «intervallo») va dalla fine dell'ultima divisione cellulare all'inizio della sottofase S; la cellula trascorre la maggior parte della sua vita in questo stadio, nel corso del quale sintetizza molecole (soprattutto proteine), si accresce e svolge le proprie attività.
- Quando giunge il momento di dividersi, la cellula entra nella **sottofase S** (S sta per *sintesi*) in cui duplica il proprio materiale genetico in preparazione di una nuova divisione cellulare.
- Nella **sottofase G_2**, infine, i cromosomi si spiralizzano, si completa la duplicazione dei centrioli e iniziano ad assemblarsi le strutture proteiche necessarie per la divisione cellulare; tra queste c'è il *fuso mitotico*, costituito da microtubuli proteici che hanno il compito di separare i cromosomi tra le due cellule figlie.

A colpo d'occhio

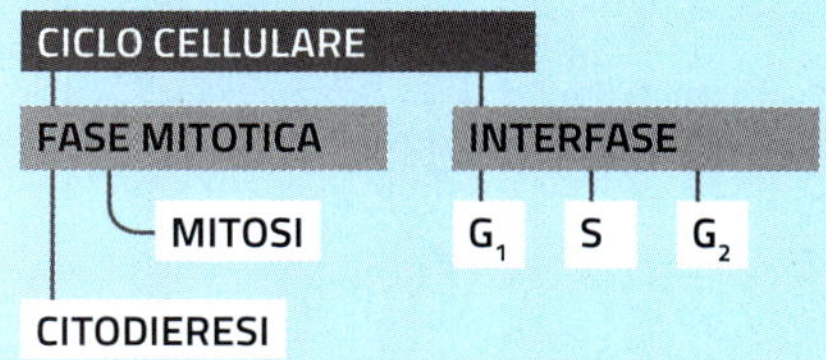

Dopo la sottofase G_1 alcuni tipi di cellule non entrano nella sottofase S, ma nella **sottofase G_0**: in questo periodo, che può durare anche tutta la vita, le cellule sono vive, metabolicamente attive, ma non crescono e non si riproducono.

La **fase mitotica** (o fase M) è la divisione della cellula e comprende due processi principali: la mitosi e la citodieresi. La **mitosi** corrisponde alla divisione del nucleo; in questo stadio la membrana nucleare scompare e il DNA migra verso le estremità opposte della cellula dove si formano i due nuovi nuclei, ognuno dei quali riceve un corredo cromosomico completo e identico a quello della cellula di partenza. Alla mitosi segue la **citodieresi**, fase in cui il citoplasma, e tutti gli organuli in esso contenuti, si ripartisce in due cellule distinte, ciascuna avvolta da membrana e dotata di un proprio nucleo.

Le parole

Il termine **citodieresi** deriva dalle parole greche *kytos* «contenitore, cellula» e *diaíresis* «separazione».

La divisione cellulare è regolata attraverso i fattori di controllo

L'entrata nella fase M del ciclo cellulare non è un evento casuale, ma comporta una precisa preparazione da parte della cellula. Per questo motivo la regolazione è monitorata attraverso una serie di fattori di controllo.

Uno di questi fattori è la **dipendenza dall'ancoraggio**, secondo cui le cellule si dividono solo quando vengono a contatto con una superficie solida; se ciò non accadesse, le cellule che si staccano dalle pareti dei vasi sanguigni ed entrano nella

1 - La nostra salute

Le cellule staminali e la velocità del ciclo cellulare

In una persona adulta avvengono circa duemila miliardi ($2 \cdot 10^{12}$) di divisioni cellulari ogni 24 ore, il che equivale a 25 milioni di divisioni al secondo. Non tutte le cellule che si formano, però, si duplicheranno a loro volta.

Alcune parti del nostro corpo, infatti, non smettono mai di crescere, altre raggiungono una loro dimensione e non vanno oltre. È il caso dei capelli e delle ossa: i primi vanno tagliati periodicamente altrimenti diventano sempre più lunghi, mentre le nostre ossa raggiungono una certa dimensione e poi non crescono più. La spiegazione di questa differenza è legata al ciclo cellulare.

Molte cellule del nostro corpo, una volta che si sono specializzate a svolgere compiti specifici, non sono più capaci di dividersi; queste cellule si arrestano nella sottofase G_1 del ciclo cellulare, entrando nella fase «di riposo» G_0. Esistono però delle riserve costituite dalle **cellule staminali**, cioè cellule non specializzate che conservano la capacità di dividersi e dare origine diversi tipi cellulari.

Nel midollo osseo, per esempio, sono presenti le *cellule staminali emopoietiche* (**figura**), che si dividono costantemente per dare origine ai globuli rossi del sangue. I globuli rossi, cellule prive di nucleo e incapaci di riprodursi, vivono in media 120 giorni e in un uomo adulto ve ne sono circa venticinquemila miliardi ($2{,}5 \cdot 10^{13}$). Per mantenere queste quantità, ogni secondo devono essere prodotti, grazie alle cellule staminali, 2,5 milioni di nuovi globuli rossi.

Esistono poi cellule che mantengono la capacità di dividersi anche dopo aver raggiunto la maturità, ma solo in determinate circostanze. Le cellule del fegato umano, per esempio, normalmente non si dividono, ma se una parte del fegato viene asportata chirurgicamente, le cellule restanti continuano a dividersi finché l'organo recupera le dimensioni normali.

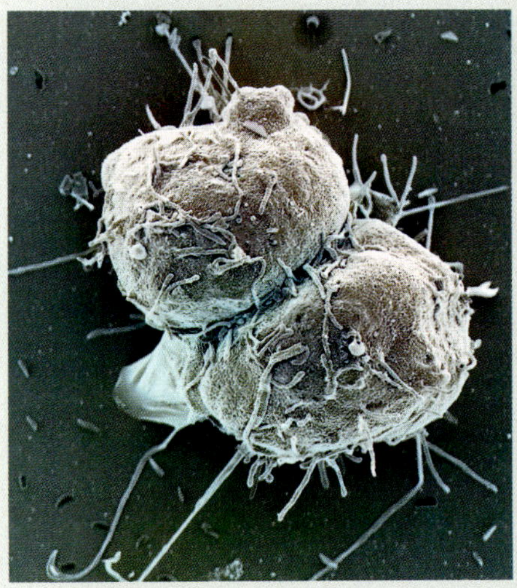

▲ **Figura**
Due cellule staminali al microscopio elettronico a scansione in fase di divisione per dare origine alle cellule del sangue.

corrente circolatoria potrebbero dividersi senza controllo, producendo ammassi cellulari che andrebbero a occludere vene e arterie.

Un altro fattore di controllo, detto **inibizione da contatto**, arresta la divisione cellulare quando le cellule, moltiplicandosi, entrano in contatto tra loro (**figura 5**). Per esempio, quando la pelle subisce una lesione causata da un taglio, le cellule danneggiate iniziano a dividersi finché non tornano ad aderire le une alle altre rimarginando la lesione e formando una cicatrice; a questo punto la divisione cellulare si arresta.

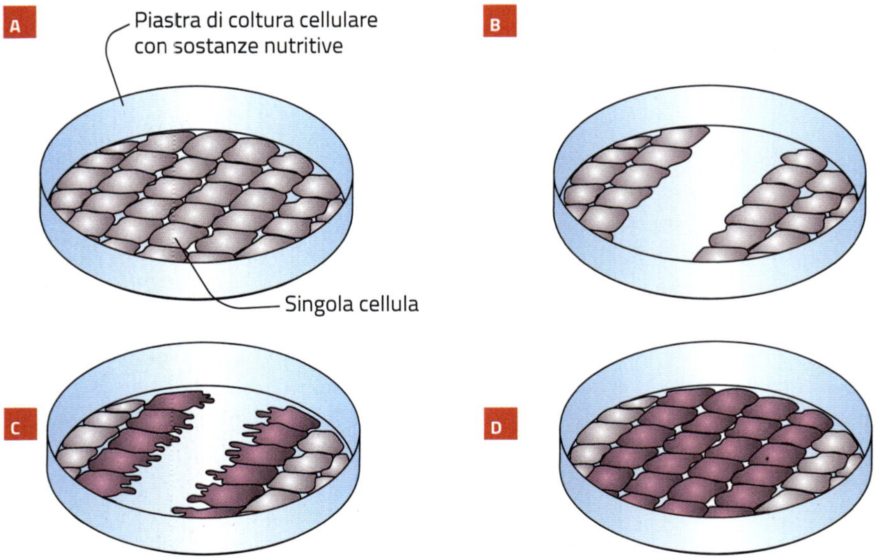

▸ Figura 5
(A) Cellule coltivate in vitro si riproducono finché non entrano in contatto tra loro. Se si asportano alcune cellule centrali (B), quelle rimaste lungo il margine libero iniziano di nuovo a dividersi (C) fino a quando entrano nuovamente in contatto (D).

Curiosità

Se la cellula viene danneggiata o è troppo vecchia, può subentrare la morte cellulare: nel primo caso si parla di **nècrosi**, nel secondo di **apoptòsi**.

A livello molecolare, i segnali che controllano i passaggi da una fase all'altra del ciclo cellulare dipendono dall'attivazione di una classe di enzimi chiamati *chinasi ciclina-dipendente* o **Cdk**. Questi enzimi si legano a proteine chiamate cicline per formare il *complesso ciclina-Cdk*; il complesso ciclina-Cdk catalizza la fosforilazione di una proteina bersaglio, che si attiva dando il via alle varie fasi del ciclo cellulare. Quando la ciclina si dissocia, la Cdk torna a essere inattiva (**figura 6**).

Esistono molte Cdk che si legano a determinate cicline e fosforilano specifiche proteine bersaglio. Ciascun complesso agisce in una determinata fase di transizione del ciclo cellulare come, per esempio, la Cdk2 che è associata alla ciclina A e controlla il passaggio dalla sottofase S alla G_2 del ciclo cellulare.

Di fatto, i complessi ciclina-Cdk funzionano da «posti di blocco» in grado di attivare il controllo dell'avanzamento del ciclo cellulare e stabilire se la cellula può passare alla tappa successiva. Ci sono, tuttavia, posti di blocco intermedi: per esempio, alla fine della sottofase S c'è un posto di blocco per controllare che la replicazione del DNA sia stata completata e, in caso contrario, il ciclo si interrompe prima di passare all'attivazione della mitosi.

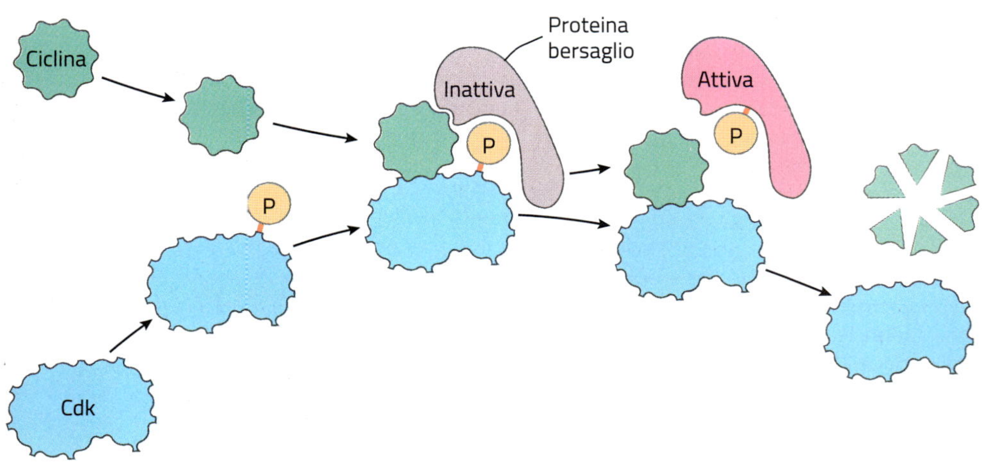

▸ Figura 6
Il complesso cliclina-Cdk attiva una proteina che innesca il passaggio alla fase successiva del ciclo cellulare.

Nell'interfase il DNA si REplica e si compatta per formare i cromosomi

Se il DNA contenuto in una cellula umana venisse srotolato, raggiungerebbe 2 m di lunghezza. Il nucleo di una cellula, però, ha un diametro di soli 5 μm. Questa grande quantità di DNA può essere contenuta in uno spazio estremamente piccolo grazie a un complesso meccanismo di *spiralizzazione*.

La **spiralizzazione del DNA** consiste in una serie di ripiegamenti della molecola che si avvolge ordinatamente su se stessa grazie all'azione di proteine chiamate **istoni**. I ripiegamenti avvengono per stadi successivi e seguendo uno schema ben preciso, descritto nella **figura 7**; i successivi livelli di avvolgimento e ripiegamento permettono al DNA di compattarsi in un volume piccolissimo e di essere così contenuto nel nucleo della cellula.

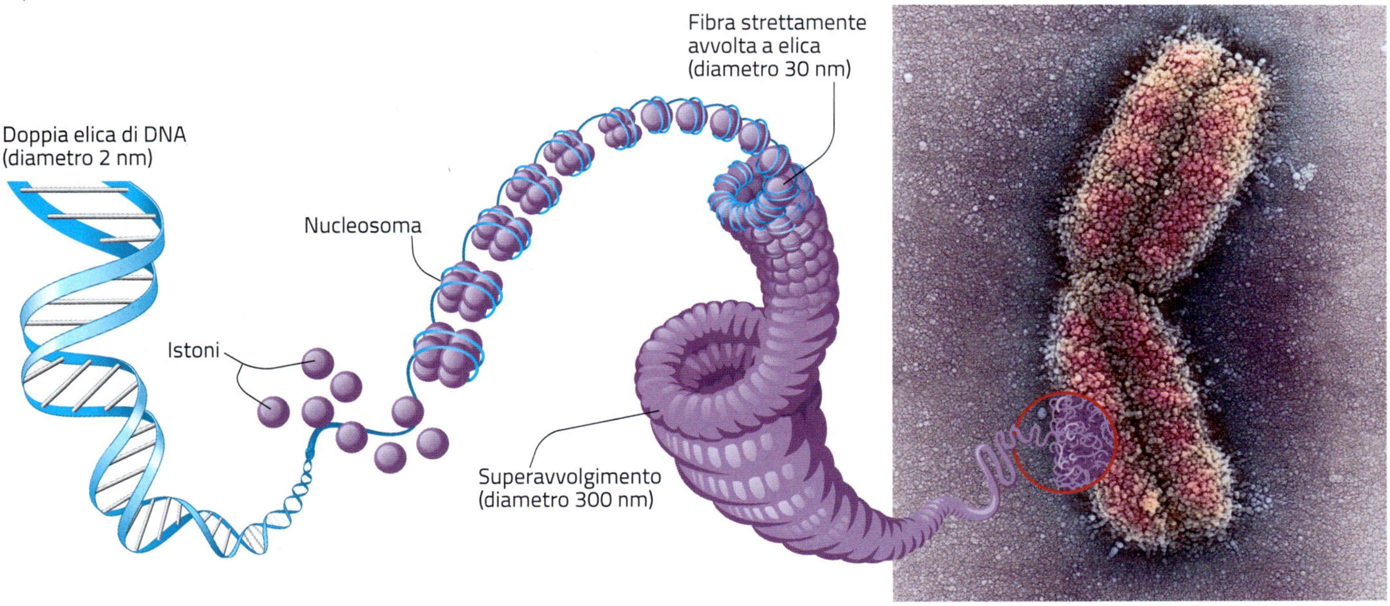

▼ **Figura 7**
I livelli di spiralizzazione del DNA vanno dalla doppia elica srotolata alla complessa struttura dei cromosomi, passando per i nucleosomi, le unità fondamentali del DNA condensato.

2 - La nostra salute

Le conseguenze del mancato controllo del ciclo cellulare

Il **cancro**, o *tumore maligno*, è il risultato di una divisione cellulare incontrollata che genera una proliferazione di cellule anomale per forma, dimensioni e patrimonio genetico. Questo ammasso di cellule invade e distrugge progressivamente i tessuti adiacenti e, se non viene rimosso, può diffondersi in altre parti del corpo.

Una delle cause dell'insorgenza del cancro è un'alterazione nei meccanismi del complesso ciclina-Cdk, una serie di proteine che regolano le fasi di avanzamento del ciclo cellulare. Per esempio, in alcune forme di tumore alla mammella a crescita rapida si riscontra un'eccessiva quantità della ciclina D, che stimola le Cdk ad attivare la proteina che induce la divisione cellulare.

Geni come quello della ciclina D, i cui prodotti fungono da stimolatori del ciclo cellulare, sono detti **proto-oncogéni**. Un proto-oncogéne è un gene con una precisa funzione nelle nostre cellule e di per sé non è nocivo, ma a seguito di una mutazione può accadere che sia responsabile di una stimolazione eccessiva e diventi un *oncogéne*, un gene legato all'insorgenza del cancro.

Al contrario, un'altra proteina, chiamata p53 (**figura**), impedisce la divisione cellulare perché stimola la sintesi di un inibitore delle Cdk, chiamato p21. Le proteine come p21 e p53 bloccano il ciclo cellulare e, nel loro insieme, prendono il nome di **oncosoppressori**.

Queste proteine sono le nostre maggiori difese naturali contro la proliferazione dei tumori e questo è dimostrato da un dato di controllo: più della metà dei tumori umani si innesca perché è presente una p53 difettosa o carente, che perciò non è più in grado di controllare correttamente il ciclo cellulare.

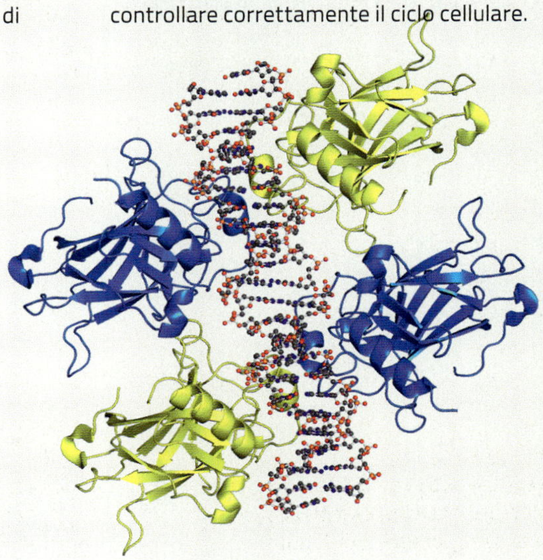

► **Figura**
Le molecole di p53 (in giallo e azzurro), bloccano l'attività dei geni tumorali del DNA.

Le parole

Cromosoma è un termine coniato nel 1888 dall'anatomista Heinrich von Waldeyer, che unì le radici greche *chrôma*, «colore», e *sôma*, «corpo», per sottolineare la caratteristica dei cromosomi di colorarsi se trattati con specifiche sostanze chimiche. La parola *chrôma* ricorre anche in altri termini, quali **cromatìna** e **cromatìdio**.

Nel corso del ciclo cellulare, il grado di spiralizzazione delle molecole di DNA si modifica: durante la sottofase G_1, le molecole di DNA formano un groviglio di filamenti che costituiscono la **cromatina**. In questa fase il DNA è poco spiralizzato perché le informazioni che contiene devono essere utilizzate dalla cellula per la sintesi delle proteine. Nella sottofase S il DNA si replica e quando la cellula entra nella fase M ogni singola molecola di DNA duplicata si spiralizza strettamente. Al posto della cromatina, nel nucleo si formano diversi corpi compatti visibili al microscopio: i **cromosomi**.

All'inizio della mitosi, ciascun cromosoma è formato da due molecole di DNA identiche ed estremamente compattate, dette **cromatidi fratelli**, che sono uniti in una regione centrale chiamata **centromero**. La duplicazione e la spiralizzazione dei cromatidi sono due eventi indispensabili perché la mitosi possa avvenire correttamente: solo così è possibile distribuire equamente le molecole di DNA nei due nuovi nuclei in formazione.

La mitosi si suddivide in cinque stadi

Durante la mitosi (**figura 8**), un nucleo dà origine a due nuclei figli geneticamente identici fra loro e al nucleo iniziale; ciò è possibile grazie a una precisa distribuzione di una copia del materiale genetico di partenza in ciascuno dei due nuovi nuclei.

Sebbene la mitosi sia una successione continua di eventi, viene suddivisa in una serie di stadi caratterizzati da eventi diversi: **profase** (condensazione dei cromosomi e formazione del fuso mitotico), **prometafase** (scomparsa della membrana nucleare), **metafase** (allineamento dei cromosomi sul piano equatoriale), **anafase** (separazione dei due cromatidi fratelli, che si dirigono ai poli opposti della cellula) e **telofase** (formazione delle due nuove membrane nucleari).

▸ **Figura 8**
Le diverse fasi della mitosi: disegno di una cellula animale e fotografie al microscopio ottico di una cellula vegetale.

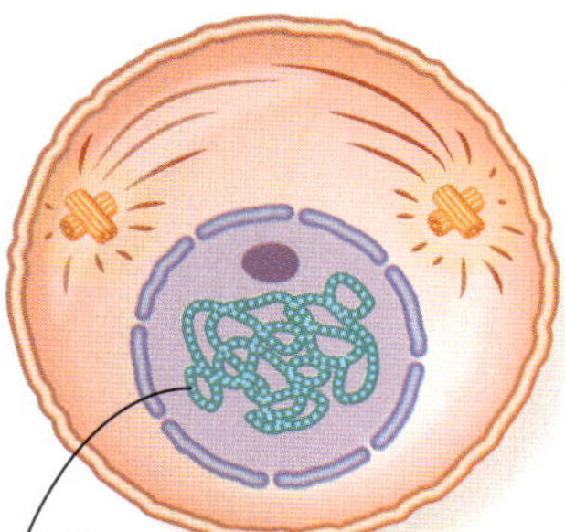

Prima dell'inizio della mitosi, i cromosomi non sono visibili al microscopio come corpi distinti perché il DNA forma un groviglio di filamenti, la *cromatina*.

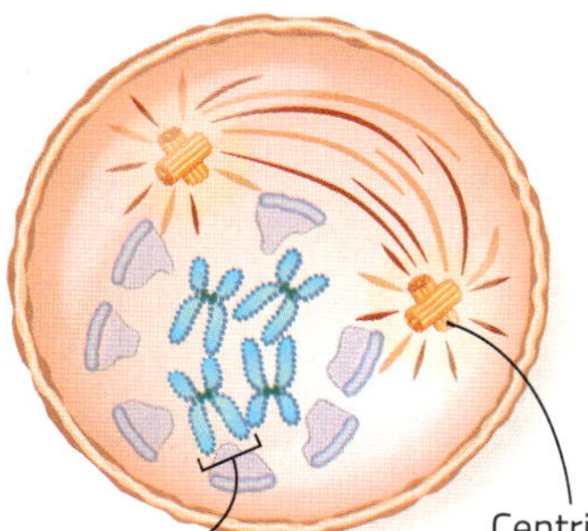

Durante la **profase** la cromatina si compatta e i cromosomi diventano visibili al microscopio. Ciascun cromosoma è formato da due cromatidi fratelli; la membrana nucleare comincia a dissolversi e nel citoplasma inizia a formarsi il *fuso mitotico*.

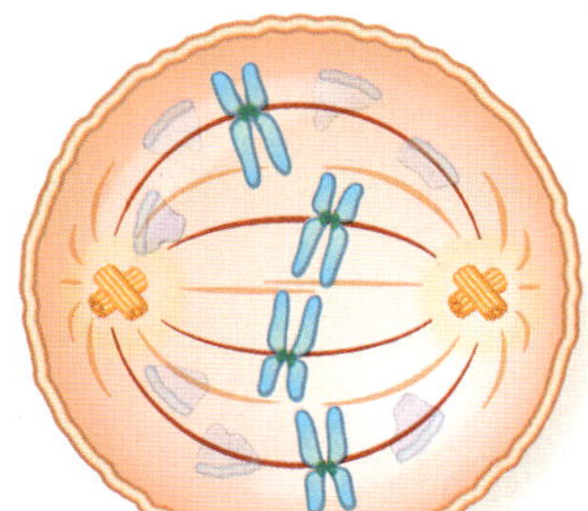

Nella **prometafase** la membrana nucleare si disgrega, ciascun cromosoma si lega ai microtubuli provenienti dai poli opposti della cellula e iniziano a portarsi verso la zona equatoriale del fuso mitotico.

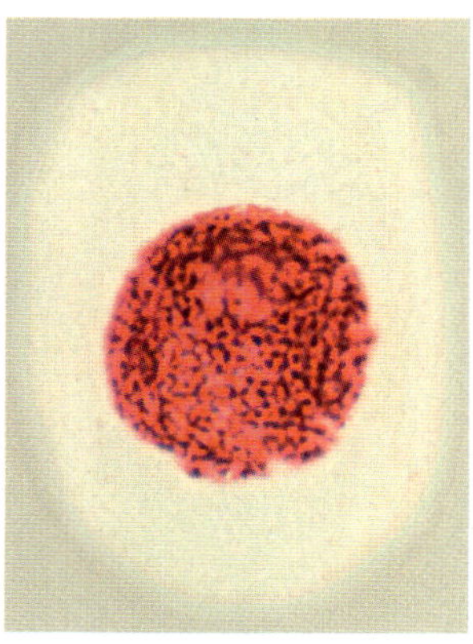

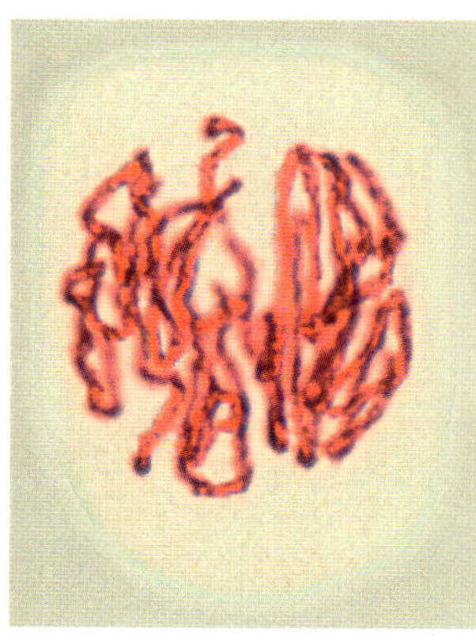

- Quando la cellula entra in **profase**, la cromatina si compatta nei cromosomi e ciascuno di essi appare formato da due cromatidi fratelli uniti a livello di un punto detto *centromero*. A livello del centromero di ciascun cromatidio compaiono due strutture proteiche dette **cinetòcori**, indispensabili per il movimento dei cromosomi. Nel corso della profase si disgrega la membrana nucleare e si completa anche il **fuso mitotico**, che ha la funzione di guidare i movimenti dei cromosomi, assicurando che il processo di segregazione possa avvenire in modo corretto. Il fuso mitotico è costituito da microtubuli proteici che prendono origine da due organuli chiamati *centrosomi*. Nelle cellule animali ciascun è centrosoma formato da un paio di *centrioli* disposti a 90° l'uno rispetto all'altro. Ogni centriolo è un tubo cavo costituito da 9 triplette di microtubuli. Il centrosoma si duplica durante la fase S che precede la mitosi; all'inizio della profase i due centrosomi si separano e iniziano a spostarsi verso le estremità opposte della cellula. Questa migrazione identifica i *poli*, gli estremi della cellula verso cui i cromosomi si dirigeranno durante l'anafase.
- Nella **prometafase** scompare la membrana nucleare, i due cromatidi fratelli di ciascun cromosoma si attaccano ai microtubuli del fuso per mezzo dei cinetocori e iniziano a portarsi verso la zona equatoriale del fuso.
- All'inizio della **metafase** il fuso mitotico è completato e i due centrosomi si trovano alle due estremità della cellula. I cromosomi, agganciati ai microtubuli del fuso, sono tutti allineati lungo il piano equatoriale dove formano la *piastra metafasica* (o *piastra equatoriale*). La metafase è il momento migliore per osservare i cromosomi, perché ora sono compatti e spiralizzati al massimo.

Guarda il video nell'ebook:
Un minuto di biologia
La mitosi

Guarda i video nell'ebook:
La biologia in 3D
- *La mitosi*
- *Mitosis*

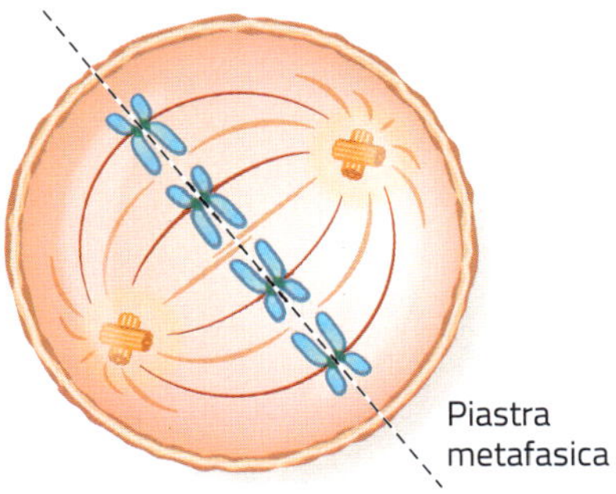

All'inizio della **metafase** il fuso mitotico è completo e i cromosomi si sono allineati lungo il piano equatoriale della cellula a formare la *piastra metafasica*. In questa fase i cromosomi sono ben visibili al microscopio perché sono fortemente condensati.

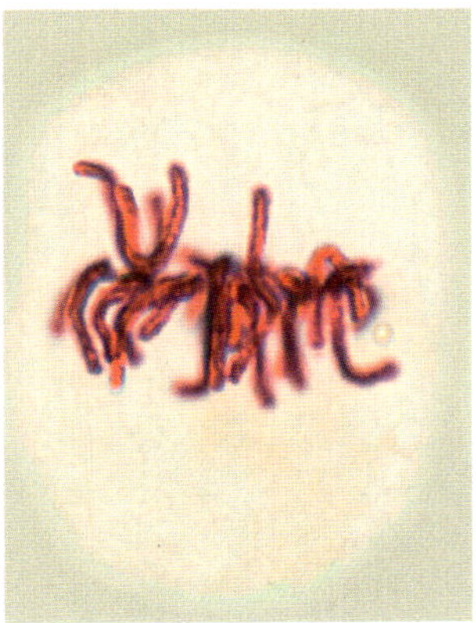

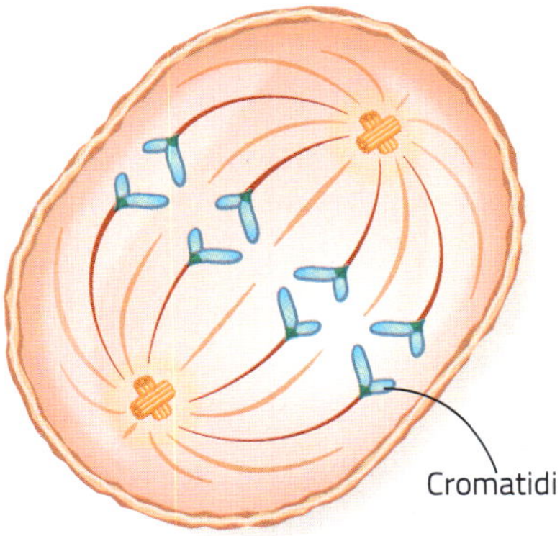

L'**anafase** inizia quando i cromatidi fratelli si separano, i centromeri scorrono sui microtubuli del fuso, trascinando i cromosomi figli che vanno a posizionarsi ai poli opposti della cellula. Alla fine di questa fase, a ciascun polo si trova una serie completa di cromosomi.

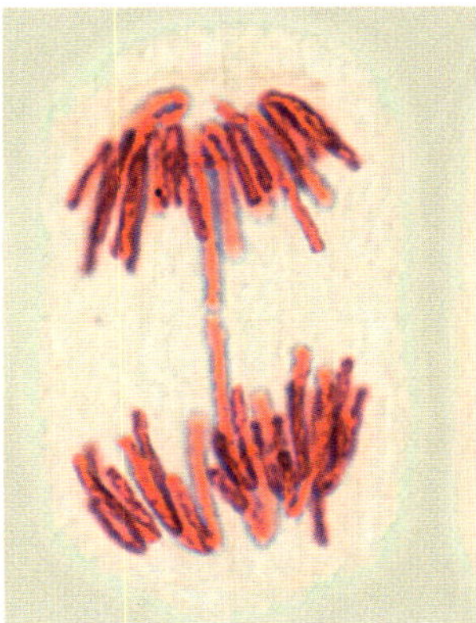

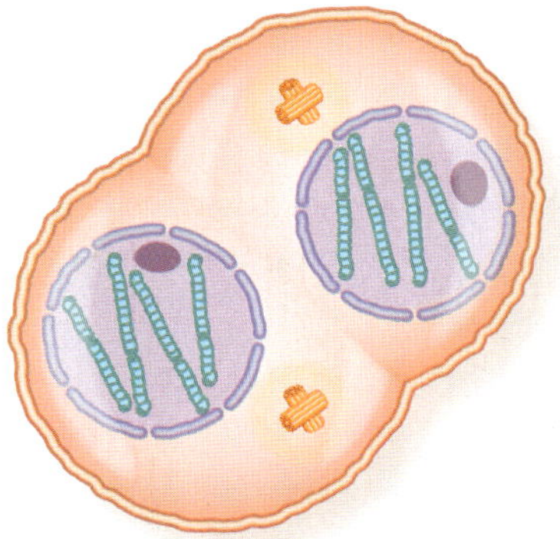

La **telofase** ha inizio quando i cromosomi figli hanno raggiunto le estremità della cellula e vengono circondati da una nuova membrana nucleare, formando i due nuclei figli. La cellula si allunga, i cromosomi si despiralizzano e si ricostituisce la cromatina.

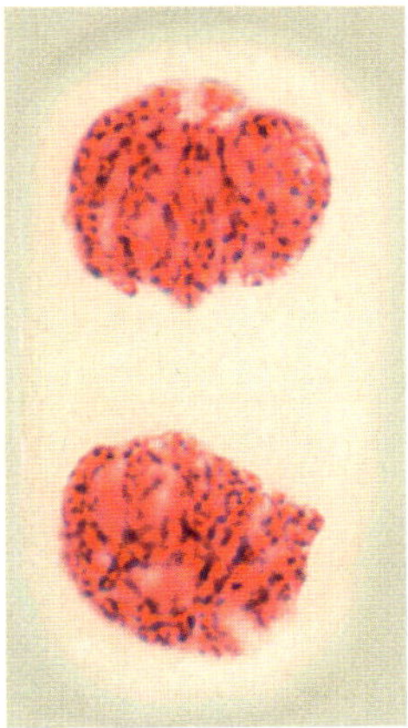

- Durante l'**anafase** i centromeri di ciascun cromosoma si staccano e i due cromatidi fratelli si separano, spostandosi verso le estremità opposte del fuso mitotico. Grazie alle proteine motrici che utilizzano l'energia dell'ATP, i cinetocori avanzano lungo i microtubuli, trascinando con sé i cromosomi. Da questo momento in poi ciascun cromatidio è considerato un cromosoma indipendente e prende il nome di **cromosoma figlio**. L'anafase termina quando le due serie di cromosomi figli hanno raggiunto i poli della cellula.
- Nella **telofase** il fuso mitotico si dissolve, i cromosomi si despiralizzano e ricompare la cromatina; la membrana nucleare e il nucleolo si ricostituiscono. La mitosi è un processo estremamente preciso al termine del quale si formano due nuclei identici fra loro che contengono lo stesso corredo genetico del nucleo che li ha generati. Dopo la telofase avviene la citodieresi, processo che porta alla formazione di due cellule distinte.

La citodieresi avviene in modo diverso nelle cellule animali e in quelle vegetali

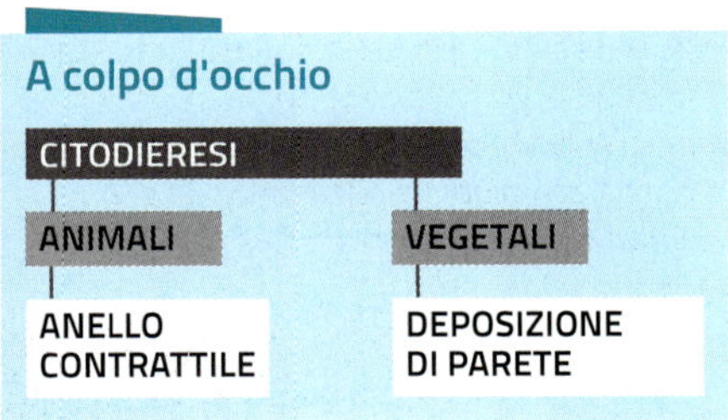

La **citodieresi** è il processo di suddivisione del citoplasma e degli organuli in esso contenuti tra le due nuove cellule; essa segue la mitosi e ha inizio verso la fine della telofase. Mentre la segregazione dei cromosomi deve essere assolutamente precisa, non è necessario che organuli come i ribosomi, i mitocondri e i cloroplasti siano distribuiti equamente fra le due cellule figlie, ma è sufficiente che ciascuna cellula ne contenga almeno qualcuno, perciò la loro ripartizione non è affidata a un meccanismo dotato di una precisione paragonabile a quella della mitosi; in alcuni casi la divisione avviene in due parti di dimensioni molto diverse, come nel lievito *S. cerevisiae*, in cui la cellula-madre produce per gemmazione cellule figlie molto piccole, che poi si accresceranno in modo indipendente.

La citodieresi delle cellule animali differisce per alcuni aspetti da quella delle cellule vegetali. Nelle cellule animali, tra i due nuclei si forma un *anello contrattile* subito sotto alla membrana plasmatica; l'anello contrattile, costituito da filamenti di actina e miosina che scorrono l'uno sull'altro, inizia a stringersi creando una strozzatura che diventa sempre più profonda e che divide la cellula a metà (**figura 9A**). La connessione tra le cellule figlie si riduce così a un sottile filamento che presto si spezza del tutto.

▼ **Figura 9**
Microfotografie e disegni della citodieresi di una cellula animale (A) e di una cellula vegetale (B).

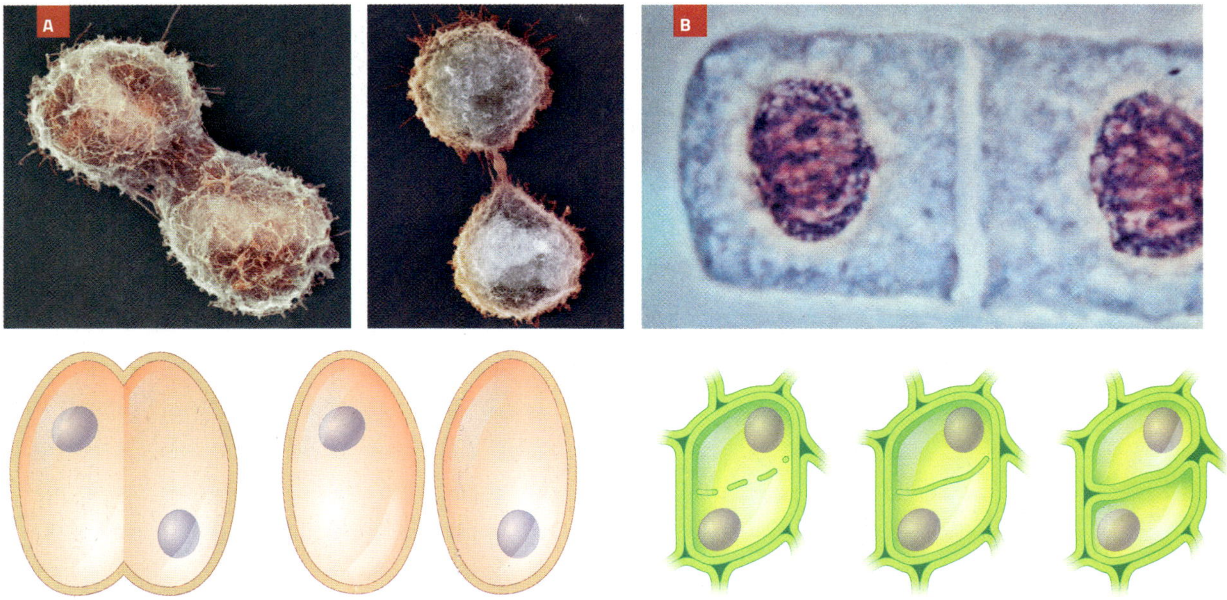

Nelle **cellule animali** la citodieresi avviene tramite la formazione nel citoplasma della cellula madre di un anello contrattile.

Nelle **cellule vegetali** durante la citodieresi si forma un setto di separazione, la nuova parete cellulare, costituito di cellulosa che divide in due la cellula madre.

Nelle cellule vegetali, invece, il citoplasma è diviso lungo la linea mediana da una serie di vescicole contenenti polisaccaridi prodotti dagli apparati di Golgi. Queste vescicole si radunano e si fondono tra loro per dare origine a uno spazio appiattito limitato da due membrane, la nuova parete cellulare, ai cui lati si formano le nuove membrane cellulari (figura 9B).

La divisione cellulare è alla base della riproduzione asessuata

Negli eucarioti, la divisione cellulare ha diverse funzioni. Negli organismi pluricellulari è necessaria per l'accrescimento e per rinnovare le cellule invecchiate o danneggiate, ma a volte serve anche per la riproduzione. Gli organismi eucariotici possono infatti riprodursi in due modi: per via asessuata o per via sessuata.

La **riproduzione asessuata** avviene per mitosi e produce figli geneticamente identici ai genitori. Si riproducono in questo modo sia organismi unicellulari come il lievito sia pluricellulari come gli anemoni di mare, le spugne o alcune piante (figura 10).

La riproduzione asessuata è un sistema efficace per ottenere in poco tempo un numero molto elevato di nuove cellule che, però, saranno tutte identiche tra loro, cioè costituiranno un *clone* dell'organismo di partenza.

Negli organismi eucarioti esiste un altro meccanismo di divisione chiamato *meiosi*, che invece genera diversità genetica, cioè produce una progenie geneticamente diversa dai genitori. Tale meccanismo è legato ai processi di riproduzione sessuata.

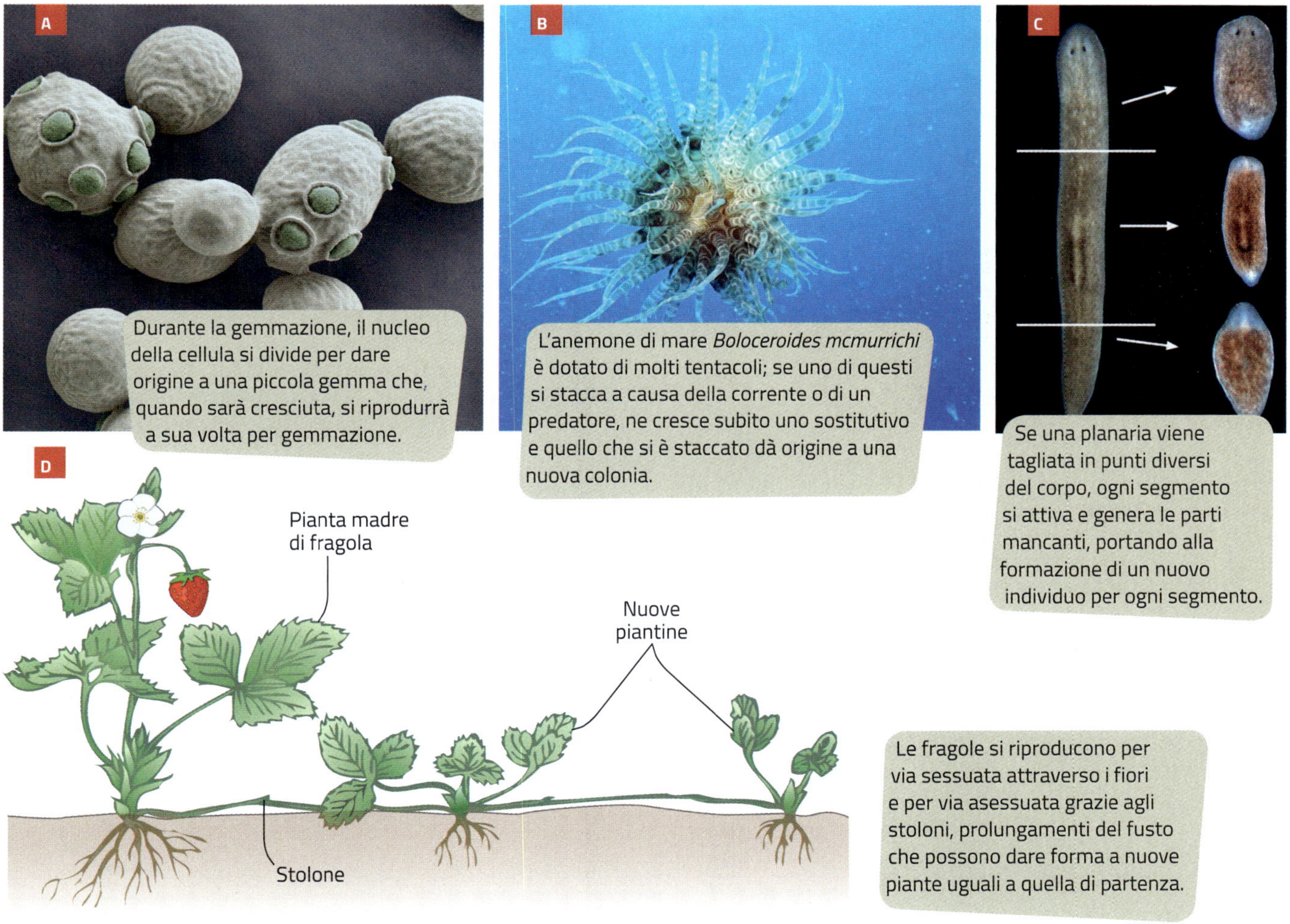

▼ **Figura 10**
Vari esempi di riproduzione asessuata negli eucarioti: la gemmazione dei lieviti (A) e dell'anemone (B), la rigenerazione nella planaria *Schmidtea mediterranea* (C) e la produzione di stoloni nella fragola (D).

Facciamo il punto

1. Spiega che cos'è il ciclo cellulare e descrivi le varie fasi.
2. Come avviene il controllo del ciclo cellulare?
3. Quali sono i gradi di spiralizzazione del DNA?
4. Descrivi sinteticamente gli eventi che caratterizzano le fasi della mitosi.
5. Che cosa diversifica la citodieresi delle cellule animali da quella delle cellule vegetali?

3 La meiosi e la riproduzione sessuata

La riproduzione sessuata è il risultato di meiosi e fecondazione

A differenza della riproduzione asessuata, la **riproduzione sessuata** produce organismi geneticamente diversi dai genitori perché sono il risultato dell'unione di due cellule particolari, i *gameti*, ciascuna con metà del patrimonio genetico del genitore che le ha prodotte. Ognuno dei due genitori contribuisce con un gamete alla formazione del nuovo individuo.

La variabilità genetica prodotta con questa modalità riproduttiva arricchisce il patrimonio ereditario della specie, perché rimescola il materiale genetico molto più di quanto faccia la riproduzione asessuata. Ciò favorisce la possibilità che alcuni degli individui della specie si trovino a possedere caratteristiche che ne favoriscono la sopravvivenza nell'ambiente in cui si trovano. Queste differenze tra gli individui di una specie permette l'azione della *selezione naturale*, il fattore principale individuato da Darwin come motore dell'evoluzione.
La riproduzione sessuata comporta sempre due eventi (**figura 11**):

1. la **meiosi**, un tipo speciale di divisione nucleare che dimezza il patrimonio genetico dei gameti;
2. la **fecondazione**, il processo in cui i gameti provenienti dai due genitori si fondono per formare lo *zigote*, la prima cellula da cui si svilupperà il nuovo individuo.

Le parole

Il termine **zigote** deriva dal greco *zygón*, che significa «coppia» o «doppio»: lo zigote è la prima cellula del nuovo organismo ad avere corredo cromosomico diploide.

I gameti contengono metà dei cromosomi delle cellule somatiche

La maggior parte delle cellule che costituisce il corpo degli animali non è specializzata per la riproduzione; queste cellule sono dette **cellule somatiche** e sono **diploidi**: ognuna contiene un doppio corredo cromosomico, cioè una doppia se-

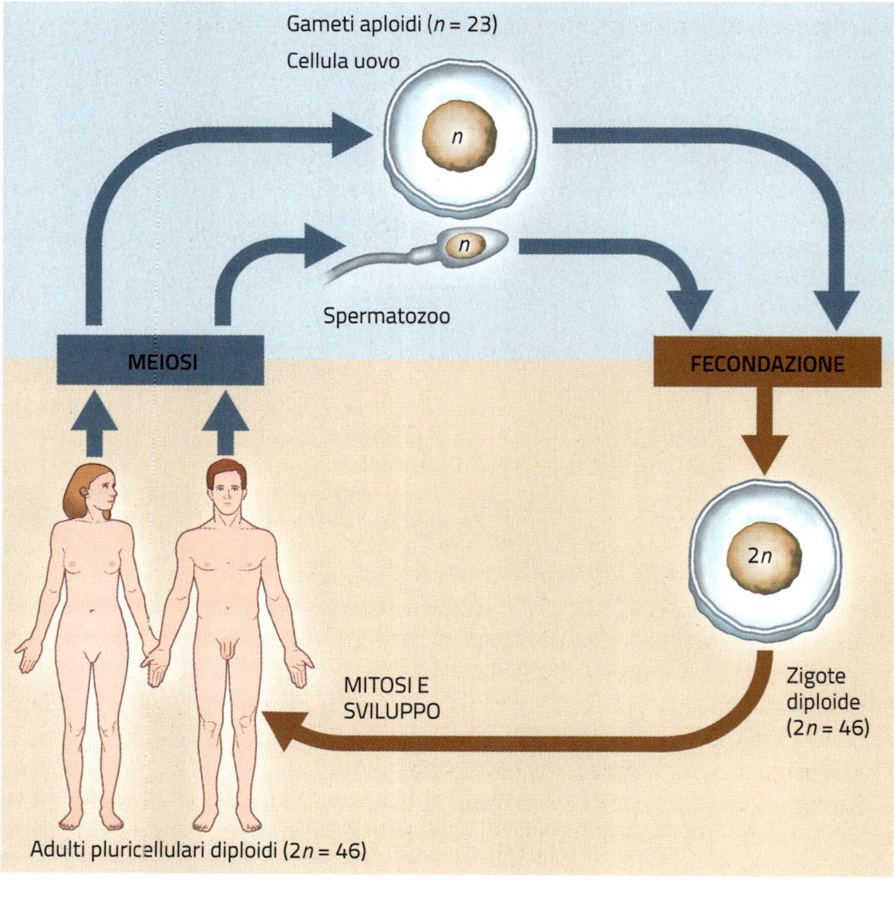

▸ **Figura 11**
La riproduzione sessuata prevede la meiosi e la fecondazione: la meiosi produce gameti aploidi che si fondono con altri gameti di sesso diverso durante la fecondazione e portano alla formazione dello zigote diploide.

rie di cromosomi, che si indica con $2n$. Ogni cromosoma, quindi, è presente in duplice copia e ognuno proviene da un genitore diverso.

Ognuna delle cellule somatiche umane, per esempio, possiede 46 cromosomi: 23 sono di origine materna e 23 di origine paterna (figura 12). I due cromosomi che costituiscono una coppia sono detti **cromosomi omologhi**. I membri di una coppia di omologhi sono simili per dimensione e forma e portano informazioni genetiche relative allo stesso carattere, ma possono manifestarsi in modi leggermente diversi. Per esempio, se un punto di un cromosoma del ratto determina l'informazione per il colore del pelo, questa può essere presente in versioni diverse sui due cromosomi: uno può dare istruzioni per il colore bianco e l'altro per il grigio.

Diversamente dalle cellule somatiche, i **gameti** contengono una serie singola di cromosomi, cioè un solo omologo di ciascuna coppia. Il numero di cromosomi tipico di un gamete si indica con n e la cellula è detta **aploide**. La condizione di aploidia è necessaria affinché con la fecondazione si ripristini il numero corretto di cromosomi, garantendo che il corredo cromosomico si mantenga stabile di generazione in generazione; quando i nuclei aploidi dei due gameti si fondono, infatti, si ottiene nuovamente uno zigote diploide: $n + n = 2n$.

A colpo d'occhio

CELLULE
- SOMATICHE → DIPLOIDI ($2n$)
- GAMETI → APLOIDI (n)

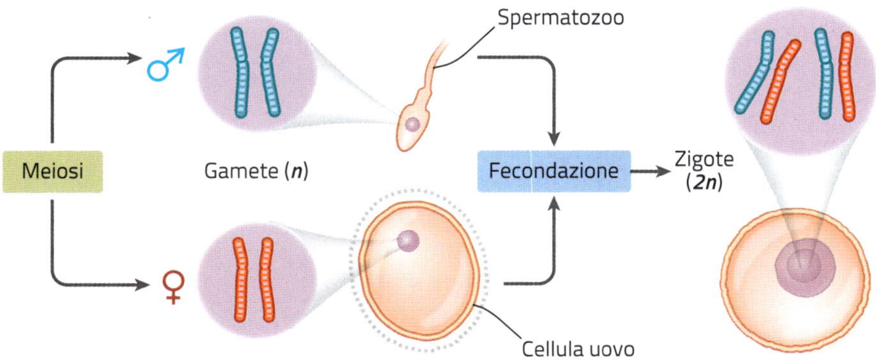

◂ **Figura 12**
Con la meiosi si dimezza il patrimonio cromosomico e con la fecondazione si ripristina il numero iniziale.

La meiosi prevede due successive divisioni del nucleo

A differenza della mitosi, che avviene in tutte le cellule somatiche, la meiosi si verifica esclusivamente nelle *cellule germinali*, quelle che formeranno gameti e che si trovano negli organi riproduttori, o *gonadi*: i testicoli nel maschio e le ovaie nella femmina.

Il processo della **meiosi** consiste in due divisioni successive che dimezzano il numero di cromosomi, generando quattro nuclei aploidi. Questo è possibile perché, sebbene il nucleo si divida due volte, il DNA si replica solo una volta.

A differenza dei prodotti della mitosi, i prodotti della meiosi sono geneticamente diversi l'uno dall'altro e anche dalla cellula madre. La meiosi è un processo che prevede di:

- ridurre il corredo genetico da diploide ad aploide;
- fare in modo che i gameti, sia femminili sia maschili, possiedano un set completo di cromosomi;
- generare variabilità genetica tra i gameti.

Come la mitosi, anche la meiosi è preceduta da un'**interfase** che comprende una sottofase S, durante la quale si ha la duplicazione di ciascun cromosoma. Perciò all'inizio della meiosi ogni cromosoma e la sua copia restano uniti a livello del centromero e prendono il nome di cromatidi fratelli.

Le due divisioni della meiosi sono chiamate **meiosi I** e **meiosi II** (prima e seconda divisione meiotica). Ciascuna di esse è suddivisa in fasi che prendono lo stesso nome delle fasi mitotiche (profase, metafase, anafase, telofase); per differenziarle sono accompagnate dal numero romano I o II, che indica l'appartenenza alla prima o alla seconda divisione meiotica.

Oltre che per gli eventi che le caratterizzano, la mitosi e la meiosi differiscono anche per i tempi: mentre la mitosi raramente richiede più di un paio d'ore, la meiosi può durare molto più a lungo.

Guarda il video nell'ebook:
Un minuto di biologia
La meiosi

Guarda i video nell'ebook:
La biologia in 3D
- *La meiosi*
- *Meiosis*

Nella meiosi I avviene il crossing over

Durante la prima divisione meiotica si verificano due eventi che non si realizzano mai nella mitosi:

- i cromosomi omologhi si appaiano e possono scambiarsi parti di cromatidi attraverso un processo detto *crossing over*;
- dopo la metafase I i cromosomi omologhi si separano, mentre i cromatidi di uno stesso cromosoma restano uniti.

Per questa ragione, alla fine della prima divisione meiotica si ottengono due cellule che sono aploidi. Le tappe principali della meiosi I sono descritte nella **figura 13A**.

▾ Figura 13
Fotografie al microscopio ottico e disegni della meiosi I (A) e meiosi II (B).

A Meiosi I

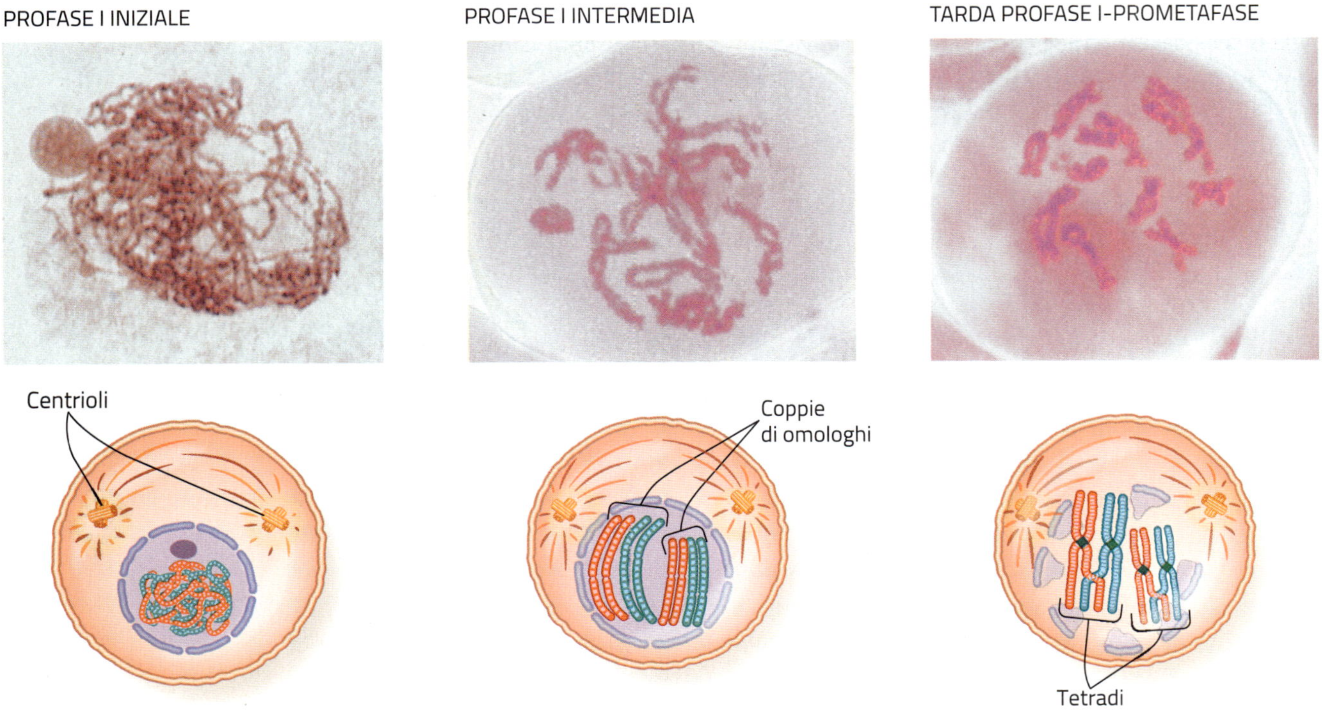

B Meiosi II

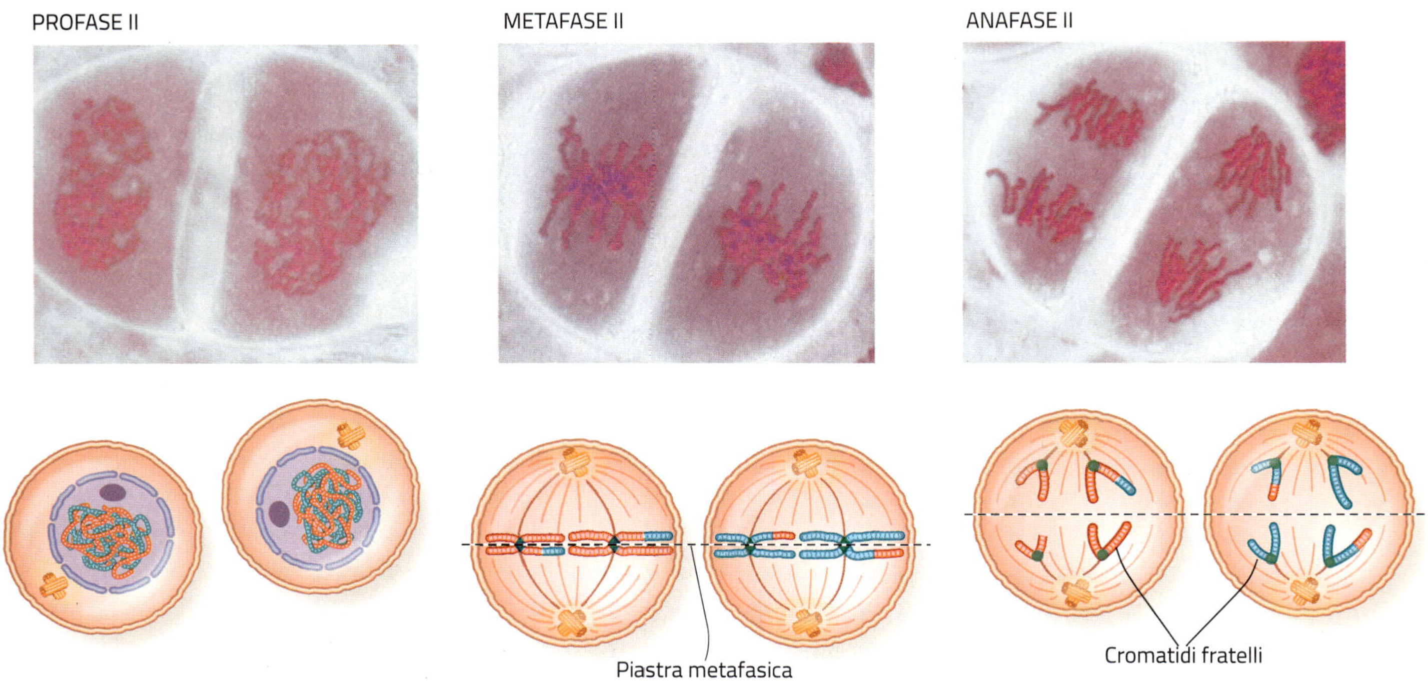

- La **profase I** è la fase meiotica che più si differenzia dalla sequenza di eventi della mitosi. All'inizio di questa fase i cromosomi omologhi si compattano e si appaiano, aderendo per tutta la lunghezza; questo appaiamento, chiamato *sinapsi*, si protrae fino al termine della metafase I. Durante la sinapsi, i quattro cromatidi di ciascuna coppia di omologhi formano una struttura denominata *tetrade*, nella quale i «bracci» dei cromosomi possono entrare in contatto in alcuni punti. Le regioni che contengono questi punti assumono l'aspetto di una X e per questo sono detti *chiasmi*.

Le parole

Il termine **tetrade** deriva dalla parola greca che significa «quattro»; la tetrade è infatti formata da quattro cromatidi.

Il termine **chiasma**, invece, significa «struttura a croce» e deriva dalla lettera dell'alfabeto greco χ che si legge «chi».

METAFASE I

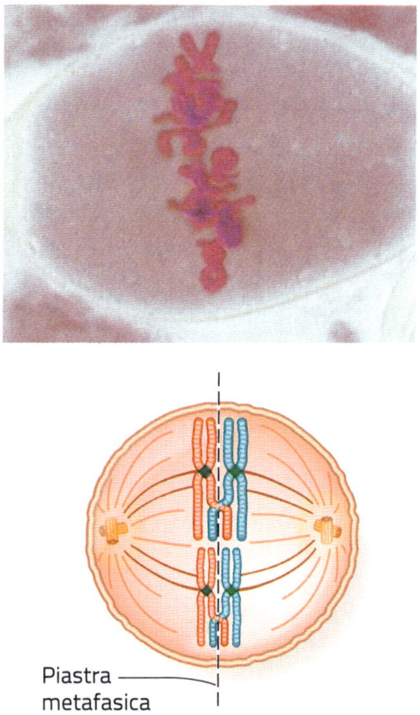

ANAFASE I

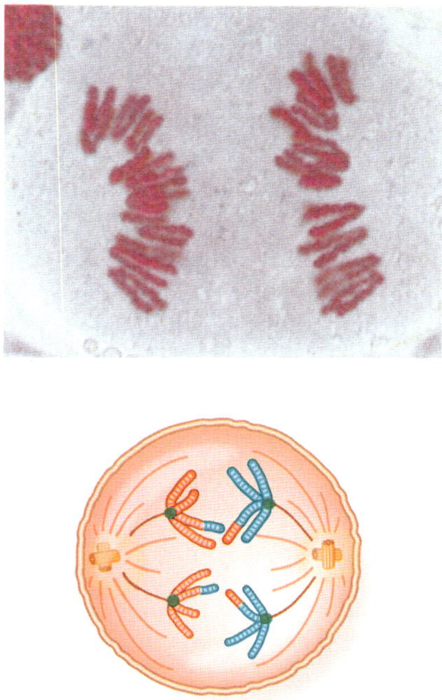

TELOFASE I

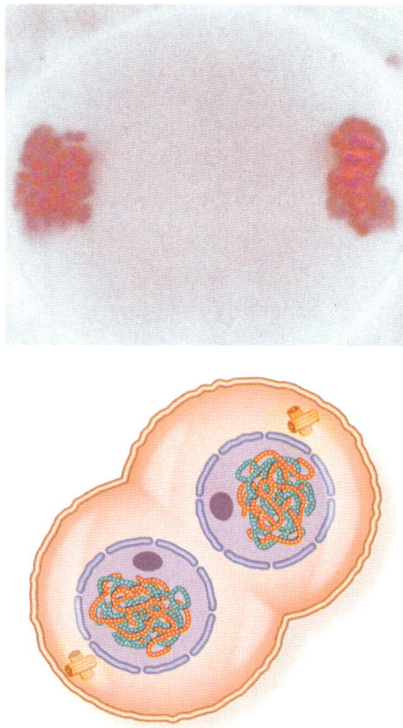

Al termine della meiosi I si sono formate due cellule aploidi, ognuna delle quali contiene metà dei cromosomi omologhi della cellula madre; tali cellule non vanno incontro a una nuova fase S, per cui non duplicano il proprio materiale genetico prima di entrare nella meiosi II.

TELOFASE II

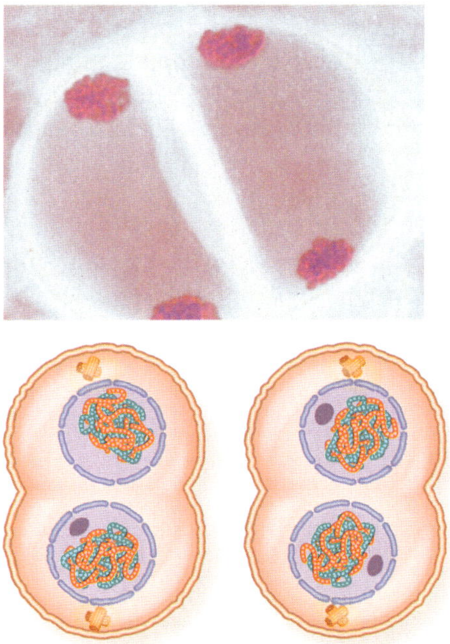

Al termine della meiosi II si sono formate quattro cellule, ognuna delle quali è aploide e contiene un solo cromatidio.

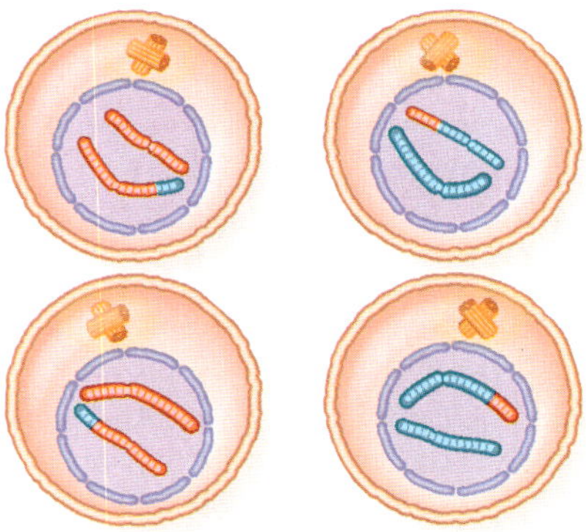

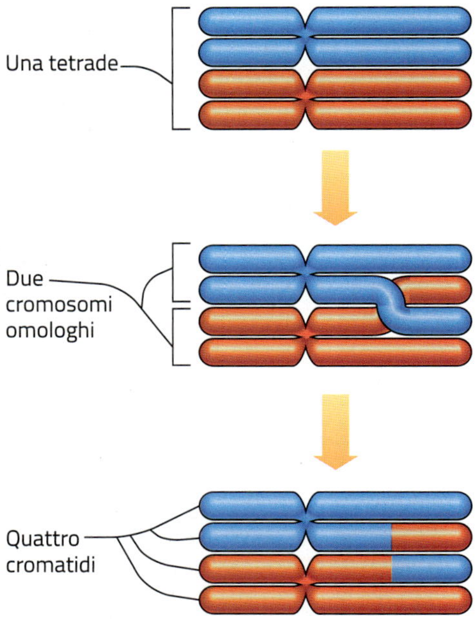

▲ **Figura 14**
Nella profase I si formano le tetradi e avviene il crossing over, con rimescolamento di alcuni tratti di cromosomi omologhi.

- In corrispondenza di un chiasma può avvenire il **crossing over**, cioè lo scambio di segmenti corrispondenti fra cromatidi appartenenti a cromosomi omologhi. Lo scambio di materiale genetico è molto importante in quanto accresce la variabilità genetica dei gameti rimescolando l'informazione contenuta all'interno delle coppie di omologhi (figura 14). In seguito al crossing over, infatti, i cromatidi di ciascuna coppia di omologhi non saranno più identici al cromosoma di partenza, ma conterranno porzioni del cromatidio omologo: questi cromatidi sono detti **cromatidi ricombinanti**.
- Durante la **prometafase I**, la membrana nucleare e il nucleolo si dissolvono e si forma un fuso di microtubuli che si attaccano ai cromosomi. Entrambi i cromatidi di ciascun cromosoma si attaccano alla stessa parte del fuso; in seguito l'intero cromosoma, composto da due cromatidi, migrerà verso uno dei due poli della cellula.
- Nel corso della **metafase I** tutti i cromosomi raggiungono la piastra metafasica; fino a questo momento le coppie di omologhi sono ancora unite dai chiasmi.
- Infine, durante l'**anafase I** gli omologhi si separano: uno dei due cromosomi omologhi migra verso un polo della cellula mentre l'altro raggiunge il polo opposto. Ciascuno dei due nuclei figli prodotti dalla prima divisione meiotica contiene quindi una sola serie di cromosomi, ognuno dei quali è ancora formato da due cromatidi (che in parte sono ricombinati, per effetto del crossing over).
- In alcuni organismi all'anafase I segue la **telofase I**, durante la quale si riforma la membrana nucleare, seguita da un'interfase detta *intercinesi*, simile all'interfase mitotica. In altri organismi, invece, i cromosomi passano direttamente alla seconda divisione meiotica.

La meiosi II produce quattro cellule aploidi

La **meiosi II** è molto simile alla mitosi; la sua funzione infatti è separare i cromatidi di ogni cromosoma (*vedi* figura 13B). Durante la **profase II**, i cromosomi si condensano nuovamente; nella **metafase II** i cromosomi si allineano lungo la piastra equatoriale in ciascuno dei due nuclei prodotti dalla meiosi I; nell'**anafase II** i centromeri dei cromatidi fratelli si separano e i cromosomi figli migrano verso i poli opposti e, infine, nella **telofase II** i cromosomi si despiralizzano e si riformano la cromatina e la membrana nucleare.

Al termine della meiosi II si ottengono quattro nuclei aploidi. Se durante la meiosi I non fosse avvenuto il crossing over, i quattro nuovi nuclei sarebbero geneticamente uguali a due a due in seguito alla separazione degli omologhi e dei cromatidi; invece i quattro nuclei possono essere tutti diversi tra loro.

Dopo la meiosi II avviene la **citodieresi**, così come accade dopo la mitosi, e si forma la membrana plasmatica che separa il citoplasma in cellule distinte. Queste cellule si differenzieranno poi in gameti maturi pronti per la fecondazione.

Soltanto dopo la mitosi le cellule possono ancora dividersi

Guarda il video nell'ebook:
Un minuto di biologia
Il confronto fra mitosi e meiosi

Gli eventi della meiosi assomigliano a quelli della mitosi; tuttavia, un confronto tra i due processi evidenzia alcune differenze (figura 15).

In entrambi i processi di divisione, il DNA si replica una volta: la mitosi comporta solo una divisione del nucleo e produce due cellule diploidi, mentre la meiosi comprende due divisioni del nucleo e produce quattro cellule aploidi. Quindi, nella mitosi i cromatidi fratelli di un determinato cromosoma sono identici; nella meiosi invece, se durante la profase I ha avuto luogo un crossing over, i cromatidi fratelli possono essere diversi.

Nella mitosi, ciascun cromosoma si comporta in modo indipendente dal suo omologo; inoltre, durante l'anafase, sono i cromatidi a essere trascinati ai poli opposti della cellula e non i cromosomi. Ciascuna cellula figlia si trova così ad avere le due serie complete di cromosomi (una di origine paterna e una di origine materna), perciò le cellule figlie, una volta cresciute a sufficienza, possono a loro volta andare incontro alla mitosi.

Nella meiosi, le cose vanno diversamente: durante la metafase I, i cromosomi di origine materna si appaiano ai loro omologhi paterni. Poi, durante l'anafase I, gli omologhi si separano: ciò assicura che ciascun nucleo figlio riceva un rappresentante di ogni coppia. Quindi, in una cellula umana, alla fine della meiosi I ogni nucleo figlio contiene solo 23 dei 46 cromosomi di partenza. In tal modo il numero cromosomico si dimezza passando da diploide ad aploide, assicurando allo stesso tempo a ogni nucleo figlio una serie completa di cromosomi. Le cellule prodotte dalla meiosi non possono andare incontro a meiosi successive, poiché il loro patrimonio genetico è già stato dimezzato.

▾ Figura 15
Confronto tra mitosi e meiosi.

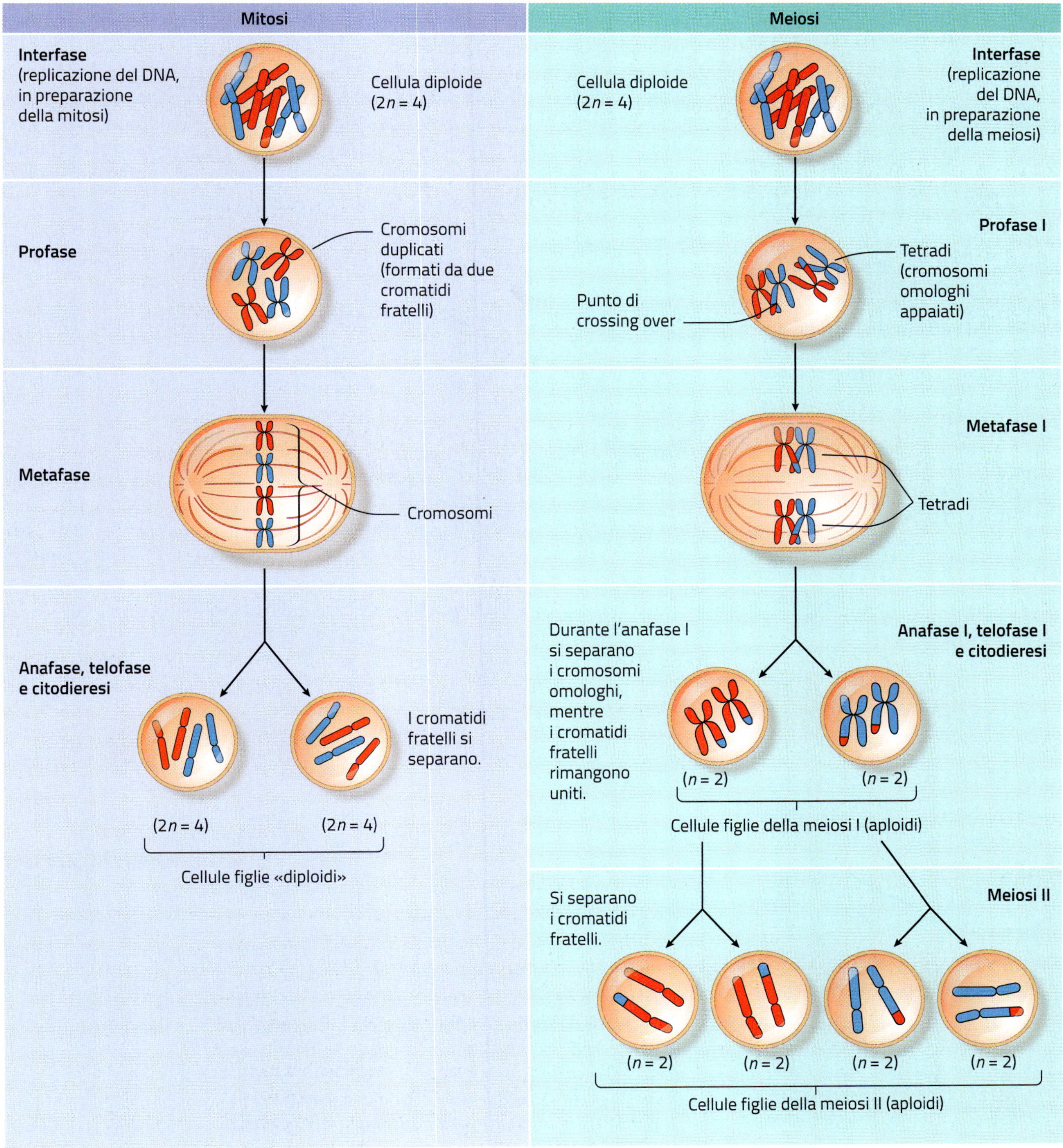

La gametogenesi è un processo complesso che avviene in maniera diversa nel maschio e nella femmina

La produzione dei gameti, o **gametogenesi**, è diversa nel maschio e nella femmina. Nel maschio il processo prende il nome di **spermatogenesi** e avviene nei testicoli a partire da cellule diploidi chiamate *spermatociti primari* (**figura 16A**). Al termine della prima divisione meiotica ogni spermatocita primario dà origine a due *spermatociti secondari* aploidi, mentre al termine della meiosi II si ottengono quattro *spermatidi* aploidi rotondeggianti; gli spermatidi in seguito maturano, acquisiscono il flagello e si differenziano in **spermatozoi** mobili. Nel maschio in età fertile (dalla pubertà in avanti) la spermatogenesi avviene in continuazione; ogni *eiaculazione* (emissione di sperma) contiene circa 300-400 milioni di spermatozoi.

Nella femmina, l'**oogenesi** ha luogo nelle ovaie a partire dagli *oociti primari*, cellule germinali diploidi. Anche la meiosi femminile dà origine a quattro cellule aploidi, che però possiedono quantità diseguali di citoplasma: la cellula più grande è la **cellula uovo**, mentre le altre tre cellule, che sono destinate a degenerare, sono molto più piccole e sono chiamate *corpuscoli polari*. Durante la prima divisione meiotica, ciascun oocita primario diploide produce un *oocita secondario* aploide (più grande) e un primo corpuscolo polare anch'esso aploide (più piccolo). Nella meiosi II si formano la cellula uovo e tre corpuscoli polari (**figura 16B**).

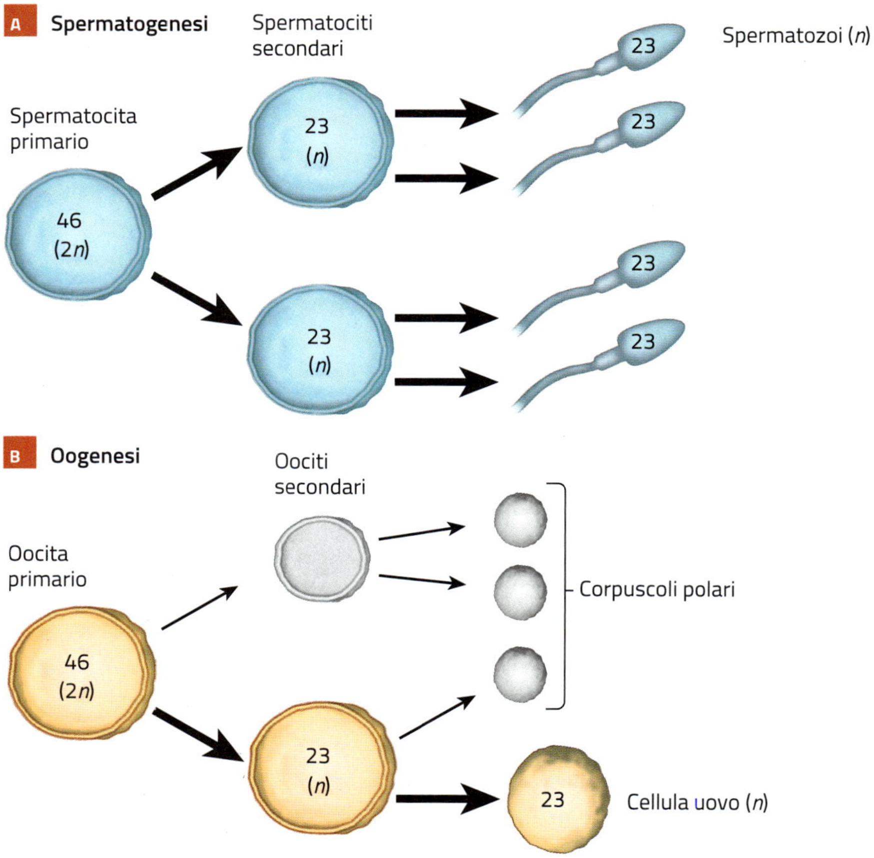

▸ **Figura 16**
Nei maschi (A) a partire da una cellula diploide si formano quattro cellule aploidi, gli spermatozoi; nelle femmine (B), si genera una sola cellula uovo aploide, mentre le altre tre vanno incontro a degenerazione. In ogni cellula è indicato il numero dei cromosomi presenti.

Il processo di oogenesi richiede tempi molto lunghi. La prima divisione meiotica ha inizio durante la vita embrionale, tra il secondo e il quinto mese; il processo si arresta alla profase I e non riprende fino al raggiungimento della pubertà, poco prima dell'**ovulazione** l'oocita completa la meiosi I e viene rilasciato dalle ovaie. La seconda divisione meiotica avviene solo nell'istante in cui lo spermatozoo penetra nella cellula uovo; appena il nucleo femminile e il nucleo maschile si fondono, l'oocita secondario e il corpuscolo polare compiono la meiosi II e producono la cellula uovo e i tre corpuscoli polari. Nel caso in cui la fecondazione non avvenga, la meiosi II e il processo di oogenesi non giungeranno mai a termine.

Curiosità

Al momento della nascita, una donna possiede dai 600 000 ai 2 milioni di oociti immaturi; a partire dalla pubertà e fino alla menopausa, ogni 28 giorni circa uno di questi oociti completa la sua maturazione grazie al processo di **ovulazione**.

La meiosi garantisce variabilità all'interno delle specie

A differenza di quanto avviene nella riproduzione asessuata, in cui i discendenti sono geneticamente identici ai genitori, il potenziale di variabilità genetica negli organismi che si riproducono per via sessuata è enorme. Questa **variabilità intraspecifica** dipende sia dalla meiosi, che produce gameti ognuno con un corredo genetico diverso dall'altro, sia dalla fecondazione, che coinvolge due gameti provenienti da genitori diversi.

I gameti prodotti dalla meiosi sono geneticamente diversi per due ragioni. La prima ragione è che il crossing over, che avviene durante la profase I, rimescola l'informazione genetica contenuta nelle coppie di omologhi; i cromatidi ricombinanti pertanto sono diversi dai cromatidi fratelli. La seconda ragione è che, quando i cromosomi omologhi si separano durante l'anafase I, ciascun membro della coppia di omologhi può finire indifferentemente in un nucleo oppure nell'altro. Per esempio, se il nucleo diploide di partenza contiene due coppie di omologhi, un nucleo figlio potrà ricevere il cromosoma 1 di origine paterna e il cromosoma 2 di origine materna, il cromosoma 2 paterno e il cromosoma 1 materno, entrambi i cromosomi materni, oppure entrambi i cromosomi paterni (**figura 17**). Tutto ciò dipende dalla disposizione casuale delle coppie di omologhi durante la metafase I. Tale fenomeno prende il nome di **assortimento indipendente**.

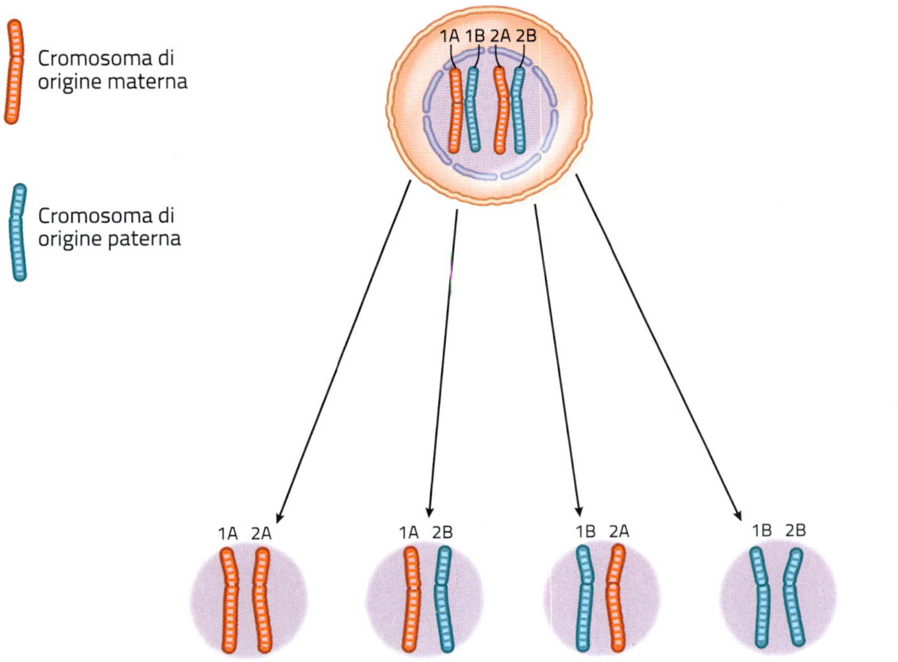

◂ **Figura 17**
Possibili combinazioni tra due coppie di cromosomi omologhi.

Grazie all'assortimento indipendente, al crescere del numero dei cromosomi aumentano anche le possibili combinazioni cromosomiche, che vengono indicate con 2^n dove 2 è il numero degli omologhi in una coppia e n è il numero delle coppie. Se a questa grande variabilità si aggiunge l'ulteriore rimescolamento genetico dovuto al crossing over, il numero di combinazioni possibili diventa praticamente infinito. La fecondazione incrementa ulteriormente la variabilità prodotta dalla meiosi. Per questo, gli individui di una stessa specie sono differenti l'uno dall'altro nonostante abbiano lo stesso numero e tipo di cromosomi.

Facciamo il punto

1. Che cosa sono i gameti e quale ruolo hanno?
2. Che cosa sono i cromosomi omologhi?
3. Qual è la differenza tra una cellula aploide e una diploide?
4. Quali sono le conseguenze del crossing over?
5. Quali sono le principali differenze tra mitosi e meiosi?
6. Descrivi le fasi della spermatogenesi e dell'oogenesi.

Leggi l'approfondimento nell'ebook:
Storia della scienza
Tijo, l'inventore del cariotipo

4 Il cariotipo e gli errori nella meiosi

Il cariotipo è l'assetto cromosomico di un individuo

I cromosomi contenuti in una cellula possono essere contati e osservati con facilità durante la metafase della mitosi. A partire da una fotografia al microscopio ottico, si dispongono le immagini digitalizzate in una sequenza ordinata in base alle dimensioni decrescenti, ottenendo una rappresentazione chiamata **cariotipo**, che mostra il numero, la forma e le dimensioni dei cromosomi di quell'individuo.

Una volta allestito il cariotipo, è possibile procedere al riconoscimento dei singoli cromosomi in base alla lunghezza e alla posizione del centromero. Nel caso di cellule diploidi, il cariotipo è formato da un certo numero di coppie di cromosomi omologhi. Nella specie umana, come sappiamo, sono presenti 23 coppie per un totale di 46 cromosomi; 22 coppie hanno un aspetto molto simile e i cromosomi che le costituiscono sono chiamati **autosomi**. La ventitreesima coppia è formata dai **cromosomi sessuali**, che sono un caso particolare in quanto il cromosoma sessuale X è molto più grande del cromosoma sessuale Y e ha conformazione diversa (**figura 18**). Nella femmina i due cromosomi sessuali sono X e X, mentre nel maschio sono X e Y. A causa di questa diversità nella coppia dei cromosomi sessuali, il corredo genetico femminile è indicato anche con XX, mentre quello maschile con XY.

A colpo d'occhio

CROMOSOMI
- AUTOSOMI (22 coppie)
- SESSUALI (1 coppia)

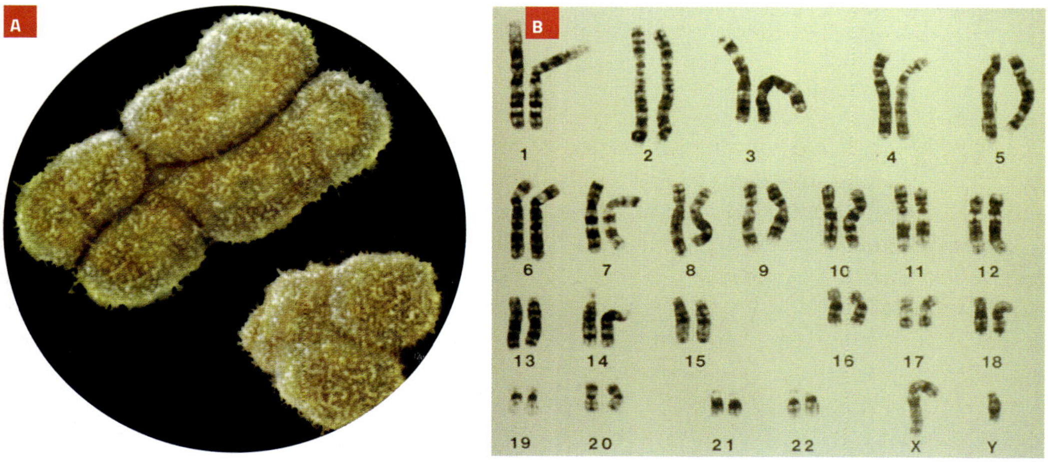

► Figura 18
(A) Fotografia al microscopio elettronico a scansione che mostra i cromosomi X e Y e in cui è visibile la struttura filamentosa di ogni cromosoma, costituita dal ripiegamento e dallo stretto avvolgimento di un filamento di DNA. (B) Il cariotipo normale di un maschio caratterizzato dai cromosomi sessuali X e Y; i cromosomi sono numerati dalla coppia più grande (1) a quella più piccola (22).

Le anomalie cromosomiche derivano da errori nella meiosi

Se la meiosi non procede in modo perfetto, possono insorgere degli errori che causano anomalie nel numero o nella struttura degli autosomi. Da tali errori possono derivare difetti genetici di varia natura. Per esempio, può accadere che i cromosomi omologhi non si separino durante l'anafase della prima divisione meiotica e vengano perciò trascinati entrambi nello stesso nucleo; in altri casi, nell'anafase della seconda divisione meiotica i due cromatidi possono rimanere uniti a causa della mancata apertura del centromero. Questo fenomeno è noto come **non-disgiunzione**.

Quando nella meiosi si verifica una non-disgiunzione, il risultato è l'*aneuploidia*, cioè la produzione di gameti con uno o più cromosomi in eccesso e di altri gameti con uno o più cromosomi in difetto; la fusione di uno di questi gameti con un gamete normale durante la fecondazione porta alla formazione di uno zigote anomalo; tutte le cellule del nuovo individuo, che derivano da questo zigote, avranno così un numero errato di cromosomi.

In generale, la mancanza di uno o più cromosomi è incompatibile con la vita e l'embrione muore precocemente. In alcuni casi la presenza di un cromosoma in più permette lo sviluppo embrionale, per cui lo zigote sopravvive e dà origine a un nuovo individuo.

Le parole

Il termine **sindrome di Down** deriva da Langdon Down, il medico che per primo nel 1866 riconobbe questa sindrome e ne identificò le principali caratteristiche, tra cui il taglio a mandorla degli occhi.

Un esempio di alterazione cromosomica dovuta all'aneuploidia è la **sindrome di Down**, o **trisomia 21**, che si verifica quando un gamete ha due copie del cromosoma 21. Se una cellula uovo con due cromosomi 21 è fecondata da uno spermatozoo normale, lo zigote che ne risulta avrà tre cromosomi nella ventunesima coppia; per tale ragione questa anomalia è chiamata *trisomia* (**figura 19**).

Una persona con la sindrome di Down manifesta un grado di ritardo variabile nello sviluppo mentale, fisico e motorio, e anche anomalie cardiache; la sindrome di Down tuttavia non è una malattia, bensì un insieme di caratteristiche peculiari della persona che la accompagneranno per tutta la vita. Il ritardo nello sviluppo si può attenuare grazie a specifici interventi educativi e di coordinazione motoria, mirati alla stimolazione dell'apprendimento; un ruolo decisivo sembra avere anche il coinvolgimento nelle terapie delle persone che si occupano dello sviluppo dei bambini con la sindrome di Down.

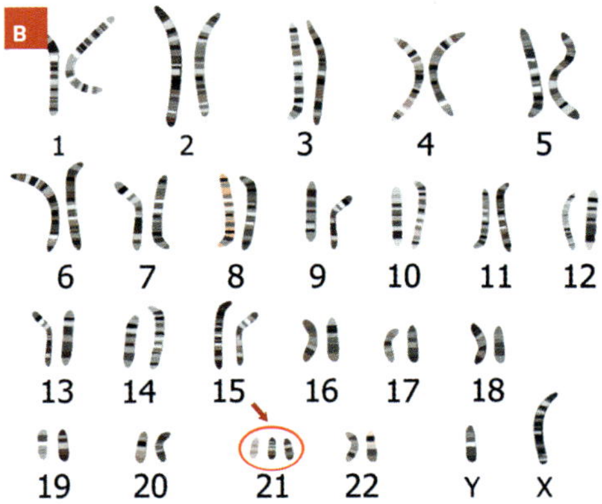

▼ Figura 19
Due ragazzi con sindrome di Down (A) e il cariotipo che mostra la trisomia del cromosoma 21 di una femmina (B).

Le malattie genetiche dovute a errori nel numero dei cromosomi sessuali

Le anomalie a carico dei cromosomi sessuali, pur causando a volte gravi conseguenze, hanno un minore impatto rispetto a quelle autosomiche e in diversi casi sono compatibili con un'aspettativa e una qualità di vita nella norma, o quasi.

La **sindrome di Klinefelter** è una condizione causata da una non disgiunzione che porta alla formazione di maschi con un cromosoma sessuale X in più, ovvero sono **XXY**. Si tratta di un'anomalia che colpisce circa un neonato maschio su 1000. Gli individui affetti presentano alla nascita dei testicoli molto piccoli; lo sviluppo, pur con un diverso grado di ritardo mentale, è normale, ma alla pubertà non compaiono i caratteri sessuali secondari (un tono della voce più basso, i peli pubici e la barba, lo sviluppo degli organi sessuali). L'entità dei sintomi è tuttavia molto variabile e in alcuni casi la persona affetta dalla condizione può non esserne nemmeno consapevole.

Un'anomalia numerica dei cromosomi sessuali che provoca difetti fisici più lievi è presente nella **sindrome XYY**, studiata per la prima volta nel 1961. Questi individui, tutti maschi, possiedono un cromosoma Y in più e presentano tutti un'altezza e una robustezza fisica superiori alla media; la frequenza è di un individuo affetto ogni circa 1000 maschi nati vivi.

Le femmine che possiedono tre cromosomi X, **sindrome della tripla X**, sono per la maggior parte individui normali, mentre le femmine che hanno un unico cromosoma X (e quindi sono X0) manifestano la **sindrome di Turner**, l'unico caso conosciuto di individui vitali con un cromosoma in meno. La frequenza della sindrome di Turner fra le femmine nate vive è di 1 su 1000/2000, ma questa è una delle anomalie cromosomiche più frequenti riscontrate in caso di aborto spontaneo. Le femmine portatrici di questa sindrome hanno statura bassa, sono sterili e mantengono anche da adulte una fisionomia infantile in quanto non maturano i caratteri sessuali secondari.

A colpo d'occhio

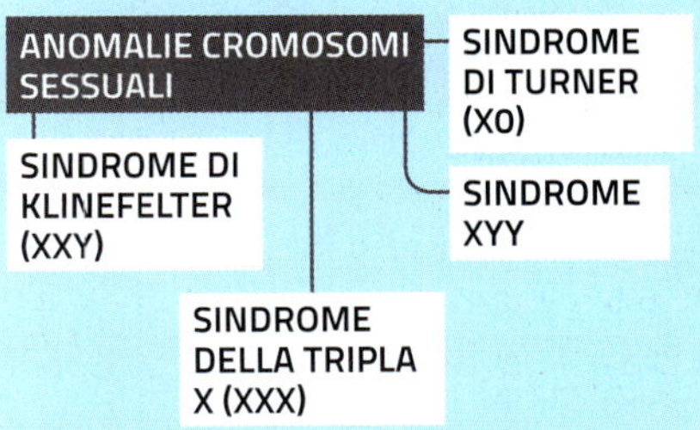

Facciamo il punto

1. Che cos'è il cariotipo?
2. In che cosa consiste la trisomia del cromosoma 21?
3. Elenca le principali patologie legate a errori numerici nei cromosomi sessuali.

LA LINEA
DEL TEMPO

Esplora nell'ebook
la timeline interattiva

Cosa sono e come sono fatte le cellule?

Sullo sfondo dello sviluppo di grandi imperi, come quello britannico, e della pubblicazione di imprese intellettuali come l'*Encyclopédie* francese, il Settecento e l'Ottocento hanno visto la nascita di discipline sempre più specializzate, con filosofi naturali che lasciano spazio a scienziati moderni, dediti a un solo ambito della ricerca. Un processo che è proseguito anche nel secolo scorso, al punto che oggi i risultati più eclatanti della biologia sono possibili solamente per lo sforzo di grosse istituzioni di ricerca, che coinvolgono centinaia o addirittura migliaia di scienziati, ognuno con le proprie competenze specifiche. Per poter osservare sempre più accuratamente dettagli molto piccoli - e scoprirne di nuovi - servono, però, strumenti sempre più potenti: l'avanzamento tecnologico che ha portato dal microscopio ottico di tre secoli fa ai più potenti microscopi elettronici di oggi è solo uno degli esempi di come la tecnologia svolga un ruolo determinante nella ricerca scientifica.

1665

Primo best-seller di divulgazione scientifica
Robert Hooke osserva al microscopio piante, insetti e i loro organi, riproducendo illustrazioni affascinanti in *Micrografia*. Conia la parola «cellula» per descrivere la conformazione del tessuto del sughero, simile alle celle di un convento. Osserva alcuni fossili e avanza ipotesi sulla provenienza legata a organismi estinti.

1674-1678

Grandi scoperte grazie al microscopio
Antoni Van Leeuwenhoek scopre i primi organismi unicellulari (1674), alcuni batteri sulla lingua umana (1675), alcuni organuli di cellule vegetali (1676), gli spermatozoi (1677) e la forma delle fibre muscolari (1682). Descrive anche i globuli rossi come «25 mila volte più fini di un granello di sabbia».

1727

Ipotesi sulla fotosintesi e la prima misura della pressione
Nei *Saggi di statica*, Stephen Hales indaga la fisiologia vegetale dal punto di vista delle reazioni chimiche, ipotizzando la fotosintesi e conducendo diversi esperimenti sui rapporti con l'aria e l'acqua nel terreno. Sul versante della fisiologia animale è il primo a misurare la pressione del sangue con un congegno di sua invenzione.

1783-1784

La composizione dell'acqua
Grazie ai suoi esperimenti, Henry Cavendish sostiene che l'acqua è formata da ossigeno e idrogeno, anche se non pubblica le sue ricerche. Quasi contemporaneamente anche Joseph Priestley e James Watt pubblicano saggi sullo stesso argomento.

1831

Identificazione del nucleo cellulare
Robert Brown identifica, descrive e battezza il nucleo cellulare in alcune cellule di orchidea, ma non riesce a fare ipotesi sulla sua funzione.

1835

Scoperta del protoplasma
Félix Dujardin identifica nelle cellule una sostanza viscosa e traslucida che chiama «sarcode», che qualche anno dopo Hugo von Mohl rinominerà «protoplasma». Tale sostanza disputerà alla cellula stessa il primato di mattone fondamentale della vita nei dibattiti scientifici.

1839

Cellula come struttura base di tutti i viventi
Theodor Schwann, nelle *Ricerche microscopiche sulla concordanza nella struttura e nello sviluppo fra piante e animali*, individua la cellula come la struttura fondamentale comune a tutti gli organismi e dimostra che è alla base di tutti i tessuti, compresi i più complessi.

1926-1931

Avvento dei microscopi elettronici
Hans Busch inventa la prima lente elettromagnetica nel 1926; qualche anno dopo Ernst Ruska e Max Knoll costruiscono e brevettano il primo microscopio elettronico capace di ingrandimenti mai raggiunti prima dalla microscopia ottica.

1932

Introduzione del concetto di omeostasi
Walter Cannon si rifà alle radici greche *homos* (uguale) e *stasis* (stabilità) per definire il controllo da parte della cellula delle reazioni chimiche interne e dello scambio di materiali con l'esterno, grazie al quale gli organismi possono mantenere relativamente costanti le proprie caratteristiche, anche al variare delle condizioni esterne.

1937

Definizione del ciclo di Krebs
Partendo da alcuni componenti e reazioni individuati da Albert Szent-Györgyi, Hans Adolf Krebs definisce il ciclo dell'acido citrico, un processo metabolico fondamentale per tutte le cellule degli organismi aerobi, che utilizzano ossigeno nella respirazione cellulare.

1947

Scoperto l'enzima chiave per la fotosintesi
Sam G. Wildman scopre l'enzima oggi noto come RuBisCO e riconosciuto alla base della fotosintesi clorofilliana. Melvin Calvin, James Bassham e Andrew Benson ne dimostrano il ruolo fondamentale nel ciclo di Calvin.

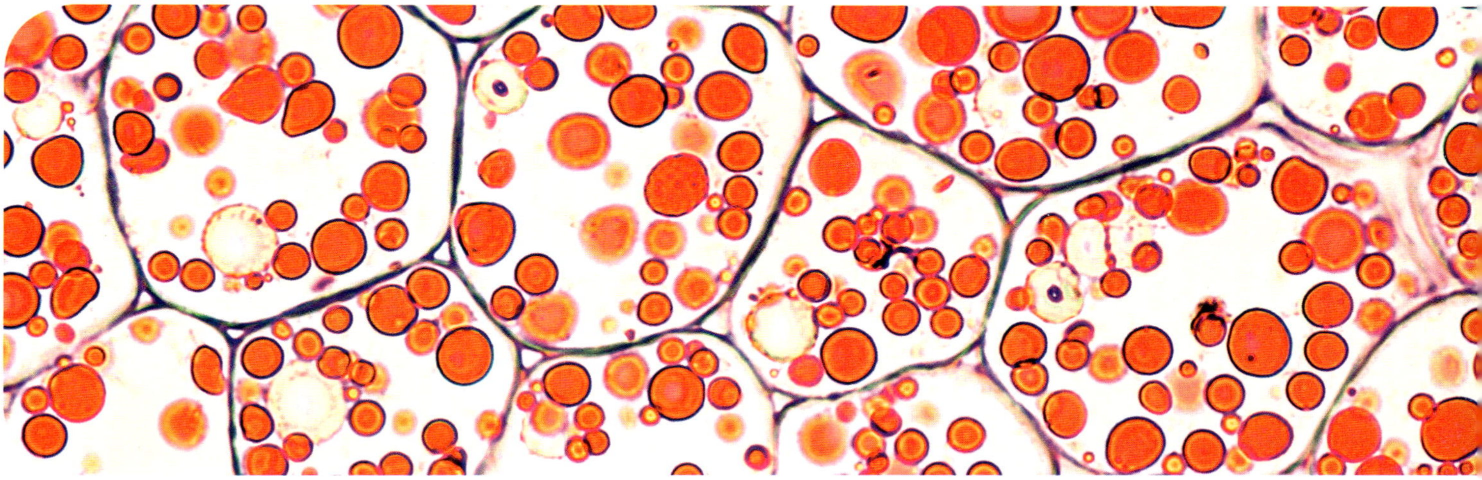

1751-1772

L'Illuminismo francese e l'*Encyclopédie*
Scritta da una redazione di intellettuali, scienziati, scrittori dell'epoca e coordinata da Denis Diderot e Jean Baptiste Le Rond d'Alembert l'*Encyclopédie, ou Dictionnaire raisonné des sciences, des arts et des métiers* è il primo tentativo sistematico di costruire un compendio universale del sapere.

1768-1771

James Cook e la scoperta della Terra Australis
Incaricata dalla corona inglese di navigare nel Pacifico meridionale per osservare il transito di Venere da una posizione favorevole, la missione di esplorazione scientifica guidata dal capitano James Cook scopre un nuovo continente, l'Australia.

1771

Esperimenti sulla respirazione delle piante
Joseph Priestley osserva la produzione di gas delle piante, compiendo esperimenti sulla capacità di «rivitalizzare» aria «deflogistizzandola», ovvero arricchendola di ossigeno. Primi passi verso la comprensione della fotosintesi.

1779

Scoperta di fotosintesi e respirazione cellulare
Jan Ingenhousz dimostra che le parti verdi delle piante emettono O_2 e CO_2 quando sono rispettivamente alla luce o al buio. Con una serie di esperimenti dimostra che non solo acqua e terreno, ma anche luce e aria sono responsabili di dello sviluppo delle piante.

1873

Invenzione del metodo di colorazione Golgi
Camillo Golgi inventa un metodo per colorare i neuroni, chiamato prima «reazione nera» per il colore che attribuisce, poi «impregnazione cromoargentica» per l'utilizzo del nitrato d'argento. Il metodo colora casualmente solo alcuni neuroni, ma in tutta la loro estensione, facendoli risaltare dal groviglio di altre cellule e permettendo l'esame microscopico.

1877

Definizione di enzima
Wilhelm F. Kühne scopre nei liquidi digestivi di diversi vertebrati la tripsina, in grado di degradare altre sostanze organiche, e propone il termine «enzima».

1889

Nascita del termine neurone
Santiago Ramón y Cajal compie studi approfonditi sulle cellule nervose utilizzando il metodo Golgi e migliorandolo (entrambi vinceranno il premio Nobel nel 1906); evidenzia i collegamenti tra le cellule, la loro struttura, i dendriti e gli assoni e dimostra che il cervello è composto di esse. Heinrich Waldeyer battezza tali cellule «neuroni».

1901

I primi premi Nobel
Nella prima assegnazione del premio istituito per volontà di Alfred Nobel (chimico e industriale svedese e inventore della dinamite) sono consegnati i premi per la pace, la letteratura, la chimica, la medicina e la fisica.

1957

Scoperta della pompa sodio-potassio
Jens Christian Skou scopre l'enzima che costituisce la pompa sodio-potassio (Na/K ATPasi), ovvero il principale mezzo di trasporto attivo di sostanze nella membrana cellulare. 40 anni dopo riceverà il Nobel per tale scoperta.

1961

Gagarin è il primo uomo lanciato nello spazio
Il 12 aprile parte da Bajkonur, una base di lancio nel Kazakistan, il primo volo cosmico nella storia dell'umanità, effettuato dall'astronave sovietica Vostok guidata dal maggiore dell'Aeronautica militare Jurij Alekseevič Gagarin.

1978

Scoperta la prima cellula staminale umana
Gregor Pindull e il suo gruppo di ricerca pubblicano uno studio in cui dimostrano di avere individuato la prima cellula staminale ematopoietica (HSC) nel sangue prelevato da un cordone ombelicale umano. È la prima osservazione di un cellula staminale umana e ha aperto la ricerca alla scoperta di altri tipi di cellule staminali.

1981

Invenzione del microscopio a effetto tunnel
Gerd Binnig e Heinrich Rohrer mettono a punto un microscopio in grado di visualizzare singoli atomi. Con una risoluzione di 0,01 nanometri e la capacità di lavorare in diversi mezzi e temperature, esso permette anche di manipolare gli atomi.

SINTESI DI FINE CAPITOLO

LO SAI?
RIPASSA CON LO SMARTPHONE

Le cellule si dividono

Una cellula si divide dando origine a due cellule figlie identiche alla cellula madre grazie alla **divisione cellulare**.

I procarioti si dividono per *scissione binaria*: la cellula cresce di dimensioni, replica il proprio DNA e poi si divide, producendo due nuove cellule identiche a quella di partenza.

Il **ciclo cellulare** è l'insieme degli eventi compresi tra la formazione di una cellula e la sua divisione in due cellule figlie oppure la sua morte, e si divide due grandi stadi:

- **interfase**, il tempo che intercorre tra una divisione e l'altra (comprende gli stadi G_1, S e G_2);
- **fase mitotica**, comprende **mitosi** (la divisione del nucleo) e **citodieresi** (la divisione del citoplasma).

Alla fine dell'interfase il DNA si replica e inizia a compattarsi per formare i *cromosomi*.

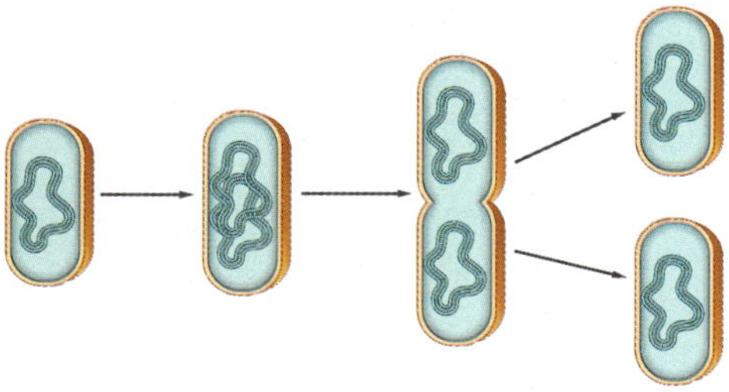

La mitosi

Il processo di mitosi avviene in tutte le cellule dell'organismo e si suddivide in cinque stadi:

- **profase**, condensazione dei cromosomi e formazione del fuso mitotico;
- **prometafase**, scomparsa della membrana nucleare;
- **metafase**, allineamento dei cromosomi sul piano equatoriale;
- **anafase**, separazione dei due cromatidi fratelli, che si dirigono ai poli opposti della cellula;
- **telofase**; formazione delle due nuove membrane nucleari e decondensazione dei cromosomi.

La *riproduzione asessuata* avviene per mitosi e produce figli geneticamente identici ai genitori.

La riproduzione sessuata

Attraverso la riproduzione sessuata si generano figli geneticamente diversi dai genitori, grazie all'unione dei loro due **gameti**, portatori della metà del patrimonio genetico del genitore che li ha prodotti.

I gameti contengono una serie singola di cromosomi, cioè un solo omologo di ciascuna coppia; il numero di cromosomi tipico di un gamete si indica con n e la cellula è detta **aploide**. Mentre la cellula che darà origine al nuovo organismo (*zigote*) è **diploide** ovvero ha un numero doppio di cromosomi $2n$.

La meiosi

La meiosi consiste in due divisioni cellulari successive, che dimezzano il numero di cromosomi generando **4 nuclei aploidi**, e sono chiamate **meiosi I** e **meiosi II** (prima e seconda divisione meiotica). Ciascuna di esse è suddivisa in stadi che hanno lo stesso nome di quelli della mitosi (profase, metafase, anafase, telofase) accompagnati da I o II.

La meiosi avviene solo nelle cellule sessuali e garantisce variabilità all'interno delle specie grazie:

- al **crossing over**, che avviene durante la profase I e rimescola l'informazione genetica contenuta nelle coppie di omologhi;
- alla **separazione dei cromosomi omologhi** durante l'anafase I, in cui ciascun membro della coppia di omologhi può finire indifferentemente in un nucleo oppure nell'altro.

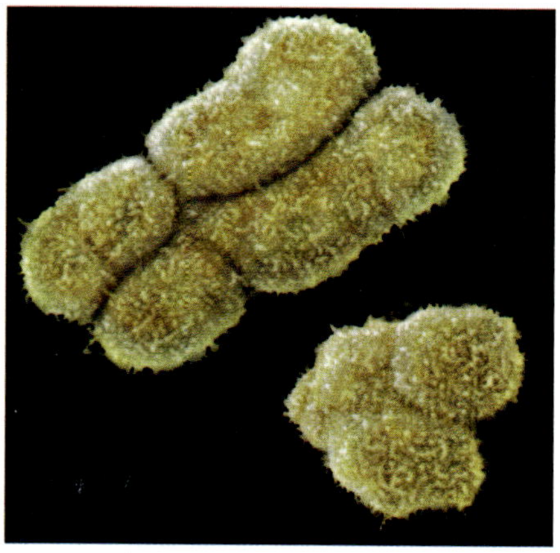

Il cariotipo

Il numero, la forma e le dimensioni dei cromosomi di un individuo sono visibili nel suo **cariotipo**.

Nella specie umana sono presenti 23 coppie di cromosomi, di cui 22 sono detti **autosomi** mentre la 23ª coppia è formata da **cromosomi sessuali.** Nella femmina i due cromosomi sessuali sono XX e nel maschio sono XY.

Se la meiosi non procede in modo corretto, possono insorgere degli errori che causano anomalie nel numero o nella struttura dei cromosomi che portano a difetti genetici di varia natura. Per esempio, se si verifica una *non-disgiunzione*, il risultato è l'*aneuploidia*, cioè la produzione di gameti con uno o più cromosomi in difetto e di altri gameti con uno o più cromosomi in eccesso (*sindrome di Down* o *trisomia 21*).

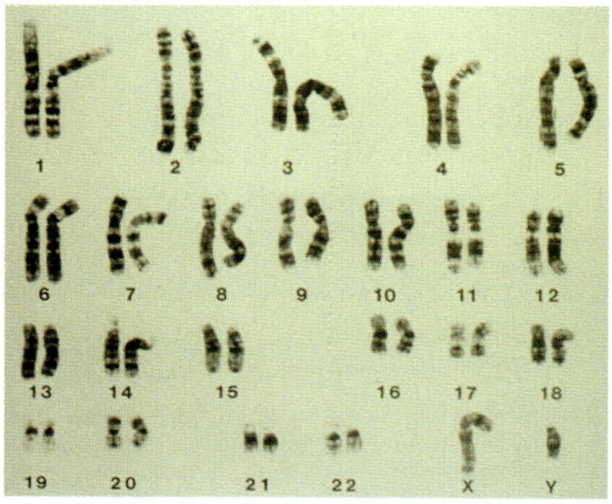

VERIFICA LE TUE CONOSCENZE

ZTE ONLINE

1. Scrivi sul quaderno la definizione dei seguenti termini.
a) Scissione binaria e mitosi
b) Centromero e cinetocori
c) Riproduzione asessuata e sessuata
d) Aploide e diploide
e) Cellule somatiche e germinali
f) Autosomi e cromosomi sessuali

Barra il completamento esatto.

2. Al termine della mitosi, per effetto della citodieresi si ha
A un raddoppiamento delle dimensioni cellulari e del nucleo.
B la suddivisione del citoplasma nelle due cellule figlie.
C l'assemblaggio del fuso mitotico.
D la demolizione della membrana nucleare.

3. Il cariotipo
A permette di verificare anomalie numeriche dei cromosomi.
B permette di distinguere i cromosomi materni da quelli paterni.
C viene utilizzato per individuare la posizione dei geni sui cromosomi.
D mostra l'assetto cromosomico di cellule aploidi.

4. I cinetocori sono
A piccoli cromosomi presenti esclusivamente nelle cellule animali.
B le strutture citoplasmatiche che attivano la duplicazione dei centrioli.
C i punti che, durante la fase S, attivano la duplicazione del DNA.
D formati da strutture proteiche che danno aggancio alle fibre del fuso.

5. Durante la metafase della mitosi
A si completa il fuso mitotico.
B si separano i cromatidi.
C i cromosomi si allineano all'equatore.
D l'attività nucleare è del tutto bloccata.

6. Le due cellule che si originano da una mitosi sono geneticamente identiche in quanto
A la citodieresi ha equamente distribuito gli organuli citoplasmatici tra le due cellule.
B nella mitosi avviene raramente il crossing over tra cromosomi omologhi.
C i cromosomi omologhi che si separano sono identici a due a due.
D ogni cellula contiene un cromatidio di ogni cromosoma di partenza.

7. Completa la tabella mettendo in corrispondenza le fasi dell'oogenesi (*lettere*) con le descrizioni che le caratterizzano (*numeri*).
A. oocita primario
B. cellula uovo
C. corpuscolo polare
D. oocita secondario

1. aploide, di solito degenera con altre 3 cellule simili
2. aploide, tutti i suoi cromosomi sono formati da due cromatidi
3. diploide, ha i cromosomi già duplicati
4. aploide, contiene tutto il citoplasma della cellula di partenza

A	B	C	D

8. Nel seguente brano, barra tra i termini in neretto quelli errati.

Gli organismi unicellulari possono riprodursi anche mediante mitosi, cioè in **presenza / assenza** di fecondazione e, in seguito a ciò, i nuovi organismi saranno **diversi da / identici a** quelli che li hanno originati; questi organismi si riproducono per via **asessuata / sessuata** e, grazie alla **mitosi / meiosi**, crescono e riparano le lesioni. Gli organismi pluricellulari, invece, si riproducono generalmente in seguito alla **mitosi / fecondazione** e i nuovi individui avranno un patrimonio genetico **diverso da / uguale a** quello dei genitori.

9. Di fianco a ogni affermazione scrivi la lettera A se essa si riferisce al processo della meiosi I, B se si riferisce se si riferisce alla meiosi II, C se si riferisce a entrambi i processi, o la lettera D se non si riferisce a nessuno dei due.
a) La telofase porta alla formazione di 4 nuclei. (.....)
b) Il processo prevede lo svolgersi consecutivo di profase, metafase, anafase e telofase. (.....)
c) L'insieme dell'intero processo prende il nome di interfase. (.....)
d) Nella metafase i cromosomi omologhi si allineano in coppie sul piano equatoriale. (.....)

10. Barra il simbolo V se ritieni l'affermazione vera, il simbolo F se la ritieni falsa.
a) Durante la prometafase I si ha la formazione del fuso. V F
b) La non-disgiunzione è causa di aneuploidia. V F
c) La citodieresi avviene al termine della mitosi, ma non nella meiosi. V F
d) Il crossing over è l'incrocio di due gameti. V F
e) I gameti sono sempre aploidi. V F
f) La meiosi non può essere attuata da cellule aploidi. V F

11. Barra i due completamenti esatti.
Durante l'anafase mitotica
A si demolisce il fuso e le strutture a esso annesse, si recuperano le proteine.
B si separano i due cromatidi che formavano il cromosoma per apertura del centromero.
C i cromosomi si trovano tutti perfettamente allineati sul piano equatoriale.
D l'attività nucleare è del tutto ferma perché è scomparsa la membrana nucleare.
E il numero dei cromosomi è doppio rispetto a quello presente durante la profase.

12. Descrivi analogie e differenze tra la citodieresi animale e quella vegetale.

....

13. Quali sono le caratteristiche della sindrome di Turner? Qual è l'anomalia cromosomica che la causa?

....

VERIFICA LE TUE ABILITÀ

Barra il completamento esatto.

14. All'inizio della profase mitotica i cromosomi hanno tutti forma a X in quanto

A questa è la forma che ogni cromosoma possiede durante tutto il processo meiotico.

B sono costituiti da una coppia di cromatidi, uno di origine materna e l'altro di origine paterna.

C ogni cellula si origina dall'unione di due gameti aploidi, quindi ha un patrimonio cromosomico doppio.

D ogni cromosoma ha prodotto una copia di se stesso durante la fase S del ciclo cellulare.

15. La mitosi

A non potrebbe aver luogo se non fosse avvenuta la sottofase S del ciclo cellulare.

B negli organismi unicellulari permette di crescere e sostituire le cellule morte.

C può attivarsi a qualunque fase del ciclo cellulare in presenza degli enzimi Cdk.

D serve anche per produrre cellule con metà dei cromosomi, come ovuli e spermatozoi.

16. Barra il simbolo V se ritieni l'affermazione vera, il simbolo F se la ritieni falsa.

Supponi di somministrare a un individuo un farmaco che blocchi l'attività meiotica; come conseguenza

a) l'individuo diverrebbe sterile. V F

b) dopo un certo periodo di tempo l'individuo potrebbe morire. V F

c) l'individuo non potrebbe sostituire le cellule danneggiate o invecchiate. V F

Supponi, invece, di somministrare a un individuo un farmaco che blocchi l'attività mitotica; come conseguenza

d) l'individuo produrrebbe gameti con possibili cromosomi sovrannumerari. V F

e) dopo un certo periodo di tempo l'individuo potrebbe morire. V F

f) l'individuo non potrebbe sostituire le cellule danneggiate o invecchiate. V F

17. Di fianco a ogni affermazione scrivi la lettera A se essa si riferisce solo alla mitosi, B se si riferisce solo alla meiosi, C se si riferisce a entrambi i processi di divisione cellulare, o la lettera D se non si riferisce a nessuno dei due processi.

a) Durante la metafase i cromosomi omologhi sono appaiati sul piano equatoriale, ma ognuno di essi è formato da un unico cromatidio. (.....)

b) I cromosomi si duplicano una sola volta, ma ogni nucleo si divide due volte. (.....)

c) Le nuove cellule contengono cromosomi che derivano dalla separazione dei cromatidi della cellula d'origine. (.....)

18. In questo brano compaiono 4 termini errati, dopo averli individuati scrivili nella tabella con accanto il termine corretto.

(ATTENZIONE: i termini sottolineati sono esatti, pertanto non vanno corretti.)

All'inizio della mitosi la demolizione della membrana nucleare impedisce il contatto dei cromosomi con il fuso. Quando i cromosomi si sono allineati sul piano equatoriale, i centrioli agganciati ai cinetocori si aprono e ora il numero dei cromosomi è di fatto dimezzato rispetto a quello della cellula di partenza. Le nuove cellule che si formano, torneranno ad avere il corretto numero di cromosomi dopo la demolizione delle nuove membrane nucleari.

Termini errati	Termini corretti

19. Quali sono le analogie e le differenze tra la mitosi e la prima divisione meiotica?

....

....

....

....

....

....

....

UNITUTOR VERSO L'UNIVERSITÀ

Preparati ai test di ammissione sul sito Unitutor.

20. Alcune sostanze utilizzate nella cura per il cancro non permettono il disassemblamento del fuso mitotico. In quale delle seguenti fasi si arresta la mitosi a seguito del trattamento con tali sostanze?

A Profase

B Interfase

C Metafase

D Anafase

E Telofase

[dal test di ammissione a Medicina 2014-15]

HANDS-ON GLOSSARY

21. Fill in the table matching each term (*letters*) with its definition (*numbers*).

A. mitosis
B. meiosis
C. chromosome
D. chromatid
E. spindle

1. one copy of a newly copied chromosome which is still joined to the original copy by a single centromere
2. the cytoskeletal structure that forms during cell division to separate sister chromatids between daughter cells
3. two consecutive nuclear divisions occurring without DNA replication in between, its product is four haploid gametes, each with one of every pair of homologous chromosomes
4. the process where a cell divides resulting in two identical cells, each containing the same number of chromosomes as that of the original cell
5. a packaged and organized structure containing most of the DNA of a living organism

A	B	C	D	E

VERSO L'ESAME: LE TUE COMPETENZE

SCHEMATIZZA

22. Disegna le varie fasi della mitosi, descrivendo in modo sintetico ciò che accade in ognuna di esse.

SPIEGA

23. Il processo di gametogenesi parte da una cellula diploide per generare cellule aploidi: nell'uomo si formano 4 gameti funzionali, mentre nella donna solo uno è funzionale, e i tre corpuscoli polari degenerano.

Spiega questa differenza tra spermatogenesi e oogenesi.

RIFLETTI

24. Rispetto alla riproduzione asessuata, quella sessuata è più lenta, richiede un dispendio maggiore di energia, presuppone l'esistenza di individui di sesso differente e l'incontro dei relativi gameti; nonostante queste limitazioni, la riproduzione sessuata si è affermata nella maggior parte degli organismi complessi.

Prova a spiegare il motivo di questo successo.

CONFRONTA

25. Costruisci uno schema riassuntivo che metta a confronto le caratteristiche della meiosi con quelle della mitosi.

COLLEGA

26. Associa a ciascuno dei seguenti cariotipi anomali il nome della sindrome corrispondente, e indica se il paziente è maschio o femmina.

Sindrome di Turner, Sindrome XYY, Sindrome di Down, Cariotipo normale

A

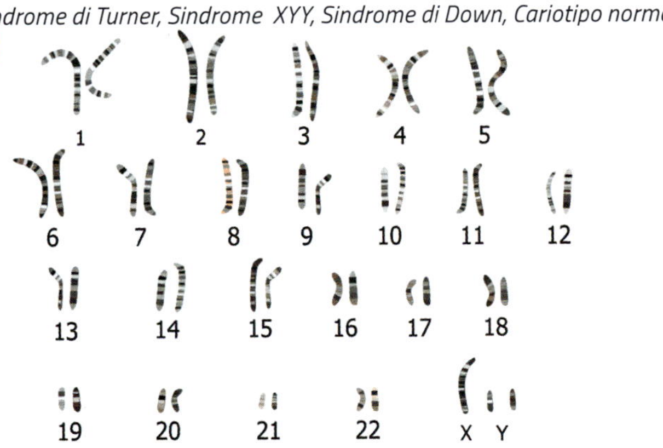

....

B

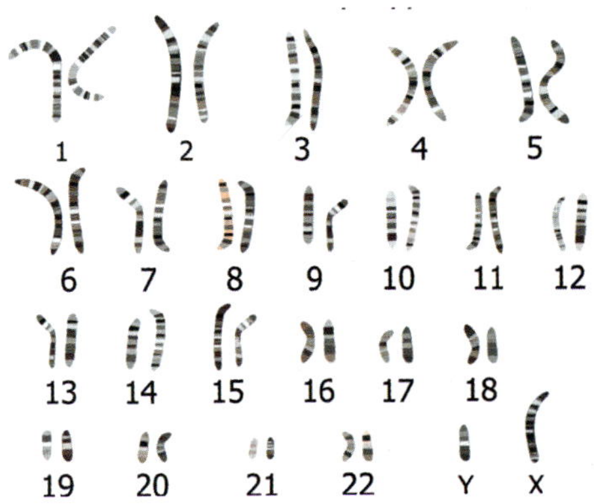

....

C

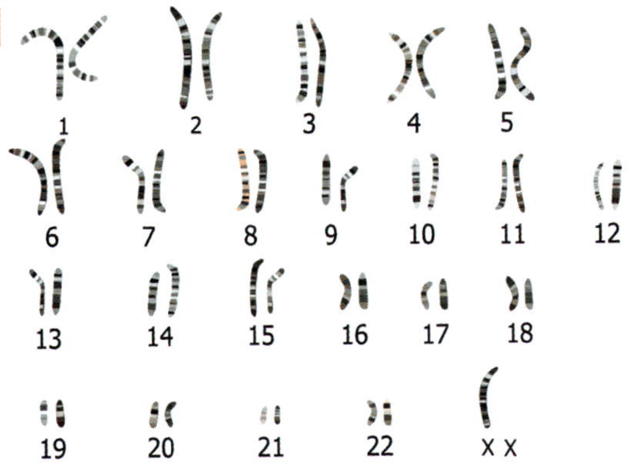

....

D

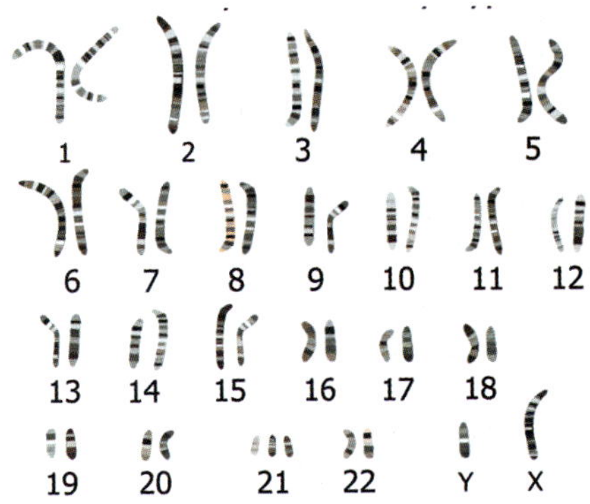

....

METTI IN RELAZIONE

27. La preparazione di un cariotipo prevede il susseguirsi di varie fasi. Inizialmente vengono prelevate alcune cellule, quindi viene stimolata la loro riproduzione; la mitosi è poi bloccata in metafase grazie all'azione di sostanze chiamate *colchicine*; infine la cellula viene immersa in una soluzione ipotonica. A questo punto i cromosomi possono essere colorati con sostanze che ne evidenziano specifiche zone, dando luogo a un aspetto a bande.

Spiega il motivo di ognuna delle azioni che si eseguono nella preparazione del cariotipo.

RICERCA

28. Fai una ricerca sulla morte cellulare, spiegando in sintesi i due fenomeni di necrosi e apoptosi. Poi costruisci una presentazione in Power Point per illustrare alla classe la tua ricerca.

Capitolo A11

Mendel e la genetica classica

1 Gregor Mendel e il metodo scientifico

Curiosità

Le conclusioni degli studi condotti da Mendel vennero pubblicate nel 1866 nei *Proceedings* (gli *atti*) della Società di Storia Naturale, una pubblicazione che circolava in tutte le librerie europee; anche **Darwin** ne ricevette una copia, ma, così come molti altri scienziati dell'epoca, non ne comprese l'importanza scientifica.

Nell'Ottocento molti scienziati si interrogavano sull'ereditarietà

La somiglianza tra genitori e figli, sia nella nostra specie sia in altre, è nota fino dagli albori dell'umanità e se ne trova traccia anche nei testi più antichi. Sebbene fin da quell'epoca remota i nostri antenati avessero iniziato a selezionare animali e vegetali per fini alimentari, una teoria efficace su come funzionasse l'ereditarietà dei caratteri non si ebbe prima dell'inizio del ventesimo secolo.

Nel diciannovesimo secolo la spiegazione più in voga era quella della *mescolanza*: i caratteri dei genitori potevano mescolarsi nei figli come i colori di un pittore su una tavolozza. Sebbene in alcuni casi questa teoria trovasse corrispondenza nella pratica, in molti altri le sue previsioni fallivano. Questo era un problema pratico per gli agricoltori e gli allevatori che selezionavano varietà desiderate di una data specie, ma anche teorico per chi, come Charles Darwin, aveva bisogno di una teoria dell'ereditarietà affidabile per sostenere la sua visione dell'evoluzione per selezione naturale.

▲ **Figura 1**
Un ritratto di Gregor Johann Mendel (1822-1884).

Mendel introdusse un nuovo metodo di indagine

Fino a circa due secoli fa la trasmissione delle somiglianze fisiche tra genitori e figli era considerata una problematica interessante, ma che rispondeva a leggi ancora sconosciute. Fu grazie al monaco agostiniano Gregor Mendel (**figura 1**) e ai suoi esperimenti, condotti sulle piante di pisello odoroso nel monastero della città morava di Brünn (oggi Brno, nella Repubblica Ceca), che si cominciò a capire in che modo potesse avvenire la trasmissione dei caratteri ereditari.

A metà dell'Ottocento era già noto che entrambi i genitori contribuiscono alla determinazione delle caratteristiche della prole e che questi contributi vengono portati dai *gameti*, cioè dalla cellula uovo e dallo spermatozoo. Grazie al lavoro di Mendel fu possibile fornire una prima base scientifica a questa nuova branca della biologia.

L'importanza delle conclusioni a cui giunse Mendel non venne compresa e riconosciuta dai suoi contemporanei; i suoi esperimenti sulle piante di pisello infatti furono resi noti per la prima volta nel 1865 in occasione di una riunione della Società di Storia Naturale di Brünn, ma gli studi condotti da Mendel vennero quasi completamente ignorati per ben 35 anni. Durante questo periodo Mendel si dedicò ai suoi doveri di abate, senza ricevere alcun riconoscimento scientifico prima della sua morte. Per tale motivo si ritiene che lo studio scientifico dell'ereditarietà, noto come **genetica**, abbia avuto inizio solo all'inizio del Novecento scorso con la riscoperta del lavoro condotto da Gregor Mendel.

L'importanza del lavoro di Mendel nel realizzare i suoi esperimenti è legata anche all'introduzione di un nuovo **metodo scientifico**; infatti, per effettuare le fecondazioni artificiali mediante l'incrocio di piante con i caratteri scelti, egli utilizzò un metodo di lavoro oggettivo e basato su alcune precise regole. Nei suoi esperimenti Mendel:

- usò solo caratteri ereditari netti (come il colore del fiore) e scartò le caratteristiche incerte o intermedie (come la grandezza o il colore delle foglie);
- analizzò inizialmente un solo carattere per volta;
- studiò i discendenti non solo della prima generazione, ma anche della seconda e delle generazioni successive;
- per la prima volta nel campo della biologia, analizzò i dati ottenuti con una logica matematica e statistica;
- descrisse i suoi esperimenti in modo chiaro e preciso, così che in seguito fu possibile per altri scienziati ripeterli e verificarli a loro volta.

Ti ricordi?

Il **metodo scientifico** è una procedura condivisa che prevede il susseguirsi delle seguenti fasi di lavoro: osservazione e raccolta dati, formulazione di una domanda, elaborazione di un'ipotesi quale risposta alla domanda, verifica sperimentale dell'ipotesi ed eventuale formulazione di una nuova ipotesi.

Leggi l'approfondimento nell'ebook:
Storia della scienza
Ippocrate, Aristotele e la teoria della mescolanza

Nei primi esperimenti di genetica si utilizzano le piante di pisello

La scelta della comune pianta di pisello odoroso (*Pisum sativum*) si rivelò ottima, perchè queste piante sono facilmente reperibili, semplici da coltivare e crescono rapidamente, producendo nuove generazioni in tempi brevi. Inoltre, risultò vantaggioso anche il fatto che il fiore di questa pianta si *autoimpollina* (**figura 2A**); per questo motivo, è possibile effettuare nel corso degli esperimenti anche un'impollinazione incrociata, senza che i risultati risultino falsati da eventuali processi spontanei d'impollinazione (**figura 2B**).

A

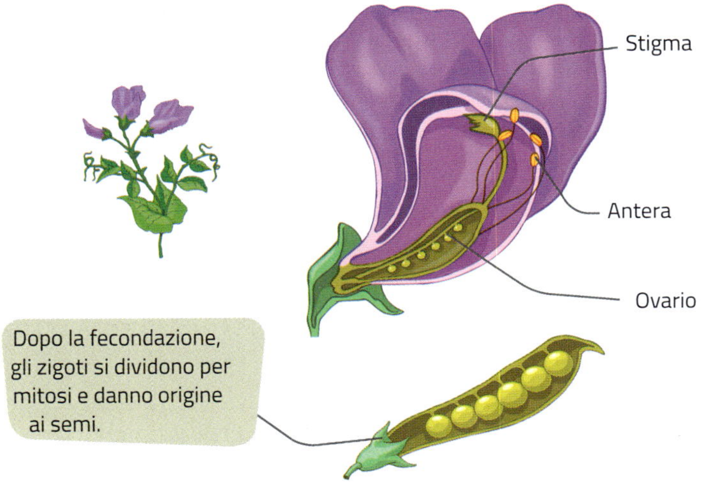

B

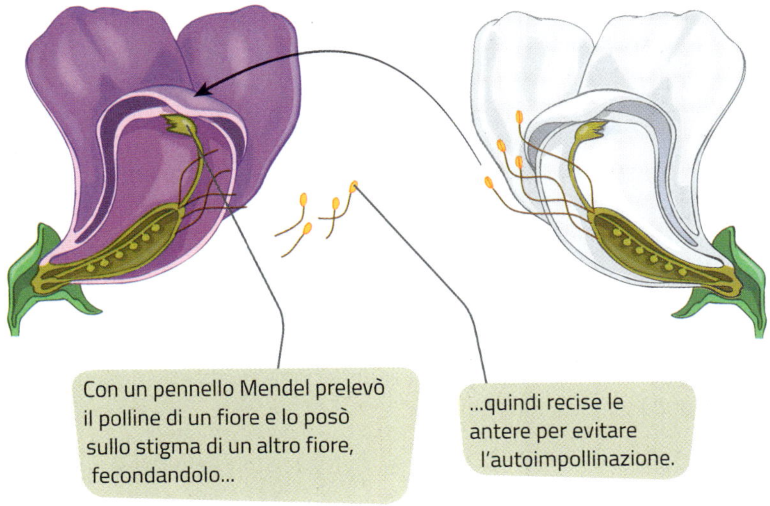

◂ Figura 2
(A) La normale autoimpollinazione di una pianta di pisello. (B) La procedura sperimentale eseguita da Mendel.

Le differenti varietà delle piante di piselli avevano alcune caratteristiche diverse tra loro, ma che rimanevano inalterate da un raccolto all'altro. Le piante che conservavano sempre gli stessi caratteri passandoli di generazione in generazione, senza che comparissero caratteristiche nuove, vennero chiamate da Mendel **linee pure** (in inglese, *true breeding*); per esempio, in una linea pura le piante che presentano semi gialli produrranno sempre e solo piante a semi gialli.

Facciamo il punto

1. Quali regole seguì Mendel durante i suoi esperimenti sulle piante di pisello odoroso?
2. Che cosa si intende per «linea pura»?
3. Quali erano i vantaggi nell'utilizzare come organismo modello la pianta di pisello?

2 Le leggi di Mendel

Guarda il video nell'ebook:
Un minuto di biologia
La prima legge di Mendel

I caratteri ereditari recessivi possono scomparire in F_1 secondo la legge della dominanza

Con una rigorosa competenza scientifica, Mendel diede inizio al suo lavoro sperimentale prendendo in considerazione 32 tipi differenti di piante di pisello della stessa specie; osservò queste piante per parecchi anni prima di iniziare a incrociarle e a prendere nota sia del numero sia delle caratteristiche dei discendenti. In seguito alle sue prime osservazioni, selezionò sette caratteri che mostravano, nelle diverse varietà di piante, due aspetti nettamente differenti. Una varietà, per esempio, produceva sempre semi gialli, mentre un'altra produceva sempre semi verdi; in una varietà i semi maturi avevano un aspetto rugoso, mentre in un'altra varietà erano lisci, e così via.

Mendel eseguì i suoi incroci sperimentali asportando da un fiore le antere contenenti il polline (che porta i gameti maschili) e deponendo sull'ovario dello stesso fiore il polline prelevato da un'altra pianta, che presentava una caratteristica diversa come, per esempio, semi verdi invece che semi gialli (**figura 3**). Il fiore a cui erano state tagliate le antere e quello da cui era stato prelevato il polline costituivano la **generazione P**, o «parentale», ed erano considerati da Mendel la generazione di partenza della sua serie di esperimenti.

Nei suoi studi, che durarono sette anni (dal 1856 al 1863), Mendel osservò con attenzione le caratteristiche delle piante nate dagli incroci fra caratteri diversi e si accorse che nella **generazione** $\mathbf{F_1}$, ossia la «prima generazione filiale», tutti i discendenti mostravano solamente uno dei due caratteri presenti nei genitori; l'altro carattere era inaspettatamente scomparso. Per esempio, i semi prodotti in seguito all'incrocio tra linee pure di piante con semi gialli e linee pure di piante con semi verdi erano tutti gialli. Tutte le caratteristiche, come i semi gialli, che comparivano nella generazione F_1 in seguito all'incrocio di due linee pure furono chiamate da Mendel caratteri **dominanti**.

generazione parentale  generazione F_1

Mendel si chiese che cosa fosse successo agli altri caratteri, come il colore verde del seme o il colore bianco del fiore, che sembrava non fossero più presenti nei figli. Lasciò quindi che le piante della F_1 si autoimpollinassero, permise cioè ai gameti maschili di fecondare quelli femminili dello stesso fiore, e vide che le caratteristiche scomparse nella prima generazione riapparivano nella **generazione** $\mathbf{F_2}$, la «seconda generazione filiale».

generazione F_1  generazione F_2

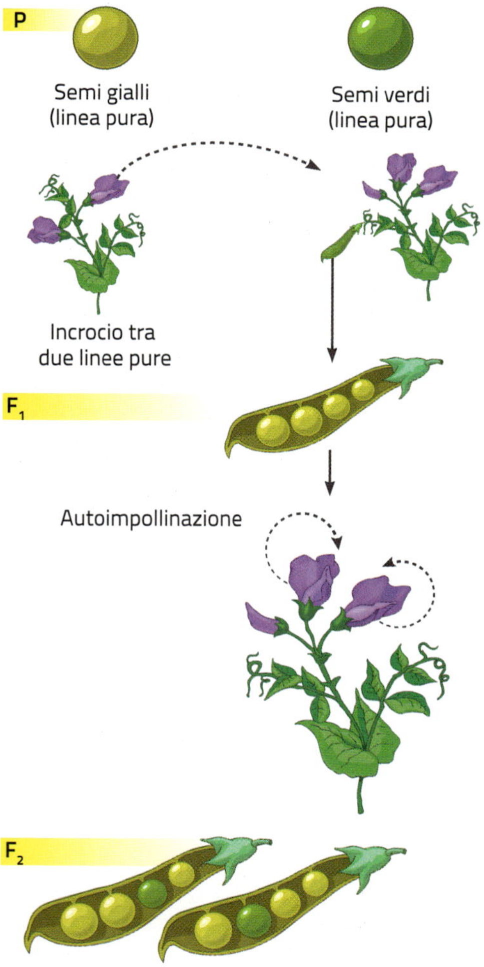

▲ **Figura 3**
Dall'incrocio di due linee pure nella generazione P, si ottengono solo semi gialli in F_1 e semi gialli e verdi in F_2.

Carattere	Generazione P		Seconda generazione filiale F_2		
	Dominante	Recessivo	Dominante	Recessivo	Rapporto
Colore del seme	 giallo	 verde	6022	2001	3,01:1
Forma del seme	 liscio	 rugoso	5474	1850	2,96:1
Colore del baccello	 verde	 giallo	428	152	2,82:1
Forma del baccello	 rigonfio	 grinzoso	882	299	2,95:1
Colore del fiore	 viola	 bianco	705	224	3,15:1
Posizione del fiore	 assiale	 terminale	651	207	3,14:1
Altezza del fusto	 alto	 nano	787	277	2,84:1

◂ **Tabella 1**
I sette caratteri delle piante di pisello considerati da Mendel e i risultati dei suoi esperimenti.

Questi caratteri, presenti nella generazione parentale P e ricomparsi poi nella F_2, dovevano in qualche modo essere ancora presenti nella generazione F_1, sebbene non si fossero manifestati. Mendel chiamò **recessivi** i caratteri che rimangono nascosti nella generazione F_1 (**tabella 1**).

In base a questi primi esperimenti Mendel dedusse che dall'incrocio tra due individui che differiscono per una sola coppia di caratteri si ottengono tutti individui che mostrano il carattere dominante; in seguito questo comportamento venne definito **legge della dominanza**.

Nonostante vi siano molte eccezioni, anche alcuni caratteri umani sono determinati da una eredità di tipo «dominante/recessivo». Per esempio, la presenza di lentiggini domina sulla loro assenza e il lobo dell'orecchio staccato dal collo domina su quello più aderente (**figura 4**).

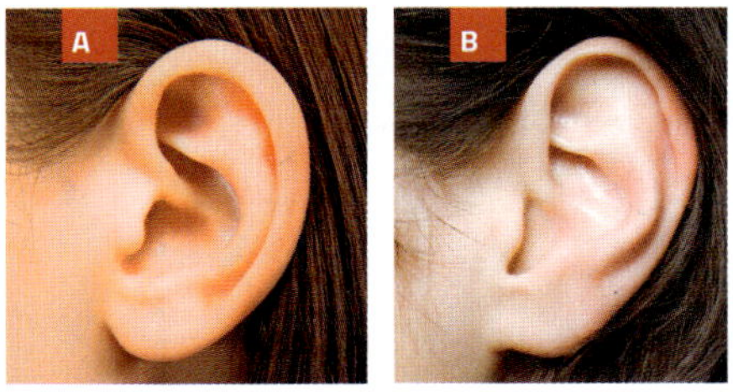

▴ **Figura 4**
La forma dei lobi dell'orecchio è un esempio di carattere umano netto: il lobo staccato (A) è dominante sul lobo attaccato (B), che è recessivo.

Gli alleli si separano secondo la legge della segregazione

Un aspetto che incuriosì Mendel fu che caratteri dominanti e recessivi compaiono nella F_2 nel rapporto di circa 3:1. Come mai i caratteri recessivi scomparivano del tutto nella F_1 per poi riapparire di nuovo e sempre in proporzioni costanti nella F_2?

Fu nel rispondere a tale quesito che Mendel diede il suo contributo più importante. Egli intuì che la scomparsa e la ricomparsa dei caratteri recessivi e le loro proporzioni costanti nella generazione F_2 potevano essere spiegate ipotizzando che ogni «unità ereditaria» fosse costituita da due componenti; ognuno dei due componenti di una coppia poteva manifestarsi oppure no, ma era comunque presente e poteva essere trasmesso alla generazione successiva. Queste unità ereditarie furono definite da Mendel *fattori* e corrispondono a quelli che noi oggi chiamiamo **alleli**, le differenti versioni di un'unità ereditaria, cioè di un **gene**. Per esempio, per il gene «colore del seme» esistono l'allele «semi gialli», che è quello dominante, e l'allele «semi verdi», che è recessivo. Ciascun allele occupa una posizione sul cromosoma, che è chiamata *locus*.

Nelle cellule diploidi i due alleli di ogni gene sono accoppiati e vengono trasmessi uno dal padre e l'altro dalla madre, ma si separano di nuovo quando gli individui F_1 producono i gameti formando due tipi di cellule sessuali aploidi,

Le parole

Il termine **allele** deriva dalla parola greca *allelon*, che significa «l'un l'altro», e indica una delle forme alternative che un gene può assumere nel medesimo sito (o *locus*) cromosomico.

Guarda il video nell'ebook:
Un minuto di biologia
La seconda legge di Mendel

ognuna con una sola componente per ogni coppia. L'affermazione secondo cui ogni individuo ha coppie di fattori per ogni unità ereditaria e i membri di una coppia *segregano* (cioè si separano) nella formazione dei gameti è detta **legge della segregazione**.

Per comprendere appieno la portata dell'intuizione di Mendel occorre considerare che per i naturalisti dell'epoca, che si rifacevano per lo più alla mescolanza, ogni genitore trasmetteva un certo numero di fattori e se un figlio assomigliava di più a un certo genitore era per via della quantità di fattori che quel genitore aveva passato al figlio.

Riassumendo, in un incrocio tra piante P appartenenti a due linee pure, una che produce semi gialli e una che produce semi verdi, il corredo genetico di ogni seme F_1 include un allele per il colore giallo proveniente dal genitore «semi gialli» e un allele per il verde che deriva dal genitore «semi verdi». Il colore dei semi sarà però giallo perché la variante «seme giallo» è dominante su quella «seme verde».

L'aspetto più straordinario del lavoro di Mendel fu che egli, pur non sapendo cosa fossero i cromosomi e il DNA, riuscì a comprendere per primo che alla base del processo della riproduzione sessuata ci sono la *fecondazione* e la *meiosi*. Mendel intuì, infatti, l'esistenza delle *cellule diploidi* e dei *cromosomi omologhi*, e si rese conto che i gameti (aploidi) devono contenere la metà delle informazioni ereditarie delle altre cellule del corpo; dopo la fecondazione, le due componenti di ciascuna unità ereditaria, portate separatamente dai due gameti, si uniscono nella formazione dello zigote (diploide).

A colpo d'occhio

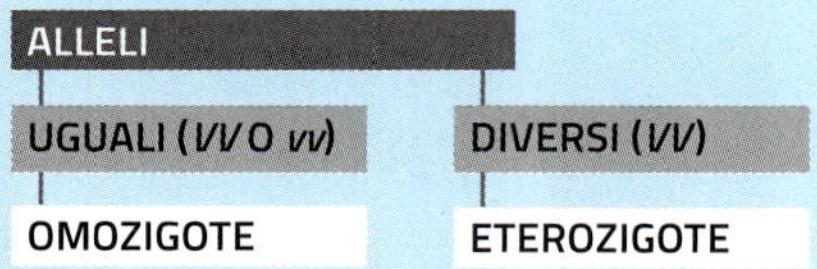

Il genotipo può essere omozigote o eterozigote

Per convenzione, gli alleli vengono rappresentati con delle lettere: le lettere maiuscole sono utilizzate per i caratteri dominanti e quelle minuscole per i caratteri recessivi. Per esempio, l'allele per i fiori viola può essere rappresentato dalla lettera *V* e l'allele per i fiori bianchi dalla lettera *v* (ossia la stessa lettera, ma in carattere minuscolo). L'uso dello stesso simbolo indica che si tratta di varianti dello stesso gene.

In ogni organismo è presente una delle tre possibili combinazioni dei due alleli di uno stesso carattere (**figura 5**); se i due alleli sono uguali (per esempio, *VV* o *vv*), l'organismo è detto **omozigote** per quel particolare carattere, mentre se i due

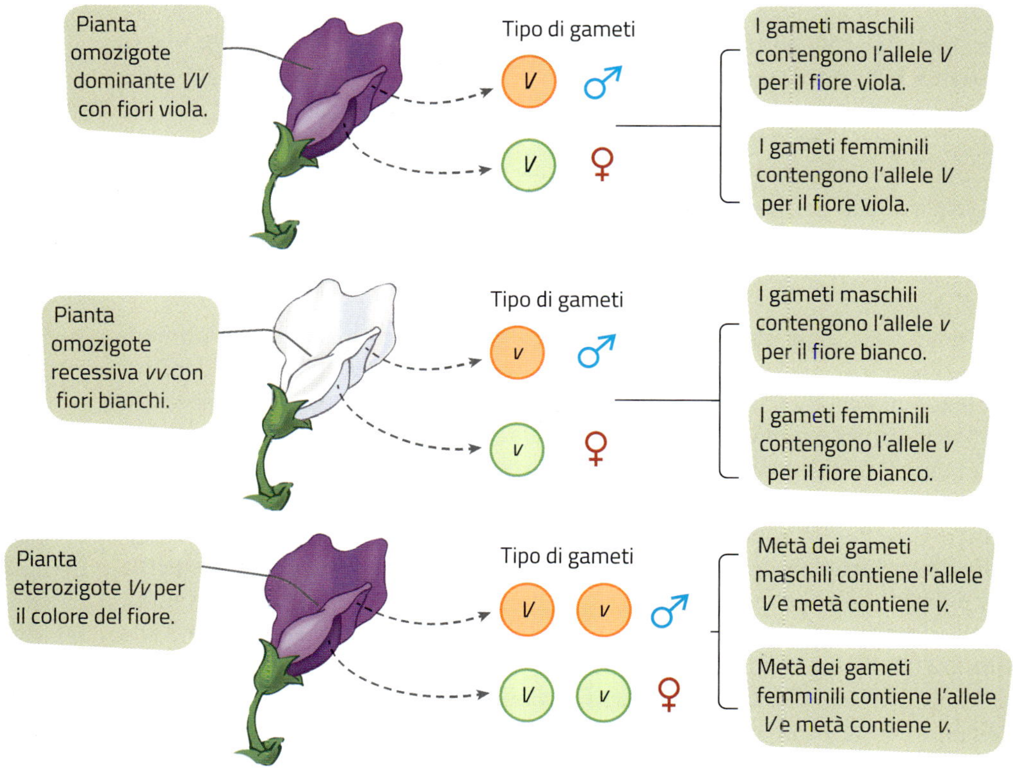

▸ **Figura 5**
La segregazione degli alleli nella formazione dei gameti è una conseguenza della meiosi.

alleli sono diversi tra loro (per esempio, *Vv*), l'organismo è detto **eterozigote** per quel carattere. Un allele dominante manifesta la sua particolare caratteristica non solo nella condizione omozigote, ma anche in quella eterozigote; la caratteristica di un allele recessivo, invece, appare soltanto nella condizione omozigote.

Il modo in cui un gene si manifesta in un organismo determina il suo **fenotipo**, che viene indicato dalle caratteristiche osservabili (per esempio, «fiore viola»). Anche se un allele recessivo non è rappresentato nel fenotipo, nella condizione eterozigote esso è comunque presente nell'assetto genetico, o **genotipo**, di un organismo che viene indicato dalla coppia allelica (per esempio, *Vv*).

A colpo d'occhio

GENOTIPO — INSIEME DEI GENI

FENOTIPO — MANIFESTAZIONE OSSERVABILE DEI GENI

Il quadrato di Punnett permette di prevedere genotipo e fenotipo dei discendenti

Quando piante di pisello omozigoti per i «fiori viola» sono incrociate con piante omozigoti per i «fiori bianchi», nascono soltanto piante con fiori viola, ma ogni pianta di questa generazione F_1 porta sia un allele per il colore viola sia un allele per il bianco. Come sarà il genotipo e il fenotipo della generazione F_2 se la generazione F_1 si autoimpollina? Per prevedere i tipi di discendenti che si possono produrre da tale incrocio viene utilizzato il **quadrato di Punnett** (figura 6), uno schema che semplifica la suddivisione degli alleli tra i figli.

Il quadrato di Punnett è la rappresentazione grafica del quadrato di un binomio, come aveva già notato Mendel stesso constatando che la F_2 segue l'andamento di questo prodotto notevole.

Per impostare un quadrato di Punnett bisogna scrivere sopra la tabella, in orizzontale, i possibili alleli presenti nei gameti di uno dei due genitori e, in verticale sul lato sinistro della tabella, gli alleli dell'altro genitore.

Questo strumento consente di ricavare che il *rapporto genotipico* della F_2 è 1:2:1, cioè un individuo omozigote dominante, due individui eterozigoti e un individuo omozigote recessivo. Invece, il *rapporto fenotipico* della F_2 è 3:1, cioè tre individui con fiori viola e un individuo con fiori bianchi. (Il rapporto genotipico 1:2:1 si legge «uno a due a uno», mentre il rapporto fenotipico 3:1 si legge «tre a uno».)

Curiosità

Reginald Punnett (1875-1967) visse gran parte della sua vita a Cambridge, dove studiò e divenne in seguito professore di genetica; Punnett è stato uno dei primi scienziati a riconoscere e valorizzare i risultati delle ricerche condotte da Mendel.

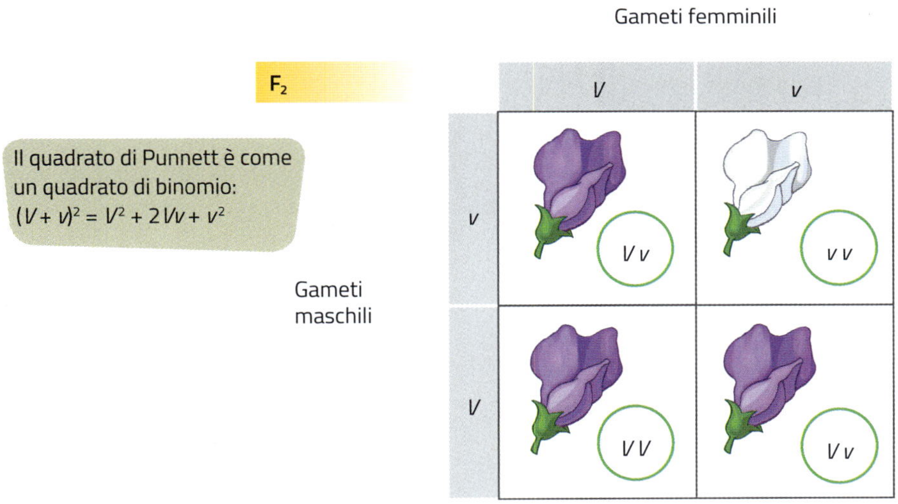

◂ **Figura 6**
Il quadrato di Punnett relativo alla legge della segregazione.

Il testcross permette di definire il genotipo corrispondente a un carattere dominante

Da quanto abbiamo visto, possiamo dedurre che al fenotipo di un carattere recessivo corrisponde sempre un genotipo omozigote recessivo per quel carattere; per esempio, se l'allele per il colore dei petali di un fiore venisse indicato con la lettera *A* e il colore bianco fosse recessivo, una pianta con i fiori bianchi avrebbe sicuramente il genotipo *aa*. Invece, se per un certo carattere un organismo presentasse un fenotipo dominante, a tale fenotipo potrebbero corrispondere due genotipi differenti, *AA* e *Aa*; per sapere di quale dei due si tratta è opportuno ricorrere a un particolare incrocio, detto *reincrocio* o testcross.

Il **testcross** è un incrocio sperimentale tra un individuo con fenotipo dominante e genotipo sconosciuto per un carattere (che potrebbe essere omozigote dominante oppure eterozigote) e un altro individuo con fenotipo recessivo che, perciò, può essere solamente omozigote recessivo (**figura 7**). Nella prole può comparire un solo fenotipo oppure ne possono comparire due: nel primo caso l'individuo con il fenotipo dominante sarà certamente omozigote, mentre nel secondo caso sarà sicuramente eterozigote per il carattere in questione. Nel testcross della figura, l'incrocio permette di determinare il genotipo della pianta a fiori viola esaminata, che può essere *Ff* oppure *FF*. Se la prole è solo di colore viola significa che l'individuo esaminato è omozigote (*FF*), mentre se compaiono anche figli bianchi l'individuo è eterozigote (*Ff*).

▶ **Figura 7**
Per verificare un genotipo sconosciuto con fenotipo dominante (fiore viola), lo si incrocia con un individuo omozigote recessivo (con fiore bianco).

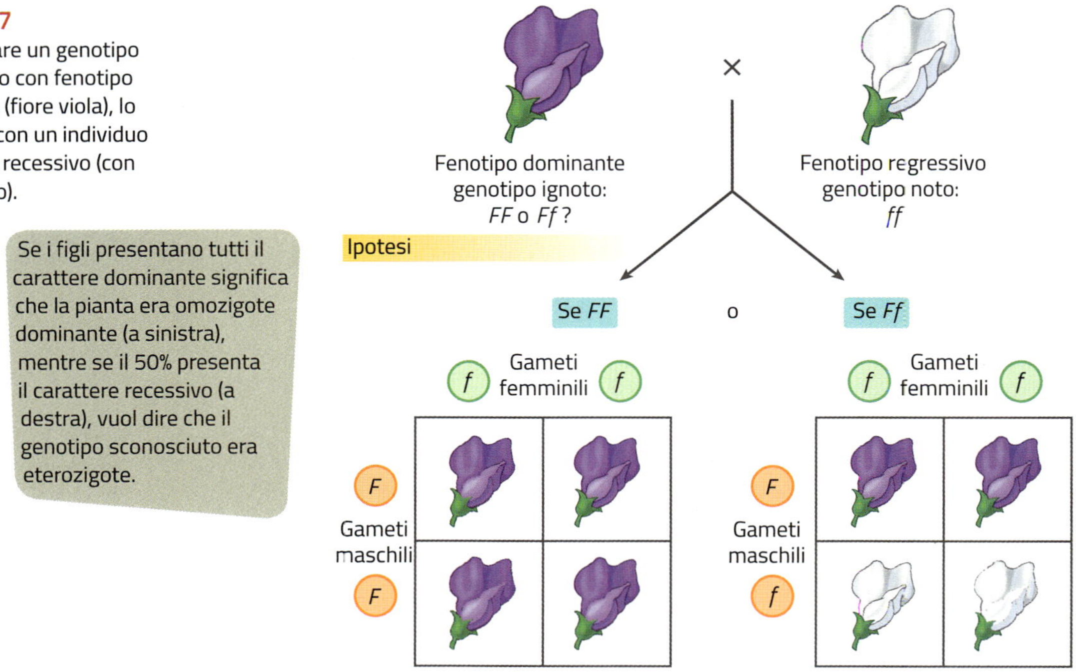

La legge dell'assortimento indipendente prende in considerazione due o più caratteri

Guarda il video nell'ebook:
Un minuto di biologia
La terza legge di Mendel

Proseguendo nei suoi studi, Mendel si chiese se la separazione (o *segregazione*) dei due alleli di un determinato gene poteva influenzare quella di altri alleli che portavano caratteristiche differenti; egli si chiese cioè se i singoli caratteri avevano un potenziale ereditario autonomo oppure se potevano interagire.

Per verificare ciò, egli impostò una nuova serie di esperimenti prendendo in considerazione gli incroci tra le piante di pisello che differivano per due caratteri: un genitore produceva semi lisci e gialli e l'altro rugosi e verdi. I caratteri «liscio» e «giallo» sono dominanti, mentre «rugoso» e «verde» sono recessivi. Tutti i semi prodotti dall'incrocio tra queste linee pure risultarono gialli e lisci. Come per il suo primo esperimento, anche questa volta Mendel permise l'autoimpollinazione nei fiori delle piante F_1, ottenendo così nella F_2 un numero di semi pari a 556 (**tabella 2**). Per calcolare il *rapporto* egli divise ogni dato raccolto per il valore minore.

▶ **Tabella 2**
Risultati degli esperimenti sull'autoimpollinazione delle piante F_1.

Numero dei semi (totale 556)	Numero dei semi/32	Aspetto dei semi	
315	9,8	lisci-gialli (entrambi dominanti)	
32	1	rugosi-verdi (entrambi recessivi)	
101	3,2	rugosi-gialli (il primo recessivo e il secondo dominante)	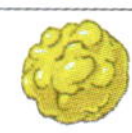
108	3,4	lisci-verdi (il primo dominante e il secondo recessivo)	

I dati rilevati sperimentalmente sono in accordo con la **figura 8** che mostra come, in un incrocio tra un seme con gli alleli tutti dominanti per colore e forma e uno con gli alleli tutti recessivi, i fenotipi dei discendenti della F_2 sono nel rapporto fenotipico di **9:3:3:1**, ossia:

- 9/16 dei semi hanno entrambi i caratteri dominanti (liscio-giallo);
- 3/16 dei semi hanno il primo carattere recessivo e il secondo dominante (rugoso-giallo);
- 3/16 dei semi hanno il primo carattere dominante e il secondo recessivo (liscio-verde);
- 1/16 dei semi hanno entrambi i caratteri recessivi (rugoso-verde).

Nonostante fossero comparse nuove combinazioni di caratteri, i risultati di questo esperimento non erano in contraddizione con i precedenti risultati ottenuti da Mendel. Se i due caratteri, ossia il colore e la forma del seme, venissero considerati indipendentemente, «liscio» e «rugoso» comparirebbero ancora nello stesso rapporto fenotipico di 3:1 (423 lisci e 133 rugosi), come anche i caratteri «giallo» e «verde» (416 gialli e 140 verdi). Ma i caratteri relativi al colore e alla forma del seme, originariamente riuniti nelle combinazioni «liscio-giallo» e «rugoso-verde», si comportavano come se fossero completamente indipendenti l'uno dall'altro, dando origine a combinazioni anche del tipo «rugoso-giallo» e «liscio-verde».

In base ai risultati ottenuti da Mendel, è stato possibile formulare la legge dell'**assortimento indipendente**: quando si formano i gameti, gli alleli di un gene segregano (si separano) indipendentemente dagli alleli di un altro gene.

Leggi l'approfondimento nell'ebook:
Per saperne di più
Come risolvere gli esercizi di genetica

A colpo d'occhio

LEGGI DI MENDEL
- DELLA DOMINANZA (1ª legge)
- DELLA SEGREGAZIONE (2ª legge)
- DELL'ASSORTIMENTO INDIPENDENTE (3ª legge)

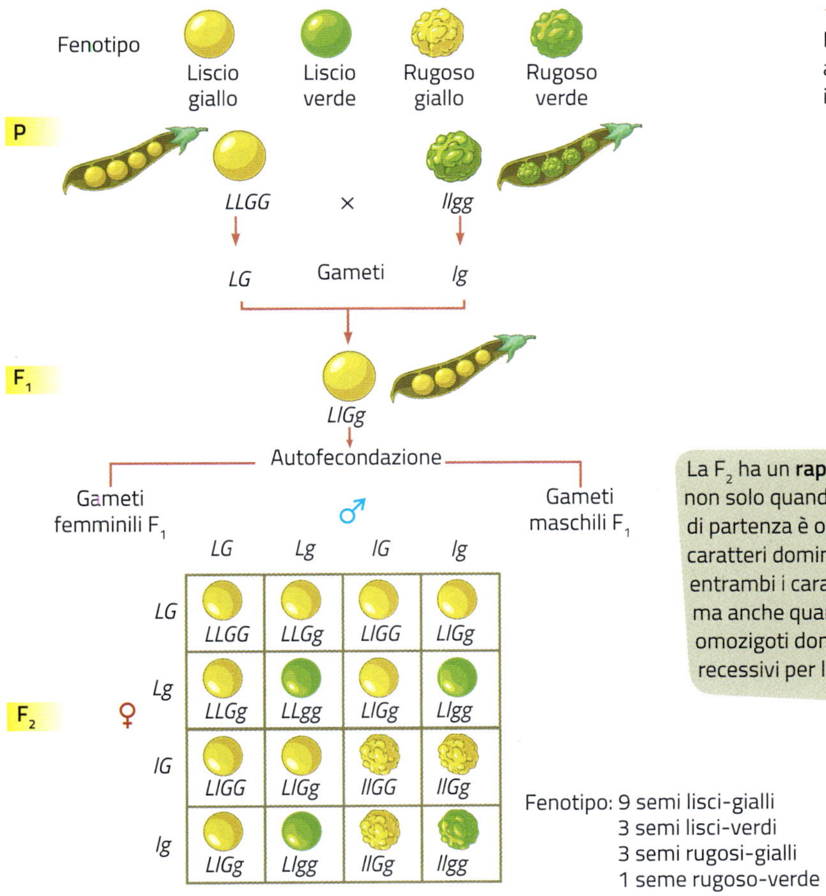

◂ **Figura 8**
Il quadrato di Punnett relativo alla legge dell'assortimento indipendente.

La F_2 ha un **rapporto fenotipico 9:3:3:1** non solo quando uno dei due individui di partenza è omozigote per entrambi i caratteri dominanti e l'altro è omozigote per entrambi i caratteri recessivi (*LLGG* × *llgg*), ma anche quando entrambi i genitori sono omozigoti dominanti per un carattere e recessivi per l'altro (*llGG* × *LLgg*).

Facciamo il punto

1. Che cosa si intende per generazione F_1?
2. Come viene definito un carattere dominante? E uno recessivo?
3. Spiega la legge della dominanza.
4. Che cosa afferma la seconda legge di Mendel?
5. Che differenza c'è tra fenotipo e genotipo?
6. Che cosa afferma la terza legge di Mendel?

3 Eccezioni alle leggi di Mendel

Diversi caratteri non rispettano le leggi di Mendel

Agli inizi del Novecento, negli anni che seguirono la riscoperta dell'opera di Mendel, vennero condotte nel campo della genetica numerosissime ricerche ed esperimenti che confermarono in linea di massima la validità del suo lavoro; gli studi e i relativi risultati ottenuti in questo periodo, durato alcuni decenni, costituiscono il nucleo centrale della **genetica classica**, cioè quel ramo della biologia che si è occupata prevalentemente di ampliare i concetti sviluppati dalle teorie di Mendel.

Molti di questi studi, in realtà, dimostrarono che i criteri che regolano l'ereditarietà non sono sempre così semplici e lineari come quelli suggeriti da Mendel. Questo fatto non è sorprendente dato che Mendel aveva selezionato soltanto alcuni caratteri, definiti *caratteri netti*, che mostravano solo differenze ben definite. Del resto le cosiddette «leggi di Mendel» furono proposte come tali dai primi genetisti del Novecento e non da Mendel, che nella sua pubblicazione del 1866 non nasconde dubbi riguardo alla possibilità di poter generalizzare i suoi risultati.

Col passare del tempo, in seguito a studi sempre più ampi e approfonditi, gli scienziati si accorsero, per esempio, che gli effetti fenotipici di un certo gene possono essere influenzati non solo dagli alleli di quel gene, ma anche da altri geni presenti nell'organismo e persino dall'ambiente. Inoltre, essi si accorsero che la maggior parte dei caratteri è sicuramente influenzata da più di un gene, proprio come la maggior parte dei geni può influenzare più di un carattere. Una delle scoperte forse più sorprendenti fu che i geni possono anche subire improvvisi cambiamenti.

Curiosità

Mendel non potè gioire per la sua scoperta perchè morì nel 1884, all'età di 61 anni. Solo nel 1905 venne coniato il termine **genetica** dallo scienziato britannico William Bateson, ma nel giro di pochi decenni tutta la comunità scientifica considerò Mendel come l'unico vero «padre» di quaesta branca della biologia.

Le mutazioni sono variazioni dell'assetto genetico

Nel 1902, il biologo olandese Hugo de Vries rese noti i risultati dei suoi studi, relativi all'ereditarietà mendeliana che aveva condotto sulla pianta chiamata rapunzia a grandi fiori, *Oenothera lamarckiana*. La trasmissione ereditaria dei caratteri in questa pianta sembrava seguire un modello ordinato e prevedibile come nella pianta di pisello. A volte, però, appariva un carattere che non era presente in nessuno dei due genitori né in alcun antenato di quella particolare pianta.

De Vries ipotizzò che tali caratteri comparissero in seguito a improvvisi cambiamenti avvenuti nei geni e che le caratteristiche determinate da un gene modificato fossero poi trasmesse come ogni altro carattere ereditario. De Vries chiamò tali bruschi cambiamenti ereditari **mutazioni** e gli organismi che li presentavano

1 - Per saperne di più

Il calcolo delle probabilità

Il lancio di una moneta può dare 2 risultati, testa o croce, e la probabilità di ottenere ciascuno di questi è il 50%. Ma se lanciaste in aria una moneta per quattro volte, difficilmente vi capiterebbe di ottenere due volte testa e due volte croce. Invece, se lanciaste la moneta per 100 volte, vi avvicinereste di più alla proporzione attesa (50% testa e 50% croce) e ancora più precisi sarebbero i risultati se i lanci fossero 1000.

Mendel sapeva che se avesse incrociato un numero limitato di piante, il rapporto numerico tra dominanti e recessivi avrebbe potuto non essere coerente con una deduzione di tipo statistico; infatti, tanto più numerosi sono gli esperimenti eseguiti e tanto più i risultati sono vicini alle leggi della probabilità.

Inoltre, il rapporto fenotipico 3:1 della legge di Mendel sulla segregazione e quello 9:3:3:1 relativo alla legge sull'assortimento indipendente indicano solo in linea generale la probabilità della comparsa di specifici caratteri, probabilità che si mantiene costante a ogni generazione. Tuttavia, i numeri previsti possono non coincidere con quelli reali e nella maggior parte dei casi ciò non accade; basti pensare che, per rendere comparabili i dati, tutti i genitori dovrebbero avere sempre 4 figli o multipli di 4!

Sapendo che la presenza di lentiggini è dominante sulla loro assenza, supponete di voler determinare quale sarà la probabilità che nasca un figlio senza le lentiggini da due genitori entrambi eterozigoti per questo carattere. Secondo Mendel la probabilità è solo del 25%, ma nei fatti potrebbero nascere quattro fratelli tutti senza lentiggini, perché ogni volta nello zigote si possono unire casualmente sempre gli alleli recessivi dei due genitori (**figura**).

▲ **Figura**
La probabilità di presenza di lentiggini rispetta le leggi della genetica.

furono detti *mutanti*. Egli riteneva che alleli differenti dello stesso gene si originassero in seguito a mutazioni; per esempio, l'allele per il carattere «seme rugoso» si sarebbe originato da una mutazione del gene che determina il «seme liscio». In seguito, si scoprì che solo 2 delle 2000 variazioni genetiche osservate da de Vries nella rapunzia erano vere mutazioni; la maggior parte di tali variazioni era dovuta in realtà a nuove combinazioni di alleli, originatesi per ricombinazione durante la formazione dei gameti e non a causa di cambiamenti di un determinato gene.

Le mutazioni possono essere vantaggiose o svantaggiose per l'organismo che le porta. Tra le mutazioni svantaggiose, ci sono quelle che determinano le caratteristiche genetiche del gatto Manx. In questa razza, caratterizzata dalla mancanza della coda, gli individui omozigoti dominanti *MM* non sopravvivono e muoiono allo stadio fetale all'interno dell'utero materno.

Altre mutazioni sfavorevoli, invece, possono causare delle malattie. È il caso dell'**albinismo** (**figura 9**), che consiste in una colorazione molto più chiara del normale, spesso addirittura bianca, della pelle, dei peli, dei capelli e dell'iride, oltre che una scarsa tolleranza visiva e cutanea alle radiazioni luminose. La causa di questa malattia è una mutazione a carico di uno dei geni che danno all'organismo le istruzioni necessarie per la produzione della melanina, un pigmento che conferisce colore e protezione alla pelle e agli occhi.

Una mutazione, invece, è favorevole se avvantaggia la specie nelle condizioni in cui si trova; un esempio è dato dalla *tolleranza al lattosio* (*vedi* capitolo A7), che permette anche agli adulti di digerire il latte di mucca e gli alimenti da esso derivati, in particolari i formaggi freschi. La digestione del lattosio avviene per opera dell'enzima lattasi, che scinde il disaccaride nelle sue due molecole costituenti, il galattosio e il glucosio. Oggi i genetisti ritengono che la permanenza dell'attività della lattasi nell'adulto sia il risultato di una mutazione favorevole relativa al tratto di DNA che codifica per l'enzima.

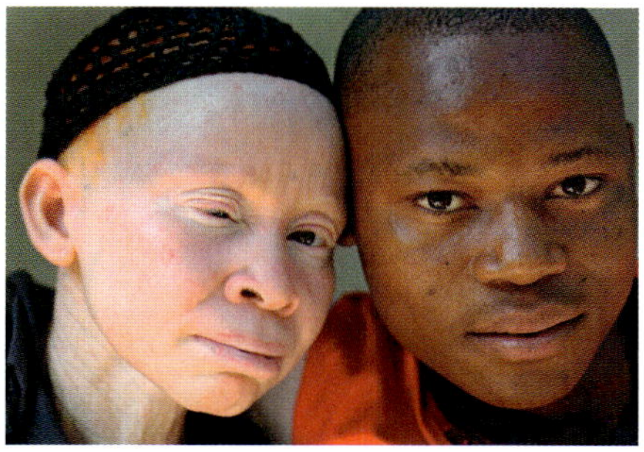

▲ **Figura 9**
In media, l'albinismo colpisce 1 persona ogni 17 000, ma in alcune zone dell'Africa è molto più frequente (1 persona ogni 5000) ed è spesso causa di problemi di integrazione sociale.

La dominanza incompleta e la codominanza sono interazioni tra alleli dello stesso gene

A mano a mano che gli studi di genetica procedevano, divenne chiaro che le caratteristiche dominanti e recessive non sono sempre così nette come quelle dei sette caratteri studiati da Mendel nella pianta di pisello. Talvolta, alcune caratteristiche sembrano mescolarsi: per esempio, quando Bateson e Punnett nel 1906 incrociarono una pianta di bocca di leone con fiori rossi con un'altra con fiori bianchi ottennero eterozigoti di colore rosa (**figura 10**).

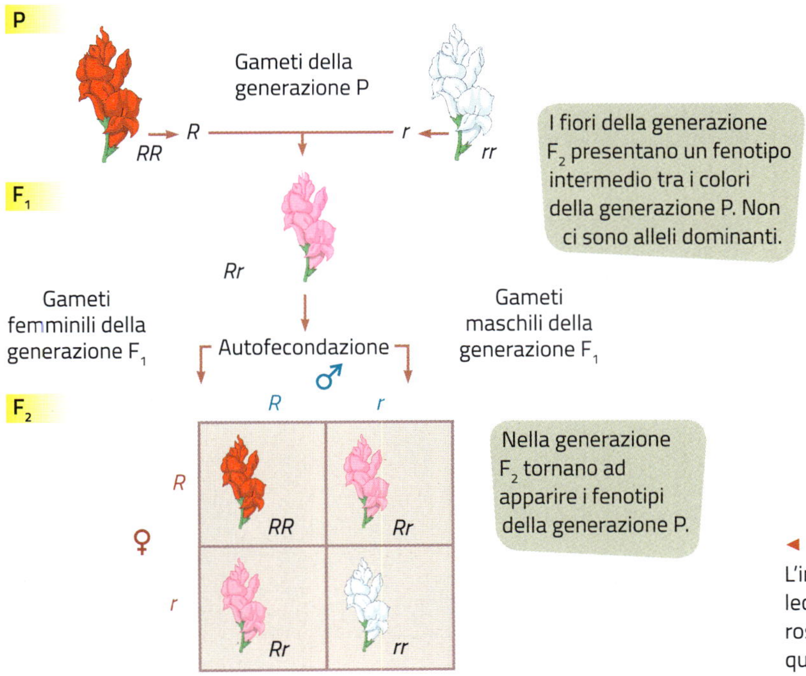

◄ **Figura 10**
L'incrocio di un fiore rosso (*RR*) di bocca di leone con un fiore bianco (*rr*) dà origine a fiori rosa, cioè a una caratteristica intermedia, in quanto nessuno dei due alleli è dominante.

Il fenomeno in cui il fenotipo dell'eterozigote mostra caratteristiche intermedie tra quelle dei due omozigoti, è detto **dominanza incompleta** ed è il risultato degli effetti combinati dei prodotti genici (in questo caso i pigmenti sintetizzati dalle cellule nei petali del fiore). Lasciando alle bocche di leone eterozigote di colore rosa la possibilità di autoimpollinarsi, i caratteri «fiore rosso» e «fiore bianco» ricompaiono nella F_2, mostrando che i relativi alleli, come aveva affermato Mendel, rimangono distinti e inalterati.

In altri casi, invece, gli alleli possono manifestare il fenomeno della **codominanza**, in cui gli organismi eterozigoti non mostrano fenotipi intermedi, ma esprimono contemporaneamente entrambi i fenotipi omozigoti. Un esempio familiare è il sangue umano di gruppo AB, di cui parleremo fra poco, in cui i globuli rossi presentano le caratteristiche relative sia al gruppo sanguigno di tipo A sia a quello di tipo B.

A colpo d'occhio

INTERAZIONE TRA ALLELI
- DOMINANZA INCOMPLETA → FENOTIPO INTERMEDIO
- CODOMINANZA → DUE FENOTIPI

Un gene può possedere più di due forme alleliche, come nel caso dei gruppi sanguigni

Ogni organismo diploide può avere soltanto due alleli per ogni gene, ma all'interno di una popolazione possono essere presenti più di due forme alleliche per uno stesso gene; in questo caso si parla di **alleli multipli**, che derivano da differenti mutazioni di uno stesso gene.

Questo accade, per esempio, nei diversi colori del mantello di alcuni mammiferi come i conigli (**figura 11**) che, hanno quattro diversi alleli per la colorazione del pelo: C (tipo selvatico con colorazione scura omogenea, o *agouti*), c^{ch} (colore grigio chiaro, o cincillà), c^{h} (bianco con le estremità nere, o dell'Himalaya) e c (albino). Le combinazioni differenti di due di questi quattro alleli possono dare origine a mantelli di differenti colori, rappresentando un'eccezione al normale comportamento di un carattere mendeliano; in questa gruppo di alleli, ciascuno di essi è dominante sul successivo in base a questo ordine: C, c^{ch}, c^{h}, c.

A

Coniglio albino

B

Coniglio cincillà

C

Coniglio dell'Himalaya

D

Coniglio agouti

▸ **Figura 11**
Un esempio di alleli multipli è dato dal colore del mantello dei conigli, che è determinato da un singolo gene di cui si conoscono quattro alleli differenti; ogni coniglio ha solo due alleli per questo gene, ma le diverse combinazioni dei quattro alleli esistenti producono mantelli di colori diversi.

I globuli rossi di un individuo possono avere sulla loro superficie un solo tipo di polisaccaride (come accade per i gruppi sanguigni A e B), possono averli entrambi (nel caso del gruppo AB) oppure nessuno dei due (gruppo 0).

Conoscere il proprio gruppo sanguigno è molto importante nel caso di una trasfusione di sangue; infatti, se sui globuli rossi del donatore sono presenti polisaccaridi diversi da quelli del recettore, l'organismo del ricevente produce anticorpi che, attaccando i globuli rossi estranei, danno origine al processo dell'*agglutinazione*, con formazione di ammassi che occludono i vasi sanguigni determinando un alto rischio di morte.

Fenotipo	Genotipo	Polisaccaridi sulla superficie del globulo rosso	Anticorpi presenti nel plasma sanguigno	Reazione con anticorpo A	B	Possibilità di trasfusioni donatore → ricevente
0	*00*	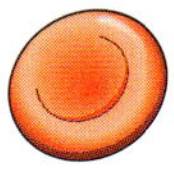	 anticorpo A  anticorpo B	no	no	0 → A/B/AB/0 (donatore universale)
A	*AA, 0A*	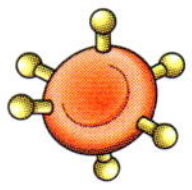	 anticorpo B	sì	no	A → A/AB
B	*BB, 0B*		 anticorpo A	no	sì	B → B/AB
AB	*AB*			sì	sì	AB → AB (ricevente universale)

I globuli rossi degli individui di **gruppo 0** non hanno nessuno dei due polisaccaridi, ma nel plasma hanno sia anticorpi anti A sia anticorpi anti B.

Nel **gruppo A** il plasma non contiene anticorpi contro il polisaccaride A, ma solo anticorpi contro il polisaccaride B; perciò i soggetti A possono ricevere sangue di gruppo sia A sia 0, ma non di gruppo B o AB.

Nel **gruppo B** il plasma non contiene anticorpi contro il polisaccaride B, ma solo anticorpi contro il polisaccaride A; perciò, i soggetti B possono ricevere sangue di gruppo sia B sia 0, ma non di gruppo A o AB.

Gli individui con sangue del **gruppo AB** hanno entrambi i polisaccaridi, ma nessuno dei due anticorpi (anti A e anti B).

▲ **Tabella 3**
Le basi genetiche dei gruppi sanguigni umani.

Negli esseri umani i quattro principali gruppi sanguigni (A, B, AB e 0) sono determinati dalle combinazioni dei tre alleli (*IA*, *IB* e *I0*) di un unico gene. Come abbiamo appena visto, gli alleli *IA* e *IB* sono codominanti, mentre l'allele *I0* è recessivo; così, gli individui con gruppo sanguigno di tipo A hanno o due alleli *IA* oppure un allele *IA* e uno *I0*, e i loro globuli rossi hanno sulla superficie della membrana il polisaccaride A (**tabella 3**).

Il fenotipo, infatti, è dato da particolari polisaccaridi, chiamati A e B, che si trovano sulla superficie dei globuli rossi; nel plasma sanguigno sono inoltre presenti delle particolari proteine (gli *anticorpi*) per il riconoscimento dei polisaccaridi caratteristici dei gruppi diversi dal proprio; per questo è di fondamentale importanza conoscere il gruppo sanguigno di un paziente prima di effettuare una trasfusione.

Esistono interazioni anche tra alleli di geni diversi: epistasi ed eredità poligenica

Oltre alle interazioni che avvengono tra alleli diversi dello stesso gene, si hanno anche *interazioni tra alleli di geni differenti*. In realtà, la maggior parte delle caratteristiche, sia strutturali sia chimiche, che costituiscono il fenotipo di un organismo è il risultato dell'interazione tra due o più geni distinti. Sebbene nel corso dello studio della genetica si ponga una particolare attenzione ai caratteri mendeliani perché sono i più semplici da studiare, in effetti solo una piccola percentuale di geni si esprime rispettando appieno le leggi di Mendel.

Queste interazioni possono essere di varia natura. Talvolta, quando un carattere è influenzato da due geni diversi, può apparire un fenotipo del tutto nuovo; un esempio è il colore del mantello dei cani di razza Labrador, che dipende da due geni, *B* ed *E*. L'allele dominante *B* produce una pigmentazione nera e l'allele recessivo *b* marrone; l'allele dominante *E* fa depositare la melanina, che determina il colore scuro del pelo, mentre quello recessivo *e* impedisce il suo assorbimento che viene perciò prodotto ma non può entrare nei peli e il mantello risulta di colore giallo (**figura 12**). In base a questa interazione tra geni, i cani *BB* o *Bb* sono

▲ **Figura 12**
Le tre colorazioni del pelo dei labrador sono un esempio di interazione tra geni.

neri e quelli *bb* sono marroni, ma ciò avviene solo se posseggono anche la coppia allelica *EE* oppure *Ee*; i cani *ee*, invece, sono sempre di colore giallo, indipendentemente dalla presenza degli alleli *B* o *b*. Pertanto è possibile affermare che sia la presenza dell'allele *E* oppure *e* a determinare l'espressione del gene *B* o *b*.

In altri casi, invece, l'interazione genica non produce alcun nuovo fenotipo, ma un gene può interferire con un altro mascherandone gli effetti: questo tipo di interazione è detta **epistasi**. Per esempio, la sordità congenita umana si manifesta se l'individuo è omozigote recessivo per uno dei due geni che sono legati alla funzione uditiva. L'udito normale richiede la presenza di almeno un allele dominante in ognuno di questi due geni; se uno dei due geni è omozigote recessivo, gli effetti dell'altro gene vengono mascherati e la persona è incapace di udire (**figura 13**).

Le parole

Il termine **epistasi** deriva dal greco *epístasis* che significa «in posizione sovrastante».

Alcune terapie riabilitative possono aiutare gli individui non udenti a recuperare la capacità di esprimersi verbalmente.

▲ **Figura 13**
La sordità congenita si accompagna spesso al mutismo per incapacità di produrre suoni che non si sentono, ma la comunicazione è sempre possibile attraverso la lingua dei segni.

Alcuni caratteri, come la statura, il colore della pelle, il tasso metabolico e il comportamento, non sono il risultato di interazioni tra due geni, ma l'esito complessivo degli effetti combinati di un maggior numero di geni; questo fenomeno è detto **eredità poligenica.** Un carattere che risente dell'azione di più geni non presenta una netta differenza fra gruppi di individui, come accadeva per i caratteri considerati da Mendel, ma presenta una gradazione di lievi differenze che è detta **variazione continua**.

Se si riportano su un grafico le differenze riscontrate fra più individui per un carattere su cui agiscono più geni (per esempio l'altezza nella specie umana), si ottiene una curva detta **distribuzione normale** o **gaussiana** (**figura 14**). In Italia l'altezza media è superiore a quella di un centinaio di anni fa, ma l'andamento della curva è rimasto uguale; gran parte delle altezze è compresa nei valori medi, mentre i valori estremi sono rappresentati solo da pochi individui.

Alcune di queste variazioni di altezza sono provocate da fattori ambientali, per esempio l'alimentazione, ma anche se tutti gli individui di una popolazione avessero la stessa alimentazione fin dalla nascita, e quindi l'alimentazione influenzasse l'altezza di tutti gli individui nello stesso modo, si avrebbe sempre una variabilità di tipo continuo. Questa variabilità dipende da differenze geneticamente determinate nella produzione di ormoni, nella formazione delle ossa e in vari altri fattori.

Anche il colore della pelle negli esseri umani è un fenotipo che consiste in un'ampia gamma di sfumature (dalla carnagione pallida molto frequente nel nord Europa a quella molto scura tipica dell'Africa centrale o di alcune zone dell'India) e subisce lo stesso tipo di controllo genetico, cioè è anch'esso determinato dalla contemporanea influenza di più geni.

► **Figura 14**
L'andamento della curva a campana rappresenta la distribuzione della statura negli esseri umani.

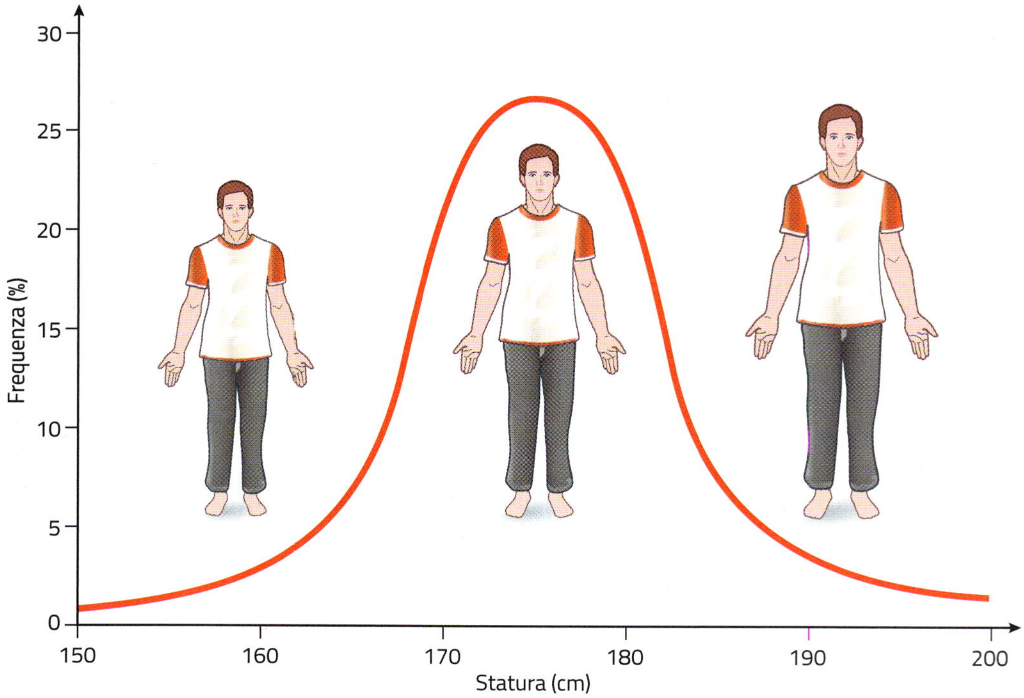

Un singolo gene può avere effetti multipli: pleiotropia e fattori ambientali

La maggior parte dei caratteri è influenzata da un certo numero di geni differenti, ma spesso accade che un singolo gene possa avere molteplici effetti sul fenotipo di un organismo; questo fenomeno è detto **pleiotropia**.

Un interessante esempio di pleiotropia è fornito da un gene che, nei ratti, controlla la produzione di una proteina coinvolta nel processo di formazione della cartilagine; una mutazione di questo gene causa un insieme di difetti congeniti tra cui costole ispessite, restringimento della trachea (attraverso cui l'aria entra ed esce dai polmoni), perdita di elasticità dei polmoni, narici ostruite, muso tozzo e ispessimento del muscolo cardiaco. Ovviamente, questa mutazione fa aumentare il tasso di mortalità. Un altro esempio di pleiotropia è dato dall'*anemia falciforme*, una malattia umana causata da un allele difettoso che non permette la corretta sintesi dell'emoglobina.

L'espressione di un gene è spesso il risultato della sua interazione con l'ambiente. Per esempio, una pianta può avere la capacità genetica di diventare verde, fiorire e dare frutti, ma non diventerà mai verde se è tenuta al buio e non produrrà fiori e frutti se non saranno soddisfatte determinate condizioni ambientali.

Un fattore ambientale che spesso influisce sull'espressione genica è la temperatura. Per esempio, le primule che crescono in montagna ad alta quota hanno i fiori rosa/rossi alla temperatura tipica del loro ambiente ma hanno fiori bianchi se crescono a temperature superiori ai 30 °C. Anche i gatti siamesi, come i conigli dell'Himalaya, hanno normalmente le orecchie, le estremità delle zampe, il naso e la coda di colore scuro (**figura 15**); tuttavia, quando questi animali vengono allevati a temperature più alte (di solito sopra i 35 °C), il mantello appare completamente bianco.

Le parole

Pleiotropìa deriva dal greco *plêion*, «più», e *trépein* «volgare». Il termine indica un'unica causa, un unico gene, che controlla più caratteri fenotipici.

◂ Figura 15
Uno stesso allele è responsabile del colore del manto e degli occhi dei gatti siamesi.

Facciamo il punto

1. Quali sono gli effetti di una dominanza incompleta?
2. In quale caso avviene una codominanza?
3. Che cosa si intende per epistasi?
4. Riporta almeno un esempio di eredità poligenica e descrivi il fenomeno.
5. In che modo i geni possono essere influenzati dall'ambiente?

SINTESI DI FINE CAPITOLO

LO SAI? RIPASSA CON LO SMARTPHONE

Gli esperimenti di Mendel

La **genetica** è lo studio dell'ereditarietà e ha avuto inizio con i primi studi condotti nei giardini di un monastero da **Gregor Mendel**. Egli utilizzò le piante di pisello e applicò il *metodo scientifico* per effettuare le fecondazioni artificiali nell'incrocio delle piante. Durante i suoi esperimenti notò che alcune piante conservavano gli stessi caratteri passandoli di generazione in generazione e le definì *linee pure*.

La legge della dominanza

Mendel definì le generazioni di partenza *generazione P* (o parentale). Le caratteristiche che comparivano della *generazione* F_1 (prima generazione filiale) furono definiti **caratteri dominanti**. Incrociando le generazioni F_1 si ottenevano piante nella *generazione* F_2 (seconda generazione filiale) che mostravano caratteri rimasti nascosti nella generazione F_1 e vennero definiti **caratteri recessivi**.

Incrociando due individui che differivano per una sola coppia di caratteri si ottengono individui che mostrano il carattere dominante, cioè seguono la **legge della dominanza.**

La legge della segregazione

Mendel intuì che alcuni caratteri comparivano e scomparivano nella generazione F_2 e ipotizzò che ogni unità ereditaria fosse costituita da due componenti. Le unità ereditarie furono definite *fattori* e corrispondono a quelli che oggi chiamiamo **alleli**, ovvero le differenti versioni di una data unità ereditaria, cioè un **gene**.

Ogni individuo ha coppie di fattori per ogni unità ereditaria e i membri di una coppia segregano (cioè si separano) nella formazione dei gameti, questa è la **legge della segregazione**.

In ogni organismo si trova una delle possibili combinazioni di due alleli relativi a un carattere:

- se i due alleli sono uguali l'organismo è detto **omozigote** per quel particolare carattere,
- se i due alleli sono diversi tra loro l'organismo è detto **eterozigote.**

Il modo in cui un gene si manifesta in un organismo determina il suo **fenotipo**, mentre l'assetto genetico è il **genotipo**.

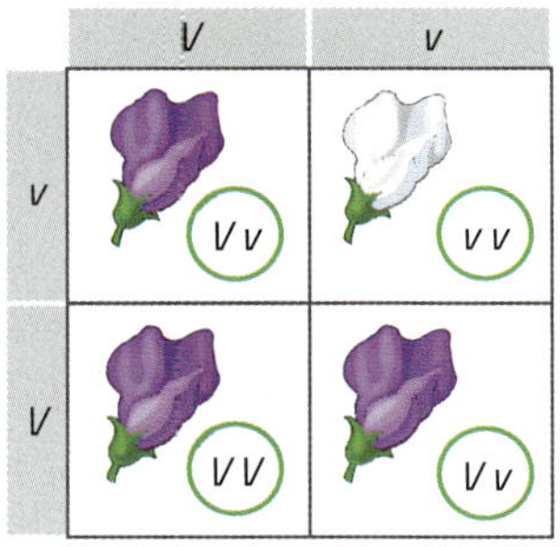

La legge dell'assortimento indipendente

Mendel si chiese se la segregazione dei due alleli di un determinato gene poteva influenzare quella di altri alleli cioè se potevano interagire. In un nuovo esperimento, considerò incroci tra piante che differivano per due caratteri entrambi dominanti (semi lisci-gialli) e gli altri entrambi recessivi (semi rugosi-verdi). I fenotipi dei discendenti ottenuti nella F_2 erano nel rapporto 9:3:3:1.

In base a questi risultati si è formulata la **legge dell'assortimento indipendente**: quando si formano i gameti, gli alleli di un gene segregano indipendentemente dagli alleli di un altro gene.

Eccezioni alle leggi di Mendel

Le **mutazioni** sono variazioni dell'assetto genetico e gli organismi che le presentano sono detti *mutanti*.

Quando il fenotipo dell'eterozigote mostra caratteristiche intermedie tra quelle dei due omozigoti, si ha **dominanza incompleta**. In altri casi, gli alleli possono manifestare il fenomeno della **codominanza**, cioè gli organismi eterozigoti esprimono contemporaneamente entrambi i fenotipi omozigoti. Ogni organismo diploide può avere solo due alleli per ogni gene, ma in una popolazione possono essere presenti più di due forme alleliche per uno stesso gene; in questo caso si parla di **alleli multipli**.

Esistono interazioni anche tra alleli di geni diversi:

- **epistasi**, quando un gene interferisce con un altro mascherandone gli effetti;
- **eredità poligenica**, se alcuni caratteri sono l'effetto combinato di molti geni.

Un singolo gene può avere effetti multipli:

- **pleiotropia**, quando un singolo gene ha molteplici effetti sul fenotipo;
- **fattori ambientali**, se l'espressione di un gene è influenzata dall'ambiente.

VERIFICA LE TUE CONOSCENZE

ZTE ONLINE

1. Scrivi sul quaderno la definizione dei seguenti termini.

a) Linee pure, generazione P, F_1 e F_2
b) Carattere dominante e carattere recessivo
c) Alleli e geni
d) Omozigote ed eterozigote
e) Genotipo e fenotipo
f) Mutazione, dominanza incompleta e codominanza
g) Epistasi ed eredità poligenica
h) Variazione continua e pleiotropia

Barra il completamento esatto.

2. Negli esperimenti di Mendel le linee pure erano costituite da

A individui omozigoti dominanti oppure recessivi.
B caratteristiche che comparivano in modo graduale.
C varietà di piante di piselli con solo caratteristiche dominanti.
D tipi di piante che presentavano caratteri nuovi.

3. Il nome di «assortimento indipendente» dato alla terza legge di Mendel indica che

A durante la meiosi i caratteri vengono separati dai cromosomi sui quali risiedevano e assegnati casualmente ad altri cromosomi.
B quando si formano i gameti, gli alleli di un gene si separano indipendentemente dagli alleli di un altro gene.
C i caratteri materni vengono assegnati a specifici cromosomi e rimangono indipendenti da quelli paterni.
D la collocazione dei caratteri nei gameti avviene indipendentemente dalla legge della segregazione.

4. Il rapporto 9:3:3:1 della F_2

A rappresenta la proporzione dei genotipi che si ottengono incrociando due individui eterozigoti.
B esprime le proporzioni dei fenotipi che si ottengono incrociando due individui eterozigoti.
C indica quanti individui eterozigoti ottenne Mendel prendendo in considerazione due caratteri.
D corrisponde ai diversi fenotipi che si ottengono incrociando tra loro due individui omozigoti.

5. La legge della segregazione fornisce dati relativi

A alla tendenza dell'espressione di alcuni geni a «saltare» una generazione.
B all'espressione dominante negli eterozigoti di alcuni alleli su altri.
C alla separazione di una coppia di alleli in due gameti diversi.
D alla definizione di due nuovi termini scientifici: fenotipo e genotipo.

6. Completa le seguenti frasi.

a) I caratteri che negli esperimenti di Mendel vengono ereditati come unità separate sono detti ....
b) L'assetto genetico di un individuo rappresenta il suo ....
c) I bruschi cambiamenti nei geni che vengono trasmessi alla prole sono detti ....
d) È definito .... il carattere che non si manifesta nel fenotipo dell'eterozigote.
e) Le forme diverse di uno stesso gene sono dette ....
f) Se per un determinato carattere i due alleli sono uguali, l'organismo è detto ....

7. Di fianco a ogni affermazione scrivi la lettera A se, per un determinato carattere, l'affermazione si riferisce a un individuo omozigote dominante, la lettera B se si riferisce a un individuo omozigote recessivo o la lettera C se si riferisce a un individuo eterozigote.

a) Trasmette sicuramente il proprio carattere ai figli. (.....)
b) Ha la probabilità di trasmettere il carattere a metà dei suoi figli. (.....)
c) Può essere portatore di un carattere che non manifesta. (.....)
d) Il carattere sarà manifesto solo nei figli omozigoti recessivi. (.....)

8. Spiega il significato della legge della segregazione.

....
....
....
....
....
....
....
....

9. Barra il simbolo V se ritieni l'affermazione vera, il simbolo F se la ritieni falsa.
Mendel nei suoi studi sperimentali

a) usò le piante di pisello perché erano economiche e crescevano velocemente. V F
b) non prese inizialmente in considerazione le caratteristiche che rimanevano inalterate da una generazione all'altra. V F
c) sapeva che entrambi i genitori contribuiscono alla determinazione delle caratteristiche della prole. V F
d) ignorava che i caratteri ereditari erano portati dai gameti. V F
e) scelse di analizzare, tra l e 32 varietà di piante di pisello a sua disposizione, i sette caratteri che si presentavano in maniera del tutto alternativa. V F

10. Barra le due affermazioni esatte.

A Un unico gene può essere rappresentato da un numero di alleli superiore a due.
B I quattro gruppi sanguigni umani hanno quattro fenotipi, un unico gene e quattro alleli.
C Nel fenomeno che si origina in seguito a epistasi compare nell'eterozigote un fenotipo del tutto nuovo.
D Una variazione continua esprime le diverse tipologie fenotipiche degli alleli multipli.
E Organismi eterozigoti possono in qualche caso mostrare fenotipi intermedi.

11. Nel seguente brano, barra tra i termini in neretto quelli errati.

Mendel e De Vries contribuirono a fornire conferme alla teoria dell'evoluzione: entrambi spiegarono come alcune **uguaglianze** / **variazioni** dei caratteri possano verificarsi all'interno di una popolazione e, in particolar modo, come esse possano essere **eliminate** / **mantenute** nella progenie; Mendel, tramite la **localizzazione** / **segregazione** degli alleli, giustificò la possibilità di trasmettere alla progenie uno dei due caratteri presenti nei **genitori** / **gameti** e De Vries fornì validi contributi alla definizione delle **mutazioni** / **interazioni geniche**.

VERIFICA LE TUE ABILITÀ

Barra il completamento esatto.

12. Nella generazione F_1 che si ottiene da un genitore omozigote dominante e uno omozigote recessivo si otterranno

A solo figli con genotipo omozigote dominante e fenotipo dominante.
B solo figli eterozigoti che manifestano il carattere recessivo.
C figli omozigoti dominanti ed eterozigoti nel rapporto fenotipico 3:1.
D figli tutti eterozigoti che manifestano il carattere dominante.

13. Nel rapporto fenotipico 9:3:3:1 della F_2

A i numeri 3 e 3 rappresentano gli individui con entrambi gli alleli eterozigoti.
B 3 individui hanno un carattere omozigote dominante e gli altri 3 hanno entrambi i caratteri recessivi.
C non è rappresentato il genotipo completamente omozigote recessivo.
D il numero 9 corrisponde a individui che presentano almeno un allele dominante per ognuno dei due caratteri.

14. Effettuando un testcross si può determinare il

A genotipo della prole di due genitori di cui siano noti il genotipo e il fenotipo.
B genotipo di uno dei due genitori osservando le frequenze fenotipiche della prole.
C fenotipo dei figli partendo da un genotipo non noto di almeno uno dei due genitori.
D fenotipo di entrambi i genitori a partire dal fenotipo dei figli della prima generazione.

Barra i due completamenti esatti.

15. Nella specie umana l'allele «presenza di lentiggini» è dominante rispetto a quello «assenza di lentiggini». In una famiglia il padre non ha le lentiggini, mentre la madre e una figlia hanno lentiggini; un secondo figlio

A ha sicuramente le lentiggini.
B può non avere le lentiggini se la madre è eterozigote.
C può non avere le lentiggini e avere lo stesso genotipo della sorella.
D può avere genotipo omozigote dominante.
E se ha le lentiggini è certamente eterozigote.

16. Completa il brano scegliendo tra i termini elencati in fondo.

Il colore rosso di un fiore è dominante su quello bianco. Se, incrociando un fiore che appare rosso nel .... con un fiore bianco, si ottengono solo fiori ...., si deduce che il genotipo del fiore rosso è .... per quel carattere e che i fiori della generazione .... , una volta che si sono autoimpollinati, potrebbero dare origine .... a discendenti omozigoti recessivi.

(in prevalenza, fenotipo, F_2, bianchi, cariotipo, omozigote, anche, P, rossi, genotipo, F_1, mutante, rosa, eterozigote, solo)

17. Nel seguente brano compaiono 4 termini errati; dopo averli individuati, scrivili nella tabella con accanto il termine corretto.

(Attenzione, i termini sottolineati sono esatti e non vanno sostituiti.)

Mendel eseguì una serie di incroci sperimentali partendo da organismi eterozigoti (linee pure) con caratteri molto simili tra loro; inoltre, effettuò studi quantitativi sui risultati dei suoi incroci e poté così constatare che nel genotipo della generazione F_1 compariva solo un carattere, mentre l'altro, chiamato in seguito recessivo, era apparentemente scomparso. Nella generazione F_2 riappariva il carattere scomparso con una frequenza di 1/4, mentre tutti gli altri individui presentavano il carattere recessivo.

Termini Errati	Termini Corretti

18. Quanti discendenti con fiori bianchi e semi rugosi si otterrebbero dall'incrocio di due piante di piselli, con fiori rossi e semi lisci, che hanno genotipo eterozigote per entrambi i caratteri (*RrLl*)? Rileva i dati richiesti impostando un quadrato di Punnett.

....
....
....
....
....
....

19. Quali furono, secondo te, gli aspetti più rigorosi e quelli più innovativi del lavoro di Mendel?

....
....
....
....
....

UNITUTOR
VERSO L'UNIVERSITÀ

Preparati ai test di ammissione sul sito Unitutor.

20. In un incrocio diibrido, alcuni dei discendenti hanno un fenotipo diverso rispetto a quello dei genitori. Quale delle seguenti affermazioni può spiegare il manifestarsi di questo fenotipo?

1. È avvenuta una mutazione.
2. I genitori sono entrambi eterozigoti per entrambi i geni.
3. Un genitore è eterozigote per entrambi i geni e l'altro genitore è omozigote recessivo per entrambi i geni.

A Solo 1
B Solo 1 e 2
C Solo 1 e 3
D Solo 2 e 3
E Tutte

[dal test di ammissione a Veterinaria 2015-16]

HANDS-ON GLOSSARY

21. Fill in the table matching each term (*letters*) with its definition (*numbers*).

A. trait
B. homozygous
C. heterozygous
D. phenotype
E. genotype

1. when identical alleles of a gene are present on both homologous chromosomes
2. the entire set of genes in a cell or an organism
3. any genetically determined characteristic
4. when different alleles of a gene are present on homologous chromosomes
5. the result from the expression of the genes of a cell or an organisms

A	B	C	D	E

VERSO L'ESAME: LE TUE COMPETENZE

SCHEMATIZZA

22. Costruisci una mappa concettuale che riporti tutti i meccanismi di ereditarietà che non rispettano le leggi di Mendel, facendo almeno un esempio per ognuno.

CALCOLA E IPOTIZZA

23. Un incrocio tra due piante con fiori arancioni genera una discendenza di 100 piante, di cui 49 hanno fiori arancioni, 24 fiori rossi e 27 fiori gialli.

Sapendo che il colore è legato a un singolo *locus* genico, determina qual è il genotipo per ciascun colore e come può essere descritto questo meccanismo di eredità.

RIFLETTI

24. Individua all'interno della popolazione umana almeno tre caratteri che hanno una distribuzione normale e raffigura per ognuno la relativa ipotetica gaussiana.

ELENCA

25. Fai un elenco con le tre leggi di Mendel, spiegandone il significato e riportando un esempio per ciascuna.

METTI IN RELAZIONE

26. Il metodo scientifico prevede un susseguirsi di eventi: porsi un problema, avanzare delle ipotesi, trovare una via sperimentale per testarle, controllare i dati e, in base a questi, verificare l'ipotesi e definire una teoria.

In che modo il lavoro di Mendel può essere messo in relazione con ognuna delle fasi del metodo scientifico?

CONFRONTA

27. La cosiddetta «teoria della mescolanza» è errata, ma esiste almeno un caso in cui si può considerare corretta: quale? Spiega cosa accade in questa situazione e fornisci un esempio.

RICERCA

28. Fai una ricerca per capire per quali aspetti i dati ottenuti dal lavoro sperimentale di Mendel anticiparono le successive scoperte relative alla meiosi.

DEDUCI

29. In una razza di cani l'allele *B* (occhi neri) è dominante rispetto all'allele *b* (occhi verdi); l'allele *M* (colore del manto nero) è dominante rispetto all'allele *m* (colore del manto marrone).

Quale sarà il risultato dell'incrocio fra due cani *BBMm* X *bbmm*?

CALCOLA

30. L'acondroplasia è la forma più comune di nanismo nell'essere umano ed è causata da una mutazione dominante sul gene FGFR3. Una donna e un uomo acondroplasici decidono di avere un bambino.

Se entrambi gli individui sono eterozigoti, qual è la probabilità che il figlio nasca sano? Esprimi il risultato in termini percentuali.

COLLEGA

31. Nel reparto maternità di un ospedale, a causa di uno scambio di culle, è necessario stabilire chi siano i genitori di tre neonati, basandosi sui gruppi sanguigni.

Abbina ciascuna coppia di genitori a un neonato, sapendo che il genotipo di ciascun individuo è il seguente:

Coppia 1: Madre *A*, Padre *AB* — Neonato a: Gruppo *0*
Coppia 2: Madre *B*, Padre *0* — Neonato b: Gruppo *A*
Coppia 3: Madre *0*, Padre *0* — Neonato c: Gruppo *B*

Coppia	Neonato

RICERCA

32. Il sistema dei gruppi sanguigni AB0 è sempre associato a un'altra caratteristica chiamata fattore Rh.

Fai una ricerca per capire di che cosa si tratta, come si può presentare questo fattore e in che modo è implicato nei fenomeni di incompatibilità. Crea poi una presentazione in PowerPoint di massimo 10 slide per esporre alla classe il risultato della ricerca.

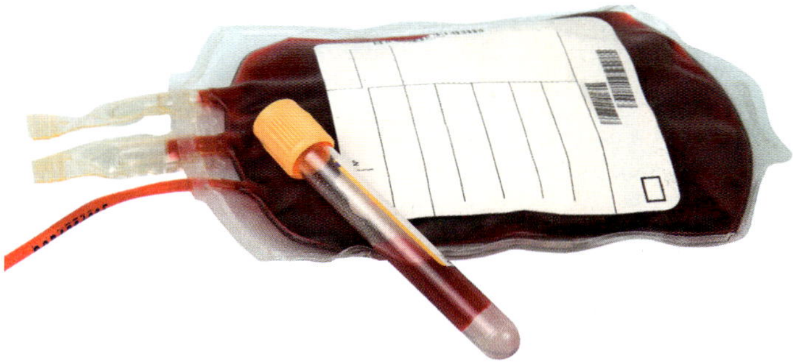

SEI PRONTO PER LA VERIFICA?

IN 1 ORA

Dopo aver studiato i contenuti fondamentali dei **capitoli A10 e A11**, prova a svolgere questa verifica nel **tempo massimo di 1 ora.**

Alla fine della prova **controlla le tue risposte** con le soluzioni che troverai sul sito *online.scuola.zanichelli.it/curtisnuovoinvitoblu* e **calcola il punteggio** totale che hai conseguito compilando la griglia finale.

CONOSCENZE

Barra il completamento esatto.

1. I cromosomi sono formati da

A due molecole di cromatina simili unite attraverso i cinetocori.
B due cromatidi simili uniti tra loro tramite i cinetocori.
C due centromeri formati da quattro molecole di DNA identico.
D due cromatidi fratelli identici, uniti al livello del centromero.

(4 punti se hai risposto correttamente) ...../4

2. Incrociando piante di pisello, eterozigoti per il carattere colore del fiore, si ottiene

A 100% della prole con fiori viola.
B 75% della prole con fiori viola.
C 50% della prole con fiori bianchi.
D 25% della prole con fiori bianchi.

(4 punti se hai risposto correttamente) ...../4

3. Durante la telofase della mitosi,

A i cromosomi si spiralizzano.
B i cromosomi si allineano lungo il piano equatoriale della cellula.
C i cromosomi si despiralizzano.
D i cromosomi figli si spostano verso i poli della cellula.

(4 punti se hai risposto correttamente) ...../4

4. Il crossing over avviene durante la

A profase della meiosi I.
B metafase della meiosi I.
C profase della meiosi II.
D metafase della meiosi II.

(4 punti se hai risposto correttamente) ...../4

5. La statura degli esseri umani è un carattere

A che deriva dall'interazione di più geni.
B dominante nei maschi, recessivo nelle femmine.
C legato ad un gene epistatico.
D legato ad un gene che ha alleli multipli.

(4 punti se hai risposto correttamente) ...../4

6. Nella divisione cellulare dei procarioti, le molecole di DNA si separano

A durante la duplicazione del DNA della cellula madre.
B dopo la duplicazione del DNA della cellula madre.
C durante la separazione del citoplasma in due cellule figlie.
D dopo la duplicazione del DNA ma prima della separazione del citoplasma.

(4 punti se hai risposto correttamente) ...../4

7. Una cellula che possiede il DNA spiralizzato e inizia ad assemblare il fuso mitotico, si trova nella sottofase

A G_1 del ciclo cellulare.
B G_0 del ciclo cellulare.
C S del ciclo cellulare.
D G_2 del ciclo cellulare.

(4 punti se hai risposto correttamente) ...../4

8. Per ciascuna affermazione barra il simbolo V se la ritieni vera oppure il simbolo F se la ritieni falsa.

a) Nella pianta di pisello, possono essere fecondati soltanto i fiori viola. V F
b) La prima legge di Mendel è anche detta legge della dominanza. V F
c) Il quadrato di Punnett permette di prevedere i discendenti di un incrocio. V F
d) La seconda legge di Mendel è detta legge dell'assortimento indipendente. V F

(2 punti per ogni scelta corretta) ...../8

9. Completa il seguente brano scegliendo tra i termini proposti.

La spermatogenesi avviene nei maschi a partire da cellule ...., chiamate .... primari. Al termine della meiosi si ottengono quattro cellule ...., dette .... che in seguito si differenzieranno in ....

spermatozoi / aploidi / spermatidi / diploidi / spermatociti

(1 punto per ogni scelta corretta) ...../5

Barra la risposta esatta.

10. Come è detto il fenomeno per cui il fenotipo dell'eterozigote ha caratteristiche intermedie tra quelle dei due omozigoti?

A Dominanza media
B Codominanza
C Dominanza recessiva
D Dominanza incompleta

(4 punti se hai risposto correttamente) ...../4

11. Cosa si intende per sinapsi?

A Il punto in cui avviene il crossing over tra cromosomi omologhi.

B La struttura formata dai quattro cromatidi di una coppia di cromosomi omologhi.

C L'appaiamento dei cromosomi omologhi.

D La zona del cromosoma a cui si attaccano le fibre del fuso.

(4 punti se hai risposto correttamente) ...../4

12. Descrivi somiglianze e differenze tra la spermatogenesi e l'oogenesi.

....
....
....
....
....

(8 punti se hai descritto entrambi gli aspetti, 4 punti se ne hai descritto solo uno) ...../8

ABILITÀ

Barra il completamento esatto.

13. Durante l'anafase della meiosi I.

A si separano i cromatidi.

B si separano i cromosomi omologhi.

C avviene il crossing over tra cromosomi omologhi.

D si formano le tetradi.

(4 punti se hai risposto correttamente) ...../4

14. I globuli rossi con fenotipo 0,

A possiedono sulla loro superficie sia polisaccaridi A che polisaccaridi B.

B non reagiscono né con gli anticorpi A, né con quelli B.

C possono essere trasfusi soltanto in persone con genotipo 00.

D sono presenti in piccole quantità in tutti gli individui.

(4 punti se hai risposto correttamente) ...../4

Barra le due risposte esatte.

15. Quali eventi caratterizzano la profase mitotica?

A I cromosomi si compattano.

B I cromosomi sono tirati dai microtubuli verso i poli.

C Si duplicano i centrioli.

D Si forma un anello contrattile.

E Si forma il fuso mitotico.

(5 punti per due risposte corrette, 3 per una sola) ...../5

Barra la risposta esatta.

16. Due piante eterozigoti per il carattere colore dei semi vengono incrociate e producono 480 semi: quanti saranno i semi del colore dominante?

A 120 | C 360

B 240 | D 480

(4 punti se hai risposto correttamente) ...../4

17. Una donna di gruppo sanguigno 0 e un uomo di gruppo sanguigno AB, hanno un figlio: qual è la probabilità che il figlio abbia il gruppo sanguigno AB?

A 100 % | C 25 %

B 50 % | D 0 %

(4 punti se hai risposto correttamente) ...../4

18. Completa il brano con i termini proposti (alcuni termini vanno utilizzati più di una volta).

La trisomia è un'alterazione cromosomica caratterizzata dalla presenza di un cromosoma in più di una coppia di cromosomi omologhi, come la sindrome di Down che è dovuta alla presenza di .... cromosomi .... Gli individui con trisomia possiedono un cariotipo con .... cromosomi. Gli individui con la trisomia detta «sindrome della tripla X», sono tutti di sesso .... e possiedono .... cromosomi sessuali omologhi.

21 / 3 / femminile / 47 / maschile / 23 / 46

(2 punti per ogni scelta corretta) ..../10

Barra il completamento errato.

19. La sindrome di Klinefelter

A è causata da non disgiunzione nella meiosi.

B colpisce soltanto i maschi.

C è caratterizzata dalla presenza di un cromosoma Y in più.

D è un esempio di aneuploidia.

(4 punti se hai risposto correttamente) ...../4

20. Nel seguente brano, barra tra i termini in neretto quelli errati.

La maggior parte delle cellule del corpo dell'uomo sono dette cellule somatiche e possiedono un **doppio / singolo** corredo cromosomico. Ogni cellula somatica possiede 22 / 23 coppie di cromosomi **uguali / omologhi** detti autosomi e una coppia di cromosomi **sessuali / sessuati**.

(2 punti per ogni scelta corretta) ...../8

PUNTEGGIO TOTALE

...../100

Se hai ottenuto:

- meno di 60 punti devi riprendere lo studio dei capitoli;
- tra 60 e 70 punti hai una preparazione sufficiente;
- tra 70 e 80 punti hai una preparazione buona;
- tra 80 e 100 punti significa che hai studiato a fondo.

MITOSIS

In this module you will:

- **learn about** the cell cycle and mitosis;
- **discuss the relation between** chromosomes and cell division;
- **find out some interesting facts** about asexual reproduction;
- **discover terms, verbs and expressions** related to this topic and to cell biology in general.

1. INTRODUCTION

Cell division, or **mitosis**, is the process which divides cellular material between two new **daughter cells**.
In **single-celled** organisms, it increases the number of individuals in the population. In **multi-celled** plants and animals, it is how the organism grows, starting from one single cell, and also how injured or worn-out tissues are replaced or repaired.
An **individual cell** grows by assimilating materials from its environment and synthesizing them into new structural and functional molecules. The cell divides when it reaches a certain critical size and metabolic state.

2. WARM UP

Look at the Thesaurus for useful terms and answer the questions below. Then discuss your answers with your partner.

THESAURUS
cell continuity, environment, evolution, homeostasis, identical, metabolism, reproduction

a) If a cell with 24 chromosomes undergoes mitosis, how many chromosomes end up in each daughter cell?

....
....
....
....
....
....

b) In your opinion, what characteristics are necessary for the development of living things?

....
....
....
....
....
....
....

c) Why is reproduction a fundamental characteristic of life?

....
....
....
....
....
....
....

3. VISUAL LEARNING

Complete figure 1 using the following words:
chromatids - nuclear - S - cell - genetic - cytokinesis - mitosis - division

Cell division, which consists of (1)..................... (the division of the nucleus) and cytokinesis (the division of the cytoplasm), takes place after the completion of the three preparatory phases that constitute **interphase**.

G1 phase. Metabolic changes prepare the cell for (2)..................... . At a certain point (the restriction point), the cell is committed to division and moves into the (3)..................... phase.

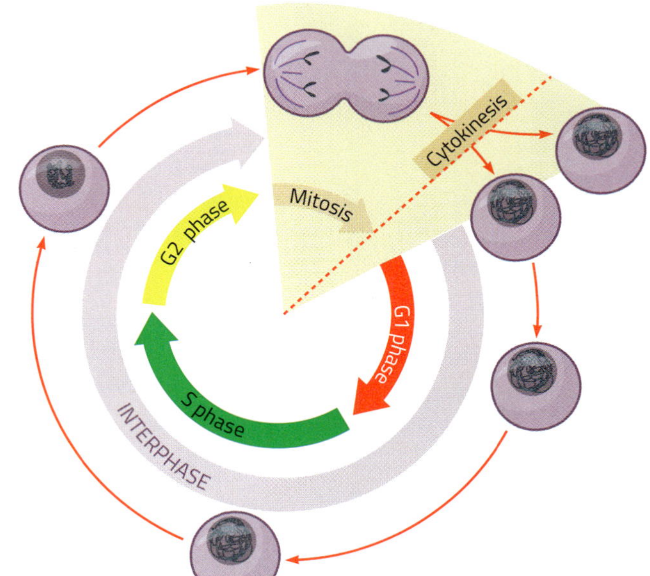

S phase. DNA synthesis replicates the (4)..................... material. Each chromosome now consists of two sister (5)..................... .

G2 phase. Metabolic changes assemble the cytoplasmic materials necessary for mitosis and (6)..................... .

M phase. A (7)..................... division (mitosis) followed by a (8)..................... division (cytokinesis).

▲ **Figure 1**
The relative lengths of the phases in the cell cycle.

4. VOCABULARY

Complete the sentences with the following words:

interphase - chromosomes - inheritance - identical - genetic - cycle - division

a) Cell .... is the process by which new cells are formed.

b) The genes are distributed between a number of linear ....

c) .... is the non-dividing part of the cell ....

d) Each daughter cell is .... to the parent cell.

e) Chromosomes carry .... information.

f) Genes are the units of .... in living organism.

5. LISTENING

Track A1 (available on online.scuola.zanichelli.it/curtisnuovoinvitoblu)

Listen to the description of mitosis, and complete the following sentences.
You may also use figure 2 for further reference.

a) The process by which new cells are made from existing ones is called ....

b) Daughter .... have the same number of .... as parent cell.

c) The .... controls all the activities of the cell and contains ....

d) Interphase is the portion of the .... in which the cell spends most of its ....

e) In multicellular .... mitosis is a way to .... and repair.

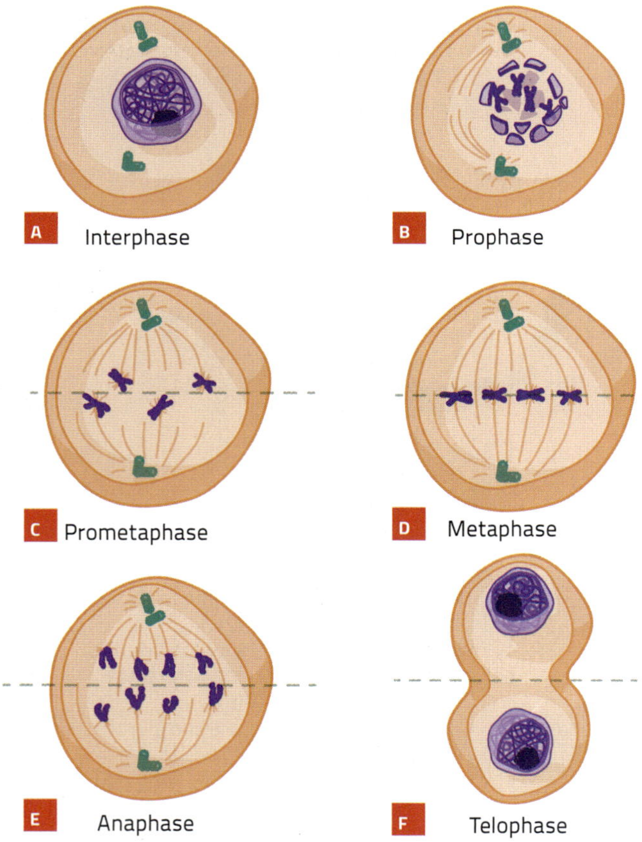

▲ **Figure 2**
Mitosis: the process and its phases in detail.

6. READING

Track A2 (available on online.scuola.zanichelli.it/curtisnuovoinvitoblu)

Read the following text, and then listen to it to check the pronunciation of difficult words.

The function of mitosis is to manoeuvre the replicated chromosomes so that each new cell gets a full set, i.e. one of each. This distribution is made possible by the condensed state of the chromosomes during mitosis and an assembly of microtubules known as the *spindle*.

The threadlike chromosomes slowly begin to condense after synthesis in the S phase of the cell cycle. By the beginning of mitosis they are sufficiently condensed to become visible under the light microscope. Each chromosome (**figure 3**) can be seen to consist of two replicas, called *chromatids*, joined together by a constricted area common to both chromatids. This region of attachment is known as the *centromere*.

The process of mitosis is conventionally divided into four phases: prophase, metaphase, anaphase and telophase (sometimes a fifth phase is described, called pro-metaphase). Prophase is usually by far the longest phase.

During interphase, little can be seen in the nucleus. By early prophase, however, the *chromatin* has condensed sufficiently so that individual chromosomes become visible.

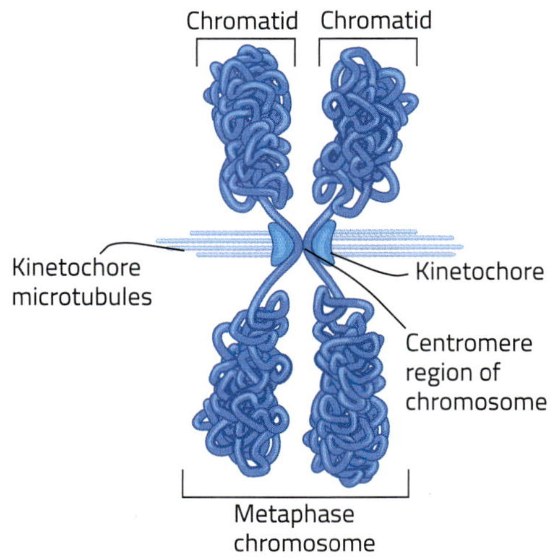

▲ **Figure 3**
During metaphase, microtubules separate a chromosome into two identical chromatids. The microtubules attach to the chromosome's centromere in an area known as the kinetochore.

Now read the sentences below and decide if they are True or False.

a) Via mitosis each new cell gets half a set of chromosomes. T F

b) The spindle is composed of microtubules. T F

c) At the beginning of mitosis chromosomes are still invisible. T F

d) Each chromosome consists of two replicas tied together. T F

e) The two replicas are called centromeres. T F

f) The process of mitosis is typically divided into three phases. T F

g) Prophase is the longest phase of all. T F

h) During the interphase of the cell cycle not much is visible in the nucleus. T F

7. PAIR WORK

Discuss the questions below with your partner to find the correct answers.

a) What is the difference between chromosomes and chromatin?

....

....

....

....

b) What is the difference between chromosomes and sister chromatids?

....

....

....

....

c) Why is anaphase a critical point during mitosis?

....

....

....

....

d) Explain the function of mitosis both in unicellular and in multicellular organisms.

....

....

....

....

8. APPLY YOUR NEW KNOWLEDGE

The pictures A-F show the phases of the cell cycle. Match each of them to the corresponding definition 1-6.

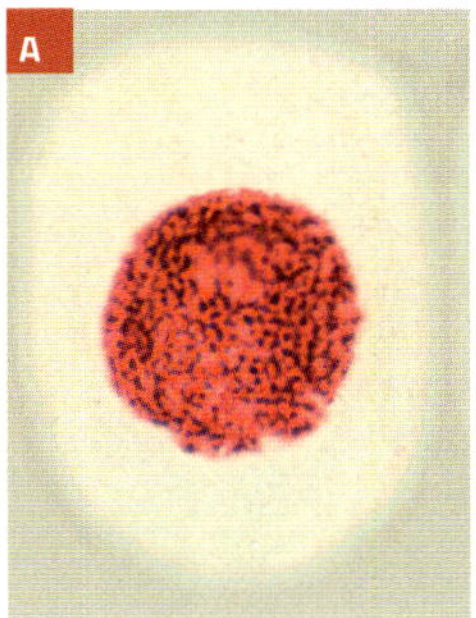

....

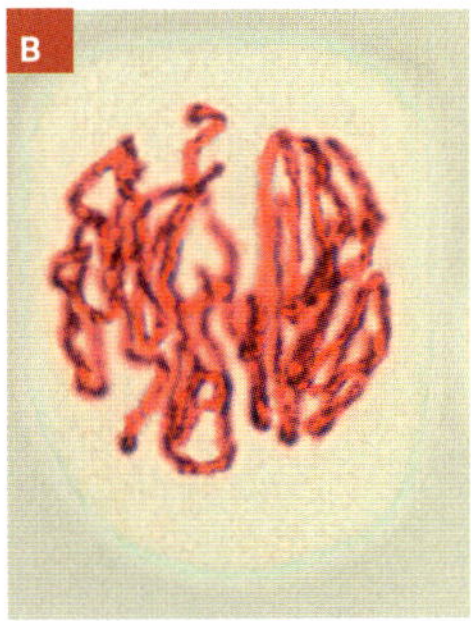

....

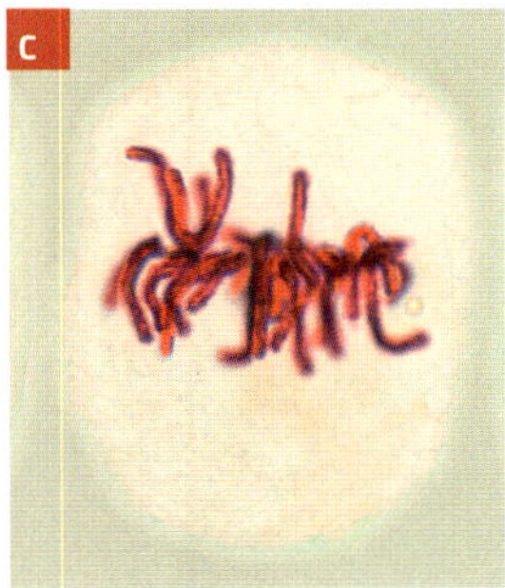

....

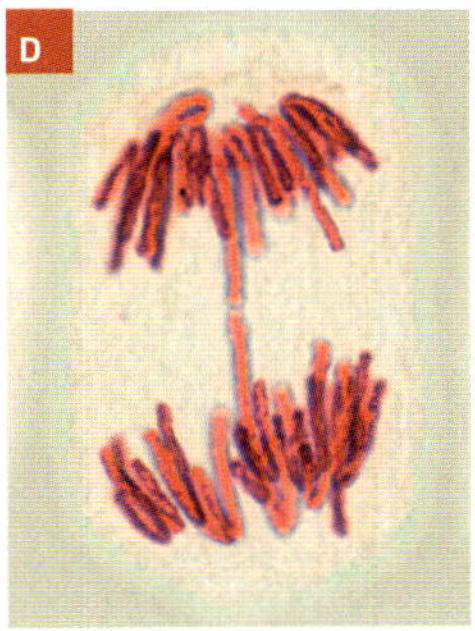

....

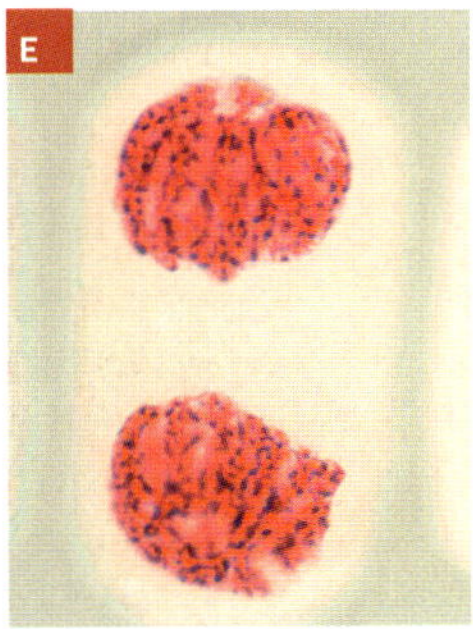

....

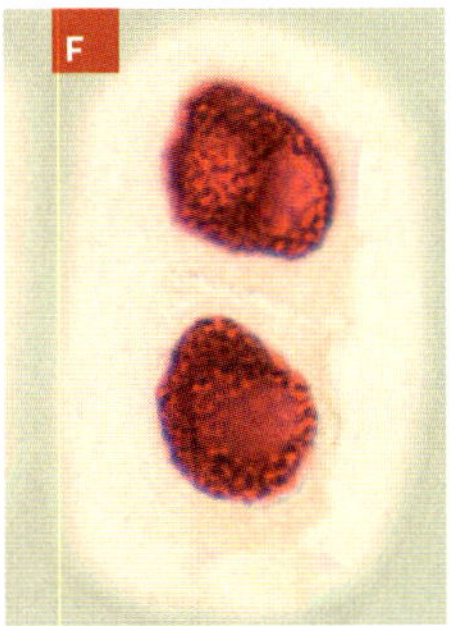

....

1. Prophase: the chromosomes condense and appear as long thread-like structures.
2. Interphase: the chromatin is decondensed in the nucleus.
3. Cytokinesis: the cell splits into two new daughter cells.
4. Telophase: the chromosomes start to de-condense in the two new nuclei.
5. Metaphase: the chromosomes align along the centre of the cell.
6. Anaphase: each chromosome consists of two identical sister chromatids that separate and are pulled to opposite ends of the cell.

9. VIDEO

Video A1: *Mitosis: prophase and metaphase*
(available on
online.scuola.zanichelli.it/curtisnuovoinvitoblu)

Watch this video about the early stages of mitotic cell division, and say if the following statements are True or False.

a) The first stage of mitosis is called metaphase. T F

b) Centrosomes start to organise the mitotic spindle. T F

c) At the same time, inside the nucleus the DNA is condensed into structures called chromatids. T F

d) The number of chromosomes is the same for all organisms. T F

e) Each chromatid is made up of a single DNA molecule. T F

f) Prometaphase starts with the disintegration of the nuclear envelope. T F

g) There are four kinetochores, two for each chromatid, facing opposite directions. T F

h) Interpolar microtubules stretch from one kinetochore to the other. T F

i) Aster microtubules join the centromeres to the cell membrane. T F

j) When all the chromosomes are lined up, the cell enters metaphase. T F

Video A2: *Mitosis: anaphase and telophase*
(available on
online.scuola.zanichelli.it/curtisnuovoinvitoblu)

Watch this video about the late stages of mitotic cell division, and say if the following statements are True or False.

k) Anaphase is the stage of mitosis where sister chromatids begin to separate. T F

l) When they separate, daughter chromatids change their names into sister chromosomes. T F

m) The mechanisms by which microtubules interact with motor proteins are well known. T F

n) During anaphase, the interpolar microtubules from opposite poles slide over each other, and by so doing they push the poles apart. T F

o) At the same time, aster microtubules located at the poles of the spindle interact with interpolar microtubules. T F

p) Anaphase ends when the daughter chromosomes reach the centromeres. T F

q) The mitotic spindle disintegrates at the beginning of prophase. T F

r) During telophase, DNA information can be read again. T F

10. DISCUSSION

Answer the questions about mitosis with your partner (or within your group), and then with the rest of the class.

a) During which phase do chromosomes first become visible?

....

....

....

....

....

....

b) What is the function of spindle fibres?

....

....

....

....

....

....

c) During which phase does the DNA make a copy of itself?

....

....

....

....

....

....

d) What happens during telophase?

....

....

....

....

....

....

11. VOCABULARY

Match the terms (*letters*) to their correct definition (*numbers*).

Terms	Definitions
a. karyotype	**1.** The period the cell spends most of its life in.
b. somatic cell	**2.** Having two sets of chromosomes.
c. interphase	**3.** A short region of a chromosome that codes for the production of a protein.
d. diploid	**4.** The entire genetic material of an organism.
e. gene	**5.** Any cell that is not a reproductive cell.
f. genome	**6.** Character of cell nucleus determined by the type of chromosomes present.

12. REVISION

Follow the instructions below and prepare a short presentation (oral or written) about the topic «the cell cycle and the animal cell mitosis».

The aim of your presentation is to give the essential information about the life of a cell and its division into two daughter cells.

- Start with a brief overview of the cell cycle.
- Secondly, talk or write about the four (or five) phases which make up mitosis.
- Finally, explain why this process is important for genetic continuity.

FINAL TEST
Mitosis

Choose the correct answer in these multiple-choice questions.

1. During mitosis the nuclear membrane begins to disappear at:

[A] late prophase.
[B] early metaphase.
[C] late metaphase.
[D] early prophase.

2. During metaphase chromosomes:

[A] break and disintegrate.
[B] undergo coiling.
[C] line up at the equator.
[D] go to the poles.

3. If a cell with 10 chromosomes undergoes mitosis, how many daughter cells are created? And how many chromosomes does each daughter cell have?

[A] 2, 20
[B] 10, 2
[C] 1, 10
[D] 2, 10

4. Which phase of the cell cycle does the genome replicate in?

[A] S
[B] G1
[C] G2
[D] M

5. The nuclear membrane forms around each set of sister chromatids (chromosomes) during:

[A] anaphase.
[B] telophase.
[C] prophase.
[D] metaphase.

Say if the following statements are True or False.

6. Division of the nucleus is called mitosis. [T] [F]

7. The division of the cytoplasm is called telophase. [T] [F]

8. Chromosomes are always in the cell. [T] [F]

9. Metaphase is followed by anaphase. [T] [F]

10. Cell division occurs in all living organisms. [T] [F]

MEIOSIS

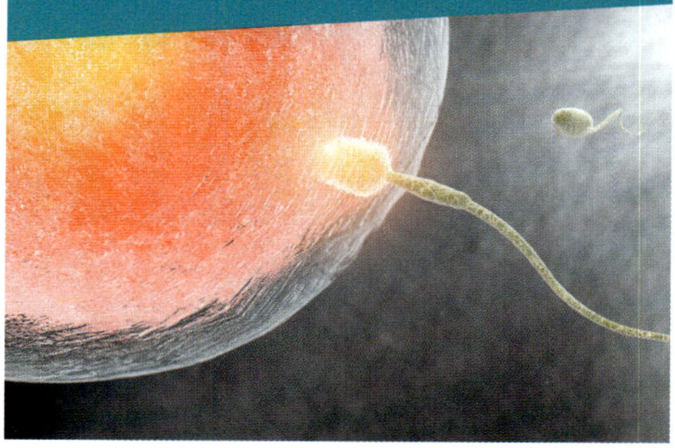

In this module you will:

- **learn about** sexual reproduction and meiosis;
- **discuss the relation between** sexual reproduction and variability;
- **research** the differences between asexual and sexual reproduction;
- **find out some interesting facts** about sexual reproduction in animals;
- **discover terms, verbs and expressions** related to this topic and to cell biology in general.

13. INTRODUCTION

Every organism has a fixed number of **chromosomes**. They are highly organized structures of DNA and proteins inherited from the father and mother at **fertilization**.

When chromosomes occur in pairs, the organism is said to be **diploid**. **Homologous pairs** of chromosomes carry genes that control the same characteristics. **Haploid** cells, such as *sex cells*, have half the number of chromosomes of a normal body cell (*somatic cell*); so sex cells contain one chromosome from each homologous pair. Humans have 23 pairs (diploid), but **sperm cells** and **egg cells** contain 23 chromosomes (haploid). Sperm and egg cells are the products of **meiosis**, which occurs in the testes of male animals and in the ovaries of female animals.

Meiosis can only take place in diploid cells and produces four daughter cells that have half the number of chromosomes of the parent cell. Sexual reproduction involves the production, the transfer and the union of **gametes**. Haploid gametes (sperm and egg cells) are produced by meiosis.

14. WARM-UP

Look at the Thesaurus for useful terms and answer the questions below. Then, discuss your answers with your partner.

THESAURUS

asexual vs. sexual, egg vs. sperm, extinction, evolution, female vs. male, fusion, gametes, nucleus (plur. nuclei), pollination, somatic, species

a) Why is reproduction necessary for all living organisms?

....

b) What forms of reproduction do you know?

....

c) Do plants reproduce sexually?

....

d) Why does meiosis result in two or four haploid daughter cells?

....

15. LISTENING

Track A3 (available on online.scuola.zanichelli.it/curtisnuovoinvitoblu)

Listen to the explanation of the various stages of meiosis, and answer the questions below. You can also look at figure 4 for help.

a) What gets separated during the division which takes place in meiosis I?

....

b) In males, what do the cells formed during meiosis develop into?

....

c) What is the difference between haploid and diploid cells?

....

d) During which stage of meiosis does crossing over occur?

e) Why is crossing over so important for biological diversity?

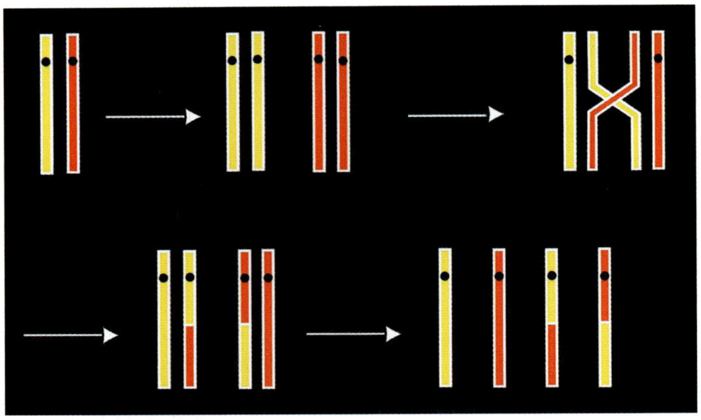

▲ **Figure 4**
The crossing over: two chromosomes swap genetic material prior to meiosis (production of gametes). This is a natural genetic process that occurs between homologous chromosomes. The recombination of DNA increases the genetic variation in a population.

16. READING

Track A4 (available on online.scuola.zanichelli.it/curtisnuovoinv toblu)

Read the following text, and then listen to it to check the pronunciation of difficult words.

The events that occur in mitosis result in the formation of two daughter nuclei, each of which receives an exact copy of the parent cell's chromosomes. The events that take place during meiosis (**figure 5**) resemble those of mitosis, but there are some important differences.

- Mitosis can occur in either haploid or diploid cells, whereas meiosis occurs only in cells with the diploid number of chromosomes.
- During meiosis each diploid nucleus divides twice, producing a total of 4 nuclei. The chromosomes, however, replicate only once – prior to the first nuclear division. Thus, each of the 4 nuclei produced contains half the original number of chromosomes.
- The haploid nuclei produced by meiosis contain new combinations of chromosomes. That means that the homologous chromosomes, originally derived from the organism's parents, are assorted randomly between the four new haploid nuclei.

The potential for genetic variability in sexually produced individuals is enormous. Chromosomes of paternal and maternal origin are distributed between the haploid cells and do not stay together but are assorted independently. The number of possible chromosome combinations in the gametes (sperm cell and egg) is 2^n: *2* being the number of homologues in a pair, and *n* the haploid number of chromosome. A human male or female with 46 chromosomes is capable of producing 2^{23} kinds of sperm cells, i.e 8388608 different combinations of chromosomes. And remember that this number does not take into account the additional variations that may be introduced by crossing over!

Now read the sentences below and say (X) if they refer to mitosis or meiosis.

	Mitosis	Meiosis
a. It occurs only in cells with a diploid number of chromosomes.		
b. Cells have got half the number of chromosomes present in the original nucleus.		
c. The two daughter cells' nuclei receive an exact copy of the parent cell's chromosomes.		
d. Genetic material is mixed randomly between the four new haploid nuclei.		

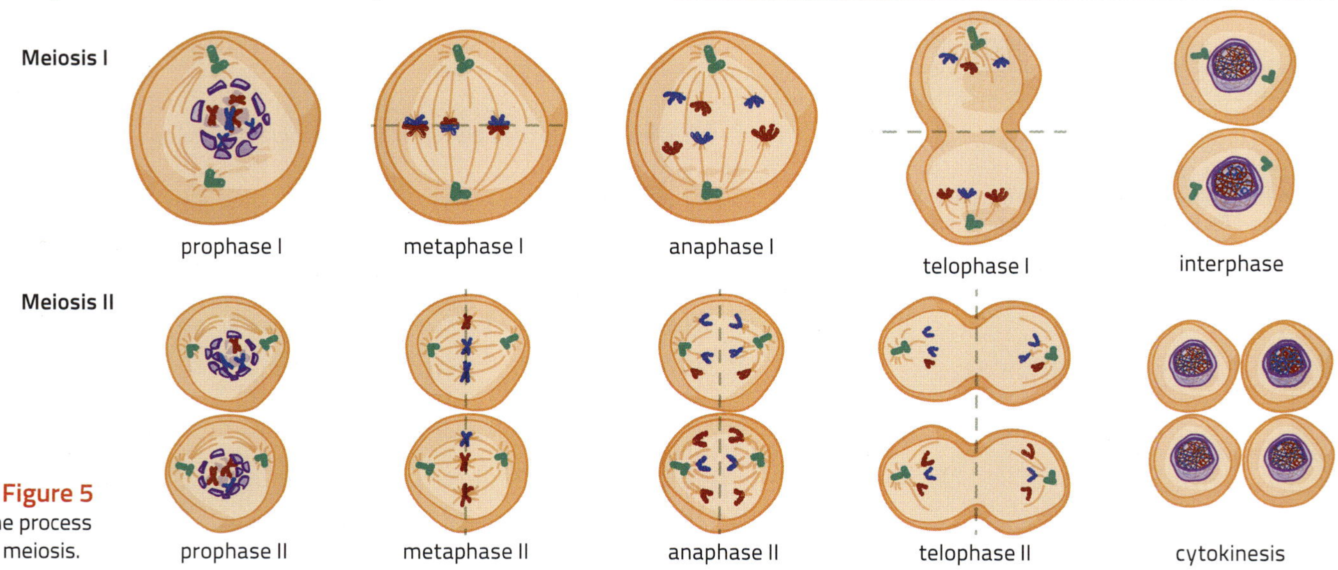

► **Figure 5**
The process of meiosis.

17. VOCABULARY

Complete the sentences about meiosis with some of the following words:

chromosomes – four – chromatids - haploid - two - homologous – diploid - nuclei

a) As a result of meiosis, one chromosome from each .... pair is found in the haploid egg and sperm.

b) During the first meiotic division crossing-over between non-sister .... occurs, increasing the variability of genetic inheritance.

c) Independent assortment of homologues increases the combinations of .... in the gametes.

d) During meiosis II the chromatids of duplicated chromosomes from meiosis I separate, resulting in .... daughter cells.

e) In animals, mitosis is involved in growth, while meiosis creates gametes: the only .... part of the life cycle.

18. PAIR WORK

Write down a short comparison (max 100 words) of mitosis and meiosis.
Then discuss it with your partner.

....

....

....

....

....

....

....

....

....

....

....

....

....

....

19. VIDEO

Video A3: *Meiosis*
(available on
online.scuola.zanichelli.it/curtisnuovoinvitoblu)

Watch this video about meiosis, and say if the following statements are True or False.

a) The pairs of homologous chromosomes divide between two daughter cells. T F

b) The daughter cells are diploid. T F

c) The daughter cells are not genetically identical. T F

d) Paternal and maternal chromosomes are divided equally between the two cells. T F

e) Crossing over results in the exchange of fragments of sister chromatids. T F

f) All these processes occur during Meiosis II. T F

20. DISCUSSION

Work in groups. Answer the questions about the main differences between mitosis and meiosis.

a) In which phases can we see the main differences between mitosis and meiosis?

....

....

....

....

....

b) How do these differences affect the final result?

....

....

....

....

....

c) Why is sexual reproduction so important for organisms?

....

....

....

....

....

d) What is the difference between the nucleus of an egg cell and the nucleus of a somatic (body) cell?

....

....

....

....

....

21. APPLY YOUR NEW KNOWLEDGE

Complete this diagram with the following words (some of them can be used more than once, as indicated):

replication (x2) – meiosis – haploid daughter cells – crossing over – mitosis – diploid daughter cells – division (x2)

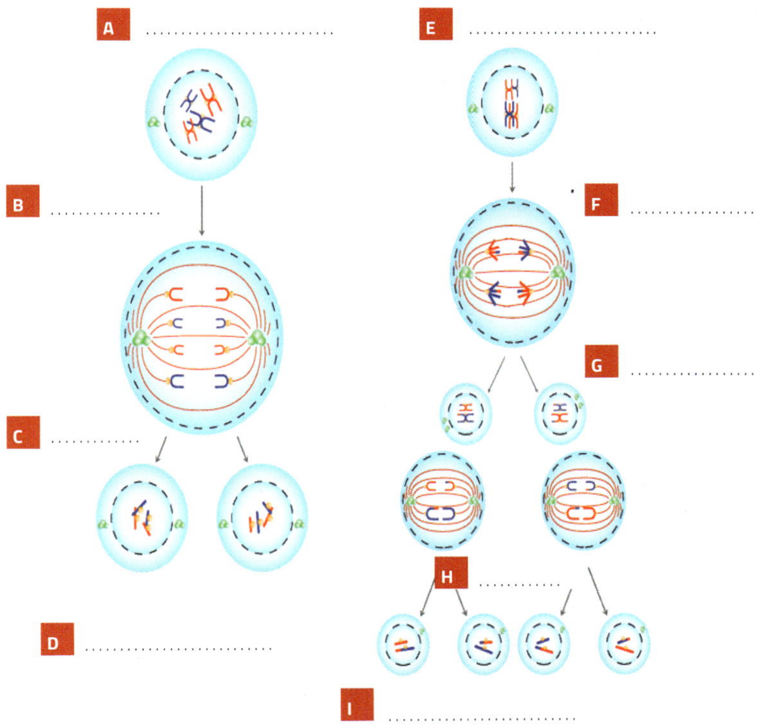

22. EXPLORE FURTHER

Read the following text explaining what a karyotype is.
Then observe figure 6 and write a definition for the terms below.

Karyotype is an organized profile of a person's chromosomes. To make a karyotype, scientists take a picture of the chromosome from one cell, cut them out, and arrange them using size, banding pattern, and centromere position as guides.

Two sex chromosomes specify gender (XX for female and XY for male), the rest are called autosomes and are arranged in pairs, numbered 1 through 22, from largest to smallest. This arrangement helps scientists quickly identify chromosomal alterations that may result in genetic disorders.

Abnormal numbers of chromosomes may be caused by defective meiosis, for example *non-disjunction* occurs when homologues do not separate during meiosis I or when chromatids do not separate during meiosis II. Non-disjunction causes *monosomy* or *trisomy*. The term trisomy is used to describe the presence of three chromosomes, rather than the usual matched pair of chromosomes. If a baby is born with three copies of chromosome 21, rather than the usual pair, then the baby would be said to have «trisomy 21», also known as Down syndrome.

a) Karyotype: ......

b) Sex chromosomes: ......

c) Autosomes: ......

d) Non-disjunction: ......

e) Trisomy: ......

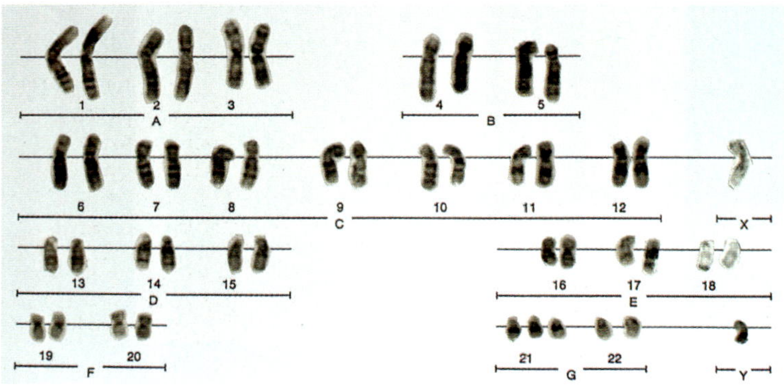

► **Figure 6** Karyotype of human male with trisomy 21 or Down syndrome.

23. REVISION

Why does meiotic division results in four cells, and why are they genetically different from each other? Prepare a short oral or written presentation, follow the instructions below.

The aim of your presentation is the explanation of two events: fertilization and meiosis.

- Start with the number of chromosomes, indicating whether they are haploid or diploid.
- After this, talk or write about crossing over and meiosis I.
- Finally, draw your conclusions by highlighting the role of sexual reproduction.

FINAL TEST
Meiosis

Choose the correct answer in these multiple-choice questions.

1. The centromeres move toward the poles during:
   A interphase.
   B metaphase.
   C prophase.
   D anaphase.
2. During which stage of meiosis does crossing over occur?
   A Metaphase I
   B Prophase II
   C Metaphase II
   D Prophase I
3. Meiosis results in:
   A 2 haploid daughter cells.
   B 4 haploid daughter cells.
   C 2 diploid daughter cells.
   D 4 diploid daughter cells.
4. Which of the following undergo meiosis?
   A Egg cells
   B Unicellular organisms
   C Liver cells
   D All of the above
5. A cell with a diploid number 48 undergoes meiosis. How many chromosomes end up in each daughter cell?
   A 12
   B 24
   C 48
   D 96

Say if the following statements are True or False.

6. Meiosis II goes through four phases just like mitosis. T F
7. Mitosis requires two nuclear divisions, while meiosis requires only one. T F
8. Following meiosis, the daughter cells are genetically identical to the parent cell. T F
9. Meiosis can occur at any time, in all body cells. T F
10. The complete number of chromosomes in our organism is the haploid number. T F

Indice analitico

A

B

C

D

E

F

G

H

I

K

L

M

N

O

P

Q

R

S

T

U

V

W

X

Z